应用生态学

宗 浩 主编

四川师范大学校级科研团队建设项目资助

科学出版社

北 京

内 容 简 介

本书为四川省精品课程"应用生态学"的配套教材,根据学生认知规律编排内容,较系统、完整地论述了应用生态学的全貌。全书以人与自然的协调发展为主线,以生态学原理为核心,系统论述了农林牧生态及工程,旅游生态、水域生态、环境生态管理,景观生态、城市生态建设,保护生物学和全球生态与对策。内容注重体现学科的最新成就,篇幅适宜、语言精练、图文并茂。

本书适宜作为高等院校生物科学、环境科学、生态学及相关专业的本、专科教材,也可作为相关专业人员、研究生、环境管理工作者和环境影响评价人员的参考书。

图书在版编目(CIP)数据

应用生态学/宗浩主编.—北京:科学出版社,2011
ISBN 978-7-03-030177-2

I.①应… Ⅱ.①宗… Ⅲ.①生态学-应用-教材 Ⅳ.①Q14

中国版本图书馆 CIP 数据核字(2011)第 017095 号

责任编辑:王海光 王 玥/责任校对:钟 洋
责任印制:赵 博/封面设计:王 浩

科 学 出 版 社出版
北京东黄城根北街 16 号
邮政编码: 100717
http://www.sciencep.com

北京天宇星印刷厂印刷
科学出版社发行 各地新华书店经销

*

2011 年 2 月第 一 版 开本:B5(720×1000)
2024 年 9 月第十二次印刷 印张:30
字数:589 000
定价:98.00 元
(如有印装质量问题,我社负责调换)

《应用生态学》编委会

前　言

　　应用生态学是生态学的分支学科，是结合动植物生产、农业生态管理、生物多样性保育、林地经营管理、外来物种控制、自然保护区管理、放牧区管理、生态旅游、生态景观和城市规划与设计，以及环境与生态保育技术等实践的需要，来研究应用过程中的生态学原理和方法。优先重视的研究领域包括：生态系统与生物圈的可持续利用、生态系统服务功能与生态设计、转基因生物的生态学评价、生物入侵、流行病生态学、生态预报、生态过程及其调控等。当代由于人类对开发生物资源、管理环境、应对全球变化等方面更广泛和深入的实际需要，生态学的应用价值显得越来越高，着重从应用需要来研究生态学的领域也不断被开拓。应用生态学的社会实践已经产生了良好的经济效益、生态效益和社会效益。目前，应用生态学已经逐渐成为生态学研究的主流方向。

　　编者已从事生态学科研和教学二十余年，在长期的科研实践和教学工作的基础上，参考国内外应用生态学及相关学科论著，吸取其精华编写了本书。本书力求较全面、系统地介绍应用生态学各分支学科的基础知识，尽可能反映学科的新进展、新动态。随着教育形势的发展，大学本科院校仅传授普通生态学的知识已经受到一定局限。为了拓宽适应范围，本书重点在生态学原理部分浓缩了普通生态学的核心内容，并在城市生态、生态旅游、景观生态、保护生物学、农业与林业及草地生态、环境生态以及全球生态学领域，进行了知识扩充，以便当代大学生更全面地掌握生态学知识，适应社会实践诸多方面的实际需求。

　　本书为四川省精品课程"应用生态学"的配套教材，由课程主讲教师、四川师范大学生命科学学院宗浩教授主编。全书共有十二章，其中第2章生态学原理由马丹炜教授撰写，第3章农业生态与农业生态工程和第7章旅游生态与管理由商宏莉副教授撰写，第4章森林生态与林业生态工程和第8章污染生态与环境生态工程由何磊老师撰写，第5章草地生态学与草地生态系统管理和第11章保护生物学由陈顺德老师撰写，第6章水域和湿地生态与恢复由赵景峰教授撰写，第12章全球生态与对策由罗怀良教授撰写，第1章绪论、第9章城市生态与城市生态建设和第10章景观生态与区域生态建设由宗浩教授撰写。全书由宗浩教授统稿。

　　本书可作为高等院校生命科学、环境科学、生态学及相关专业的本、专科生教材，也可作为相关专业人员、研究生和环境评价人员的参考书。

作者在撰写本书的过程中得到了郑鸽老师，任志强、彭强、石佳等研究生的协助，并完成了部分校对工作，在此特致谢意！

由于作者知识水平有限，书中疏漏在所难免，敬请各位专家和读者不吝赐教。

宗　浩

2010 年于成都

目　　录

第1章 绪　　论

1.1　生态学总论

1.1.1　生态学的定义

生态学（ecology）一词由德国学者 Haeckel 于 1866 年提出，他认为"生态学是研究生物有机体与其无机环境之间相互关系的科学"。

ecology 一词源于希腊文，由词根"oikos"和"logos"演化而来，"oikos"表示住所，"logos"表示学问。因此，从原意上讲，生态学是研究生物"住所"的科学。不同学者对生态学有不同的定义。英国生态学家 Elton（1927）的定义是"科学的自然历史"；澳大利亚生态学家 Andrewartha 和 Birch（1954）认为，生态学是研究有机体的分布与多度的科学，强调了对种群动态的研究；美国生态学家 Odum 和 Smalley 对生态学的定义是研究生态系统的结构与功能的科学（Odum，1953，1971，1983；Odum and Smalley，1959）；我国著名生态学家马世骏认为，生态学是研究生命系统和环境系统相互关系的科学。但生态学发展至今，其内涵和外延都有了变化，生态学的定义不能局限于当初经典的涵义，结合近代生态学发展动向，归纳各种观点，可将生态学定义为：生态学是研究生物生存条件、生物及其群体与环境相互作用的过程及其相互规律的科学。

1.1.2　生态学的发展简史

生态学的发展可概括为三个阶段，即萌芽期、成长期和现代生态学发展期。

1. 生态学萌芽时期（公元 16 世纪以前）

早在公元前 2000～前 1000 年，朦胧的生态学思想已出现在希腊和中国的古歌谣和著作中。公元前 700 年，李耳的《道德经》已表达了人类生存的地球"水木金火土"五行相生相克的思想；《管子·地员篇》、《春秋》、《庄子》都记载有土壤性质与植物生长和品质的关系，以及动物的行为等。欧洲 Empedocles 在公元 5 世纪的著作中就描述到植物与环境的关系；Aristotle 按栖息地划分了动物类群。中国的秦汉时期和罗马帝国盛期，《吕氏春秋》、《农政全书》、《齐民要术》等一些著作，都不乏生物与环境关系的描述。这一时期以古代思想家、农学家对生物与环境相互关系朴素的整体观为特点。

2. 生态学的建立与成长时期（公元 16 世纪至 19 世纪末）

这一时期是生态学建立、生态学理论形成、生物种群和群落由定性向定量描述转变、生态学实验方法快速发展的时期。其建立和发展历程可概括如下。

奠基时期：这一阶段始于 16 世纪文艺复兴之后。各学科的科学家都为生态学的诞生做了大量的工作。如曾被认为是第一个现代化学家的 Boyle 于 1670 年发表了低压对动物物种的试验结果，标志着动物生理生态学的开始；1735 年法国昆虫学家 Reaumur 在其昆虫学著作中，记述了许多昆虫生态学资料，他被认为是研究温度与昆虫发育生理的先驱；1798 年 Malthus 发表了他的《人口论》，阐述了对人口增长和食物关系的看法；1807 年 Humboldt 发表了《植物地理知识》，描述了物种的分布规律；1859 年 Darwin 发表的《物种起源》，更系统地深化了对生物与环境相互关系的认识；1866 年德国生物学家 Haeckel 对生态学予以定义。1895 年丹麦植物学家 Warming 发表他的划时代著作《以生态地理为基础的植物分布》；1898 年伯恩大学 Schimper 出版了《以生理为基础的植物地理学》，这两本书被公认为生态学的经典著作，标志着生态学作为生物学的一门分支学科的诞生。但这个时期总的来说还处于定性描述阶段，缺乏对生态现象的解释。

3. 生态学的发展时期（20 世纪初至 20 世纪 50 年代）

本时期研究重点已开始由定性转为定量描述。这一时期，动物种群生态学取得了一些重要的发现，如 1913 年美国生态学家 Shelford 发表的《温带美洲的动物群落》；1920 年 Peral 对 logistic 方程的再发现；1925 年 Lotka 提出了种群增长的数学模型；1927 年 Elton 出版了《动物生态学》一书，提出了食物链、数量金字塔、生态位等概念。植物生态学在植物群落方面有了很大的发展，一些学者如 Clements、Tansley、Whittaker、Gleason、Chapman 等先后提出了诸如顶极群落、演替动态、生物群落（biome）类型、植被连续性和排序等重要的概念，对生态学理论的发展起了重要的推动作用。同时由于各地自然条件不同，植物区系和植被性质差别甚远，在认识上和工作方法上也各有千秋，形成了英美学派、法-瑞学派、北欧学派、苏联学派等几个学派。

4. 现代生态学的发展期（20 世纪 60 年代至今）

20 世纪 50 年代以来，人类的经济和科学技术取得了史无前例的飞速发展，既给人类带来了进步和幸福，也带来了环境、人口、资源和全球变化等关系到人类自身生存的重大问题。在解决这些重大社会问题的过程中，生态学与其他学科相互渗透，相互促进，并取得了重大的发展。它有以下一些特点。

1）生态学研究对象的多层次性

现代生态学研究对象向宏观和微观两极多层次发展，小自分子生态、细胞生态，大至景观生态、区域生态、生物圈及全球生态，虽然宏观仍是主流，但微观的成就同样重大而不可忽视。而在生态学建立时，其研究对象则主要是有机体、种群、群落和生态系统几个宏观层次。

2）生态学研究的国际性和生态理论的发展

生态学问题往往超越国界，第二次世界大战以后，有上百个国家参加的国际规划一个接一个。最重要的是 20 世纪 60 年代的 IBP（国际生物学计划），70 年代的 MAB（人与生物圈计划），以及 IGBP（国际地圈生物圈计划）和 BIO DIVERSITAS（生物多样性计划）。为保证世界环境的质量和人类社会的持续发展，如保护臭氧层、预防全球气候变化的影响，国际上签订了一系列协定。1992 年各国首脑在巴西里约热内卢签署的《生物多样性公约》是近十多年来对全球有较大影响力和约束力的一个国际公约，在许多方面涉及了各国的生态学问题。

种群生态学发展迅速，动物种群生态学大致经历了生命表方法、关键因子分析、种群系统模型、控制作用的信息处理等发展过程。植物种群生态学的兴起稍晚于动物种群生态学，它经历了种群统计学、图解模型、矩阵模型研究、生活史研究，以及植物间相互影响、植物-动物间相互作用研究的发展过程，近期还注重遗传分化、基因流的种群统计学意义、种群与植物群落结构的关系等。德国的 Lorenz（1950）和 Tinbergen（1951，1953）在行为生态学的研究方面获得了诺贝尔奖。群落生态学由描述群落结构，发展到数量生态学，包括排序和数量分类，进而探讨群落结构形成的机理。德国 Knapp（1974）主编的《植被动态》，全面论述了植被的动态问题，进一步完善了演替理论。生态系统生态学在现代生态学中占据了突出地位，这是系统科学和计算机科学的发展给生态系统研究提供了一定的方法和思路，使其具备了处理复杂系统和大量数据的能力的必然结果。Odum 的《生态学基础》（*Basic Ecology*）（1953，1971，1983）以及 Odum 和 Smalley（1959）对生态系统的研究产生了重大影响。Odum（1970）从营养动态概念着手，进一步开拓了生态系统的能流和能量收支的研究等。

3）研究技术和方法上的进展

4S 技术在生态学上已普遍应用，尤其是对全球性变化的评价，在大尺度生态学的研究中发挥着重要的作用。用放射性同位素对古生物的过去保存时间进行测定，使地质时期的古气候及其生物群落得以重建，比较现存群落和化石群落成为可能。现代分子技术使生态学出现了新的里程碑，并使对生态学机制的认识和遗传生态学的研究取得了巨大的进步。在生态系统长期定位观测方面，自动记录、监测技术和可控环境技术已应用于实验生态，直观表达的计算机多媒体技术也获得较大发展。生态学研究中不断强调以数学模型和数量分析方法作为研究手段。

1.1.3　生态学研究的对象和内容

生态学源于生物学，属宏观生物学范畴，但现代生态学向微观和宏观两个方向发展，一方面在分子、细胞等微观水平上探讨生物与环境之间的相互关系；另一方面在个体、种群、群落、生态系统等宏观层次上进行研究。生态学的研究对象和内容包括以下几个方面。

（1）生态学研究生物与环境、生物与生物之间相互关系。①按照现代生物学的组织层次来划分，生态学的研究对象为基因、细胞、器官、有机体、种群、群落、生态系统等，研究它们与环境之间的相互关系。②按照生物类群来划分，生态学的研究对象为植物、微生物、昆虫、鱼类、鸟类、兽类等单一的生物类群，研究它们与环境之间的相互关系。

（2）生态学研究中心为种群、群落和生态系统，属宏观生物学范畴。

（3）生态学研究的重点在于生态系统和生物圈中各组分之间的相互作用。①以自然生态为对象，探索环境和生物的相互关系和作用规律。包括生物种群在不同环境中的形成与发展，种群数量在时间和空间上的变化规律，种内种间关系及其调节过程，种群对特定环境的适应对策及其基本特征；生物群落的组成与特征，群落的结构、功能和动态，以及生物群落的分布；生态系统的基本成分，生态系统中的物质循环、能量流动和信息传递，生态系统的发展和演化，以及生态系统的进化与人类的关系。②以人工生态系统或半自然生态系统为对象，研究不同区域系统的组成、结构和功能；污染生态系统中，生物与被污染环境间的相互关系；环境质量的生态学评价；生物多样性的保护和持续开发利用等。③以社会生态系统为研究对象，从研究社会生态系统的结构和功能入手，探索城市生态系统的结构和功能，能量和物质代谢，发展演化及科学管理；农业生态系统的形成和发展，能流和物流特点，以及高效农业的发展途径等；人口、资源、环境三者间的相互关系，人类面临的生态学问题等社会生态问题。

1.1.4　生态学分支学科

（1）按研究对象的组织层次划分。个体生态学（autoecology）、种群生态学（population ecology）、群落生态学（community ecology）、生态系统生态学（ecosystem ecology）等。

（2）按生物类群划分。动物生态学（animal ecology）、植物生态学（plant ecology）、昆虫生态学（insect ecology）、微生物生态学（microbial ecology）、人类生态学（human ecology）。

（3）按栖息地划分。淡水生态学（fresh-water ecology）、海洋生态学

（marine ecology）、河口生态学（estuary ecology）、湿地生态学（wetland ecology）、热带生态学（tropical ecology）、陆地生态学（terrestrial ecology）。陆地生态学又可分为森林生态学（forest ecology）、草地生态学（grassland ecology）、荒漠生态学（desert ecology）和冻原生态学（tundra ecology）。

（4）按交叉学科划分。数学生态学（mathematical ecology）、化学生态学（chemical ecology）、物理生态学（physical ecology）、地理生态学（geographic ecology）、生理生态学（physiological ecology）、进化生态学（evolutionary ecology）、行为生态学（behavioral ecology）、遗传生态学（genetic ecology）、经济生态学（economic ecology）等。

（5）按应用领域划分。农业生态学（agriculture ecology）、污染生态学（pollution ecology）、渔业生态学（fishery ecology）、放射生态学（radio ecology）、资源生态学（resource ecology）等。

1.1.5 生态学研究的主要方法

1. 掌握基本的研究方法

1）原地观测
原地观测是指在自然界原生境对生物与环境关系进行考察。包括野外考察、定位长期观测和原地实验等方法。

（1）野外考察。野外考察是考察特定种群或群落与自然地理环境的空间分异的关系。首先划定生境边界，然后确定种群或群落生存活动的空间范围，进而在划定的范围内进行种群行为或群落结构与生境各种条件相互作用的观察记录。野外考察不完全在原地内进行普遍的观测，多数通过规范化的抽样调查方法，如动物生态调查中取样方法有样方法、标记重捕法、去除取样法等。植物生态调查中的取样法有样方法、无样地取样法、相邻格子取样法等。样地或样本的大小、数量和空间配置都要符合统计学原理，保证得到的数据能反映总体特征。

（2）定位观测。定位观测是考察某个体、种群、群落或生态系统的结构和功能与其环境关系在时间序列上的变化。定位观测先要设立一块可供长期观测的固定样地，样地必须能反映所研究的种群或群落及其生境的整体特征。定位观测时间，取决于研究对象和目的。若是观测微生物种群，只需要几天的时间即可，若观测群落演替，则需要几年、十几年、几十年甚至上百年的时间。

（3）原地实验。原地实验是在自然条件下采取某些措施获得有关某个因素的变化对种群或群落及其他因素的影响。例如，在野外森林、草地群落中，去除或引进某个种群，观测该种群对群落和生境的影响。

2）受控实验

受控实验是在模拟自然生态系统的受控生态实验系统中研究单项或多项因子相互作用，及其对种群或群落影响的方法技术。

如所谓"微宇宙"（microcosm）模拟系统是在人工气候室或人工水族箱中建立自然的生态系统的模拟系统，即在光照、温度、风力、土质、营养元素等大气物理或水分营养元素的数量与质量都完全可控的条件中，通过改变其中某一因素或多个因素，来研究实验生物的个体、种群，以及小型生物群落系统的结构、功能、生活史动态过程及其变化的动因和机理。

3）生态学的综合方法

生态学的综合方法是指对原地观测或受控生态系统实验的大量资料和数据进行综合归纳分析，表达各种变量之间存在的各种相互关系，反映客观生态规律性的方法技术。

（1）资料的归纳和分析。首先要对数据进行规范化的处理，在此基础上，应用多元分析方法进一步对这些数据进行分析。例如，一般的统计相关分析、主分量分析、综合结构模型、系统层次分析等分析技术。

（2）生态学的数值分类和排序。数值分类是采用数学方法客观划分群落和种内生态类型的方法。分类的对象是样地。各种属性原始数据需经过处理，建立 N 个样地 P 个属性的原始数据矩阵，再计算群落样地两两之间的相似系数或相异系数，列出相似系数矩阵，最后按一定程序进行样地的聚类分析，得出表征类型的树状图。该方法往往具有较大的客观性，计算过程可利用计算机完成。排序技术是确定环境因子、植物种群和群落三方面存在的复杂关系，并将其加以概括抽象的方法。它包括直接梯度排序和间接梯度排序等。

（3）生态模型和模拟。生物种群或群落系统行为的时空变化的数学概括，统称生态模型。生态数学模型仅仅是实现生态过程的抽象，每个模型都有一定的条件和有效范围。例如，表述种群增长的指数方程和逻辑斯谛方程就是用来分析表达种群动态的理论模型。

1.2 应用生态学概述

生态学可以分为理论生态学（theoretical ecology）和应用生态学（applied ecology）两大类。应用生态学将生态学原理应用到生态保护、生态管理和生态建设的实践中，使人类社会实践符合自然规律，使人和自然和谐相处、协调发展。应用生态学的社会实践已经产生了良好的经济效益、生态效益和社会效益。目前，应用生态学逐渐成为生态学的主流研究方向。

1.2.1　应用生态学的分支学科

当代由于人类对开发生物资源、管理生物环境等更广泛和深入的实际需要，应用生态学的价值显得越来越高，着重从应用需要来研究生态学的领域也不断被开拓。总体上应用生态学可以分为产业生态学、管理生态学、效益生态学。

产业生态学包括：农业生态学、森林生态学、草地生态学、工业生态学和清洁生产、旅游生态学、养殖生态学。

管理生态学包括：城市生态学、环境生态学、有害动物管理生态学、恢复生态学与生态工程、资源生态学、灾害生态学、自然保护生态学、全球变化生态学、景观生态设计。

效益生态学包括：生态经济学、可持续发展生态学、人类生态学。

1.2.2　应用生态学的主要领域

应用生态学的主要领域有农业生态管理、生物多样性保育、林地经营管理、入侵物种控制、自然保护区管理、放牧区管理、生态旅游、国家公园与自然游憩区管理、生态景观规划与设计以及环境与生态保育技术等。应用生态学优先重视的研究领域包括：生态系统与生物圈的可持续利用、生态系统服务功能与生态设计、转基因生物的生态学评价、生物入侵、流行病生态学、生态预报、生态过程及其调控等（何兴元 2004）。

1.2.3　学科的产生与发展

任何学科的产生、发展都受到社会的需求、学科本身的内在发展规律以及新技术、新方法的影响。应用生态学的产生也不例外。作为生态学的一大重要门类，应用生态学诞生于 20 世纪 60 年代。随着人类与生物圈之间的关系日趋紧张，出现了所谓人口爆炸、资源濒临枯竭、环境危机以及工业化、城市化发展带来的一系列问题，进一步引发了一系列新的应用生态学分支的诞生与发展，并渗透到社会、经济的各个领域如资源生态学、经济生态学、社会生态学、人类生态学、城市生态学、污染生态学、恢复生态学、生态工程学，乃至出现了以研究地球生存环境为目标的全球生态学等。

1956 年，美国举办了"生态学应用研讨会"，与会者探讨了生态学在森林经营、草地管理、野生动植物的保护、土壤管理、公众健康等领域的应用问题，认识到正确理解人在自然界的作用的重要性，会议强调生态学家的任务不仅仅是进行纯生态学研究，更应加强应用生态学研究。1964 年英国生态学会创办期刊 *Journal of Applied Ecology*，寻求解决人口、资源、环境等问题是应用生态学发展的主要动力。由于面对解决实际环境问题的需要，美国生态学会于 1971 年成立了应用生态学分会（Applied Ecology Section of the Ecological Society of America）。在美国生态学会 20 余个分会中，该分会是最早成立的第三个分会。法国著名生态学家 Ramade 对应用生态学的发展做出了杰出的贡献。1974 年 Ramade 出版了 *Eléments D'écologie Appliquée*（《应用生态学原理》），这是世界上第一部应用生态学专著。1976 年美国学者 Hinckley 出版了专著 *Applied Ecology：A Nontechnical Approach*；1978 年，另一美国学者 DeSanto 又出版了题为 *Concepts of Applied Ecology* 的学术著作。这三本专著的出版标志着应用生态学逐渐走向系统化。

20 世纪 80 年代中期以来，应用生态学的研究非常活跃，许多相关国际组织相继成立，如国际保护生物学会（1985）、国际生态恢复学会（1987）、国际生态经济学会（1988）、国际生态工程学会（1993）、国际生态系统健康学会（1994）等；同时，大量应用生态学分支学科杂志创刊发行。1991 年，美国生态学会创办了 *Ecological Applications* 杂志，标志着应用生态学进入一个成熟时期；在此前一年，我国也创办了《应用生态学报》杂志；此后，由于 *Journal of Applied Ecology* 和 *Ecological Applications* 两大刊物对应用生态学研究的宣传和推动作用，促进了大量应用生态学研究成果的产生；进入 20 世纪 90 年代，大量应用生态学专著出版发行，应用生态学进入了一个蓬勃发展阶段。因此，可以认为，20世纪最后 20 年中现代生态科学迅猛发展的主体应为应用生态学。进入 21 世纪，著名生态学家 Ormerod 和 Watkinson 在 *Journal of Applied Ecology* 上撰文指出，21 世纪将是应用生态学的黄金时代。英国学者 Newman 于 1993 年出版了 *Applied Ecology* 一书，之后的几年中又对其做了较大修改，并于 2001 年再版时将书名更为 *Applied Ecology and Environmental Management*；美国学者 McPherson 和 DeStefano 出版了 *Applied Ecology and Natural Resource Management*，印度学者 Ambasht 对应用水生生态学的发展趋势做了分析和展望，出版了题为 *Modern Trends in Applied Aquatic Ecology* 的学术专著。这些成果把应用生态学的研究推向了新的阶段。

1.2.4　应用生态学现状

应用生态学一直把解决自然资源退化、环境恶化等问题作为其研究的重点内容。早期应用生态学的重点研究内容是生态环境问题发生演化的过程、机理及生态调控、修复与对策，强调协调人类活动与生态环境的关系。沈善敏指出，应用生态学是"研究协调人类与生物、资源、环境之间关系以达到和谐目的的科学"，并把人类及其活动是否介入作为经典生态学与应用生态学的基本分界。强调应用生态学的研究重点在于解决人类面临的环境与资源问题，即有关协调人类与生物、资源、环境之间关系的许多知识、原理和技术的获得，有赖于应用生态学的研究和发展。

Levin 在 *Ecological Applications* 杂志的创刊号指出，应用生态学主要任务是解决环境与资源管理问题，发展环境决策的基本科学原则是在生态学框架下探讨环境政策与环境管理；其研究领域非常广泛，包含气候变化与生物地球化学，保护生物学，生态毒理学与污染生态学，渔业与野生动物生态学，林业，农业生态系统，草原管理，土壤，水文与地下水，景观生态学，流行病学；强调应用生态学要植根于那些具有广泛的环境政策应用前景的基础科学研究。Newman 于 1993 年出版的 *Applied Ecology* 一书中概括性地指出，生态学在食物、燃料、木材、有毒化学品和气候变化等一系列重要实际问题的解决中得到了广泛的应用，它解决了或正在解决甚至包括日常生活质量、景观、清洁的河流与湖泊、动植物疾病和野生物种的保护等问题。他甚至强调，应用生态学应该"始终把解决生态与环境问题作为首要的任务和重点的研究内容"。Beeby 在其专著 *Applying Ecology* 中，把环境与资源问题的研究与认识放到更高的位置而受到同行普遍的认同。Beeby 在书中明确地指出，应用生态学实际上是"一门关于生境保护、濒危物种保护和解决污染问题的科学"。他还指出"由于与生态学应用常常联系在一起，使应用生态学实际上不只是一门学科，而是一个学科群，包括农业生态学、资源与废弃物管理生态学、环境规划生态学和害虫控制生态学等各个方面"。在 McPherson 和 DeStefano 于 2003 年出版的 *Applied Ecology and Natural Resource Management* 专著中，则把应用生态学重点转向定位于自然资源管理，这与发达国家已把其污染的行业基本上都转移到第三世界国家，从而基本控制了自身范围的环境污染问题有关。确实如此，目前西方发达国家的生态环境问题，不再是以环境污染为突出矛盾，而是在环境污染得到基本控制的条件下出现了生物资源的匮乏，需要加强对生物资源进行可持续管理。总之，从应用生态学的发展历程来看，应用生态学应该把解决资源可持续利用问题、生态破坏问题和环境污染问题作为其重点的研究内容。现代生态学是一门包含数十个乃至上百个分支的庞大学科。其研究尺度小至不足几英寸，大至面对全球；研究领域可涉及地圈、生物圈和人类社会所能触及的各个方面。在研究方法和技术手段方面，计算机和遥感技术的应用、生态实验技术水平的提高以及长期生态观测、监测业务的开展，使生态学从主要以依靠野外调查、观察的研究方法，而逐渐进入既重视野外调查，也重视实验研究、长期观测和数学模型等综合研究的阶段。

1.2.5 应用生态学发展趋势

生态学正在受到环境问题的挑战。当这种挑战来自环境问题，继续出现并累积时，经典生态学无法去解决。Schimel 呼吁，应用生态学的研究者和实践者们应该去面对这种挑战。应用生态学重视研究人类活动引起的直接和应答迅速的生态学后果，但更重视研究那些易为人们所忽视的长期生态学后果。这就要求应用生态学家按照所研究问题的不同时间和空间尺度，采用不同的研究方法和技术手段，去认识和研究人类与地球生物圈之间的关系，并寻求和谐发展的对策。那么，哪些是应用生态学在当前和今后应给予优先重视的研究领域？综合近几年国际应用生态学的研究，在今后一个阶段内，围绕以下领域，可能会出现广泛而活跃的研究热潮以及一些新的特点。

1. 生态系统与生物圈的可持续利用

这一领域的研究对象可以是某种生物产业如农业、林业、畜牧业、渔业，也可以是人类社会经济活动的特定空间如城市、乡村、矿山、自然保护区等。以农业为例，农业制度的可持续性应表现在：对投入资源的高效利用率，高而稳定的生物产量，可接受的环境影响，经营者可获得合理的经济效益，需求者可获得多样化、优质而价格合理的农产品。人类知识和科学技术的进步可以使产业的生产技术和经营模式、人类生存环境的质量和美学标准以及人类赋予大自然的种种变革等不断地达到可持续这一理想目标，但未必能达到最终的境界，况且，可持续本身也必定有其限度。由于地球不可再生资源总有一天穷尽，可再生资源的更新速率也受到一定的限制，因此，人类只能在地球可承载的人口规模限度内保持人类社会持续的进步和繁荣。而应用生态学研究将有助于深入认识人类活动对生物圈的影响和作用，有助于制订对社会进步、经济发展、资源和环境保护等具有较好兼容性的发展对策。

2. 生态系统服务与生态设计

世界人口的不断增长导致的需求将是人类面临的巨大挑战。当代人类社会对许多十分关键资源的消耗速率超过了这些资源的供应能力；城市化引发的生态学问题越来越突出；未来的环境将更多地由人类影响和管理的生态系统组成，在这个系统中人类所依赖的生态系统服务将越来越难以维持。应用生态学研究必须正视人类需求与生态系统需求间的紧张关系。因此，生态学研究应当从研究未受到干扰的生态系统转到将被人类影响和管理的生态系统，并将更多的生态学研究集中到生态服务、生态恢复与生态设计中，这样将有助于维持地球上生命的质量和多样性。维持生态系统服务需要更好地了解生态系统的格局和过程。科学研究需要回答一些关键的问题，例如，哪些生态系统服务是不可替代的或者即使是可替代但十分昂贵或具有不良的后果？什么样的生境需要保护以确保它们提供关键的生态系统服务？哪些因素会削弱生态系统服务，但可以人为调节这种影响？当保护行动计划不可能实施时，生态学家能够提供什么其他的选择？生态系统服务如何依赖于时空的变化？如何设计环境问题的生态学解决方案？如何有目的地调节生态系统使之提供人类所必需的生态服务？

3. 转基因生物的生态学评价

生物技术产业将成为 21 世纪重要的支柱产业之一。转基因生物技术通过生物遗传信息的转移，使新的转基因生物不断成为动植物的新品系、新品种及其加工后的新食品、新饲料、新农药、新兽药、新肥料等，其生产和贸易也在不断扩大。但是，作为现代生物技术核心内容，转基因重组技术以及转基因生物或产品，由于其安全性有许多不确定的因素，对人类健康、生态环境的潜在危害越来越引起人们的重视，在世界范围内引起了广泛的争论。因此，在扩大转基因产品生产的同时，加强对其安全性研究与管理尤为必要。

4. 生态入侵

自 20 世纪 70 年代以来，随着全球经济一体化的加快、旅游业的迅速发展以及全球气候变化的影响，生态入侵问题日渐突出，逐渐成为一个危害自然生态环境、生物多样性及自然资源可持续性的国际问题。了解生态入侵的现状、过程以及后果，研究外来物种入侵的机理、管理和防控方法，探讨入侵生物学和入侵生态学的科学问题和控制外来生物的入侵的新技术，评估动植物种群，预测未来生态入侵的能力以及针对生态入侵引发的环境和经济问题，并开发有效的对策将是本领域的重要研究内容。

5. 流行病生态学

近年来，许多流行病（如疯牛病、口蹄疫、禽流感、SARS、甲型 H1N1 流感等）的爆发流行，造成了严重的直接经济损失，威胁着人民的生命财产安全，流行病生态学这个主题正在逐渐显露出来。流行病具有很强的传染性和复杂的生命周期。气候变化可能在它们的传播中起着作用。除了研究当前病害传播事件的背景、流行病学的统计与模拟、发生发展、传染途径、预测预报外，还有必要考虑疾病生态学在评价生物武器风险中的潜在作用。而现在，人们希望获得的这些知识仍然有很多处于理论和预想中。因此，Schimel 强烈鼓励在这一领域开展广泛深入的研究。

6. 生态预报

生态预报是一门跨学科的综合性研究，它是能帮助科学管理者制订研究、监测、模拟和评价方案的优先领域，是资源与环境管理、决策中的重要依据。由于计算机科学和定量分析的进步、生态学理论的发展以及新技术的应用，我们增加了预测生态系统变化的能力。当人类社会步入 21 世纪，环境与可持续发展问题仍然没有得到解决，新的世纪人类社会面临更多不确定性，气候和化学循环急速变化，支撑地区经济的自然资源枯竭，外来物种剧增，疾病的传播，空气、水和土壤的恶化，对人类文明构成了严重的威胁。食物、纤维和淡水的持续供应以及人类健康的维护都要依靠我们对于不确定性未来的预报和准备能力。因此，生态预报将是今后生态学研究的一个重要努力方向。

7. 生态过程及其调控

生态过程泛指受环境因素控制的生物过程和生物参与、影响的环境过程。地球表面所发生的许多生态学现象，无不受相关的生态学过程的影响。理论上，几乎所有生态过程在不同程度上都是可调控的，人类如能深入认识许多重要生态过程的发生、发展规律并了解影响这些过程的生物因素和环境因素，就有可能找到调控这些过程的途径和技术，从而实现科学地管理生态系统乃至整个生物圈的目的。生态过程研究需要借助各种实验技术和观测手段，而长期、大规模的生态学实验、重要生态环境要素的持续观测、跨区域实验观测的联网比较以及遥感、图像、信息技术等的综合应用，则是未来生态过程研究深入发展的必由之路。在生态调控方面，空间调控将成为应用生态学的一个重要内容。应用生态学通常需要回答做什么、哪里做、什么时候做等问题，如森林采伐量的确定、自然保护区的建立、水的调配，等等，这些问题的本质是空间的优化调控（何兴元，2004）。

第 2 章　生态学原理

2.1　生物生活与环境

2.1.1　环境与生态因子

1. 环境

1）环境的概念

环境（environment）指某一主体周围一切事物的总和。生物科学中，环境是指某一特定生物体或群体以外的空间，以及直接或间接影响该生物体或生物群体生存与活动的外部条件的总和。从这个意义上来讲，只有生物才有环境。生物的环境包括对生物有影响的外界环境条件和生物本身的影响及作用。

组成环境的各种要素，称为环境因子（environmental factor），如气候、土壤、地形、生物、人类等。

2）环境的类型

按照不同分类的标准，可将环境划分为不同的类型。

根据环境的主体不同可将环境分为 2 类。①人类环境（human environment），以人类为主体；②生物环境（biological environment），以生物为主体。

根据环境的性质可将环境分为 3 类。①自然环境（natural environment），指自然界中一切可以直接或间接影响生物生存的物质和能量的总体，或称为原生环境（primary environment）。②半自然环境（seminatural environment），指通过人工调控管理的自然环境，如人工经营的林场、人类开发和管理的自然风景区等。③人工环境（artificial environment），指人类在开发利用、干预改造自然环境的过程中构造出来的有别于自然环境的新环境，如种植园、养殖园、温室、太空舱，等等。半自然环境和人工环境也称次生环境（secondary environment）。

根据环境范围大小可分为以下 5 类。① 宇宙环境（space environment），或称空间环境，指大气层以外的宇宙空间，由广阔的空间和存在其中的各种天体及弥漫物质组成，对地球环境能产生深刻的影响。例如，太阳黑子的出现与地球上的降雨量有明显的相关关系，月球和太阳对地球的引力作用产生潮汐现象，并可引起风暴、海啸等自然灾害。② 地球环境（global environment），或称全球环境或地理环境（geoenvironment），由大气圈的对流层、水圈、土壤圈、岩石圈和生物圈组成，其中生物圈中的生物把地球上各个自然圈层有机地联系在一起，推动各种物质循环和能量转换。③ 区域环境（regional environment），指占有某一特定地域空间的自然环境，由地球表面不同地区的 5 个自然圈层相互配合而形成的。在不同的地区形成不同的区域环境特点，分布着不同的生物群落。④ 微环境（micro-environment），指区域环境中，由于某一个（或几个）圈层的细微变化而产生的环境差异所形成的小环境。小环境直接影响生物的生活，如蜂鸟常常将巢建造在一个突出树枝的下方形成遮蔽，如果没有树枝的遮护，鸟体辐射损失的热量将会增加 3 倍，鸟卵在晚上的温度会接近 4℃。⑤ 内环境（inner environment），指生物体内组织或细胞间的环境，对生物体的生长和繁育具有直接的影响，如叶片内部，直接和叶肉细胞接触的气腔和通气系统，都是形成内环境的场所。内环境对生物有直接的影响，且不能为外环境所代替。

3）生物与环境的相互作用

环境中非生物因子对于有机体的影响称为作用（action）。环境因子使生物的结构、生理过程和功能发生相应的变化。如气候的恶劣变化，造成了有机体的死亡或停止繁殖。非生物因子对生物的作用形式体现在因子的质、量和持续时间 3 个方面：因子的质指因子是否对生物有意义，相当于"开关变量"，对生物来说是"有"和"无"的关系；因子的量指在因子的"质"对生物有意义的前提下，因子对生物的作用程度随其"量"的变化而变化。因子的量（数量或强度）决定其对生物作用及生物响应的程度，属于连续变量，对生物来说是"多"与"少"的关系，如温度对生物作用的三基点；因子的持续时间指在质和量的基础上，生态因子对生物的作用必须有一定的持续时间才能使生物做出响应。这是因为生物的发育需要时间，在这段时间里环境因子需要不断地保持作用。某些因子在量的方面具有累加的生态作用。由于生物对某一因子的长期适应，以至于生物将某一因子的持续时间作为某些发育阶段（主要是生殖）的启动信息。

生物对环境影响作出反馈并改变环境，称为反作用（reaction）。生物在其生命活动过程中对环境具有改造作用，一般表现为改变非生物条件，例如，一块土地上生长了树木，改变了水、热条件，生物的残体分解后加入土壤中，增加土壤的肥力，植物的光合作用使地球环境由缺氧状态变为富氧状态，等等。

生物与生物之间的相互关系称为相互作用或交互作用（interaction），如捕食、寄生、共生、附生等两种生物之间的相互关系。

2. 生态因子及其作用

1）相关概念

生态因子（ecological factor）是指一切对生物的生长、发育、生殖、行为和分布有直接或间接影响的环境因子。生态因子中，生物生存不可缺少的因子称为生存因子（living factor）（或称为生存条件、生活条件）。例如，CO_2 和水是植物的生存因子，食物、热量是动物的生存因子；环境中某种生存因子出现异常变化，抑制生物生命活动或威胁生物的生存，称为环境胁迫（stress）；所有生态因子构成生物的生态环境（ecological environment）；特定生物个体或群体生活区域的生态环境与生物影响下的次生环境统称为生境（habitat）或栖息地，即生物生活的地方。

环境因子、生态因子、生存因子是既有联系，又有区别的概念。环境因子是指生物有机体以外的所有环境要素，是构成环境的基本成分，而生态因子是环境因子中对生物起作用的部分，即只有与生物发生关系的因子才具有生态因子的意义。生存因子是直接影响生物存活的生态因子。

2）生态因子的类型

各种生态因子在其性质、特性、作用强度和作用方式等方面各不相同，为生物创造了不同的生活环境类型。根据生态因子的性质，通常可将生态因子归纳为5 大类。

气候因子（climatic factor）。如光照、温度、湿度、降水量和大气运动等因子。

土壤因子（edaphic factor）。主要指土壤物理性质、化学性质、营养状况等，如土壤的深度、质地、母质、容重、孔隙度、pH、盐碱度、肥力等。

地形因子（topographic factor）。指地表特征，如地形起伏、海拔、山脉、坡度、坡向、高度等地貌特征。

生物因子（biotic factor）。指同种或异种生物之间的相互关系，如种群结构、密度、竞争、捕食、共生、寄生等。

人为因子（anthropogenic factor）。指人类活动对生物和环境的影响，包括人对于环境的建设作用和破坏作用。把人为因子从生物因子中独立出来，是为了强调人类对生物及生存环境的影响，这种影响具有随机、迅速、广泛而深刻的特点。但是，自然因子的强大作用如虫媒传粉、风媒传粉等均不是人为因子可以替代的。

蒙恰斯基根据生态因子的稳定性将生态因子分为两类：稳定因子如地心引力、地磁力、太阳辐射常数等较恒定因子，这些因子对生物影响不大；变动因子包括周期变动因子（气候的昼夜变化、季节变化和潮涨潮落等）和非周期变动因子（风、降水等），这些因子的质和量将随时间而变化，经常突然间改变生物的生长。

Smith 按照生态因子对种群数量变动的作用将其分为密度制约因子（density dependent factor）和非密度制约因子（density independent factor）。

Dajoz 根据有机体对生态因子的反应和适应性特点，将周期变动生态因子又分类为第一性周期因素、次生性周期因素和非周期性因素。

3) 生态因子作用特征

综合作用。每一个生态因子都是在与其他因子的相互影响、相互制约中起作用的，任何因子的变化都会在不同程度上引起其他因子的变化。例如，光照强度的变化必然会引起温度和湿度的改变，因此，环境中的各个生态因子共同组合起来对生物起综合作用。

非等价性。对生物起作用的诸多因子是非等价的，其中必然有 1 或 2 个因子起着主要作用，这些因子称为主导因子（dominant factor）。主导因子的改变常会引起其他生态因子发生明显变化或使生物的生长发育发生明显变化，如光周期现象中的日照时间和植物春化阶段的低温因子就是主导因子。

不可替代性和可调剂性。生态因子虽非等价，但都不可缺少，一个因子的缺失不能由另一个因子来代替。如生物生长要求环境中具备全部其所需要的生活物质，这些物质有大量存在的，有微量存在的，生物所需，有多有少，但不存在重要性的大小之分；另一方面，在一定条件下，因子间存在着补偿作用，即因子的调剂性。某一因子的数量不足，有时可以由其他因子来补偿。例如，光照不足所引起的光合作用的下降可由 CO_2 浓度的增加得到补偿，调剂弱光带来的缺陷；软体动物利用锶补偿钙的不足。但是因子之间的补偿作用不是经常的和普遍的，仅仅是部分的调剂，绝不等于因子之间的代替。

阶段性和限定性。生物在生长发育的不同阶段往往需要不同的生态因子或生态因子的不同强度。例如，低温对冬小麦的春化阶段是必不可少的，但在小麦以后的生长阶段则是有害的；又如，很多昆虫的幼虫和成虫生活在完全不同的环境中，它们对生态因子的要求差异很大；同样，同一生态因子在生物某一发育阶段可能不起作用，而在另一阶段却是生物所必需的，如日照长度对植物花的诱导至关重要，但是在春化阶段并不起作用。

直接性和间接性。直接作用于生物新陈代谢过程的因子称为直接因子（direct factor）；那些通过影响直接因子而对生物起作用的因子称为间接因子（indirect factor）。地形和地质能够改变相同气候区域内的局部环境。地形起伏、坡度、坡向、海拔、经纬度等因子，通过改变光照、温度、雨量、风速、土壤性质等引起生物和环境的生态关系发生改变，它们的作用不亚于直接因子。在多山地区，陡坡不利于水分的保持，在此生活的生物常常受到干旱胁迫。坡向的变化影响了局部环境的光照情况，改变了土壤的温度和湿度，导致同一山体不同坡向的山坡上分布着迥然不同的植被类型。在北半球，南坡由于直接面对阳光的照射，干燥温暖，多分布着耐旱的灌丛；而北坡相对阴冷潮湿，为喜阴湿生物的避难所。我国四川省二郎山的东、西坡植被迥然不同，东坡分布着湿润的常绿阔叶林，山脊的西坡则分布着干燥的草丛和灌丛。原因在于由东向西运行的潮湿气流，遇到山体的阻碍而上升，随着海拔升高和气温降低，空气中大量的水气丢失在东坡的坡面上，当空气运行到山脊顶部时已变得又干又冷，这种干冷的空气由山脊沿着西坡向下运行时，随着海拔降低、温度升高，干空气从坡面上吸收水分，使坡面进一步干燥。故而，东坡潮湿的环境为常绿阔叶林的发育提供了条件，而西坡由于干燥只能发育草地和灌丛。干旱区的雨量多少直接影响到植物生长，而植被状况对干旱区生长的动物如黄羊（*Procapra gutturosa*）、沙鼠等的生活和数量影响极其重要，因此，雨量间接制约着干旱区动物的生长。

4）生态因子的限制作用

（1）生态幅。每种生物对其所需的每一个生态因子都有其耐受上限和耐受下限，上限和下限之间的范围称为生态幅（ecological amplitude）或生态价（ecological valence）。耐受上限称为最高点，耐受下限称为最低点，二者之间具有生物生存的最适生态因子范围，称为最适点，三者合称生态因子三基点。只有当条件接近最适环境时，生物才能完成生殖，留下后代。随着条件进一步偏离最适点，生物虽然可以生长，但不能成功繁殖。就同一因子来讲，不同种类的生物耐受范围不同，耐受范围有宽有窄，对所有因子耐受范围都很宽的生物，一般分布很广，据此将生物分为广生态幅物种（eurytopic species）和狭生态幅物种（stenotopic species）（图 2.1）。当生物对环境中某一生态因子的适应范围较宽，而对另一种生态因子的适应范围较狭窄时，生态幅常常受到后一生态因子的限制。另外，生物在不同发育期对生态因子的耐受限度也不同，物种的生态幅往往取决于它临界期的耐受限度。通常生物繁殖期是一个临界期，这时，环境中的某一生态因子的不足或过多，最容易起限制作用，从而使生物繁殖期的生态幅变狭窄。

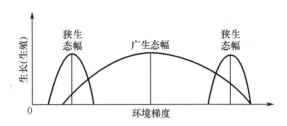

图 2.1 广生态幅物种和狭生态幅物种（孙儒泳等，1993）

（2）限制因子的概念。地球上水分、热量的季节性和区域性的大幅度变化，包括某些生态因子的变化都会对生物产生巨大的影响，因此，生物的生存、繁殖处处受到环境的限制。在众多生态因子中，任何对生物的生长、发育、繁殖、数量和分布起限制作用的关键性因子叫限制因子（limiting factor）。例如，低温是南方喜暖生物的限制因子。

（3）限制因子原理。耐受性定律与最小因子法则合称为限制因子原理。

最小因子法则。德国农业化学家李比希（Liebig）是研究各种因子对生物生长影响的先驱。1840 年 Liebig 在研究营养元素与植物生长的关系时发现，植物的生长并不受其需要量大、在环境中储备量丰富的营养物质（如 H_2O、CO_2）的影响，而是受生境中一些微量元素如 B 等的影响，当这些元素在环境中的储备量处于最小量时，往往影响植物的整体生长，限制产量的提高。因此他提出"植物的生长取决于那些处于最少量因素的营养元素"。后人称之为 Liebig 最小因子法则（Liebig's law of minimum）。最小因子法则的基本内容是：当某一特定因子的存在量低于某种生物的最小需要量时，便成为决定该物种生存或分布的根本因素。影响生物生长发育的这个最小因子，就是限制因子。Liebig 最小因子定律与系统论中的水桶理论涵义一致："一个有多块木板拼成的水桶，当其中一块木板较短时，不管其他木板多高，木桶装水的总量是受最小木板制约的。"

谢尔福德耐受性法则。1913 年，生态学家 Shelford 在 Liebig 最小因子法则基础上提出了谢尔福耐受性法则（Shelford's law of tolerance），并试图用此法则来解释生物的自然分布现象，他认为，生物的生存需要依赖环境中的多种条件，任何因子在数量上或质量上不足或过多，即当其接近或超过了某种生物的耐受限度时，该种生物的生存就会受到影响，甚至灭绝。

上述两个法则只适用于稳定的环境，因为处在剧烈变动的环境中，如严重污染的环境中，限制因子常常被暂时掩盖起来了。例如，淡水藻类在正常水体中，P 可能是限制因子，假若大量含 P 污染物（如合成洗涤剂）排入水体后，P 就不再是限制因子了。但这只是暂时的，因为一旦污染物降解或排除后，P 又转变为藻类的限制因子。

可以从以下三方面理解耐受性法则与最小因子法则的关系：最小因子法则只考虑了因子量过少，耐受性法则既考虑了因子量的过少，也考虑了因子量的过多；耐受性法则不仅估计了限制因子量的变化，而且也估计了生物本身的耐受性问题。生物的耐受性不仅随着种类不同而有差异，且在同一种内也因为年龄、季节、栖息地的不同而有差异。耐受性定律允许生态因子之间的相互作用，如因子之间的补偿作用。

5）生物的内稳态

生物内稳态（homeostasis）是生物面对变化的外部环境能够保持恒定的内部状态的能力。这种能力能减少生物对外界环境的依赖性，提高生物对外界环境的适应能力。生物内稳态可以通过形态、生理或行为的调整来实现，如生物可以通过形态、生理或行为的调整来维持体温。在形态上，许多高山植物通过身体表面密被茸毛来维持体温；在生理方面，许多生物通过代谢产热调节体温，如许多天南星科植物充分利用代谢产热来维持花序的温度，恒温动物通过控制体内产热过程以调节体温，蜂鸟以持续的高代谢率来维持大约 40℃的静止体温；在行为上，爬行动物、昆虫和植物等通过简单的行为调节热平衡，如向日葵（*Helianthus annuus*）的花随太阳转动方向，合欢（*Albizzia julibrissin*）的叶子昼挺夜合，沙漠蜥蜴在早上温度较低时使身体侧面迎向太阳等。维持小环境稳定是生物扩大耐受限度的一种重要机制，但内稳态机制不能完全摆脱环境的限制，它只能在一定范围内扩大生物的生态幅度与适应范围，成为一个广生态幅物种。

6）耐受限度的调整

任何一种生物对生态因子的耐受限度都不是固定不变的。在进化过程中或在较短的时间范围内，生物能通过驯化、休眠以及周期性调节对生态因子的耐受限度进行调整。

驯化。生物可以通过过程和结构的改变来适应外界环境的变化，从而拓宽其生态幅。如果一个种长期生活在其最适生存环境偏一侧的环境条件中，受环境压力的作用，该种的耐受曲线位置逐渐移动，并可产生一个新的最适生存范围，而适宜范围的上下限也会随之发生移动。即使是在较短的时间范围内，生物对生态因子的耐受限度也能进行各种小的调整。这种在环境定向压力下生物发生的生态幅变化称为驯化（acclimatization），驯化过程是生物体内酶系统适应性的改变过程，南种北移、北种南移、野生植物的栽培化等均需要一个驯化过程。通过驯化，可以改变生物对生态因子耐受域的位置，产生新的最适生存范围。驯化包括自然驯化（acclimatization）和人工驯化（acclimation）。自然驯化指长期的自然环境变化所诱发的生理补偿变化，一般需要很长的时间；人工驯化指人为改变生物环境条件或在实验室条件下诱发的生理调整，一般短时间内即可完成。

休眠。休眠（dormancy）指生物处在不活动状态，是生物抵抗暂时不利环境条件的一种非常有效的生理机制，休眠的生物学意义在于能使生物极大限度地减少能量消耗。如果环境条件超出生物的适应范围（但不能超出致死限度），生物也可以维持生活，但却常常以休眠状态适应这种环境。生物一旦进入休眠期，其对环境条件的耐受范围就会比正常活动时宽得多。例如，植物的种子在极不利的条件下可以进入休眠期，并长期保持存活能力直到有利于种子萌发的条件重新出现为止。休眠时间最长的记录是埃及睡莲（*Nymphaea tetragona*），经过 1000年的休眠之后仍然有 80％的莲子保持萌发力。

周期性调整。由于驯化过程可使生物适应环境条件的节律性变化，因此通过昼夜节律和其他周期性节律变化，使生物对生态因子耐受性的补偿调节能力增大，如在不同的季节中，生物的生理最适状态和调节能力均可表现出不同的变化。

3. 生物的适应

1）适应的概念

在生物与环境的关系中，一方面环境对生物具有生态作用，能够影响和改变生物的形态结构和生理生化特性。另一方面，生物对环境具有适应性。生物在与环境长期的相互作用中，形成一些具有生存意义的特征。依靠这些特征，生物不仅能免受各种环境因素的不利影响和伤害，同时还能有效地从其生境获取所需的物质和能量，以确保个体发育的正常进行。在生物的进化过程中，生存竞争仅仅保留了那些最能够适应的有机体；而有机体的适应性又在经常变化的环境中不断得到发展和完善，并在生物的外貌结构和生理生态习性上反映出来。生物通过改变自身的结构和过程与其生存的环境相协调的过程，称为生态适应（ecological adaptation），适应是自然选择的结果。生物的适应表现为或者更充分地利用有益条件，或者增强抵御不利条件的能力。自然界中现存所有生物的形态、生理、行为和生态特征都是它们在自然选择的作用下，对环境适应的结果。生态适应过程是构成生物进化的基础，它使生命从 30 多亿年前诞生以来，就不断进化，从低等到高等，从简单到复杂，种类从少到多。

2）适应的类型

（1）趋同适应。趋同适应（convergent adaptation）是指不同种类的生物，由于长期生活在相同或相似的环境条件下，通过变异、选择和适应，在形态、生理、发育以及适应方式和途径等方面表现出相似性的现象。趋同适应的结果会使不同生物在外貌、内部生理结构和发育上表现出一致性或相似性。红树林内的红树植物在系统分类上分属于不同的科属，但却具有许多相似的特征，如支柱根、胎生、具有盐腺、富含丹宁等；蝙蝠属于哺乳动物，其前肢不同于一般的兽类而形同于鸟的翅膀，是对飞行生活的适应。这些现象都是生物中的趋同适应。生物的生活型就是生物趋同适应的结果，有关生活型的知识将在本章 2.3.3 中讨论。

（2）趋异适应。①趋异适应的概念。趋异适应（divergence adaptation）或称适应辐射（adaptive radiation）是指亲缘关系相近的同种生物，长期生活在不同的环境条件下，形成了不同的形态结构、生理特性、适应方式和途径等。例如：生活在低地湿草甸环境和生活在山顶矮草甸的圆叶风铃草（*Campanula rotundifolia*）形态迥然不同，山顶矮草甸的植株相对矮小，开花早，莲座状叶相对发达；翼手目的蝙蝠食性非常复杂，分别取食花蜜和花粉（长鼻蝠）、果实（狐蝠）、昆虫（菊花蝠、大耳蝠、蹄蝠等）、血（吸血蝠）、鱼（食鱼蝠）等。趋异适应的结果是使同一类群的生物产生多样化，以占据和适应不同的空间，减少竞争，充分利用环境资源。②生态型的概念。同种生物的不同个体或群体长期生存在不同的自然生态条件或人为培育条件下，发生趋异适应，并经自然选择或人工选择而分化形成的生态、形态和生理特性不同的基因型类群，称为生态型（eco-type）。或者说生态型就是具有遗传差异、能够很好适应一组特殊环境条件的种以下的分类单位。Turreson 认为，生态型是生物与特定生态环境相协调的基因型类群，是生物种内对不同生态条件适应的遗传现象。一般来说，分布区域和分布季节越广的生物种，生态型越多。生态型越单一的生物种，适应性越窄。美国的 Clauson 和 Keek 等进行了大量工作进一步完善了生态型的内容：分布广泛的生物在形态学或生理学上的特性表现出区域（或空间）差异；生物种的内部变异和分化与特定的环境条件有密切联系；生态因子通过生物的遗传变异引起生态变异，是可以遗传的。③生态型的类型。地理因素、生物因素或人为活动等可能引起生态型的分化，据此可将生态型划分为气候生态型（climatic ecotype）、土壤生态型（edaphic ecotype）和生物生态型（biotic ecotype）。

3）适应组合

生物对生态因子耐受范围的扩大或变动都涉及生物的形态适应、生理适应以及行为适应。生物对环境条件的适应通常不限于单一的机制，往往涉及一组或一整套彼此相互关联的适应性，许多生态因子之间彼此关联，存在协同和增效作用。适应组合（adaptive suit）是指生物对一组特定环境条件的适应表现出一整套协同的适应特性。生活在特殊或极端生境条件下（如盐土、低温、干旱、深海、高山高原、宿主体内等）的生物，适应组合现象表现得最为明显。如生活在沙漠中的动植物都有一整套对干旱环境的适应特征，下面以骆驼为例说明沙漠生物的适应组合。

骆驼生活的沙漠环境干燥，温度变化大，植被稀疏。长期适应的结果，骆驼形成了一整套对沙漠环境的特殊适应特征。① 通过多种途径获取生存必需的水分。骆驼采食范围广、强度大，多在清晨采食含有露水的嫩枝叶或多汁的植物，在短期内可沉积大量脂肪在腹腔和驼峰中；长期缺水时，储藏在腹腔或驼峰中的脂肪便氧化产生代谢水以补充机体对水分的需求；骆驼瘤胃大，一次饮水量可达50～80kg，可供其 3 天代谢所需。② 通过一些特殊的适应极大限度地减少水分支出。骆驼鼻孔狭长，斜而成裂缝状，可随意开闭，鼻孔周围密生 1cm 长的鼻毛可阻挡水分呼出，上呼吸道形成弯曲的皱壁，增大了呼出气体通过的面积而将水分冷凝回收；骆驼的肾非常大，能将尿液浓缩后排出，减少了排泄失水；骆驼的厚毛发可以反射阳光并起隔热的作用；骆驼体温变幅较大，晚间体温为 34℃，白天骆驼从外界吸收热能并暂时储藏在体内，使体温高达 41℃，只有到了这个温度，骆驼才开始出汗，出汗失水主要来自细胞间液和组织间液。体温升高后减少了身体和环境的温差，减缓了吸热过程，从而防止了水分的消耗。③ 骆驼的血液较为特殊，血红蛋白的含量达到 12.5g/100ml，血液碱储量较大。血液中含有一种高浓缩的蛋白质，具有很强的蓄水能力。与其他动物的圆形细胞不同，骆驼的血红细胞大而呈椭圆形，膜薄而平滑，使血红细胞在脱水状态下仍可以流动。骆驼血红细胞对低渗溶液抗力很大，可以吸收大量的水分，即使细胞膨胀 1 倍以上，也不会发生溶血现象。骆驼血红细胞的这种特殊结构能保证其在血液含水量突然增加时不会破裂，同时在因出汗失水的情况下也不会阻塞毛细血管。在正常情况下，骆驼血液含水量占身体总含水量的 1/12，与人的血液含水量相当。但是骆驼由于出汗体重减轻 1/4 时，血液中水分仅仅丧失 1/10，血液循环不受影响。借助于如此巧夺天工的适应组合，骆驼成为"沙漠之舟"，可以 17 天不喝水，身体脱水达体重的 27%，仍然照常行走。

2.1.2　主要生态因子的生态作用

1. 光的生态作用及生物对光的适应

1）光的生态作用

光是太阳辐射能以电磁波的形式投射到地球表面的辐射线。光对生物的生态作用是由光照强度、光质和日照长度的对比关系构成的，它们各有其空间和时间的变化规律，随着地理条件和时间的变化而变化，因此光能在地球表面上的分布是不均匀的。光的这些特点及其变化都会对生物产生各种影响，是生物生长发育过程中的一个极为重要的生态因子。第一，太阳的光能是地球上一切生物能量的源泉。由绿色植物吸收太阳光合成有机物质，把光能转变为储藏于有机物中的化学能，从而为生态系统中的异养生物提供了营养物质和能量。因此，通过植物的光合作用使几乎所有活的有机体与太阳能之间发生了最本质的联系。第二，太阳辐射为维持生命的环境创造了必要的条件，被地表吸收的绝大部分太阳辐射直接转变为热能，其中一部分用于水分蒸发，其余部分用于增加地表的温度，因此，太阳辐射是构成地表热量、水分和有机物质分布状况的能量源泉。第三，太阳光的紫外线具有致死作用。实际上，生物圈的进化过程就是不断"制服"太阳辐射的过程——利用其中有用的部分，减缓或消除其危险作用。由此可见，光对生物的作用是矛盾的，光既是生命必需的，又是限制生命的因子。第四，日照长度是生命活动的定时器和触发器。昼夜长短属于原初周期性因子，在一定地区和一定的季节内是固定不变的，因此是生物节律最可靠的信号系统，由它启动了一系列植物生长发育、鸟类和哺乳类动物换毛（羽）、脂肪沉积、迁徙和繁殖、昆虫滞育等生理活动，形成了定时机制。

A. 光与植物的光合作用

光照强度对光合作用的影响最大。当其他条件不变时，在一定范围内，随着光照强度的增大，光合作用强度逐渐增加，但是当光照强度达到一定限度时，光合作用强度便不再增加（图 2.2）。植物在超过光饱和点的强光作用下，即当叶片接受的光能超过它所能利用的量时，将引起光合活性降低，这种现象称为光抑制（photoinhibition）。晴天中午许多植物冠层表面的叶片和静止的水体表面的藻类经常发生光抑制。任何妨碍光合作用正常进行而引起光能过剩的因素如低温、干旱等都会使植物发生光抑制。植物的光呼吸（photorespiration）可减少光抑制。在干旱和强辐射环境条件下，植物气孔关闭，CO_2 不能进入叶肉细胞，会导致光抑制。此时，植物的光呼吸释放 CO_2 消耗多余的能量，对光合器官起保护作用，避免产生光抑制，在有氧呼吸条件下避免损失过多的碳。光呼吸可能为光合作用过程提供磷或参与某些蛋白质的合成过程。

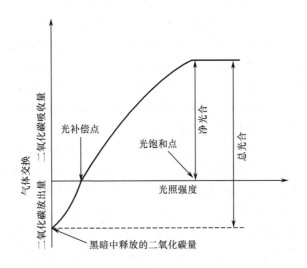

图 2.2　光补偿点与光饱和点示意图（武吉华等，2004）

植物光合作用主要是利用可见光区的大部分光能，并非利用光谱中所有波长的光能。能被植物光合作用所吸收利用的光辐射称为生理有效辐射或光合有效辐射（photosynthetically active radiation，PAR）。生理有效辐射占总辐射的40％～50％。可见光中红、橙光是被叶绿素吸收最多的成分，具有最大的光合活性；红光能促进 CO_2 的分解与叶绿素的形成；蓝、紫光也能被叶绿素和类胡萝卜素强烈吸收。一般来说，植物需要同时吸收红光区和蓝光区的光才能实现最大的光合效率。由于绿色叶子对绿光反射和透射的结果，绿光在植物的光合作用中很少被吸收，因此绿光称为生理无效光（ineffective light of physiology）。

在水体中，随着水深度的增加，植物的光合作用减弱，当光合作用合成量减少到与呼吸作用消耗量平衡时的水深，称为补偿深度（compensation depth）。补偿深度是水体中光合植物垂直分布的下限。在海洋中，只有在表层透光带内，植物的光合作用量才能大于呼吸量。如果海洋中的浮游藻类沉降到补偿深度以下或者被洋流携带到补偿深度以下，如果不能很快回升到表层时，这些藻类便会死亡。补偿深度随着水的透明度而变化，在一些特别清澈的海水和湖水中（特别是在热带海洋），补偿深度可以深达几百米；在浮游植物密度很大的水体或含有大量泥沙颗粒的水体中，透光带往往只限于水面下 1m 处，而在一些污染严重的河流中，水面下几厘米处就很难有光线透入。

B. 光与生物的形态建成

光照强度对生物的形态建成具有重要作用。光照强度对植物细胞的分裂和伸长、体积的增加有重要的影响，例如：强光抑制植物细胞的分裂和伸长，对植物的生长具有抑制作用；光促进植物组织和器官的分化，制约器官的生长发育速度，从而维持了植物的器官和组织的正常比例。在黑暗条件下，植物就会出现黄化现象（etiolation phenomenon）。黄化植物在形态、色泽和内部结构上都与阳光下正常生长的植物明显不同，表现在茎细长软弱，节间距离拉长，叶片小而不展开，植株长度伸长而重量显著下降；蛱蝶属（*Vanessa*）的成虫和蛹在光照环境中体色变淡，在黑暗中体色变暗；蚜虫在连续无光和连续有光的情况下都产生无翅个体，而在二者交替情况下出现有翅个体。

光的性质影响生物的形态建成。红光与远红光在植物形态建成中的作用正好相反，红光抑制茎的伸长，促进分蘖；远红光促进茎伸长，抑制分枝。红光对形态建成的影响可被随后的远红光处理所逆转。森林中处于林冠下生长的松柏科植物，其茎的伸长受林冠下的远红光促进，植物把较多的能量提供给茎尖，使茎尽快伸至林冠以获得更多的光照，因而抑制了分枝。紫外线、蓝紫光和青光能抑制植物体内某些生长激素的形成，从而抑制植物的伸长生长，造成植物矮化；紫外线、青蓝紫光使植物细胞特别是表皮细胞叶积去氢黄酮衍生物，再使其还原为花青素。花青素等物质对 UV-B 具有很强的吸收性，可以防止 UV-B 进入叶片。生活在强光照射地区的动物体色较暗可降低对紫外线的敏感性，避免紫外线的有害影响。高山上，动物体色较暗，植物茎干粗短，叶面缩小，毛绒发达，茎叶富含花青素，花色鲜艳等，除了强光、低温、风大等原因外，主要是因为高山上青、蓝、紫等短波光和紫外线较多所致。

日照长度对植物的节间伸长具有一定的影响，如莲座状植物翠菊（*Callistephus chinensis*）在长日照下很快抽薹，但在短日照中花序停止伸长。

C. 光与生物的发育

蛙卵、鲑鱼卵在有光的情况下孵化和发育较快；在紫外线照射后动物体内的维生素 D 原转变成维生素 D，调节体内钙、磷代谢，维持血钙和血磷的水平，从而维持牙齿和骨骼的正常生长和发育；蓝紫光是支配植物细胞分化最重要的光线，如蜈蚣草（*Pteris vittata*）形成原叶体时，照射红光时细胞分裂少，形成一个不分枝的细丝，照射蓝光则形成片状体；充足的光照对植物花芽形成、开花和果实的生长成熟是有利的。通常植物被遮光后，花芽的数量会减少，已经形成的花芽也会由于养分供应不足而发育不良或早期死亡。结实期遇到弱光，会引起落果或果实发育不良、种子不饱满等。

D. 光与产物成分

光照强度对果实中糖分的形成和积累、花青素的含量也有影响。强光条件下，果实中糖分积累丰富，花青素含量高。因此，在光照充足条件下生长的苹果（*Malus pumila*）、梨（*Pgrus* spp.）和桃（*Prunus persica*）等，果实甘甜、色彩艳丽、品质好。

光质对光合产物成分具有一定的影响，实验证明，红光有利于碳水化合物的合成，蓝光有利于蛋白质的合成。因此，在农业生产上，可以通过改变光质（应用带色的塑料薄膜）来改善农作物的品质；在紫外线辐射强的地区，植物通过类黄酮等次生代谢物质的合成产生相应的保护反应，植物用于防御的资源增加，如增加表皮厚度、表皮腔中的单宁含量、外表皮酚醛树脂含量。

E. 光的有害影响

紫外光对细胞具有杀伤效应，可诱发突变和畸变，过量的 UV 照射会刺激皮肤产生色素即"红斑效应"，诱发皮肤癌，引起白内障，干扰人体免疫系统并危及呼吸器官。波长越短，杀伤力越强。科学家们已根据臭氧层破坏和 UV 增加速率对人类影响进行推算，假如全球臭氧浓度年平均减少率为 $0.1\%\sim$ 0.18%，则 50 年后地球 $30°N\sim60°N$ 人口最稠密地区，人类皮肤癌发病率将增加 $25\%\sim63\%$，白内障患者将增加 $1\%\sim5.4\%$。另外，紫外线的杀菌效应也可以减少病虫害的传播。

F. 光与生物的行为

光照强度对动物的活动有重要的影响。在自然条件下，动物每天的活动时间由光照强度决定，当光照强度上升到一定水平或下降到一定水平时，动物才开始一天的活动。

光质对动物的分布和器官功能影响的相关资料积累较少，但色觉在不同动物类群中的分布引人入胜。节肢动物、鱼类、鸟类和哺乳动物中，有的种类色觉十分发达，有些种类完全没有色觉。大多数脊椎动物的可见光波范围与人接近，昆虫则偏于短波光，在 $250\sim700nm$，能看见紫外光，不能看见红外光。许多昆虫对紫外线有趋光性，这种趋光现象已被用来诱杀农业害虫。鱼类则多对紫外线表现为避光性。蓝紫光和青光能引起植物向光性的敏感。

日照长度与许多动物如鸟、鱼的生殖和迁徙活动有关。

G. 生物的光周期现象

生物长期生活在具有一定光照长短变化格局的环境中，借助于自然选择与进化，各类生物形成了由特定日照长度启动的生殖和行为，这种现象称为光周期现象（photoperiodism）。许多植物的种子萌发、植株开花、落叶休眠以及动物生殖、换毛（羽）、昆虫的滞育等不同的生长发育阶段每年都在特定的季节进行，具有明显的季节性，这与光周期密切联系。在 200 多年以前，人类就已经采取夜晚给予人工光照以提高母鸡产蛋量。光周期实际上是生物一种适应策略，有利于充分利用资源，避开不利季节。光周期通过感觉接收器，如动物的眼睛或植物的叶子的特殊色素而起作用，而后者依次激活一种或多种能引起生理或行为反应的紧密联系的激素和酶系统。

2）生物对光的生态适应

A. 植物的光合功能型

植物功能型（plant functional type，PFT）是具有确定植物功能特征的一系列植物的组合，是研究植被随环境动态变化的基本单元。依据固定 CO_2 的最初产物不同，可将光合作用的碳同化途径划分为 C_3、C_4 和 CAM（景天酸代谢）途径，具有不同代谢途径的植物光合能力以及光能利用效率明显不同。地球上95％以上的高等植物都属于 C_3 植物，这些植物不适宜在强光、高温、干燥的生境中生活。C_4 植物多为一年生植物，高大灌木和乔木没有明显 C_4 植物的特征。在光照强、高温、干燥的气候条件下，C_4 植物光合速率远比 C_3 植物高。此外，C_4 植物具有聚集 CO_2 的性能，使它们在低 CO_2 的条件下也可保持高效的羧化反应。有的水生植物，如黑藻（*Hydrilla verticillata*）也以 C_4 途径进行光合作用，使其在低 CO_2 浓度的水中可保持较高的羧化效率。CAM 植物是少数 C_3 植物在干旱、炎热和盐生等特定的环境条件下，经过长期的进化而成的，种类较少，多为多浆液植物。CAM 途径大大降低了水分消耗，光合作用的水分利用率大大高于 C_3 植物和 C_4 植物，尤其适应沙漠等白天高温、干燥、缺水的生境。有些水生植物如苦草（*Vallisneria spiralis*）和水韭（*Isoetes howellii*）也是 CAM 植物。水体中 CO_2 的移动比空气中慢得多，CO_2 的吸收不易是制约水生植物光合作用的主要因素之一。水中 CO_2 夜间比白天高，夜间更利于 CO_2 的吸收。水生植物以 CAM 途径进行碳代谢，对提高其生存、竞争力有利。

B. 生物对光照强度的适应类型

不同植物长期生活在不同光照强度的环境中，长期适应的结果形成了不同的生态类型：阳性植物（heliophyte）是在强光条件下才能生长发育良好，在阴蔽和弱光条件下生长发育不良的植物，多分布在旷野、路边，其生境一般无任何遮阴，如蒲公英（*Taraxacum officinale*）、松树（*Pinus*）、草原植物、沙漠植物以及一般农作物等。强光环境下植物的适应对策是提高对光能的接受和转换能力，并防止或减弱强光引起植物体升温和失水。阴性植物（sciophyte）是在光补偿点以上时，在弱光条件下比在强光条件下生长发育良好的植物，一般生长在潮湿、背阴的地方或生长在密林下，如铁杉（*Tsuga chinensis*）、红豆杉、人参

（*Panax ginseng*）、三七（*P. notoginseng*）、黄连（*Coptis chinensis*），等等。弱光环境下，植物以捕获更多的光能和降低消耗为对策。耐阴性植物（shade - tolerant plant）对光的需要介于上述两种植物之间，对光照具有较广的适应能力，既能在阳地生长，又能在阴地生长，但是在全光照下生长最好，如红花酢浆草（*Oxalis corymbosa*）、云杉、胡桃、党参（*Radix codonopsis*）、黄精（*Polygonatum sibiricum*）、肉桂（*Cortex cinnamomi*）、金鸡纳（*Cinchona ledgeriana*）等都是耐阴的种类。这类植物在形态上、生态上可塑性强。阳性植物和阴性植物长期在不同的光强环境下生活，在形态结构、生理等方面产生了明显的差异（表 2.1，图 2.3）。

表 2.1　阳性植物和阴性植物的比较

比较特征			阳性植物	阴性植物
	树木特征		枝叶稀疏，透光，自然整枝良好；枝下高长；树皮厚；叶色淡；植物开花结实力较大；生长快，寿命短	枝叶茂密，透光度小，自然整枝不良；枝下高短；树皮薄；叶色深；植物生长缓慢，寿命较长
形态特征	茎	外形	茎较粗，节间短，分枝多	茎细长，节间长，分枝少
		内部结构	细胞体积小，胞壁厚，木质部与机械组织发达，维管束多，细胞结构紧密，含水量较少	细胞体积大，胞壁薄，木质部与机械组织不发达，维管束少，细胞结构疏松，含水量较多
	叶	外形	叶子较小，厚；角质层厚；叶脉细密而长；有的叶子表面具有绒毛；叶子常常与直射光排列呈一定的角度	叶子较大，薄；角质层不发达；叶脉较稀；叶面光滑；叶柄长短不齐，呈镶嵌状排列
		内部结构	细胞排列紧密，细胞小，胞壁厚，气孔小而数目多，栅栏组织发达，海绵组织不发达	细胞排列疏松，细胞大，胞壁薄，气孔大而数目少，栅栏组织不发达，海绵组织发达
生理生化特征			耐阴力弱；光补偿点、光饱和点高；呼吸作用与光合作用强；渗透压大；叶绿素含量少；抗性高	耐阴力强；光补偿点、光饱和点低；呼吸作用与光合作用弱；渗透压小；叶绿素含量高；抗性低

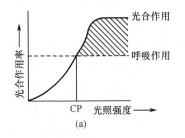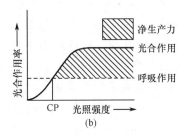

图 2.3　阳性植物（a）与阴性植物（b）光补偿点（CP）示意图

　　光因子在水中分布状况与陆地环境不同，10%～70%的入射光被水反射，大量长波光和短波光（紫外线）在水体表层被吸收。水中的溶解物质、悬浮土粒、碎屑颗粒及浮游生物能吸收和散射光线。天气晴朗时，只有1%的可见光到达5～10m深处。水中的植物仅能在可见光到达的深度内生活。水生植物在水下特殊的环境中形成了特殊的生态类型。绿藻的色素与维管束植物相似，主要利用红光，需要较强的光照，分布在水的上层，相当于阳性植物；红藻含有较多藻红素，能够利用微弱的青绿光，分布在深层（也有在浅处的），相当于阴性植物；褐藻含有藻褐素，分布在中层（或浅海底）。扎根海底的巨型藻类通常只能出现在大陆沿岸附近，这里的海水深度一般不会超过100m。生活在开阔大洋和沿岸透光带中的植物主要是单细胞的浮游植物。

　　动物对光照强度适应的生态类型可分为以下几类：昼行性动物（diurnal animal）是指适应于白天强光下活动的动物，如大多数鸟类、灵长类、有蹄类、蜥蜴、蝶、蝇等；夜行性动物（nocturnal animal）或晨昏性动物（crepuscular animal）是指适应于夜晚或黄昏弱光下活动的动物，如蛾类、蝙蝠、猫头鹰、壁虎等；有些动物昼夜都能活动，如田鼠（Microtus）。

　　C. 生物对光周期的适应类型

　　植物对光周期的反应类型分为4类：长日照植物（long day plant）或称短夜植物（short night plant）是指在日照时间长于一定数值（一般14h以上）或黑夜小于某一数值才能开花的植物，否则只能进行营养生长。这类植物大多数原产于温带和寒带（高纬度地区），如冬小麦（Triticum aestivum）、大麦（Hordeum vulgare）、油菜（Brassia napus）和甜菜（Beta）等。这类植物光照时间越长，开花越早，可以通过辅助人工光照使之提前开花。如果把长日照植物栽培在热带，由于光照时间不足不会开花。短日照植物（short day plant）或长夜植物（long night plant）是指在一定日照时数范围内，黑夜越长，开花越早的植物。它们通常是日照时间短于一定数值或黑夜长于一定数值才能开花，否则只能进行营养生长。这类植物大多数原产地是日照时间短的热带和亚热带（低纬度地区），如水稻（Oryza sativa）、棉花（Gossypium）、大豆（Glycine max）和烟草（Nicotiana tabacum）等。这类植物多在深秋或早春开花，人工缩短日照时数，则可以提前开花。短日照植物栽培在温带和寒带会因光照时间过长而不开花。中日照植物（day intermediate plant）或中夜植物（night intermediate plant）是指开花要求昼夜长短比例接近相等（12h左右）的植物，如甘蔗（Saccharum sinense）、甜根子草（S. spontaneum），少数热带植物属于这类类型。中间型植物（day neutral plant）对日照长度要求不严格，只要其他条件适宜，生活周期达到开花成熟状态即可开花的植物，如番茄、黄瓜等。

　　根据动物繁殖与日照长度的关系可将动物分为：在白昼逐渐延长的季节繁殖

后代的动物称为长日照动物（long day animal），如雪貂（*Mustella putoriusfuro*）、野兔和刺猬等，利用人工光照延长光照时间，能使这类动物在非繁殖期性腺增大，进行繁殖活动；短日照动物（short day animal）是在白昼缩短的季节开始具有性腺活动进入生殖期的动物，如绵羊（*Ovis aries*）、山羊（*Capra hircas*）、鹿（*Cervus*）等，这些动物在秋季交配刚好在春天条件最有利时出生；中间型动物（day intermediate animal）生殖活动很少受光照长度影响，一年四季均可繁殖的动物，如褐家鼠（*Rattus norvegicus*）、小家鼠（*Mus musculus* var. *albino*）等。

2. 温度的生态作用及生物对温度的适应

环境温度是生物重要的生态因子和生活的基本条件，任何生物都生活在一定温度的环境中，并受温度时空变化的影响。温度直接或间接影响着生物的生长、发育、繁殖、形态、数量及分布。就目前所知，生命只能存在于大约 300℃（−200～100℃）的范围内，处于活动期的动、植物生命的温度极限为 0～50℃，仅有极个别的生物能生活在极端高温或低温的环境中。

1）温度对生物生长发育的影响

任何一种生物的生命活动都有酶系统的参与，每一种酶的活性都有其最低温度、最适温度和最高温度，相应地形成了生物生长的温度三基点。在一定温度范围内，随着温度的升高，生物的新陈代谢过程加快，从而加快生物的生长发育速度。当环境温度低于或高于所能耐受的温度范围时，生物的生长发育受阻，甚至导致生物死亡。不同生物的温度三基点各不相同，如罗非鱼（*Tilapia* sp.）摄食量和同化量在 22～30℃随着温度上升而增加，但在 32～36℃ 则随着温度升高而降低。光合作用的温度三基点和最适温度范围因植物种类不同而有很大差异（表 2.2），这种差异反映出各自生境或起源地的温度特点。

表 2.2　在自然的 CO_2 浓度和光饱和情况下不同植物光合作用的温度三基点（姜汉侨等，2004）

（单位：℃）

	植物种类	最低温度	最适温度	最高温度
草本植物	热带 C_4 植物	5～7	35～45	50～60
	C_3 植物	−2～0	20～30	40～50
	温带阳性植物	−2～0	20～30	40～50
	阴性植物	−2～0	10～20	约 40
	CAM 植物夜间固定 CO_2	−2～0	5～15	25～30
木本植物	春天开花植物和高山植物	−7～2	10～20	30～40
	热带和亚热带常绿乔木	0～5	25～30	45～50
	干旱地区硬叶乔木和灌木	−5～1	15～35	42～55
	温带冬季落叶乔木	−3～1	15～25	40～45
	常绿针叶乔木	−5～3	10～25	35～42

　　有些冬性植物如冬小麦需要低温诱导才能开花的现象，称为春化作用（vernalization）。需要低温刺激的发育阶段称为春化阶段。春化阶段就像信号开关一样，这关不过，就不能完成生命周期。不同植物完成春化对低温的程度和持续时间有不同的要求，这种差异与其原产地有关。在一些情况下，春化作用是质的效应，而在另一些情况下则是量的效应。例如，延长春化时间或适当降低春化温度可缩短植物达到开花的天数或提高开花率。植物在春化过程结束之前，如果遇到较高的温度，则低温的效果会被减弱或消除。这种由于高温消除春化作用的现象称为脱春化作用或去春化作用（devernalization）。不同植物感受低温的时期有差异。大多数一年生植物在种子吸胀以后即可接受低温诱导，也可以在苗期进行。而大多数二年生和多年生植物只能在幼苗生长到一定大小才能接受低温，完成春化作用。

　　植物和变温动物需要在一定温度以上才能进行生长发育，同时还需要一定的温度量才能完成其生长发育。通常用发育起点温度（developmental threshold temperature）或生物学零度（biological zero）来表示这些生物开始生长发育的温度阈值，用有效积温法则来表示植物的需热量。有效积温法则的主要含义是：植物和变温动物在生长发育过程中，必须从环境中摄取一定的热量才能完成生长发育期或某一阶段的发育，而且各个发育阶段所需要的总热量是一个常数。也就是说，植物和变温动物生长发育期或某一发育阶段内，高于某一特定温度数值以上昼夜温度的总和，就是该生物或该发育阶段的有效积温（effective accumulative temperature）。用公式表述为

$$K = N(T - C) \tag{2.1}$$

式中，K 为有效积温（常数）；N 为发育历期即生长发育所需时间；T 为发育期间的平均温度；C 为生物发育起点温度（生物学零度）；发育时间 N 的倒数为发育速率。

　　不同地区、不同种类或品种、不同的发育阶段发育起点温度不尽相同。一般情况下，温带植物的发育起点温度为 $5 \sim 6℃$，亚热带为 $10℃$，热带作物如橡胶（*Hevea brasiliensis*）、椰子（*Cocos mucifera*）等为 $18℃$ 以上。不同生物的有效积温不同，如马铃薯（*Solanum tuberosum*）、小麦需热量为 $1000 \sim 1600℃$；向日葵（*Helianthus annuns*）为 $1500 \sim 2100℃$；柑橘类为 $4000 \sim 5000℃$；椰子为 $5000℃$ 以上；菜粉蝶（*Pieris rapae* L.）在 $10.5℃$ 以上，从孵化到蛹的发育需要 $174℃$。在生产实践中，有效积温可作为农业规划、引种、作物布局和预测农时的重要依据，可以用来预测一个地区某种害虫可能发生的时期和世代数以及害虫的分布区、危害猖獗区等，如小地老虎（*Agrotis ypsilon*）完成一世代需要 $504.3℃$，某地对小地老虎发育总积温为 $2220.9℃$，预测该地小地老虎可能发生 4.50 代。

2）温度节律对生物的影响

　　温度随昼夜和季节发生有规律的变化，称为节律性变温（rhythmicity temperature change）。生物长期适应这种变温的结果，能从生长、发育等方面反映

出温度的节律性变换的特点。由于生物长期适应于变温的节律性变化，在温度没有变化的条件下生物就不能正常生活。

（1）昼夜变温对生物的影响。植物随昼夜变化而表现出来的各种反应，称为温周期现象（thermoperiodism）。温周期现象的生理基础是白天适当的高温有利于光合作用，夜间适当的低温使呼吸作用减弱，光合作用产物消耗量减少，净积累增多；此外，昼夜变温能提高种子萌发率，原因是降温后增加了氧气在细胞中的溶解度，改善了萌发中的通气条件。其次，温度的交替变化能够提高细胞膜的透性，促进萌发。昼夜变温会影响植物的开花结实，如甘薯（*Ipomoea batatas*）开始孕蕾时需要昼夜变温条件，而且温差越大开花数较多；昼夜温差大的地方栽种的水稻不仅植株健壮，而且质量好。昼夜变温会影响植物的产品质量，昼夜温度差异越大，品质越好，如云南山苍子（*Litsea cubeba*）含柠檬酸达 60％～80％，浙江山苍子只含柠檬酸 35％～52％。新疆的葡萄（*Vitis vinifera*）、甜瓜（*Cucumis melo*）品质很好。温度的适当波动能加快动物的发育速度，如鳞翅目夜蛾在变温条件下比在恒温条件下生长更快，产生畸形的比例小。

（2）温度年变化对生物的影响。除赤道地区外，地球表面的温度在一年中具有明显的季节变化。春暖、夏炎、秋凉、冬寒的温度年变化深刻影响着生物的生长发育，大多数植物春天发芽，夏季开花，秋天结实，冬季休眠；动物对不同季节食物条件变化以及对热能、水分和气体代谢的适应，导致生活方式和行为的周期性变化，如活动与休眠、繁殖期与性腺静止期、分居与群居、定居与迁徙等。生物在长期的进化过程中形成的与季节变化相适应的生长发育节律，称为物候（phenological responding）。发芽、幼苗生长、开花、果实成熟、落叶等生长发育阶段，称为物候期（phenophase）。物候期因地而异，通常受经度、纬度、海拔和年际气温变化的影响。

温度决定了生物的生长，而生物的生长发育反映了环境的温度状况，每一个物候期需要一定的热量，因此物候可较为全面、准确地反映季节状况。生物出现发育的某一阶段便预报了当时的气象状况。如杨柳绿表示春天到，枫叶红表示秋天到，等等。同期物候的空间变化，可以反映温度的空间分布趋势。美国昆虫学家 Hopkins 发现，在北美温带地区，纬度每北移 1°，经度每东移 5°，海拔每升高 124m，春天至初夏各物候依次推迟 4d，秋天则正相反，这就是著名的霍普金斯物候定律（Hopkin's bioclimatic law）。在我国东南部早春，从广东湛江至福州和赣州，纬度每北移 1°，桃树始花日期推迟 10d；从南京至北京，纬度每北移 1°，桃树始花日期只推迟 3d；同期物候在山区的垂直分布，可以直观地反映山区气候的垂直变化。如唐朝诗人白居易的诗句"人间四月芳菲尽，山寺桃花始盛开"，直观体现了从九江到庐山上物候期的 1100 m 垂直分布梯度。利用物候可以预报农时活动，预报虫害，确定产品质量，推测未来气候变迁，等等。

3) 极端温度对生物的影响

A. 低温胁迫及生物对低温的适应

(1) 低温胁迫。低温是由寒流引起的突然降温。寒流侵袭具有强烈的突然性，寒流侵袭之地，温度骤降，生物常常因温度突然下降而受到伤害。凡低于某温度，生物便受害，这个温度就称为临界温度或"生物学零度"。超过临界温度，温度下降得越低，生物受害越重。临界温度或低于临界温度的温度值使生物受害的最短时间为"临界时间"。超过临界时间，低温持续时间越长，生物受害越重。生物受低温伤害的程度还取决于物种（品种）及其不同发育阶段的抗低温能力。按照低温程度及生物对低温的反应，可将低温胁迫分为冷害、冻害和霜害 3 种类型。①冷害（chilling injury）或寒害是指零度以上的低温使喜温生物受害甚至死亡的现象。如热带植物丁香、橡胶、槟榔等，气温在 0℃以上就会受害；热带鱼在水温 10℃就会死亡。目前普遍认为 0℃以上低温对生物伤害的机理是低温打乱了代谢的协调性，引起了细胞膜系统损害、蛋白质合成受阻、碳水化合物减少和代谢紊乱、根吸收能力下降等。②冻害（freezing injury）是指冰点以下的低温对生物造成的损害。冻害产生的主要原因是由于结冰而引起的。生物体内结冰的情况有两种：细胞间结冰和细胞内结冰。细胞间结冰伤害的主要原因是冰晶使细胞膜破裂，原生质过度脱水，破坏蛋白质分子，原生质凝固变性，或出现生理干旱（physiological drought）而使生物受害；细胞间结冰造成细胞间隙形成的冰晶体过量时，会对原生质发生机械损害；温度回升，冰晶体迅速融化，细胞壁易恢复原状，但原生质因为来不及吸水膨胀有可能被撕破。细胞内结冰伤害的原因主要是冰晶的机械损害。原生质内形成的冰晶体体积比蛋白质等分子体积大得多，会破坏生物膜、细胞器和细胞质基质的结构，使组织分离、酶活动无秩序、代谢紊乱，直接造成细胞致死性损伤；生物冻伤后，温度快速回升会加剧伤害程度。因为冰融化太快，细胞不能及时地把水吸回细胞，而温度已升高，水分蒸发丢失，原生质变得更加干燥，使生物受害加剧。此外，冻害还会造成养分的外渗损失，导致树皮破裂，在黏重潮湿的土壤上冻融交替，会造成树苗根系上升出土的冻拔现象。③当气温或地表温度下降到零度，空气中过饱和的水气凝结成白色的冰晶，就是霜，又称白霜（white frost）。由于霜的出现而使生物受害称为霜害（frost injury），它是冻害的另一种类型，其机理与冻害一样。

(2) 生物对低温的适应。长期生活在低温环境下的生物在生理生态方面表现出相应的适应特征，在形态上、生理上和行为上获得了特殊的防御装备。

形态适应：① 植物的形态适应。高山和极地植物形成了对低温环境的适应特性，从形态上更多获得太阳辐射热量，减少热量丧失。植物的芽具有鳞片和油脂保护，叶片常有油脂保护，器官的表面有蜡粉和密被柔毛，这些密毛在叶片表面形成流动性小的气流，阻止叶片与空气对流损失热量。高山和极地植物即使是乔木植株也非常矮小，常呈匍匐、垫状或莲座状，伏在地上，卷缩成团。寒冷地区的地温常常比气温高，垫状植物可以获得较多的地面远红外线，使体表温度高于周围气温和开敞生长的植物。另外贴近地面风速小，致密的冠层内空气流动性小，热量损失减少。有些树种到了冬天，树皮有较发达的木栓组织保护树干免遭冻裂。② 动物的形态适应。生活在寒冷地区的动物通过增加隔热性、增加产热和主动避开低温环境来适应低温环境。生长于高纬度地区的恒温动物，其体型大于生活在低纬度地区的同类个体，原因是个体大的动物单位体重散热量相对较少，这就是贝格曼定律（Bergman's rule）。另外，恒温动物身体突出的部分如四肢、尾巴和外耳等低温环境中有变小变短的趋势（图 2.4），称为阿伦定律（Allen's rule），这是减少散热在形态上的适应。实验动物小白鼠（*Mus musculus*）饲养在 15.5～20℃比饲养在 31～33.5℃条件下身体粗壮，但尾巴短，符合贝格曼定律和阿伦定律。有些动物通过如提高羽或毛的质量、增加皮下脂肪等减少体壁热传导、增加隔热性。

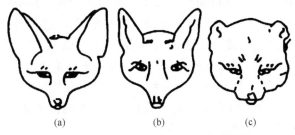

图 2.4　不同温度带狐狸耳壳大小比较（孙儒泳，1987）

（a）非洲大耳狐；（b）赤狐；（c）北极狐

生理适应：① 植物的生理适应。在低温环境下生活的植物，为了减少细胞内和细胞间结冰的可能性，植物体内细胞中水分，尤其是自由水含量减少，束缚水含量相对增加；细胞中可溶性糖类、脂肪和色素等有机物质含量增加，有些植物在低温胁迫下可诱导蛋白产生，这些物质均使冰点降低，渗透压升高，防止原生质凝固，使植物具有较强的耐冻性。例如，鹿蹄草（*Pyrola*）通过在叶细胞中大量储存五碳糖、黏液等物质可使其冰点降至−31℃。有些高山植物和极地植物含有较多的深色色素，吸收光谱带加宽，能吸收更多的红外线，以便能更多地吸收辐射热量。如虎耳草（*Saxifraga*）、十大功劳（*Mahonia fortunei*）等植物叶片在秋季变红，能吸收更多的红外线，增加对热量的吸收，防止冻害；脱落酸含量增加，生长停止，进入休眠。在极端低温下，植物最有效的生理适应是进入休眠。休眠时细胞发生轻度质壁分离，原生质把贯穿在细胞壁中的胞间连丝吸入内部，表面盖上一层厚厚的脂类物质，使水分不易通过，因此，细胞内不易形成冰晶，增强抵御低温的能力；增加抗氧化系统的性能，如增加抗氧化酶的活性，提高对活性氧的清除能力；有些植物可通过产能代谢释放热量维持体温，如生长在北美的天南星科植物臭菘（*Symplocarpus foetidus*）开花期代谢活跃产生大量的热量，使体温维持在 15～35℃，明显高于－15～15℃的气温，能把体表周围的雪融化。② 动物的生理适应。耐受一定程度的身体冻结和处于过冷现象是动物避免低温伤害的适应形式。如摇蚊在低温下可以经受身体多次冻结还能保存生命。有些昆虫体温降至冰点以下后仍然保持体液不结冰，仅暂时出现冷昏迷，环境温度回升后仍可恢复正常活动；增加产热量来提高御寒能力和保持恒定体温，在一定的温度范围内，内温动物（endotherm）通过体内产热调节其体温；减少身体散热。生活在寒冷地区的北极灰狼（*Canis chanco*）、鸥（*Larus* sp.）等动物大大降低身体终端的温度以减少散热，其脚爪的温度可保持在接近冰点的温度。

行为适应：① 植物的行为适应。植物对低温的行为适应主要表现在生长方式和向热移动等方面。高山和极地植物叶片与太阳光线保持垂直状态，以获更多的热量；热带高山一些大型植物如东非肯尼亚的半边莲（*Lobelia keniensis*）具有莲座叶，白昼叶丛开放，增加热量吸收，夜晚则闭合包围生长锥，减少热量散失；位于82°N的加拿大爱丽斯米尔岛夏季白天气温只有15℃，全缘仙女木（*Dryas integrifolia*）的花随太阳转动，以便最大程度地吸收太阳辐射，使花的温度保持在25℃左右。② 动物的行为适应。动物行为上的适应主要表现在迁移和休眠等方面，前者可躲避低温环境，后者有利于提高抗寒能力。

B. 高温胁迫及生物对高温的适应

(1) 高温胁迫。温度超过生物适宜温区的上限后就会对生物产生有害影响，温度越高对生物的伤害作用越大。高温破坏了植物的光合作用和呼吸作用的平衡，使呼吸作用超过光合作用，植物因长期饥饿而受害或死亡。当温度达到40℃时，马铃薯同化作用就等于零，而呼吸作用的强度随温度上升而继续增强（直到50℃以上）。高温使蒸腾作用速率加快，破坏水分平衡，使植物萎蔫干枯甚至死亡；高温促使叶片过早衰老导致有效光合叶面积减少，加速植物的生长发育，缩短植物的整个生育期，使植物生长量相应减少；当温度升至40℃左右时，蛋白质凝固变性，温度高于50℃，生物膜脂类液化，膜的基本结构难以维持，化学成分发生变化，膜功能丧失，导致有害代谢产物的积累（如蛋白质分解时氨的积累），造成生物中毒、缺氧、排泄功能失调、神经系统麻痹等；高温影响生物的生殖力。水稻开花期如遇高温就会使花粉不能在柱头上萌发而造成受精过程受到阻碍。高温影响动物产卵量和孵化速率等。突然的高温还会使木本植物树皮灼伤，甚至开裂，导致病虫害入侵。

(2) 生物对高温的适应。高温环境下，生物同时受到高温胁迫和水分胁迫。因此，高温环境下生活的生物从形态上、生理上和行为上产生了一整套避免体温过热和减少水分丢失，维持水分平衡功能的适应。

形态适应：植物对高温的形态适应表现为减少对热量的吸收以减缓体温升高。①减少对太阳辐射的吸收。有些植物体表密生绒毛或鳞片能过滤一部分阳光，有些植物体呈白色、银白色和叶片革质发亮能反射一大部分阳光，有些植物叶片垂直排列使叶缘向光或在高温条件下叶片折叠可减少光的吸收面积，如热带许多植物的叶片垂直地挂在树上，叶沿向阳。羊蹄甲属（*Bauhinia*）植物在烈日当空的中午把叶子对折起来；有些植物叶片变小甚至退化。这些特征均可以减少对热量的吸收。②减少对地面热辐射的吸收。沙漠植物地上枝叶尽量不贴近地面，减少吸收地面热辐射；有些植物的根系有一层固结的沙粒形成的根套包裹，有一定的隔热作用，使根系免遭灼伤；有些植物的树干和根茎生有很厚的木栓层，具有绝热和保护作用；有些植物形成开敞的植冠，叶片周围的空气流动大，具有高效的风冷效果；动物通过发育某些特殊的结构来适应高温环境，如偶蹄目角洞类动物的血管具有特殊的结构，能在高温环境下调控脑部的温度，使其低于身体其他部位的温度。

生理适应：植物对高温的生理适应表现在增加细胞内糖或盐的浓度，降低含水量，使细胞内原生质浓度增加，减缓代谢速率，增强了抗高温的能力。生长在高温强光下的植物大多具有旺盛的蒸腾作用，由于蒸腾而使体温比气温低，避免高温对植物的伤害。但当气温升到 $40℃$ 以上时，气孔关闭，则植物失去蒸腾散热的能力，这时最易受害。某些植物具有反射红外线的能力，在夏季反射的红外线比冬季多；动物对高温环境的一个重要适应是适当放松恒温性，使体温有较大的变幅，在高温炎热时刻能够暂时吸收和储存热量并使体温升高，减少与环境的温差进而减少水分的丧失，在温度条件改善或躲避到阴凉处将体内的热量释放出来，体温也就随之下降。

行为适应：高温环境下植物在行为上的适应主要表现在依靠叶片运动，减少叶片与入射光线的角度，避免体温过高；高温环境下的动物常常采取夏眠、穴居、昼伏夜出的行为适应对策来抵御高温环境对其影响。

C. 温度对生物分布的影响及温度生态类型

（1）温度对生物分布的影响。年平均气温、最冷月和最热月的平均气温、日平均温度累计值的高低等均能限制生物的分布的温度因子。如玉米螟（*Pyrausta nubilalis*）在气温 $15℃$ 以上时间少于 70d 就不能持久生存。极端温度往往是制约生物分布的重要因子。高温破坏植物体内的代谢过程和光合呼吸平衡，但某些植物因得不到必要的低温刺激而不能完成发育阶段，因此限制植物的分布，苹果、桃、梨在低纬地区不能开花结实。低温决定了植物和变温动物水平分布的界限和垂直分布的界限，如油棕（*Elaeis gunieensis*）分布的北界为 $24°N$（福建韶安）和海拔为 600m（西双版纳），苹果蚜分布的北界是 1 月等温线为

3～4℃的地区。生物往往分布于其最适温度附近地区。多数生物的最适温度为20～30℃，因而温暖地区分布的生物种类多，低温地区种类少。

（2）温度生态类型。由于原产地的温度不同，使生物形成了对温度的不同要求，形成了不同的温度生态类型。广温生物能在较宽温度范围内生活。例如，桦松等在−5～55℃生活，斑鳉（*Cyprinodon macularius*）可在10～40℃的范围内生活。窄温生物只能在很窄的温度范围内生活。在低温范围内发育繁殖的生物称为低温狭温生物，如雪球藻（*Sphaerella nivalis*）（0℃）、南极鳕（*Notothenia coriiceps*）（−2～2℃）；只能在高温环境下生活的生物，称为高温狭温生物，如椰子、可可（*Theobroma cacao*）、温泉中的蓝绿藻（70℃）、奇桨剑水蚤（*Copilia mirabilis*）（23～29℃）。

3. 水对生物的生态作用及生物对水的适应

1）水的生态意义

水具有重要的生态学意义。第一，水是任何生物体都不可缺少的重要组成成分，原生质平均含有80%～90%的水分，从这个意义上来讲没有水就没有生命。第二，水是生命活动的媒介、原料和场所。生物体的一切代谢活动都必须以水为介质，生物体内营养物质的运输、废物的排除、激素的传递以及各种生物化学过程都必须在水溶液中才能进行，此外，水是光合作用的原料之一。第三，水具有独特的性质。地球上的生物能够生存至今，依赖于水的一种特性，即温度在0.98℃时水的密度最大，温度越低水的密度越小，水结冰时体积增大密度减小，因此冰总是漂浮在水面上，阻止了湖泊、河流和海洋的底部结冰，在冬天为水生生物营造了一个避难所；水分子具有很高的比热和汽化热，吸热和放热过程缓慢，因此水体温度变化不像大气温度变化那样剧烈，为生物创造了一个相对稳定的环境，也对陆生生物的热量代谢和热能代谢具有重要的意义，因为蒸发散热是所有陆生生物降低体温最重要的手段；水具有密度高（是空气密度的800倍）、黏性大的特点，为生物提供了一个强大的支持作用，但阻碍了生物的运动；水具有不可压缩性，因此能维持细胞和组织维持紧张状态，使各器官保持其饱满状态，保证了各种代谢过程的正常进行，如使植物枝叶挺立，便于充分接受阳光和气体交换，同时也使花朵张开，利于传粉。第四，水对生物散布和基因交流具有一定的作用。有些植物的果实、种子依靠水来散布，有些水生植物以水作为媒介来传播花粉。第五，生物起源于水，生物进化90%的时间都在海洋中进行。

2）植物对水的适应

植物界不同类群的植物对水的依赖性差异很大。因此可以从不同的角度或依据不同的标准将植物分为不同的水分生态类型。一般分为水生植物和陆生植物。这两类植物对水环境有特殊的要求，对水的耐受范围和相应的生态适应特点各不相同。

A. 水生植物

植物体的全部或部分适宜生长在自由水中，称为水生植物（hydrophyte）。

水环境的特点。水体主要的特点是弱光、缺氧、密度大、黏性高、温度变化平缓以及能溶解各种无机盐类。

水生植物的生态适应。水生植物长期适应水环境的结果，形成了一整套生态适应特征。体内具有发达的通气系统，以保证身体各部分对氧气的需要，多数水生植物具有特别的内腔和特殊的细胞排列，构成叶、茎和根相连通的通气系统，使茎叶中的氧分子能向根部运动，改善在缺氧环境中根部的含氧量；叶片多分裂成带状、线状，而且很薄，以增加吸收阳光、无机盐和 CO_2 的面积，如水毛茛在同一植株上有两种不同形状的叶片，在水面上呈片状，而在水下则撕裂成带状；表皮发育微弱，沉没在水中的器官无气孔，浮在水面上的叶片气孔较多；机械组织不发达甚至退化，以增强植物的弹性和抗扭曲能力，适应于水体流动；沉没在水下的叶片无栅栏组织和海绵组织的分化；根系发育微弱或无根系；淡水水生植物生活在低渗的环境中，植物还具有调节渗透压的能力。海水中的水生植物生活在等渗的环境中，不具调节渗透压的能力。

水生植物的类型。按照植物体沉没在水中的情况可将水生植物分为 3 类。①沉水植物（submerged plant）在大部分生活周期中，植物体全部沉没在水中，扎根于水体基质中，其根、茎、叶退化，根中维管束退化，减弱了根系的吸收功能；茎中机械组织不发达，柔软而富有弹性；叶片薄、多呈带状或丝状，细胞中叶绿体大而多，集中在表面；无性繁殖发达，有性繁殖以水媒为主。②浮水植物（floating plant）的叶片漂浮在水面。分为两类：飘浮植物的叶片漂浮在水面，根悬垂在水中，叶片或茎的海绵组织发达，浮力大，具有漂浮的特化器官，无固定的生长地点，植株漂浮不定，如满江红（*Azolla imbricata*）、浮萍（*Lemna minor*）、凤眼莲（*Eichhornia crassipes*）等。浮叶植物的叶漂浮在水面，根扎在水下的土壤中，气孔分布在叶片的上面，如睡莲（*Nymphaea mexicana*）、莲（*Nelumbo nucifera*）等。③挺水植物（emerging plant）的根固定生长在水底泥土中，茎叶下部浸泡在水中，上部暴露在空气中，整个植物体分别处于土壤、水分和空气中，如芦苇（*Phragmites australis*）、香蒲属（*Typha*）植物等。挺水植物是植物界最复杂的一类，是水生植物向陆生植物发展演变的先驱。

B. 陆生植物

在陆地上生长的植物统称为陆生植物（terrestrial plant）。按照植物对水分的需求量和依赖程度，可将陆生植物分为以下三类。

湿生植物（hygrophyte）指在潮湿环境中生长，不能忍受较长时间的水分不足，抗旱能力最弱的陆生植物。湿生植物生长在陆地上最潮湿的环境中，土壤水分常常处于饱和状态，如沼泽、低洼地、山谷湿地及热带潮湿雨林的林下。根据其环境特点，还可以再分为阴性湿生植物和阳性湿生植物两个亚类（表 2.3）。

表 2.3　阴性湿生植物和阳性湿生植物的比较

	阴性湿生植物	阳性湿生植物
环境特征	光照弱，大气湿度大	光照强，土壤潮湿
生态适应	植物蒸腾弱，容易保持水分平衡，防止蒸腾、调节水分平衡的能力差；根系极不发达，叶片柔软，海绵组织发达，机械组织和栅栏组织不发达	植物蒸腾较强，叶片有角质层等防止蒸腾的各种适应；根系不发达，无根毛，根部通气组织和茎叶的通气组织相连，以保证根部对氧气的需求
代表植物	海芋（*Alocasia macrorrhiza*）、各种秋海棠（*Begonia*）等	水稻、半边莲（*Lobelia chinensis*）、小灯心草（*Juncus bufonius*）等

中生植物（mesophyte）指生长在水分条件适中生境中的植物。这类植物种类最多，分布最广，数量最大。中生植物不仅要求中等适宜的水湿条件，而且需要适度的营养、通气和温度条件。该类植物具有一套完整的保持水分平衡的结构和功能，其根系和输导组织均比湿生植物发达。叶片表面具有角质层，栅栏组织整齐，无完整的通气组织系统。

旱生植物（xerophyte）指生长在干旱环境，在长期或间歇干旱下仍能维护水分平衡和正常生长发育的陆生植物。这类植物在形态或生理上有多种多样的适应干旱环境的特征，多分布在干热草原和荒漠区。根据形态-生理特征可将旱生植物分为少浆液植物和多浆液植物两类。

少浆液植物体内含水量极少，外观干硬，身体水分丧失 50% 的情况下仍然能生存（中、湿生植物丧失水分 2% 就枯萎）。它们具有一系列适应干旱环境的特征：叶面积缩小，具有发达的角质层，气孔下陷，茎叶表面密被柔毛或卷叶，以减少水分丧失量。如松柏类植物叶片呈针状或鳞片状，且气孔下陷；木麻黄（*Casuarina equisetifolia*）的叶片退化为鳞片状；夹竹桃（*Nerium indicum*）叶表面被有很厚的角质层或白色的绒毛，能反射光线；许多单子叶植物具有扇状的运动细胞，在缺水的情况下，运动细胞可以收缩，使叶面卷曲，尽量减少水分的散失；发达的根系是增加水分摄取的重要途径。少浆液植物根系特别发达，根系生长迅速，扩展范围广而深，根细胞原生质渗透压高，以确保在干旱环境下吸收足够的水分。如沙漠地区的骆驼刺（*Alhagi sparsifolia*）地面部分只有几厘米，而地下部分可以深达 15 m，扩展的范围达 623 m²；在干旱情况下，能抑制碳水化合物和蛋白质分解酶的活性，保持合成酶的活性。

多浆液植物是指具有发达储水组织的旱生植物。这类植物根、茎、叶的薄壁组织转变为储水组织，能够储藏大量的水分。例如，美洲沙漠中的仙人掌（*Opuntia*）高达 15～20m，可储水 2t 左右，西非的猴面包树（*Adansonia digitata*）可储水 4t 以上。这类植物对旱生环境的适应特征为：面积对体积比例小，可以减少水分支出。大多数多浆液植物叶片退化，由绿色的茎代行光合作用，茎的外壁具有厚的角质层，表皮下具有多层厚壁组织，气孔数目少且大多数气孔深埋在沟槽中；原生质渗透压特别高，体内含有大量的碳水化合物，有利于保持大量的水分；代谢方式特殊，行景天酸代谢途径，白天气孔关闭以减少水分支出，晚上气孔张开吸收 CO_2 并将 CO_2 固定为有机酸，白天再将 CO_2 释放出来以供光合作用所需，因此增强了多浆液植物保持水分平衡和储存水的能力。

陆生植物的含水量在不同类群之间变化很大，可以按照植物体含水量及其稳定程度区分出变水植物和恒水植物两种基本类型。

变水植物（poikilohydric plant）的含水量与其环境的湿度相一致，植物组织的细胞较小并且缺少中央液泡。当细胞缺水时，植物体十分均匀地皱缩起来，原生质的超微结构不致被破坏，所以细胞仍保持有生活力。含水量降低的时候，植物的光合作用和呼吸作用受到抑制，然而当它们再次吸入足够的水分时，便可重新开始正常的代谢活动。藻类、地衣、苔藓、蕨类中的一些种类以及极少数被子植物属于变水植物。如地衣的叶状体只要组织水势不低于 $-3MPa$，就能保持光合能力。种子植物的花粉粒和胚则可以被看作恒水植物的变水阶段。

恒水植物（homoehydric plant）或定水植物的细胞内有一个中央大液泡，由于液泡内储藏有水分而使植物组织含水量能够在一定范围内保持稳定，因而原生质受外界环境条件变动的影响很小。但是，大液泡的存在也使细胞容易失去耐脱水的能力。陆生恒水植物的祖先分布在湿润的生境，后来随着角质层和气孔的进化使它们能够较好地控制水分平衡，才逐渐分布到干燥的生境中。大多数维管植物属于恒水植物。

3）动物对水的适应

动物失水的主要途径是皮肤蒸发、呼吸失水和排泄失水，丢失的水分主要从食物、代谢水和直接饮水来弥补。

A. 水生动物的渗透调节

水生动物保持体内水分得失平衡主要是依赖水的渗透作用。生活在海洋中的低渗动物体内渗透压低于海水，要保持水分平衡，必须从食物、代谢过程或饮水中摄取大量水，并通过鳃或直肠腺排除饮入体内的大量的盐；河海交汇处，水体溶质浓度波动较大，生活在此处的动物通过调节体内渗透浓度以适应环境的变化，称为变渗压性动物（poikilosmotic animal）；淡水中的动物，其体液渗透浓度高，则需要排除大量的尿将体内多余的水排除，同时通过摄食和鳃的主动吸收，将盐离子摄入体内。

B. 陆生动物的渗透调节

陆生动物体内的含水量一般比环境要高，在进化过程中陆生动物形成了各种减少和限制失水的适应。

减少失水：① 生活在干旱环境下的陆生动物形成了减少排泄失水的适应特征。哺乳动物肾脏的保水能力代表了一种陆地适应性。栖息在干旱环境的兽类肾脏髓质部的加厚，浓缩尿的能力增强；排泄尿酸。动物氮代谢废物排泄到体外的物质有铵（NH_4^+）、尿素和尿酸。NH_4^+ 具有一定的毒性，在体内达到一定浓度必须迅速排出体外，排泄 NH_4^+ 过程常常伴随着大量水分的丧失。尿素毒性较小，但也需要溶在水中以后才能排泄出去。尿酸是唯一一种可以以固体形式排出体外的含氮废物。在炎热干燥沙漠中，一些鸟类和爬行类以尿酸的形式排泄含氮废物是一种节水的适应。② 减少体表失水。陆生动物的皮肤中水分含量少于其他组织，有些动物皮肤中具有脂类，昆虫具有几丁质的外骨骼，两栖类动物体表分泌黏液以保持湿润，爬行动物具有很厚的角质层，鸟类具有羽毛和尾脂腺，哺乳动物有皮脂腺和毛，这些适应都可减缓水分穿过皮肤和体壁，防止水分过量蒸发。③ 减少呼吸道失水。不同动物减少呼吸道失水的机制不同。许多昆虫利用气管系统进行呼吸，气门瓣控制气门的开闭限制了水分的丧失；鸟类和哺乳类在扩大的鼻道内通过冷凝回收由肺部呼出的水蒸气（鼻道温度低于肺表面）。④ 有些动物通过行为上的策略来减少水分的丧失。沙漠地区夏季昼夜地表温度相差很大，地面和地下的相对湿度和蒸发力相差很大。一般沙漠动物（如昆虫、爬行类、啮齿类等）白天躲在洞内，夜里出来活动。更格卢鼠（*Dipodomys spectabtis*）能将洞口封住。另外，一些动物白天躲藏在潮湿的地方或水中，以避开干燥的空气，而在夜间出来活动。干旱地区的许多鸟类和兽类在水分缺乏、食物不足的时候，迁移到别处去，以避开不良的环境条件。

获取水分：陆生动物在获取水分方面有多种多样的适应性特征。通过饮水和取食是陆生动物最主要的获取水分的方法；生活在潮湿环境中的两栖类和无脊椎动物的皮肤具有透水性，可以通过外皮吸水；生活在干旱地区和沙漠地区的动物常常利用代谢水来弥补水分不足，如干旱季节，澳洲蝗（*Austroicetus cruciota*）产卵前2h会在产卵地上方2m高处上下飞行，目的就是产生代谢水供产卵时使用。由于利用代谢水，很多昆虫和在沙漠中生长的动物，即使只吃干燥食物，也能维持体内足够的水分，如一些沙鼠仅吃含水量不超过10％的种子也能生存下去。

2.2　种群

2.2.1　种群概述

1. 种群的基本特征

种群（population）是在同一时期内占有一定空间的同种生物个体的有机集合。种群是物种在自然界存在的基本单位，是构成生物群落的基本结构单元。种群的基本构成成分是具有潜在杂交能力的个体，它们之间能够自由授粉或交配繁殖，能产生有生育能力的后代。种群概念强调种群的分布和数量。种群是一个具有自身组织秩序和自我调节能力的生物系统，种群是由一定数量的同种个体所组成，但这种组成并不是简单的相加，种群作为一种新的生物系统具有新质的产生。种群与环境之间、种群与种群之间以及种群内部个体之间存在着一系列的相互关系。自然种群具有三个基本特征。

空间特征。种群具有一定的分布区域和分布形式。种群的分界线是人为划定的，生态学研究者往往根据研究的方便来划定出种群的分界线，大至全世界的蓝鲸种群，小至一块草地上的玉米种群，甚至实验室培养的一瓶细菌。当然，如果种群的栖息地具有天然的分界线，那么，这个天然的分界线为该种群的分界线，如岛屿、湖泊、池塘、沼泽、被森林环绕的草地、被草地环绕的森林等。

数量特征。每单位面积（或空间）上的个体数量（密度）具有一定的变动规律。种群的数量大小受出生率（natality）、死亡率（mortality）、迁入率（immigration）和迁出率（emigration）4 个种群参数的影响，这些参数又受到种群的年龄结构、性别比例、内分布型和遗传组成的影响。种群通过生死过程、迁入与迁出活动，在与环境相互作用过程中发生数量与分布上的动态调整，从而使种群能够适应多样的环境，世代延续发展。

遗传特征。种群具有一定的基因组成，即种群内的个体属于同一个基因库而与其他物种相区别，但基因组成同样是处于变动之中的。种群内的个体通常只和同一种群的个体交配，但是植物的种子和孢子有时会被风吹到很远的地方，动物的个体偶尔也会离开自己的繁殖种群。在这种情况下，不同种群的个体之间便偶尔发生基因交流，这种交流一般仅限于在同一物种的不同种群之间进行，不同物种之间存在着基因交流的障碍。

2. 单体生物和构件生物

20 世纪 60 年代，Harper 和 Clatuorthy 在研究浮萍时提出植物种群的结构具有两个层次：基株（genet）和构件（module）。基株层次是由合子发育而来的一个独立的个体，如浮萍的母萍；构件是指基株之上每一个与生死过程相关的可重复的结构单位，如个体上的枝条、芽、分蘖、脱离母体可独立生长的部分等。由此提出了单体生物和构件生物的概念。

单体生物（unitary organism）是由一个合子或受精卵发育而成的生物体，其器官、组织各个部分的数目在整个生活周期的各阶段保持不变，它们的生长过程只是器官、组织的大小不可逆的增长，除非畸变，它们在形态上保持高度稳定，如大多数动物和一些低等植物。

构件生物（modular organism）指由一套构件组成的生物体，如高等植物和某些低等动物。这类生物的合子或受精卵发育成幼体后，在其后的各发育阶段构件反复形成。构件生物通常都是分枝的，如树木。除幼龄阶段（如种子）和少数自由飘浮的水生植物外，构件生物的生长位置一般都是固定的。由于构件数的差别，个体之间表现出不同的形态结构，在不同环境条件下生活的同一种生物的不同个体，其构件数量有所差异。许多天然植物都是无性繁殖，个体本身就是一个无性系的"种群"。在某一生境内，同一种生物体上的某种构件的集合，称为构件种群（modular population）（图 2.5），每个构件称为构件个体。构件种群有其结构特征和动态特征。

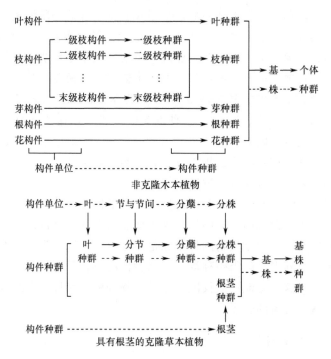

图 2.5　植物构件组成、构件种群和基株种群（刘庆和钟章成，1995）

2.2.2　种群动态

生存在特定环境中的任何种群，都会随时间进程而呈现个体数量消长和分布变迁，称为种群动态（population dynamics）。种群动态研究种群数量在时间上和空间上的变动规律。种群动态的基本研究方法是野外观察、实验研究和数学模型研究。

1. 种群密度

种群数量指一定范围内种群的个体数量，或称为种群大小（population

size），如果用单位面积或单位体积内的个体数量来表示种群的大小就是种群密度（population density），用公式表示为

$$D = \frac{N}{S} \qquad\qquad (2.2)$$

式中，D 为密度；N 为个体数；S 为面积。

根据密度调查方法不同，可将密度分为绝对密度（absolute density）与相对密度（relative density）。绝对密度是指单位面积或单位体积中的个体数量；相对密度是衡量数量多少的相对指标。种群密度是一个变量。在适宜的环境条件下密度较高，反之则低。种群密度随着一年的四季变动而发生变化。因此，在进行密度调查时应当有特定时间的概念。另外，不同分布区当中由于环境条件优劣的差别，种群密度也有所不同，因此密度调查时，还应当有空间概念。对于许多构件生物，研究构件的数量与分布状况往往比个体数更为重要。

2. 种群的年龄结构和性比

1）年龄结构

（1）年龄结构的概念。种群的年龄结构（age structure）是指种群内不同年龄个体的分布或组配情况，即各个年龄级的个体数目与种群个体总体的比例，或称为年龄比（age ratio）或年龄分布（age distribution）。种群的年龄结构可以区分为异龄种群和同龄种群。年龄结构对种群出生率与死亡率的影响很大。如果其他条件相等，种群中具有繁殖能力年龄的成体比例越大，出生率就越高；而种群中缺乏繁殖能力的年老个体比例越大，种群的死亡率就越高。构件生物的年龄结构包括两个层次：个体的年龄结构和组成个体构件的年龄结构，如在同一植株上由幼龄的、正在生长发育的、参与繁殖的、衰老的不同构件组成，叶、枝条、根等构件的活动性也会随着年龄而变化。

（2）年龄结构的划分。从生态学角度，根据生态年龄（ecological age），即繁殖状态，通常可以将一个种群分为三个年龄组（age class）：繁殖前期（prereproductive period）（性不成熟期）、繁殖期（reproductive period）（性成熟的生殖期）和繁殖后期（post reproductive period）（性衰退消失的老年阶段）。三个时期还可以进一步细分。这三个时期的相对长短，在不同物种之间相差很大，不同生物各时期的长短变化不同，势必会影响种群的出生率与死亡率。

（3）年龄金字塔。种群的年龄结构可以用年龄金字塔或年龄锥体（age pyramid）来表示。年龄金字塔是用从上到下一系列不同宽度的横柱组成的图。横柱的高低位置表示由幼体到老年的不同年龄组，横柱的宽度表示各个年龄组的个体数或其所占种群全部个体数的百分比。年龄金字塔表示种群的年龄结构分布（population age distribution）。根据年龄金字塔的形状，可以将种群分为 3 个基

本类型（图 2.6）。

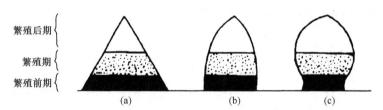

图 2.6　年龄金字塔的基本类型（Kormondy，1996）

(a) 增长型种群；(b) 稳定型种群；(c) 下降型种群

增长型种群（expanding population）。年龄锥体呈典型的金字塔形，基部宽阔而顶部狭窄，表示种群中有大量的幼体，而年老的个体很少。这样的种群出生率大于死亡率，是迅速增长的种群。

稳定种群（stable population）。其年龄锥体大致呈钟形，说明种群中幼年个体和老年个体数量大致相等，其出生率和死亡率也大致平衡，种群数量稳定。

下降型种群（decline population）。其年龄锥体呈壶形，基部比较狭窄而顶部较宽，表示种群中幼体所占比例很小，而老年个体的比例较大，种群死亡率大于出生率，是一种数量趋于下降的种群。

种群的繁殖能力与年龄有着密切的关系，准确了解种群的年龄结构，可以预测种群的发展趋势。

2）性比

一个种群中所有个体或某个年龄组的个体中，雄性个体数与雌性个体数的比例，称为性比（sex ratio）。性比是反映种群中雄性个体（♂）和雌性个体（♀）比例的参数。用公式表示为

$$S = \frac{M}{F} \times 100\%$$
(2.3)

式中，M 表示雄性个体数；F 表示雌性个体数。

有性生殖是生物的一个普遍特性，对于大多数动物和雌雄异株的植物来说，性比是种群结构的一个要素，它对种群的发展具有很大的影响，如果两性个体比值过于悬殊，极不利于种群的增殖而影响种群的结构与动态。一般将受精卵的性比称为第一性比，雌雄比例大致为 50：50；幼体成长到性成熟这段时间的性比称为第二性比；性成熟以后的性比称为第三性比。第二性比和第三性比常常因为各种原因而变化。部分原因可能与性别的遗传决定、生理学和两性的行为等因素有关。

性比影响着种群的出生率，因此也是影响种群数量变动的因素之一，一般来说，种群中雌性个体的数量适当地多于雄性个体有利于提高生殖力。

3. 生命表

1）生命表的概念

生命表（life table）是描述种群死亡过程和存活过程的一览表，用以记录在自然条件或实验条件下，种群在整个生命周期内出生和死亡的数目，以及出生、死亡发生的年龄。根据不同年龄组出生和死亡的数量，估计种群消长的趋势。生命表实质上就是描述种群死亡的一种有用的图表模式。

2）一般生命表的构成

一般生命表的构成由若干栏（表 2.4），第一列表示年龄组，由低龄到高龄自上而下排列，其他各列都记录着种群死亡与存活的情况的一个观察数据或统计数据，每栏以符号代表，这些符号在生态学中已成为习惯用法，含义如下。

表 2.4　一个假想的生命表

x	n_x	d_x	l_x	q_x	L_x	T_x	e_x
1	1000	550	1.00	0.550	725	1210	1.21
2	450	250	0.45	0.556	325	485	1.08
3	200	150	0.20	0.750	125	160	0.80
4	50	40	0.05	0.800	30	35	0.70
5	10	10	0.01	1.000	5	5	0.50
6	0		0.00				

x：年龄组

n_x：在 x 期开始时的存活个体数

d_x：从 x 到 $x+1$ 的死亡数目

l_x：在 x 期开始时的存活个体的百分数

$$l_x = \frac{n_x}{n_1} \tag{2.4}$$

q_x：在 $x \rightarrow x+1$ 的死亡率

$$q_x = \frac{d_x}{n_x} \tag{2.5}$$

L_x：x 年龄组期间的平均生活个体数

$$L_x = \frac{n_x + n_{x+1}}{2} \tag{2.6}$$

T_x：x 年龄组期间种群个体期望寿命总和，其值等于生命表中各 L_x 的值自下而上累加之和，即

$$T_x = \sum_x^\infty L_x \tag{2.7}$$

e_x：在 x 年龄组开始时的平均生命期望（该年龄组个体在未来能存活的平均年限）

$$e_x = \frac{T_x}{n_x} \tag{2.8}$$

在生命表中，只有 n_x 和 d_x 是直接观察值，其余各栏都是统计值，即只要有 n_1，n_x 和 d_x 就可以计算出其他各项的数值，其中 L_x 和 T_x 是专为计算 e_x 设计的。

3）生命表的类型

动态生命表。动态生命表（dynamic life table）又称为特定年龄生命表（age-specific life table）或同生群生命表（cohort life table），是根据观察同一时间出生的个体群（同生群，cohort）死亡或动态过程所获得的数据而编制的生命表。动态生命表在记录各年龄或发育阶段死亡数据的同时，还可以查明和记录死亡原因，从而分析和找出种群发育的薄弱环节，找到种群下降的关键因子。这种生命表需要收集同生群从出生到死亡的全部数据，结果比较准确，但是对于世代重叠、寿命较长的种群来说要想获得全部数据比较困难。动态生命表的个体都经历了同样的环境条件。

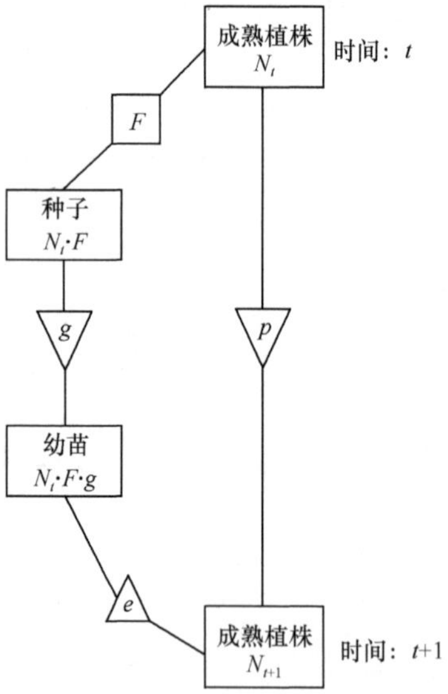

静态生命表。静态生态表（static life table）又称为特定时间生命表（time-specific life table），是在某一特定时间对种群作一个年龄结构调查，并根据调查结果而编制的生命表。静态生命表的编制基于三个假设：种群数量静止不变；种群的年龄结构稳定，与时间无关；无迁入和迁出。但事实并非如此，静态生命表中各年龄组个体的出生时间有先有后，经历的环境也不相同，各年龄组个体的出生、死亡、存活的变化影响因素十分复杂。编制静态生命表等于就是假定种群所经历的环境是无变化的。但是静态生命表能反映出种群出生率与死亡率随年龄而变化的规律，很容易使人们看到种群的生存对策和生殖对策，也比较容易编制，特别对世代重叠、寿命长的种群具有很大的应用价值。

图 2.7　植物种群的图解生命表
（姜汉侨等，2004）

N_t：t 世代种群数量；N_{t+1}：$t+1$ 世代种群数量；p：植株存活率；F：每株植物产生种子的平均数量；g：种子平均萌发率；e：幼苗存活率

图解生命表。图解生命表是一种简化的生命表，它以图形记录的方式，将种群数量变动的过程以流程图的形式表示，并标志各变量的数值，具有直观、方便的特点。图 2.7 是一个理想化的高等植物图解式生命表，表示一次性结实植物种群从 N_t 到 N_{t+1} 一个世代的数量动态。

生物的生活史五花八门，生命表的形式也多种多样，另外，人们还常常编制其他如综合生命表等形式的生命表。

4）存活曲线

存活曲线（survivorship curve）是一条反映种群个体在各年龄组存活状况的曲线，以对数的形式表示在每一生活阶段存活个体的比例。Deevey（1947）以相对年龄（以平均寿命的百分比表示年龄，记作 X）作为横坐标，存活数 L_x（在 x 期开始时的存活分数）的对数作纵坐标，绘制存活曲线划分为 3 个基本类型（图 2.8）：

Ⅰ型（A 型）。曲线呈凸形，表示种群在接近于生理寿命（在最优条件下，种群中个体的平均寿命）之前，只有个别的死亡，即几乎所有的个体都能达到生理寿命，如人类、许多大型哺乳动物、少数无脊椎动物、一年生植物，等等。

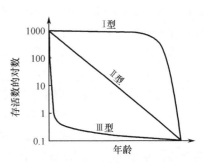

图 2.8　存活曲线的基本类型

Ⅱ型（B 型）。曲线呈对角线，表示个体各时期的死亡率相等，如多年生一次性结实植物、许多野生鸟类等。

Ⅲ型（C 型）。曲线呈凹形，表示幼体的死亡率很高，以后的死亡率低而稳定，如许多海产鱼类、海产无脊椎动物、寄生虫、多次结实的多年生植物等。

存活曲线的形状与亲代对后代的抚育程度以及保护机制有关，并常常随着种群的密度而改变。

4. 种群的增长

1）种群的内禀增长率

生命表是总结死亡的一览表，死亡率与出生率相对立而共同作用并决定了种群的数量变化。为了表达这二者的综合作用而采用种群参数——内禀增长率（intrinsic rate of natural increase，r_m），其意义为：最适条件下（最适的温、湿度组合，充足的和高质量的营养，无限的空间，最佳种群密度并排除其他生物的有害影响），种群内部潜在的增长能力，即稳定年龄结构的种群所能达到的最大增长率。r_m 只存在于实验室条件下，具有统计特性。

2）种群的增长规律

（1）与密度无关的种群增长模型。种群具有巨大的生产潜力。在无限环境（环境中的空间、营养等是无限的）中，种群潜在的增长能力得到最大的发挥，其增长率不随种群本身的密度而变化，这类增长呈指数式增长格局，称为种群的指数增长规律（law of exponential growth）。指数增长的特点是增长不受资源和空间的限制，开始增长较慢，但随着种群基数的加大，增长会越来越快，每单位时间都会按照种群基数的一定倍数增长。指数增长规律可分为两种基本类型：离散增长规律和连续增长规律。

离散增长模型　一年生生物种群在生殖后所有的个体将死亡，种群的世代是不连续、不重叠的，其种群的增长规律通常用差分方程描述：

$$N_{t+1} = \lambda N_t \tag{2.9}$$

或

$$N_t = N_0 \lambda^t \tag{2.10}$$

式中，N_t 表示 t 世代种群大小；N_{t+1} 表示 $t+1$ 世代种群大小；λ 表示周限增长率，即相邻两个世代的比例：

$$\lambda = \frac{N_1}{N_0} \tag{2.11}$$

将方程 $N_t = N_0 \lambda^t$ 两端取对数，即

$$\lg N_t = \lg N_0 + (\lg \lambda) t \tag{2.12}$$

上式具有直线方程式 $y = a + bx$ 的形式，以 $\lg N_t$ 对时间 t 作图，就得到一条直线，其中 $\lg N_0$ 是截距，$\lg \lambda$ 为斜率。

λ 是一个有用的参数。从理论上讲又有以下四种情况：$\lambda > 1$，种群上升；$\lambda = 1$，种群稳定；$0 < \lambda < 1$，种群下降；$\lambda = 0$，种群无繁殖现象，且在一代中灭亡。

种群连续增长模型　世代重叠的种群增长规律常常用微分方程进行描述。

$$\frac{\mathrm{d}N}{\mathrm{d}t} = rN \tag{2.13}$$

或

$$N_t = N_0 \mathrm{e}^{rt} \tag{2.14}$$

式中，$\mathrm{d}N/\mathrm{d}t$ 为种群的增长速度，即在一定时间中个体数的变化；N 为种群个体数；t 为时间；r 为增长率，增长率＝出生率－死亡率；e 为自然底数；N_0 为开始时种群的数量。

以对数标尺（$\lg N_t$）对时间（t）作图（图 2.9），得到一条直线，而以个体数（N）对时间作图，得到一条 J-型曲线，故该增长模式又称为 J-型增长（Jshaped growth form），如 16 世纪以来世界人口的增长就呈 J-型增长模式。

（2）与密度有关的种群增长规律。尽管物种具有巨大的增长潜力，但是在自然界中，种群却不能无限制地按照几何级数增长，因为种群增长所需的资源和空间总是有限的，随着种群密度上升，对有限空间资源和其他生活必需条件的种内竞争必将增加，继而影响到种群的出生率和死亡率，降低种群的实际增长率。因

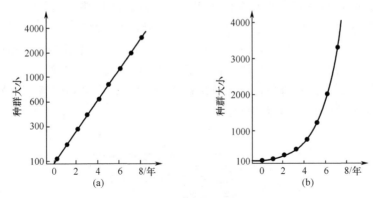

图 2.9　种群的指数式增长（林育真，2004）

（a）对数标尺；（b）算数标尺

此，在自然界种群总是在增长到一定限度后，增量和减量的差异逐渐消失而达到平衡。由环境资源所决定的种群限度，即某一环境所能维持的最大种群数量称为环境容纳量（carrying capacity），用 K 来表示。

在自然条件下，生物种群的增长在开始时经过一个适应环境的延滞期后，随即进入指数增长期（个体呈指数增长），然后增长速度变慢，最后增量和减量相等，种群不再增长而达到最高密度的稳定期。这种增长形式称为逻辑斯谛增长（logisitic growth）。逻辑斯谛增长的数学模型由比利时学者 Verhurst 在 1938 年首次提出，后来因为 Pearl 与 Reed 在人口学上应用而得到普遍认同，故称为 Verhulst-Pearl 方程（Verhulst-Pearl equation），也被称为逻辑斯谛方程（logistic equation）。

$$\frac{dN}{dt} = rN\left(1 - \frac{N}{K}\right) \tag{2.15}$$

其积分式为

$$N_t = \frac{K}{1 + e^{a-rt}} \tag{2.16}$$

逻辑斯谛方程的两个参数 r 和 K，均具有重要的生物学意义。$\left(1 - \frac{N}{K}\right)$ 为逻辑斯谛系数，代表的是剩余空间（residue space），即种群尚未利用的，或种群可利用的最大容纳量中还"剩余"的，可供种群继续增长用的空间。

以种群数量对时间作图，得到一条 S 形的曲线（图 2.10）称为逻辑斯谛曲线，故逻辑斯谛增长又称为 S-形增长（Sigmoid 或 S-shaped growth form）。S-形增长曲线同样有两个特点：有上渐近线（upper asymptote），即 S-形增长曲线渐近于 K，但却不会超过最大值水平；曲线变化是逐渐的、平滑的，而不是骤然的。从曲线的斜率来看，开始变化速度慢，以后逐渐加快，到曲线中心有一拐点，变化速率加快，以后又逐渐变慢，直到上渐近线。逻辑斯谛曲线常划分为 5 个时期：开始期或称潜伏期，由于种群个体数很少，密度增长缓慢；加速期，随个体数增加，密度增长逐渐加快；转折期，当个体数达到饱和密度一半，即 $K/2$ 时，密度增长最快；减速期，个体数超过 $K/2$ 以后，密度增长逐渐变慢；饱和期，种群个体数达到 K 值而饱和。

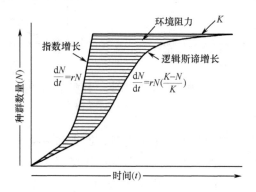

图 2.10　种群逻辑斯谛增长与指数式增长曲线的比较（李振基等，2004）

种群数量 $N \to 0$，则 $\left(1-\dfrac{N}{K}\right) \to 1$，表示几乎全部空间尚未被利用，种群潜在的最大增长能力能够充分地实现，种群接近于指数增长；如果 $N \to K$，那么 $\left(1-\dfrac{N}{K}\right) \to 0$，表示 K 空间几乎全部被利用，种群增长的最大潜在能力不能实现；当种群数量 N 由零逐渐地增加到 K 值，$\left(1-\dfrac{N}{K}\right)$ 项则由 1 逐渐地下降为 0，表示种群增长的"剩余空间"逐渐缩小，种群潜在的最大增长可实现程度逐渐降低。并且种群每增加一个个体，这种抑制效应就增加 $1/K$。因此，这种抑制效应又称为拥挤效应（crowding effect），产生的影响称为环境阻力（environmental resistance），即妨碍生物内禀增长率实现的环境限制因子的总和。当 $N > K$，$1-\dfrac{N}{K} < 0$ 时，种群下降；当 $N = K$，$1-\dfrac{N}{K} = 0$ 时，种群稳定；当 $N < K$，$1-\dfrac{N}{K} > 0$ 时，种群增长。由此可见，逻辑斯谛系数 $\left(1-\dfrac{N}{K}\right)$ 对于种群数量变化有一种制约作用，使种群数量总是趋于 K 值，形成 S-型增长曲线，因此，K 可以称为种群平衡密度（population balance density）。

逻辑斯谛增长模型在指导科学管理资源和防治有害生物方面具有积极的指导意义。最大持续产量（maximum sustained yield，MSY）是指要使某种生物资源产量达到最大，又不影响资源的持久利用，即所谓的"青山常在、永续利用"。逻辑斯谛增长模型是在农业、林业、渔业等实践领域确定最大持续产量的基本模型。要使产量达到最大，必须使种群的增长速率 dN/dt 达到最大。根据逻辑斯谛方程可知，$N=K$，$dN/dt=0$；$N<K/2$ 时，种群将受到严重损害，短期内难以恢复；只有当 $N=K/2$ 时，dN/dt 才达到最大，即种群数量维持在 $K/2$ 左右时，才是能提供最大持续产量的"最适"种群水平，由此可知，要维持种群的最大持续产量，种群数量需保持在 $K/2$ 水平。按照逻辑斯谛增长模型，最大持续产量为

$$MSY = \frac{rK}{4} \tag{2.17}$$

对资源的过度利用或不加利用都不符合人类社会发展的需要。在资源利用问题上，不在于种群数量是否减少，而在于减少到什么程度，这就需要根据种群生态学的原理做出正确的定量估计，为人类正确利用和保护资源提供科学依据。对于一个从未开发利用、种群数量稳定、且接近 K 值的资源种群来说，其增长率接近于零。这样的种群没有持续产量可言。开发利用此类资源，可将种群数量从 K 值降下来，使 $dN/dt>0$ 并且利用此类资源使种群密度降低后，改善了种群中每一个体的生活条件，使其生长速度加快，出生率增加，死亡率降低，从而提高了增长率，得到持续产量，才有"剩余生产"可供持续利用；当种群数量小于 $K/2$ 以后，如果种群继续下降，种群增长率和持续产量将变得越来越小，继续利用这种资源，必然会导致种群持续下降，最后濒临灭绝，这种现象称为生物学过捕（biological over-harvesting），也就是"竭泽而渔"的资源利用方式。

有害生物（pest）包括病虫害、鸟兽害、杂草等。这些生物对人类危害较大，大多数是适应于人类活动、数量众多的物种。物种与栖息环境的紧密联系是在其进化过程中逐步形成的，其形态、生理和生态特征都适应了这种环境，因此，物种对栖息环境改变或破坏比较敏感。在消灭某类有害生物时，仅采用杀灭而不改变其栖息环境有时效果反而适得其反。灭杀仅仅降低了种群密度，并没有减少其食物或其他资源，结果是每个存活个体的有效资源增加，种群增长加速、性成熟提早，出生率上升、死亡率下降，种群迅速得到恢复。因此，在使用有效方法消灭某种有害生物的同时，还需要限制它们的环境资源，降低环境容纳量，从根本上控制这种有害生物的种群数量。

5. 自然种群的数量变动

当种群被引入新的栖息环境后，经过一系列的生态适应（包括定居、生长、发育、生殖等）建立起种群后，其数量会出现各种不同的变化方式。

1）种群平衡

种群较长期地维持在几乎同一水平上，称为种群平衡（population equilibrium）。种群的数量增长到 K 值以后，种群数量会保持稳定，如大型有蹄类动物和肉食类动物。但是实际上大多数种群数量不会长期保持稳定，稳定是相对的，种群平衡是一种动态平衡。

2）季节消长

各种生物种群的数量变动往往具有季节消长（seasonal change）规律。由于受环境因子季节性变化的影响，使生活在该环境中的种群产生与之相适应的季节性消长的生活史节律。如温带湖泊的浮游植物（主要是硅藻），每年常常有春秋两次密度高峰，称为水华（bloom）。原因是冬季低温和光照减少，降低了水体的光合强度，营养物质随之逐渐积累。春季水温升高、光照适宜，营养充足，导致具巨大增殖能力的硅藻迅速增长，形成春季数量高峰。但不久后营养物质耗尽，水温过高，硅藻数量下降；当秋季来临时，营养物质又有积累，形成秋季的高峰。这种典型的季节消长，也会受到气候异常和人为的污染而有所改变。

3）年际变动

种群在不同年份之间的波动称为年际变动（annual change），包括周期性波动和不规则波动 2 种情况。生活在不稳定环境中的一些个体小、寿命短的种群，其数量常常出现不规则波动，可在短时间内实现种群的极大波动，幅度可以达到几个数量级，如绿藻和硅藻种群可以在几天或几周内完成种群的剧增或骤减（图 2.11）；少数生物种群的数量年际变化呈现出周期性的波动，如芬兰北部的旅鼠（*Lemmus*）和北极狐（*Alopex lagopus*）每隔 3～4 年出现一个数量高峰。关于周期性波动的原因有许多不同的学说，但是有两点是值得注意的：周期性波动见于比较简单的生物群落；数量高峰有时可以在广大地区同时出现，但是不同的种类或不同地区的同一种类，其种群数量高峰并不始终一致。

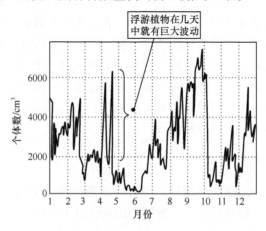

图 2.11　浮游植物在短期内的数量波动（Ricklefs，2004）

4）种群暴发（大发生）和崩溃

在环境适宜时，某些具有高生殖力特性的种群，其数量在短期内迅速增长，称为种群暴发（population outbreak）或种群大发生。具有不规则或周期性波动的生物都可能出现种群暴发，如欧洲松毛虫（*Bupalus piniaria*）在暴发年种群数量是最低数量年的 2 万倍左右。紫茎泽兰（*Eupatorium adenophorum*）、凤眼莲（*Eichhirnia crasslpes*）、薇甘菊（*Mikania micrantha*）等入侵植物在我国均发生过种群暴发现象。海洋中的赤潮是指水域中一些浮游生物（如腰鞭毛虫、裸甲藻、梭甲藻、夜光藻等）暴发性增殖所引起水色异常的现象。造成赤潮的主要原因是有机物污染，氮、磷等营养物过多，形成水体富营养化。

在种群暴发之后，环境条件恶化导致种群个体大批死亡，种群数量急剧下降，称为种群崩溃（population crash）。

5）种群的衰落和灭亡

种群衰落（population decline）是指当种群长久处于生长不利条件下，或在人类过度利用、或在栖息地被破坏的情况下，其种群数量会出现持久性下降甚至灭亡的现象。个体大、出生率低、生长慢、成熟晚的生物，最易出现这种情形。种群衰亡的原因是多方面的：种群内个体数量太少而产生近亲繁殖，使后代体质减弱，死亡率增加；不能适应栖息环境的改变；种群密度过低导致雌雄个体难于相遇，使其繁殖力下降；人类不合理地开发利用；入侵种的排斥作用等。

6）生物入侵

A. 概念

某一生物由原产地经过自然途径或人为途径进入某一适宜其生存和繁衍的地区，种群数量不断增加，分布区稳步扩展，对生态系统和人类健康造成损害或生态灾难的过程，称为生物入侵（biological invasion）。

外来种（alien species）相对于本地种而言，指来其过去或现在的自然分布区范围及扩散潜力以外的物种、亚种或以下分布单元；外来入侵种（alien invasive species）是指从自然分布区通过有意或无意的人类活动而被引入，在当地的自然或半自然生态系统中形成了自我再生能力，给当地的生态系统或景观造成明显损害或影响的物种。

生物入侵现象自古就存在，但是发展到现代变得更加频繁。国际国内间的贸易、移民以及战争等使生物入侵现象加剧。旅游业的蓬勃发展和交通工具的更新，使越来越多的物种跨越过去曾难以逾越的地理屏障如高山、海洋和沙漠，不断地扩大其分布区。目前人们已经认识到，生物入侵已经打乱了全球物种本地化，损害到了地球的生物多样性，是导致全球生物多样性丧失的第二个主要原因。生物入侵也改变了固有的生物区系并对某些物种的地理起源提出了挑战。近些年来，由于外来物种入侵本土而造成的生态事件，已经引起世界各国的广泛关注。2003 年年初，我国首次公布了危害严重的 16 种外来物种名单：紫茎泽兰、薇甘菊、空心莲子草（*Alternanthera philoxeroides*）、豚草（*Ambrosia artemisiifolia*）、毒麦（*Lolium temulentum*）、互花米草（*Spartina alterniflora*）、飞机草（*Eupatorium odoratum*）、凤眼莲、假高粱（*Sorghum halepense*）、蔗扁蛾（*Opogona sacchari*）、湿地松粉蚧（*Oracella acuta*）、强大小蠹（*Dendroctonus valens*）、美国白蛾（*Hyphantria cunea*）、非洲大蜗牛（*Achatina fulica*）、福寿螺（*Amazonian smail*）、牛蛙（*Rana catesbeiana*）。

为更好地履行联合国《生物多样性公约》，进一步加强生物物种资源和自然生态系统保护，努力开展外来入侵物种的防治工作，2010 年 1 月，中国环境保护部和中国科学院联合制订了《中国第二批外来入侵物种名单》，该名单中包括马缨丹（*Lantana camara*）、三裂叶豚草（*Ambrosia trifida*）、大藻（*Pistia stratioted*）、加拿大一枝黄花（*Solidago canadensis*）、蒺藜草（*Cenchrus echinatus*）、银胶菊（*Parthenium hysterophorus*）、黄顶菊（*Flaveria bidentis*）、土荆芥（*Chenopodium ambrosioides*）、刺苋（*Amaranthus spinosus*）、落葵薯（*Anredera cordifolia*）10 种植物和桉树枝瘿姬小蜂（*Leptocybe invasa*）、稻水象甲（*Lissorhoptrus oryzophilus*）、红火蚁（*Solenopsis invicta*）、克氏原螯虾（*Procambarus clarkii*）、苹果蠹蛾（*Cydia pomonella*）、三叶草斑潜蝇（*Liriomyxa trifolii*）、松材线虫（*Bursaphelenchus xylophilus*）、松突圆蚧（*Hemiberlesia pitysophila*）、椰心叶甲（*Brontispa longissima*）9 种动物。

B. 外来种的入侵过程

外来物种通过自然途径和人为途径到达某一生态系统，并不是一进入新的生态系统就能形成入侵，而是在一定条件下实现从"移民"到"侵略者"的转变。外来入侵种的入侵是一个复杂的生态过程，这个过程通常可分为 4 个阶段：

侵入（introduction）：指生物离开原来生存的生态系统到达一个新境。

定居（colonization）：指生物到达入侵地后，经当地生态条件的驯化，能够生长、发育并进行了繁殖，至少完成了一个世代。

适应（naturalization）：指入侵生物已繁殖了几代，由于入侵时间短，个体基数小，所以种群增长不快，但每一代对新环境的适应能力都有所增强。

扩展（spread）：指入侵生物已基本适应生活于新的生态系统、种群已经发展到一定数量，具有合理的年龄结构和性比，并具有快速增长和扩散的能力，由于当地缺乏控制该物种种群数量的生态调节机制，使该物种大肆传播蔓延，形成生态"暴发"，并导致生态和经济危害。

C. 外来入侵物种的危害

严重破坏生态系统的结构和功能。在自然界长期的进化过程中，生物与生物之间相互制约、相互协调，将各自的种群限制在一定的栖息环境并维持一定的数量，形成了稳定的生态平衡系统。大部分外来物种成功入侵后大暴发，生长难以控制，改变了原有的生物地理分布和自然生态系统的结构与功能，导致生态平衡失调。紫茎泽兰成功入侵后，常常形成单一的优势种，排挤土著物种，影响景观的自然性和完整性。有害藻类引发的赤潮导致海洋缺氧，大量鱼虾死亡。此外，入侵种会干扰当地生态系统的营养循环过程，如固氮植物的引入将增加氮的供应量，引起营养贫乏的火山土上群落的演替过程。

加快物种多样性的丧失。当入侵种越过地理屏障传播到新栖息地以后，与其原产地生态环境之间的关系被打断，同时与新栖息地的环境和生物建立了新的关系。它们不仅能逃避原产地的捕食和竞争，通过自身生物潜力的发挥建立新的种群，而且能很快适应新的生境并迅速繁衍，竞争和抢夺其他物种的养分和生存空间，占据本地物种生态位，使本地物种失去生存资源。或者通过释放化感物质，排挤或直接杀死当地物种，造成其他本地物种的减少和灭绝。例如，牛蛙体形较大，可吞食当地体形较小蛙类的成体和蝌蚪，导致本土资源的丧失，甚至改变当地两栖动物区系。

影响遗传多样性。有些入侵种可与同属近缘种、甚至与不同属的种杂交，入侵种和本地种的基因交流可能导致本地种的遗传侵蚀，甚至导致本地种灭绝。随着生境片段化，残存的次生植被常常被入侵物种分割、包围和渗透，使本土生物种群进一步破碎化，还可以造成一些物种的近亲繁殖和遗传漂变。

对人体健康造成危害。许多入侵种直接威胁到人类健康。冈比亚按蚊（*Anopheles gambiae*）随法国的高速驱逐舰由非洲进入巴西，在沿岸沼泽地建立起新种群，使疟疾在巴西反复流行，最严重的一次导致 90 万人患病，1.2 万人死亡；鼠类是鼠疫、流行性出血热、蜱性斑疹伤寒等传染病病原的自然携带者；有些外来植物的花粉是引起人类花粉过敏症的主要病原物，如在豚草发生地的空气中会漂浮大量豚草花粉，可导致过敏体质者患枯草热症。

严重危害经济发展。生物入侵导致生态灾害频繁暴发，对农林业造成严重损害，危害经济发展。据徐海根等（2004）统计，我国因外来入侵种造成的总经济损失每年为 1198.76 亿元人民币，其中直接经济损失为 198.59 亿元，间接经济损失为 1000.17 亿元。

6. 种群的调节

种群的数量变动，反映两组相互矛盾的过程（出生和死亡，迁入和迁出）相互作用的综合结果。因此，一切影响出生率、死亡率和迁移率的因素都同时影响种群的数量动态。于是，生态学家提出许多不同的假说来解释种群的动态机制。

1) 气候学派

气候学派多以昆虫为研究对象，他们认为种群参数受天气条件强烈影响。如以色列学者 Bidenheimer 认为昆虫的早期死亡率有 85%～90% 是由于天气条件不良而引起的。他们强调种群数量的变动，否定稳定性。

2）生物学派

生物学派主张捕食、寄生、竞争等生物过程对种群调节起决定作用。澳大利亚生物学家 Nicholson 认为只有密度制约因子才能调节种群的密度。

20 世纪 50 年代气候学派和生物学派发生激烈论战，但也有学者提出折中的观点。例如，Milne 既承认密度制约因子对种群调节的决定作用，也承认非密度制约因子具有决定作用。他把种群数量动态分成 3 个区：极高数量、普通数量和极低数量。在对物种最有利的典型环境中，种群数量最高，密度制约因子决定种群的数量；在环境条件极为恶劣的条件下，非密度制约因子左右种群数量变动。这派学者认为，气候学派和生物学派的争论反映了他们工作地区环境条件的不同。

3）食物因素

强调食物因素的学者也可归入生物学派。例如，英国鸟类学家 Lack 认为，就大多数脊椎动物而言，食物短缺是最重要的限制因子，自然种群中支持这个观点的例子还有松鼠和交嘴鸟的数量与球果产量的关系，猛禽与一些啮齿类动物数目的关系等。

强调食物因素为决定性的还有 Pitelka 的营养物恢复假说。这一假说说明冻原旅鼠的周期性变动，在旅鼠数量很高的年份，食物资源被大量消耗，植被量减少，食物的质（特别是含磷量）和量下降，幼鼠因营养条件恶化而大量死亡以至种群数量下降。低种群密度使植被的质和量逐步恢复，种群数量也再度回升，周期 3～4 年。

4）自动调节学说

上述学说的研究焦点都集中于外源性因子，主张自动调节的学者则将研究焦点放在动物种群内部。其特点包括强调种内成员的异质性，异质性可能表现在行为上、生理特征上或遗传性质上；认为种群密度的变化影响了种内成员，使出生率、死亡率等种群参数变化；主张把种群调节看成是物种的一种适应性反应，它经自然选择，带来进化上的利益。自动调节学说又分为行为调节、内分泌调节和遗传调节等。

A. 行为调节

英国的 Wynne-Edwards 认为动物社群行为是调节种群的一种机制。社群等级使社群中一些个体支配另一些个体，这种等级往往通过格斗、吓唬、威胁而固定下来；领域性则是动物个体（或家庭）通过划分地盘而把种群占有的空间及其中的资源分配给各个成员。

以上两种行为都使种内个体间消耗能量的格斗减到最小，使空间、资源、繁殖场所在种群内得到最有利于物种整体的分配，并限制了环境中的动物数量，使食物资源不至于消耗殆尽。当种群密度超过这个限度时，种群中就有一部分"游荡的后备军"或"剩余部分"，它们一般不进行繁殖，或者被具有领域者所阻碍，或者缺乏营巢繁殖场所。这部分个体由于缺乏保护条件和优良食物资源也最易受捕食者、疾病和不良天气条件侵害，死亡率较高。这样，种内划分社群等级和领域，限制了种群不利因素的过度增长，并且这种"反馈作用"随种群密度本身的升降而改变其调节作用的强弱。

B. 内分泌调节

Christian 最初用内分泌调节解释哺乳动物的周期性数量变动，后来这个理论扩展为一般性学说。他认为：当种群数量上升时，种内个体经受的社群压力增加，加强了对中枢神经系统的刺激，影响了脑垂体和肾上腺的功能，使促生殖激素分泌减少和促肾上腺皮质激素增加。生长激素的减少使生长和代谢发生障碍，有的个体可能因低血糖休克而直接死亡，多数个体对疾病和外界不利环境的抵抗能力可能降低。另外，肾上腺皮质的增生和皮质素分泌的增加，同样会使机体抵抗力减弱，而且由于相应的性激素分泌减少，生殖将受到抑制，致使出生率降低，子宫内胚胎死亡率增加，育幼情况不佳，幼体抵抗力降低。这样，种群增长因上述生理反馈机制而得到抑制或停止，从而又降低了社群压力。

C. 遗传调节

英国遗传学家 Ford 认为：当种群密度增高时，自然选择压力松弛下来，结果是种群内变异性增加，许多遗传型较差的个体存活下来，当条件回到正常时候，这些低质的个体由于自然选择的压力增加而被淘汰，于是降低了种群内部的变异性。他指出，种群的增加必然为种群密度的减少铺平道路。

Chiny 提出一种解释种群数量变动的遗传调节模式。他认为：种群中的遗传双态现象或遗传多态现象有调节种群的意义。例如，在啮齿类动物中有一组基因型是高进攻性的，繁殖力较强，而另一组基因型繁殖力较低，较适应于密集条件的，当种群数量初上升时，自然选择有利于第一组，第一组逐步代替第二组，种群数量加速上升。当种群数量达到高峰时，由于社群压力增加，相互干涉增加，自然选择不利于高繁殖力，而有利于适应密集的基因型，于是种群数量又趋下降。这样，种群就可进行自我调节。可见，Chiny 的学说是建立在种群内行为以及生理和遗传变化基础之上的。

2.2.3　种内关系

种内关系（intraspecific interaction）是指种群内个体之间的相互关系。在种内关系方面，动物种群与植物种群的表现区别很大，植物种群主要表现在集群和密度效应方面，动物种群的种内关系表现为等级制度、领域性、集群和分散等行为上。

1. 植物种群的密度效应

同种个体间发生的竞争称为种内竞争（intraspecific competition）。植物不能像动物那样逃避密集和环境不良的情况，因而植物种群内个体间的种内竞争主要表现在密度效应。密度效应（density effect）或称邻接效应（neighbor effect），指在一定时间内，当种群的个体数目增加时，就必定会出现邻接个体之间的相互影响。植物的密度效应有两个特殊的规律：

1）最后产量恒值法则

Donald 在研究车轴草（*Trifolium subterraneum*）密度和产量的关系时发现，在一定范围内，当条件相同时，不管种群的密度如何，植物最后的产量差不多总是一样的。这就是最后产量恒值法则（law of constant final yield），用公式表示为

$$Y = \overline{W}d = K_i \tag{2.18}$$

式中，$\overline{W}$ 表示植物个体平均重量；d 为密度；Y 为单位面积产量；K_i 为常数。

最后产量恒值法则成立的原因：在高密度情况下，植株之间的光、水、营养物的竞争十分强烈，在有限的资源中，植株的生长率降低，个体变小。

2）−3/2 次幂自疏法则

自疏（self thinning）是指同一种群随着年龄的增长和个体的增大，种群的密度降低的现象。自疏属于种群的一种密度效应，该过程往往出现个体利用资源量的分化，特别在稠密种群中。

植物种群密度较低时，个体之间不会形成争夺有限资源的相互作用。当个体数量增多，因资源的限制而相互影响时就会产生邻接效应。种群内个体的基因型不同，所处微生境也可能有所不同，个体间抑制对方的作用强度和耐受程度都存在差异，结果有些植株成为竞争的优胜者，获得足够的资源继续生长发育，而有的植株因不能获得足以维持生长发育的资源而死亡。在高密度植物种群中，邻接效应将在基株和构件两个层次上起作用，表现为个体与构件的自疏现象。同株个体或相邻个体的构件如枝、叶、花、果等因有限资源的制约而相互影响、相互抑制，可引起构件的出生率和大小变化，以及构件死亡，使植株的形态改变，整株生物量减少，生殖投入减少，甚至出现植株死亡。

日本学者 Yoda 等提出的−3/2 次幂定律反映了植物的生物量与密度之间存在一定的关系。Yoda 将植物的平均干重（$\overline{W}$）和存活个体密度（d）之间的关系表示为

$$\overline{W} = Kd^{-a} \tag{2.19}$$

或

$$\lg\overline{W} = \lg K - a\lg d \tag{2.20}$$

式中，K 和 a 是常数，a 是密度和植物平均干重的对数曲线斜率，$\lg K$ 是曲线的截距。不同的植物 K 值为 3.5～4.5，而 a 为一个恒值等于－3/2，即

$$\overline{W} = Kd^{-3/2} \tag{2.21}$$

－3/2 次幂定律反映的是植物种群动态调节当中的一条自疏线，表示"对数生物量"与"对数植物密度"成逆相关，这条线的斜率为－3/2 的，当植物种群的单位面积生物量和个体数均处在这条斜线之下时，总的生物量将增加直至达到这条线，个体将随生物量的积累而逐渐死亡，死亡率取决于生物量的积累率。植物的个体或生物量越大，非光合的部分也就越多。个体越大（数量越少）时，环境能够支持更多的生物量。这种表现具有相对的恒定性，草本、灌木和乔木中都存在着这一关系。

作物的产量不一定符合－3/2 次幂定律，因为收获产量不等同于植株的重量或生物量，但对于一些植物体来说，合理的种植密度确实能获得最高的产量。

2. 种群的空间分布格局

由于自然环境复杂多样和种内种间个体之间的竞争，不同种群在一定空间中都会表现出不同的空间行为，表现一定的空间分布格局和空间资源利用方式。

1）内分布型的概念和类型

组成种群的个体在其生活空间中的位置状态或配置方式，称为内分布型（internal distribution pattern）或种群空间分布格局（spatial pattern）。

种群的内分布型是在种群特性、种群关系和环境条件的综合作用下形成的种群空间特性，是种群在长期进化历程中形成的适应性，也是对现实环境波动的适时反映。理论上，种群的内分布型分为三种类型（图 2.12）。

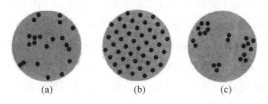

图 2.12　内分布型的基本类型（Manuel，2002）

(a) 随机分布；(b) 均匀分布；(c) 集群分布

（1）随机分布。某一个体的分布不受其他个体分布的影响，每个个体在种群分布空间内各个位置出现的机会相等，这样所形成的分布格局称为随机分布（random distribution）。随机分布在自然条件下并不多见，只有在生境条件基本

一致，或者生境中的主导因子是随机分布时，或者种群内部个体之间没有相互吸引或排斥时才会出现。

（2）均匀分布。种群个体之间彼此保持一致的距离，个体之间形成等距的规则分布，称为均匀分布（uniform distribution）。在自然条件下均匀分布极其罕见。竞争、动物领域行为、自毒现象（autotoxin）、环境条件的均匀分布等是造成均匀分布的因素。如海岸悬崖上营巢的海鸥（*Larus canus*），其巢与巢之间保持着一定的间距，墨西哥 Sonora 的荒漠灌丛因竞争水分而表现为均匀分布。

（3）集群分布。种群个体呈密集的斑块状分布，称为集群分布（clumped distribution），是自然界最广泛的一种内分布型。鱼群、鸟群以及人类都是集群分布的实例。环境体条件的不均匀性、散布能力、繁殖方式、种间关系、社会行为、地理因素等是集群分布形成的原因。

集群的生态学意义在于：① 有利于改变小气候条件。如皇企鹅（*Aptenodytes forsteri*）在冰天雪地的繁殖基地集群，能改变群内温度，降低风速；②有利于共同取食和对空间资源的充分利用；③ 共同防御天敌；④有利于动物的繁殖和幼体发育；⑤有利于迁移。集群分布的种群对不良环境条件比单独生活的个体具有更大的抗性，但同时也会增加种内竞争和传染病流行的几率。

集群效应只有当足够数量的个体参与聚群时才能产生。因此，对于一些集群生活的动物种类，如果数量太少，低于集群的临界下限，则该动物种群就不能正常生活，甚至不能生存，这就是所谓的"最小种群原则"。例如，非洲象（*Elephas africanus*）要能够生存，每群至少要有 5 头；北方鹿每群不少于 300 头。最小种群原则阐明了一些濒危物种难以就地拯救的原因。当濒危物种种群数量低于集群的临界下限时，可能导致不能正常生活甚至不能生存。这时，将该濒危物种移地人工繁殖以扩大种群数量才是有效的拯救措施。

集群有利于物种生存，但随种群密度的增加（或拥挤程度的增加），则对种群产生不利影响，如抑制种群增长、死亡率升高等。Allee 用了许多实验证明，集群后的动物，有时能增加存活率，降低死亡率，其种群增长优于密度过低时，即种群常有一个最适密度（optimal density of population）。于是他指出：种群过密（overcrowding）和过疏（undercrowding）都是不利的，均可对种群产生抑制性影响，即阿利氏规律（Allee's law）。阿利氏规律对指导人类社会发展以及保护珍稀濒危物种具有重要意义。在城市化（urbanization）过程中，小规模城市对人类生存有利，规模过大，人口过分密集，可能产生诸多有害因素，因此，城市应有一个最适规模；将珍稀濒危物种引入适宜地区，并保证具有一定的密度，其个体数量过多和过少都会导致保护或引种的失败。

影响种群格局的因素主要由环境的空间异质性和物种适应性决定。在一个特定的环境中，种群的内分布型往往由种群自我调节过程所控制，可能出现不同的内分布型。Phillips 和 MacMhon 提出了沙漠灌木的内分布型随着其生长进程而呈现出集群分布、随机分布、均匀分布的更替的假设（图 2.13）。由于种子在有限"安全点"（safe site）萌发、或不能远离母植株扩散，或因无性繁殖，灌木幼苗种群倾向于集群分布，随着植株的生长，集群中的一些个体死亡，降低了集群的程度，种群的内分布型逐渐呈现出随机分布，存活下来的植株与邻近个体竞争导致死亡率上升，灌丛进一步稀疏，最终形成了均匀分布。

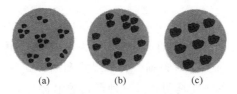

图 2.13　灌丛不同生长阶段内分布型的变化（Manuel，2002）

（a）幼年、小灌木呈集群分布；（b）中灌木呈随机分布；（c）大灌木呈均匀分布

2）种群内分布型的判断

假设取 n 个样方，x 为各样方的实际个体数，m 为每个样方的平均数，其方差为

$$S^2 = \frac{\sum (x-m)^2}{n-1} \qquad (2.22)$$

根据 S^2 值可以判断种群的内分布型：$S^2 = 0$，属于均匀分布；$S^2 = m$，属于随机分布；$S^2 > m$ 属于集群分布。此外，人们常常用理论拟合的方法来确定种群的内分布型。

3. 领域行为

领域（territory）是指个体、家庭和其他社群单位所占据并积极保卫、不让同种其他成员入侵的空间。领域具有排他性、伸缩性和替代性三方面的重要特征。领域可以是暂时的或永久的，这取决于资源的稳定性和个体对于资源的需求。

个体或家族具有特定领域并对其进行保护的现象，称为领域性或领域行为（territoriality）。动物对领域的保护和防御程度通常具有 3 种情况：① 有些动物积极地保护个体或家族自己的领域，不允许同种的其他个体入侵。因而，往往发生种内个体间争夺领域的直接冲突。例如，燕雀（*Fringilla montifringilla*）的雄鸟常与入侵的同类个体发生激烈的格斗且常常以原来占有者的胜利而告终；② 一些动物的个体或家族仅保护整个活动区域中的核心部分，即巢穴的邻近部分。如大熊猫（*Ailuropoda melanoleuca*）活动领域面积平均为 $3.9 \sim 6.4\text{km}^2$，雌兽有保护核心区域的现象，难以容忍其他雌兽或亚成兽进入该范围。整个活动领域称为家区（home range），受保护的核心区域为其领域。有些动物只是各自地独立生活，没有固定的受保护的个体领域。

领域行为的生态学意义在于保证了食物的需要，保证有营巢和隐蔽所，调节种群密度，有利于繁殖。

4. 社会等级

1）概念

社会等级（social hierarchy）是指动物种群中各个个体的地位具有一定顺序的等级现象。等级形成的基础是支配行为，或称支配–从属（dominant-submissive）关系。这种关系有独霸式、单线式和循环式三种基本形式。许多自然种群的支配–从属关系往往是两种或三种形式的组合。

2）社会等级现象的共同特点

排他性：要加入群体的外来新个体，不是被赶走，就是处于最低的等级。

社会惰性：社会等级是通过相互接触，甚至是格斗而形成的。在一个群体中，一旦等级形成以后，在一段长时间内，个体之间不再发生地位的争夺。当优势个体和从属个体相遇时，从属个体往往表现出顺从的姿态，或者离开。

权利欲：等级地位是相对稳定的，但并非一成不变，随着群体的发展，等级地位会出现局部的调整，通常等级相近的成员之间会出现扰动而变动地位，总的来说，随着个体进入成熟期和壮年期，其地位逐渐升高，当群主趋于年老体弱时，经过接触或格斗，由强者取代其地位，原群主的地位逐渐下降。

雌性与雄性动物之间的等级制相互分开：同一群体中，雄性有雄性等级制，而雌性等级制则只在雌性动物内存在。

优势个体的利他性：优势个体往往冒着生命危险保护整个群体。优势个体这种牺牲自我利益（生存或繁殖）而增加其他个体获得利益的行为称为利他行为（altruism behavior）。优势个体的利他行为可以从亲属选择理论（kin selection）得到解释。亲属选择理论把个体和基因都看作自然选择的基本单位。亲属选择理论认为，一个基因如果有利于其亲属的存活或繁殖，那么，该基因在自然选择过程中就能得到保留。基因支配利他行为。一个基因的成功将不取决于它能不能给携带者带来好处，而是取决于对它自身是否有利。如果利他行为的受益者是利他者的亲属，那么这个受益者体内含有同一利他基因的可能性就会比一个非亲缘个体更大，因此，这个利他基因在基因库中的频率就会有所增加。优势个体有优先繁殖的特性，群体中的成员大多是自己的亲属，与自己不同程度上含有相同的基因。在这种共同的基因利益下，优势个体为了保卫自己的亲属，甚至不惜增加自己所冒的风险。例如，向群体中的从属个体发出报警鸣叫，把捕食者吸引到自己身上。

3）社会等级现象的生态学意义

社会等级的形成使种群环境比较稳定。等级地位建立后，个体之间可以通过通讯、威胁等方式来代替损伤格斗，减少有限资源竞争所产生的争斗。

社会等级的形成使优势个体在食物、栖息场所、配偶选择等方面均有优先权，保证了种内强者首先获得交配和生产后代的机会，有利于物种的保存、延续。当资源不足时，优势个体由于能够优先获得食物等资源而生存，从属个体则首先出现饥饿甚至死亡。优势个体能够在竞争中获得领地和配偶，成功地进行繁殖，等级行为使一些从属个体不能进行繁殖，因此具有控制种群增长和调节种群的作用，避免种群的过高数量。各种动物的优势个体在占有食物、栖息场所和异性方面的垄断程度不一。

但是社会等级的形成也存在着一定缺点，增加了对食物、配偶的竞争和感染传染病与寄生虫的概率，增加了骗取育幼和干扰育幼的概率。

5. 动物的婚配制度

动物的婚配制度有一雌多雄制（polyandry）、一雄多雌制（polygyny）和单配偶制（monogamy）。决定婚配制度的主要因素可能是资源的分布，主要是食物和营巢地在空间上和时间上的分布状况。如资源丰富且分配均匀，有利于产生单配偶制，资源丰富但呈斑点状，则容易形成多配偶制。

2.2.4　种间关系

种间关系（interspecific interaction）是指异种种群之间的相互关系（或称为相互作用），即各种生物种群之间相互联系、相互制约、相互促进等诸种效应的综合反应。种间相互作用包括两个方面：两个或多个物种在种群动态上的相互影响，称为相互动态（co-dynamics）；在进化过程和进化方向上的相互作用，称为协同进化（co-evolution）。

1. 种间关系的类型

两个物种之间种间关系的性质，主要由其相互作用的效应来判断，一般认为种间的相互效应分为 3 类：促进效应（stimulation effect）、抑制效应（depression effect）和中性效应（neutral effect）。Odum（1971）把这 3 种效应在种群动态中的作用区别为：促进效应以正项加入到种群的增长方程，引起种群数量的增加（＋）；抑制效应以负项加入到种群增长方程，引起种群数量的减少（－）；中性效应：不表现为增加（＋）或减少（－）。据此，Odum 将种间关系区分为 9 个类型（表 2.5）。这 9 类种间关系可以区分为两大类：负相互作用（negative interaction）包括竞争（competition）、捕食（predation）、寄生（parasitism）和偏害（amensalism）；正相互作用（positive interaction）包括偏利共生（commensalism）、原始协作（protocooperation）和互利共生（symbiosis）。

表 2.5　种间相互关系类型（Odum，1971）

类型名称	效应		种间相互作用性质
	物种 A	物种 B	
中性作用	0	0	A 与 B 无抑制与促进
直接竞争	−	−	彼此之间直接抑制
间接竞争	−	−	资源争夺的间接抑制
偏害作用	−	0	A 受损，B 无损益
寄生作用	+	−	A 为寄生者，B 为寄主
捕食作用	+	−	A 获益，B 受损
偏利作用	+	0	A 获益，B 无损
原始协作	+	+	非专利性互利
互利共生	+	+	专利性互利

2. 种间竞争

1）竞争的概念

种间竞争（interspecific competition）是指两个或两个以上的物种共同利用同一资源而受到相互干扰或抑制。物种由于共同资源的短缺而引起的竞争称为资源利用性竞争（exploitation competition）；物种在寻找资源过程中损害其他个体而引起的竞争，称为相互干扰性竞争（interference competition）。干扰性竞争最明显的例子是动物为了竞争领域或食物进行的打斗。干扰也可通过竞争者利用毒物来进行。一种寄生蜂寄生在蚜虫上，其从卵中孵化后即产生毒物，杀死所有其他拟寄生卵。

有许多因素都会导致种间竞争，如降低光照强度、改变光质、湿度的变化、限制水分蒸发、限制养分吸收、改变土壤表层性状和土壤 pH 变化、分泌毒性物质、捕食等。

种间竞争的结果有两个：一个种群被另一个种群完全排挤掉，如美国的土著种冰草（*Agropyron*）与由欧洲引入的雀麦（*Bromus*）竞争水分，导致冰草被排挤；一个种群迫使另一种群，占有不同的空间（空间分隔）和食性特化或其他生态习性分化（时间分隔）。

2）种间竞争原理

Gause 的实验。1934 年，Gause 以在生态上和分类上很接近的两个物种双小核草履虫（*Paramecium aurelia*）和大草履虫（*P. caudatum*）作实验材料，观察两个物种的直接竞争结果（图 2.14）。当两个种分别培养时，均呈 S-型增长，双小核草履虫比大草履虫增长快；取两个物种相同数目的个体共同培养时，开始时两个种的个体都增长，随后，双小核草履虫数目增长，大草履虫个体数目下降，16d 以后，只有双小核草履虫生存，大草履虫完全消失。分析结果发现，两个种之间没有分泌有害物质，主要是其中一种增长快，另一种增长慢，因为竞争食物的结果，增长快的种排挤了增长慢的种。

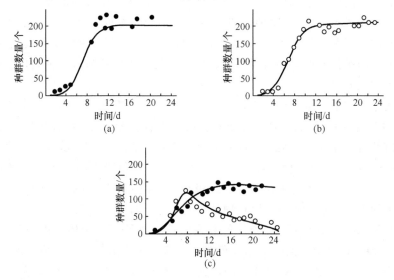

图 2.14　两种草履虫的种间竞争（孙儒泳等，2002）
(a) 只有双小核草履虫；(b) 只有大草履虫；(c) 两种在一起

竞争排斥原理。Gause 在上述实验的基础上提出了竞争排斥原理（competitive exclusionprinciple）。其内容为：在一个稳定的环境中，两个以上受资源限制的但具有相同资源利用方式的物种，不能长期共存一处，即完全的竞争者不能共存，最终一个种被另一个种所取代。后人称为 Gause 原理。

种间竞争模型。美国学者 Lotka（1925）和意大利学者 Volterra（1926）分别独立地提出了描述种间竞争的模型，也称为 Lotka-Volterra 模型，该模型是逻辑斯谛模型的引伸。

$$\frac{\mathrm{d}N_1}{\mathrm{d}t} = rN_1\left(\frac{K_1 - N_1 - \alpha N_2}{K_1}\right)$$
$$\frac{\mathrm{d}N_2}{\mathrm{d}t} = rN_2\left(\frac{K_2 - N_2 - \beta N_1}{K_2}\right)$$

$$(2.23)$$

两个种在同一环境中生存时，每一个物种的增长不仅受种内竞争的抑制作用，而且还要受种间竞争的抑制作用。按照逻辑斯谛模型，$\left(\dfrac{K-N}{K}\right)$ 代表剩余空间，而 N/K 则可以代表已利用空间。上述方程分别在物种 1 和物种 2 单独生长时的逻辑斯谛增长方程分别为 $\dfrac{dN_1}{dt}=r_1N_1\left(\dfrac{K_1-N_1}{K_1}\right)$ 和 $\dfrac{dN_2}{dt}=r_2N_2\left(\dfrac{K_2-N_2}{K_2}\right)$。引申的模型加入了 αN_2 和 βN_1，α 和 β 称为竞争系数。α 表示在物种 1 的环境中，每存在一个物种 2 的个体，对物种 1 所产生的竞争抑制效应，β 表示在物种 2 的环境中，每存在一个物种 1 的个体，对物种 2 所产生的竞争抑制效应。同样的资源对于不同物种来说环境容纳量可能是不同，在大多数的情况下，一个个体所占的"空间体积"，对于物种 1 和物种 2 是不会相等的。例如，一个物种 2 的个体所利用的资源相当于 10 个 N_1 个体，那么 α 为 10。当两个物种发生竞争时，计算一个种的增长速率需要将另一个种所利用的资源折算为这个种利用资源的当量加入到增长方程中。

种间竞争结果。从理论上来讲，种间竞争的结局有 3 种：物种 1 取胜，物种 2 被排挤掉；物种 2 取胜，物种 1 被排挤掉；共存。图 2.15 表示有竞争情况下，物种 1 的平衡条件（$dN_1/dt=0$）和物种 2 的平衡条件（$dN_2/dt=0$）。横坐标为物种 1 的密度 N_1，纵坐标为物种 2 的密度 N_2，对角线上的点表示平衡时的条件。图 2.15a 是物种 1 的平衡条件，最极端的两种条件是：物种 1 的全部空间都为物种 1 的 K_1 个体所利用，没有物种 2 的个体，即 $N_1=K_1$，$N_2=0$；物种 1 的全部空间为物种 2 的 K_1/α 个体所利用，没有物种 1 的个体，即 $N_1=0$，$N_2=K_1/\alpha$。连接这两个端点的对角线就表示所有的平衡条件，在对角线内，物种 1 增大，$dN_1/dt>0$（因为 K_1 空间尚未饱和）。在对角线之外，物种 1 减少，$dN_1/dt<0$（因为物种超过了环境容纳量 K_1）。图 2.15b 表示物种 2 的平衡条件，两种极端情况为：$N_2=K_2$，$N_1=0$ 和 $N_2=0$，$N_1=K_1/\beta$。对角线上任何一点所表示的 N_2 与 N_1 的配合，对角线的内侧 $dN_2/dt>0$（因为 K_2 空间尚未饱和）。在对角线之外，物种 2 减少，$dN_2/dt<0$。根据图 2.16 可知，种间竞争结果取决于两个种的竞争抑制作用（α 和 β 的大小）以及环境容纳量 K 值的大小。显

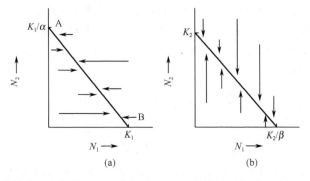

图 2.15　种间竞争中物种 1（a）和物种 2（b）的增长平衡线（孙儒泳等，2002）

然 K 值越大，种内竞争越小，因此，$1/K$ 的大小与种内竞争强度成正比。α/K_1 和 β/K_2 可以看作种间竞争指标，α/K_1 是物种 2 对物种 1 的种间竞争强度的指标，β/K_2 是为物种 1 对物种 2 的种间竞争强度的指标。根据 $1/K_1$、$1/K_2$、α/K_1 和 β/K_2 四个参数观察竞争的 4 种结局：

由图 2.16a 可见，$K_1 > K_2/\beta$，$K_2 < K_1/\alpha$，即 $1/K_1 < \beta/K_2$，$1/K_2 > \alpha/K_1$，物种 1 的种内竞争强度小于种间竞争强度，物种 2 的种内竞争强度大于种间竞争强度。结果物种 1 取胜，物种 2 被排挤掉。

由图 2.16b 可见，$K_1 < K_2/\beta$，$K_2 > K_1/\alpha$，即 $1/K_1 > \beta/K_2$，$1/K_2 < \alpha/K_1$，物种 2 的种内竞争强度小于种间竞争强度，物种 2 取胜，物种 1 被排挤掉。

由图 2.16c 可见，$K_1 > K_2/\beta$，$K_2 > K_1/\alpha$，即 $1/K_1 < \beta/K_2$，$1/K_2 < \alpha/K$，两物种的种间竞争激烈，种内竞争强度小于种间竞争强度，表现为不稳定。最后谁取胜取决于两个物种的初始状态对谁有利。

由图 2.16d 可见，$K_1 < K_2/\beta$，$K_2 < K_1/\alpha$，即 $1/K_1 > \beta/K_2$，$1/K_2 > \alpha/K_1$，两物种的种内竞争强度都大于种间竞争，因此出现共存的稳定格局。两物种稳定地共存。

总之，种间竞争模型稳定性特征是：假如种内竞争比种间竞争强烈，就可能有两个物种共存的平衡点；假如种间竞争比种内竞争强烈，就不可能有稳定的共存，两个种以同样方式利用资源的特殊情况时，即 $\alpha = \beta = 1$ 和 $K_1 = K_2$ 时，其

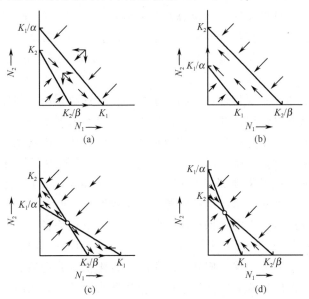

图 2.16　Lotaka-Volterra 竞争模型的行为所产生的 4 种可能结果（孙儒泳等，2002）
(a) 物种 1 取胜；(b) 物种 2 取胜；(c) 两个物种不稳定共存；(d) 两个物种稳定共存

结果是两个种不可能共存，即竞争排斥原理，由此产生了早期生态位的概念。

3）生态位

生态位的定义。生态位（niche）的概念起源于 20 世纪初，学者们给生态位下了各种定义，归纳起来，大致分为三个类型：空间生态位（spatial niche）、营养生态位（trophic niche）和超体积生态位（supervolume niche）。现在普遍认为，生态位是指自然生态系统中一个种群在时间、空间上的位置及其与相关种群之间的功能关系。

生态位准确描述了某一物种所需要的各种生活条件。这个概念不仅包括了生物所占据的物理空间，还包括了它在生物群落中的功能作用（如它的营养位置）以及它们在温度、湿度、pH、土壤和其他生存条件的环境变化梯度中的位置。因此，生态位不仅决定了物种在哪里生活，而且也决定了它们如何生活（在生态系统中的地位和扮演的角色），以及如何受其他生物的制约。

生态位的概念常常容易和生境（habitat）混淆，生境是指生物具体生活的环境，它仅决定生物在哪里生活，而不能确定生物如何生活（在生态系统中的地位）。如果把栖息地比作生物体的"地址"，生态位则是它的"职业"。

Hutchinson 进一步将生态位分为基础生态位和实际生态位。基础生态位（fundamental niche）指在生物群落中，能够为某一物种所栖息的、理论上的最大生态位空间；实际生态位（realized niche）指一个物种实际所占有的生态位空间。实际上，一个种的实际生态位总归为基础生态位的一部分。因为在群落中，无论有无种间竞争，任何物种及种群均不太可能获得满足其对资源的全部需求。

生态位宽度。生态位宽度（niche breadth），或称生态位幅度（niche amplitude）或生态位大小（niche size），是指现实生态位的限度，即一种生物所利用的各种资源的总和，主要指任何生物或生物单位对资源利用的多样化程度。生态位宽度通常用宽或窄加以描述，这种描述方式主要是依据生态位在一个资源轴上所截段落的宽窄。一个物种的生态位越宽，该物种的特化程度就越小，它更倾向于是一个泛化物种（generalization），相反，一个物种的生态位越窄，该物种的特化程度就越强，更倾向于是一个特化物种（specialization）。泛化物种具有很宽的生态位，以牺牲对狭窄范围内资源的利用效率来换取对广大范围内资源的利用能力。如果资源本身不能确保供应，那么作为一个竞争者，泛化物种将会优于特化物种。另一方面，特化物种占有很窄的生态位，具有利用某些特定资源的特殊适应能力，当资源能确保供应并可再生时，特化物种的竞争能力将超过泛化物种，一种可确保供应的资源常常被许多特化物种明确瓜分，从而减少它们之间的生态位重叠。

生态位重叠。当两种生物（或生物单位）利用同一资源或共同占有其他环境变量时，就会出现两个种或种群的生态位宽度在空间上不同程度地相互重叠的现象。在一个资源序列上，两个物种利用相同资源而相互重叠的状况，称为生态位重叠（niche overlap）。假如两个生物具有完全一样的生态位，就会发生百分之百的重叠，但通常生态位之间只发生部分重叠，即一部分资源是被共同利用的，其他部分则分别被各自所独占。

生态位分离。生态位分离（niche separation）是指两个物种在资源序列上利用资源的分离程度。与种内竞争和种间竞争完全相反的作用力，在生态位的形成中也发挥着重要作用。生活在同一群落中的各种生物所起的作用是明显不同的，而每一个物种的生态位都同其他物种的生态位明显分开。

竞争与生态位。由于种内竞争和种间竞争的作用，生活在同一地区的不同物种在漫长的进化过程中必然在生态位上形成各种差别。在理论上，它们的生态位关系有三种形式：生态位完全分离、生态位彼此部分重叠和生态位基本上重叠。Gause 等的研究表明，由于竞争的结果，生态位接近的两个种很少能够长期稳定的共存。在资源有限的情况下，生物之间特别是生态位相近的物种之间难免要发生竞争。竞争的结果，可能是一种生物取得了生存和发展的机会，另一种被淘汰。在自然界中，许多亲缘种常常在同一地方共存。它们可能是通过资源利用的专化缩小生态位，减少生态位重叠以减少竞争最后求得共存。相反，如果亲缘种利用资源是泛化的，生态位扩大，相互之间存在着剧烈的潜在竞争。但是，这些泛化物种大多具有易变的生长率，在环境条件不利时停止生长，当环境条件改善则恢复生长，这种可变性缓和了种间竞争，因此彼此也能共存。显然，生态位重叠明显是引起利用性竞争的一个条件，但是资源供应充分时，生态位重叠并不一定导致竞争。当亲缘关系很相近的物种分布在同一区域时，相互之间激烈的竞争必然在进化上导致其生态位分离和性状的趋异。两个亲缘关系密切的物种若在异域分布时，它们的特征往往很相似，甚至难以区别。但在同域分布时，它们之间的差别就明显，彼此之间必然出现明显的生态位分离，出现了一个或几个特征的相互替换。这种由于竞争产生的生态位收缩导致的形态性状变化，称为性状替换（character displacement）。在缺乏竞争者的情况下，物种会扩张其实际生态位，称为竞争释放（competitive release）。

3. 捕食作用

1）概念

捕食（predation）是一个种群对另一个种群的生长与存活产生负效应的相互作用，指一种生物攻击、损伤或杀死另一种生物，并以其为食。前者称为捕食者（predator），后者称为猎物或被食者或猎物（prey）。在二者的关系中，猎物是捕食者的食物资源，而捕食者对猎物种群有调节作用。

生态学上的捕食概念有广义的概念和狭义的概念。狭义的概念仅指肉食动物吃草食动物或其他肉食动物；广义的捕食概念包括：食草作用（herbivory），草食动物吃植物；拟寄生（parasitoidism），寄生昆虫常常把卵产在其他昆虫（寄主）体内，待卵孵化为幼虫以后便以寄主的组织为食，直到寄主死亡为止；同类相残（cannibalism），这是捕食的一种特殊形式，即捕食者和猎物均属同一物种，有些学者甚至将寄生也理解为广义的捕食。

2）捕食者和猎物的种群数量动态特征

目前的研究发现，不同的捕食者—猎物的种群动态表现不同，随种类和环境不同而异。另外，捕食者的猎物可以有多种，一种猎物也有多种捕食者，捕食者的食物组成可以随猎物种群数量、环境等的变化而变化。因此捕食者—猎物的种群动态表现不确定。从理论上说，捕食者和猎物的种群数量变动是相关的。当捕食者密度增大时，猎物种群数量将被压低；而当猎物数量降低到一定水平后，必然又会影响到捕食者的数量，随着捕食者密度的下降，捕食压力的减少，猎物种群又会再次增加，这样就形成了一个双波动的种间数量动态。

3）捕食的意义

捕食作用作为一种掠夺性的对策，其重要意义可归为 4 个主要方面：

（1）捕食者在生物群落的能流中起显著作用，每一营养阶层的取食联系都可看到捕食作用的一些实例。

（2）捕食者调节猎物种群的动态。由于捕食者与猎物的关系是在漫长的进化过程中形成的，因此捕食者可以作为自然选择的力量对猎物的质量起一定的调节作用。例如，1905 年以前，由于美洲狮和狼的捕食作用，美国亚利桑那州 Kaibab 草原的黑尾鹿（*Odocoileus hemionus*）种群一直保持在 4000 头左右的水平，冬季的食物从来就不是限制因子。从 1907 年开始，为了发展鹿群，政府有组织地捕猎美洲狮和狼，鹿群数量开始上升，到 1918 年约为 40 000 头；1925年，鹿群数量达到最高峰，约有 10 万头。由于鹿种群密度过大，导致草场极度退化，鹿群因食物短缺数量猛降。这个例子说明，捕食者对猎物的种群数量起到了重要的调节作用。

（3）捕食者维持猎物种群的适合度。适合度是指种群适合环境的程度。捕食者在进化过程中形成了自我约束的能力，一般不会捕食正当繁殖年龄的猎物个体，而是捕食猎物种群中即将死亡或生产力低下的个体，即种群中体弱患病的或遗传特性较差的个体，因此防止了疾病的传播及不利的遗传因素的延续，维持了种群的适合度。这就是 Slobodkin "精明捕食者"（prudent predator）的观点。19 世纪，挪威为了保护有重要狩猎意义的雷鸟（*Lagopus*），鼓励捕杀捕食雷鸟的猛禽和兽类，结果球虫病和其他疾病在雷鸟中广泛传播，使雷鸟在 20 世纪初期大量死亡。

（4）捕食是一个主要的选择压力。经过长期的协同进化和自然选择，捕食者和猎物分别形成了一整套顺利捕食和逃避捕食的适应性特征。

4. 化感作用

1）概念

化感作用（allelopathy）（或称他感作用）一词由德国科学家 Molish 于 1937 年首次提出。allelopathy 来源于希腊语的两个词根 *allelon*（＝of each other，相互）和 *pathos*（＝to suffer，不利）。Rich 分别在 1974 年和 1984 年在其 *Allelopathy* 一书中给化感作用下了定义。目前一般认为：化感作用是指一种植物（或微生物）通过向体外分泌代谢过程中的化学物质，对其他植物（或微生物）产生直接或间接的影响。

化感物质（allelochemics）是化感作用的媒体，指植物或微生物所产生的影响其他生物生长、行为和种群生物学的化学物质。化感物质大多数是生物的次生代谢物质，不参与有机体的主要代谢过程。Rice（1984）根据化感物质的结构把它们分为 14 类：水溶性有机酸，直链醇，脂肪族醛和酮；简单不饱和内酯；长链脂肪族和多炔；萘醌、蒽醌和复合醌；简单酚，苯甲酸及其衍生物；肉桂酸及其衍生物；香豆素类；类黄酮；丹宁；类萜和甾类化合物；氨基酸和多肽；生物碱和氰醇，硫化物和芥子油苷；嘌呤和核苷。

植物化感物质分布于植物的根、茎、叶、花、果实和种子中，通过挥发、雨雾淋溶、根系分泌、残体腐解等途径释放到周围的环境中影响临近生物的生长发育。

2）化感作用的生态意义

（1）对生态系统结构和功能的影响。化感物质作为信息载体，通过影响植物对氮、磷的利用或它们在土壤中的状态，而改变物质循环的流向、流径和流强，最终决定物质循环类型。在低浓度情况下植物分泌的酚酸刺激固氮微生物生长，使其氮需求增加；小麦的阿魏酸、对羟基苯甲酸和苯甲酸对枯草芽孢杆菌（*Bacillus subtilis*）的反硝化活性有明显的抑制作用，使土壤中氮素的矿化作用减轻，生物学循环增强；车轴草属根分泌的脂肪酸和黄酮类减少了土壤中参与磷代谢的微生物种类，使土壤中有效磷锐减，导致磷素的生物循环减弱。相反，豌豆根分泌的直链醇、酮类及脂肪酸类化感物质则促进了大麦等对氮、磷、钾的吸收，使三者的生物学循环加强。化感作用对能量流动的影响发生在能流的不同环节，机制也不尽相同。在阔叶树红松混交林中，云杉（*Picea asperata*）、红松（*Pinus koraiensis*）叶内化感物质能显著地抑制椴树（*Tilia*）幼苗的光合作用，当红松或云杉数量多时，椴树数量下降。椴树光合作用下降，意味着太阳辐射能在第一营养级的转换受阻，继而造成能量在该级蓄积减少，最终导致生态系统生产力和生物量下降。影响动物取食的要素除食物的外观和营养成分外，还有食物的口感。强心苷、生物碱和丹宁等化感物质使植物味偏苦，多数哺乳动物、鸟类和爬行类动物对其避而远之，或觅而不食，可见化感物质作为影响动物觅食口感的重要信息载体之一，决定了生态系统功能结构——食物链的类型，改变生态系统的能量流动过程。

（2）对群落演替的影响。化感作用等是引起生态系统演替的因素之一，表现为控制演替速度和影响演替效应两个方面。Rice 曾报道在美国 Oklahoma 地区的植被演替过程中，一年生禾草阶段向多年生禾草（须芒草）的演替延续十年之久。原因与一些一年生禾草和杂草分泌的绿原酸有关。这些化感物质抑制土壤中硝化细菌与固氮菌的生长，使土壤中氮素积累减慢，造成需氮量高的多年生禾草不易繁衍，从而控制了演替的速度；木麻黄（*Casuarina equisetifolia*）的自毒作用使木麻黄林在生长 20 年后便迅速衰退，大量死亡。在这个渐变过程中，木麻黄分泌的多种化感物质影响了系统演替的效应。

（3）对群落种类组成的影响。化感作用在协调种间关系上具有不可忽视的重要作用。作为强有力的选择信息，化感物质影响了群落中物种多样性的构成。许多研究表明，化感作用是入侵种在生态系统中形成单一优势种的主要原因。为了在新环境更好地生存和利用生态系统中的可利用资源，入侵种向环境中释放化感物质影响邻近生物的生长，排挤其他土著生物，最终形成单一的优势种，导致当地生物多样性下降。

（4）对农林生产的影响。有些农作物不宜连作，否则就会影响作物长势而导致产量下降，甚至引起作物死亡，这种现象称为歇地现象。连作障碍与根分泌物中的化感物质密切相关，如早稻根系分泌的对羟基肉桂酸和黄瓜（*Cucumis sativus*）根系释放的酚酸都会抑制下茬幼苗的生长。在杉木林中，杉木（*Cunninghamia lanceolata*）的化感物质对自身的种子萌发和幼苗生长具有自毒作用，伴生树种木荷（*Schima superba*）、毛竹（*Phyllostachys heterocycla*）等分泌的化感物质对杉木的种子萌发和幼苗生长则具有促进效应。

5. 协同进化

当两个或更多物种的种群相互作用时，每个物种都会发生改变，以便对影响自身进化适合度的另一个物种的一些特征做出反应，这个过程称为协同进化（coevolution）。协同进化是一对种群之间相互进化的反应。

协同进化的内容相当广泛，包括种间竞争的协同进化、植物-草食动物的协同进化、寄生者-寄主的协同进化、互利共生的协同进化，等等。协同进化的生物之间，选择压力不断地起作用，在这种适应与反适应的发展过程中，双方可能产生一种互利的稳定状态。捕食者-猎物、寄生物-寄主或是相互没有利害关系的共生物种之间的一些协同进化可能逐渐发展成互利关系。例如，昆虫授粉作用可能只是从昆虫采花粉的单方获利开始，而后昆虫与其采花粉的植物之间的协同进化改变使得双方从这种关系中共同获利，因此，在植物-授粉者的关系中，授粉成功率提高的利益使植物进化形成招引昆虫的花，如花的鲜艳颜色、气味和花蜜。反之，互利关系也可能恶化成单方受益的寄生关系。例如，兰科植物许多种类并没有从其授粉者身上获得回报，这些兰花利用气味、形状或颜色模拟蜜蜂和胡蜂等雌性昆虫来减少这种寄生性的关系。真核细胞当中的线粒体和叶绿体可能是来自自由生活的原核生物，它们都有环状的 DNA 和其他原核生物（细菌、蓝藻）的特征，因此线粒体和叶绿体原来也是寄生物，后来才逐渐演化成共生体。同样，地衣当中的藻类和菌类之间也是从寄生关系发展成互利关系。

2.2.5　种群的生态对策

1. 生态对策的概念

在长期的协同进化过程中，生物逐渐形成了对其环境适应的生存策略，每种生物都具有独特的生活史特征，这些特征表现在生存、生长和繁殖方面的分配策略。生活史的关键内容是个体大小、生长率、繁殖和寿命。不同生物之间生活史差异很大，一些物种可以存活几百年甚至几千年，而有些生物的寿命却很短；有些生物个体很大而有些生物个体却很小；有些生物一次产生大量的后代而有些生物的生殖率却很低。生物所特有的生活史特征，即生物在生活史中维持生存、生长和繁殖方式的组合，称为生态对策（bionomic strategy），这种组合以资源的获取和配置为核心，以实现最大的繁殖为目的，是生物适应环境最集中的表现。

2. 生态对策的类型

MacArthur 根据种群动态的两个综合性指标（r 和 K），将种群分为 r-对策者（r-strategist）和 K-对策者（K-strategist），较全面地反映了生态对策的多个方面。

r-对策者和 K-对策者的特征。1970 年，Pianka 比较了 r-对策者和 K-对策者的特征（表 2.6）。r-对策者主要通过最大限度地扩大其内禀增长率（r）来适应于不可预测的多变化环境（如干旱地区和寒带），具有能够将种群增长最大化的各种生物学特性，如高生育力、快速发育、早熟、成年个体小、寿命短、且单次生殖多而小的后代。一旦环境条件好转，就能以其高增长率，迅速恢复种群，使物种能得以生存。K-对策者适应于可预测的、稳定的环境。在稳定的环境（如热带雨林）中，由于种群数量经常保持在环境容纳量（K）水平上，因而竞争较为激烈。K-对策者具有成年个体大、发育慢、迟生殖、产仔（卵）少而大但多次生殖、寿命长、存活率高的生物学特性，以高竞争能力使自己能够在高密度条件下得以生存。因此，可以说在生存竞争中，K-对策者是以"质"取胜，而 r-对策者则是以"量"取胜；K-对策者将大部分能量用于提高存活，而 r 对策者则是将大部分能量用于繁殖。

表 2.6　r-选择与 K-选择的特征比较（Pianka，1970）

性状	r-对策	K-对策
气候	多变，不确定，难以预测	稳定，较确定，可预测
死亡率	常为灾难性的，无一定规律性 非密度制约	比较有规律 密度制约
存活曲线	属于 Deevey 划分的 C 型，幼体存活率低	属于 Deevey 划分的 A、B 型，幼体存活率高
数量	时间上变动大，不稳定，通常低于环境容纳量 K 值，群落上不饱和，生态上真空，每年有再移植	时间上稳定，种群平衡，密度临近环境容纳量 K 值，群落处于饱和状态，没有移植必要性
种内、种间竞争	多变，通常不紧张	经常保持紧张
选择有利于	1. 快速发育 2. 高 r_m 值 3. 提早生育 4. 体型小 5. 单次生殖	1. 缓慢发育 2. 高竞争力 3. 生殖开始迟 4. 体型大 5. 多次生殖
寿命	短，通常小于 1 年	长，通常大于 1 年
导致	高生殖力	高存活率

　　r-对策和 K-对策只代表一个连续系列的两个极端，在 r-对策和 K-对策之间存在着一系列的过渡类型。所以，r-对策和 K-对策都只有相对的意义，无论是在种内或是种间都存在着程度上的差异。当环境尚未被生物充分占有时，生物往往表现为 r-对策；当环境已被最大限度占有时，生物又往往表现为 K-对策。当一个种群并非因为密度和拥挤而发生大量死亡时，那些生殖能力较强的个体就会产生极多的后代，并将在种群基因库中占有较大比重；但当一个种群因密度太大而发生大量死亡时，那些能够忍受高密度并适应于在环境容纳量水平存活的个体将最有可能被自然选择所保存，从而使这些个体在种群基因库中占优势。总之，r-对策有利于种群的繁殖，而 K-对策有利于种群有效地利用它们的生境。生物的分类类群往往倾向于采取其中一种对策。

　　r-对策者和 K-对策者的种群增长曲线。由于 r-对策者和 K-对策者的基本特性不同（前者数量不稳定，后者数量稳定），所以它们的增长曲线也存在着明显差异（图 2.17）。图 2.17 中对角虚线代表 $N_{t+1}=N_t$，种群处于平衡状态；对角线上方表示种群增长，下方表示种群下降；从图中可以明显看出，K-对策者有两个平衡点：一个是稳定平衡点 S，一个是不稳定平衡点 X（又叫绝灭点），种群数量高于或低于平衡点 S 时，都趋向于 S（用两个收敛箭头表示），但是在不稳定平衡点处，当种群数量高于 X 时，种群能回升到 S，但种群数量一旦低于 X，则必然走向绝灭（用两个发散箭头表示）；与此相反，r-对策者只有一个稳定平衡点 S，而没有绝灭点；它们的种群在密度极低时，也能迅速回升到稳定平衡点 S，并在 S 点上下波动。

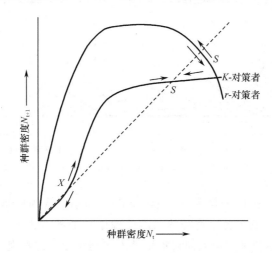

图 2.17　r-对策者和 K-对策者的种群增长曲线

r-对策和 K-对策在有害生物的防治和珍稀濒危生物的保护上具有重要的指导意义。很多有害生物都属于 r-对策者，对这些生物的种群来说，天敌因素（生物防治手段）对控制种群数量所起的作用微不足道，因为任何天敌的繁殖速度都赶不上受控种群的繁殖速度。等到天敌种群发挥作用时，它们已经迁出原地，在新的地方形成新的种群；相反，天敌因素对控制 K-对策者的数量却可以发挥重要作用，因为 K-对策生物个体大，繁殖速度慢，天敌常可把受控种群压制在一个较低水平上。在珍稀濒危生物的保护方面，由于大部分珍稀濒危生物都属于 K-对策者，繁殖力低下，一旦种群数量下降到下限——灭绝点（X），则难以恢复增长，因此应当不断地给予保护。

2.3　生物群落

2.3.1　生物群落的概念

地球上每一个地方，都被许多共存的生物分享，这些共存在一起的植物、动物和微生物通过彼此之间以及与环境之间相互影响，相互作用形成了一个复杂的整体，称为生物群落（biotic community），即特定空间或特定生境里各种生物种群通过彼此之间以及与环境之间彼此影响，相互作用而构成的结构单元。

关于群落的性质问题，长期以来存在着两派对立的观点（图 2.18）。

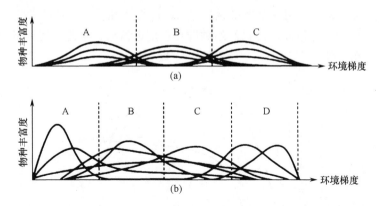

图 2.18　机体论和个体论的群落沿环境梯度的分布（曹凑贵等，2002）

(a)机体论（A、B、C、D 分别为不同的群落）；(b)个体论（A、B、C、D 分别为连续群落的片段）

机体论学派。机体论学派（organismic school）认为群落是一个超生物体（superorganism），其中各个物种的功能就像躯体的各个部位一样相互联系，物种间的生态学关系和进化关系使得群落特性得到增强。这种观点认为群落是间断的实体，可以与其他群落区分开来。一些生态学家 Braun-Blanquent、Clements 和 Tansley 等持这种观点。

个体论学派。个体论学派（individualistic school）认为群落只是一些物种偶然的组合，之所以会出现这种组合，只是由于这些物种对环境的同样需求。群落结构和功能只能简单地表现组成局部联合的各物种的相互作用，并不反映任何有目的的组织，换句话说，就是群落结构和功能并不能反映任何超越物种水平之上的组织。根据这个观点，因为自然选择作用于个体的繁殖量，所以群落内所包含的每一个种群的进化都是为了使其成员获得最大限度的成功繁殖，而不是为了使作为整体的群落受益。Ramensky、Gleason、Lenoble 等都是个体论学派的支持者。

两派的争论实质在于群落到底是一个有组织的系统，还是一个纯粹偶然的个体集合。一些近代生态学的研究，尤其采用一些定量的方法（如梯度分析和排序等）的研究证明，群落并不是一个个分离的、有明显边界的实体，而是在空间上和时间上连续的系列，这一事实，似乎更倾向于个体论学派的观点。

2.3.2　生物群落的种类组成

1. 种类组成

不同的生物种类，具有不同的生态耐受范围，因此，在一定的生境中，就形成了一定种类组成的生物群落。环境不同，这些种类组成就不同。因此，种类组成是区别不同群落的首要特征。一个群落种类成分的多少及每种个体的数量，是度量群落多样性的基础。

　　调查群落中的种类组成成分是研究群落特征的第一步。为了掌握群落中物种的组成，通常采用确定最小面积的方法来统计一个群落的种类组成。在群落中选择能代表群落基本特征的样地。所取样地应注意环境条件和群落外貌的一致性，最好处于群落的中心部位，避免过渡地段。确定样地以后，用绳子圈定一块小面积（一般在草本群落中，最初的面积是 10cm×10cm，森林群落则是要用 5m×5m 或稍大），登记这一面积中所有的种类，然后，按照一定的顺序成倍的扩大边长（图 2.19a），每扩大一次，就登记新增加的种类。开始，面积扩大，种类的数目也随之迅速增加，最后面积再扩大，种类却很少增加。按照面积扩大和种类增加的累积数二者之间的比例关系，绘制种数-面积曲线（图 2.19b）。在曲线转折处所指示的面积，称为群落的最小面积（minimal area），即对一个特定的群落类型能提供足够的环境空间（环境或生境的特性），或者能够保证展现出该群落类型的种类组成和结构真实特征的一定面积。通过比较各种群落的最小面积，可以发现：组成群落的种类越多，群落的最小面积相应就越大；环境条件越优越，群落的结构越复杂，组成群落的种类就越多。由此可以从环境条件的优越程度和种类数目的、群落结构的复杂程度和群落最小面积等方面，找到一定的相关性，它们之间都是成一种正比例关系。应该注意的是动物的流动性较大，因此群落的最小面积要比测得的面积大得多，在进行群落样地调查时，务必引起注意。

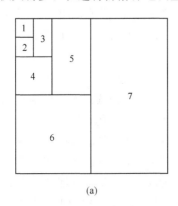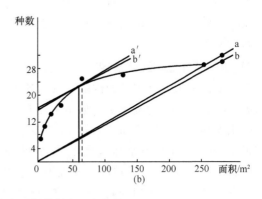

图 2.19　确定最小面积的程序（宋永昌，2001）

（a）按一定顺序成倍扩大边长；（b）绘制种数-面积曲线

　　根据生物在群落中所起的作用和所处的地位而划分的物种类型称为群落成员型。在植物群落学研究中，常用的群落成员型为优势种（dominant species）、建群种（constructive species）、亚优势种（subdominant species）、伴生种（companion species）、偶见种或罕见种（rare species）；动物群落研究中也常常区分为优势种、常见种和稀有种。同一个种群在不同的群落中可表现为不同的群落成员型。

在弄清了群落种类组成的基础上，还必须从区系学的角度，进一步了解这些物种的种属组成、地理成分、生态成分和历史成分，以便阐明群落的发生、起源、特性和类型。

2. 物种多样性

1）物种多样性的概念

生物多样性（biodiversity）是生物及其与环境形成的生态复合体以及与此相关的各种生态过程的总和。它包括数以百万计的动物、植物、微生物和它们所拥有的基因，以及它们与生存环境形成的复杂的生态系统。生物多样性是一个内涵十分广泛的重要概念，包括多个层次或水平。其中，研究较多、意义重大的主要有遗传多样性（genetic diversity）、物种多样性（species diversity）、生态系统多样性（ecosystem diversity）三个层次。

在群落的研究中，物种多样性是一个非常重要的概念，一般指一个群落中的物种数目和各物种的个体数目分配的均匀度。物种多样性具有下面两种涵义：种的数目或丰富度（species richness）指一个群落或生境中物种数目的多少；种的均匀度（species evenness 或 equitability）指一个群落或生境中全部物种个体数目的分配状况。它反映的是各物种个体数目分配的均匀程度。例如，甲群落中有100 个个体，其中 90 个属于种 A，另外 10 个属于种 B。乙群落中也有 100 个个体，但种 A、B 各占一半。那么，甲群落的均匀度就比乙群落低得多。可采用Simpson 指数、Shannon-wiener 指数、Pielou 均匀度指数以及丰富度指数等来测度群落的物种多样性。

2）物种多样性的变化规律

从赤道向极地，从海洋向内陆，从山麓到山顶，从海洋或淡水水体表面向水体深处，物种多样性逐渐减少。如马来西亚热带雨林 $2\ hm^2$ 的面积内有 227 种乔木，密执安落叶林中同样面积只有 10～15 种乔木；又如，在哥伦比亚营巢的鸟类有近 1359 种，由此往北依次是巴拿马 630 种，佛罗里达 143 种，纽芬兰 118 种，格陵兰仅 56 种。这种情况在哺乳类、鱼类、蜥蜴类、植物中都有充分的数据，也有例外的情况。如企鹅、海豹在极地种类最多，而针叶树和姬蜂在温带种类最丰富；热带雨林物种的种类数量多于季雨林；在大型湖泊中，温度低、含氧少、黑暗的深水层，其水生生物种类明显低于浅水区。同样，海洋中植物分布也仅限于光线能透入的光亮区，一般很少超过 30m。此外，从群落早期演替阶段向后期顶极阶段物种多样性具有增大的趋势。但是在大多数情况下，从达到顶极群落之前的一段时期开始，多样性也可能下降。这种倾向的产生是由于在演替的最早阶段，只有少数生物能够适应于严酷的环境条件，物种多样性、生产力与生物量都很低，随着环境条件的改善，这些方面都在逐渐上升，当将进入演替的顶极阶段时，早期演替阶段的物种依旧能够暂时生存，物种多样性达到一个最高峰，随着进入演替的最后阶段，这些种都将衰退消失，多样性也就略有下降。

3）物种多样性梯度变化的原因

物种多样性梯度变化的原因极其复杂，不同学者提出了多种理论来说明为什么热带群落比温带群落和极地群落有更多的物种，下面将这些理论简介一下。

进化时间理论。该理论认为物种多样性高低取决于群落所经历的地质年代的长短。热带地区温暖潮湿，环境稳定且未受冰川影响，物种长期演化形成了一些古老种属和群落，种的消亡机会也较少。因此，与温带群落和极地群落相比，热带群落存在的历史更悠久，而且演变和多样化的速度较快，物种多样性较高。有些事实支持了这一理论。例如，采自北半球白垩纪的浮游有孔虫化石，由赤道到北极种类逐渐递减，这同现今尚存的有孔虫所表现的趋势一致。

生态时间理论。该理论认为，一个物种需要一定的时间才能进入适宜但未被占据的地域。从热带起源的大多数的物种，由于没有足够时间或因地理障碍未能进入温带地区，因此温带地区现存的物种数未达到饱和状态，如牛背鹭（*Bubulcus ibis*）由非洲经南美进入北美。

空间异质性理论。该理论认为，自然环境条件越复杂，异质性越强，该地区的物种多样性就越高。如从地势的大地形来看，山区较平原地形复杂，物种多样性就较高；群落的垂直结构复杂，就使小生境复杂多样，适宜于更多种类的生物栖息生长，如群落的垂直分层愈多，群落中的鸟类与昆虫也就愈多。

气候稳定性理论。该理论认为环境越稳定，物种多样性就越高，而严酷或带有灾难性变化的气候中，只有少数能够适应的种类生存下来，生物种类消亡的机会较多，物种多样性就降低。热带地区气候稳定，通过自然选择在那里出现了大量狭生态位和特化的物种，由于每一物种都只利用了总资源中很少的一部分，因此可以容纳更多的动植物种类生存。而在温带和极地，气候的剧变造成生境、食物的多变，迫使物种向广适应性的方向进化，特化物种被淘汰。

竞争理论。竞争导致生态位分化或重叠，使同一生境中能生活更多的物种。热带地区种间竞争强烈，物种的生态位比较狭窄，具有较高的进化特征和狭窄的生态幅，因此，同样的空间生活的物种比温带地区多。

捕食理论。捕食压力的增加减弱了猎物的种间竞争，允许更多的猎物物种共存，这反过来供养新的捕食者。捕食理论认为：群落组成的多样化能维持较大比例的捕食者生存。热带森林的种类很多，而每一种林木个体较少，分布也比较零散，可以用该理论解释。

生产力理论。该理论认为，物种多样性的高低，取决于通过食物网的能量流。群落生产力越高，生产的食物就越多，通过食物网的能量流就越大，物种多样性就越高。热带地区生长季较长，生产力较高，从而在时间上和空间上可以为更多的种共存提供条件。

上述七种理论，实际包括 6 个因子，即时间、空间、气候、竞争、捕食和生产力。这些因子可以同时在同一生境中相互作用，综合影响物种多样性的高低（图 2.20）。但在某种程度上空间异质性、气候稳定性以及生物竞争性的影响较强烈。而群落本身对自然环境适应的自然选择与进化发展也具有较重要的意义。

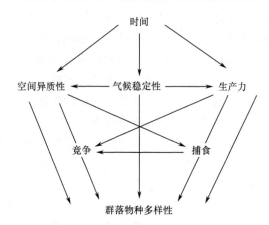

图 2.20　影响群落物种多样性因子的综合作用（郑师章等，1994）

3. 群落的种间关联

种间关联（species association）是指不同种类在空间分布上的相互关联性。在群落学中具有重要的位置，是对不同种个体在空间联结程度的定性测定。种间关联的测定，通常是先把成对物种的存在与不存在数据，排成 2×2 列联表，即

物种 A

		+	−	
物	+	a	b	$a+b$
种 B	−	c	d	$c+d$
		$a+c$	$b+d$	

其中，a 是两个种都有的样方数；b 是只含有 B 种的样方数；c 是只含有 A 种的样方数；d 是两个种都没有的样方数，n 是样方总数 $= a+b+c+d$，关联系数的公式为

$$v = \frac{ad-bc}{\sqrt{(a+b)(c+d)(a+c)(b+d)}} \qquad (2.24)$$

v 为关联系数，v 值的变化范围为 $-1 \sim 1$，然后按照统计学的 χ^2 检验法测定关联系数的显著性。$v=1$ 完全正联结；$v=-1$ 完全负联结；$v=0$ 个体间彼

此单独分布。当 $ad>bc$ 时，v 为正值，表示正联结，意味着一个种依赖于另一种（如寄生者与寄主、支持植物与附生植物）或相互依赖（共生、原始协作），或者它们对生境的适应和反应是相同或相似的；当 $ad<bc$，v 为负值，表示负联结，意味着一个种通过对另一种的影响而排斥它（如竞争，空间排斥或化感作用），或者它们对生境的适应和反应不同，或对环境有不同的需求；$ad=bc$ 时，v 值为 0，表示不联结。两个种在空间上的分布为中性，既不表现为联结或依赖，也不相互排斥。

联结系数可用于排列半矩阵和星系图等，以表达种间联结或相互关系（图 2.21），有助于对群落本质的深入认识，并且形成了数值分类和排序技术的基础。

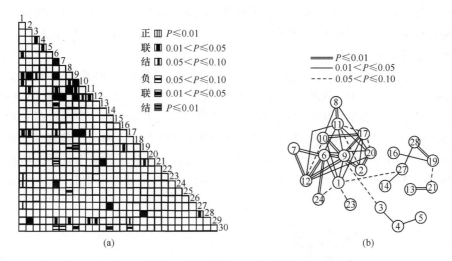

图 2.21　天童常绿阔叶林乔木层种间联结 χ^2 检验的半矩阵图（a）和

星系图（b）（宋永昌，2001）

图中数字代表组成群落中的物种，植物名略

2.3.3　群落的外貌与结构

外貌与结构是群落的明显标志，是群落中生物之间、生物与环境之间相互关系的综合反映，不同的群落具有不同的外貌和结构，因此，外貌和结构是认识和鉴别群落类型的重要特征，是群落研究的必要基础。

1. 群落的外貌

外貌（physiognomy）指群落的外表形态或相貌，是群落与外界环境条件长期作用的结果。陆生生物群落的外貌取决于种类的生活型（或生长型）组成、叶的特征以及周期性等，水生生物群落的外貌取决于水的深度与水流特征。在此重点讨论陆生生物群落的外貌。

1）生活型

（1）生活型的概念。生活型（life form）是指生物对于综合生境长期适应而在外貌上反映出来的生物类型，是生物在演化过程中对一定生活环境长期适应所形成的各种基本形式。生活型的形成是生物对相同环境条件趋同适应的结果。无论生物在分类系统上的地位如何，只要它们的适应方式和途径相同，都属同一生活型。例如，将植物分为乔木、灌木、半灌木、木质藤本、多年生草本、一年生草本等；又如在美洲、亚洲、非洲和澳大利亚的荒漠草原地带都分布栖息着一些善于跳跃、奔跑、穴居等生活型的动物类群，这些动物是对荒漠草原生境适应的类群。分析群落的植物生活型及生活型谱，按照生活型划分群落以及说明生活型的相对作用，对群落结构、类型、群落与环境间的关系、群落的起源及演变等，都能给予深刻的解析。

（2）生活型系统。生活型分类系统很多，应用最广泛的是丹麦生物学家Raunkiaer的生活型分类系统。这个系统以温度、湿度、水分（以雨量来表示）作为揭示生活型的基本因素，以植物度过不良环境（冬季寒冷、夏季干旱）对恶劣环境的适应方式作为分类基础。具体是按休眠芽或复苏芽所处的位置高低和保护方式，把高等植物划分为 5 个生活型（图 2.22），在各类群之下，根据植物体的高度，芽有无芽鳞保护，落叶或常绿，茎的特点等特征，再细分为 30 个较小的类型。

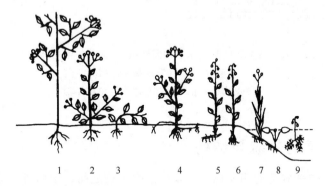

图 2.22　Raunkiaer 生活型图解（杨特，2008）

1. 高位芽植物；2、3. 地上芽植物；4. 地面芽植物；5～9. 隐芽植物

高位芽植物（Phanerophyte，Ph.）。这类植物休眠芽或顶端嫩枝位于距地面25cm 以上，如乔木、灌木和一些生长在热带潮湿气候条件下的草本，等等。又可根据高度分为四个亚类，即大高位芽植物（高度＞30m）、中高位芽植物（8～30 m）、小高位芽植物（2～8m）与矮高位芽植物（25cm～2m）。然后又根据常

绿还是落叶、芽有无鳞片保护分为 15 个亚类。

地上芽植物（chamaephyte, Ch.）。更新芽或顶端嫩枝位于土壤表面或很接近地表处，一般不高出土表 20～30cm，因为它们受土表残落物所保护，在冬季地表积雪地区也受积雪的保护。多为半灌木或草本植物。其下分为四个亚类：矮小半灌木地上芽植物、被动地上芽植物、主动地上芽植物和垫状植物。

地面芽植物（Hemicryptophyte, H.）。这类植物更新芽位于近地面土层内，冬季地上部分全部枯死。这类植物在不利季节，植物体地上部分死亡，只有被土壤和残落物保护的地下部分仍然活着，并且在地面处有芽，多为多年生草本植物。分为原地面芽植物、半莲座状地面芽植物和莲座状地面芽植物 3 类。

隐芽植物（Cryptophyte, Cr.）。这类植物又称为地下芽植物，其更新芽位于较深土层中或水中，多为鳞茎类、块茎类和根茎类多年生草本植物或水生植物。分为七个亚类：根茎地下芽植物，块茎地下芽植物，块根地下芽植物，鳞茎地下芽植物，没有发达的根茎、块茎、鳞茎地下芽植物，沼泽植物和水生植物。

一年生植物（Therophyte, T.）。这类植物只能在良好季节中生长，它们以种子的形式度过不良季节。

Raunkiaer 生活型被认为是进化过程中对气候条件适应的结果，因此它们的组成可反映某地区的生物气候和环境的状况。

（3）生活型谱。统计某一个地区或某一个生物群落内各类生活型的数量对比关系，称为生活型谱。通过生活型谱可以分析一定地区或某一生物群落中生物与生境（特别是气候）的关系。制定生活型谱过程分为三步：弄清整个地区（或群落）的全部生物种类，列出生物名录；确定每种生物的生活型；然后把同一生活型的种类归到一起，按下列公式求算：

$$某一生活型的百分率 = \frac{该地区（该群落）该生活型的植物种数}{该地区（该群落）全部植物种数} \times 100\%$$

$$(2.25)$$

从不同地区或不同群落生活型谱的比较，可以看出各地区或群落的环境特点，特别是气候特点。

每一个特定群落都具有独特的生活型谱。每个群落类型都是由各种不同生活型的植物所组成，群落类型不同，其生活型谱也不相同（表 2.7）。在生活型谱中必有一类或两类生活型占优势。如热带雨林中，高位芽植物占绝对优势，并含有较高比例的附生植物，一年生植物、地下芽植物和地面芽植物很少或几乎不存在；而在温带森林和草原中占优势的地面芽植物在雨林中却难觅踪影；在草原和荒漠中一年生植物占有较高的比例；而在极地冻原中则以隐芽植物占优势；群落生活型谱的差异充分反映了群落在结构上的差异。通过群落生活型谱的分析，有助于认识群落的类型，对群落进行分类并对分布在不同地域的群落进行比较，群落类型相同，如西双版纳的热带雨林和巴西莫康巴雨林，生活型谱相似，群落类型不同，如热带雨林和温带落叶阔叶林，生活型谱具有较大的差异。同时，不同的生活型常具有不同的地理起源，因此有助于人们对该植被类型发展历史的认识。

表 2.7　几个典型群落的生活型谱

群落类型（地点）	生活型百分率/%				
	Ph.	Ch.	H.	Cr.	T.
热带雨林（西双版纳）	94.7	5.3	0.0	0.0	0.0
热带雨林（巴西莫康巴）	95.0	1.0	3.0	1.0	0.0
热带雨林（海南岛）	96.9(11.1)	0.8	0.4	1.0	0.0
山地雨林（海南岛）	87.6(6.9)	6.0	3.4	2.4	0.0
南亚热带常绿阔叶林（鼎湖山）	84.5(4.1)	5.4	4.1	4.1	0.0
亚热带常绿阔叶林（滇东南）	74.3	7.8	18.7	0.0	0.0
亚热带常绿阔叶林（浙江）	76.7	1.0	13.1	7.8	2.0
暖温带落叶阔叶林（秦岭北坡）	52.0	5.0	38.0	3.7	1.3
寒温带暗针叶林（长白山）	25.4	4.4	39.6	26.4	3.2
温带草原（东北）	3.6	2.0	41.1	19.0	33.4
沙漠（利比亚）	12.0	21.0	20.0	5.0	42.0
极地苔原（斯匹次卑根）	1.0	22.0	60.0	15.0	2.0

注：括号中数据为附生植物的百分率，下同。

群落的生活型谱可以反映一定地区的气候等自然条件。生活型反映生物生活的环境条件，相同的环境条件具有相似的生活型。世界各大洲环境相似的地区，由于趋同进化而具有相同生活型的物种，可以称为生态等值种（ecological equivalent）。因此，群落的生活型谱可以反映一定地区的气候等自然条件（表2.7，表2.8）。高位芽植物占优势反映了群落所在地的气候温热多湿；地面芽植物是适应酷寒最成功的生活型，地面芽植物占优势反映了群落所在地具有较长的严寒季节；一年生植物占优势群落所在地气候干旱；隐芽植物是高山-极地气候的代表，反映了冷、湿的环境。在热带雨林中，高位芽植物占有绝对优势，一年生植物除偶见于开垦地及路旁外，在雨林中很难看到。附生植物的种类有较高的比例，一般都超过地上芽植物的数目，这些特点充分反映了热带地区常年有利于植物生长的高温、高湿的气候条件。由于雨林常绿的树冠层造成林下终年荫蔽，地面芽植物十分贫乏；长白山的寒温带暗针叶林中地面芽植物占优势，隐芽植物次之，高位芽植物又次之，反映了当地有一个较短的夏季，但冬季漫长，严寒而潮湿。因此，不同群落类型的生活型谱的差异充分说明了它们所处的环境条件上的差异以及它们所创造的群落环境的特点。群落所在地环境不同，生活型谱不同，群落生境相同，生活型谱相似。

表 2.8 世界各地气候带的生活型谱

地区	统计种数	生活型百分率/%				
		Ph.	Ch.	H.	Cr.	T.
高位芽植物气候（谢尔群岛）	258	61	6	12	55	6
地上芽植物气候（斯匹茨尔根）	110	1	22	60	15	2
地面芽植物气候（丹麦）	1 084	7	8	50	22	18
一年生植物气候（死谷）	294	26	7	18	7	42

2）叶的特征

植物同化器官叶对环境的适应性表现得最为突出和多样，因此叶是决定群落外貌的重要特征。叶的特征主要表现在叶的质地、大小、生活期、叶型和叶缘等方面。分析叶的特征对于结构复杂的森林群落来说，具有较为重要的意义。

叶面积指数。叶面积指数（leaf area index，LAI）是群落结构的一个重要指标，与群落的光能利用效率直接相关。一般定义为

$$\text{LAI} = \frac{\text{总叶面积（单面计算）}}{\text{单位土地面积}} \qquad (2.26)$$

不同的群落叶面积指数差异较大（表 2.9）。

表 2.9 不同植被类型的叶面积指数和功能利用效率（李博等，2000）

植被类型	LAI	光能利用率/%	植被类型	LAI	光能利用率/%
热带雨林	10～11	1.5	冻原	1～2	0.25
落叶阔叶林	5～8	1.0	草原化荒漠	1	0.04
北方针叶林	9～11	0.75	农作物	3～5	0.60
草地	5～8	0.50			

群落的叶级分析。在群落学研究中，叶级大多按 Raunkiaer 创立的叶面积等级系统（表 2.10）进行叶级谱的分析。每一群落具有特定的叶级谱。不同群落类型的叶级谱都具有一定的规律性，通常以某一叶级的植物占优势（表 2.11），如热带雨林和南亚热带常绿阔叶林都是以中叶为主，大型叶和小型叶的种类较少，而微叶和鳞叶的种类很少或几乎不存在；中亚热带常绿阔叶林和温带针叶林则以小型叶为主。因此，可以根据群落叶级谱确定群落的类型；群落的叶级谱与气候具有一定的相关性（表 2.11）。大叶片一般经常出现于热带温暖而潮湿的气候中，而小叶片则是十分干燥或寒冷地区的特征。叶级的变化表现出从潮湿到干

燥，从温暖到寒冷，由大到小逐渐减缩的现象，如荒漠和热带旱生林的植物叶子都较小。群落不同层次间的叶级谱也存在着差异。在热带雨林和南亚热带常绿阔叶林中，叶级随第三层小乔木→第二层→第一层乔木逐渐缩小，这与群落内部小气候的垂直梯度变化密切相关，反映了叶级与环境条件之间的紧密联系。

表 2.10　Raunkiaer 的叶级分类系统

级别	名称	叶面积/mm²	级别	名称	叶面积/mm²
1	鳞叶（leptophyll）	<25	4	中叶（mesophyll）	2 025～18 225
2	微叶（nanophyll）	25～225	5	大叶（macrophyll）	18 225～164 025
3	小叶（microphyll）	225～2 025	6	巨叶（megaphyll）	>164 025

表 2.11　不同群落类型的叶级谱

群落类型	叶级比例/%					
	鳞叶	微叶	小叶	中叶	大叶	巨叶
热带雨林(巴西)	2.3	3.2	15.1	68.3	11.0	0
热带雨林(尼日利亚)	0	0	10.0	84.0	6.0	0
热带雨林(菲律宾)	0	0	4.0	86.0	10.0	0
南亚热带常绿阔叶林(中国鼎湖山)	0	2.8	36.1	59.2	1.9	1.0
中亚热带常绿阔叶林(中国庐山)	0	7.0	52.9	39.7	0.4	0
亚热带常绿阔叶林(中国浙江)	0	4.1	53.5	37.1	5.4	0
温带山地针叶林(中国长白山)	6.5	13.0	39.5	31.8	8.8	0

3) 群落的周期性

周期性（periodicity）是指群落中那些与季节性的气候变化相关联的明显的周期现象，这种周期现象取决于构成群落的优势植物的物候现象或物候期。一年四季各种生物的物候进程不同，使群落在不同的季节里表现出不同的外貌。某个季节里群落的外貌就是季相（aspect），群落的季相常常年复一年地重复出现。随季节更替而改变的群落外貌变化，称为季相演替（aspection）。群落的周期性受环境节律（rhythm）的影响，温带和寒带群落，如温带草原和落叶阔叶林的季相明显与气候季节变化相吻合，控制季节性变化的外界因子是温度的节律；热带和亚热带群落的周期性外貌变化很大程度上取决于湿度的季节性变化。在干湿季交替变化的地区，群落具有较明显的周期性节律，例如，季雨林就有在旱季周期性落叶的周期现象；雨林和常绿阔叶林终年常绿，花果终年不衰，群落的周期性在某种程度上仅表现在新叶或嫩叶上。

2. 群落的结构

群落中的各种生物在群落中各自占据一定的生存空间，从而构成了群落的空间结构，它是群落的一个重要特征，反映了群落对环境的适应。

1) 群落的结构单位

层片。层片是群落最基本的生态结构单元，指由相同生活型或相似生态要求的种组成的机能群落（functional community）。每一个层片由同一生活型的植物所构成，在群落中占据一定的空间。层片具有下述特征：属于同一层片的植物是同一个生活型类别。但同一生活型的植物种只有其个体数量相当多，而且相互之间存在着一定的联系时才能组成层片；每一个层片在群落中都具有一定的小环境，不同层片小环境相互作用构成了群落环境；每一个层片在群落中都占据着一定的空间和时间位置，层片的时空变化形成了生物群落不同的结构特征；每一层片都具有相对独立性，并按照其作用和功能划分为不同的类型，如优势层片、伴生层片、偶见层片等。

同资源种团。群落中以同一方式利用共同资源的物种集团被称为同资源种团（guild），它们是在群落中占有同一功能地位的等价种（equivalent species）。如果一个种由于某种原因从群落中消失，其他种就可能取而代之。同资源种团作为群落的亚结构单位，比只从形态或营养级划分更为深入。

小群落。生物在群落中的分布往往是不均匀的，因而形成了群落内的斑块状分布，这些斑块在种类组成、数量、郁闭度、生产力等方面都有所不同，但是它们的形成和存在由其所在群落决定，仍然不能脱离整个群落的影响。这些群落内部小型的生物组合，特称为"小群落"（microcoenosis），每一个小群落由具有一定生活型的种类组成。小群落是群落水平分化的结构单位。小群落产生的主要原因是群落生境条件的不均匀性，如小地形和微地形的变化、土壤湿度和盐渍化程度的差异，以及群落内部其他生态环境的不一致等；动物活动、人为影响以及生物本身的生态生物学特征，尤其是植物繁殖体的散布特性以及竞争能力等在小群落的形成中都具有重要的作用。群落内小生境的变化多种多样，因而小群落也可能是多种多样的，在垂直上可以表现为附生小群落，水平上可以表现为地面小群落。

2) 群落的结构

群落的结构是指群落的所有种类在时间、空间中的配置状况。包括垂直结构、水平结构和时间结构。

垂直结构。群落的垂直结构（vertical structure）是群落在空间中的垂直分化或分层现象，包括地上分层和地下分层。成层结构显著提高了生物利用环境资源的能力。层次（layer, stratum）是群落的形态结构单位。层次与层片之间有相同之处，但又有质的区别。一般层片比层次的范围要窄，因为一个层可由若干生活型的植物所组成，如森林群落的乔木层，在北方针叶林中属于同一层片，但在常绿落叶混交林和针阔叶混交林中却包含了若干个不同的层片。层片是群落的生态学结构单位，而层次是群落形态学特征的基本结构单位。

　　生物群落的地上成层性可以充分利用阳光和空间。决定群落地上成层现象的主要因素主要是光照、温度、湿度（图 2.23）。在一个发育良好的森林群落中，按照植物的生长型，可将群落分为乔木层（tree stratum）、灌木层（shrub stratum）、草本层（herb stratum）和地被层（ground stratum，field stratum）四个基本层次。草本群落的地上分层较为简单，通常划分为草本层和地被层。在各层次之间，可以按照同化器官的高度再分为亚层。群落中的有一些植物，如藤本植物、附生植物和寄生植物，并不形成独立的层次，分别依附于各层次直立的植物体上，称为层间植物（interstratum plant），或层外植物（extra-stratum plant），或层内植物（intra plant）；多层结构的群落中，由于各层次在群落中的作用和地位不同，常常区别为主要层（major stratum）和次要层（secondary stratum）。主要层在创造群落环境方面起着主导作用，并影响或决定了其他层次，主要层的消长会导致群落发生质变；次要层在创造群落环境方面起着次要作用，它们的存在、种类组成、个体数量、结构状态等取决于主要层的影响。大多数情况下，群落的最高层就是主要层，但这不是绝对的，在某些特殊的情况下，群落中某些较低的层次也会是主要层，如热带稀树草原的草本层控制着木本植物及其幼苗生存的有效水分总量。

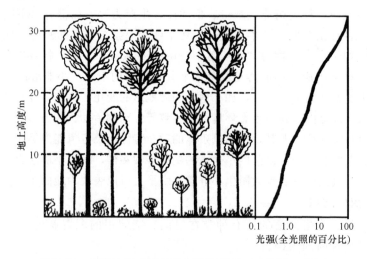

图 2.23　森林中的成层现象与消光现象（王伯荪，1987）

　　不同植物的根系分布在土壤的不同深度形成了地下成层性。地下分层可以充分利用土壤中的营养和水分。地下成层现象取决于土壤的理化性质，尤其是水分与养分的状况。

　　生物群落中动物的分层与不同层次的微气候条件和食物的分布有关。一般来说，群落的垂直分层越多，动物种类也就越多。陆生生物群落动物种类的多样性是植被层次发育的函数。

　　水生生物群落的成层性主要取决于透光状况、水温和溶解氧的含量，生态要求不同的各种生物如漂浮生物（neuston）、浮游生物（plankton）、游泳生物（nekton）、底栖生物（benthos）、附底动物（epifauna）和底内动物（infauna）等在不同深度的水体中占据各自的位置而使水生生物群落呈现出分层现象。如水生植物有的在水中飘浮，有的则着生在水下土壤中而茎叶则伸出水面（图2.24）。一般把水生植物分为6个层群，即水底层群、水中沉水矮草层群、水面高草层群、沉水草层群、漂浮草本层群和挺水草木层群。我国淡水养殖业往往在同一水体中混养栖息在不同水层的鱼类，以达到提高单产的效果。

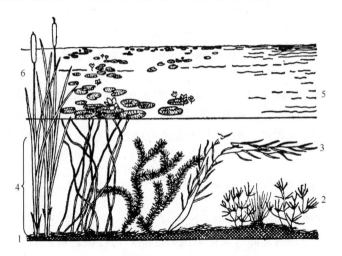

图 2.24　水生植物群落的成层现象（王伯荪，1987）

1. 水底层群；2. 沉水矮草层群；3. 沉水漂草层群；4. 水草高草层群；5. 漂浮草本层群；6. 挺水草木层群

　　水平结构。群落的水平结构（horizontal structure）是指群落在水平空间上的分化。小群落是群落水平结构的基本单位，它们在二维空间中不均匀配置，彼此组合，使群落在外形上表现为斑块相间，称为镶嵌性（mosaic），具有这种特征的群落叫做镶嵌群落（mosaic community）。多种因素决定了陆地生物群落的水平分布格局（图2.25），其中群落内部环境因子的不均匀性是群落镶嵌性的主要原因。内蒙古草原上锦鸡儿灌丛化草原是镶嵌群落的典型例子。在这些群落中往往形成1～5m呈圆形或半圆形的锦鸡儿丘阜，可以聚积细土、枯枝落叶和雪，因而使其内部具有较好的水分和养分条件，形成一个局部优越的小环境。小群落内部的植物较周围环境中返青早，生长发育好；动物因其自身的生物学适应范围也随着栖息环境的布局而有相应的水平分布格局。

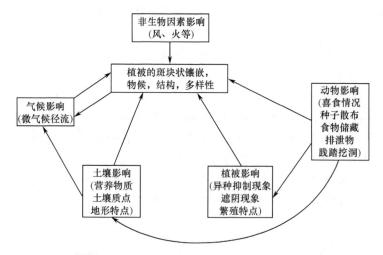

图 2.25　陆地群落中植被的水平格局（镶嵌结构）的主要决定因素（孙振钧和王冲，2007）

时间结构。群落的时间结构（temporal structure）是指群落结构在时间上的分化或在时间上的配置，它反映了群落结构随时间的周期性变化而发生的相应更替，这种更替在很大程度上表现在群落结构的季节性变化、群落的年际变化和演替。

3. 群落交错区与边缘效应

（1）群落交错区的定义。群落交错区（ecotone）或生态交错区或生态过渡带是指两个或多个群落之间（或生态地带之间）的过渡区域，如森林和草原之间的森林草原地带，软海底与硬海底的两个海洋群落之间也存在过渡带，两个不同森林类型之间或两个草本群落之间也都存在交错区。这种过渡带有的宽，有的窄；有的是逐渐过渡，有的变化突然。群落的边缘有的是持久性的，有的在不断变化。1987 年 1 月，在巴黎召开的一次国际会议上对群落交错区的定义是："相邻生态系统之间的过渡带称为生态交错带，它具有由特定时间、空间尺度以及相邻生态系统相互作用程度所确定的一系列特征特性"。可以认为，群落交错区是一个交叉地带或种群竞争的紧张地带，在这里群落中种的数目及一些种群密度比相邻群落大。群落交错区具有宏观性、动态性、过渡性等特征。

（2）群落交错区的特征。在群落交错区这一区域内，两种群落成分同时出现在同一环境下，处于激烈的竞争状态并达到动态平衡，在这里两个相邻群落成分并非简单混合或叠加。群落交错区是两个相对均匀的相邻群落过渡的突发转换区域，不但有相邻群落的一些特性，而且具有其独特的特性：

环境异质复杂化。交错区生境趋于异质复杂化，并在生物与非生物力作用下，形成了明显不同于相邻群落内部核心区域的环境条件。如林缘风速较大促进蒸发，导致边缘生境干燥等；又如针叶林和阔叶林的交错区地带，针叶植物分解时产生的有机酸比被子植物多，从而增加土壤的酸度，而且针叶植物分解缓慢，在土表积累了厚厚一层部分腐烂的有机物，使环境明显不同于两个群落的核心区域。

物种多样性增加。群落交错区不但含有两个相邻群落的组分，而且特化的生境导致某些特有种类的产生，植物种类及群落结构往往更加多样复杂，从而为动物提供了更多的营巢、隐蔽和摄食条件。

（3）边缘效应。群落交错区种的数目及一些种的密度增大的趋势被称为边缘效应（edge effect）。在交错区内形成的特有种，称为边缘种（edge species）。边缘效应的形成需要较长的时间，是协同进化的产物。在群落交错区往往包含两个重叠群落中的一些种以及交错区本身所特有的种，这是因为群落交错区的环境条件比较复杂，能为不同生态类型的植物所定居，从而为更多的动物提供食物、营巢和隐蔽条件。如我国大兴安岭森林边缘，具有呈狭带状分布的林缘草甸，每平方米的植物种数达 30 种以上，明显高于其内侧的森林群落和外侧的草原群落。因此，有人建议通过增加群落交错区数量或边缘长度以增加边缘效应，提高野生生物产量。群落交错区代表着两个相邻群落极端生境水平，犹如栅栏一样，对物种的分布和动物的活动范围起着阻碍限制的作用和过滤器的作用。边缘效应类似于生物学中的杂种优势，其形成需要一定条件，如两个相邻生物群落的渗透力大致相似，两类环境或两个生物群落所造成的过渡地带需相对稳定，相邻生物群落各自具有一定的均一面积或群落内只有较小面积的分割，具有两个群落交错的生物类群等。

4. 影响群落结构的因素

众多因素影响着群落结构，其中竞争、捕食、干扰以及空间异质性被认为是较为重要的因素。

1）竞争

竞争导致生态位分化，是群落形成的驱动因素之一。Tilman 以两种植物竞争两种资源的结局的分布范围（对 ZNGI 线的位置），确定其胜败或共存。图2.26 表明了 A＋B 两物种的共存区范围（以两种资源供应率为坐标轴的图上）。当 5 种植物竞争两种资源时，其结局就多样了，除有 A＋B，B＋C，C＋D……共存的范围外，还有一个区 5 种可以同时共存（图 2.27 中虚线圈内），这表明仅对两种资源的竞争，5 种植物（甚至更多种）都是能共存的。由此可见，许多种植物在竞争少数相同资源中能够共存是有根据的。

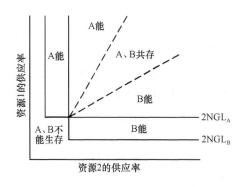

图 2.26　两种植物竞争两种资源的 Tilman
模型的各种结局（孙儒泳等，1993）

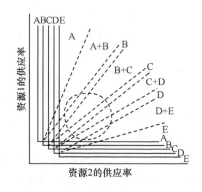

图 2.27　5 种植物竞争两种资源的 Tilman
模型的各种结局（孙儒泳等，1993）
虚线圈内 5 种植物能共存

2）空间异质性

在一个生境中各种生态因素并不是均匀分布的，空间的异质性是物种共存的另一根据。空间异质性的程度越高，意味着有更加多样的小生境，能允许更多的物种共存。大量资料说明，在土壤和地形变化丰富的地方，群落会有更多的物种。

3）捕食

捕食对形成群落结构的影响视捕食者是泛化种（generalist）还是特化种（specialist）而不同。对泛化种来说，捕食使种间竞争缓和，并促进多样性提高。但当取食强度过高时，物种数随之降低；对特化种来说，随被选食的物种是优势种还是劣势种而异。如果被选择的是优势种，则捕食能提高多样性。但是捕食者喜食的是竞争力弱的劣势种，随着捕食压力的增加，多样性就会线性下降。例如，潮间带常见的滨螺（*Littorina littprea*）以藻类为食，尤其喜食浒苔（*Enteromorpha*），随着滨螺捕食压力的增大，藻类的种数增加，显然捕食作用提高了藻类的物种多样性，其原因是滨螺大大降低了具有竞争力优势的浒苔的生物量。

4）干扰

干扰（disturbance）指平静的中断，对正常过程的打扰或妨碍。干扰不同于灾难（catastrophe），不会产生巨大的破坏作用，但它经常反复地出现，使物种没有充足的时间进化。

中度干扰假说（intermediate disturbance hypothesis）。Cornell 等提出中等程度的干扰频率能维持较高多样性。其理由是：一次干扰后少数先锋种入侵断层，如果干扰频繁、反复出现，则先锋种不能发展到演替中期，使多样性保持较低；如果干扰间期很长，使演替过程能发展到顶极期，竞争排斥起到排斥他种的作用，多样性也不高；只有中等程度的干扰将使多样性最高，它允许更多的物种入侵和建立种群。草地在经受动物挖掘活动后也出现断层，对其干扰频率对断层演替的研究结果,同样证明了中度干扰假说。

干扰与群落的断层。连续的群落中出现断层(gap)是非常普遍的现象,断层经常是由于干扰而打开的。森林中的断层可能由大风、雷电、地震所引起,从而形成斑块大小的林窗;草本群落的干扰包括冰冻、动物挖掘、食草动物啃食和践踏、粪便堆等。干扰造成群落的断层以后,有些在没有继续干扰的条件下会逐渐地按该地区典型的顶极群落演替过程而出现可预测的有序的小演替(mini-succession)。但也有些将经受完全不同的变化:断层可能被周围群落的任何一种所侵入和占有,并发展成为优势种。哪一种是优胜者,完全取决于随机因素。

干扰和生态管理。干扰理论对应用领域有重要价值。如要保护自然界生物的多样性,就不要简单地排除干扰,因为中度干扰能增加多样性。实际上,干扰可能是产生多样性的最有力手段之一。冰河期的反复多次"干扰",大陆的多次断开和岛屿的形成,都是物种形成和多样性增加的重要动力。同样,群落中不断出现断层、新的演替、斑块状镶嵌等都可能是产生和维持生态多样性的有力手段。例如,斑块状的砍伐森林可能增加物种多样性,但斑块的最佳大小要进一步研究决定。

5) 岛屿与群落的结构

岛屿对于生物来说,是一个特殊的生境,周围的海洋把岛屿和大陆隔离开来,限制了岛屿生物多样性的发展,使岛屿生物与陆地生物很少有基因交流的机会。岛屿生物在孤立的环境中进化,其进化改变和辐射适应都很迅速,因此,岛屿常常被人们用作研究进化与生态问题的天然实验室或微宇宙。近些年,岛屿的概念有所外延。湖泊受陆地包围,也就是陆"海"中的岛,山的顶部成片岩石是低纬度中的岛,一类植被或土壤中的另一类植被斑块和土壤、封闭林冠中由于倒木形成的"林窗"(缺口),都可被视为"岛",大陆也是四面围海的"岛"。由于人类活动的影响,许多自然景观遭到破坏,形成了许多被农田或其他异质景观所包围的斑块,即生境岛,这些生境岛实际上与岛屿十分相似。生活在岛屿上的生物种数,取决于岛屿面积、距离、地形、生境类型的多样性、物种拓殖的可能性、物种来源的丰富性以及新种拓殖的速度与现存种的灭绝速度的平衡。

(1) 岛屿的种数-面积关系。岛屿中的物种数目与岛屿的面积密切相关(图2.28),岛屿面积越大,种数越多,称为岛屿效应(island effect)。

Arhenius 和 Gleason 先后研究种数和面积的关系并建立了经验模型,其表达式为

$$S = cA^z \tag{2.27}$$

或

$$\lg S = \lg C + z \lg A \tag{2.28}$$

式中,S 为岛屿种类种数;A 为岛屿面积;C 为岛屿内种类密度(单位面积内的种数);z 为统计指数;在对数形式表达式(2.28)中为回归直线斜率;z、C 为

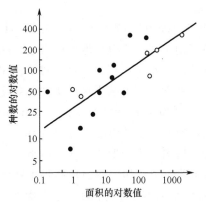

图 2.28　Galapagos 群岛的陆地植物种数与岛面积的关系（李博等，2000）

常数。z 的性质较复杂，岛屿物种数目和面积的关系，很大程度上取决于 z 的数值。z 值的取值范围为 $0.05 \sim 0.37$，最大值为最小值的 $7 \sim 8$ 倍。z 值的大小与岛屿的隔离程度和海拔高度有关，还取决于观测的样本数。全球陆生植物的 z 值平均为 0.22。生境岛中的物种数-面积关系同样可以用上述方程进行描述。

凡是未经扰动的岛屿，其种类-面积曲线关系的表达十分有规律，而那些经过人为扰动或自然扰动的岛屿，种类-面积曲线会偏离正常的分布。在太平洋一些岛屿上，被子植物属数与面积呈近似线性关系，相关系数为 0.94（除去比较孤立的群岛），而且岛上大陆鸟类和淡水鸟类属数也有近似的特点（表 2.12）。但应该指出，由于各地生境结构的差异，随着岛屿面积扩大，可容纳种数的增长速度是不同的。Lack 还认为，大岛种数较多是含有较多生境的简单反映，即生境多样性导致物种多样性。

表 2.12　西南太平洋群岛面积与生物属多样性间的关系（改自武吉华等，2004）

群岛名称	面积/km²	被子植物属数	被子植物特有属数	鸟类属数
所罗门群岛	40 000	654	3	126
新喀里多尼亚群岛	22 000	655	100	64
斐济群岛	18 500	476	10	54
新赫布里底斯群岛	15 000	396	0	59
萨摩亚群岛	3 100	302	1	33
社会群岛	1 700	201	2	17
汤加群岛	1 000	263	0	18
库克群岛	250	126	0	10

　　（2）岛屿距离对群落的影响。岛屿物种组成具有其独特的性质。岛屿的隔离使陆地生物的移入发生困难，并且这种困难与距离的远近成比例，如果距离近，可能仅表现出对新进入种类栖息地范围的限制。相反地，如果距离远，可能被散布能力和竞争所限制。生物由大陆或其他陆地向此散布，其间的距离和生物跨越海洋传播能力直接制约此岛种类的组成。海洋中遥远、单个、隔离的岛屿所维持的种类比大群岛或离大陆近的岛屿种类少（表 2.13）。

表 2.13　海洋岛屿植物区系特征（武吉华等，2004）

岛屿名称	与大陆或邻岛距离/km	种的总数	传播方式				
			水播	风播		鸟播	不详
				被子植物	孢子植物		
圣诞岛（古老珊瑚环礁）	240（距爪哇）	154	44	9	43	51	
费南都迪诺鲁尼亚岛（古老火山岛群）	370（距巴西）	78	21	1	少数	56	7
可可斯岛（年轻珊瑚环礁）	1160（距爪哇）	23	17	0	1	5	

（3）岛屿年龄对群落的影响。岛屿形成的年代越久远，特有现象越明显。夏威夷群岛在上新世出露海面，有 500 万～1000 万年历史，有花植物约 95% 为特有种，其中 20% 为特有属，但无特有科。面积与它相近的新喀里多尼亚岛上则有 5 个特有科，100 个特有属，这可能是由于早自第三纪中期就已构成地理隔离状态。陆地上孤立的高山与海岛的情况类似，生物长期独立进化可以形成一些特有种类。

（4）岛屿生物地理学平衡理论。1967 年，MacArthur 和 Wilson 总结了大量的资料，创立了岛屿生物地理学平衡理论（equilibrium theory of island biogeography）来解释他们所认为的岛屿生物群的 3 个特征：生物种数与岛屿面积成正相关；生物种数与岛屿距大陆或其他的生物源地的远近成负相关；岛屿在生物种类组成上出现连续的种类流通，但种类数量保持大致稳定。他们提出，生物向岛屿拓殖速度与岛上种类灭绝速度趋于平衡。即岛屿上的物种数取决于物种迁入和灭亡的平衡。这是一种动态平衡，不断地有物种灭亡，也不断地由同种或别种的迁入而补偿灭亡的物种。

按照岛屿生物地理平衡理论，生物刚开始向岛屿拓殖时，拓殖的速度很高。因为适应于散布的那些种很快达到岛屿，这些种对岛屿来说全是新的，随着时间的推移，越来越多的移入者会属于已在岛上拓殖的种，因此新种出现的速度会下降；另一方面，每个种需要一定的生存空间和其他条件才能生存，岛屿上空间和资源有限，随着物种数目的增加，需求相同的近缘种之间必然会发生排斥性竞争，结果或是造成竞争者之一消亡，或是分摊环境，这样，在某类生境中生存的种类就不可能维持较多的个体，当一个种群变得很小时，消亡的概率迅速增加。因此，岛屿上生物灭绝的速率随着新种的增加而增加。岛屿的大小和距离都会影响物种的消亡速度。这可用两条消亡速度曲线的模型来说明（图 2.29）。以迁入率曲线为例，当岛上无留居种时，任何迁入个体都是新的，因而迁入率高。随着留居种数加大，种的迁入率就下降。当种源库（大陆上的种）所有的种在岛上都有时，迁入率为零。灭亡率则相反，留居种数越多，灭亡率越高。迁入率取决于岛与大陆距离的远近和岛的大小，近而大的岛，其迁入率高，远而小的岛，迁入率低。同样，灭亡率也受岛的大小的影响。迁移曲线与灭亡率曲线交叉点上的种数，就是该岛预测的物种数。4 条曲线有 4 个交叉点，每个交叉点是岛屿面积（大和小）与距离（远和近）的一种组合。在平衡时，种数预报具有 $S_{LN} > S_{LF} > S_{SN} > S_{SF}$ 的顺序。这个模式可以预报，岛屿上的生物种数随着岛屿面积的增加而增加，随着岛屿距离的增加而减少。

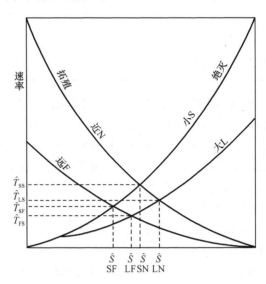

图 2.29　岛屿生物地理学平衡模型（武吉华等，2004）

　　根据岛屿生物地理学平衡理论，可说明下列 4 点：岛屿上的物种数不随时间而变化；这是一种动态平衡，即灭亡种不断地被新迁入的种所代替；大岛比小岛能"供养"更多的种；随岛距大陆的距离由近到远，平衡点的种数逐渐降低。

　　岛屿与大陆是隔离的，根据物种形成学说，隔离是形成新物种的重要机制之一。因此，如 Williamson 所言，岛屿的物种进化较迁入快，而在大陆，迁入较进化快。不过有一点需要说明，生物的迁移和扩散能力是不同的，所以对于某一分类群是岛屿，而对另一类群相当于大陆。实际上，大陆也是四面围海的"岛"。其次，离大陆遥远的岛屿上，特有种（只见于该地的种）可能比较多，尤其是扩散能力弱的分类单元更有可能。其三，岛屿群落有可能是物种未饱和的，条件是该岛进化的历史较短，不足以发展到群落饱和的阶段。

　　岛屿生物地理学理论为研究保护区内物种数目的变化和保护的目标物种（target species）的种群动态变化提供了重要的理论依据。自然保护区的目标是要求其内的物种保持生活能力并稳定或者减少其消亡速率。为了做到这一点，综合考虑种类-面积关系和平衡理论，可以帮助人们设计自然保护区的面积和几何形状来达到自然保护的总目标。当把一块保护区从一个相对匀质的环境中划分出来的时候，为了最大限度地保持物种多样性，并尽量减少干扰和边缘效应对生态过程的影响，设计和管理保护区必须遵循：一个大的保护区优于面积相等的 n 个小保护区；相互隔离的保护区之间有街道连通的比没有街道连通的好；圆形或方形的保护区可使面积与周长比最大化，优于边保较多的长条形或长方形保护区；自然保护区的设计和管理又需遵循动植物的生活史和特殊要求，并最大限度地减少外来种的入侵。

2.3.4　群落的动态

1. 群落的变化

群落的变化指一个群落内部的季节变化、波动（年际变化）及群落的更新（群落内老的个体死亡后，被同种的新的个体替代），具有经常性、可逆性和不定性的特点。从整个群落来看，仍然处于相对稳定的平衡状态。群落的变化取决于群落种类组成的生物学和生态学特性以及气象、水文等生态因子的周期性变化。下面重点讨论群落的波动。

1）波动的概念

群落波动（fluctuation）又称为年际变化或逐年变化，指群落年际间发生的变化，这种变化不涉及新种的侵入，是围绕着一个平均数的波动，并且是可逆的。波动现象在荒漠、草原群落中最为常见。

2）波动的特点

波动多数是由群落所在地区气候条件的不规则变动引起的，其特点表现为：群落逐年或年际变化方向的不定性；变化的可逆性，即尽管群落在成分、结构和生产量上有相当变化，但只要终止引起变化的因素，群落就能恢复到接近原来的状态。这种可逆是不完全的，一个群落经过波动之后的复原，通常不是完全地恢复到原来的状态，而只是向平衡状态靠近。群落中各种生物生命活动的产物总是有一个积累过程，土壤就是这些产物的一个主要积累场所。这种量上的积累到一定程度就会发生质的变化，从而引起群落的演替，即群落基本性质的改变；群落区系成分的相对稳定性。此外，在波动中，群落在生产量、各成分的数量比例、优势种的重要值以及物质和能量的平衡方面，也会发生相应的变化。

3）波动产生的原因

造成群落波动的原因很多，归纳起来包括以下三方面的原因。

（1）环境条件的波动。生态环境波动的特性取决于地区气候和群落所在地水文状况的逐年变化，例如，多雨年与少雨年、地面水文状况年份变化等。在干旱和半干旱地区，如果降水量波动在年平均降水量的 25％～30％以上，就会使群落发生明显的变化，此外，群落所在地的水文状况，如河谷受淹的地段，由于泛滥时间和沉积作用的差异也会导致群落的波动。在大陆性气候较强的地区，波动最为明显。

（2）生物活动周期的影响。群落波动特性也取决于组成群落的种类。树木种子年的周期性出现，除了与气象条件有关外，还取决于树木的内部节律，这种内部节律与必需的营养物质在树木体内的积累相关，而大量营养物质的积累又与有利的土壤和气候条件有关，因此，在有利的环境条件下，种子年常重复出现，反之，则出现较少。森林群落优势树种的每一个种子年之后，通常出现该树种的大量幼苗，影响到森林中草本植物，特别是它们的幼苗，另一方面大量的结实年常把大量的、以种子为食的动物吸引到群落中来。一般说来，草地群落的波动比森林更为明显；动物大量繁殖可造成波动；由于寄生植物如真菌类和有花附生植物大量繁殖也可引起波动。

（3）人类活动的影响。由于人类逐年活动的形式和强度不同所引起的，如放牧强度的改变等。

4）波动的类型

根据群落变化的形式，可将波动划分为以下三种类型。

（1）不明显波动。不明显波动是群落各成员的数量关系变化很小，群落外貌和结构基本保持不变。这种波动可能出现在不同年份的气象、水文状况差不多一致的情况下。

（2）摆动性波动。群落成分在个体数量和生产量方面的短期变动（1～5年），它与群落优势种的逐年交替有关。

（3）偏途性波动。这是气候和水分条件的长期偏离而引起一个或几个优势种明显变更的结果。通过群落的自我调节作用，群落还可回复到接近于原来的状态。这种波动的时期可能较长（5～10 年）。

2. 群落的演替

1）演替的概念

演替（succession）是指某一地段上的群落经过一定的历史发展时期，由一种群落被另一种群落所取代的过程。由这个定义可以看出，演替是群落组成向着一定的方向，具有一定规律，随着时间而变化的有序过程，因此演替往往可以预见或可测；演替是生物与环境反复相互作用，发生在时空上的不可逆变化，物理环境在一定程度上决定了演替的类型、方向和速度，但群落的演替由群落本身所控制并且正是群落的演替极大地改变了物理环境；群落的演替以形成顶极群落（climax）（稳定的不存在物种更替的群落）为其发展的顶点。这是与群落的变化明显不同的地方。

在特定区域，从植物侵入开始直到顶极群落的整个顺序演变过程，称为演替系列（sere）。演替系列中任何一个在种类组成上或结构上具有特色的片段，称为阶段（stage）或系列期（seral stage），如先锋期、发展期、系列顶极，等等。从一个阶段到另一阶段的过渡，往往是一种逐渐转变的过程，只有当具特征性的优势种被确认之后，才能取得阶段的资格。

2）演替的原因

群落的演替是群落内部关系（包括种内和种间关系）与外界环境中各种生态因子综合作用的结果。到目前为止，人们对于演替的机制了解得还不够。下面是演替的部分原因。

（1）植物繁殖体的迁移、散布和动物的活动性。植物繁殖体的迁移和散布普遍而经常地发生。因此，任何一块地段都有可能接受这些扩散来的繁殖体。当植物繁殖体到达一个新环境时，植物的定居过程就开始了。植物的定居包括植物的发芽、生长和繁殖三个方面。任何一块裸地上群落的形成和发展，或是任何一个旧的群落为新的群落所取代，都必然包含有植物的定居过程。因此，植物繁殖体的迁移和散布是群落演替的先决条件。每当植物群落的性质发生变化时，居住在其中的动物也在作适当的调整，使得生物群落内部的各种生物之间又以新的方式联系起来。

（2）群落内部环境的变化。群落内部环境的变化是由群落本身的生命活动造成的，与外界环境条件的改变没有直接的关系；有些情况下，是群落内物种生命活动的结果，为自己创造了不良的居住环境，使原来的群落解体，为其他生物的生存提供了有利条件，从而引起演替。由于群落中植物种群特别是优势种的发育而导致群落内光照、温度、水分状况的改变，也可为演替创造条件。

（3）外界环境条件的变化。虽然决定群落演替的根本原因存在于群落内部，但群落之外的环境条件诸如气候、地貌、土壤和火等常可成为引起演替的重要条件。气候决定着群落的外貌和群落的分布，也影响到群落的结构和生产力。气候的变化，无论是长期的还是短暂的，都会成为演替的诱发因素；地表形态（地貌）的改变会使水分、热量等生态因子重新分配，反过来又影响到群落本身；大规模的地壳运动（冰川、地震、火山活动等）可使地球表面的生物部分或完全毁灭，从而使演替从头开始。小范围的地表形态变化（如滑坡、洪水冲刷）也可以改造一个群落；土壤的理化特性对于置身其中的植物、土壤动物和微生物的生活有密切的关系。土壤性质的改变势必导致群落内部物种关系的重新调整；火也是一个诱发演替的重要因子，火烧可以造成大面积的次生裸地，演替可以从裸地上重新开始；火也是群落发育的一种刺激因素，它可使耐火的种类更旺盛地发育，而使不耐火的种类受到抑制；凡是与群落发育有关的直接或间接的生态因子都可成为演替的外部因素。

（4）种内和种间关系的改变。组成一个群落的物种在其内部以及物种之间都存在特定的相互关系。这种关系随着外部环境条件和群落内环境的改变而不断地进行调整。当密度增加时，种群内部的关系紧张化，竞争优胜者得以充分发展，处于竞争劣势的种群逐渐衰退，甚至被排挤到群落之外，这种情形常见于尚未发育成熟的群落。处于成熟、稳定状态的群落在接受外界条件刺激的情况下也可能发生种间数量关系重新调整的现象，进而使群落特性或多或少地改变。

（5）人类的活动。人对群落演替的影响远远超过其他所有的自然因子。人类有意识、有目的进行的社会活动可以对自然环境中的生态关系起促进或抑制、改造或建设的作用。使群落演替按照不同于自然发展的方向进行。人甚至将演替的方向和速度置于人为控制之下。

3）演替的类型

演替类型的划分可以按照不同的原则进行。

按照演替发生的时间进程划分为世纪演替（era succession）、长期演替（long-term succession）和快速演替（quick succession）。

原生裸地（primary barren）是指从来没有植被生长过的地段，或是原来虽有植被生长，但由于水流侵蚀、风积作用以及火山爆发等原因，植被被彻底消灭，没有保留下原有植物的传播体以及原有植被影响下的土壤；次生裸地（secondary barren）是指曾经有植被生长的地段，但是由于气候、生物等因素以及人类活动的影响，原有群落被破坏而不复存在，原有植被影响下的土壤基本存在或很少受到破坏，甚至还残留原有植物的种子或繁殖体。因此，次生裸地上群落的形成或重建，必然或多或少地受到原有群落和土壤的影响。按裸地性质可将裸地划分为原生演替（primary succession）和次生演替（secondary succession）。

按基质性质划分为水生演替（hydrarch succession）和旱生演替（xerarch succession）。

按主导因素划分为群落发生演替（syngenetic succession）、内因生态演替（endogenous succession）和外因生态演替（exogenous succession）。

4）群落演替模式

A. 原生演替

从原生裸地上开始的群落演替，称为原生演替。其演替系列就称为原生演替系列（primary sere）。

（1）旱生演替系列。裸露的岩石表面上的环境是极端恶劣的，没有土壤，光照强，温差大，十分干燥。旱生演替系列为：裸岩→地衣群落→苔藓群落→草本群落→灌木群落→乔木群落。

地衣植物阶段：在裸岩这样的"裸地上"，最先出现的是壳状地衣，它将其极薄的一层植物体紧贴在岩石表面，并且从假根分泌有机酸腐蚀岩石表面，加之岩石表面的风化作用及壳状地衣的一些残体，在岩石表面逐渐积累了极少量的剥离层。在壳状地衣的长期作用下，土壤条件有了改善，在壳状地衣群落中就出现了叶状地衣。叶状地衣可以含蓄较多的水分，积累更多的残体，使土壤形成加快。在叶状地衣将岩面遮没的部分，枝状地衣出现；枝状地衣植物体较高（可达几厘米），生长能力强，逐渐取代了叶状地衣群落。地衣植物阶段是岩石表面群落原生演替系列的先锋群落阶段。在整个系列中持续的时间最长，一般越到后期，由于环境条件的逐渐改善，发展所需要的时间缩短。在地衣群落发育的后期，苔藓植物开始出现。在这一阶段的前期仅有微生物共存，以后逐渐有一些螨类和微小动物出现。

苔藓植物阶段：生长在岩石表面的苔藓植物，与地衣相似，可以在干旱状况下停止生长，进入休眠，待到温和多雨时，又大量生长，这类植物能积累更多的土壤，为以后生长的植物创造了更多的条件。这一阶段出现的动物主要是螨类和一些小型的草食性脊椎动物。

上述两个演替阶段与环境的关系主要表现在土壤的形成和积累方面，对岩面小气候的作用很不显著。

草本植物阶段：一些蕨类、一年生或二年生被子植物中较低小和耐旱的种类，开始个别出现在苔藓群落中，以后大量增加而取代了苔藓植物。土壤继续增加，小气候逐渐形成，多年生草本植物开始出现。开始草本植物全为高 35cm 以下的低草，随着生态条件的改善，中草（高约 70cm）、高草（高约 1m 以上）相继出现形成群落。在草本植物阶段，岩石表面的环境条件有了较大的改变：郁闭度增加、土壤增厚、蒸发减少，调节了温、湿度变化，土壤中真菌、细菌和小动物的活动增强，草食性节肢动物、肉食性昆虫、蜘蛛大量出现，在低草覆盖时，蜗牛、啮齿类动物逐渐进入，到中、高草阶段环境更加郁闭，为动物创造了更多、更复杂的栖息环境，使草食性和肉食性鸟类以及一些中型哺乳动物如野兔等出现在群落中。

木本植物阶段：草本群落发展到一定时期，为木本植物创造了适宜的生活环境，一些阳性灌木首先出现，与高草混生而形成"高草灌木群落"，以后灌木大量增加，成为优势的灌木群落，在草本植物上取食的昆虫大大减少，以浆果为食、栖息灌丛的鸟类明显增加，林下中小型哺乳动物数量增多而更加活跃；继而，阳性乔木树种生长，逐渐形成森林。至此，林下环境荫蔽，耐阴性的树种得以定居，耐阴性树种增加，阳性树种在林内不能更新而逐渐消失，林下耐阴的灌木与草本植物复合的森林群落出现。大型哺乳动物开始定居繁殖，各营养级的动物数量明显增加，通过竞争彼此制约，使得群落更加复杂稳定。

在整个旱生演替系列中，旱生生境因群落的作用而变为中生生境。

（2）水生演替系列。水生演替发生在一切可以为植被定居的自由水面，这里主要是淡水湖沼的群落演替。在这种情况下，最充足的是水，而最缺乏的是光照和空气。淡水湖泊的水生演替系列为（图2.30）：湖泊→自由飘浮植物群落→沉水植物群落→浮水植物群落→挺水植物群落→湿生植物群落→陆地中生草本植物群落→灌木群落→乔木群落。

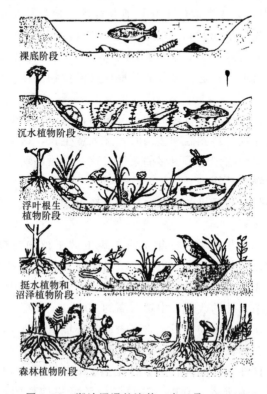

图2.30　湖泊沼泽的演替（尚玉昌，2002）

　　自由漂浮植物阶段（裸底阶段）：在这一阶段，浮游生物飘浮生长，其数量增加到一定时候，底栖动物和鱼类开始出现，这些浮游生物和动物死亡残体增加湖底有机质的积聚，湖岸雨水冲刷所带来的矿质微粒也能垫高湖底。

　　沉水植物阶段：在水深5～7m处，首先出现的先锋植物是轮藻属（*chara*）植物，其生物量相对较大，使湖底有机质积累加快，加上轮藻残体在湖底嫌气条件下分解不完全，湖底进一步抬高。至水深2～4m时，金鱼藻（*Ceratophyllum*）、眼子菜（*Potamogeton*）等植物出现，这些植物繁殖能力更强，垫高湖底的作用也更强些。由于环境条件的改变，前一阶段的许多生物由于不适应而逐渐消失，有些新的种类如蜻蜓、蜉蝣和小甲壳类动物开始出现。

　　浮叶根生植物阶段：随着湖底日益变浅，浮叶根生植物如睡莲、莲等开始出现。这些植物生物量较大，对湖底抬高作用明显。其次，这些植物的叶浮在水面或在水面以上，当它们密集后，水下光照条件变得较差，不利于沉水植物的生长，迫使沉水植物向较深的湖心转移。在这一阶段，动物生存空间大大增加，动物种类逐渐趋于多样化，水螅、青蛙、潜水昆虫以及以浮叶根生植物的叶为食的各种水生昆虫纷纷出现。

挺水植物阶段：浅湖底为挺水植物如芦苇、香蒲、泽泻（*Alisma plantagoaquatica*）等创造了良好的条件，此类植物的出现和繁衍，最终取代了浮叶根生植物。这类植物的根茎极其发达，常常盘根错节地交织在一起，不仅使湖底迅速抬升，而且还可以形成浮岛。原来被水淹没的土地开始露出水面与大气接触，开始具有陆生环境的特点。前一阶段动物逐渐减少或消失，适应生活在密集挺水植物中的动物开始出现，用肺呼吸的螺类代替了用鳃呼吸的螺类；各种蜉蝣和蜻蜓稚虫生活在水下植物的茎上，当它们准备羽化时，就沿着茎爬到水面；红翅乌鸫、野鸭、麝鼹是这一阶段的常见动物；在这一阶段，水中含氧量因生物呼吸和有机物质腐烂而逐渐减少，耗氧量较少的动物才能生存下去，鱼类等水生动物消失，水蚯蚓等环节动物开始出现在缺氧的淤泥中。

湿生草本植物阶段：从湖中新升起的地面含有极丰富的有机质和近于饱和的土壤水分。湿生的沼泽植物（莎草科、禾本科的一些湿生种类）开始在这种生境中生长。动物种类主要是鸟类、蝗虫、蚯蚓等。在草原地带，这一阶段不能延续很长时间，因为随着地下水位的降低和地面蒸发的加强，土壤很快变得干燥，湿生的草本也将很快被旱生草本植物所代替。在适于森林发展的情况下，群落演替将继续进行。

木本植物阶段：在湿生草本植物群落中，首先出现的是湿生灌木。而后，随着树木的生长，逐渐形成了森林，地下水位降低，大量地被物改变了土壤条件，湿生的生境改变为中生生境，各种大型哺乳动物开始定居。

水生演替系列实际就是湖泊池塘的填平过程。这个过程是从湖泊或池塘的边缘向中央水面逐渐推进的，在离岸不同距离的地方（水的深浅不同），有时可以看到处于同一演替系列中不同阶段的几个群落，这些群落都围绕着湖心呈环状分布，并随着时间的变化而改变其位置，每一带都为次一带的"进攻"准备了土壤条件。随着演替的进行，环境中水分逐渐减少，土壤的通气性逐渐改善，水生环境因群落演替而变成了中生环境。

原生演替系列说明了群落演替实质上就是群落组成成分和群落环境的更替，每一阶段的群落总是比上一阶段的群落结构更为复杂、更高级，利用环境更为充分，改变环境的作用更强，为下一个群落创造了条件，新的群落在原有群落的基础上形成和产生。

应该注意的是，并不是地球上的任何地带都可以按照上述系列达到森林群落阶段，例如，北极地区及高山雪线附近，只能达到地衣群落阶段；草原地区只能达到草本植物群落阶段；只有具有温暖、湿润季节的地区，才能达到森林群落阶段。

B. 进展演替和逆行演替

上述群落演替系列，无论是旱生演替系列或是水生演替系列，都显示演替总是从先锋群落经过一系列阶段，而达到中生的顶极群落。这样沿着顺序阶段向着顶极群落的演替过程，称为进展演替（progressive succession）；反之，如果是由顶极群落向着先锋群落的演变，则称为逆行演替（retrogressive succession）。二者的特征比较见表 2.14。

表 2.14　进展演替和逆行演替的比较（王伯荪，1987）

进展演替的特征	逆行演替的特征
群落结构复杂化	群落结构简单化
群落空间的最大利用	群落空间利用不充分
群落生产率增加	群落生产率降低
新兴特有现象存在，以及对群落环境的特殊适应的物种形成	残遗特有现象存在，以及对外界环境的适应的物种形成
群落中生化	群落旱生化或湿生化
对外界环境的改造加强	对外界环境的改造减弱

图 2.31　云杉林的次生演替
（曹凑贵等，2002）

C. 次生演替

没有人类或外界因素的影响，在自然条件下形成的各类群落统称原生群落（primary community）。原生群落遭外力破坏即发生次生演替，处于次生演替不同阶段的不稳定的群落，称为次生群落（secondary community）。顺序发生的各类次生群落共同形成次生演替序列（secondary sere）。引起次生演替原因有火灾、病虫害、严寒、干旱、冰雹等自然因素以及人类大规模的经济活动，如森林砍伐、放牧、垦荒、开矿等。各类原生群落，如热带雨林、亚热带常绿林、温带针叶林、草原等，遭破坏后，由于破坏程度及迹地环境条件的差异使次生演替的方式和趋向多种多样。云杉林是优良的用材林，是我国西部和西南地区亚高山针叶林中的一个主要森林群落类型。下面以云杉采伐后，从采伐迹地开始的次生演替为例介绍次生演替系列（图 2.31）。

采伐迹地阶段：即森林采伐时的消退期。这时产生了较大面积的采伐迹地，原来森林内的小气候条件完全改变。阳光直射地面，风大，温差大，容易形成霜冻等。因此，不能忍受日灼或霜冻的植物就不能在这里生活，原来林下的耐阴或阴性植物消失。而喜光的植物，尤其是禾本科、莎草科以及其他杂草到处蔓生起来，形成杂草群落。原来居住在群落中的大型哺乳动物、鸟类消失，出现一些草食性昆虫和啮齿类小动物。

小叶树种阶段：云杉和冷杉生长缓慢，幼苗对霜冻、日灼和干旱都很敏感，很难适应迹地上改变了的环境条件。而新的环境却适合于一些喜光的、幼苗不怕日灼和霜冻的阔叶树种［桦树、山杨（*Populus davidiana*）、桤木（*Alnus cremastogyne*）等］的生长。在原有云杉林所形成的优越土壤条件下，它们很快地生长起来，形成以桦树和山杨为主的群落。当幼树郁闭起来、开始遮蔽土地时，太阳辐射和霜冻的作用面由地面移至林冠上，喜光植物受到抑制和排挤，开始衰退，甚至完全消失。前一阶段离开的鸟类和大中型哺乳动物开始返回，草食性昆虫逐渐减少或消失。

云杉定居阶段：桦树和山杨等上层树种缓和了林下小气候条件的剧烈变动，改善了土壤环境，为云杉和冷杉幼苗的生活创造了条件。经历 30 年左右，云杉就在桦树、山杨林中形成第二层。加之桦树、山杨林天然稀疏，有利于云杉树的生长，于是云杉逐渐伸入到上层林冠中。虽然这个时期山杨和桦树的细枝随风摆动时开始撞击云杉，击落云杉的针叶，甚至使一部分云杉树因此而具有单侧树冠，但云杉继续向上生长。一般当桦树、山杨林长到 50 年时，许多云杉树就伸入上层林冠。

云杉恢复阶段：经过一段时间的生长发育，云杉的高度超过了桦树和山杨，位居森林上层。桦树和山杨因不能适应上层遮阴而开始衰亡。到了 80～100 年，云杉又高居上层，形成严密的遮阴，并在林内积累紧密的酸性落叶层。桦树和山杨根本不能更新。这样，又形成了单层的云杉林，其中混杂着一些留下来的山杨和桦树。大中型哺乳动物和鸟类定居，各营养级生物结构逐渐趋向稳定。

云杉林的复生过程不等于复原，新形成的云杉林仅仅在外貌和主要树种上相同，树木的配置和密度都不同于原来的云杉林。桦树、山杨残体留下了比较肥沃的土壤（落叶层较软，土壤结构良好），山杨和桦树腐烂的根系在土壤中造成了很深的孔道，云杉利用这些孔道伸展根系，增加了云杉林的抗风能力。

森林采伐后的复生过程，除了取决于演替各阶段中不同树种的喜光或耐阴性等特性外，还与综合生境条件的变化特点有关，尤其是引起森林消退原因的作用的强度和持续时间，对森林采伐演替的速度和方向具有决定的意义。若森林采伐面积过大，又缺乏种源，采伐后水土流失严重发生，那么森林复生所必需的基本条件就不具备，群落的演替也就朝完全不同的方向进行。

次生演替的特点。次生演替所经历的阶段、方向和速度，取决于原生植被受到破坏的方式、程度和外界作用力持续的时间。大多数的次生裸地，还多少保存着原有群落的土壤条件，甚至还保留了原来群落中某些植物的繁殖体，裸地附近也可能存在着未受破坏的群落。总之，具有一定的土壤条件和种实来源。因此，次生演替系列中的各个阶段，演替速度一般都较快；一般当停止对次生群落继续作用时，次生群落的演替一般趋向于恢复到受破坏前原生群落的类型。每一个自然区域中，都有一定的原生群落的类型。它们是与当地自然环境条件长期适应而形成的复杂的整体，因而具有一定的相对稳定性。因此，原生群落一般都具有复生的能力。但原生群落的稳定性和复生能力是极其相对的。次生演替一般趋向于恢复到原生群落类型，但过去所有的各种比例当然不可能完全重复出现。复生后所形成的群落，只是在类型上和原来群落相同，但质量上已经完全不同了。如果原生群落在整个分布区被破坏，而且持续的时间很长而被彻底破坏，那么虽然气候条件适宜，群落复生的条件已经不复存在。次生演替过程就不会与上述模式相同，很可能成为原生演替。

5) 顶极群落

(1) 顶极群落的概念。无论原生演替或次生演替，群落总是由低级向高级、由简单向复杂的方向发展，经过长期不断的演化，最后达到一种相对稳定状态。在演替过程中，群落的结构和功能发生一系列的变化，达到最后成熟阶段的、不存在物种更替证据的、与周围物理环境取得相对平衡的稳定群落，称为顶极群落（climax community）或演替顶极（climax）。climax 的含义是"梯子"、"阶梯"或"梯子的最后一级"，即演替的最终阶段。演替顶极概念的中心点是群落的相对稳定性。演替顶极意味着自然群落的一种稳定情况，即不存在物种更替的证据。顶极群落的种类，彼此在发展起来的环境中能够很好地相互配合，它们能在群落内繁殖，而且排除新的种类尤其是可能成为优势的种类在群落中定居；无论在区系组成上和结构上，此时这个群落已经稳定。全部群落的进展继续着，速度可能比早期演替阶段更快，但是它们在组成上并不产生主要的改变。它们对环境资源的利用达到最大。整个群落处于相对平衡状态。除了灾难或气候的改变以外，这种群落可以无限期地继续，由于任何一种原因，个体消失后，将为它们自己的后代所代替。

(2) 演替顶极理论。随着群落的演替最终出现一个稳定的顶极群落，这个事实已由深入的观察与合理的理论而获得普遍的认同。但是，关于顶极群落的性质或者在解释这个事实上，却存在着不同的理论。

单元顶极理论。美国学者 Clements 首先提出单元顶极理论（monoclimax theory）。他认为，任何一个地区，一般演替系列的终点取决于该地区的气候条件，主要表现在顶极群落的优势种，能够很好地适应于地区的气候条件，即气候顶极群落。只要气候没有发生剧变，没有人类活动和动物的显著影响，或其他侵移方式的发生，群落便一直存在且不可能出现任何新的优势种。一个气候区只有一个潜在的气候顶极群落，同一气候区的任何生境，如果给予充分时间，最终都能发展到这种群落。一个气候相当一致的区域，最终将由一种连续的、整齐一致的植被覆盖。实际上，在一个气候区，总有土壤或地形的差异，这些局部环境因素的复合，同普遍的气候环境有很大的差异，在这种生境中，虽然演替进展到稳定和永久性的群落，但和典型的气候顶极不同，气候顶极可能永远也不会在这种生境中发生，单元顶极理论没有忽视这些极端的情况，但是过于强调预期的结果。对于各种特殊情况，Clements 将其归为亚顶极（subclimax）、偏途顶极（disclimax）、前顶极（preclimax）、后顶极（postclimax）等特殊类型，这些特殊类型无论是哪一种形式，按照 Clements 的观点，只要给予充分的时间，它们都将发展成为气候顶极群落。

多元顶极理论。英国学者 Tansley 提出多元顶极理论。这个学说认为如果一个群落在某种生境中基本稳定，能自行繁殖并结束演替过程，就可看作是顶极群落。在一个气候区域内，群落演替的最终结果不一定都要汇集于一个共同的气候顶极终点。除了气候顶极之外，还可有土壤顶极、地形顶极、火烧顶极、动物顶极，同时还可存在一些复合型的顶极，如地形-土壤和火烧-动物顶极，等等。

演替顶极格局假说。由 Whittaker 提出的演替顶极格局假说实际是多元顶极的一个变型，也称种群格局顶极理论（population pattern climax theory）。其观点是在任何一个区域内，环境因子都是连续不断地变化的。随着环境梯度的变化，各种类型的顶极群落，如气候顶极、土壤顶极，地形顶极、火烧顶极等不是明显呈离散状态，而是连续变化的，因而形成连续的顶极类型，构成一个顶极群落连续变化的格局。在这个格局中，分布最广泛且通常位于格局中心的顶极群落，叫做优势顶极（prevailing climax），它是最能反映该地区气候特征的顶极群落，相当于单元顶极论的气候顶极。

综上所述，3 种顶极理论都承认顶极群落是经过单向的变化后，已经达到稳定状态的群落，而顶极群落在时间上的变化和空间上的分布，都和生境相适应。三者的不同之处在于：单元顶极理论认为，气候是演替的决定因素，其他因素是第二位的，但可阻止群落发展成为气候顶极。其他 2 个理论则强调各个因素的综合影响，认为除气候以外的其他因素也可以决定顶极的形成。顶极配置假说认为，顶极的变化，也会因为一个新的种群分布格局而产生新的顶极；因此，单元顶极理论认为，在一个气候区域内，所有群落都有趋同性的发展，最终形成气候顶极，而其他两个理论都不认为所有群落最后都趋于一个顶极；单元顶极理论与多元顶极理论认为群落是一个独立的不连续的单位，而顶极配置假说认为群落为一个连续体。

2.3.5　群落的分类与排序

群落是重要的自然资源，要合理地利用和管理植被，必须识别和确定群落类型，并加以划分和归类。一个好的分类系统有助于为制定各种群落类型的合理利用提供可靠的基础资料。一般说来，根据群落主要特征的相似或差异程度进行比较和归类，基本可以达到分类的目的。但是不同群落之间通常是沿着许多关系复杂的环境梯度彼此发生关系，群落间的界限并非截然分开。在这种情况下，可以采用排序（ordination）的途径来认识群落。实际上，群落的存在既有连续性的一面，又有间断性的一面。虽然排序适于揭示群落的连续性，分类适于表述群落的间断性，但是如果排序的结果构成若干点集的话，也可达到分类的目的，同时如果分类允许重叠的话，也可以反映群落的连续性。因此，两种方法都同样能反映群落的连续性或间断性，只不过是各自有所侧重，将二者结合使用效果更好。

1. 群落的分类

到目前为止，尚无一套全球通用的完整的群落分类系统。在自然界，同一类型的群落之间并无遗传上的亲缘关系，其内部常常沿着某一环境梯度发生变化，不存在绝对的一致性。不同群落之间通常是沿着许多关系复杂的环境梯度彼此发生关系，群落间的界限并非截然分开。由于不同国家或不同地区的研究对象，研究方法和对群落实体的看法不同，其分类原则和分类系统有很大差别，甚至成为不同学派的重要特色。但每一种分类均赞同以群落本身的特征作为分类依据，同时注意群落之间的生态关系。植物群落的分类研究较早，积累的资料相对比较丰富，下面就以植物群落的分类来说明群落的分类原则和方法。

1）植物群落的分类原则

植物群落的分类原则常常随着不同学派或不同学者而异，常用的主要为外貌、结构、植物区系、生态、演替等原则。《中国植被》一书采用群落学-生态学原则，即以群落本身所固有的特征综合作为分类的依据，同时考虑群落与环境的生态关系，这些特征包括以下几个方面。

植物种类组成。基本上是采用优势种原则。把群落中各个层或层片中数量最多、盖度最大、群落学作用最明显的种，称为优势种。主要层片（建群层片）的优势种称为建群种（或为共建种）。在植被类型复杂、采用优势种原则有困难时，则以标志种作为划分类型的标准。

外貌和结构。主要根据生活型来划分。从演化形态学的角度，把植物分为木本、半木本、草本和叶状体 4 类，按主轴木质化程度及寿命长短再分出乔木、灌木、半灌木、多年生草本、一年生草本等类群，然后按体态和发育节律（落叶、常绿）划分第三级和第四级，等等。

生态地理特征。由于历史原因，有时生活型和外貌不一定完全反映现代环境条件，按外貌原则划分的植被类型，常常包括异质的类群。如针叶林在生活型和外貌上是相似的，但却分布在不同的环境中。分类时应考虑生态地理因素，根据分布地区热量的不同，划分为寒温性针叶林、暖温性针叶林、热带性针叶林等。

动态特征。优势种的原则着重群落的现状，没有特别分出原生类型和次生类型。但是在某些情况下，需要考虑动态特征。例如，我国森林区荒山坡灌草丛，按生态外貌原则应该是一独立的植被，但考虑到它的次生性质以及与灌丛的演替关系，而把它与灌丛合为一植被型组。

2）植物群落分类的单位

不同学派所采用的群落分类单位有所不同，同时由于分类原则的差异，各级单位的含义也不同。《中国植被》所采用的分类单位是植被型（高级单位）、群系（中级单位）和群丛（基本单位）三个基本等级制。每一等级之上和之下又各设一个辅助单位和补充单位。高级单位的分类依据侧重于外貌、结构和生态地理特征，中级和中级以下的单位则侧重于种类组成。

植被型（vegetation type）是群落分类的高级单位。通常把建群种生活型（一级或二级）相同或相似，同时对水热条件的生态关系一致的植物群落联合为植被型，如寒温性针叶林、夏绿阔叶林、温带草原、热带荒漠等。属于同一植被型群落的结构、区系组成、发生发展的历史大致相似。

群系（formation）是群落分类的中级单位。凡是建群种或共建种相同（在热带、亚热带有时是标志种相同）的植物群落联合为群系。例如，凡是以油松为建群种的任何群落都可归为油松群系，以此类推，如芦苇群系。如果群落具共建种，则称共建种群系，如落叶松、白桦混交林。一般来说，地带性群系的分布局限在气候带的范围内，非地带性群系的分布局限在某一特定生态因子的一定梯度范围内。

群丛（association）是植物群落分类的基本单位，指主要种类组成相同、外貌结构一致、并与生态环境构成一定相互关系的植物群落的联合。属于同一个群丛的群落，在种类组成上，各层优势种上必须相同，还需要相同的伴生种（至少在主要层）或是标志种类，但不要求所有的种类都一致。群落的层次结构、生活型的类型要求一致，具有相似的生态环境，特别是小环境的一致性，同时也伴随相同的周期性变化。据此可以把分布在不同地段上，符合上述概念的各个植物群落称为群丛。如马尾松-桃金娘-铁芒萁群丛。

《中国植被》一书系统地总结了我国长期积累的植被资料，其采用的分类单位将中国植被分为 10 个植被型组，29 个植被型，560 多个群系。

3）植物群落的命名

关于群落的命名尚无统一的方法。水生群落在缺少特大的植物或优势种而对群落中其他物种的影响相对较弱时，一般都用自然环境的物理条件加以命名，如山泉急流群落、砂质海滩群落、岩岸潮间带群落，等等；对于陆生群落一般以植物来命名。

（1）群丛与群系的命名。优势种命名法。单优群落直接用群落中优势种的拉丁学名来命名，并在学名之前或之后加上分类单位的名称的全称或其缩写。例如，芦苇群丛（*Phragmites communis* Association），马尾松群系（*Pinus massoniana* Formation）；多优群落按优势度的大小依次列出最主要的优势种，之间用"＋"相连。如华栲＋厚壳桂群系（*Castanopsis chinensis* ＋ *Cryptocarya chinensis* Formation）；多层结构的群落逐层列出最主要的优势种，并将主要层的优势种列在前面，各层之间用"-"相连，例如，马尾松-桃金娘-铁芒萁群丛（*Pinus massoniana-Rhodomyrtus tomentosa-Dicranopteris dichotoma* Ass.）。

改变优势种拉丁学名的字尾。通过改变群落优势种的拉丁学名字尾，以形成群落的名称。这种方法较为普遍，但比较复杂。群丛的命名通常是把主要优势种或建群种的拉丁属名字尾改为-*etum*，次要优势种的拉丁属名的字尾改为-*osum*，例如，马尾松-铁芒萁群丛（*Pinetum Dicranopterosum*）。在某些情况下，当具有 2 个以上的优势种时，可以把相应的优势种属名以-*eto* 连接起来组成复合词，例如，马属松-桃金娘-芒萁群丛（*Pineto-Rhodomyrtetum Dicranopterosum* 或 *Pinetum Rhodomyrteto-Dicranopterosum*）；群丛组的命名把主要优势种属名字尾改为-*eta*，次要优势种的属名字尾改为-*osa*。例如，马尾松-桃金娘群丛组（*Pineta Rhodomyrtosa*）；群系的命名是把建群种或优势种的属名字尾改为-*eta*，种名字尾改为-*ae* 或-*e*，如马尾松群系（*Pineta massomianae*）。

（2）高级单位的命名。群系以上高级植被分类单位的命名，通常以群落的外貌特征来命名，如荒漠植被型（Desert）、木本植被型（Lignosa）等；或采用当地的俗名或土名来命名，如北美的草原叫普列利群落（Prairia）、南美的草原称为盘帕斯群落（Pamopos），而匈牙利草原则称为普斯塔群落（Puszta）。这些俗名或土名，虽然不是严格的科学术语，但是在很多情况下能有效地使用。

2. 群落的排序

1）排序的概念

排序（ordination）是把一个地区内所调查的群落样地，按照相似度（similarity）来排定位序，从而分析各样地之间及其与周围生境之间的相互关系。排序一词最早由 Ramansky 于 1930 年提出。

2）排序的方法

排序把实体作为点在以属性为坐标轴的 P 维空间中（P 个属性）按其相似关系把它们排列出来。为了简化数据，排序时首先要降低空间的维数，即减少坐标轴的数目。用二、三维的图形去表示实体，以便于直观地了解实体点的排列。排序应使由降维引起的信息损失尽量少，以免发生太大的畸变。通过排序可以显示出实体在属性空间中位置的相对关系和变化的趋势。如果它们构成分离的若干点集，也可达到分类的目的；结合其他生态学知识，还可以用来研究演替过程，找出演替的数量指标。如果既用物种组成的数据，又用环境因素的数据去排序同一实体集合，从两者的变化趋势，容易揭示出物种与环境因素的关系，从而提出生态解释的假设。可以同时用这两类不同性质的属性（种类组成及环境）一起去排序实体，更能找出两者的关系。

A. 直接梯度分析（direct gradient analysis）

利用环境因素的排序，即以群落生境或其中某一生态因子的变化，排定样地生境的位序。又称为直接排序（direct ordination），或梯度分析。Whittaker 创造了一种较简单的排序方法，适用于植被变化明显取决于生境因素的情况。Whittaker 沿美国圣卡塔利娜山脉垂直方向设置一系列的样带，并将山地从深谷到南坡分为 5 个湿度梯度级（实际上这是一个综合指标，除土壤水分外，其他生境因素也有变化）。然后将每一样带中的树种按对土壤湿度的适应性而分为 4 等。他用这种湿度指标为横坐标，再用样带的海拔高度为纵坐标，将各个样带排序在一个二维图形中（图 2.32）。

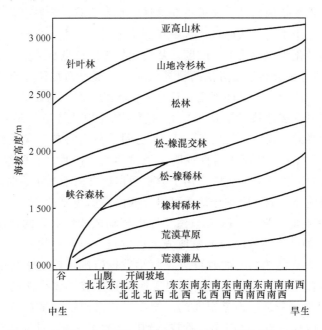

图 2.32　美国圣卡塔利娜山脉植被分布图（孙儒泳等，2002）

B. 间接梯度分析（indirect gradiant analysis）

是用群落本身属性（如种的出现与否，种的频度、盖度等）排定群落样地的位序，称为群落排序，或间接排序（indirect ordination），或组成分析。这一分析技术的特点是通过分析物种及其群落自身特征对环境的反应而求得其在一定环境梯度上的排序与分类，客观地和定量地把群落的分布格局与环境资料联系和比较。它不仅给出群落类型及其梯度的物理原因，并且赋予它们以数量指标；不仅可据此建立群落及其梯度的空间分布模型，并可为植被的经营管理和开发利用提供数据。

（1）极点排序法。间接梯度分析最早使用的是极点排序法（polar ordination），这种方法是 20 世纪 50 年代中期由美国 Wisconsin 学派创立的，它以其作者姓氏而称为 Bray-Curtis 法，简称 BC 法。BC 法在 50 年代后期曾得到广泛的应用，到了 60 年代，数学上较为严格的主分量等排序方法相继建立，并有取代 BC 法的趋势。但一些研究结果表明，它人为地选择坐标轴更能适合非线性数据的情况，加之计算简单，所以不少人仍在使用这种方法。

（2）主分量或主成分分析。主分量或主成分分析（principal components analysis）简称 PCA 法，是近代排序方法中用得最多的一种。一般讲，排序的实体所表现的性状很多，相应的数值矩阵很大，在众多属性的情况下，分析事物内在的联系是一件复杂的问题。如果将众多性状相互比较，会看出各个属性所处的地位和所起的作用不同。从许多性状中找到 1 个或 2 个主要方面，而使一个多性状的复杂问题转化为比较简单的问题，从而使损失的信息量最少（发生最小的畸变），这正是主分量分析数学方法的精神实质。主要方面往往并不是简单地归结于某 1 个或 2 个性状，而是许多相互独立的性状综合产生的效果。具体地说就是将一个综合考虑许多性状（如 P 个）的问题（P 个属性就是 P 维空间），在尽量少损失原有信息的前提下，找出 1～3 个主分量，然后将各个实体在一个 2 维或 3 维空间中表示出来，从而达到直观明了地排序实体的目的。已经证明 PCA 法是一种非常有效的排序方法，既适用于数量数据也可用于二元数据。在许多应用中，往往只取前 2 个或 3 个主分量就可以反映原数据离差的 40%～90%。但是，PCA 法也存在不足：第一，PCA 只适于原数据构成线性点集的情况。对于分离的点集，PCA 的结果还有助于形象地分类样方点。但对非线性的点集，诸如马蹄形的，PCA 却无能为力。此时可以先缩小数据范围，使数据在小范围内大致呈线性的，或者进行平方根变换或其他变换使数据转换成线性的。很多人发现 PCA 对非线性数据的适应力是很弱的。第二，如果原始数据对各性状的方差大致相等，而且性状的相关又很小，就找不到明显的主分量，此时取少数主分量所占的信息比例较低。

（3）无倾向（消拱）对应分析。无倾向（消拱）对应分析 DCA（detrending

correspondence analysis）有效地克服了普通对应分析、主分量分析（PCA）中的"拱形"（或马蹄形）现象，有利于从群落数据中提取由真实环境因子变化而引起的群落结构的改变。

2.3.6　群落在地球上的分布规律

地理环境条件的差异是导致不同群落类型形成及其分布的主要原因。任何地区所分布的不同群落，都是对该地区环境条件综合的反应，都是群落对该地区环境条件长期适应的历史产物。

1）地带性植被和非地带性植被

热量和水分是气候的两个主要因素，热量和水分以及两者的配合状况反映了气候的根本特征。在地球表面，热量随纬度位置的不同而不同，水分随距离海洋的远近而发生变化。水热组合一方面导致气候、土壤、植被的分布沿纬度方向（南北方向）成带状发生有规律的更替，称为纬度地带性（latitudinal zonality），另一方面又导致气候、土壤、植被的分布沿经度方向（东西方向）成带状发生有规律的更替，称为经度地带性（longitudinal zonality）；此外，随着山体海拔的增加，气候、土壤、植被发生有规律的更替，称为垂直地带性（altitudinal zonality）。有人将纬度地带性、经度地带性和垂直地带性并称为"三向地带性"，形成所谓的"三向地带性"学说。植被分布主要取决于气候和土壤，它是气候和土壤的综合反映，所以地球上气候带、土壤带和植被带是相互平行、彼此对应的。

能充分反映气候类型特征的植被类型，称为地带性植被（zonal vegetation）又称显域植被。地带性植被在地球表面常呈带状分布，与气候带（型）的界线大致相符；与地带性植被相对应的概念是非地带性植被（azonal vegetation）或隐域植被，指受地下水、地表水、地貌部位或地表组成物质等非地带性因素影响而生长发育的植被类型。非地带性植被具有广布性特点，某一非地带性植被类型可以出现在 2 个甚至 2 个以上的气候带，如草甸，从寒带至热带都能见到。地带性植被和非地带性植被的概念是苏联植物群落学派提出的，类似于英美植物群落学派的气候顶极植物群落和土壤顶极植物群落的概念。

2）陆地群落水平分布的基本规律

地球表面的水热条件等环境要素，沿纬度或经度方向发生递变，从而引起植被沿纬度或经度方向呈水平更替的现象，称为植被分布的水平地带性，它是地球表面植被分布的基本规律之一。

A. 世界植被的水平地带性

世界植被水平分布的一般规律性，很早就受到植物地理学家的关注和研究。Brookman-Jerosch 和 Rüble 根据欧洲和非洲西海岸植被分布状况，编制了理想大陆植被分布模式。后来，Walter 在一张植被图上把所有的大陆合在一起，而不改变它们的纬度，绘制了"平均大陆"的植被模式图。1979 年，Walter 绘制的植被分布图比较全面地反映了世界植被的水平分布格局，图中他将世界主要植被类型分为：热带常绿雨林，热带半常绿及落叶林，热带亚热带的干旱林、萨王纳、具刺灌丛和部分禾草群落，热带、亚热带荒漠、半荒漠，冬雨硬叶林（包括具冬雨的干燥区），亚热带常绿阔叶林，温带夏绿林，温带草原，温带半荒漠、荒漠，北半球的北方针叶林，北半球的北极苔原，各带的山地植被（武吉华等，2004）。

（1）纬度地带性。在欧亚大陆东部太平洋沿岸、欧亚大陆内部西西伯利亚-中亚-阿拉伯、欧洲-非洲西部大西洋沿岸、北美大陆东部大西洋沿岸以及南美大陆太平洋沿岸等地区，植被分布的纬度地带性规律表现得较为明显。但是这种地带性现象是相对的，如西欧大西洋沿岸，因气候温湿，落叶阔叶林分布到了斯堪的纳维亚半岛的南端，占据了寒温带针叶林的位置。又如赤道上也不全是雨林，非洲雨林的分布仅限于几内亚湾沿岸和刚果盆地，而同纬度的索马里则是荒漠（这与寒洋流经过及南亚干燥的东北信风有关）。南美的雨林也只出现在安第斯山以东的亚马逊河流域，同纬度的秘鲁，则发育着荒漠（这是由于东来的湿气受阻于高山，西岸又受到南极来的寒洋流影响所致）。

欧亚大陆东部太平洋沿岸：由北向南带谱为苔原→北方针叶林→针阔叶混交林→落叶阔叶林→常绿阔叶林→季雨林、雨林。该系列的显著特征是温带沿海岛屿（日本群岛）偏湿性落叶阔叶林较为发育，这是海洋影响显著之故。大陆部分冬季受西伯利亚高压的影响，沿岸有海流经过，干燥寒冷，落叶阔叶林由较耐寒耐旱的落叶栎类等组成，且向内陆伸展不远，迅即消灭。落叶阔叶林带以南的中国南部和日本南部，夏季受强盛的东南季风的滋润，发育了面积辽阔的亚热带常绿阔叶林（东亚常绿阔叶林带大致从 $35°N$ 向南延伸到北回归线，从 $100°E$ 向东伸展到 $135°E$，南北占据差不多 $12°$ 的纬度，东西至少占有 $35°$ 的经度，这在世界上是独一无二的），与北非的亚热带荒漠形成鲜明的对比，造成了欧亚大陆（包括北非）东西两岸植被地带的强烈"不对称性"。

欧亚大陆内部西西伯利亚-中亚-阿拉伯：由北向南带谱为苔原→北方针叶林→温带草原→温带荒漠→亚热带荒漠。这一系列的特点是北部连续分布北方针叶林带，落叶阔叶林带基本上不存在，干旱的草原和荒漠植被占绝对优势。原因是海洋性气团难以达到大陆内部或经过长距离后成为大陆气团，气候具有显著的大陆性特征，干燥少雨，以草原与荒漠占优势。降水量的减少是阔叶林无法分布的原因。

欧洲-非洲大陆西部大西洋沿岸：由北向南带谱为苔原→北方针叶林→针落叶混交林→落叶阔叶林→常绿硬叶林→亚热带及热带荒漠→稀树草原→季雨林→

雨林。这一系列的温带地区（西欧），由于位居西风带，受来自大西洋的西风湿润气流的影响，强大的墨西哥湾暖流经过沿岸，全年湿润多雨，落叶阔叶林带以较喜湿的欧水青冈（*Fagus sylvatica*）、英国栎（*Quercus robur*）等为主，并且向东延伸很远，几乎一直到达乌拉尔山；地中海沿岸地区属地中海气候，夏季晴朗干燥，冬季温和多雨，主要分布着常绿硬叶林。北非虽然滨临大西洋，但沿岸有冷洋流经过，且全年大部分时间受副热带高压的控制，属于亚热带干旱气候，发育了最广阔的亚热带荒漠——撒哈拉大沙漠。

北美大陆东部大西洋沿岸：由北向南带谱为苔原→北方针叶林→针阔叶混交林→落叶阔叶林→常绿阔叶落叶混交林。北美南部陆地面积狭小，亚热带纬度大部分为海洋所占据，没有大面积常绿阔叶林的存在。

南美大陆太平洋沿岸：智利位于安第斯山脉的西麓，绵延于 18°S~57°S，长 4800km，宽 200km。由北向南更替的植被为亚热带荒漠→矮灌木与旱生灌木区→常绿硬叶林→落叶阔叶林→冻原。

（2）经度地带性。世界植被分布的经度地带性与海陆位置密切相关。

欧亚大陆：受海洋性气候的影响，大西洋沿岸的西欧发育着各类森林；太平洋沿岸的东亚受太平洋季风的影响，南亚受印度洋西南季风的影响，从东北向西南出现各类森林；大陆内部因距离海洋较远，湿气不易达到，开始出现草原与荒漠。

北美大陆：北美大陆中纬度地区，群落的经度地带性规律表现最为明显。北美大陆两侧都是海洋，东临大西洋，西濒太平洋，东、西两岸降水多，湿度高，生长着各类森林植被。东部降水主要来自大西洋湿润气团，雨量自东向西递减，相应出现森林→草原→荒漠；西部降水来自于太平洋湿润气团，雨量充沛，但是由于南北走向的落基山脉阻挡了太平洋湿润气流向东运行，森林仅限于山脉以西。因此，北美大陆中纬度地区沿经度方向（自东向西）植被更替系列为森林→草原→荒漠→森林。

B. 中国植被分布的水平地带规律性

中国位于亚洲大陆的东南，东部和南部面临太平洋，西北伸入亚洲大陆腹地，南端到了热带区域（约 4°N），北端则是亚寒带（几乎达到 54°N）。冬季盛行大陆来的极地气团或北冰洋气团，常形成寒潮由北向南运行。夏季盛行由海洋来的热带气团和赤道气团，主要是太平洋东南季风和印度洋西南季风带着湿气吹向大陆。西部由于青藏高原的存在，在一定程度上破坏了高空西风环流，以及受该环流影响的气候系统。温度由南到北依次降低，大陆地势由东向西渐增。我国的雨量主要来自夏季风，因此，雨量和湿度由东南向西北递减，对植被水平分布产生了巨大的影响，使中国植被水平分布独具特色。群落的分布整体表现为从东南向西北斜行，依次出现森林→草原→荒漠。

　　纬度地带性　沿着大兴安岭-吕梁山-青藏高原东缘一线，可将中国分为东南半壁和西北半壁。在东部湿润森林区，热量自南向北逐渐递减，植被自北向南依次为寒温带针叶林→温带落叶阔叶林→北亚热带常绿落叶阔叶混交林→中亚热带常绿阔叶林→南亚热带季风常绿阔叶林→热带雨林、季雨林；西部内陆腹地受强烈的大陆性气候影响，由于青藏高原的隆起，从北至南出现的一系列东西走向的巨大山系，打破了原有的纬度地带性，因此自北向南的植被变化如下：温带荒漠、半荒漠带→暖温带荒漠带→高寒荒漠带→高寒草原带→高寒山地灌丛草原带。

　　经度地带性　植被分布的经度地带性在中国温带地区表现较为明显，沿着昆仑山→秦岭→淮河一线以北的温带或暖温带地区，自东向西和自东南向西北依次分布：落叶阔叶林（或针阔叶混交林）→草原（草甸草原→典型草原→荒漠草原）→荒漠（草原化荒漠→典型荒漠）。

3）陆地群落分布的垂直地带性

　　垂直地带性是山地植被最显著的特征。从山麓到山顶，气候条件差异很大。海拔每升高 100m，气温下降 0.5～1℃，雨量和相对湿度在一定高度上随着海拔的升高而增加，光照强度、光质、土壤性质等也表现出明显的差异。这些因素综合作用导致群落的种类组成随海拔升高而发生有规律的更替，表现出成带状分布的格局，这种成带分布的群落大致与山体的等高线平行，并具有一定的垂直厚度，称为群落分布的垂直地带性。山地植被垂直带的组合排列和更替顺序形成的体系，称为植被垂直带谱。在高山上，群落不可能分布到任一海拔高度，随着海拔升高，群落结构越来越简单，种类减少，群落高度降低。森林群落分布的上限，称为树线（tree line）。每一座高山只要山顶存在永久雪盖，就都有它的树线高度。树线以上，植物分布的上限往往和永久雪线（perpetual snow line）（常年为冰雪所覆盖的界线）的高度一致。同一气候带内，由于距离海洋远近不同，而引起干旱程度不同，因此植被垂直带谱也不相同。因而可以把植被垂直带分为海洋型植被垂直带谱和大陆型植被垂直带谱两类。一般来说，大陆型的垂直带谱，每一个带所处的海拔高度，比海洋型同一植被带的高度要高些，而且垂直带的厚度变小。在不同气候带，垂直带谱差异更大。一般来说，从低纬度的山地到高纬度的山地，构成垂直带谱的带的数量逐渐减少，同一个垂直带的海拔高度逐渐降低。

　　垂直地带性与水平地带性具有密切的关系。每一个山体都有其特有的垂直带谱。在一个足够高的山地，从山麓到山顶更替的植被带系列，大体上类似于从该山体所在地的水平地带到极地的植被带系列（图 2.33）。山地植被垂直谱的结构和每一垂直带的群落组合，反映了该山系所处的一定纬度和一定经度的水平地带的特征，即垂直带谱受山体所在水平地带的制约，垂直带从属于水平带；另外，山地的垂直带谱受山体高度、山脉走向、坡向、坡度、山坡在山地中的位置等影响，位于同一水平植被地带中的山地，其垂直带总是比较近似的。在水平地带性和垂直地带性的相互关系中，水平地带性决定了山地垂直地带性的系统。

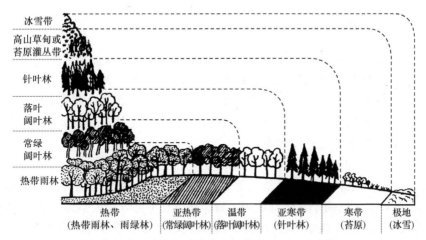

图 2.33　植被水平分布与垂直分布的模式图（祝廷成等，1988）

　　垂直地带性和水平地带性之间仅是类似，绝不是相同。它们之间有质的区别。引起纬度带形成的环境因素和引起垂直带形成的环境因素、性质和数量以及配合状况上都是不同的；纬度带和垂直带的宽度不同，纬度带是以几百公里计，很少是几十公里的，垂直带的宽度是以几百米计，很少是几公里的；纬度带相对不间断，而垂直带有较大的间断性。纬度带绝大部分连续成片，而山地垂直带的植被常为河谷、岩屑堆、岩石露头所间断，带状植被类型在面积上不是经常占优势的。植被成分随着坡向和坡度而发生明显的改变，同一垂直带在山坡的不同坡向，占据着不同的高度，某一带的楔状现象广泛存在；同一山体因位置、形态、海拔高低、坡度、坡向、小地形变化等因素的影响，使垂直带的分布界限并不是很均匀整齐的，而是在一个较宽的海拔高度范围内变动，带间的交错和过渡现象十分明显。因此，垂直带与水平带植被类型分布的相似性，只是从群落分类的高级单位而言，即成带植被的优势生活型与外貌基本相似而已。例如，亚热带山地的寒温性针叶林与北方的寒温性针叶林，中低纬度山地的高山冻原及其高山植被类型与极地冻原带的植被等，尽管所在地平均温度相同，但群落外貌、种类组成、区系性质、结构特点和历史发生等会有很大的差异，历史发生和现代生态条件的不同是造成这种差异的根本原因。

2.4　生态系统

2.4.1　生态系统的概念和结构

1. 生态系统的基本概念

生态系统（ecosystem）是指在一定的空间内生物的成分和非生物的成分通过物质循环、能量流动和信息传递而互相作用，互相依存而构成的一个生态学功能单位。生态系统的定义有 4 个基本含义：生态系统是客观存在的实体，有时空的概念；由生物成分与非生物成分所组成；以生物为主体；各成员之间有机地组织在一起，具有统一的整体功能。

1935 年 Tansley 在其发表于 *Ecology* 杂志上的一篇文章中首先提出了生态系统的概念。与此同时，苏联植物学家 Sucachev 提出生物地理群落（biogeocoenosis）的概念。这两个概念都强调生物和环境是不可分割的整体。1965 年在丹麦哥本哈根召开的高级学术会议决定生态系统和生物地理群落为同义语，但生态系统的概念更被大家普遍接受。

在自然界只要在一定空间内存在生物和非生物两种成分，并能互相作用达到某种功能上的稳定性，这个整体就可以视为一个生态系统。因此在地球上有许多大大小小的生态系统，大至生物圈（biosphere）或生态圈（ecosphere）、海洋、陆地，小至森林、草原、湖泊和小池塘，甚至是养鱼缸或一滴含有藻类、微小动物和细菌的水。

20 世纪 60 年代以来，许多生态学的国际研究计划的焦点均放在生态系统上，如国际生物学计划（IBP）的中心研究内容是全球主要生态系统（包括陆地、淡水、海洋等）的结构、功能和生物生产力；人与生物圈计划（MAB）重点研究人类活动与生物圈的关系；后来的国际地圈生物圈计划（IGBP）、全球变化及陆地生态系统研究（GCTE）等国际合作研究规划相继出现，使生态系统成为现代生态学的研究重点。

2. 生态系统的基本组成

任何一个生态系统都是由生物成分和非生物成分两部分组成的（图 2.34）。生态系统中的生物成分按其在生态系统中的作用可划分为三大功能类群：生产者、消费者和分解者。三者通过能量流动、物质循环、信息传递联系在一起，生产者与分解者是生态系统的基本成分，二者是任何生态系统不可缺少的部分；消费者不会影响到生态系统的根本性质，属于非基本成分，但是会影响食物链（网）的建立。

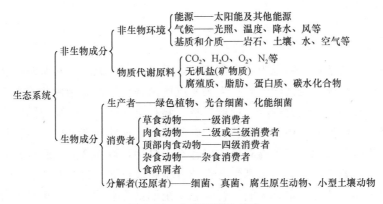

图 2.34　生态系统的组成

生产者：生产者（producer）包括所有绿色植物、蓝绿藻和少数化能合成细菌等自养生物。生产者是生态系统中最积极的因素。生产者通过光合作用不仅为本身的生存、生长和繁殖提供了营养物质和能量，而且它们制造的有机物质是消费者和分解者唯一的能量来源。生态系统中的消费者和分解者都是直接或间接以生产者为生，太阳能也只能通过生产者的光合作用才能源源不断地输入生态系统，然后再被其他生物所利用。因此生产者是生态系统最基本、最关键的成分。光合细菌（photosynthetic bacteria）也能进行光合作用，化能细菌（chemosynthetic bacteria）可以合成有机物质，储藏能量。

消费者：消费者（consumer）是直接或间接地依赖于生产者所制造的有机物质获取营养与能量、不能制造有机物质的异养生物，主要指以其他生物为食的动物。根据营养方式和食物类型，可将消费者划分为草食动物（herbivore）、肉食动物（carnivore）、杂食动物（omnivore）和食碎屑者（detritivore）等。消费者通过食物链（网）将生态系统有机地组织起来，促进了生态系统代谢功能的正常进行。它们对初级生产物质起着加工、再生产的作用；许多消费者对其他生物种群数量起调控作用。在一个生态系统中，如果一种或数种动物数量的增加或减少，必然会影响到另一种或数种动物数量的增加或减少，从而导致食物链的崩溃。

分解者：分解者（composer）为异养生物，包括细菌和真菌和以动植物残体和腐殖质为食的各种动物，其中动物称为大分解者，细菌和真菌称为小分解者。它们在生态系统中的基本功能是把动植物死亡后的残体最终分解为能被生产者重新吸收利用的简单无机物，并释放出能量。如果生态系统中没有分解者，动植物残体和残遗有机物就会堆积起来，影响物质的再生循环，生态系统中的各种营养物质很快发生短缺并导致整个生态系统瓦解和崩溃。因此分解过程对于物质循环和能量流动具有非常重要的意义，分解者在任何生态系统中都是不可缺少的组成成分。

3. 生态系统的结构

生态系统的结构是系统内各要素相互联系、作用的方式，是系统存在和发育的基础，也是系统稳定性的保障。生态系统的结构包括形态结构和营养结构。形态结构指生态系统中生物种类、种群数量、物种空间配置以及物种随时间变化而发生的变化，即垂直结构、水平结构和时间结构，这些形态结构与生物群落的结构一致；营养关系就是指生物有机体以什么为食物，以什么方式获取营养来维持自己的生长和繁衍。营养关系是生态系统各生物成员之间最根本的联系，是生态系统赖以生存的基础，也是人们了解生态系统能量流动的核心，正是这种营养关系以及由此得出的能量流动途径形成了生态系统的营养结构。生态系统的营养结构可以用食物链（网）及生态金字塔来表示，前者着重表明各种生物种群之间定性的关系，后者主要表明不同营养级之间、能量、个体数量以及生物量的定量关系。

1）食物链及食物网

A. 食物链的概念

1927 年，Elton 首创食物链这一名词，用来表示食物从植物转入草食动物，又从草食动物转入肉食动物，或者转入到更高级肉食动物之间的取食关系。植物所固定的能量通过一系列的取食和被取食关系在生态系统中传递，生物之间存在的这种传递关系称为食物链（food chain）。食物链的实质是通过物质循环和能量流动关系而形成的链锁状结构。

B. 食物链的类型

草食动物和食碎屑动物之间的分隔形成了陆地生态系统两条平行的食物链。

牧食食物链：牧食食物链（grazing food chain）是指由活的生物之间的取食关系构成的食物链。该食物链直接以生产者为基础，继之以草食动物和肉食动物，能量沿着太阳→生产者→草食动物→肉食动物的途径流动的食物链，如草原上的草→野兔→狐→狼，湖泊中的藻类→甲壳类→小鱼→大鱼等食物链就属于此类食物链。

碎屑食物链：碎屑食物链（detrital food chain）以有机碎屑（detritus）（动植物残体和草食动物未消化的排泄物）开始，碎屑被分解碎屑的微生物或腐生的动物所利用，再转移到多种动物中，其构成形式为：碎屑物→碎屑消费者→小型肉食动物→大型肉食动物。

在陆地生态系统和大多数水生生态系统中，净初级生产量只有很少一部分通向牧食食物链，牧食食物链仅在某些水生生态系统中才成为能流的主要渠道。能量流动以通过碎屑食物链为主。碎屑食物链可能有两个去向，即微生物或大型食碎屑动物。牧食食物链以活的生物为基础营养源，碎屑食物链以死的生物为基础营养源，这两条食物链几乎同时存在，在牧食食物链的每一个环节上都有一定的代谢产物进入碎屑食物链，吃碎屑的动物有时候也兼吃植物或其他动物而成为草食动物或肉食动物，在一定条件下，食碎屑的动物也会被肉食动物所吃，而进入牧食食物链，因此两条食物链紧密联系，难以分割。

除了牧食食物链和碎屑食物链外，在生态系统中还存在寄生食物链（parasitic food chain），如草→草食性哺乳动物→跳蚤→螨虫→细菌→病毒。

C. 食物网

在生态系统中，一种生物不可能固定在一条食物链上，往往属于多条食物链，而生态系统的食物链也不可能是单条的，在生态系统中生物之间实际的取食和被取食关系并不像食物链所表达的那么简单，这种关系使得食物链之间彼此交错而形成了复杂的网状结构称为食物网（food web）（图 2.35）。食物网反映了生态系统内各种生物有机体之间的营养位置和相互关系。

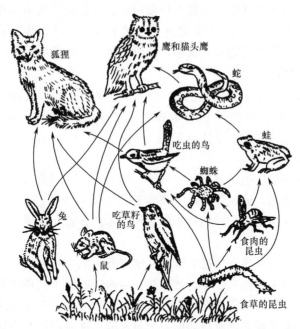

图 2.35　一个简化的草原生态系统食物链（祝廷成等，1988）

食物网使生态系统中的各种生物成分之间产生直接或间接的联系，增加了生态系统的稳定性和持续性。一个具有复杂食物网的系统中的某一食物链发生了障碍，可以通过其他食物链来进行必要的调整和补偿。一般认为，有复杂食物网的生态系统抵抗外界干扰维持系统稳定的能力强，而具有简单食物链的生态系统容易发生波动和受到破坏。

食物网本质上是生态系统中有机体之间一系列反复地吃与被吃的相互关系，它不仅维持着生态系统的相对平衡，而且是推动生物进化、促进自然界不断发展演变的强大动力。

2）营养级

为了使生物之间复杂的营养关系变得更加简明和便于进行定量的能流分析和物质循环的研究，生态学家在食物链和食物网概念的基础上提出了营养级（trophic level）的概念：营养级是指处于食物链某一环节上的所有生物种的总和。营养级之间的关系已经不是指一种生物和另一种生物之间的营养关系，而是指一类生物和处在不同营养层次上另一类生物之间的关系。

绿色植物和所有自养生物都位于食物链的起点，构成了第一个营养级；所有以生产者为食的动物都属于第二个营养级；以草食动物为食的较小的肉食动物构成了第三个营养级；以此类推，还可以有第四个营养级（二级肉食动物营养级）和第五个营养级等。位于最高营养级的是那些不再为其他动物所捕食的动物，即顶部肉食动物。由于受能量传递效率的限制，食物链的长度不可能太长，一般有4 或 5 个环节构成。营养级的位置越高，归属于这个营养级的生物种类和数量就越少，当少到一定程度的时候，就不可能再维持另一个营养级中生物的生存了。

3）生态金字塔

生态金字塔（ecological pyramid）指生态学研究中用以反映食物链各营养级之间生物个体数量、生物量和能量比例关系的图解模型，分为数量金字塔（pyramid of number）、生物量金字塔（pyramid of biomass）和能量金字塔（pyramid of energy）。

数量金字塔一般呈上窄下宽的正锥体。但是由于不同营养级的生物个体大小和数量多少相差悬殊，致使数量金字塔的形状变化较大，经常会出现倒置现象，如以一株乔木为生的昆虫，其数量远远多于乔木的数量，这样会使锥体的这些环节倒置过来。

生物量金字塔在大多数情况下呈正金字塔形。但生物量锥体有时也有倒置的情况。在湖泊和海洋生态系统中，繁殖快、寿命短的微小的单细胞藻类是主要的初级生产者，它们只能积累少量的有机物质，加上浮游动物对其取食强度较大，因此某一时刻调查得到的浮游植物的生物量常低于浮游动物的生物量，出现生物量金字塔倒置现象，如英吉利海峡浮游植物（$4g/m^2$）→浮游动物、底栖动物（$21g/m^2$）。当然，这并非从生产者环节流过的能量要比消费者环节流过的少，而是由于浮游植物个体小，代谢快，寿命短，某一时刻的现存量比浮游动物少，但一年的总能流量还是比浮游动物营养级多。

能量金字塔是从能量的角度来形象描述能量在生态系统中的转化。在任何生态系统中，能量从营养级流向另一个营养级总是逐渐减少的，流入某一营养级的能量总是多于从这个营养级流入下一个营养级的能量。因为生产者在单位时间单位面积上所固定的能量绝不会少于依靠它们为生的草食动物所生产的能量；同样，肉食动物所生产的能量是靠吃草食动物获得的，它们的能量也绝不会多于草食动物。

食物链、营养级和生态金字塔构成了生态系统的营养结构特征。初级生产者获得光能后制造有机物质供给各级消费者，形成了以食物为关系的链锁关系，称为食物链；能量在食物链上不断地逐级递减向前流动，每一级的能量状况就是营养级；各营养级上能量的递减状况构成了生态金字塔。这些结构特征在不同的生态系统上各不相同，它们代表了一定生态系统的结构特点。

2.4.2　生态系统的功能

1. 生态系统的能量流动

能量是维持所有生物生命活动能力的基本动力，是维持生态系统结构和功能的基本动力。生物的生产使太阳能和地球上一些物质所含的能量进入生态系统。

1) 生态系统的初级生产

生产者制造有机物质积累能量的过程，称为初级生产（primary production）。绿色植物固定太阳能是生态系统中第一次能量固定，所以植物所固定的太阳能或所制造的有机物质就称为初级生产量或第一性生产量（primary production）。

在初级生产量中，有一部分用于植物自身的呼吸消耗（R），剩下的部分才以有机物质的形式用于植物的生长和生殖，所以把这部分生产量称为净初级生产量（net primary production，NP），包括呼吸消耗在内的全部生产量称为总初级生产量（gross primary production，GP）。这三者之间的关系是

$$GP = NP + R \tag{2.29}$$

$$NP = GP - R \tag{2.30}$$

初级生产量通常是用每年每平方米所生产的有机物质干重 $[g/(m^2 \cdot a)]$ 或每年每平方米所固定能量值 $[J/(m^2 \cdot a)]$ 表示，所以初级生产量也可称为初级生产力，它们的计算单位是完全一样的，但在强调"率"的概念时，应当使用生产力。

生态系统单位面积内所积存的有机质就叫生物量（biomass），如植物的生物量包括根、茎、叶、花、果实、种子以及枯枝落叶。生物量实际上就是净生产量的累积量，生物量的单位通常是用平均每平方米生物体的干重（g/m^2）或平均每平方米生物体的热值（J/m^2）来表示。生产量和生物量是两个完全不同的概念，生产量含有速率的概念，是指单位时间单位面积上的有机物质生产量，而生物量是指在某一特定时刻调查时单位面积上积存的有机物质。因为 $GP = NP + R$，因此 $GP - R > 0$，生物量增加；$GP - R < 0$，生物量减少；$GP = R$，生物量

不变。对生态系统中某营养级来说，总生物量不仅因生物呼吸而消耗，也由于受更高营养级动物的取食和生物的死亡而减少，所以

$$dB/dt = NP - R - H - D \qquad (2.31)$$

其中，dB/dt 表示某一时期内生物量的变化，H 表示被较高营养级动物所取食的生物量，D 表示因死亡而损失的生物量。

　　一般说来，在生态系统演替过程中，通常 $GP > R$，NP 为正值，这就是说，净生产量中除去被动物取食和死亡的一部分，其余则转化为生物量，因此生物量将随时间推移而渐渐增加，表现为生物量的增长。当生态系统的演替达到顶极状态时，生物量便不再增长，保持一种动态平衡（此时 $GP = R$）。值得注意的是，当生态系统发展到成熟阶段时，虽然生物量最大，但对人来说潜在收获量却最小（净生产量最小）。可见，生物量和生产量之间存在着一定的关系，生物量的大小对生产量有某种影响。在生态系统的不同时间，生物量是不同的，某一时刻的生物量称为现存量（standing crop），现存量只包括活的有机物。地球上不同生态系统的初级生产量和生物量受温度和雨量的影响最大，所以，地球各地的初级生产量和生物量随气候的不同而相差极大。

2）次级生产

　　次级生产是指除生产者之外的其他生物积累能量的过程，表现为动物、微生物的生长、繁殖和营养物质的储藏。净初级生产量是生产者以上各营养级所需能量的唯一来源。动物是靠消耗植物的初级生产量来合成自身物质，因此动物和其他异养生物的生产量就称为次级生产量或第二性生产量（secondary production）。次级生产量的一般生产过程可概括于下面的图解（图 2.36）。这个图解是一个普适模型，它可应用于任何一种动物。可见能量从一个营养级传递到下一个营养级时往往损失很大。

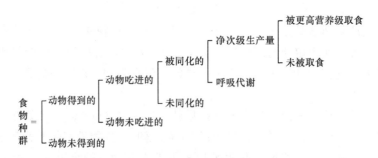

图 2.36　次级生产过程普适模型（杨持，2008）

对一个动物种群来说，其能量收支情况可以用下列公式表示：

$$C = A + FU \qquad (2.32)$$

$$A = P + R \qquad (2.33)$$

$$P = C - \mathrm{FU} - R \qquad\qquad (2.34)$$

上述各式中，P 为次级生产量，C 为从外面摄取的能量，FU 为排粪量，R 为呼吸消耗。

3）生态效率

生态效率（ecological efficiency）是指各种能流参数中的任何一个参数在营养级之间或营养级内部的比值关系，也可以称为传递效率（transfer efficiency）。

A. 常用的能流参数

I（摄取或吸收）：表示一个生物（生产者，消费者或分解者）所摄取的能量。对植物来说，I 代表被光合作用色素所吸收的日光能值；对于动物来说代表了动物吃进的食物的能量。

A（同化）：分别表示在动物消化道内被吸收的能量、分解者对细胞外产物的吸收和植物在光合作用中所固定的日光能，即总初级生产量（GP）。

R（呼吸）：指在新陈代谢活动中所消耗的全部能量。

P（生产量）：代表呼吸消耗后所净剩的能量值，它以有机物质的形式累积在生态系统中。对植物来说，它是指净初级生产量（NP）；对动物来说，它是同化量扣除维持消耗后的生产量，即 $P = A - R$。

利用以上这些参数可以计算生态系统中能流的各种效率。

B. 营养级位内的生态效率

同化效率（assimilation efficiency）：植物吸收的日光能中被光合作用所固定的能量比例，或动物摄食的能量中被同化的能量比例。

$$A_e = \frac{A_n}{I_n} \qquad\qquad (2.35)$$

式中，A_e 表示同化效率；A_n 对生产者来说表示被植物固定的能量，对消费者来说表示同化量；I_n 对生产者来说表示吸收的光能，对消费者来说表示摄取量。

生长效率（production efficiency）：形成新生物量的生产能量占同化能量的百分比。

$$G_e = \frac{\mathrm{NP}_n}{A_n} \qquad\qquad (2.36)$$

式中，G_e 为生长效率，NP_n 为营养级 n 的净生产量，A_n 为营养级 n 的同化量。

C. 营养级之间的生态效率

A_n 为营养级 n 的同化量，A_{n-1} 为营养级 $n-1$ 的同化量。

消费效率（consumption efficiency）：

$$C_e = \frac{I_n}{\mathrm{NP}_{n-1}} \qquad\qquad (2.37)$$

式中，C_e 为消费效率，I_n 营养级 n 的摄食量，NP_{n-1} 为营养级 n 的净生产量。

林德曼效率（Lindeman's efficiency）：

$$L_n = \frac{A_n}{A_{n-1}} \qquad\qquad (2.38)$$

Lindman 在明尼苏达泥炭湖的研究表明，每一个营养级到另一个营养级，能量大约损失了 90%，即从一个营养级到另一个营养级的能量转化率为 10%，即每一个营养级从前一个营养级所获取的能量为前一个营养级的 1/10，称为"十分之一"定律或"百分之十"定律或林德曼效率。

4）生态系统的物质分解

生态系统的分解（decomposition）是死有机物质的逐步降解过程。参加分解过程的生物称为分解者。分解作用包括降解、碎裂和淋溶等复杂的过程。降解（degradation）是在酶的作用下，有机物质分解为单分子物质或无机物；由于物理的和生物的作用，把尸体分解为颗粒状的碎屑称为碎裂（break down）；淋溶（leaching）是可溶性物质被水所淋洗出来，是一种纯物理过程。在尸体分解中，这三个过程是交叉进行、相互影响的。分解过程的特征和强度取决于分解者生物、被分解资源的质量以及理化环境条件。

据估计，全球通过光合作用每年大约生产 1000 万 t 有机物质，而一年中被分解的有机物质大约也是 1000 万 t。分解作用的意义主要在于维持全球生产和分解的平衡：① 通过死亡物质的分解，使营养物质再循环，给生产者提供营养物质；② 维持大气中 CO_2 浓度；③ 稳定和提高土壤有机物质的含量，为碎屑食物链以后各级生物提供食物；④ 改变土壤物理性状，改变地球表面惰性物质，如形成独特的土壤复合体，并增强土壤代换性能，使之具有极强的吸附和离子代换能力，与土壤中污染性毒害离子发生非水溶性的融合作用，降低污染物的危害程度。

5）生态系统的能量流动

生态系统能量流动的普适模型见图 2.37。

能量在生态系统中流动具有如下特点。

（1）生态系统中的能流不断变化。能流在生态系统与物理系统中不同，无论是短期行为，还是长期进化，生态系统中的能流都是变化的。

（2）能量流动是单向的。生态系统的能量在各营养级间进行流动，当太阳能输入生态系统后，能量不断沿着生产者、草食动物、一级肉食动物、二级肉食动物等逐级流动，在流动过程中，一部分能量被各个营养级的生物利用，很大一部分能量通过呼吸作用以热的形式散失。散失到环境中的热能不能再回到生态系统中参与流动，至今尚未发现以热能作为能源合成有机物的生物。能量流动的单向性表现为三个方面：① 太阳辐射能以光能形式输入生态系统后，通过光合作用被植物固定，以后再也不能以光能形式返回；② 自养生物被异养生物摄食后，能量从自养生物流到异养生物，也不能逆向返回；③ 从总的能流途径而言，能

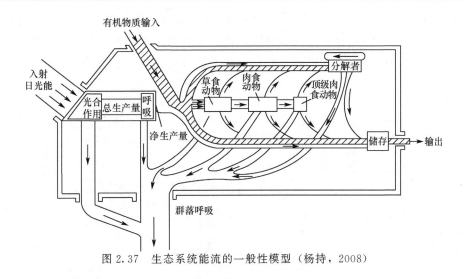

图 2.37　生态系统能流的一般性模型（杨持，2008）

量只是一次性流经生态系统，是不可逆的。

（3）能量在流动过程中逐级递减。生态系统的能量流动沿着食物链逐级递减，原因在于：① 各级生物量或因动物得不到或不可食，或因动物种群密度低等原因，有相当一部分没有被利用。因此各营养级消费者不可能百分之百利用前一营养级的生物量；② 各营养级的同化效率和生长效率也不可能是百分之百，总有一部分被排泄掉；③ 被同化的能量中，有一部分用于生物的呼吸代谢，维持新陈代谢活动，这部分能量以热的形式消耗掉，剩余的部分才能用于生物各器官组织的生长和繁殖新个体。

（4）生态系统能量流动过程中，质量不断提高。能量在流动过程中有一部分以热能形式消耗掉，另一部分转化为高质量能，在流量流动过程中，能量质量逐渐提高和浓缩。

2. 生态系统的物质循环

1）物质循环的一般特点

A. 物质循环的概念

生物所需要的营养元素多以无机物形式存在于空气、水、土壤和岩石中。营养元素在生态系统之间的输入和输出、生物之间的流动和交换以及它们在大气圈、水圈和岩石圈之间的流动称为生物地球化学循环（biogeochemical cycle），包括两个既有区别又有联系的基本形式（图 2.38）：地球化学循环（geochemical cycle）指化合物或元素经生物体的吸收利用，从环境进入生物有机体内，然后生物有机体以残体或排泄物的形式将物质或元素返回环境，经过大气圈、水圈、岩石圈、土壤圈和生物圈五大自然圈层循环后再被生物利用的过程，地球化学循环的时间长、范围广，是闭合式的循环生物循环；生物循环（biological cycle）指环境中的元素经生物体吸收，在生态系统中被相继利用，然后经过分解者的作用，再为生产者吸收、利用，生物循环的时间短、范围小，是开放式的循环。

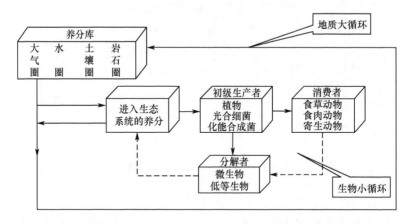

图 2.38　陆地生态系统营养物质循环模型（曹凑贵等，2002）

物质循环可在三个层次上进行：生物个体层次，生物个体吸收营养物质建造自身，经过代谢活动又将物质排出体外，经分解者作用归还于环境；生态系统层次。在初级生产者代谢的基础上，通过各级消费者和分解者把营养物质归还于环境之中，又称生物小循环或营养物质的循环，物质流速快，周期短；生物圈层次，物质在整个生物圈各圈层中循环，即生物地球化学循环，范围大，影响面宽，周期长。

B. 描述生态系统物质循环的术语

物质循环由环境到生产者经消费者、分解者，再经生产者循环利用，由此构成了"物质流"。物质循环可以用库、流通率、同化率及周转时间几个概念加以描述。

库（pool）：由存在于生态系统某些生物或非生物成分中一定数量的某种化学物质所构成的，如在一个湖泊生态系统中，水体中磷的含量是一个库，浮游植物中的磷含量是第二个库。这些库借助有关物质在库与库之间的转移而彼此相互联系。根据库的容量、不同营养元素在各库中滞留的时间和流动速率的不同，可将库分为两类。储藏库（reservoir pool），容量大、活动缓慢的库，元素在其中滞留时间较长，多为非生物成分；交换库（exchange pool），容量小、物质交换活跃的库，多为生物成分，物质在其中滞留的时间短。

流通率（rate of circulation）指物质在生态系统单位面积（或单位体积）和单位时间的移动量。

采用周转率（turnover rate）和周转时间（turnover time）来表示一个特定的流通过程对有关各库的相对重要性更为方便。周转率是出入一个库的流通量（单位：天）占以该库中的营养物质总量的比例。

$$周转率 = \frac{流通率}{库中营养物质量} \tag{2.39}$$

周转时间指移动库中营养物质相等的数量所需的时间，为周转率的倒数。

$$周转时间 = \frac{库中某营养物质量}{流通率} \tag{2.40}$$

周转率越大，周转时间就越短。大气圈中 CO_2 的周转时间是 1 年多一些，大气圈中分子氮的周转时间近 100 万年，而大气圈中水的周转时间只有 10.5 天。

生物地化循环在受人类干扰以前，一般是处于一种稳定的平衡状态，这就意味着对主要库的物质输入必须与输出达到平衡。这种平衡是通过全球的物质循环，也就是生物地化循环来实现的。

C. 物质循环的特点

物质不灭，循环往复：物质和能量在转化过程中都只会改变形态而不会消灭，但物质循环不同于能量流动，能量衰变为热能的过程是不可逆的，最终以热能的形式离开生态系统，而物质是循环往复的。物质在生态系统内外的数量有限且分布不均匀，但能在生态系统中永恒循环，被反复多次地利用。

物质循环与能量流动不可分割、相辅相成：能量是生态系统中一切过程的驱动力，也是物质循环运转的驱动力。物质是组成生物、构造有序世界的原材料，是生态系统能流的载体。能量的生物固定、转化和耗散过程，同时就是物质由简单可给形态变为复杂的有机结合形态，再回到简单可给形态的循环再生过程。任何生态系统的存在和发展，都是物质循环与能量流动同时作用的结果。

物质循环的生物富集：生态系统中的物质流动和能量流动情况相反，化学性质比较稳定的物质或结构物质如 DDT、氮、钙被生物吸收固定后可沿食物链逐级积累，浓度不断增加，这种现象称为生物富集（biological enrichment）。

生态系统对物质循环有一定调节能力：生态系统的物质循环受稳态机制的控制，有一定自我调节能力，表现在物质循环与能量流动的相互调节与限制、非生物库对外来干扰的缓冲作用、各元素之间的相互制约、各种生物成分对物流变化的反馈调节等。循环中每一个库和流因外来干扰引起的变化，都会引起有关生物的相应变化，产生负反馈调节使变化趋向减缓而恢复稳态。

物质循环中生物的作用：没有生物的光合固定和吸收同化，物质便不能从大气库、水体库及土壤岩石库中转移出来；没有生物的呼吸和分解释放，物质也不能再回到原来的库中。由于生物的生命活动，物质便由静止变为运动，从而使地球有了生气和活力。生物不但是物质循环的动力，也调节着物质在生态系统内的分配。

各物质循环过程相互联系，不可分割：水循环对其他物质的循环运动非常重要。没有水循环，其他物质便不能运动，更不能被生物利用而实现其在各物质库间的运动。

2）物质循环和能量流动的关系

能量流动和物质循环是生态系统的两个基本过程，二者之间的关系见图2.39。通过能量流动和物质循环这两个基本过程使生态系统各个营养级之间和各种成分（非生物成分和生物成分）之间组织成为一个完整的功能单位。能量流动和物质循环的性质不同：能量流经生态系统最终以热的形式消散，能量流动是单方向的，因此生态系统必须不断地从外界获得能量；物质的流动是循环式的，各种物质都能以可被植物利用的形式重返环境。但这两个过程又是密切不可分的，能量流动与物质循环均沿着食物链而进行，物质是能量的载体，保证能量从一种形式转化为另一种形式。能量储存在有机分子键内，当能量通过呼吸过程被释放出来的同时，有机化合物就被分解并以较简单的物质形式重新释放到环境中去，没有物质，能量就会自由散失，不可能沿着食物链传递。物质循环的动力来自于能量。

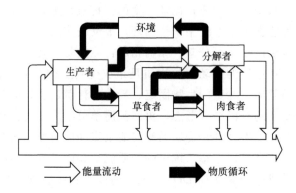

图 2.39　生态系统能量流动与物质循环的关系（金岚，1992，略改动）

3）物质循环的类型

生物地化循环可分为三大类型。①水循环（water cycle）是物质循环的核心，生态系统所有的循环都是在水循环的推动下完成的。②气体型循环（gaseous cycle）的主要储存库是大气和海洋，循环性能完善，具有明显全球性特征。参与气体型循环的物质，其分子或某些化合物常以气体的形式参与循环过程，循环速度快，物质来源充沛，不会枯竭。③沉积型循环（sedimentary cycle）的主要储存库是土壤、沉积物和岩石，循环性能不完善，非全球性的。参与此类循环的物质，其分子或某些化合物主要通过岩石风化和沉积物的溶解转

变为可被生物利用的营养物质，无气体状态。循环速度缓慢，时间长，容易出现
局部物质短缺。

A. 水循环

水循环（图 2.40）是地球上太阳能推动的各种循环中的一个中心循环，是
影响其他各类物质的循环。海洋是水的主要来源，太阳辐射使水蒸发并进入大
气，风推动大气中水蒸气的移动和分布，并以降水形式落到海洋和大陆。大陆上
的水可能暂时储存于土壤、湖泊、河流和冰川中，或者通过蒸发、蒸腾进入大
气，或以液态形式经过河流和地下水最后返回海洋。

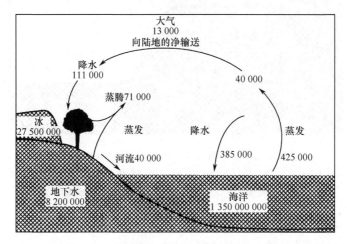

图 2.40　全球水循环（孙振均和王冲，2007）

库含量用 km^3 为单位，流通率单位 km^2/a，图中不包括岩石圈中的含水量

B. 气体型循环

碳循环（carbon cycle）：碳主要的储藏库是大气圈和水圈，虽然大量的碳被
固结在岩石圈中，但是碳的循环具有典型的气体型循环性质，因为通过光合作用
进入生物体内的碳素来自空气中的 CO_2。碳循环的基本路线是从大气到植物和
动物，再从动植物通向分解者，最后回到大气中去（图 2.41）。

氮循环（nitrogen cycle）：氮主要以 N_2 的形式存在于大气中，大气体积的
78% 是分子态氮。自然界的固氮有三个途径，高能固氮、生物固氮、工业固氮
（图 2.42）。含氮有机物的转化和分解途径包括氨化作用、硝化作用和反硝化作
用。大气中游离的分子氮不能被植物直接利用。通过生物固氮、闪电和工业生产
可以把分子氮转化为氨或硝酸盐从而被植物吸收，用于合成蛋白质等有机物而进
入食物链。动植物残体经微生物分解成为氨、CO_2 和水。氨排到土壤中经细菌
的硝化作用形成硝酸盐，再被植物吸收、利用和合成蛋白质。一部分硝酸盐被反
硝化细菌还原，经过反硝化作用生成游离的氮，返回到大气中。这样，氮又从生

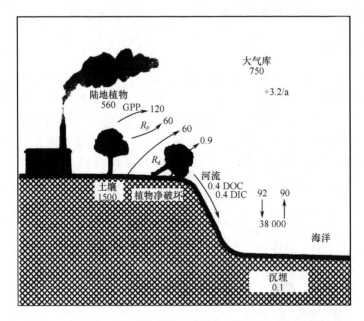

图 2.41　全球碳循环（孙振均和王冲，2007）

库含量用 10^{15}gC 为单位，流通率单位 10^{15}gC/a，GPP 为总初级生产率，R_p 为生产者呼吸量，R_d 为植被破坏中的呼吸率；DOC 为溶解的有机碳，DIC 为溶解的无机碳

命系统中回到无机环境中去。硝酸盐还可能储存于腐殖质中被淋溶，然后经过河流、湖泊，最后到达海洋，为水域生态系统所利用。

　　人类的工业固氮量已经接近自然生态系统中的生物固氮，严重干扰了自然界的氮循环。

　　C. 沉积型循环

　　磷循环（phosphorus cycle）：磷不存在任何气体形式的化合物，因此，磷循环是典型的沉积型循环。岩石态和溶解态是磷的两种存在形态。磷循环起始于岩石的风化，终于水中的沉积。天然磷矿是磷的主要储藏库，由于风化、侵蚀和人类的开采活动，磷被释放出来。部分磷通过植物、草食动物和肉食动物在生物之间流动，生物死亡以后，再分解为无机离子形式，重新回到环境中再被植物吸收。在陆地生态系统中，磷的有机化合物被细菌分解为磷酸盐，其中一部分被植物吸收，另一部分转化为不能被植物利用的化合物，陆地的部分磷元素则随水流入湖泊和海洋（图 2.43）。在湖泊和海洋中，浮游植物吸收磷的速率很快，浮游植物又被浮游动物和食碎屑者所取食。死亡的动物沉入水底，其体内的磷大部分以磷酸盐的形式长期沉积下来，离开了循环，因此磷循环是不完全的循环。土壤中磷的含量因植物的吸收而不断减少，常常成为作物生长发育的限制因子。

　　硫循环（sulfur cycle）：硫在地壳中含量很少，但分布很广。硫循环既属沉

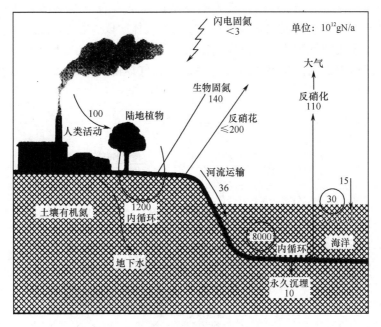

图 2.42　全球氮循环（孙振均和王冲，2007）

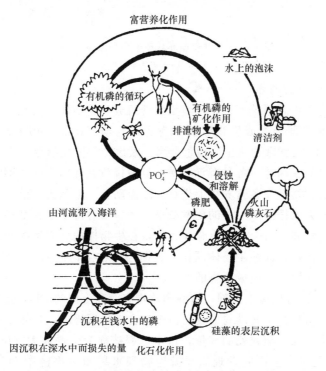

图 2.43　生态系统的磷循环过程（金岚，1992）

积型，也属气体型（图 2.44）。硫的主要储藏库是岩石，以硫化亚铁的形式存在。硫循环有一个长期沉积阶段和一个较短的气体阶段。在沉积阶段中，硫被束缚在有机或无机的沉积物中，只有通过风化和分解作用才能被释放出来，并以盐溶液的形式被携带到陆地和水生生态系统。在气体阶段，可在全球范围内进行流动。

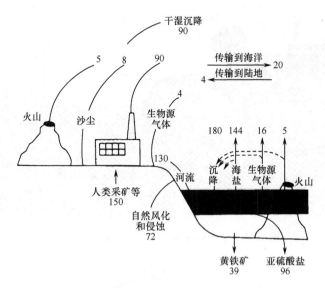

图 2.44　全球硫循环（孙振均和王冲，2007）

库含量单位：$\times 10^{12}$ gS；流通率单位：$\times 10^{12}$ gS/a

D. 有毒物质的循环

某物质进入生态系统后，使环境正常的组成和性质发生变化，在一定时间内直接或间接地有害于人或生物时就称为有毒物质（toxic substance）或污染物（pollutant）。无机有毒物质主要指重金属、氟化物和氰化物等；有机有毒物主要有酚类、有机氯农药等。各种有毒物质一旦被排放到环境中便立即参与生态系统的循环，沿着食物链在各营养级上进行循环流动。一般认为，沿食物链每一营养级，有毒物质大致按照 1：10 的比例浓缩。大多数有毒物质尤其是人工合成的大分子有机化合物和不可分解的重金属元素，在生物体内具有浓缩的现象，在代谢过程中不能被排除，而被生物体同化，长期停留在生物体内，造成有机体中毒、死亡，这正是环境污染造成公害的原因。

DDT 是一种有机氯杀虫剂，喷洒到植物表面和土壤的 DDT 被吸收进入植物体内被富集，植物被草食动物取食后再被肉食动物所摄取，逐级浓缩，最后达到使动物或人类中毒甚至致死的剂量，这个过程被称为生物放大（biological magnification）。通过实验研究发现从浮游生物到水鸟的食物链中 DDT 逐步浓缩、富集，甚至在哺乳期妇女的奶中，都含有 DDT。

　　汞化合物是至今还用于工业生产中的剧毒物质。地壳中的汞经过火山爆发、岩石风化、岩溶等自然活动和开采、冶炼、农药喷洒等人类活动这样两条途径进入生态系统（图 2.45）。土壤和大气中的汞在作物体内积累并经过食物链进入人体，危害人类健康，如日本水俣事件就是因为排放到水体中的汞沿食物链富集，最后达到危害人类的程度。

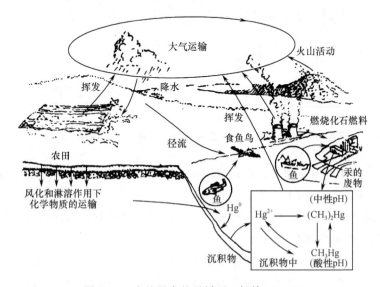

图 2.45　自然界中的汞循环（杨持，2008）

　　元素的同位素物质可散发射线的称为放射性核素（radionuclide）或放射性同位素（radioisotope）。放射性的辐射源有天然和人工两大类。天然的辐射源来自宇宙射线、土壤水域和矿床中的射线，如岩石和土壤中含有铀、钍、锕 3 个放射系。人工的辐射源主要是医用射线源、核武器试验及原子能工业排放的各种放射性废物。放射性物质像许多有毒物质一样，可被生物吸收、积累。无论是否裂变，通过核试验或核作用物都进入大气层，然后再通过降水、尘埃和其他物质以原子状态回到地球上（图 2.46）。人和生物既可直接受到环境放射源危害，也可因食物链带来的放射性污染而间接受害。放射性物质由食物链进入人体，随血液遍布全身，有的放射性物质在体内可存留 14 年之久。

3. 生态系统的信息传递

1）信息的概念

　　在生态系统中，信息（information）是能够引起生物生理、生化和行为变化的信号。一般认为，信息是客观存在的，是能量、物质之外的第三客体，信息来

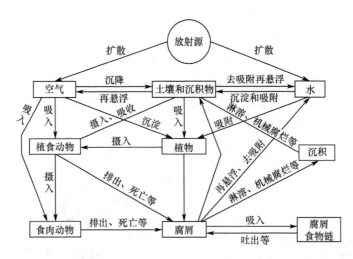

图 2.46　放射性核素在生态系统中的迁移过程（杨持，2008）

源于物质，与能量密切相关，但信息既不是物质本身，也不是能量。信息是重要的资源，可以收集、加工、压缩、更新与共享，信息贯穿于物质与精神两个世界。信息具有传扩性、永续性、时效性、分享性、转化性和层次性等特征。

2）生态系统中信息的特点

生态系统信息量与日共增：随着各种基因组计划和各种类型生态系统研究计划的进行，与之相关的生态系统各种结构与功能的信息将逐步被了解。目前世界上已建立起上百种生物学、生态学数据库，各国正纷纷投入资金进行研究和开发。

生态系统信息的多样性：生态系统中的信息来自不同的生物。从信息性质上可分为物理信息（physical information）、化学信息（chemical information）、行为信息（behavioral information）和营养信息（nutritional information）；从信息存在状态上讲，有液态的、气态的和固态的等不同状态的信息；从信息来源上讲，有来自植物、动物、微生物和人类不同生物类群及非生物环境中的信息。

信息通信方式的复杂性：生态系统中的生物以不同方式进行信息的传递。有的生物以外部形态的变化来传递信息，如动物的警戒色、人类的形体语言等；有的生物则以内部生理或生化方面的改变来传递信息，如昆虫信息素、植物次生物质的产生；有的则从行为方面进行信息传递，如动物为争夺食物而进行的格斗，人类对弱势群体的关爱等。

生物物种的信息储存量大：生物物种的信息储存量很大，每种微生物、动物和植物的遗传密码中都含有 100 万到 100 亿比特的信息。

大量信息有待开发：生态系统中信息的研究尚处于积累阶段，大量信息有待研究开发，信息的重要性有待进一步证实，如在保护生物学研究中，某些物种的灭绝究竟会给生态系统、给人类造成多大的影响，现在还处于推测阶段，需要通过生态系统中有关物种的信息的深入研究，才能具体、完整地回答这些问题。

3）生态系统的信息传递

信息传递是生态系统的基本功能之一，在生态系统各组成成员之间都存在着信息交流，彼此之间不断进行着信息传递，这种信息传递构成信息流（information flow），这些信息把生态系统各部分联系、协调成为一个统一的整体。生态系统信息流不仅包含个体、种群、群落等不同水平的信息，而且所有生物的分类阶元及其各部分都有特殊的信息联系，从而赋予生态系统新的特点。然而目前我们对生态系统信息传递的研究没有能量流动与物质循环那样深入，仍然没有成熟的理论与实践，仅做了初步的尝试。

A. 生态系统信息传递模式

生态系统中的各种信息在生态系统各成员之间和各成员内部的交换、流动称为生态系统的信息流。信息传递具有以下几个基本环节：信息的产生、信息的获取、信息的传递、信息的处理、信息的再生以及信息的施效。生态系统的信息传递过程中，伴随着一定的物质转换和能量消耗，但信息传递不像物质流动那样循环，也不像能量流动那样是单向的，而往往是双向的，有从输入到输出的信息传递，也有从输出到输入的信息反馈（图 2.47）。

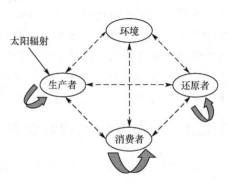

图 2.47 生态系统信息流模型
（孙振均和王冲，2007）

B. 生态系统中重要的信息传递

阳光与植物之间的信息联系：阳光是生态系统重要的生态因素之一，它发出的信息对各类生物都会产生深远的影响。植物的生长和发育受到阳光信息的影响。光信息对植物的影响具有双重性，既有促进作用，又有抑制作用。光的性质、光的强度、日照长度等均可作为信息。

植物间的化学信息传递：化感作用是植物影响其他植物生长发育的重要机制之一，与植物对光、温、水、营养等必需资源的竞争具有同等的重要性。群落的结构、演替、生物多样性等均与植物的化感作用有关。在资源充沛的条件下，很多植物可能通过迅速生长和增加生物量来增强自身的竞争能力。但在恶劣的环境条件下，有限的资源加剧了种间竞争，使自身的迅速生长受到限制。因此，植物的化感作用显得更加重要。

植物与微生物间的信息传递：植物产生的化感物质对土壤中的微生物产生重

要的影响，植物的很多次生代谢物质能有效地抵御病原菌的侵染。土壤微生物也会产生许多对植物有害的物质，如抗生素、酚、脂肪酸、氨基酸等。

植物与动物间的信息传递：植物通过形态、生理生化等方面的适应来保护自身，避免处于被动受害的地位。研究表明，植物体内次生物质的数量远远比动物的多，现已鉴定化学结构的就有 5 万种以上。植物体内的每一种次生物质都可能产生特定的信号，成为植物与动物（尤其是昆虫）间相互作用的联系。这些次生物质有的可用于植物的防御，有的则可以用于植物的生长、发育和繁殖。

动物与动物间的信息传递：动物间的信息传递常常表现为一个动物借助本身行为信号或自身标志作用于同种或异种动物的感觉器官，从而"唤起"后者的行为。常见的信号形式有视觉信号、声音信号、接触信号、舞蹈信号、生物电信号和化学信号等。

少量的有害污染物质有时候可以瓦解生物的化学信息系统，从而打乱生态系统的平衡，这点在海洋生态系统中表现尤为突出，如石油污染打乱了鲑鱼洄游路线中的化学信息系统，使其不能回到家乡河流去产卵，从而造成渔业上的巨大损失。当前，人为引入到环境中的许多新的化学毒物对生态系统造成了破坏，在许多情况下是由于破坏了生物信息系统的结果。

2.4.3　生态系统的自我调节及其稳态机制

1. 生态系统的稳定性与反馈控制

1）生态系统稳定性的概念

生态系统在与环境因素之间进行物质和能量的交换过程中，也会不断受到外界环境的干扰和负影响。然而，一切生态系统对于环境的干扰所带来的影响和破坏都有一种自我调节、自我修复和自我延续的能力，如森林的适当采伐、草原合理放牧、海洋的适当捕捞，都会通过系统的自我修复能力来保持木材、饲草和鱼虾产品产量的相对稳定，这种生态系统抵抗变化和保持平衡的倾向称为生态系统的稳定性或"稳态"。生态系统稳定性常可分为两类。

抵抗力稳定性（resistant stability）：生态系统抵抗干扰和保护自身的结构和功能不受损伤的能力。

恢复力稳定性（resilient stability）：是指生态系统被干扰、破坏后恢复的能力。

两类稳定性是相互对立的，它们之间存在着相反的关系，当然，同一个系统一般不易同时发生这两类稳定性。具有高抵抗力稳定性的生态系统，其恢复力稳定性较低，反之亦然。例如，森林生态系统具有较高的抵抗外来干扰能力，但是遭到严重破坏后，则长期难以恢复，说明其恢复力稳定性能力很低。而水生生态系统的生物量中通常缺乏长期储存的营养物质和能量，所以它对环境扰动的抵抗力低，但这种生态系统的恢复能力很高，自净功能能使系统相当快得到恢复。

2) 影响生态系统稳定性的因素

对于每一个特定的自然群落和生态系统来说，其稳定性取决于一系列因素，包括自身的特点（进化史的长短、物种的数目、物种相互作用的特征与强度）、受干扰的情况以及估计稳定性的指标（抵抗性、恢复性）。

(1) 生物多样性是保持生态系统稳定性的重要条件。生物多样性越高，食物网越复杂。在一个具有复杂食物网的生态系统中，一般不会由于一种生物的消失而引起整个生态系统的失调，但是任何一种生物的绝灭都会在不同程度上使生态系统的稳定性有所下降。当一个生态系统的食物网变得非常简单的时候，外力（环境的改变）比较容易引起这个生态系统发生剧烈的波动。例如，在马尾松纯林中，松毛虫常常会产生爆发性的危害。而在针阔叶混交林，由于多种树混交，害虫的天敌种类和数量随之增多，限制了某种害虫的扩展和蔓延，因此单一的有害种群不可能大范围发生；荒漠生态系统之所以脆弱，也是因为其生物种类少，食物链单纯之故；苔原生态系统是地球上食物网结构比较简单、对外力干扰比较敏感和脆弱的生态系统。虽然苔原生态系统中的生物能够忍受地球上最严寒的气候，但是苔原生态系统的动植物种类与草原或森林生态系统相比却少得多，食物网的结构也简单得多，个别物种的兴衰都有可能导致整个苔原生态系统的失调或毁灭。

(2) 能流、物流途径的复杂程度与能量和营养物质的储备。能流、物流途径的复杂程度与生物种类成分多少密切相关。生物种类多，食物网络复杂，能流、物流的途径也复杂，而每一物种的相对重要性就小，生态系统就比较稳定。因为当一部分能流、物流途径的功能发生障碍时，可被其他部分所代替或补偿。生态系统的生物现存量越大，能量和营养物质的储备就越多，系统的自我调节能力也就越强。

(3) 生物的遗传性和变异性。生态系统中的物种越多，遗传基因库越丰富，生物对改变了的环境也越容易适应。在一个生态系统中，生物总是由最适应该生态环境的类型所组成。通过自然界生物种内和种间的竞争，从中选优汰劣，使优良个体和种群得以生存和发展，不断推动生物的进化。

(4) 功能完整性及功能组分冗余。生态系统内生物成分与非生物成分之间的能量流动和物质循环，具有反馈调节作用。当环境媒介中某种元素的含量发生波动，生物可通过吸收、转化、降解、释放等反馈调节，使生产率、周转率、库存量都相应地得到调整，使输入量与输出量之间的比例达到新的协调。

(5) 信息传递与调节。生态系统中的生物可以通过化学的、物理的、行为的等多种信息的传递形式，把生物与环境、生物种间和种内的相互关系密切联系起来，构成一个统一整体。例如，通过代谢产物可以调节（促进或抑制）本物种或另一物种的种群数量。生态系统越成熟，生物种类越多样化，信息传递和调节能力也越强，生态系统也越稳定。

3）生态系统的反馈调节机制

生态系统是一个开放系统，开放系统必须依赖于外界环境的输入，如果输入一旦停止，系统就会失去功能。当生态系统中某一成分发生变化的时候，它必然会引起其他成分出现一系列的相应变化，这些变化最终又反过来影响最初发生变化的那种成分，这个过程就叫反馈（feedback）（图2.48）。反馈有两种类型，即负反馈（negative feedback）和正反馈（positive feedback）。

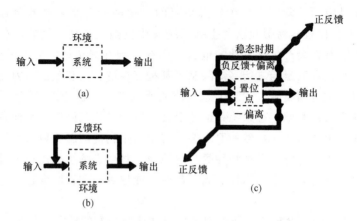

图 2.48　系统的反馈调节（杨持，2008）

(a) 开放系统；(b) 控制系统；(c) 具有置位点的可控制系统

负反馈的作用是能够使生态系统达到和保持平衡或稳态，反馈的结果是抑制和减弱最初发生变化的那种成分所发生的变化。例如，草原上的草食动物因为迁入而增加，植物因为受到过度啃食而减少，植物数量减少以后，反过来就会抑制动物数量（图2.49，图2.50）。

正反馈的作用常常使生态系统远离平衡状态或稳态，即生态系统中某一成分的变化所引起的其他一系列变化，反过来加速最初发生变化的成分所发生的变化，使系统不能维持平衡。例如，一个湖泊生态系统受到了污染，鱼类会死亡而数量减少，鱼体死亡后又会进一步加重污染，并引起更多鱼类死亡。由于正反馈的作用，污染会越来越重，鱼类死亡速度也会越来越快。正反馈对生态系统往往具有极大的破坏作用，而且常常是暴发性的，所经历的时间也很短。从长远看，生态系统中的负反馈和自我调节总是起着主要作用。

4）生态系统的自我调控

自然生态系统是一个相当和谐、协调、有序的大系统。这个系统各组分在结

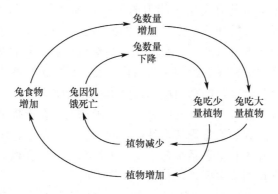

图 2.49　兔种群与植物种群之间的负反馈（尚玉昌，2002）

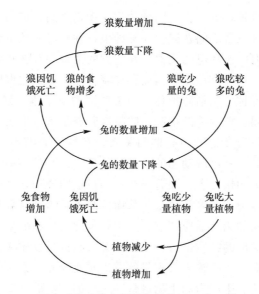

图 2.50　两个反馈系统之间的相互关系（尚玉昌，2002）

构和功能上的配合是在进化史中逐步完善起来的自我调控机制。

程序调控：动物从卵开始的发育、成熟、死亡过程，昆虫的顺序变态过程都基本由基因所预编的程序所调控。生物群落的演替也表现出程控特点。

随动调控：像雷达跟踪飞机一样，鹰靠视觉跟踪能抓到跑动的小兔，蝙蝠靠超声波听觉能捕捉到飞行的昆虫；向日葵的花随太阳转动；植物根系伸向肥水部位集中。

最优调控：包括自组织、自我设计和自我优化等方面。自组织（self-organization）或自我设计系统是指不借外力自己形成具有充分组织性的有序结构，即通过反馈作用，依照最小能耗原理，建立内部结构和生态过程，使之发展和进化的行为；自我优化是指具有自组织能力的生态系统，在发育过程中向着能耗最小、功率最大、资源分配和反馈作用最佳的方向进化的过程。如蜂巢的几何形状已被数学上证明是最省材料的；鱼类的流线型结构是减少流体阻力的最优结构；鸟类中空的骨骼既省材料又有很理想的结构强度。自然顶极群落通过多层结构和循环机制，对能量和营养物的利用率也达到了很高的水平。

稳态调控：自然界有一种在发展过程中趋于稳定，在干扰中维持稳定，偏移后恢复原态的能力。这种稳态受到多种机制的调控，从基因、酶、细胞器、组织直到个体、种群、群落和生态系统各个层次中都有丰富的表现形式。

生态系统的自我调节主要表现在以下三个方面。

同种生物种群间密度的自我调节。逻辑斯谛增长就是对种群内自我调节的定量描述。

异种种群间的数量调节。在不同种动物与动物之间、植物与植物之间，以及植物、动物和微生物三者之间普遍存在异种生物种群之间数量调节。有食物链联结的类群或需要相似生态环境的类群，在它们的关系中存在相生相克作用，如互利共生、化感作用、竞争排斥等，因而存在着合理的数量比例问题。农业中的轮作、间作、套种，森林（包括防护林）的树种结构及草本、灌木和乔木的结合，养殖生产中混养不同类群生物的搭配，防除富营养化水体中藻类等均以此项原理为依据。在荷兰，应用食物链中类群间关系，在富营养湖中放养一些肉食性鱼类，从而摄食并降低了食浮游动物的鱼类和幼鱼，导致浮游动物数量增加，这些浮游动物是浮游藻类的摄食者，随着浮游动物数量的增加，被摄食浮游藻类量增多，从而抑制了水体中浮游藻类数量，从而控制了水体富营养化。

生物与环境之间的相互适应调节。生物要经常从所在的生境中摄取需要的养分，生境则需对其输出的物质进行补偿，二者之间进行物质输出与输入的供需适应性调节。例如，在水体中输入较多量的有机质及营养元素，则水体中分解这些有机质微生物的菌株、生产力和生物量将随之增加，从而降低了水中有机质浓度增加的幅度。由于输入的及有机质分解产生的营养盐量的增加，从而吸收与转化这些营养盐的植物（水草或浮游藻类）的生产量及生物量也随之增加，迁移转化及储存了更多营养元素，从而自我调节与控制了水中这些营养盐浓度，避免水体中有机质及营养盐浓度的过度增高。这种调节是维持土地生产力持久不衰，防治水体被有机质污染的基础，也是设计区域环境和维持生态平衡的理论依据。

5）生态域值

生态系统可以忍受一定程度的外界压力，并通过自我调控机制恢复其相对平衡，超出此限度，生态系统的自我调控机制就降低或消失，这种相对平衡就遭到破坏甚至使系统崩溃，这个限度就称为生态阈值（ecological threshold）。

阈值的大小取决于生态系统的成熟性，系统越成熟，阈值越高；反之，系统结构越简单、功能效率不高，对外界压力的反应越敏感，抵御剧烈生态变化的能力越脆弱，阀值就越低。不同的生态系统在其发展进化的不同阶段有多种不同的生态阀值，了解这些阀值，才能合理调控、利用和保护生态系统。

2. 生态平衡

1）生态平衡的定义

生态平衡是指在一定的时间和相对稳定的条件下，生态系统内各部分（生物、环境和人）的结构和功能均处于相互适应与协调的动态稳定，生态平衡是生态系统的一种良好状态。简单地说，生态平衡就是说生物与环境的相互关系处于一种比较协调和相对稳定的状态。

2）生态平衡的特点

一个系统结构的优化与稳定性、能流和物流收支平衡以及自我修复和自我调节功能的保持是生态平衡的三个基本要素。因此，衡量一个生态系统是否处于生态平衡状态也有其具体内容。

（1）时空结构上的有序性。空间有序性是指结构有规则地排列组合，小至生物个体的各器官的排列，大至宏观生物圈内各级生态系统的排列，以及生态系统内各种成分的排列都是有序的。时间有序性就是生命过程和生态系统演替发展的阶段性、功能的延续性和节奏性。

（2）能流、物流的收支平衡。指系统既不能入不敷出，造成系统亏空，又不应入多出少，导致污染和浪费。

（3）系统自我修复、自我调节功能的保持。抗逆、抗干扰、缓冲能力强。

综上所述，生态平衡状态是生物与环境高度相互适应，环境质量良好，整个系统处于协调和统一的状态。

3）生态平衡失调

A. 生态平衡失调的概念

当外界施加的压力（自然的或人为的）超过了生态系统自身调节能力或代偿功能后，都将造成各类生态系统结构破坏、功能受阻、正常的生态关系被打乱以及反馈自控能力下降等，这种状态称之为生态平衡失调。或生态平衡的破坏。

B. 生态平衡失调的标志

无论是生态系统结构的破坏或是生态系统功能受阻均能引起生态平衡失调，因此生态平衡失调的基本标志可以从结构和功能两个方面进行度量。

平衡失调的结构标志。生态系统的结构可以划分两级结构水平：一级结构水平是指生态系统的生物成分，即生产者、消费者和分解者；二级结构水平是指组成一级结构的成分及其特征，如生物的种类组成、种群和群落层次及其变化特征等。平衡失调的生态系统在结构上出现了缺损或变异。当外部干扰巨大时，可造成生态系统一个或几个组分的缺损而出现一级结构的不完整。如大面积的森林采伐不仅使原有生产者层次的主要种类从系统中消失，而且各级消费者也因栖息地的破坏而被迫迁移或消失，系统内的变化也非常激烈。当外部干扰不太严重时，如林业中的砍伐、轻度污染的水体等，可使生态系统的二级结构产生变化。二级结构的变化包括物种组成比例的改变、种群数量的丰度变化、群落垂直分层结构减少等。这些变化又会直接造成营养关系的破坏，包括分解者种群结构的改变，进而引起生态系统的功能受阻或功能下降。二级结构水平的改变虽不如一级结构破坏的影响剧烈，但结果也是生态多样性减少，系统趋于"生态单一化"，干扰若进一步加重也同样会造成生态系统的崩溃。

生态平衡失调的功能标志。生态系统平衡失调在功能上的反映就是能量流动在系统内的某一个营养层次上受阻或物质循环正常途径的中断。能流受阻表现为初级生产者第一性生产力下降和能量转化效率降低或"无效能"增加。营养物质循环受阻则表现为库与库之间的输入与输出的比例失调。如水域生态系统中悬浮物的增加，可影响水体藻类的光合作用；重金属污染可抑制藻类的某些生理功能。有些污染虽不能使生产者第一性生产量减少，但却会因生境的不适宜或饵料价值的降低使消费者的种类或数量减少，造成营养层次间能量转化和利用效率的降低。例如，热污染水体因增温影响，蓝、绿藻种类和数量明显增加，就初级生产力而言，除极端情况（高温季节）外均有所提高，但因鱼类对高温的回避或饵料质量的下降，鱼产量并不增高，在局部时空出现了大量的"无效能"。这是食物链关系被打乱的结果。物质循环途径的中断是目前许多生态系统平衡失调的主要原因。这种中断有的是由于分解者的生境被污染而使其大部分丧失了其分解功能，更多的则是由于破坏了正常的循环过程。物质输入输出比例的失调是使生态系统物质循环功能失调的重要因素。如某些污染物的排放超过了水体的自净能力而积累于系统之中。这些物质的不断释放又反过来危害着系统正常结构的恢复，汞污染就是一个很典型的例子。

C. 生态平衡失调的原因

生态系统内部的原因。自然生态系统是一个开放系统。由绿色植物从外界环境把太阳光和可溶态营养吸纳到体内，通过物质循环和能量转换过程不仅使可溶态养分积聚在土壤表层，而且还把部分能量以有机质的形态储存于土壤中，从而不断地改造土壤环境。而改造后的环境为生物群落的演替准备了条件，群落的不断演替实质上就是不断地打破旧的生态平衡。可见，物质和能量在表土中的积累，其本质就是对原稳定的破坏。生物群落的演替可以是正向演替，也可以是逆行、退化演替。如果是逆行演替，则是打破原来的生态平衡后建立更低一级的生态平衡而已，本身意味着稳态的削弱。

生态系统外部的原因。由于自然因素如火山爆发、台风、地震、海啸、暴风雨、洪水、泥石流、大气环流变迁等，可能造成局部或大区域的环境系统或生物系统的破坏或毁灭，导致生态系统的破坏或崩溃。如果自然灾害是偶发性的，或者是短暂的，尤其是在自然条件比较优越的地区，灾变后靠生物系统的自我恢复、发展，即使是从最低级的生态演替阶段开始，经过相当长时期的繁衍生息，还是可以恢复到破坏前的状态的。如果自然灾害持续时间较长，而自然环境又比较恶劣，则可能造成自然生态系统的彻底毁灭，甚至是不可逆转的（如沙漠和荒漠的形成）。然而综观全局，自然因素所造成的生态平衡的破坏，多数是局部的、短暂的、偶发的，常常是可以恢复的。

人类活动的影响。当前，人为因素对生态平衡的破坏而导致的生态平衡失调是最常见、最主要的。这些影响并非是人类对生态系统的故意"虐待"，通常是在伴随着人类生产和社会活动而同时产生的，如农业生产上为防治害虫而施用了大量农药，工厂在产品生产的同时排放了大量的各类污染物，森林大面积开采，牧业发展带来的过度放牧所导致的草场退化，大型水利工程兴建所获得的经济效益与同时可能产生的生态影响等。人为因素的影响往往是渐进的，长效应的，破坏性程度与作用时间及作用强度紧密相关。

生态危机（ecological crisis）是指人类盲目活动而导致局部地区甚至整个生物圈结构与功能失衡，从而威胁到人类的生存。生态平衡失调的初期往往难以被人们发觉，一旦发展出现生态危机就很难在短期内恢复稳定。因此，人类活动除了要讲究经济效益和社会效益外，还必须注意生态效益和生态后果，以便在改造自然的同时能基本保持生物圈的稳定与平衡。

第 3 章　农业生态与农业生态工程

农业生态学（agroecology）是运用生态学原理、系统分析的方法，把农业生物与环境资源作为一个整体，即农业生态系统，研究农业生物与环境资源的相互关系及农业生态系统的结构、功能、生产力、调控途径和管理的科学，它是应用生态学的一个分支。

3.1　农业生态学的内容、性质和任务

3.1.1　农业生态学的内容

农业生态学是生态学的一个重要分支，它是随着生态学的发展而发展的。农业生态学的研究对象是农业生态系统，其基本内容包括：农业生态系统的组成；农业生态系统的能量转化、流动和物质循环平衡规律；农业生物与环境相互关系规律；农业资源开发利用及农业环境保护；农业生态系统的结构、机能及提高系统生产力的途径；农业生态系统的调控与管理；农业生态工程及农业生态建设等。农业生态学的研究重点不是注重于系统的组成成分，而是诸多组分间的相互关系，把每一个组分看作因素，从能量、物质、信息、资金上（着重从能量和物质上）研究它们之间的相互联系、耦合、转化、反馈等。

3.1.2　农业生态学的性质和任务

农业生态学是一门综合性很强的应用科学，它综合了与农业生态系统有关的自然科学和社会科学知识，但它又不是各个学科的简单相加，它有自己的研究对象、理论体系和应用范畴。合理的农业生态系统所追求的目标是经济效益、生态效益和社会效益的综合效益。农业生态学作为应用科学，具有很强的实践性。农业生态学的基本原理对于指导农业综合规划、农业资源的合理开发利用、最佳农业结构的建立和合理的生产布局都具有重大意义。

农业生态学的根本任务是研究揭示农业生态系统中农业生物与自然环境、社会环境相互关系的基本规律，运用农业生态学的基本原理及有关学科的知识及技能，以期更好地指导和管理农业生产，更有效地发挥自然资源和社会资源的物质生产力，使农业生产能以最好的功能和效益，获得最大的系统生产力，最高的经济效益和最好的生态效益，为农业的高效、持续、稳定发展，为改善人类的食物供应，为保护人类生存环境以促进人类社会的最大进步作出贡献。

3.2　农业生态系统的结构与功能

3.2.1　农业生态系统及特点

1. 农业生态系统概述

农业生态系统是人类为满足社会需要，在一定边界内通过干预，利用生物与生物、生物与环境之间的能量和物质联系建立起来的功能整体。作为一种被驯化了的生态系统，农业生态系统不仅受自然的制约，还受人类活动的影响；不仅受自然生态规律的支配，还受社会经济规律的支配。与自然生态系统一样，农业生态系统也是由农业环境因素、绿色植物、各种动物和各种微生物四大基本要素构成的物质循环和能量转化系统，具备生产力、稳定性和持续性三大特性。

农业生态系统与自然生态系统一样，也由生物与环境两大部分组成。农业生态系统的生物组分是以人工驯化栽培的农作物、家畜、家禽等为主的生物。在农业生态系统中的生物组分中还增加了人这样一个大型消费者，同时又是环境的调控者。环境组分包括受到人类的不同程度的调节和影响。

2. 农业生态系统的特点

农业生态系统是被人类驯化了的自然生态系统，因此，它既保留了自然生态系统的一般特点，又具备很多人类改造、控制、调节、干扰甚至破坏所带来的新特点。农业生态系统是在人类控制下发展起来的。由于其受人类社会活动的影响，它与自然生态系统相比有明显不同。

（1）系统的生物构成特点。农业生态系统中最重要的生物品种是经人工驯化培育的农用生物，以及与之有关联的生物。人类常是农业生态系统中一个重要的消费成员。

（2）系统的环境特点。农业生态系统具有明显的地区性。农业生态系统的环境更多地受到了人类的调控、改造。人类一方面通过工程措施改造环境，如建水库；另一方面通过生物措施和化学措施改变环境，如建防护林、施化肥等。

（3）系统的稳定性机制。农业生态系统中的自然调节稳定机制被削弱，代之以更多的人类调节控制，系统自身的稳定性差。

（4）系统的开放程度。农业生态系统是在人类强烈干预下的开放系统。农业生态系统的结构比自然生态系统简单，便于人类管理，简化了的能量和物质流通途径使得系统趋向更加开放。有意识的输入和输出增加，如化肥农药输入，农产品输出等；无意的输入和输出也会增加，如农药施用带来的环境污染，开垦坡地造成的水土流失等。

（5）系统的生产力特点。农业生态系统的生产力常比同一区域内的自然生态系统高。农业生态系统中的农业生物具有较高的净生产力，较高的经济价值和较低的抗逆性。例如，热带雨林的初级生产力约 $7.5t/hm^2$，而一年两季的水稻谷物产量可达 $15t/hm^2$，干物生产可达 $30t/hm^2$。提高的原因包括品种改良，环境改善和较低的呼吸消耗等。

（6）系统服从的规律。农业生态系统由于受到人类活动的影响，不仅服从自然规律，而且还服从社会经济规律。

（7）系统的运行"目标"。生态系统演变的最终状态若称为系统运行"目标"的话，自然生态系统运行的"目标"是自然资源的最大限度生物利用，并使生物现存量达到最大。而农业生态系统的"目标"是使农业生产在有限自然与社会条件制约下，最大限度满足人类的生存、致富和持续发展的需要。

农业生态系统与自然生态系统交错存在，互相影响，依赖自然生态系统维持其更好的稳定性，森林中鸟兽昆虫多数对农田病虫害起到控制作用。

3. 自然生态系统、农业生态系统与城市生态系统间比较

农业生态系统来自自然生态系统，因而无论是生物组分还是环境组分都与自然生态系统有很多相似的特征。然而，农业生态系统又是人类对自然生态系统长期改造和调节控制的产物，因此又明显区别于一般自然生态系统。

主要的区别表现为以下几个方面：系统的生物构成不同；系统净生产力不同；系统开放程度不同；系统稳定性机制不同；系统服从的规律不同；系统的"目的性"不同；生产效率不同；农业生态系统与自然生态系统是交错存在，相互影响。

（1）开放度比较。自然生态系统是自我维持的封闭系统；而农业生态系统属于人工、半人工生态系统，开放度比自然生态系统大，但小于城市生态系统；城市生态系统为人工高度开放生态系统，主体是人，而不是动、植物或微生物，非生态结构无限扩大，是不完全的生态系统。消费者大大超过生产者，营养物质及能量大量输入，废弃物大量排出。

（2）能量投入比较。自然生态系统以太阳能为主；农业生态系统除太阳能外，需工业能投入；城市生态系统则主要是大量的工业能投入及生物能投入。

（3）生产力比较。自然生态系统的生物量高，没有或少有产出，净生产力低；农业生态系统的净生产力则高于自然生态系统，总生物量比不上自然生态系统；城市生态系统的生产力较高。

（4）系统稳定机制比较。自然生态系统，靠多样化物种及食物链网络或系统内部的反馈机制形成；农业生态系统，结构单一，主要靠人工主动调控，也受自然生态系统的影响；城市生态系统由人工调控，不稳定，靠自身不可能持续

发展。

（5）服从规律比较。自然生态系统服从自然规律；农业生态系统服从自然规律、社会经济规律；城市生态系统服从社会经济规律。

（6）目的性比较。自然生态系统的生物现存量最大，维持结构功能的平衡与稳定；农业生态系统服从人类社会经济、生态环境的需求；城市生态系统满足人类社会经济发展需求。

（7）效率比较。自然生态系统的效率较低；农业生态系统的效率较高；城市生态系统的效率最高。

（8）环境问题比较。自然生态系统的环境问题较少；农业生态系统的环境问题较多；城市生态系统的环境问题最多。

（9）相互关系比较。自然生态系统为自我维持的封闭系统；农业生态系统与自然生态系统交错存在，互相影响，依赖自然生态系统维持其更好的稳定性，森林中鸟兽昆虫多数对农田病虫害起到控制作用。城市生态系统，通过城乡交叉，"农业生态系统"是"环"城市生态系统结构的主体，城市生态系统与"环"城市的农业生态系统之间发生可观的物质能量信息交换，依靠农业生态系统的广阔空间和特有的自净能力缓解城市自身承载能力所不能解决的生态问题。未来发展趋向是城乡一体化。

4. 农业生态系统的分类

农业生态系统分为农田生态系统、森林生态系统、草原生态系统和内陆淡水生态系统。

（1）农田生态系统。农田生态系统由作物与其生长发育有关的光、热、水、气、肥、土及作物伴生生物（土壤微生物、作物病虫和农田杂草）等环境组成，并通过与环境的作用完成产品的生产过程。

（2）森林生态系统。森林生态系统由以木本植物为主体的生物与其生长发育所需的光、热、水、气、肥、土及伴生生物等环境组成的，并完成特定的林产品生产和农业水土保持功能的农业生态系统。其是多功能的生态系统，素有"农业水库"、"都市肺脏"和"天然洗尘器"等美称。

（3）草原生态系统。草原生态系统指以天然牧草、人工牧草及草食性农业动物为主体的生物种群与其生长发育所需的环境条件构成的，并完成肉、奶、皮、毛等动物性农产品生产的农业生态系统。

（4）内陆淡水生态系统。内陆淡水生态系统指人们为发展农业生产，特别是为发展渔业经济而加以利用和改造的湿地、溪流、江河、湖泊、水库池塘等水域系统的总称。内陆淡水生态系统的功能主要表现在各种水生生物产品的生产和为农田作物提供灌溉水源两大方面。

3.2.2　农业生态系统的结构

生态系统的结构包括生物组分的物种结构（多物种配置）、空间结构（多层次配置）、时间结构（时序排列）、食物链结构（物质多级循环），以及这些生物组分与环境组分构成的格局。换言之，农业生态系统结构指农业生态系统的构成要素以及这些要素在时间上、空间上的配置和能量、物质在各要素间的转移、循环途径。可见农业生态系统的结构包括三个方面，即系统的组成成分，组分在系统空间和时间上的配置，以及组分间的联系特点和方式。

1. 农业生态系统的基本结构

农业生态系统的结构，直接影响系统的稳定性和系统的功能，转化效率与系统生产力。一般地说，生物种群结构复杂、营养层次多，食物链长并联系成网的农业生态系统，稳定性较强。反之，结构单一的农业生态系统，即使有较高的生产力，但稳定性差。

农业生态系统的基本结构概括起来可以分成以下四个方面。

（1）农业生物种群结构。农业生物种群结构指农业生物（植物、动物、微生物）种群的组成结构。生物物种是生态系统物质生产的主体。不同生物种类的组成与数量关系的格局构成生态系统的物种结构。

（2）农业生态系统的空间结构。空间结构是指生物群落在空间上的垂直和水平格局变化，构成空间三维结构格局，包括了生物的配置与环境组分相互安排与搭配，因而形成了平面结构和垂直结构。农作物、人工林、果园、牧场、水面是农业生态系统平面结构的第一层次，然后是在此基础上各业内部的平面结构，如农作物中的粮、棉、油、麻、糖等作物。农业生态系统的垂直结构是指在一个农业生态系统区域内，农业生物种群在立面上的组合状况，即将生物与环境组分合理地搭配利用，从而最大限度地利用光、热、水等自然资源，以提高生产力。

（3）农业生态系统的时间结构。时间结构是指在生态区域与特定的环境条件下，各种生物种群生长发育及生物量的积累与当地自然资源协调吻合状况从而形成在时间分配上的格局，时间结构是自然界中生物进化同环境因素协调一致的结果。所以在安排农业生产及品种的种养季节时，必须考虑如何使生物需要符合自然资源变化的规律，充分利用资源、发挥生物的优势，提高其生产力。使外界投入物质和能量与作物的生长发育紧密协调。这都是在时间结构调整与安排中要给予重视的。

（4）农业生态系统的营养结构。营养结构是指农业生态系统中的多种农业生物营养关系所联结成的多种链状和网状结构，主要是指食物链结构和食物网结构。生态系统中生物间构成的食物链与食物网结构，是生物之间借助能量、物质流动通过营养关系而联结起来的结构。食物网是生态系统中物质循环、能量流动和信息传递的主要途径。

　　食物链结构是农业生态系统中最主要营养结构之一，建立合理有效的食物链结构，可以减少营养物质的耗损，提高能量，物质的转化利用率，从而提高系统的生产力和经济效率。

　　2. 农业生态系统的基本组分

　　农业生态系统的基本组分和自然生态系统类似，分为生物和环境两个组分。但组分的构成却有很大的差异。

　　（1）农业生态系统的生物组分。农业生态系统的生物组分可按功能区分为经过人工驯化的农业生物如农作物、家畜、家禽、家鱼、家蚕等，以及与这些农业生物关系密切的生物类群，如作物病虫、家畜寄生虫、豆科植物的根瘤菌等。农业生态系统还增加了一个重要的大型消费者即人，其他生物种类和数量一般少于同一区域的自然生态系统。

　　（2）农业生态系统的环境组分。农业生态系统除了具有从自然生态系统继承下来的自然环境组分之外，还有人工环境组分。无论是水体、土体、气体，甚至辐射，在农业生态系统中都或多或少受到人类不同程度的调节和影响。例如，作物群体内的温度、湿度受种植密度灌溉状况的影响。鱼塘中水体的透光状况受鱼塘饲料用量和养鱼量、养鱼品种的影响，因这些措施影响到水中的浮游生物数量，从而影响水的透光率。

　　农业生态系统中的禽舍、温室、仓库、厂房、住房等生产、加工、储存和生活设施都会成为系统内生物环境一个组成部分。设施中的环境与自然环境相比，温、湿、光、养分等条件都受到较大的改变，而且有独特的特点。

　　（3）农业生态系统组分的内部联系方式和对外联系方式。生态系统中生物间通过营养关系联结起来的联系方式称营养结构。农业生态系统的结构受到人类的控制，如牲畜、鱼虾的配合饲料成分和来源都不是动物在自然状态下可以获得的。农业生态系统不但具有与自然生态系统类同的输入、输出途径，如通过降雨、固氮的输入，通过地表径流和下渗的输出，而且有人类有意识增加的输入，如灌溉水、化学氮肥，也有人类强化了的输出，如各类农林牧渔产品的输出。

　　3. 农业生态系统的时空结构

　　（1）农业生态系统的空间结构。农业生态系统的空间结构分为水平结构与垂直结构。

　　在水平方向上，常因地理原因而形成环境因子的纬向梯度或经向梯度，如温度的纬向梯度，湿度的经向梯度。农业生物会因为自然和社会条件在水平方向的差异而形成带状分布、同心圆式分布或块状镶嵌分布。生物会由于繁殖方式与行为方式的差异而形成规则的、随机的或成丛的各类水平格局。农作物群体水平格局还受栽培方面的人工控制。社会经济条件对农业生态系统水平结构的影响表现在：人口密度梯度，人口密度对农业生态系统结构的影响是综合的。人口密度增加使人均资源量减少，劳动力资源增加，对基本农产品的需求上升。这样，必然使农业向劳动密集型转化。城乡经济梯度，农业生态系统受城镇的影响，即离城镇的远近。

在垂直方向上，环境因子因海拔，水的深度、土壤深度和生物群落高度而产生相应的垂直梯度，如温度的高度梯度、光照的水深梯度。农业生物也因适应环境的垂直变化而形成各类层带立体结构（图3.1）。

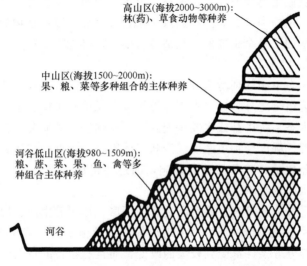

图 3.1　四川省米易县农业综合开发示意图

（2）农业生态系统的时间结构。农业生态系统的环境因子受到地球自转和公转影响而形成了年节律、日节律。月球与地球的关系也促成了像潮汐这样的月节律。生物适应这种条件而出现相应的节律。生态系统也存在着随时间而产生的环境与生物的相关变化，这种变化有一定的方向和规律。

4. 建立合理的农业生态系统结构

合理优化的农业生态系统的主要标志（图3.2）如下。

（1）合理的农业生态系统结构应能充分发挥和利用自然资源和社会资源的优势，消除不利影响。

（2）合理的农业生态系统结构必须能维持生态平衡，这体现在输入与输出的

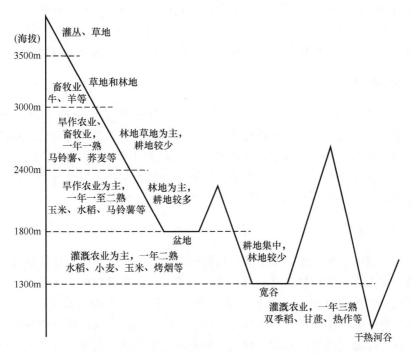

图 3.2　川滇高原随海拔变化的农业生态系统的结构

平衡，农林牧比例合理适当，保持生态系统结构的平衡，农业生态系统中的生物种群比例合理、配置得当。

（3）合理的多样性和稳定性，一般地如农业生态系统组成成分多，作物种群结构复杂，能量转化，物质循环途径多的农业生态系统结构，抵御自然灾害的能力强、也较稳定。

（4）合理的生态系统结构应能保证获得最高的系统产量和优质多样的产品，以满足人类的需要。

3.2.3　农业生态系统的功能

农业生态系统是通过由生物与环境构成的有序结构，可以把环境中的能量、物质、信息和价值资源，转变成人类需要的产品。农业生态系统具有能量转换功能、物质转换功能、信息转换功能和价值转换功能，在这种转换之中形成相应的能量流、物质流、信息流和价值流。

1. 能 量 流

农业生态系统不但像自然生态系统那样利用太阳能，并通过植物、草食动物和肉食动物在生物之间传递，形成能量流。农业生态系统还利用从煤、石油、天然气、风力、水力、人力和畜力为动力而进行的农机生产、农药生产、化肥生产、田间排灌，栽培操作，加工运输等为提高生物生产力而出现辅助能量流。

2. 物质流

N、P、K、C、O、Hg、As、Pb 等元素可被生态系统中的生物吸收并传递，在生物与环境之间以及在生物之间形成物质流。水和其他稳定化合物也被生物吸收和传递而形成物质流。农业生态系统物质流中的物质不但有天然元素和化合物，而且有大量人工合成的化合物。即使是天然元素和天然化合物，由于受到人为过程影响，其集中和浓缩程度也与自然状态有很大差异。

3. 信息流

通过信源的信息产生，信道的信息传输和信宿的信息接收形成信息流。当一个信源产生不止一种信息，且一种信息为多于一个信宿接收时，在多源多信宿构成的系统中构成信息网。在自然生态系统中，生物产生的信息以形、声、色、香、味、电、磁、压等形式在环境的气体、土体、水体等输送媒介中传输，并为别的生物个体通过视觉、触觉、嗅觉、味觉、色素系统、激素系统接收，形成了一个无形的信息网。农业生态系统不但保留了这个自然信息网，而且还利用了社会的信息网，利用电话、电视、广播、报刊、杂志、教育、推广、邮电、计算机等方式高效地传送信息。

4. 价值流

物质循环和能量流动反映了作物生态系统自然再生产过程的功能状态。价值转化则反映出作物生态系统经济再生产过程的功能状态。

农业生态系统的能量流、物质流、信息流和价值流是相互交织着的。能量、信息和价值依附着一定的物质形态。物质流、信息流和价值流都要依赖能量的驱动。信息流在较高的层次调节着物质流、能量流和价值流。与人类利益或需求发生关系的物质流、能量流和信息流都与价值变化和转移相联系。

3.3　农业生态系统能量转化与流动

能量是物质具有做功的能力，能是物质运动的量度，相应于不同的运动形式，具有不同形态的能量。能量转化与流动是生态系统的基本功能之一，是生态系统存在与发展的动力，一切的生命活动都依赖生物与环境之间的能量流通和转换。由于生物与生物、生物与环境之间不断进行物质循环和能量转化的过程，不但使生物得以维持生存、繁衍与发展，而且也使得生态系统保持平衡与稳定。生态系统中的物质循环与能量流动是生态系统的基本功能，研究和应用物质循环与能量流动的规律，是发展农业生产，保持与改善农业生态环境的基础。

在生态系统中，能量流动主要是从初级生产者向次级生产者流动。能量的流动渠道主要通过"食物链"与"食物网"来实现。在目前的生态系统中，能量流动的主要渠道通常有三种形式：①捕食食物链，从植物到草食动物再到肉食动物所联系的链条。如稻田中的"青草-小虫-昆虫-青蛙-蛇-人"。②寄生食物链。由大有机体到小有机体进行能量的流动，如"人体-蛔虫"、"哺乳动物-跳蚤"。③腐生食物链，利用死体的微生物组成，并通过腐烂分解，将有机体还原成无机物的食物链。在生态系统中食物链不一定是唯一的，由于某一消费者不只吃一种食物（生物），每种食物（或生物）又被许多生物所食，因此形成相互交错，彼此联系的多条食物链，形成网状，故称食物网。

由于能量从一个营养级（水稻、杂草）到另一个营养级（如昆虫、老鼠）的流动过程中，有一部分被固定下来形成有机物的化学潜能，而另一部分通过多种途径被消耗，直到最后耗尽为止。平均每个营养级的能量转化效率为10%，这就是著名的"十分之一定律"。因此，营养级由低级到高级，个体数目、生物量与能量的分布，形成了底宽而顶尖的金字塔形，称之为生态金字塔或能量金字塔，即顺着营养级位序列（食物链）向上，能量急剧递减。在每个营养级中将所含有的生物量或活组织连起来，随着营养级的增加，其生物量随着减少，形成生物量金字塔，这种金字塔在陆地生态系统和浅水生态系统中最为明显。

3.3.1　农业生态系统的能量流动特点

农业生态系统的能量流同其他生态系统一样，遵守着热力学第一、第二定律，符合食物链和金字塔基本规律，但由于其生物种群的简化和人类的干预，农业生态系统的能量流动具有以下特点。

（1）农业生态系统的能量流动以草牧食物链为主。在自然生态系统中，植物净生产量大部分未被利用而直接由腐生食物链分解，但在农业生态系统中，除地下部分外，人类将所收获的植物产品尽可能地加以利用，而不能利用的部分作为肥料施入土壤，通过腐生食物链进行腐解。因此，应重视有机肥料的施用，注意腐生食物链的加强。

（2）农业生态系统的能量转化效率较高。食物链越长，能量散失越多，为了更有效地利用光合产物所储存的能量，人类要尽可能地缩短食物链，提高其能量利用率。人类直接利用光合产物是最经济的利用方式。另外，为了使光合产物所储存的能量更合理利用，又要在人为控制下，延长食物链，使农业初级产品所储存的能量多次向对人类有用的方向转化，使能量得到多级利用，以提高人类对光合产物能量的总利用率。

（3）农业生态系统能量转化的开放性较强。农业生态系统是一个能量的投入产出系统。自然生态系统输入的是以太阳能为主体的自然能，生物以呼吸与排泄方式输出的也是自然能，没有人工能的投入或移出。农业生态系统除了自然能的输入与自然生物的能量消耗外，还有人工辅助能量的补给和消耗。一方面，大量生物能量随农产品的消耗而移出；另一方面，人们不断补给必要的人工辅助能量，以弥补自然能量的不足，从而有效提高能量转化的效率，随着粮食产量的不断提高，越来越多的辅助能量投入到农业生态系统中。

3.3.2　农业生态系统的能量的来源及能量流动

绿色植物是所有农业生态系统中的所有能量的初始来源，主要是太阳辐射能和其他辅助能。

1. 农业生态系统输入能量流的类型

农业生态系统输入的不同类型的能量流（图 3.3），具有不同的含义。

1）太阳能

地球上能量的原始与主要的来源，太阳每年向外辐射约 1.01×10^{35} J 能量，农业生产通过绿色植物来固定太阳光能。但也仅能利用太阳光能的 $1\% \sim 3\%$，理论上的最大光能利用率仅 5%，因此在农业生产中合理利用，充分提高太阳光能利用率的潜力很大。

2）辅助能

辅助能其实也是太阳能的一种变换形式，不过在农业生产中，通常把除太阳能以外人类可以利用的能源，包括工业能、生物能、自然能等称为辅助能。

工业能指直接投入到农业上的矿质能源（包括电力）以及用这些能生产出的工业品投入，也包括由工业能支持的城市系统提供的服务在内，由于煤炭、石油、天然气等化石燃料是工业的主要能源，工业能也被称做化石能。农业生态系统的工业能投入，通常可分为两大类，即直接能和间接能。直接能即直接消耗能源，指直接用于农业生产的石油、煤炭、天然气、电力等。间接能即间接消耗能源，指制造和运送化肥、农药、机器、农用薄膜等生产资料所耗去的工业能源。

生物能既包括不直接进入食物链的辅助能（如劳畜力、有机肥、生物质燃料等，它们能提高食物链上的能量转化效率，或起放大食物能流的作用），又包括直接作为可消费能来源进入食物链的食物能（主要指各种生物物质，如粮食、饲料、种苗、仔畜等），这两类生物能中都可能含有一定数量的蕴含工业能。

生物物质含能，一般按其燃烧产生的热量计算。劳力和畜力作为投入农业生态系统及其各亚系统的辅助能，应该看作食物链下游质量提高了的反馈生物能。有机肥作为农业生态系统重要的辅助能投入，通常只按其所含生物质热值计算其能值。

自然能包括风能、水能、地热能、潮汐能等。

辅助能的使用主要是用于改善农业生产环境，提高作物能利用率及能量转化效率，用于灌溉、排水、施肥、耕作与农田基本建设，培育苗木、田间管理、收获和储藏加工。当然在辅助能的使用量与技术上必须给予足够的重视，大量使用工业能、化学能与生物能，将带来一系列的生态问题。如水土流失，资源衰竭、能源紧张、环境污染、土壤板结、地力下降、天敌减少、能效降低和过分依赖石油等问题，因此必须对此问题给予高度重视。

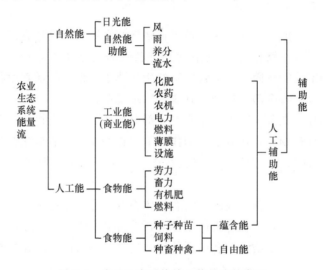

图 3.3　农业生态系统输入能量流的类型

2. 农业生态系统的能量流模型

进入农业生态系统的能量流，沿着农田、草地、林果（有时还有水面）为发端的三条主要食物链运行。由于畜禽、农产品加工业以及作为消费者的人的存在，在三条食物链的下游形成了交错的复杂网状结构。

农田亚系统通常提供了人与家禽所需食物能的主要能源，因此是农业生态系统的主体，也是系统外工业能投入的重点。从农田亚系统输出的能量流，有三个主要去向，即系统内人的消费、供给畜禽（鱼）作为饲料、输入城市。农田也将所输出的部分能量，直接返还农田，满足土居生物的需要。这从某种意义上也是一种反馈输入农田的辅助能，借以改善初级生产的能量转化条件。

家禽家畜（以及人工养鱼）是农业生态系统的不可缺少的亚系统，它不但可提高供给人的食物能的质量（这对于改善人类营养状况及农业收入有意义），而且可以把人无法直接利用的农副产品、牧草、树叶等通过动物的生物转化功能，变成有较高营养价值的优质食物能。畜禽亚系统的建立使那些不适农耕的土地资源能通过饲草生产而得到充分合理的利用，它所提供的厩肥和畜力则是农业生态系统维持良好稳定性和持久性的优质辅助能。

林果业系统作为初级生产者体型大，生育期长，自我维持能力和对日光能的转化能力较强。它通过保持水土、改善气候，为整个农业生态系统形成良好而稳定的生态环境。林果业系统也为病虫害天敌的活动提供保护，为人类生产多种多样的食品，生产资料和生活资料，并改善农村景观。

3. 农业生态系统能量流动的基本途径

农业生态系统能量流动的主渠道是食物链和食物网。具体有四条基本路径。

第一条路径（主路径）：能量沿食物链各营养级流动，每一营养级均将上一级转化而来的部分能量固定在本营养级的生物体中，但最终随着生物体的衰老死亡，经微生物分解将全部能量释放到非生物环境中去。

第二条路径：在各个营养级中都有一部分死亡的生物有机体以及排泄物或残留体进入到腐食食物链，在分解者的作用下，这些复杂的有机化合物被还原为简单的 CO_2、H_2O 和其他无机物。有机物中的能量以热量的形式散发于非生物环境中去。

第三条路径：每一营养级的生物有机体在其生命代谢的过程中均要进行呼吸作用，在这个过程中，生物有机体中储存的化学潜能做功，维持了生命的代谢，并驱动了生态系统中物质流动和信息传递，生物化学潜能也转化为热能散发于非生物环境中去。

第四条路径：在农业生态系统中，随着人类从生态系统内取走大量的农畜产品，大量的能量与物质流向系统外，形成了一股强大的输出能流这是区别于自然生态系统的一条能流途径。

3.3.3　农业生态系统能量生产的类型

1. 初级生产

初级生产是指自养生物利用无机环境中的能量进行同化作用，在生态系统中首次把环境的能量转化成有机体化学能，并储存起来的过程。其中绿色植物光合作用固定太阳能生产有机物的过程，是最主要的初级生产，是生态系统能量流动的基础。初级生产者包括绿色植物和化合成细菌等。

农业生态系统的初级生产力包括农田、草地、林地。

在农田生态系统的总初级生产力中，粮食作物约占 78%，经济作物约占 7%，其他青饲料、绿肥约占 5%。其中有 26.4% 用于人的直接消费，30.2% 用于次级生产，43.4% 用于工业原料和燃料等。

我国的草原面积约 40 000 万 hm^2 约占国土面积的 40%，但因主要分布在干旱贫瘠的地带以及不合理的开发利用造成严重退化，生产力极其低下。

我国的林地面积为 26 289 万 hm^2，森林覆盖率为 13.9%，森林生态系统的生产力比世界平均水平低 10% 左右。

2. 提高农业初级生产力的途径

(1) 因地制宜，增加绿色植被覆盖，充分利用太阳辐射能，增加系统的生物量通量或能通量，增强系统的稳定性。

(2) 适当增加投入，保护和改善生态环境，消除或减缓限制因子的制约。

(3) 改善植物品质特点，选育高光效的抗逆性强的优良品种。

(4) 加强生态系统内部物质循环，减少养分水分制约。

(5) 改进耕作制度，提高复种指数，合理密植，实行间套种，提高栽培管理技术。

(6) 调控作物群体结构，尽早形成并尽量维持最佳的群体结构。

3.3.4　次级生产的能量转化

(1) 次级生产。次级生产指异养生物的生产，也就是生态系统消费者、分解者利用初级生产量进行的同化、生长发育、繁殖后代的过程。次级生产者包括大农业中的畜牧水产业和虫、菌业生产都属次级生产。

(2) 次级生产在农业生态系统中的地位和作用。在农业生态系统中通过次级生产可以转化农副产品，提高利用价值；生产动物蛋白质，改善食物构成；促进物质循环，增强生态系统功能；提高经济价值。

(3) 次级生产的改善途径。改善次级生产的途径通常为调整种植业结构，建立粮、经、饲三元结构；培育、改良、推广优良畜禽渔品种；将分散养殖适度集约化；大力开发饲料，进行科学喂养；改善次级生产构成，发展草食动物、水产业，发展腐生食物链，利用分解能等。

3.3.5　农业生态系统的能流特征

1. 自然生态系统与农业生态系统的比较

在同样的资源条件下，一个农田生态系统的能量生产水平可能低于自然生态系统，不过它通过生产经济产品提供给的食物能及其他有用能可能高得多。

人为进行持续的农业生产，以大量投入人工辅助能，特别从系统外输入工业能的方式，来弥补系统自我维持能量的不足。人工辅助能的投入，是农业生态系统与自然生态系统的最重要区别。

2. 不同类型农业生态系统的能流水平与能流结构

在不同历史发展阶段和不同地区，农业生态系统的实际能流水平及相应的能流结构特征有较大差异。

现代的"机械化农业系统"以大量工业能投入获得高产。

3. 我国农业生态系统的能流特征

我国农业发展过程中，农业生态系统的能流也有重大变化。与1952年相比，总投入能量提高了一倍。

中国农业在有一定工业能投入的条件下，依靠系统内部提供的多种生物能源大量投入农田，使单位农田产出能达到较高水平，并获得较好的工业能效率。

3.3.6　人工辅助能与能量转化效率

1. 人工辅助能

农业发展的历史和现实，都证明辅助能的应用是农业增产的根本原因。

现代农业的辅助能投入，可以划分为四种类型，即：①引进新品种和新的作物、畜禽等基因性投入（用于改善农业生物的遗传适应性和资源利用转化能力）；②施肥、浇水等资源性投入；③农业机械和工程等设施性投入；④农药、防治、医疗技术等保护性投入，现代科学技术的迅速发展及其在农业上的应用，显示了人工辅助能投入到促进农业增产的巨大潜力。

2. 能量转化效率的概念

转化效率通常是指输出产品与输入资源之间的比例关系。农业生态系统的能量转化效率有两种含义，即日光能的转化效率与人工投入辅助能的转化效率。前者通常被称为光能利用率，后者则被称做能量比或能效率。

3. 提高能量转化效率的途径

农业生态系统能流调节的最终目标，是以较少的人工辅助能投入，获得较高的有用能产出。

（1）调整生物结构，这是要根据当地的资源条件、生产技术、市场需求的变化，农林牧群落结构，合理选择和搭配高产高效的品种，保证最大的有效能产出。

（2）优化投入组合，农业生物的生长发育和高产优质需要多种生活因素和投入资源的配合，其中某些处于最低量的因素和资源的数量变化对产出水平和转化效率影响最大。

（3）改善资源的基础状况，土地质量、水资源和生物资源状况对农业生态系统的能量转化能力和辅助能的效率有很大影响。

（4）采用节能农业技术，减少耗能作业，用可再生资源代替某些工业能投入，节约不可再生资源，这是当代技术进步的一个方向。

3.3.7　农业生态系统中尚待研究的能流问题

（1）辅助能投入结构的优化问题。辅助能投入结构是指各种投能的数量比例，即有机能、无机能以及有、无机能内部各能量投入效果，确定投入是否合理。

（2）能量投入的报酬最高点，适宜区和临界值问题。能量投入的报酬最高点指单位投能所获得产出最高时的能量投入量，能量投入增加但产出已不再增加的能量投入量称为能量投入的临界值。能量投入的适宜区是考虑能量投放效果、效率及其他综合因素的基础上而确定能量投入值的区间。

（3）高投入高产出与高投入低效益问题。对于农业生态系统的能量投入与产出效益，目前国内有两种截然不同的看法，一种是高投入会出现低产出，主要依据是随单位面积能量投入量的增加，能量产投比下降，出现高产穷县的现象，主张控制投入，提高能量置换效率；另一种是高投入会出现高产出，主要依据是随单位面积投能量的增加，单位面积产量也增加，能流规模扩大，实际效益增加。主张走高投入、高产出的农业路子。

3.4　农业生态系统物质循环

农业生物为了自身的生长、发育、繁殖必须从周围环境中吸收各种营养物质和能量，就生物所需要的物质来讲，主要有氮、氢、氧、碳等构成有机体的元素。还有钙、镁、磷、钾、钠、硫等大量元素以及铜、锌、锰、硼、钼、钴、铁、氟、碘等微量元素，生物及其他生产者从土壤中吸收水分和矿质营养，从空气中吸收 CO_2 并利用日光能制造各种有机物，并随着食物链或是食物网使这些物质从一种生物体中转移到另一种生物体中。在转移进程中未被利用及损失的物质又返回环境重新为植物所利用。

一般地，各种化学元素从环境到生物体，再从生物体到环境以及生态系统之间进行流动和转化的运动，称为物质的生物地球化学循环，或简称为"环"。在循环过程中物质被暂时固定、储存的场所，称为物质储存的"库"。而物质和能量以一定的数量由一个库转移到另一个库中，这个过程叫做"流"，即所谓的物质流和能量流。

3.4.1　生物圈的物质循环与农业

在农业对生物圈循环的影响中，最受人们关注的是以下几个方面：砍伐森林、开垦草原掠夺自然植被、引起大范围的水土流失；在干旱、半干旱地区盲目开荒引起大面积风蚀，沙漠化和局部气候变化。大规模开发淡水资源，发展灌溉引起的地表水面与径流缩减、水资源枯竭及地区性干旱化。各种有毒物质及人工合成农药进入人类的食物链和自然生态系统，污染损害了人类及生物圈的健康，生态调节机制破坏导致了长期依赖农药的恶性循环，焚烧树木及作物秸秆产生的二氧化碳，稻田生产及反刍动物饲养对甲烷的排放，使温室效应加剧。

农业是人类的主要生产活动，农业对生物圈物质循环的影响是缓慢的，深刻的，但并非都是破坏性和不可控制的。

3.4.2　农业生态系统的物质循环

农业生态系统的物质循环，通常是指生命活动必需的元素或无机化合物在农业生态系统中的循环流动。

农业生态系统是在人类生产活动的干预下，农业生物群体与其周围的自然和社会经济因素彼此联系、相互作用而共同建立起的固定、转化太阳能和其他营养物质，获取一系列农副产品的经过人工驯化的生态系统。在农业生态系统中的物质循环基本上为气体循环、水分循环、养分循环和污染物循环四种主要循环类型（图 3.4），其中养分循环和污染物循环又合并称为沉积循环。

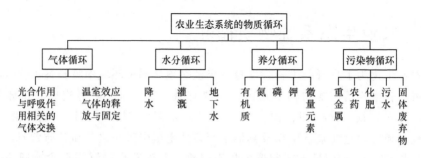

图 3.4　农业生态系统物质循环研究的内容框架

（1）水分循环。水分循环主要由水分蒸发、水汽运输、降水和地表径流四大过程组成。农田生态系统的水分平衡包括的输入项为降水、灌溉、地下水上升，输出项为蒸发、蒸腾、渗漏、侧漏、排水以及农田持水。

　　农业生态系统的水分管理包括了植树造林，扩大土壤的水分库容；加强农田水利基本建设，提高水分利用率；改变耕作制度与管理方式，发展节水农业；防治水体污染；加强全流域的水资源保护与统一调度等。

　　（2）气态循环。气态循环以 O_2、N_2、CO_2 及其他气体和水蒸气为主，循环完全，范围较广，储存库是大气。交换库主要是有生命的动、植物，如 C 循环、N 循环。

　　（3）沉积循环。农业生物需要多数矿物元素参与循环，其循环不完全，储存库是土壤和岩石，交换库多为水与陆地的动植物。在农业生态系统中的物质循环过程中，污染物的生物富集作用是其中的一个重要方面。由于农业生产中大量使用外源物质如各种杀虫剂、杀菌剂、除草剂，过量地施用化肥等。各种各样的外源投入使得大气、水体与土壤遭受三废（废水、废气、废渣）污染，而且污染物质进入农业生态系统被植物吸收后，会沿着食物链各个营养位与环节陆续传递，在传递过程中有害物质逐渐积累和被浓缩，尽量减少对人体健康有害的污染物进入生态系统，是必须重视的一个方面。

3.4.3　农业生态系统的矿质养分循环

1. 农业生态系统矿质养分循环的特点

　　（1）农业生态系统有较高的养分输出率与输入率。
　　（2）农业生态系统内部养分的库存量较低，但流量大、周转快。
　　（3）农业生态系统的养分保持能力较弱，流失率较高。
　　（4）农业生态系统养分供求同步机制较弱。

2. 主要的矿质养分循环

1）碳循环

　　农业生态系统中碳素流动过程通常为碳素通过作物的光合作用从大气流向作物；碳素自作物流向土壤；碳素沿食物链向家禽家畜和人体流动，然后由人畜粪便及其遗体等重新进入环境；土壤向大气排放 CO_2；土壤向大气排放 CH_4；人为施入土壤中的碳量，主要包括有机肥和化肥（尿素）中的碳量；作物收获移出农业生态系统的碳量。

　　人类活动对碳循环的干扰及全球变化对农业生产的可能影响为，首先，全球变化是指由于人类活动排放温室气体而产生温室效应导致全球气候变暖、降水量增加、海平面上升，并由此而产生一系列生态和环境变化的总称；其次，人类活动对大气中二氧化碳浓度的影响。

　　自从人类出现以来，一系列与碳元素有关的经济活动不断加入到碳循环过程中来，这其中最主要的活动是燃烧矿物燃料和砍伐森林。前者的影响是大大加快了岩石圈中有机碳的消耗和二氧化碳的排放，后者则减弱了生物圈同化二氧化碳的能力，其最终结果是打破碳循环原有的平衡，使大气中二氧化碳浓度增加。

2）氮循环

氮循环与碳循环大体相似，但很多环节上有特定微生物参加。

人类活动对氮循环的影响表现在含氮有机物燃烧污染大气；过度耕种使土壤氮素肥力下降；工业固氮抑制生物固氮，造成氮素局部富积和氮循环失调（水体富营养化）；不合理施肥造成氮素流失污染地下水、蔬菜硝酸盐中毒等方面。

农田氮素控制的途径为改进氮肥施用技术，如采用分次施肥、氮肥深施、缓效肥等；进行平衡施肥和测土施肥；采用硝化抑制剂；合理灌溉，提高氮素利用效率；做好水土保持工作。

3）磷循环

农业生态系统磷的循环包括磷的输入和磷的输出。磷的输入主要在施肥、作物残体、大气沉降、灌溉等环节中。磷的输出，在作物收获、土壤侵蚀及淋失、渗漏等环节中有磷的输出。

4）钾循环

土壤生态系统中钾的输入输出平衡为，钾的输入主要通过动植物残体施肥而输入；钾的输出主要由于作物收获、流失及渗漏这些环节产生。

农业生态系统的钾素利用和管理途径为，通过作物秸秆回田利用、施用草木灰；施用有机肥和种养绿肥补充土壤钾素；合理耕作促使难溶钾有效化；合理施用钾肥及复合肥等措施来充分利用钾素。

5）硫循环

农业生态系统中硫的平衡包括：硫的输入方式包括了土壤矿物风化、大气硫沉降、施用含硫肥料灌溉等。硫的输出主要通过作物收获流失、气态挥发等而流失。人类活动对硫平衡的影响表现在燃煤、燃油、燃气、矿冶、农业活动造成大量 SO_2 气体排放；SO_2 气体排放形成酸雨，当 pH <5.6 时，对植物、土壤、水体、湖泊、建筑物等产生负面影响。

3. 农业生态系统养分循环的一般模式

农业生态系统的养分循环主要在土壤、植物、畜禽和人这四个养分库之间进行，同时，每个库都与外系统保持多条输入与输出流。

土壤是农业生态系统的养分的主要储存库，土壤接纳、保持、供给和转化养分的能力，对整个系统的功能和持续性至关重要。

农业生态系统及其各养分库的输入与输出，养分库存量及其随时间的变化，各养分库及相应的输入输出对整个系统养分再循环和收支平衡的贡献，都通过定量化的养分循环模型而表现出来。

农业生态系统及其各养分库的输入与输出、养分库存量及其随时间的变化，各养分库及相应的输入输出对整个系统养分再循环和收支平衡的贡献，都通过定量化的养分循环模式而表示出来。

概括起来，此模式的特点如下。

(1) 养分循环有 3 个主要的养分库，即植物库、牲畜库和土壤库；营养元素按从土壤到植物再到动物最后进入土壤的顺序而进行。

(2) 养分及元素的流动，在几个库之间是沿着一定的路径进行的。可以分成为 3 类：第一类为系统对外的输出包括了生产性与非生产性的输出；第二类为系统外向系统内输入，包括了人为和自然的输入；第三类主要是库与库之间进行物质交换。

(3) 养分的平衡与协调情况是各个库的大小不同，各种营养元素在各库之间的转移速度也不同。但通过人为的调节和自然调节可以实现养分转移流动平衡。例如，植物从土壤中吸引氮素的速率可以在较短的时间内完成，而植物残体的分解与矿化释放氮素的速率则远远低于氮素被植株吸收的速率，并且可在全年时间内进行，而氮吸收只能在特定的时间内，所以无论时间与速率上两者都是不一样的。但是从全年的数量来看，植物的吸收量与有机物的矿化量大体是相等的。一个半开放的农业生态系统，通过调节输出量与输入量，可以实施系统内部各库之间的物质转移的协调与平衡。

4. 农业生态系统养分循环总体特征的指标

农业生态系统养分循环的总体特征，是组成该系统的各个养分库及其输入输出相互项相互作用的最终结果，可以从农田系统，农牧系统和农村系统的不同层次上，用以下主要指标来说明。

(1) 输入输出水平。通常指随生产性投入带进系统的养分输入量及随产品输出带出系统的养分输出量，是系统生产力和生产力水平高低的反映。也可计算包括非人控部分在内的养分输入输出总量。

(2) 输入输出平衡。主要反映系统养分盈亏状况，用输入减输出之差或输出/输入之比（平衡强度）来表示，可借以估计系统的持久性趋势、养分流去向、养分管理的环境后果等。通常把各项输入和输出全部计算在内。

(3) 生产效益。指系统随经济产品输出养分与生产性投入与输入养分之比，即投入养分转化为有效产品的效率。Frissel 曾把输出可消费产品含养分量与农场输入养分总量之比，称作"农场生产效率"。

(4) 养分丢失水平。通常指农田或农牧系统层次上养分的非生产性或非人控输出，反映系统对环境影响。

（5）土壤库存变化。通常指整个土壤库输入与输出平衡的净结果，即土壤肥力养分指标的增减趋势，是系统持久性的重要指标。

（6）养分再循环水平。通常指土壤库输入养分中来源于系统输出部分所占比重或数量。畜禽或人类亚系统的输出再输出入农田量也计入再循环量。有机肥养分与无机肥养分之比（有机/无机），也经常用来说明系统的养分再循环水平，它是反映系统自我维持能力的重要特征。

5. 农业生态系统养分的输入、输出平衡

农田在农业生态系统养分循环中占有特殊重要的地位。农田的养分平衡状况决定着系统的生产力和持续性，生产投入的效率及环境后果。

在农田养分平衡的诸收支项中，除收获物外，以下各项受到较多的重视：

化肥是农田输入养分中增长最快的一项，世界近十年来化肥用量增长了三分之一，其中发展中国家增长一倍。厩肥是农田系统最重要的养分输入，在提供磷钾有效养分方面尤其有重要意义。人粪尿是我国农业传统的重要肥源。作物秸秆，作物所吸收的养分中约有三分之一的氮和磷及大部分钾是在秸秆中。生物固氮至今仍是世界农牧系统氮素输入的主要来源。在各种不同的生物固氮体系中，根瘤菌与豆科植物共生固氮占有重要的地位。干湿沉积物指通过雨水和灰尘降落自大气带入农田的养分，它在养分平衡中占有一定的比重。灌溉水带入，灌溉可将某些养分元素带入农田，其中氮和钾的输入量较高，养分富集的地上水源尤其不能忽视。

养分流失的情况包括：淋失、地表流失和气态丢失、淋失指养分随水渗漏至根分布层以下而丢失。地表流失，这包括通过水土流失、排水等所带走的养分，其中有机和无机的颗粒态养分可能占有一定比重。气态丢失主要指氮通过反硝化和氨挥发而从农田丢失。

3.4.4　农业生态系统养分循环的调节

（1）农业生态系统养分循环的调节原则。农业生态系统养分循环调节的原则包括：扩大养分循环输入，建立多样化的养分输入途径；建立与充分利用养分循环再生机制；提高土壤肥力和保持养分，减少养分流失，强调养分保蓄、供求同步；充分利用有机库存；提高养分投入效率；通过农业生态系统的整体优化提高利用系效率。

（2）农业生态系统养分循环的调节途径。通过建立合理的轮作制度，用养结合；农业产业结构调整，农林牧相结合，发展沼气，促使秸秆回田；栽培措施优化，如有机肥与无机肥结合，N、P、K比例协调，少免耕、覆盖等；制定合理的消费方式，如废弃物回收利用等途径来调节农业生态系统养分循环。

3.4.5　农业生态系统良性循环与持续发展

1. 农业生态系统良性循环的特征

农业生态系统是一个复合系统，它包括生态系统、经济系统和农业技术系统。物质循环、能量流动、信息传递以及价值转移是该系统的基本功能，当农业生态系统的结构合理时，这些功能能够协同发挥作用，使系统处于良性循环状态，其生产力稳步、持续地提高。相反，系统处于恶性循环之中，可能生产力暂时较高，但对于系统的持续发展产生影响。良性循环的农业生态系统有以下特征。

（1）较高的系统生产力。系统生产力是衡量社会资源和自然资源转化为产品的效果，主要体现在物质循环和能量转化的能力上。在系统结构合理的情况下，影响生产力的各种因素协调使环境——生物的转化效率保持较高水平。

（2）稳定性。一般来说，追求最大的生产力是农业生态系统的主要目标，这是由农业生态系统目的性决定的。然而，在实践中，人们往往忽视或无视这样的事实，若系统的生产力波峰较高，大起大落，也就是说系统的稳定性较差，则系统多次的平均生产力则往往不高。所以，我们追求的应该是系统各个循环周期或年份的平均生产力，而不是生产力的波动，尤其是对于农业生态经济系统这一复合系统来说，更应如此。因此，系统的稳定性便成了农业生态经济系统良性循环的一个主要特征。农业生态经济系统的稳定性表现在系统具有较大的抗逆力和耐冲击力。例如，系统能够抗拒一定程度的自然灾害，对于环境的突变和病虫害的侵袭能进行有力的抵制，而避免不良后果的产生，仍然能够维持系统较高的生产能力。

（3）持续性。持续性几乎是所有生态系统都具有的特征。对一般的生态系统来说，持续性并不一定意味着生产力最高、系统最为稳定的持续性。但对于农业生态经济系统这一特别重要的人工复合系统来说，在前两个特征的前提下，持续性就表示生产力最高、最为稳定的系统的持续状态。要求达到系统的持续性，就必须保护系统基础的全面改善，也就是使系统各种自然资源及环境条件的协调状态长久维持。

（4）剩余性。剩余性具有双重的含义。其一是系统组分的叠合，其二是系统中每一营养级的产品并不全部被上一营养级消费掉，总是有剩余量。系统的剩余性是系统弹性特性的表现，剩余量越大系统的弹性越好。但作为农业生态经济系统这一目的系统来说，并非剩余越多越好，过多的剩余是相对系统目的性的一种浪费。因此，一个正常的维持良性循环的农业生态系统，在循环的各个环节上总是留有适量剩余物质，有利于系统的持续发展。

（5）多维性。农业生态系统是由有生命的动、植物和无生命的环境复合而成，系统中的动植物复杂而多样，它们在其自身适宜的环境中生存、繁衍和消亡，从系统的角度看，它们的分布和生息状态具有多维性。然而，在现代社会，随着人口的膨胀，社会需求量的增大，人们干预自然的能力也愈来愈强，从而间接或直接地破坏大自然中动、植物的多维性生息特征。使生态系统面临着一次严峻的考验。例如，农业生态经济系统中的农田亚系统，它是千百年来在人类干预下形成的，为了提高这一系统的净生产力，人们采取了减少生物间物质和能量转换环节的做法，来提高系统的生物产量，但却由于减少了系统的维数而带来了系统的不稳定性，降低了系统的抗逆性。因此，现代农业的进一步发展要求人们重新考虑系统的多维性问题。

（6）开放有序性。一个良性循环农业生态经济系统必定是一个开放系统，而且各系统的各个组分处于稳定有序的状态。这种系统不断地与外界交换物质、能量和信息，并通过系统内各有序的子系统，多因素之间的协同作用促进系统不断地向更高一级的良性循环转化。一般说来，自然界的各种系统都是开放性的。但是，一旦这些系统遭受人为的干预且违背了自然规律，则有可能导致系统的封闭。

封闭的系统与外界隔绝，当内部结构失调时得不到外部的补偿，从而导致紊乱、无序，这种结构的系统必然不断退化直至崩溃。所以开放是农业生态系统良性循环的必要条件，而一个良性循环的农业生态系统必然会表现出开放有序的明显特征。

（7）自理性。严格说来，农业生态经济系统是一个自理系统。作为这个系统的组分之一的人，虽然可以采取一系列措施对系统干预，但人始终是系统的一个要素作为自身的一员，而不是作为它的对立面。人们不是要征服自然，而要在适应中改造自然。这样人就与系统的其他组分取得了和谐统一。系统便不是在外部人力的强力干预下不规则地运行，而是在系统最活跃的因素——人的调节中，有规律地进行新陈代谢、正向演替。

（8）动态平衡性。农业生态经济系统的基础是各种有生命的动、植物及微生物。它们之间及其与环境之间在新陈代谢过程中不断地维持着物质和能量的平衡。也正是这些生物要求不断发展，不断进化，就需要系统中存在进化的内在动力—能量差。对于良性循环的农业生态系统来说，这种能量差是由系统中生物与环境之间分布的不均衡性产生的，它推动着系统的正向演替，形成了农业生态经济系统的动态平衡。这种平衡不是绝对的平衡，不是均衡，是一种远离均衡状态的生物种间、因素间的协调关系，是一种动态平衡关系。所以说，良性循环的农业生态经济系统是一种动态的平衡系统。

2. 实现农业生态系统良性循环、持续发展的途径

(1) 调整农业生态系统的内部结构。农业生态系统是由农、林、牧、副、渔等亚系统组成的，在每一个亚系统内又有许多子系统，要使农业生态系统稳定、持续的发展，就必须使各个子系统的结构协调，搭配合理。如选择对环境有良好适应性的生物，注意生物分布的多样性及均匀性等。

(2) 维持农业生态系统输入和输出的平衡。人们进行农业生产的目的是最大限度地从系统中获取农产品，过度地获取将导致系统入不抵出，对生态系统造成不良的后果。所以，要保持系统持续的生产力，就应给系统投入大量的辅助能，以保证能量的输入和输出的平衡。

(3) 增加植被的覆盖面，防止农业环境污染。植被是指生物圈内绿色的植物层，它是生态系统主要生产者，扩大植被的覆盖面，积累和转化尽可能多的日光，将会提高系统生产力。与此同时，要注意保护农业环境，防止环境污染造成的能流和物流的堵塞，疏通系统的循环通道，保持持续发展。

(4) 在生态系统中增环加链提高经济效益。合理地设置食物链，最大限度地利用农副产品和农业生产废弃物，减少农业生态系统中能量和物质的浪费，且增加经济收入，防止环境污染，强化系统的功能。

(5) 合理利用生态农业技术。农业生态技术是农业生态工程在生态农业建设中的具体应用，它是从农业生态系统的资源和环境特点出发所采用的改善生态环境、调节系统能流、物流结构与途径，以及协调系统组分间相互关系的综合技术，它着重解决生态环境的稳定性和资源利用的持续性，协调各种农业生物之间的量比关系、功能关系和结合方式，将种植业，养殖业和加工业等各项生产有机结合，保证资源的充分、合理利用，提高系统生产力，使经济、社会、生态效益同步发展。

3.5　农业生态系统的调控

农业生态系统既靠自然调节，又靠人工调节。农业生态系统和一般受控系统一样，调节和控制的一个重要机制就是利用信息流。

3.5.1　农业生态系统的调控机制及原则

自然生态系统中很难找出与转换器明显分离的调控部分，系统在长期的进化过程中形成十分巧妙的自我调节和控制能力。如植物叶片是光能的基本转换器，同时它与根系的吸收能力及茎的输送能力共同控制着光合过程。这类没有形成控制中枢机构的调控称作非中心调控。

农业生态系统是人类改造、驯化自然生态系统而建立起来的人工生态系统，它同时具有中心式和非中心式调控结构。

其中的动物、植物和土壤等组分存在着非中心调控机制，人们在农业生态系统内附加的设施构成中心式调控器，农业生产的计划者和组织者则成为农业生态系统的中心控制者。

1. 农业生态系统的自然调控机制

自然生态系统的调控是通过非中心式调控机制实现的。生态系统越趋于成熟，自然信息的沟通越丰富，控制系统所特有的和谐、协调、稳定等特点也就越明显。

自然调控过程分为以下四种。

（1）程序调控。生物的个体发育、群落演替都有一定的先后顺序，不会颠倒。群落的演替与物种间的营养关系、化学关系都有关。

（2）随动调控。动植物的运动过程能跟踪一些外界目标。向日葵的花跟着太阳转，植物的根向着有肥水的方向伸。

（3）最优调控。生态系统经历了长期的进化压力，优胜劣汰，现存的很多结构与功能都是最优、或接近最优的。

（4）稳态调控。自然生态系统形成了一种发展过程中趋于稳定、干扰中维持不变、受破坏后迅速恢复的稳定性。这种稳态主要靠系统的功能组分冗余及系统的负反馈作用这两种机制来获得。系统的功能组分冗余：在一个系统中，具有同一功能的组分数量超过必需的数量，处于备用状态，这称为系统的功能组分冗余。系统的负反馈作用：系统的运行结果作为控制信息（反馈信息），回到系统调控中心，对系统未来动态产生影响，这种作用过程称系统的反馈作用。反馈作用可分正反馈和负反馈。

2. 农业生态系统的人为调控机制

1）利用调控技术手段，对系统组成、结构和机能进行直接调控

调控途径包括生态环境调控、输入输出调控、生物结构调控和系统的综合调控。

生态环境调控包括土壤环境、气象因子和水分因子的调控。土壤环境调控包括采用物理、化学、生物方法对土壤环境进行调控。气象因子调控途径可通过建棚舍、人工降雨、地膜覆盖、温室等实现。水分因子调控途径是指通过修水库、水闸、灌溉方式调控水分。

输入输出调控包括输入物质和能量，输出产品，控制非产品的输出（污染物）。

生物结构调控包括生物个体调控和生物群体调控。生物个体调控可通过品种改良、栽培、饲养方法实现，生物个体调控通常采用引进有益生物，控制有害生物等途径而实现。

系统的综合调控（系统模式）包括如通过农林结合，农牧结合，农渔结合，林牧结合，利用腐生食物链等途径调控。

2) 利用社会系统因素对农业生态系统进行间接调控

通过投资、利率、税收、价格等财贸金融措施；交通运输、储藏等工业手段；宣传、教育、研究、推广等科技教育手段；政策、法令、制度等政法管理对农业生态系统进行间接调控。

3) 确定农业技术体系改善调控机制

农业技术的确定必须与农业生物的生理生态特性相适应，采用如良种与良法相结合（矮秆品种、抛秧等栽培技术）的原则可以有效起到调控作用。

农业技术还必须与自然条件相适应，一般北方多采用保温技术、南方应侧重防止水土流失、减少酸性等问题。

农业技术应该与社会经济文化条件相适应。在经济发达和人多地少的情况下用大型机械设备从而提高劳动生产率，在经济发达和人多地少的地区适宜采用小型机械从而提高单产，当经济不发达并且人多地少时，适宜动用劳力、调动智力，精耕细作。农业技术之间的配套应相互适应，提高生产效率，如采用水稻直播、生育期延长、多次施肥等农业技术。

3. 农业生态系统的调控原则

农业生态系统是由农业生物、农业环境和人为调控系统共同组成的大网络结构，生物、环境和人为调控系统三者既有独立性，又相互联系而形成一个整体。

根据三个系统的不同特点，采取不同原则进行调控。

（1）遵循农业生态系统与自然环境和社会经济的协调相宜原则。农业生态系统具有明显的地区性，与自然环境和社会环境相互影响，相互作用。建立合理的农业生态系统必须因地制宜，扬长避短，将三者协调发展。

（2）维持输入输出平衡和能量的正常代谢。农业生产是连续再生产过程，而农业生态系统是一个输入输出开放系统，通过合理的结构组合及多层利用，使物质循环和能量交换正常进行，实现生物资源有效再生和良性循环。

（3）坚持农业生态系统的整体性。农业生态系统是一个整体，从空间结构来说是多因素的综合体，是生物和非生物环境通过物质交换能量流动形成的统一体，从时间发展来说，农业生态系统是历史演替的结果，通过农林牧渔业相互协调补充，提高系统的整体功能，从而提高农业生态系统的生产力。

（4）人为调控系统的目的性强，调控手段越来越先进和完善。要求人工调控措施同生物生长发育和生态系统平衡发展相一致。

（5）人为调控与自然调控同时并存。人为调控与自然调控同时并存，互相补充，构成了农业生态系统调控的基本特点。

3.5.2　农业生态系统的直接调控方式

1. 个体水平的调控

典型的个体水平调控方式是种和品种的选用。个体水平调控主要分为以下两个层次。

（1）选择和调整生物种类。主要途径为根据限制因素调整生物种群；根据对肥力的适应性调整作物；此外，还应根据生物种对环境的生态适应性及社会的需求，选择生物种类，以发挥产品的优势和满足社会对农产品的多种需求。

（2）进行生态型的合理组合。生态型的合理组合以实现生态适应性，实现生产效率的提高。

2. 群体水平的调控

群体中个体间、种群间的关系较为复杂，对这些关系的调控，有助于群体结构合理、功能完善和高效稳定。群体水平调控主要包括群体密度调控、群体组成调控和群体的季节搭配调控等。

3. 农业生态系统内部物质循环特点的调控

农业生态系统的组成不同，物质的输入、输出和循环特点就不同，生产力也不同。按照系统物质循环的特点，对种群组成、结构等进行调控，以获得物质的高效转化。

4. 系统输出的调控

对系统输出调控的目的，在于增大有效输出数量和多样性，减少无谓输出，提高物质、能量的转化效率。具体调控内容包括调控系统的储备能力，使输出更有计划；通过工艺过程，改变产品的输出形式；控制非目标性输出这三大方面。

5. 生物环境的调控

生物环境包括内容很多，有光、热、水气、土等因子及其组合类型。

土壤是生物进行生命活动的基本场所，是容纳水、肥、气、热于一体的生长基质。对土壤的调控主要有从机械措施、化学措施和生物措施应用几个方面展开。

对光、热等气候因素的调控在大范围内是有限的，但人类一直在不断强化调控手段，如植树造林、人工降水、驱雹、塑料大棚、温室栽培、地膜覆盖等均能起到一定的调节作用。

对水的调控也是对环境调控的一项重要内容。如兴修水利、根治河患、修库筑堤等工程措施，可对水分起到明显的调控作用。对土壤水分调控常采用土壤耕作法，通过机械作用，蓄水保墒，增强作物抗旱力。

对某种生物而言，其他生物也构成它的环境。对生物的生物环境的调控主要有害虫天敌的培育和放养，病虫杂草的综合防除，进行适宜的间混作等，皆在为人类栽培的作物创造良好环境，使之得到健壮生长。

当然，对任何环境因子的调节，都可能导致其他环境因子的相应变化，因此在进行调控时，一定要全盘衡量，不要顾此失彼，适得其反。

6. 区域系统水平的调控

区域生态系统，如一个农场，一个牧区，一个地理区域等，往往涉及两个或两个以上种群，涉及领域广，各种关系复杂，调控难度较大。必须运用整体的、综合的观点和思维，采用系统调控的科学方法，根据自然资源及社会资源特点，实行不同水平、不同方式的综合调控。

综合调控的中心是农林牧副渔各业的配置，通过协调农业内部各业生产间的关系，确定各自的比例和其间的配置，使系统各组分间的结构与机能更加协调，系统的能量转化和物质循环更趋合理，在充分利用和积极保护资源和维护生态平衡的基础上，获得最大的系统生产力和最佳的经济、社会和生态效益。

以往人们多注意个体和群体水平的调控，没有认识到或忽视了区域系统水平调控的重要性。至今仍存在的一些生态平衡问题，如草原过牧、水域过捕、森林过伐、农田过用等，加剧了水土流失，风沙危害和生物资源的更新，破坏了农业生产的基础。

目前进行生态适应性农业生态系统调控的首要内容和任务是区域系统水平的调控。但是，由于区域系统水平调控涉及关系多、难度大，单靠经验方法是不够的。

3.5.3　外部系统对农业生态系统间接调控

1. 商品交换系统的调控作用

商品交换系统中一个重要方面就是商品集散流通能力，主要包括运输能力和市场远近。这不仅是商品进出系统的必要条件，也是决定农业生态系统类型的重要依据之一。例如，第三世界经济不发达国家及较发达国家的深山老林地区，由于交通不便和市场较远，商品交换受阻，主要实行自给自足式的农业生产。交通不便，无法大量生产能充分发挥本地资源优势、经济价值高的农畜产品，导致了自给式的农业生产系统的发展方向。

商品交换系统中另一个重要方面是价格和货币流通。货币是人类社会发展到一定程度后的通用商品流通媒介，它偶合着农产品与外系统产品的交流（图3.5）。农产品价格激励、限制和决定着农民生产农业产品的数量和方向。

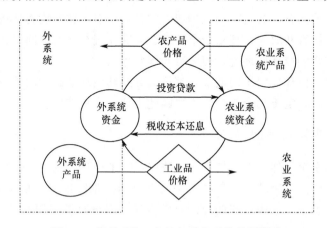

图 3.5　货币系统、价格与农业系统的偶联系

2. 工业、交通与信息系统的调控作用

手工业从农业中分化并发展出来，逐步形成工业，与农业通过商品交换等形式发生联系，相互支援、影响和限制。工业为农业提供农机具、化肥、农药等农业生产资料和资金来源，农业为工业提供原材料、劳动力等条件。两者相互依赖，共同发展。尤其是在现代社会，农业现代化的程度密切依赖工业发展的程度，工业对农业生态系统的影响和调控作用十分显著。强有力的工业支援是世界农业发展的基本经验之一。

交通运输系统直接影响商品的集散和流通能力，对农业生态系统生产的专业化、区域化和商品化有着深刻影响。

信息系统对于农业生产中对市场的及时了解，资源的供应情况，天气变化等是十分必要的，它可以使农业生产更好地适应大市场、大环境，提高农业生态系统生产力，生产更多更好市场所需的农副产品，从而提高农业生态系统的经济效益和社会效益。所以，信息流通是使农业走向市场的一个重要条件，信息流通程度是衡量农业现代化水平和适应能力的一个重要标志。

3. 科学技术系统的调控作用

科学技术是生产力，对农业生产的发展起着巨大的推动作用。农业品种改良，农业的机械化、电气化等，农业科学技术成果的推广，使农业年产量增长，生产效率提高。

科学技术对农业生产内部规律的揭示也在不断深化，随着诸如光合作用机制、生物固氮机制、遗传工程技术等生物内在规律的揭示及技术规范体系的发现，科学技术将对农业生态系统的调控产生深远影响。

4. 经营管理的调控作用

经营管理系统通过对农业生产政策、法规的制订，以及有计划的科学经营管理，对农业生态系统的类型、结构与生产力产生深刻的影响。如森林法、野生动物保护法、渔业许可证制度等，都将对保护森林、野生动物及渔业资源起到良好作用。

经营管理系统还可以通过对其他系统的干预而影响农业生态系统的输入与输出。如有组织的优良品种的推广，农业生产资料市场的良好管理等。

3.5.4　农业生态系统的信息流

信息系统包括信源、信道和信宿。

1. 农业生态系统中的自然信息流

（1）环境与动植物的信息。日照时间长短发出植物生殖发育的信号，月亮和恒星的位置提供候鸟飞行方向的信号，地球的磁场和重力使植物获得生长方向的信号，阳光与植物，水分与根系和叶片的激素调控，等等。

（2）植物与植物间的信息。植物产生的次生代谢物质对其他植物生长产生影响（化感作用），如水稻对稻田杂草化感作用。

（3）植物与动物间的信息。例如，玉米受螟虫袭击时释放吲哚和萜烯类物质吸引天敌。

（4）动物与动物间的信息。例如，蜜蜂的舞蹈、蚂蚁的触角、海豹的尿作为领域界限。

2. 农业生态系统中的人工信息流

（1）仿自然信息。利用人工光源或暗室调节光周期从而控制植物的花期，利用人工合成昆虫性激素进行害虫预测预报和诱捕虫等。

（2）人工采集和生成的信息。农民根据作物的长势长相判断栽培措施，利用灯光诱杀害虫，利用气象卫星进行天气预报等。

（3）社会信息。人类利用广播、电视、邮电、出版物等进行信息的传递等。

3.5.5　农业生态系统的资金流

资金流又称价值流，在农业生态系统中输入含一定劳动的社会资源，经过劳动生产，成为新的产品输出，新产品含有更高的价值，并在销售之后得到实现，这就形成了资金流。

农业生态系统的资金流：在现实生活中，社会资源的输入要用一定的资金按价格购买，产品的输出也按价格换回一定的资金，这样就形成了农业生态系统的资金流。

3.5.6　系统调控是科学的调控途径

农业生态系统是一个复杂的大系统，随着社会经济发展，人们面临的复杂大系统越来越多，如城市交通系统、工业生产系统、农业生态系统等。这些大系统的共同特点是：组分众多，且随条件变化，组分数量可能发生增减；组分间的联系较复杂，且这些联系也随条件而变化；各组分形成一个有机整体，围绕一个共同的目标转移；系统的评判指标不是单一的，而是综合的。

系统分析始终坚持从系统的整体出发，从各方面的联系来分析和解决问题，而不是把部分从整体中分割开来，始终着眼从整体与部分之间，整体与环境之间的相互联系，相互作用中综合地精确地考察对象，以达到真实而最佳处理和解决问题。

3.6　农业生态工程

3.6.1　农业生态工程

生态工程的原理可应用于生态建设的许多领域或部门，进而形成各种特定领域或部门的生态工程。

将生态工程原理应用于农业建设，即形成农业生态工程，也就是实现农业生态化的生态农业。农业生态工程就是有效地运用生态系统中生物物种充分利用空间和资源的生物种群共生原理，多种成分相互协调和促进的功能原理，以及物质的能量多层次、多途径利用和转化的原理，而建立的能合理利用自然资源、保持生态稳定和持续高效功能的农业生态系统。

3.6.2　农业生态工程的原理、原则及设计要点

1. 农业生态工程的原理

根据生态系统的结构与功能，农业生态工程中所利用的生态系统原理有以下几点。

（1）使不同种的生物群体在有限的空间内各得其所，充分利用有限的物质与能量的生物共生原理。

（2）通过多层结构，充分挖掘生产潜力的物质循环再生原理。

（3）包括食物链的富集与转换作用的多种成分相互协调的功能原理。

（4）生物与环境相互适应原理。

这些原理可以单独运用，如根据生物共生原理，在有限的地域内设计立体农业生态工程，在水域内设计分层养殖工程；根据物质循环再生原理，设计工农联合生态工艺，以及农产品转化的一系列生产工艺（统称无废弃物工艺，亦包括简单的无污染工艺）；生物与环境相互适应原理是复杂的无污染工艺及城市生态工程设计的主要依据，亦可由此设计污水自净等工程。

2. 农业生态工程的原则

（1）坚持农业生态系统的整体观。农业是一个多组分、多因子互相作用的复杂的生产系统，要达到预期目标，必须使这些成分在质和量上相互协调，组成一个不可分割的生产整体。

（2）维持物质和能量的正常代谢。农业生产的效益大小，决定于物质与能量的代谢转化，通过合理结构组合和多层利用，使物质循环及能量交换正常进行，实现生物资源的有效再生和良性循环。

（3）维持输入与输出的生态平衡。生物体的生长发育与繁殖，是不断地从周围环境吸收营养物质的过程，所以必然受环境制约，同时，它们又不断地影响着环境。因此，为了使两者能协调相互促进，使生物体能不断地从生活环境中获取所需的营养元素，必须及时补充环境中失去的物质，并根据生物体内的需要增加物质和能量的投入以维持系统的输入与输出平衡，使生物体正常地生长与繁殖。

（4）经济效益与生态效益的协调一致，同步发展。只有经济效益与生态效益协调一致，同步发展，才能形成高产、优质、高效和持续发展的农业。

3. 设计农业生态工程，必须实施的农业工程技术要点

（1）最大限度地充分利用和保护土地资源及各种可利用资源，首先提高初级生产者转化太阳能为生物能的效率。

（2）在建立物质、能量和经济良性循环的总体布局设计指导下，采用多种技术加速物质在生态系统中的再循环，提高周转率，加速流通，以提高生物量产品的高产性能。

（3）采用多种技术手段，增加能量和物质的利用层次及环节，通过工程控制，促使物质在系统内多次重复再循环，充分利用和提高生态系统内能量的利用率，减少系统外能量的消耗，提高系统转化无机物为有机物的能力，以求系统输出的产品不仅数量多，而且种类多样化，质量高。

（4）利用农业有机废料，强化生态系统还原者的还原作用，建立低消耗高收益的新型生产结构。

（5）因地制宜，因资源制宜，规划和配置多层次的产业结构和产品布局。

3.6.3　我国主要的农业生态工程类型

1. 充分利用资源和空间的立体结构生态工程

该项生态工程是利用自然生态系统中各种生物充分利用资源和空间的原理，通过不同种的合理组合，建立各种形式的立体结构，以提高农业生态系统光能利用率。充分利用地力，增加干物质生产，并保持系统的稳定和平衡。

常见的立体结构生态工程有：农作物的混种及间作套种、农林间作、林药间作、胶茶间作、农作物或果树与食用菌间作等。

2. 相互促进的物种共生生态工程

相互促进的物种共生生态工程是利用生态系统中生物种间相互作用原理，将互利共生的植物不同种群或动物不同种群或将植物栽培与动物养殖人为地组合于同一空间中，使两者都向人类需要的方向发展。

该生态工程广泛应用于复合人工群落的组建，如前述的农作的间、混、套种，胶茶群落，以及人工混交林的营造等，这些都是利用植物不同种群相互促进作用，合理选配而组合成的。此外，还可以利用植物和动物之间的相互促进作用，组合成物种共生系统，稻田养鱼、种萍就是近年来发展较快的一种。

3. 生物物质多层次、多途径利用生态工程

生物物质多层次、多途径利用生态工程是依据生态学的食物链原理，通过巧妙连接，组合成多种形式食物链，将各营养级生物因食物选择所废弃的或排泄的生物物质作为其他生物的食物加以利用、转化，从而提高生物物质转化效率及资源利用率。生物物质多层次、多途径利用生态工程的类型多种多样，是目前农业生态建设中被广泛利用的生态工程之一。主要类型有：畜禽粪便的综合利用、秸

秆的多途径综合利用等。

4. 农村生活能源建设生态工程

我国农村生活能源短缺，据统计，全国约 1.7 亿农户中，有一半严重缺乏燃料。生活能源短缺，是造成农业生态环境破坏，水土流失加剧，土壤有机质补给不足，影响农业生产持续稳定发展的主要因素。

农村生活能源建设，应遵循因地制宜的原则，以开发利用生物能（薪炭林，发展沼气），生态能（太阳能、风能及水力能）为基础，辅以煤炭等化石能，并大力推广节柴（煤）灶、炕，实行多能互补。根据近年农业生态建设实践，农村生活能源建设，把种植业、家禽饲养业、沼气、太阳能利用、食用菌生产及淡水养殖连为一体，不仅解决生活能源供给，还使资源生物物质多级多层次转化利用，以解决农村生活能源为纽带，带动农、林、牧及种、养、加各业的全面协调发展。

5. 生产自净生态工程

生产自净农业生态工程是在保证农业生产持续、稳定、高效发展的前提下，采用简易工程措施（如办沼气、修氧化塘等）并利用植物、动物、微生物及土壤的净化作用，强化农业生态系统的自净能力，最大限度地减轻农业污染，建成一个具有活力而又健康的农业生态环境。常用的生产自净生态工程有氧化塘工程和沼气工程。

6. 多功能农工联合生态工程

该工程是综合利用农业生态工程的各项原理，实行种植业、养殖业和农村工业的密切结合，建立多功能的农工联合生产系统，全面开发利用各种农业资源，提高资源转化利用效率，可更加有效地发挥农业生态工程促进生态效益、经济效益和社会效益协调发展的巨大作用。

7. 水土流失治理生态工程

水土流失和风沙侵蚀遍布大江南北及长城内外，并日趋加重，带来资源匮乏和生态环境恶化，农业生态发展受阻，人民生活贫困。

水土流失治理生态工程，是以生态学原理为指导，实施以生物措施为主，生物措施与工程措施结合，进行综合治理。

3.6.4　农业生态工程技术

（1）立体种养生态工程技术。合理搭配物种的地上、地下部分，加厚利用层，实现空间上对资源利用的种间互补。借助物种生理和生态上的差异，实现在营养需求上对资源利用的种间互补，增强系统稳定性的种间互补、资源利用上的互补。

（2）有机物多层次利用生态工程技术。为了加速系统的物质转化、分解和富集，提高生产效率，对食物链的"加环"包括了生产环、增益环、减耗环、多功能环；对食物链的"解列"包括减少环境污染和产品中的有毒有害物质的累积。此外，农业生态工程上的基塘系统与生态工程技术也是一种有机物多层次利用的技术。

（3）庭院生态工程技术。庭院生态工程技术是一种集生产、生活、生态为一体的生态工程技术，具有在小范围内人类与生物共存、共生、多级生产与转化并存、物质能量高度密集的特点。

（4）无公害食品生产与生态工程技术。无公害生产技术或生态工程是生态系统工程建设的产物，它与一般技术既有其共性的方面，也有其不同的特点。通过无公害工程技术生产出来的产品称为生态产品。

第4章　森林生态与林业生态工程

4.1　森林生态学概念和发展

4.1.1　森林生态学的概念

1. 森林生态学

森林生态学是生态学的一个重要分支。Barnes 等（1998）认为森林是一个由林木和其他木本植被占优势，并与景观中的大气-基底相互作用的动态三维生态系统。森林不仅仅是一个林分或者一个木本植物群落，更重要的是森林是一个具有结构和功能的复杂的生态系统，因而，森林生态学就必须考虑森林的结构、组成和功能，同时还要考虑气候、地理、土壤以及其他有机体等。所以，森林生态学（forest ecology）是研究森林生物之间及其与森林环境之间相互作用和相互依存关系的学科。研究内容包括森林环境（气候、水文、土壤和生物因子）、森林生物群落（植物、动物和微生物）和森林生态系统。目的是阐明森林的结构、功能及其调节、控制的原理，为不断扩大森林资源、提高其生物产量，充分发挥森林的多种效能和维护自然界的生态平衡提供理论基础。

森林受其生存周围环境的影响，同时，森林的存在也会对环境有一定的改造作用。森林群落中植物与植物之间，植物与动物之间，以及动物与动物之间存在着多种多样的相互关系和相互作用。研究森林就要从组成森林的一个个具体成分着手，研究这些成分之间的相互作用、结构特征、动态规律，及其与周围环境的相互关系。

2. 森林地理现象

苏联学者莫罗佐夫提出，森林是一种自然现象，森林群落是一种自然实体，跟任何其他自然科学一样，森林有本身固有的运动规律，是不以人的意志为转移的。美国学者甚至认为森林群落就像一个昆虫、一只鸟和一棵树一样，森林群落是真实的自然存在，有其特定的结构、功能和生产力。不过也有不同看法，认为森林群落不是一个自然实体，分布也没有规律，比方说，一只昆虫被砍掉头、足或翅膀都难以存活，但一片森林，多几棵树少几棵树没有什么影响，似乎森林群落不是自然实体，但也不是杂乱无章的随机堆积在一起的，而是一种梯度分布的连续体。组成森林的每一种生物都以其个体的特征参与森林群落的组成和动态过程的。

森林是结构最复杂的生物群落，是一个有生命的和有特定功能的系统，森林中的各种生物成分多样，具有典型的代表性和地域性。尤其是那些经过长时间自然选择形成的原始林更是我们探索自然规律，研究复杂生命现象，揭示生物适应与进化本质的最理想的实验室和研究对象。从这个意义上说，森林生态学是最具生命力和最具挑战性的学科门类。

森林群落是各种生物及其所在环境长时间相互作用的产物，同时在空间和时间上不断发生着变化。自然界没有完全相同的森林群落，但从一处到另一处，只要所存在的环境和历史条件相似，相似的森林群落就会重复出现。那么，为什么会出现？出现的规律如何？不通过系统地学习和研究森林生态学理论，这些问题都无法回答。从另一个角度来说，生态学的研究必须以某一类生物为对象，其中以森林为对象的生态学研究最早，也最深入。

总之，无论是森林生态学，还是植物生态学或者动物生态学，它们都属于生态学的学科领域，只不过研究的对象各有侧重，但是所揭示的规律应该是一致的、相同的，至少是可以相互借鉴的。

4.1.2　森林生态学的产生

1. 进化论的理论基础

从概念上考虑，德国学者 Haeckel 于 1866 年首先创造了"生态学"一词，他提出生态学是研究生物与环境相互关系的科学。我国著名生态学家孙儒泳（1987）在《动物生态学原理》一书中写到，生态学也可以说是研究包括生物的形态、生理和行为的适应性，即达尔文的生存竞争中所指的各种适应性，而适应正是生态学的核心问题，由此看来，生态学与达尔文的进化论有着必然的联系，甚至有人认为进化论与生态学至少在以下三个方面是统一的：①生态学研究的都是进化的结果；②种是由种群组成的，种群的变化和种群间的相互作用影响物种的特征，包括物种变异和物种形成；③生态学家研究生命的死亡以及适应机制，而这正是进化的内容。进化正是生物与环境及生物与生物之间相互作用的结果（王智翔，1990）。

2. 科学实践基础

要想了解生物与环境的关系，唯一办法就是去研究它。生态学普遍采取的研究方法有三个：观察、试验和模拟，其中观察是最简单也是最基础的研究方法。我们生态学的先驱无论他们是什么背景，来自哪个国家，一个共同的特点就是长期的、大量的森林植被资源的考察，从达尔文到 Clements 无一例外。没有这种长期的考察不会出现进化论和形成森林生态学，考察地的自然景观和动植物世界丰富的多样性具有无穷奥秘，也揭示出复杂的植被与环境相互关系的最基本的原理，这些工作和这些著作，也是森林生态学的重要理论根据，是宝贵的理论财富。

3. 森林生态学的奠基人

在 Haeckel、达尔文的时代，还有很多做森林植被研究的人，他们同样对大自然有着浓厚的兴趣，并努力探索自然界的真谛，他们是森林生态学形成的重要奠基人。布鲁士人 Alexand Humboldt（1769~1859）是一位杰出的博物学家，当达尔文第一次见到"大名鼎鼎"的 Humboldt 时也感到很荣幸（毕黎，1998），Humboldt 大学毕业后去南美的古巴、墨西哥等做植被考察，历时 5 载，然后转到法国，写出不朽之作 *Voyage aux régions équinoxiales*（《热带旅游》），全书30 卷，首次提出群丛和外貌的概念。Alphonse de Candolle（1806~1893），Humboldt 的学生，法国植物分类学家，他继续在 Humboldt 工作的基础上进行植被研究，于 1855 年出版《植物地理学》一书，该书是对当时地理学和植物分布学知识的总结。丹麦哥本哈根大学教授 Warming（1841~1924）用 3 年时间到巴西调查，收集 2600 多种植物标本，撰写了《以植物地理学为基础的植物分布学》，对 Humboldt 之后的植被学知识进行总结，进一步提出群丛的概念。Schimper（1856~1901），德国植物学家，在热带地区作过大量的研究工作，著有《以生理学为基础的植物地理学》一书。进入 19 世纪后期，又出现三位杰出的生态学家，Clements、Brun-Blanquet 和 Tansley，他们关于演替的研究、特征种的研究以及生态系统的研究，构成了生态学完整的理论体系，是生态学从诞生到成熟的转折点和里程碑。

4.1.3　森林生态学的发展

1. 森林生态学需要回答的问题

生态学是回答为什么的科学。例如，生物为什么会适应？生物为什么会进化？生物之间以及生物与环境之间为什么要发生各种相互作用？生态学要回答此类问题。前面已说过，生态学是回答"为什么"的科学，为什么森林群落会发生演替？为什么热带雨林分布在赤道带附近？森林生态学回答此问题。所以，有关生理学、遗传学和地理学的学科都可以作为生态学的理论基础，为探讨生物与环境之间的关系提供科学依据。不过，为了从根本上回答"为什么"的问题，生物进化理论是生态学的最重要的理论基础。

Mackenzie 等（1999）出版的一本名为 *Instant Notes in Ecology* 的书，该书

作者提出生态学的 10 条法则，其中的第二条法则为"理解生态学的理论只有一个，就是进化论"。我们认为，包括森林在内的生物群落的复杂的生态现象、多样的生物成分、动态过程、空间结构等行为和变化都是千百万年来进化的结果，进化史给每一个生物个体都留下了深刻的烙印，只有通过进化论才能够使我们揭开生物的适应之谜，而生态学的任务就是解开这个适应之谜。

生态学和生物进化论都是 19 世纪的重要科学进步，如果从达尔文 1859 年提出进化论和 Haeckel 1866 年提出生态学的概念算起，到今天已接近 140 年的历史了。人们对生态学的理解和认识也在逐渐深入，甚至随着社会发展的不同阶段考虑的生态学问题也不一样。位于法国南方小城 Montpellier 的法瑞学派发源地也把他们的研究所的名称从植被制图中心和植被社会学研究中心改为进化与功能生态研究中心。说明生态学研究经历了植被分布和表述过程、种间关系和群落分类过程和进化与功能的研究过程。

2. 森林生态学发展历史

森林生态学是随着植物地学、植物生态学的发展及林业生产的实际需要，于 20 世纪 60 年代而产生的。经过近 50 年的发展，森林生态学在自然资源管理的作用越来越被人们所重视。

生态学是基于自然历史而出现的一门科学，它与人们的狩猎、捕鱼、采集、探险等有密切的关系，可以说是从人们不断地认识自然总结出来的。1866 年 Haekel 首先提出生态学的概念，1895 年丹麦植物学家 Warming 出版《植物生态学》一书，书中首次提出植物群落的结构以及群落中的种间连接等问题。后来，林学家和植物学家相结合，探讨植物的地理分布规律，受环境影响的生长和生活特性，森林发生发展与立地条件的关系等。

20 世纪 40～50 年代，森林生态学有了很大的发展，我国初期把森林生态学并在森林学中，采用的教材是苏联学者涅斯切洛夫所著的《森林学》。在这本教材中，森林生态学作为上篇，森林经营学作为下篇。1978 年后才把森林生态学从森林学中分离出来，作为一门独立的课程。

另外，人口增加、自然灾害频繁发生、环境问题越来越严重等问题，也促进了生态学的发展。到目前为止，生态学通过自身的不断完善，以及不断与其他学科相结合，形成了很多分支，成为当今社会、经济和环境可持续发展的重要理论工具。森林生态学涉及森林的保护、水土保持和生态环境建设等重要环境问题和资源利用问题，它的发展已经深入到森林与水分的关系机理问题、森林与自然灾害关系问题和森林与区域环境平衡等问题，成为生态学理论研究、资源管理、经济建设和环境保护的基础科学和应用科学。

人类社会进入 20 世纪 70 年代，地球上的自然资源发生了巨大的变化，基本特征是随着全世界人口的增加、环境污染的加剧和掠夺式、无节制地开发，自然资源，尤其是生物资源几乎消失殆尽，生物多样性以惊人的速度在减少。这种减少直接威胁着人类的食物、药物和工农业生产的安全。在人类严重地破坏了自然界的生态平衡，自然资源受到了巨大破坏之后，人们通过反思，认识到要保护生态环境，必须了解生物变化的基本规律，以及环境对生物资源的调节作用，按生态规律办事。所以，生态学在人类社会的资源和环境面临危机的情况下，为解决这些问题而受到了人们的关注，因而得到了迅速发展。

生态学在 20 世纪后期有了长足进展，其原因与国际上先后发起的全球范围的研究计划有着密切的关系。60 年代的国际生物学计划，70 年代的人与生物圈计划，80 年代的国际地圈生物圈计划，90 年代后也有一系列关于生物多样性、全球变化和可持续发展的研究，促进了生态学的全面发展。生态学与面向人类社会发展各个时期的不同社会问题，研究不同生物类群，与不同学科和不同的地理区域相结合，形成了很多交叉学科。

4.2　森林生态学的内容和研究方向

4.2.1　森林生态学的内容

1. 研究内容

生态学的研究内容简单地说，就是研究生物有机体是如何生活的？为什么以某种固定的方式生存？在自然环境中他们怎样变化？即所谓关于是什么、为什么和怎么样的科学。森林生态学的研究范围也是如此，只不过主要对象是森林，其中包括森林有机体，森林种群、群落和森林生态系统。具体说森林生态学的内容有：森林生态学的概念、森林与生物圈、森林与人类、森林（生物）与环境、森林生物种群、种群动态、种间相互作用、森林群落、森林生物多样性、森林分布、森林生态系统、森林恢复与生态重建、森林资源的可持续经营、森林景观格局等内容。

2. 研究的任务

森林生态学的任务是研究森林内各种生物和非生物成分之间的相互关系，阐明森林的结构、功能及其调节控制的原理。森林是下垫面最高，也是生物量和生产力最高的陆地生物群落，解释它与环境之间的相互作用机理，有助于了解任何其他生物系统的特性和运动规律。从理论上说，生态学的任务是揭示生物进化的生态机制和生态系统的功能过程，即所谓进化生态和功能生态问题。生态学研究中的进化问题和功能问题构成了这门学科的核心，成为现代生态学的重要研究任务。

在实践上，森林生态学的原理可用于指导营林造林实践，提高森林生产力，提高木材生产量和林副产品生产量，保持水土、涵养水源、维持自然界生态平衡。在现阶段社会和经济条件下，人们对森林的理解已经不仅仅是木材等有形产品的问题，更重要的是环境保护和维持国土安全和森林的服务功能等。森林作为一类自然资源，其作用已经从为社会提供木材资源，转变为为社会和人类提供生态服务和环境保障，那么作为一门以森林为研究对象的生态学分支学科，还应该探讨森林的生态作用原理和森林的环境效益。

生态环境是人类赖以生存的基本条件，同时也是影响经济建设和社会发展的重要因素。全球性生态环境的迅速恶化是 20 世纪人类生存和发展所面临的重大危机，已成为国际社会普遍关注的焦点之一。不论是区域性的大气污染、土壤污染、水质污染，以及水旱灾害、土壤侵蚀和沙漠化，还是全球性的气候变化（特别是大气温室效应、臭氧层的破坏、酸雨）和生物多样性的降低，均严重地威胁着人类的基本生存条件，造成了超国界的危害，引起世界各国的忧虑和思考。让每一个学生充分认识到了当前世界范围内生态环境问题的严重性和紧迫性，强调人类要持续发展必须保护生态环境和生物多样性的重要意义。

生态环境建设是国家经济的重要基础，肩负着优化环境和促进发展的双重使命。在解决 21 世纪人类面临的人口、资源、环境的危机，实现经济、社会可持续发展中，具有不可替代的重要作用。我国国民经济健康发展必须要有良好的生态环境。目前，我国的生态环境建设中，植被尤其是森林有着其不可替代的重要作用。充分发挥森林的生态效益，已成为保护人类生存环境的主要手段之一。我们不仅要保护好现有的森林植被，而且还要通过种树种草等措施，在荒山荒地上建设人工植被或恢复原有的天然植被，改善我国一些地区的生态环境。我国已经建立了 1000 多个自然保护区，越来越多的林业局正在走上森林永续利用、林业持续发展的道路。在草原退化、水资源日益减少、农业资源萎缩的情况下，农业生态环境建设之路逐渐为人们选择。这些部门急需大量森林资源保护、农业资源和环境治理方面的技术、管理人才。在自然保护区规划和西部大开发过程中的生态环境建设需要大量的森林生态学方面的知识和人才。

4.2.2　森林生态学的研究方向

从研究内容的范围来看，生态学向宏观和微观两个方向发展，宏观上研究大尺度区域环境变迁，甚至全球变化规律，同时适应地区经济和社会发展，解决实践问题。例如，我国西部生态环境建设问题、退耕还林问题、天然林保护问题、沙尘暴问题、水资源问题、区域生态安全问题等。微观上研究分子进化机制、遗传变异的环境调控作用等。

从研究手段来看，①观察的方法，中国科学院和国家林业局在全国不同地区建有长期生态系统研究定位展，定点长期观察生态系统的动态变化，同时还采用全球定位系统和卫星图片等观察植被的动态和生物多样性的变化等。②试验的方法，如在南方进行引种桉树的实验，在北方作杨树速生丰产林的栽培试验。③模拟的方法，如美国的生物圈 2 号试验，人工模拟生态系统的能量流动和物质循环。

从研究的目的来看，有的为了探讨机理，有的为了描述现象，有的为了证明一个假说，有的为了解决一个问题。森林生态学的研究有与上述相似的特点，不过重点是以森林为对象，探讨森林动态规律，森林对区域环境的屏障作用，森林涵养水源和保持水土的作用机理。

在我国，森林生态学的研究与国家的重大生态工程建设项目密切相关，西部退耕还林工程、天然林保护工程、三北防护林工程、长江上游水土保持工程、野生动物和自然保护管理工程等，都对森林生态学提出了新的研究课题。我国的森林生态学者也密切关注这些生态工程建设中出现的生态问题，重要的生态现象，通过这些重大生态工程的建设，丰富森林生态学的理论，加快森林生态学的发展。

自然科学的发展经历了神学和机械自然科学的阶段，认为世界是神创造的、协调有序的、合理安排的、完善美妙的、永恒不变的。科学的任务就是验证和寻找其中的必然规律，如牛顿力学、林耐分类学等。但达尔文进化论的出现，普里高津耗散结构的出现打破了古老的幻想。环境科学更使自然科学增添了新的活力：人来自于自然，人与自然是统一的，人类是大自然的一部分，人定胜天的说法是不对的。保护环境就是保护人类自身。

人类生产实践活动，从盲目地向大自然索取（采掘业、矿业、林业和渔业等，2000 多年的农业，200 多年的工业，尚未开始的环保产业）到纯粹人工产品的手工业、机械制造业等。现在已发展到了环保产业，这个产业既能进行产品生产，又不破坏环境，甚至能保护环境。它在提供给人们物质商品的同时，还给人们提供了一种文化，就是环境文化或者生态文化。因为它宣传绿色产品、保护环境，提供公民的环保意识和生态伦理道德。有人说，21 世纪是生物的世纪，产业是信息和环保产业，人们的道德规范从精神文明发展到生态文明。

4.3　森林生态系统的服务功能

4.3.1　森林生态系统的服务功能

生态系统服务（ecosystem service）是指人类直接或间接从生态系统得到的利益，主要包括向经济社会系统输入有用物质和能量、接受和转化来自经济社会系统的废弃物，以及直接向人类社会成员提供服务（如人们普遍享用洁净空气、水等舒适性资源）。与传统经济学意义上的服务（它实际上是一种购买和消费同时进行的商品）不同，生态系统服务只有一小部分能够进入市场被买卖，大多数生态系统服务是公共品或准公共品，无法进入市场。生态系统服务以长期服务流的形式出现，能够带来这些服务流的生态系统是自然资本。

　　生态系统服务功能是 20 世纪 90 年代才发展起来的生态学研究领域。早在 20 世纪 40 年代，Leopold 就认真思考了生态系统向人类提供服务的问题，这一时期生态系统的概念和理论的提出与发展，为生态系统服务的提出奠定了科学的基础。随着人类对生态系统服务功能不可替代性认识的提高，这一领域的研究已经取得了令人瞩目的进展。到 20 世纪 70 年代，Ehrich P. R. 和 Ehrich A. H. 提出了生态系统服务（ecosystem service）一词，随后生态系统服务成为一个科学术语被人们所引用（Costanza et al. , 1997）。目前被普遍认可的是 Dally 等人提出的生态系统服务功能的概念，并在他 1997 年主编的 *Natures Service*：*Societal Dependence on Natural Ecosystem* 一书中介绍了生态系统服务功能的概念、研究简史、服务价值评估以及区域生态系统服务功能等专题研究成果。1997 年美国 Costanza 等人在测算全球生态系统服务价值时，首先将全球生态系统服务分为 17 类子生态系统，之后采用或构造了物质量评价法、能值分析法、市场价值法、机会成本法、影子价格法、影子工程法、费用分析法、防护费用法、恢复费用法、人力资本法、资产价值法、旅行费用法、条件价值法等一系列方法分别对每一类子生态系统进行测算，最后进行加总求和，计算出全球生态系统每年能够产生的服务价值。每年的总价值为 160 000 亿～540 000 亿美元，平均为 330 000亿美元。330 000 亿美元是 1997 年全球 GNP 的 1.8 倍。

　　随着生态经济学、环境和自然资源经济学的发展，生态学家和经济学家在评价自然资本和生态系统服务的变动方面做了大量研究工作，将评价对象的价值分为直接和间接使用价值、选择价值、内在价值等，并针对评价对象的不同发展了直接市场法、替代市场法、假想市场法等评价方法。生态环境评价已经成为今天的生态经济学和环境经济学教科书中的一个标准组成部分。Costanza 等 (1997)关于全球生态系统服务与自然资本价值估算的研究工作，进一步有力地推动和促进了关于生态系统服务的深入、系统和广泛的研究。

4.3.2　森林生态系统服务功能的内涵

　　生态系统功能的多样性对于持续提供产品的生产和服务是至关重要的。产品是指在市场上用货币兑现的商品。服务是不能够在市场上买卖，但它是有重要价值的，随着市场经济的发展，更多人主张生态系统服务应包容产品。Costanza 等（1997）把生态系统提供的商品和服务统称为生态系统服务。一般认为，森林生态系统的服务功能主要包括以下几方面内容。

（1）生产有机物质。森林是地球表面直接利用太阳光能，转化为化学能的效率最高，产量最大的生态系统。森林不仅提供大量木材，满足工业、国防、科学、文化、教育、卫生、农业生产以及人类日常生活的需要，还能提供大量的林副产品，满足人类食物、药用、工业原料的需要。

（2）调节气候、促进物质循环。森林生态系统通过其庞大的林冠改变太阳辐射和大气流通，是地表与大气之间的绿色调节器，对大气候及区域性的小气候均有直接或间接的调节作用（包括对空气的温度、湿度，径流、气流、局部降雨等），从而可以缓冲极端气候对人类的不利影响。森林生态系统在全球、区域、小生境等不同的空间尺度上促进和调节着物质循环。营养元素在"生物—土壤—大气—水"的生物与非生物环境循环体中不断进行交换，从而维护了生态过程和生态平衡。

（3）涵养水源。森林涵养水源功能主要表现为截留降水、涵蓄土壤水分、补充地下水、抑制蒸发、调节河川流量、缓和地表径流、改善水质和调节水温变化等。由于森林生态系统的特殊性质，使得它在陆地生态系统中具有最大涵养水源能力。在洪水季节可以蓄水防涝，在干旱季节则可以供水抗旱，故被誉为"绿色水库"。

（4）水土保持。森林保育土壤的效能表现为减少土壤侵蚀、保持土壤肥力、防沙治沙、防灾减灾（如山崩、滑坡、泥石流）等。茂密的森林凭借庞大的树冠，深厚的枯枝落叶层不但截留天然降水，还能有效地减轻雨滴对土壤的直接冲击。森林地下发达且成网络的根系，与土壤牢固地盘结在一起，从而起到有效的固土作用。森林一旦遭到破坏，其保护功能便减弱甚至消失，产生一系列严重后果，如水土流失、肥力下降、水利工程受泥沙淤积等，这样的例证是很多的。

（5）固碳制氧、维持碳平衡。森林中的绿色植物吸收空气中的 CO_2 和 H_2O，通过光合作用合成碳水化合物，同时释放出氧气。这一功能对于人类社会、整个生物界以及全球大气平衡，都具有极为重要的意义。1997 年，在东京召开的《联合国气候变化框架公约》缔约方会议上确认，CO_2 排放是温室效应的主要原因之一。20 世纪 90 年代以来，CO_2 的排放和污染成为国际社会关注的热点问题。各国政府承诺减少导致温室效应的气体 CO_2 的排放。森林是全球陆地生态系统中最大的碳库。全球现有森林总储碳量（1.146×10^{12} t）约占土壤和植被所储存碳的 46%，且能以各种形式储存 CO_2，从而有助于缓和全球的温室效应。

（6）净化环境。树叶树枝表面粗糙不平、多绒毛、并能分泌黏性油脂和液汁等物质，所以能吸附、黏着一部分灰尘，从而快速降低大气的含尘量。森林可以依靠生态系统其特殊的结构和功能，通过吸收、过滤、阻隔、分解等生理生化过程将人类向环境排放的部分废弃物利用和作用后，使之得到降解，成为生态系统的一部分，从而达到净化环境的目的。另外，许多树木和植物都能分泌杀菌素，这使得森林有很好的杀死细菌、真菌和原生动物等作用。工业、交通、施工等是一种无形的污染，森林可以在一定程度上有效地减轻噪声污染。

(7) 生物多样性保护。森林生态系统不仅是各类生物物种提供繁衍生息的场所，而且还为生物进化及生物多样性的产生与形成提供了条件。据研究表明，由全球生物多样性产生的经济效益每年约为 3.3×10^{13} 美元，占全球生态系统提供的产品和服务总价值的 9%。从人类的生存与发展考虑，由生物多样性产生的人类文化多样性，具有巨大的社会价值，是人类文明中重要的组成部分。

(8) 防风固沙。森林是风的强大障碍，从而具有很好的防护功能。防护林带可以有效地减低风速，当风经过森林时，一部分进入林内，由于树干和枝叶的阻挡以及气流本身的冲撞、摩擦，将气流分成许多小涡流，小涡流彼此摩擦、消耗。使风力逐渐削弱，风速降低；另一部分被迫沿林带上升，越过森林，也消耗了一部分能量，使风速降低。一条疏透结构的防风林带，其防风范围在迎风面可达林带高度的 3～5 倍，背风面可达林带高度的 25 倍。所以，有了林带，可以挡住大风，并能提高防风区湿度，调节温度，减少蒸发量，对农作物产生增产效应。除了高大林木对风的阻挡作用之外，植被的根系均能固沙紧上、改良土壤结构，从而可大大削弱风的携沙能力，有效地阻截、固定、控制流沙，因此在防沙治沙、防治沙尘暴等方面会起到重要的作用。

(9) 社会效益。森林生态系统的社会效益实质上是森林对人这一主体的生存发展所起的作用。它包括森林对作为主体的人的生存发展所起的影响，以及森林对主体的进步与发展起作用的客体的影响。美国一些学者认为，森林社会效益的构成因素应包括精神和文化价值、游憩、旅游和教育机会等。

总之，自然生态系统服务功能是客观的存在，不依赖于评价的主体，即在人类出现之前，自然系统早就存在；在人类出现之后，自然生态系统服务功能才与人类的利益相联系。生态系统服务功能与生态过程密不可分地结合在一起，它们都是自然生态系统的属性。自然生态系统中植物群落和动物群落，自养生物和异养生物的协同关系，以水为核心的物质循环，地球上各种生态系统的共同进化和发展等，都充满了生态过程，也就产生了生态系统的功益。自然生态系统作为进化的整体，是生产服务性功益的源泉。自然生态系统是在不断进化和发展中产生更加完善的物种，演化出更加完善的生态系统，这个系统是有价值的，能产生诸多功益性能。自然生态系统在进化过程中维护着它产生出来的性能，并不断促进这些性能的进一步完善，其潜力是非常强大的，它趋向于更高、更复杂、更多功益方向运动。自然生态系统是多种性能的转换器。在自然进化的过程中，产生了越来越丰富的内在功能，个体、种群的功能是与它在生物群落共同体相联系的，这样，又使它自身的性能转变成集合性能。例如，当绿色植物被植食动物取食，植食动物又被肉食动物所吃。动植物死后又被分解者分解，最后进入土壤里，这些个体生命虽然不存在了，但其物质和能量转变成别的动物或者在土壤中储存起来，经过自然网络转换器的这种作用就反复在全球的部分和整体中运动。

　　显然，生态系统服务具有十分重要的意义。离开了生态系统这种生命支持系统的服务，全人类的生存就会受到严重威胁，全球经济的运行将会停滞。所以，从一定意义上说，生态系统服务的总价值是无限大的。全人类的生存依赖于生态系统服务，反过来，人类社会经济活动又会对整个自然生态系统产生影响。人工生态系统与自然生态系统提供的生态系统服务是不同的，人工生态系统通常仅在一个较小尺度和有限时段内更为有效地提供一种生态系统服务。

4.4　林业生态工程

4.4.1　林业生态工程概述

　　林业生态工程对于涵养水源、保持水土、防风固沙、维护生态平衡，减少自然灾害，保障和促进工农业生产的发展，为人类创造一个良好的生存环境具有重要的意义。随着各国经济建设的发展和人民物质生活水平的逐步提高，人类对生态环境的要求也越来越高，客观上需要协调环境与发展之间矛盾，林业生态工程作为生态建设的重要措施被国际社会所认同。

　　1. 林业生态工程的提出

　　20 世纪 50 年代初期，林学界的一些学者把苏联植物学家苏卡乔夫的思想引入我国，"林型"学说曾一度在林学界盛行，林业成为我国最早将生态学思想应用于科研和生产上的领域之一。但由于当时种种原因，其发展并不如意，尤其在造林绿化方面更显得不足。当农业生态工程在全国各地广泛应用，并取得显著效益以后，林业生态工程才开始提出来。但是，林业生态工程这个新概念，在林业界得到初步承认大约是 90 年代初期，1990 年，我国第一本林业生态工程专著《中国林业生态工程》出版（云正明和毕绪岱，1990），此后，一些类似的林业工程开始应用这个概念，把原来的林业工程（或工程造林）、荒山绿化、农田防护林建设纳入林业生态工程体系。

　　2. 林业生态工程概念

　　林业生态工程这一领域的研究相对来说起步较晚，目前还没有统一的定义，不同的学者由于认识不同，对林业生态工程所下的定义有所差异。云正明等（1998）认为，林业生态工程是根据生态学、生态经济学、系统科学与生态工程原理，针对自然资源环境特征和社会经济发展现状所进行的以木本植物为主体，并将相应的植物、动物、微生物等生物种群人工匹配结合而形成的稳定而高效的人工复合生态系统的过程。姜凤歧等（2003）认为，林业生态工程是指依据生态学和系统工程学的基本原理，设计、建造的以木本植物为主体、协调人与自然关系的一种工艺系统，其目的在于防治自然灾害、保护环境、扩大资源、塑造景观、维持生态平衡、使人与自然达到和谐发展。不管如何定义，林业生态工程作为生态工程的一个重要分支学科，主要研究以木本植物为主体的人工复合生态系统的空间布局、树种组成与配置、营造方法、经营模式、效益监测评价和信息化管理。因此，林业生态工程就不仅仅限于简单的"刨坑栽树"，而是要解决森林生物群落的人工恢复与森林环境的重建问题。林业生态工程是一个全新的学科领域，它不同于传统林业认为的"栽上乔木，就是建造森林"的简单概念。

3. 林业生态工程与传统造林绿化的主要区别

林业生态工程虽然包括了造林绿化的传统内容，但它与传统造林绿化又是两个不同的概念，林业生态工程与传统造林绿化的区别有以下几个方面。

其一，森林本身是一个复杂的大系统，它不仅是木本植物的集群，而是一个具有独特森林生物和森林环境的生态系统。森林生物不仅仅只看到乔木，同时还包括与其伴生的灌木、草本植物、低等植物，也包括森林动物，如哺乳类、鸟类、昆虫等，这些组分结构和谐，它们之间以食物链形式不断进行着物质和能量交换，以及彼此之间具有的共生、抗生关系。人工林营造本身是一个人工生态系统重建的综合工程，而不是栽上乔木即成林的简单过程。从传统的乔木种群培植过渡到林业生态工程的人工群落或生态系统建造是林业发展的一个重大转折，或者说是一个进步。

其二，人工林生态系统建造是为人类服务的，它不但受自然因素的制约，同时要与社会经济发展相协调。因此，除了解决长远的生态环境问题外，短期内的三大效应同步也是不容忽视的。特别是对中国来说，由于人口众多，可耕地资源相对贫乏，不管任何一项事业都必须为国民经济建设服务，尤其是发展林业的地区多为贫困落后地区，过去传统提法中的"为子孙万代造福"必须与现实生产中的"脱贫致富"恰当地结合在一起，这也是常讲的"长短结合"问题。"林业生产周期"的提法是不完整的。实践证明，很多造林绿化成效显著的典型往往都是采取长短结合的方针来达到的。

其三，林业生产是一项社会性大生产，它的一切技术措施必须与社会经济发展水平相适应。林业生态工程的重要特色之一就是要根据我国国情、民力来制订中国自己的技术方案，形成具有中国特色的森林营造道路，盲目生搬硬套所谓"先进"国家的东西往往会造成失误。

其四，林业生态工程根据生物与环境相互作用原理，利用环境建设工程来保证生物群落的建造，同时，也利用生物对环境的影响使系统生产力不断提高，是一种动态的观点。因此，林业生态工程建造可以分阶段进行，尤其是在生态环境严酷地带更应如此。利用人工种群建造逐步改善环境质量，使系统由低级向高级逐步过渡，形成螺旋上升趋势。我国大多数地区森林破坏历史很长，生态环境退化严重，过去造林绿化中采取的按历史上有过什么样的森林、就造什么林的思路是值得重新认识的。应当针对当前环境水平建造适当的植被类型，通过人工干预和植物群落对环境的影响和改良作用，逐步恢复起高水平的人工生态系统。

其五，根据结构决定功能的原则。林业生态工程的根本，在于建造起一个优化的群落结构，而传统造林绿化往往把精力集中于种群的建造，忽视种群间关系的合理利用。

总之，林业生态工程离不开一些传统的造林绿化技术。但是，它又严格不同于简单的造林绿化，可以认为是一个综合的系统工程。

4.4.2　林业生态工程的主要内容和类型

1. 林业生态工程的主要内容

林业生态工程内容十分复杂，它不像传统造林学，也与森林经理学或森林利用学不同，有些内容是原来未列入林学范畴的。目前我们暂时把它分为环境调控工程、生物种群选择与匹配工程、群落建造工程、食物链和加工链工程四个部分。

1) 环境调控工程

我们前面讲过人工林生态系统建造基本是在非森林环境中进行的。为了保证植物生长发育必须对当地环境进行人工调控。例如，造林中常讲的整地，沙漠造林采用的人工沙障，干旱地区的水分富集覆盖保水、吸水剂的应用，高湿度带的排水，土面增温，防兽网罩的应用，土壤改良等，都属于环境调控工程。这类工程实施的目的是要给抗性很弱的新植幼林提供一个较好的环境，以便确保其成活与迅速生长。

2) 生物群落选择与匹配工程

人工林生态系统建造成败的关键之一是种群选择与匹配的合理与否。种群选择不但要根据自然环境，同时，要根据社会经济环境来确定。只有这样才能真正做到"顺天应人"。

种群匹配是在主要种群选定以后，根据主要种群特性选定次要种群的过程。传统林业中一般主要种群一定是乔木，甚至必须是用材林。林业生态工程则不然，主要种群可以是乔木，也可以是灌木，甚至是草。这是由当地自然环境和社会环境确定的。什么种群最适宜、效益最高，就选什么种群。次要种群的匹配要根据与主要种群互利共生原则来选定，这些种群可以包括乔木、灌木、草本植物甚至于农作物或低等生物（食用菌类）。

3) 群落建造工程

这是把选定种群定植的过程，基本属于栽植技术与平面上的分布结构建造。

4) 食物链工程

食物链工程包括生产性食物链与"减耗"性食物链。生产性食物链是根据人工植物群落产品来确定的。这种食物链可以有效利用绿色植物产品或加工剩余物转化成经济产品，同时对人工植物群落有益（至少是无害）。例如，广东珠江三角洲地区的桑基鱼塘，用鱼作为生产性食物链已经有几百年成功的历史。

食物链在林业生态工程中的应用从另一个角度讲，又是人工森林生态系统生物群落建造的组成部分。可以认为是应用人工选定的食物链种群来代替天然食物链种群的一项工程置换措施。例如，用柞蚕代替食叶害虫，用蜜蜂代替野蜂，用驯养草食动物代替野生草食动物等。食物链工程消耗一定数量的一级产品，但生产出的是人类所需的动物产品，其效益就可以远远高于天然林分。

2. 林业生态工程类型

林业生态工程作为一项工程来看，重要的标志之一，就是要有明显的目的性。根据工程目的作用来划分，可以把林业生态工程分类，如图 4.1 所示。

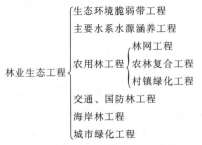

图 4.1　林业生态工程分类（云正明等，1998）

从以上分类可看出，这些林业生态工程的共性很重要的表现在"多功能"上，或者说是功能上的综合性。也就是说，这些工程建设的目的不是单纯地为了生产木材，而是要解决某一类型区的生态环境整治和社会经济发展问题。与其他产业部门交相渗透、互为因果关系。

4.4.3　林业生态工程的构建原理

林业生态工程属于生态工程范畴的一个分支，因此，林业生态工程设计、建造过程中就要根据一些生态学、系统科学和生态经济学原理。在这些原理指导下，利用有关生物种群，结合不同地区的生态环境，进行以林业为主的人工生态系统建造与调控。本章重点要介绍的是林业生态工程的基本原理，以便在设计、建造和调控过程中参考。

1. 系统论的原理

人工生态系统的建造调控是生态工程的主要目的。根据系统论创始人贝塔朗菲的说法，系统是指"相互联系的诸要素的综合体"。我国著名科学家钱学森教授给"系统"所下的定义是"由相互作用和相互依赖的若干组成部分结合而成的具有特定功能的有机整体"。凡是一个系统它应具备如下特征。

1) 结构的有序性

一个系统既然是一有机整体，它本身必须具备自然或认为划定的明显边界，边界内的功能具有明显相对的独立性。一片果园，一个人工林它与相邻的系统是具有明显边界的，其功能与其他系统也是不同的。同时，每个系统本身一定要有两个或两个以上的组分所构成。系统内的组分之间具有复杂的作用和依存关系。作为人工林生态系统，本身就包括森林生物和森林环境两大组分，而其两大组分又可以自成系统（子系统）。像森林生物要分成植物（林木与伴生植物）、动物（鸟兽、昆虫）、微生物（真菌、地衣等）。从环境角度讲，作为人工生态系统又应当分成自然环境和社会经济环境。这些组分形成了复杂的水平分离和垂直分离。

2) 系统的整体性

系统的整体性是指一个稳定高效的系统必然是一个和谐的整体，各组分之间必须具有适当的量的比例关系和明显的功能上的分工与协调，只有这样才能使系统顺利完成能量、物质、信息、价值的转换功能。系统中某一组分发生量的变化必然影响到其他组分的反应，最终影响到整个系统。林业生态工程设计、建造过程中一个重要任务就是如何通过整体结构的建造而实现人工生态系统的高功能。

3) 系统功能的综合性

作为一个完整的系统，其总体功能是衡量系统效益的关键，人工建造的生态系统的重要目标也就是要求整体功能最高。也就是说，要是系统的整体功能大于组成系统各组分功能之和。用公式表示为

$$\overline{W} > \sum_{i=1}^{n} P_i (i = 1, 2, 3, \cdots, n)$$

式中，$\overline{W}$ 是表示系统的总体功能；P_i 代表组成系统的各组分之功能。

也可以这样认为，系统的功能实际上是由两部分组成，一部分是各组分的功能，另一部分是由于各组分结合在一起形成的综合功能。当然，综合功能可以是正值，也可以是负值，或等于零，即上式可以有以下两种情况。

（1）
$$\overline{W} = \sum_{i=1}^{n} P_i (i = 1, 2, 3, \cdots, n)$$

第一种情况说明综合功能等于零，也就是这种系统的综合功能由于结构不合理而没有体现出来。

（2）　　　　　　　　　　$\overline{W} < \sum_{i=1}^{n} P_i (i = 1, 2, 3, \cdots, n)$

第二种情况说明，系统结构各组分不合理而产生拮抗作用，也就是常说的"内耗"。

人工生态系统的构建应当是像第一个公式那样，而不希望出现后面的两种情况。比如，应用乔灌结合的防护林工程的防护功能，应当是除了具有单纯乔木或灌木林所具有的防护功能以外，还应当体现出由于乔灌结合以后而产生新的防护功能。这种功能越大，说明新系统越合理。

2. 生物间互利共生机制

自然界里没有任何一种生物能离开生物而单独生存繁衍。人们生物之间的关系大体分成拮抗和共生两大类。一般用"＋"代表一种生物对另一种生物有利，用"－"代表一种生物对另一种生物有害，用"0"号代表一种生物对另一种生物没利也没害。用这种符号可以描述生物之间的相关关系。

3. 生态位与自然资源多及利用

生态位是指"生态系统中各种生态因子都具有明显的变化梯度，这种变化梯度中能被某种生物占据利用或适应的部分称之为生态位"。在林业生态工程设计、调控过程中合理利用生态位原理，可以构成一个具有种群多样性的稳定而高效的生态系统。对于某一特定的生态区域，自然资源是相对的常量，如何通过生物种群匹配，利用生物对环境的影响，是有限的资源得到合理利用，增加转化固定效率，减少资源浪费，是提高人工生态系统效益的关键。比如经常说到的"乔、灌、草"结合，就是按不同植物种群在垂直面上分层布局，充分利用多层空间生态位，使有限的光、热、水、肥资源合理利用，最大限度地减少资源浪费，增加生物多样性和生物量，提高系统效益的有效措施。

4. 关于时间的生态学原理

生态系统随时间而变化，各种生态过程受到不同时间尺度的影响，一些生态过程发生的时间较长，另一些则较短。例如，代谢过程一般发生在几秒到几分钟的时间，而分解过程则需要数小时甚至几十年，土壤的形成通常需要几十年到几百年。另外，生态系统对天气变化的反应各季节也不同一样，年间也存在差异，而且生态系统具有长期的演替变化。人类活动能够改变生态系统的组成，以及生物的、化学的和地质的物质在生态系统中的流动。反过来，这些变化能够改变生态系统的演替，并且可以持续几十年到几百年。

因此，时间原则对林业生态工程构建具有重要意义：①生态系统的组成、结构和功能部分是历史事件或历史条件的后果，现在的土地利用可能限制未来土地利用的选择机会；②人类活动的所有生态学后果通常在许多年看不见；③土地利用留下的痕迹能够在景观上持续很长时间，将在几十年或几百年内影响未来土地利用；④由于生态系统结构和过程的变异和变化，导致土地利用的长期效应将难以预测。

5. 关于地点的生态学原理

在任何地方，当地的气候、水文、土壤、地形以及生物的相互作用强烈地影响生态过程、物种的多度与分布。当地的环境条件体现了海拔、经纬度位置以及微观尺度下物理、化学、土壤等因子的综合。这些因子对各种土地利用的适宜性起到了约束作用，同时也限定了当地的物种和生态过程。

关键生态系统过程（如初级生产和分解）的速率受到土壤养分、温度、水分等因子的限制，而这些因子在时间上的变化规律又受到天气和气候的控制。因此，在没有连续管理输入的情况下，生态过程的速率只有在一定范围内在局部尺度上能够持续；缓慢而持续时间长的人类干扰能够拓宽生态过程变化的幅度，但不能完全规避地点因素的限制性。

6. 关于干扰的生态学原理

干扰的类型、强度和持续时间形成了种群、群落和生态系统的特征。干扰是使生态系统受到破坏的事件，可以区分为自然干扰（野火、暴风雨、洪水等）和人为干扰（森林皆伐、修路等）。干扰的效果主要受控于干扰的强度、持续时间、频率、发生的时间和受干扰面积的大小和形状。干扰影响到地上和地下过程，通过改变物种的数量和种类而影响群落和生态系统，引起死有机物质和养分输入或丢失而影响生产力和生境结构，产生新的景观格局而影响许多生态因子。土地利用的变化能够改变自然干扰因子或产生新的干扰，因此，能够引起物种多度和分布、群落组成和生态系统功能的变化。另外，生态系统对其他干扰的易感性也将会改变。了解自然干扰能够指导土地利用的决策，但必须清楚认识到自然干扰与人类干扰的差异。人类居住地的连续扩展到易受干扰的景观可能导致人类价值观和维持景观所必需的自然干扰之间的冲突不断增加。

7. 关于景观的生态学原理

土地覆盖类型的大小、形状和空间关系影响种群、群落和生态系统的动态。生态系统的空间配置构成了景观，所有生态过程至少部分反映了景观这种构建。

生物有机体的种类受到景观不同生境的大小、形状和格局的限制。人类居住地的格局和土地利用决策经常使景观破碎化，或者土地覆盖的格局被改变。生境面积的减小或相同类型的生境斑块之间距离的增加显著减少或消除生物有机体的种群，同时也改变生态系统过程。但是，景观破碎化并不一定导致生态功能或生物多样性的破坏，因为与一个大面积的均匀生境相比，不同生境类型的斑块集合通常能够维持更多类型的生物有机体和更多样化的生态系统过程，使一个自然的、斑块状的景观变得均匀化具有相反的效果。较大的生境斑块比小的同样生境的斑块一般能容纳更多的物种和更多的数量，同时包含更多的局部环境变异性。这种变异性为生物有机体提供了更多的不同需求和耐性的机会，以便在斑块内寻找合适的立地。另外，斑块的边缘和内部，其条件能有较大的差异，有利于某些物种的生存。

根据以上生态学原则，提出如下林业生态工程构建的指南：①在区域尺度上检验局部决策的影响；②对长期的变化和不可预测事件进行规划；③保护珍稀景观元素、关键生境及其相关物种；④避免大面积的耗竭自然资源的土地利用；⑤保留含有关键生境、大的相连接的区域；⑥减少非本地种的引进和传播；⑦避免或补偿开发对生态过程的影响；⑧实施与当地自然潜能相匹配的土地利用与管理实践。

4.4.4 林业生态工程的规划

1. 林业生态工程的规划设计

林业生态工程规划设计要体现全局性、长远性、实践性和群众性的指导思想（王礼先，1998）。从社会、经济、自然资源条件和人类活动各种因素的需要出发，用整体、综合、宏观的观点分析林业生态工程总体的地域差异、结构模式、总体布局和战略方向以及建设重点、措施等，正确制定出一个林业生态工程系统稳定协调发展的规划。另外，规划设计还须充分体现可操作性，并在实践中不断完善；充分考虑工程建设区群众的价值观，体现、平衡群众的利益，调动他们的积极性。

1) 规划设计的任务

林业生态工程规划设计的任务，一是制定林业生态工程总体规划方案，为各级部门制定林业生态工程发展计划与决策提供科学依据；二是提供林业生态工程设计，指导工程施工，保证质量，提高工程成效，从而实现扩大森林植被资源，改善生态环境，满足国民经济建设和人民生活对林业的需求。林业生态工程规划设计的任务一般包括：查清规划设计区域内的土地资源和森林资源、森林生长的自然条件和发展林业生态工程的社会经济情况。分析规划设计地区的自然环境与社会经济条件，结合国民经济建设和人民生活的需要，提出规划设计方案，并进行资金、劳力和效益等分析。规划设计的造林面积和营林措施要落实到具体地块。根据实际需要，对林业生态工程有关的附属项目进行规划设计，包括造林灌溉工程、道路、通讯设备等的规划设计。造林规划设计必须确定林业生态工程发展目标与经营方向，安排生产布局，落实工程任务，提出保证措施，编制造林规划设计文件。

2）规划设计内容

在完成社会经济调查和分析的基础上，进行各个单项规划，编制规划设计文件。由于林业生态工程规划设计的种类不同，其内容和深度也应有相应的变化。规划设计的成果最终要靠当地群众去实施，因此，规划设计除了有坚实的科学基础之外，还要有广泛的群众基础，要尽可能把群众的合理建议反映到规划设计中去。此外，规划设计工作一定要符合当地实际情况，重视当地的生产经验和传统的经验习惯，引进新的技术或林木、作物新品种时，要采取慎重的态度。

规划中还要处理近期和远期的利益，不能因为规划的实施而影响当地群众的生活，规划设计应当既符合自然规律又符合经济规律，被当地群众接受，实施后会达到预期目的的。

（1）农牧用地规划。农牧规划不属于林业生态工程规划设计的内容，但是农牧用地在一个地区或小流域中所占比重很大，与全流域土地资源的利用关系密切。因此，在进行林业生态工程规划设计时，要从全局的观点来考虑土地利用问题，对农、林、牧等各行业的土地利用做出合理的规划，然后再对规划的林业用地进一步做出详细的林业生态工程规划设计。

（2）林业措施规划。林业规划是整个规划设计的核心。林业规划不仅要规划出林业用地的总面积，而且要落实到各个林种，其中主要是林业生态工程的规划。

在水土流失地区营造林业生态工程的主要目的是改善生态环境条件，与其他水土保持措施相协调，控制水土流失，为农牧业生产和群众生活创造良好的环境，同时通过木材、果树、经济林产品及其他副产品生产一定的经济效益。因此，除了防护林林种之外，还要安排相当比例的果树和经济林、薪炭林、放牧林等林种，以做到生态经济兼顾，长期与短期效益相结合。

总之，林业生态工程总体规划的内容较广泛，主要为宏观决策和编制林业生态工程计划提供依据。除造林、种苗规划外，还要对与林业生态工程有关的项目，如现有防护林经营、造林灌溉以及多种经营等都要进行规划。由于规划建设的年限较长，需要提出林业生态工程发展远景目标、经营方向、生产布局、投资与效益概算，提出总体规划方案和有关图表。总体规划要求从宏观上对主要指标进行科学的分析论证，因地制宜地进行生产布局，提出关键性措施。

　　另外，林业生态工程目的的不同，规划内容也有所侧重。例如，防护林规划设计、用材林基地建设规划设计、经济林或风景林营造规划设计等，随营造的主体林种不同，在进行造林规划时其内容也有所差异。例如，三北防护林规划设计要着重调查风沙、水土流失等自然灾害情况，在设计中坚持因地制宜、因害设防，以防护林为主，多林种、多树种结合，乔、灌、草结合，带、网、片结合等设计原则。而南方山地速生丰产用材林规划设计则着重调查造林地立地质量，编制立地类型表和土地指数，对宜林地进行质量评价，选用生产力高的林地进行造林，并对其产量进行预估。

3) 规划设计的工作程序

　　林业生态工程规划设计是林业生态工程的前期工序。按一般工程管理程序，它是一个重要的环节，决定造林是否进行、是否给予投资；并决定林业生态工程规模、造林完成年限、投资额等。一般来说，首先应在当地林业区划的基础上，结合国家经济建设的需要和可能，提出林业生态工程的工程项目。然后对工程地区进行调查研究，提出初步规划设计方案或可行性调查报告，以确定该项林业生态工程的规模、范围及有关要求。其次，在林业生态工程项目纳入国家建设计划后，对林业生态工程进行全面调查设计，提出工程规划设计方案，作为编制林业生态工程计划、组织工程施工和工程施工设计（作业设计）的依据。以后，每年在下达年度林业生态工程计划后和施工前，进行工程施工设计，按设计图表及要求进行营建。工程施工后，当年应按设计文件对工程进行验收，并且按设计中造林地的最小单位（小班）建立档案。

4.4.5　林业生态工程的效益评价

1. 涵养水源效益

　　林业生态工程中的林木通过对树冠截留、树干截留、林下植被截留、枯落物持水和土壤储水对大气降水进行再分配，从而减少地表径流，调节径流时空分布，相当于水库调节水量的作用。

　　森林涵养水源物理量即是森林涵养水源效益的因变量集，它的构成为

$$S = I + K + Q$$

式中，S 为涵养水源量；I 为林冠截留量；K 为枯落物持水量；Q 为林下土壤毛细管孔隙储水量。

2. 水土保持效益

　　林木水土保持效益与涵养水源效益有很大正相关性。林木水土保持是涵养水源的一个派生作用。为避免重复，将其定义为：林木水土保持效益主要是有林地

和无林地相比的固土效益、保肥效能、防止泥沙滞留和淤积效能。森林水土保持效益的因变量构成：①固土效益；②保肥效能；③防止泥沙滞留和淤积效能。

在上述因变量集中，相互间不独立。固土变量是主导的，后两个变量依赖第一个变量。虽然变量不独立，但从使用价值角度都是独立的。为此，将其折合成货币量的合计称为林木水土保持效益的因变量。

3. 固碳效益

林业生态工程的固碳效益是指森林植物能够吸收大气中的二氧化碳并将其固定在植被或土壤中，从而减少二氧化碳在大气中的浓度。它在降低大气中温室气体浓度中，发挥着重要作用。近年来，随着人们对全球气候变化的认识，"森林碳汇"越来越受到国内外专家学者重视。

森林植物在进行光合作用时，每生产 1t 干物质需吸收 $1.63\ t\ CO_2$，同时释放 $1.2\ t\ O_2$。森林生产的干物质称为生物量。测定单木或林分的生物量的方法是多样而成熟的。为了便于由样本推总体，这里认定几个有关测树学中生物量的参数：①林木生物量的平均密度 $0.45t/m^3$；②树叶、树根生物量占树干生物量的 30%；③林木材积生长率与它的生物量生长率同步。若设某林分蓄积为 M，材积生长率为 P，则该林分 1 年净吸收的二氧化碳 C 为

$$C = M \times 0.45 \times 1.3 \times P \times 1.63 = 0.954 \times M \times P$$

为此，确定每生长 $1m^3$ 蓄积的森林每年净吸收 CO_2 量，称为森林吸收 CO_2 效益。

4. 净化大气效益

森林净化大气不像森林吸收 CO_2 的效益那样十分明确。森林吸收 CO_2 是对整个陆地生物圈都是有利的。而森林净化大气则只对人类而言的，特别是在城市中长期居住的人们需要呼吸新鲜的空气，新鲜的空气包括氧气多、无尘、无毒、无菌。森林空气浴就是人们利用这种效益的实例。森林净化大气效益应包括：①森林释放氧气；②森林的滞尘作用；③森林吸收有毒物体作用；④森林的杀菌作用。

5. 森林改善小气候效益

林业生态工程的林木或林带对风速、温湿度等具有调节作用，从而有利于改善林带内小气候，由此产生林带内的农牧业净增产的效益。森林改善小气候效益估计要观测有林带与无林带的农牧业产量的变化，从而求出森林改善小气候效益。

6. 抑制风沙效益

在干旱和半干旱地区，由于森林或林带对风的降速作用，从而抑制风沙活动，有效控制了沙漠化的进程称为森林抑制风沙效益。森林抑制风沙效益的性质：①明显的区域性。森林抑制风沙效益发生在干旱的沙漠化和半沙漠化地区，主要指在三北地区；②存在区域自变量和林分自变量。这是由于森林抑制风沙效益与林分类型、龄组、郁闭度有关。一般来讲，针叶林要高于阔叶林，密林要高于疏林；③因变量的单一整体性，森林抑制风沙效益定义为造林 $1hm^2$ 年固沙面积数。

森林抑制风沙效益估计要选择干旱的沙漠化和半沙漠化地区，观测有林带与无林带的风沙推进的情况，把固沙转换成造田、护田的效益，从而求出森林抑制风沙效益。

7. 减轻水旱灾效益

由于森林减轻水旱灾效益主要是由其水土保持效益所造成的，所以森林减轻水旱灾效益与森林水土保持效益有重复计量之嫌，为此定义森林减轻水灾效益为：在发生洪灾的条件下，由森林的固土效能产生的相当于江河水库淤积引发的洪水造成的损失，其年均损失量称为森林减轻水灾年效益量。

上述定义限定森林减轻水灾效益只在发生水旱灾的条件下才有效，才具有使用价值，由于各地区的水旱灾不一定是每年都发生的。所以该定义下的森林减轻水旱灾效益与森林水土保持的效益独立。

8. 消除噪声效益

森林具有减弱噪声的功能。首先，森林浓密的枝叶对噪声源起着隔离的作用；其次是树木的枝叶将噪声散射到各个方向，减弱了强度，反射到天空和地面的噪声又被大气和土壤吸收；再则林木将空间分别成无数大小的空隙，且枝叶的沟槽、气孔、绒毛起着吸收噪声的作用。

森林消除噪声的物理量：森林消除噪声量＝有林地噪声衰减量－无林地噪声衰减量。由于森林消除噪声的物理量是分贝，目前国内外均未有人能用"替代市场法"找到它的货币转换参数，即一个分贝折合成某种商品等于多少元，这是因为森林消除噪声的分贝，无法找到它的合理的替代商品，所以只好用"支付意愿法"。

4.4.6 林业生态工程的未来发展趋势与展望

现代林业的一个突出特点是森林生态环境意义的加强。针对这种形势，大多数国家的林业发展都在做出新的选择，进行深刻革新。无论是提供林产品、保持森林生产力的稳定和增长，还是发挥森林的环境服务功能；无论是营造各种类型的人工林，还是对现有森林进行经营管理，按照持续发展的要求，都必须建立和维持一个健康稳定的森林生态系统，使人类的利用和干扰保持在森林生态系统可容忍的限度内。在林业生态工程建设与区域生态环境综合治理方面，日本、美国、法国等国家发展了水土流失控制的工程措施和快速的工程绿化技术，致力于形成以森林为主的流域治理的森林工程体系。其发展趋势是，生态环境治理与水土资源的保护、改良、合理利用相结合，以充分发展水土资源的生态、经济效益，促进区域生态安全与协调发展。与此同时，森林的多目标经营已成为各国的主要研究内容。在我国，林业生态工程领域的研究虽取得了一系列的科研成果，并具有一定的应用性和学术水平，但从林业生态工程高效、稳定、持续发展的角度来看，还需进一步调整与完善。随着我国生态林业工程建设的深入发展，对生态林业工程建设技术提出了更高的要求。

今后林业生态工程学科面临的重点和难点问题是：①人工防护林生态系统稳定性维持；②干旱地区林木水分生理，植被土壤水文生态过程；③区域森林植被建设适宜度与生态用水的关系；④抗性植物材料的选择和繁育；⑤区域性防护林恢复与重建的生态经济评价。

第 5 章　草地生态学与草地生态系统管理

5.1　草地的概述

5.1.1　草地的概念

草地是地球陆地上一项巨大的自然资源，它既是人类发展畜牧业的基地，也是稳定地球陆地环境的重要条件。世界草地、草甸、森林区的次生草地和可利用的稀疏矮灌丛约 5×10^7 km²，占世界陆地面积的 33.5%（Horton et al., 1979）。我国草地面积达 4×10^6 km²（包括部分灌丛和灌丛荒漠牧野），占国土总面积的 41%（李博等，1991）。由此可见草地是我国和世界的一项重要自然资源。

在不同地区，草地有不同的名称，在欧亚大陆称为 steppe，在北美称为 prairie，在南美称为 pampas，在非洲称为 velds。

草地（grassland）是草类和其着生的土地构成的综合自然体（周寿荣，1996）。不同学者，出发点不同，理解有一定差异，但其基本内容是一致的。土地指的是环境，草类是构成草地的主体，是草食动物赖以生存的条件。有的学者（Horton et al., 1979；Snaydon，1987）还特别强调和重视禾本科草，他们认为世界上主要的和大多数草地都以禾本科草为主，而且禾草在地球上分布极为广泛，饲用价值高，对人类的贡献特别大。禾草与反刍动物相联系而存在，表现为协同进化的关系。有的学者对草类和草地的理解更为广泛，如 William 和 Jones（1960）认为"草地"一词应包括各种类型的牧场，共同点是将禾本科、豆科牧草和其他植物结合在一起以供放牧之用。因此，在这个定义范围内，草地指的是环境，而草类是反刍动物赖以生存的牧草。强调草类，并非说草地上没有其他植物，有些草地常有少量灌木或乔木散生其中，但以草类为主。

草地包括天然草地（nature grassland）和栽培（人工）草地（cultivated grassland），前者是自然形成的，后者是人工建立的。草地概念也从经济属性来看，草地用于割草称为割草地，用于放牧牲畜称为放牧草地，用于绿化环境称为草坪。

5.1.2　中国草地资源概况

草地是一种自然资源，草地上的植物可以用来放牧或刈割饲养牲畜，以生产肉、奶、毛、皮张等畜产品，是草地畜牧业最重要的物质基础，其中有不少植物可以药用、造纸、酿酒、酿蜜，具有经济生产潜力；草地还有防风、固沙、涵养水源、保持水土、保护生态环境的作用；有些草地生长奇花异草，构成丰富多彩的自然景观，可供人们观赏旅游；草地还养育了许多珍贵的野生动物，成为它们的繁衍生息之地。因此，草地是国家重要的自然资源。

1. 草地资源的特点

草地面积大、分布广。根据 20 世纪 80 年代全国草地资源调查显示，我国天然草地面积为世界第二，而澳大利亚为世界第一大草地资源国家。在我国，西藏、内蒙古、新疆天然草地面积分别居前三位，拥有草地面积 1500 万 hm² 以上的省（自治区）有 7 个（西藏、内蒙古、新疆、青海、四川、甘肃、云南）。

草地类型众多、地带性强。由于我国草地分布地域广阔，自然条件和人为社会因素复杂多样，因此形成了复杂众多的草地类型。将中国划分出 18 个草地类、144 个草地组、824 个草地型。按热量和水分主导因素之差异，可将我国天然草地划分为三大区域：青藏高原高寒区域，温带草原、荒漠区域，南方、华北山地和沿海滩涂区域。

草地生产潜力雄厚。草地饲用植物资源丰富。我国天然草地拥有饲用植物 6704 种，分属于 246 科，1545 属。饲用价值大的首推禾本科的饲用植物，有 210 属、1028 种。豆科牧草在我国草地中有 125 属、1163 种。菊科牧草有 136 属、532 种。野生植物资源潜力雄厚。我国草地野生饲用植物 6700 多种，现在人工栽培的牧草 328 种，仅占野生种子饲用植物种数的 5%。

2. 草地资源的地位和作用

草地资源是一种可以再生的农业自然资源，对人类社会持续发展具有非常重要的作用。草地蕴藏着巨大的生物量，不仅是发展国民经济的物质基础，还是维护陆地生态环境的天然屏障。

（1）调节气候，涵养水源。草地具有调节气温和空气湿度的能力，大片面积的草地与裸地相比，草地上的湿度一般较裸地高 20% 左右，夏季地表温度草地比裸地低 3～5℃。

（2）防风固沙，保持水土。草本植物是增加和发展陆地上绿色植物的先锋，又是保持水土防风固沙的卫士。草地防止水土流失的能力明显高于灌丛和林地。如生长 3～8 年的林地拦蓄地表径流的能力为 34%，而生长 2 年的草地为 54%，高于林地 20 个百分点。

（3）改良土壤，培肥地力。草地植被在土壤表层下面具有稠密的根系并残遗大量的有机质。草地中的豆科牧草根系生长大量的根瘤菌具有固定空气中的游离氮素的能力，可为草地生态系统提供大量的氮肥。

（4）净化空气，美化环境。草地植物通过光合作用释放大量氧气。有些牧草对空气中的尘埃具有净化作用。草地还具有减缓噪音和释放负氧离子的作用。

（5）草地资源是发展我国少数民族地区经济的主要生产资料。我国草地资源集中分布地区，也是我国少数民族集中居住的地区。长期以来，草地资源是我国少数民族赖以生存和发展的物质基础。

（6）天然草地是发展多种经济的原料基地。天然草地具有非常丰富的动植物资源，是发展我国纺织、食品、乳品、制革、化工制药、狩猎以及对外出口贸易等多种经济的原料基地。天然草地是食草动物的主要食物来源和生长繁育的栖息地。如旱獭、狼、牦牛、野驴等。天然草地也是绿色食用植物的重要产地，如蕨菜、发菜、黄花菜、白蘑等。高大的草本植物是造纸的原料之一，如芦苇等。沙棘等成为饮料。

5.1.3　中国草地的分类

由于草地分类的对象是客观存在的实体，而且草地分类的目的是为人类利用草地服务的，因此草地分类由于分类角度和目的的差异是不同的，但是草地分类的系统和标准却是人类根据各自的认识和需要主观拟订的。因此，草地分类依据分类的目的不同有不同的分类方法。

1. 草地分类的方法

（1）植物-生境学分类法，以植被和生境（地形、土壤、气候）为依据。

该方法是我国草地工作者普遍采用的方法，北京农业大学贾慎修依据植被特征和生境因素进行草地综合分类，并相应制定出三级分类的原则、标准和系统，结合我国草地的实际情况，把我国草地划分为 20 类。1979～1989 年我国进行了全国性的草地资源调查，经过反复讨论、修改和补充，形成了用于全国草地资源调查汇总的草地分类方案和类型系统。将全国草地分成 18 个类。

（2）草地植物群落的分类，以植被类型为依据。

综合顺序分类法：甘肃农业大学任继周等人几经演变提出的草地分类方法。先以生物气候指标特征将草地划分为"类"，是该分类系统的核心，也是基本单位。若干类依据湿润度归并为类组；类以下，以土壤、地形特征划分亚类；亚类以下，以植被特征划分为型。根据这一方法，将中国草地划分为 37 个类，归并为 11 个类组。

2. 草地分类系统和标准

以植物-生境学分类法为主进行介绍。我国现行的草地分类系统按照上述分类方法，分类（亚类）、组、型三级。各分类级的划分标准如下。

第一级：类——具有相同水热气候带特征和植被特征，具有独特地带性的草地，或具有广域性分布的隐域性特征的草地，各类之间的自然特征和经济利用特性有质的差异。全国草地共划分为 18 类：①温性草甸草原类；②温性草原类；③温性荒漠草原类；④高寒草甸草原类；⑤高寒草原类；⑥高寒荒漠草原类；⑦温性草原化荒漠类；⑧温性荒漠类；⑨高寒荒漠类；⑩暖性草丛类；⑪暖性灌草丛类；⑫热性草丛类；⑬热性灌草丛类；⑭干热稀树灌草丛类；⑮低地草甸类；⑯山地草甸类；⑰高寒草甸类；⑱沼泽类。

亚类：亚类不作为分类级，它是类的补充，是在类的范围内，大地形、土壤基质或高级植被类型差异明显的草地。草原具有相同的形成过程及植被优势生活型的特点，亦反映不同的地理特性，各亚类之间亦有质的不同。如石质的（戈壁的）、黏土质的、沙质的和盐土质的荒漠亚类。

第二级：组——在草地类和亚类范围内，组成建群层片的优势种或共优种植物所属经济类群相同的草地。组是草地分类的中级分类单位。组是型的联合，各组之间具有量的差异。如温性灌草丛有白羊草、黄背茅等型组。多年生草本包括高禾草（>80cm）、中禾草（30～80cm）和矮禾草（<30cm）、豆科草本、大莎草、小莎草和杂类草。半灌木包括蒿类半灌木和半灌木。

第三级：型——具有相同层片结构以及各层片或主要层片的优势植物种相似，群落组成和生境条件相近似，反映出具有一致性的实用意义和经济价值。型是草地分类的低级单位，也是绘制大、中比例尺草地类型图的主要依据和基本绘图单位。例如，羊草型组包括羊草、狼针草型；羊草、杂类草型；羊草、糙隐子草、寸草苔型等。

5.1.4　中国草地的分区

分区划片是进行草地区划的主要方法。我国草地区划是在全国草地资源调查的基础上，根据天然草地资源的分布规律及其特征进行分区划片。韩建国（2009）将我国草地划分 7 个区，29 个亚区。本书将各区的自然经济特点及地域范围作一简单介绍。

（1）东北温带半湿润草甸草原和草甸区。该区地理位置是东经 118°～135°，北纬 39°～53°，东、北、西三面与朝鲜、俄罗斯、蒙古接壤，行政区区域包括黑龙江、吉林、辽宁三省与内蒙古东部的呼伦贝尔市、兴安盟、哲里木盟、三盟和赤峰市，土地面积 126.94 万 km²，是我国温带草地的重要组成部分，也是欧亚大陆草原带向东延伸至太平洋东岸形成的半湿润草甸草原区。该区域农牧林业经济发达，具有优质高产的各种草甸及草甸类草地，是我国发展草地畜牧业的重要基地。

（2）蒙宁甘半干旱草原和荒漠草原区。该区位于东经 102°45′～120°与北纬 35°～46°45′。北与蒙古共和国接壤，东与东南以大兴安岭—燕山—恒山—太行山—吕梁山—子午岭—六盘山一线为界，西与温带荒漠区相连，呈东北西南带状分布。包括内蒙古中部、河北北部、山西西北部、陕西北部、宁夏全部、甘肃东北部、青海东部一角，土地面积 75.319 万 km^2。

（3）西北温带、暖温带干旱荒漠和山地草原区。该区位于我国西北部，东起阿拉善高原，沿黄土高原西北部，穿河西走廊，经柴达木盆地东南边缘，向西经阿尔金山至昆仑山，包括内蒙古阿拉善盟，甘肃的武威、张掖、酒泉三地区和白银、金昌、嘉峪关三市以及青海的都兰、乌兰、格尔木、大柴旦和新疆全部，面积为 235.25 万 km^2。

（4）华北暖温带半湿润、半干旱暖性灌草丛区。该区位于长城以南，淮河以北，东临渤海与黄海，西至甘南中南部。包括北京、天津全部、河北、河南和山西大部，陕西、甘肃中南部，以及江苏、安徽两省的淮河以北地区。土地面积 76.6 万 km^2。

（5）东南亚热带、热带湿润热性灌草丛区。位于我国东南部，地理位置为东经 106～123°，北纬 18～30°50′。东南临东海、南海和太平洋，北依淮河伏牛山、秦岭，西以大巴山、巫山、武陵山至云贵高原东缘一线为界。包括上海、浙江、江西、广东、福建、海南、台湾诸省及江苏、安徽、湖北、湖南、广西等省（自治区）的大部分和河南省的一部分。全区土地面积 130.61 万 km^2，占国土面积的 13.6%，是我国南方草地的主要组成部分。

（6）西南亚热带湿润热性灌草丛区。该区位于我国西南部，地理位置为北纬 21°08′～34°5′，东经 98°30′～111°24′，东以大巴山、巫山、武陵山、云贵高原东缘一线为界，西以峨眉山、横断山等青藏高原东缘一线为界，南面与缅甸、老挝、越南接壤。包括云南省大部及甘肃、陕西、湖北、湖南、广西各省的一部分，土地面积 115.33 万 km^2。

（7）青藏高原高寒草甸和高寒草原区。本区位于我国西南边境，地理位置为东经 75°～103°，北纬 25°～37°，东、北两面与云南、四川、甘肃、新疆相连，西、南面同缅甸、印度、不丹、尼泊尔等国毗邻。包括西藏、青海除海西自治州和西宁市所辖地区以外的所有地区，四川的甘孜、阿坝，云南的怒江、迪庆及丽江地区，土地面积 199.95km^2，约占国土面积的 21%。

5.2　草地生态学

5.2.1　草地生态学的概念

草地生态学（grassland ecology）是研究草地生态系统的结构、功能、生物生产、动态、生态调控，并探索其实现高效、平衡和持续发展的科学（周寿荣，1996）。

草地生态学为生态学的分支学科，属于应用生态学的范畴（周寿荣，1996）。它以生物学、地学和普通生态学为基础，与农业生态学和景观生态学相联系和渗透，以综合分析和解决草地畜牧业及自然资源的管理和环境保护中的生态问题。

5.2.2　草地生态学研究的主要内容

草地生态学是研究草地生态系统的结构、功能、生物生产、动态、生态调控，并探索其实现高效、平衡和持续发展的科学，其具体的研究内容包括：草地生态系统的概念、组成、结构；草地在自然界的地位和作用，与人类生活的关系；草地生态系统形成和发展的机制、动力和影响因素；草地生态系统的功能和生态平衡的原理；中国主要草地生态系统的结构、功能、生物生产、存在的生态学问题和实现高效平衡持续发展的途径；生态调控的原理、草地生态工程和现代草地畜牧业建设的生态学基本理论和方法；草地生态系统模型的组建和应用；草地的退化和恢复等。草地生态系统与其他生态系统之间的相互关系等。

5.2.3　草地生态学的研究进展

草地生态学便是在生态学迅速发展的基础上诞生的。20 世纪 60 年代以前，有关草地的研究和论著，多集中在草地的利用与管理，但也开始注意到草地植物和植物群落与环境的关系，涉及草地生态学的某些内容。

20 世纪 60 年代以来，由于生态学的迅速发展生态系统的理论逐渐渗透到生物科学的各个领域，用系统论的观点来分析和阐述其研究的对象，这种形势也孕育着草地生态学的诞生。1962 年，Humphrey 编写了《牧野生态学》（*Range Ecology*）一书。1971 年，英国草地学家 Spedding 的《草地生态学》（*Grassland Ecology*）问世，是一部草地生态学专著，提出草地生态学是一门独立的学科。如果以这一专著作为草地生态学的诞生，至今也不过 20 余年的时间。60 年代至 80 年代是世界，特别是发达国家经济和科学技术飞跃发展的时期，也是生态学迅速发展的阶段，草地生态学在这一时期诞生和发展也是很自然的。70 年代到 90 年代初的 20 余年间，各国进行了以下不同层次的研究：草地植物生物学和生理生态学，草地植物种群生态学、草地植物群落结构与动态、第一性生产、放牧生态、第二性生产、草地生态系统能量流动、物质循环、草地资源动态监测、草地管理模型的建立与应用等的研究，发表了较多的有关专著和论文，从不同地区、不同角度、不同层次，论述了或涉及草地生态学的问题。

我国草地生态学的发展历史较短，但发展还是较快的。20 世纪 70 年代中期以前也大多从事草地利用和管理的研究，仅有部分植物生态学工作者，对我国草地进行了植物群落学的调查研究，或对某些优势植物种进行个体生态的研究。从 70 年代后期才开展草地植物种群生态和草地生态系统的研究。80 年代

是我国草地生态学发展较快的时期，北京农业大学贾慎修组织翻译 Spedding
的《草地生态学》的出版，对我国草地生态学的发展起了一定的推动作用。有
关草地生态学的科学研究也有了较大的发展：东北师范大学草地研究所、中国
科学院植物研究所和内蒙古大学、甘肃草原生态研究所和甘肃农业大学、四川
农业大学、内蒙古农牧学院和中国科学院草原研究所、中国科学院青海高原生
物研究所、新疆八一农学院和东北农学院等单位先后分别在不同地区，对不同
类型的草地生态系统进行了不同方面和不同层次的研究，取得了有价值的研究
成果为我国草地生态学的研究奠定了基础。历时 10 年的全国性草地资源调查
和各省区的有关研究，也从不同角度积累了有价值的资料。在此期间，部分大
专院校分别为大学本科生和研究生开设了草地生态学课程，对草地生态学教育
和人才培养起到了一定的推动作用。

随着科学研究的开展，20 世纪 80 年代以来，在我国有关草地生态的专著、
论文及其他文献资料增多，如《草地生态研究方法》（姜恕等，1988）、《草地生
态学的发展》（李博等，1991）、《草原生态系统研究》（姜恕等，1985）、《草地第
二性生产动力学模型》（吕胜利和宋秉芳，1991），虽然还是初步的，但也反映了
我国草地生态学的发展和进程。

未来草地生态学应在草地资源动态监测研究、畜牧业优化生产模式、草地动
物研究、草地生态系统能量流动和物质循环，以及草地生物多样性及保护措施等
方面加大研究力度。在方法上应多利用遥感信息、地理信息系统、生态位、生态
场、信息生态等方法和观点。

5.3　草地生物群落的动态和演替

5.3.1　草地生物群落的季节变化

草地生物群落的季相变化主要是制约于水、热在一年内的季节性变化。一年
中水、热条件随季节而变化，组成群落的主要植物的生长发育也随着气候季节性
的周期变化，在不同季节通过不同的生育阶段。由于组成群落的各种植物分别具
有不相同的生物学特性，在同一时期内表现出不同种植物处于不同的物候期。但
多数植物生长发育的季节节律仍具有相似性，特别优势植物的生长发育的季节变
化决定群落的"季相"。

1. 草地植物群落的季节变化

在这里主要以温带草地植物群落的季相更替来说明草地植物群落的季相变
化。由于温带气候区四季变化明显，故温带草地生物群落的季相更替较为明显。
例如，内蒙古东部呼伦贝尔草原的贝加尔针茅群落的季相更替可划分为 6 个季相

（周寿荣，1996）。

（1）早春季相（4月中旬至5月中旬）。群落中萌发最早的是星毛萎陵菜和葱属植物，营养体开始改变上年冬季的枯黄色景象。这之后，萌发的植物种类逐渐增加，有羊草、贝加尔针茅、糙隐子草、二裂叶萎陵菜、砂地萎陵菜、假泥胡菜、蒲公英、蓬子菜等，以萎陵菜属和菊科为主的这些植物开出的黄色小花朵均匀散布在草群中，构成了淡黄—绿色的早春季相。

（2）晚春季相（5月中旬至5月底）。群落中大部分植物普遍萌发，尤其是早春返青的一些杂草普遍开花，如星毛委陵菜、蒲公英、粗根鸢尾、米口袋、乳白花黄芪和鸦葱等，从而使草原呈现出一派有生机的黄绿色晚春季相。但是，这时在草丛中仍残留着上一年的干枯部分。

（3）初夏季相（6月初至6月底）。群落的建群种贝加尔针茅和亚建群种羊草及大部分杂类草植物的个体数量增多和营养体增大，使整个群落逐渐变绿，而原来残存的枯草已基本消失，致使草原呈现出欣欣向荣的绿色初夏季相。在这个时期的前一阶段，盛开黄花的披针叶黄华尽管其个体少量散生在草群中，但仍很显著。中期一些禾草开始抽穗，如有羊草、硬质早熟禾和落草。还有一部分杂类草相继开花，有蒙古糙苏、苦荬菜、芯芭和阿氏旋花等。进入这个时期的最后阶段，大部分禾草抽穗，而春季萌发、开花的植物先后成熟结实。

（4）夏季季相（7月初至8月上旬）。整个群落呈现出生长茂盛、如花似锦的绿油油的夏季季相，这是该群落的繁盛时期。建群种贝加尔针茅正处于抽穗—开花期，银白色的长芒覆盖在整个群落绿色的上层，迎风飘荡；亚优势种羊草开始结实，大量杂类草开花，五颜六色，开黄色花的有蓬子菜、柳穿鱼和萎陵菜；开紫色花的有草木樨状黄芪。这种万紫千红的景象，致使草原显得十分华丽。但是，那些生育期早的早春植物大都进入了果后营养期，个别植物（如蒲公英）已完成生长周期，地上部分已消失。

（5）初秋季相（8月上旬至9月上旬）。贝加尔针茅开花结实，仍覆盖在草群上层，而羊草成熟的果穗，仍然保留在草群中。之后，贝加尔针茅果实也开始成熟，颖果逐渐脱落。9月中旬以前，大部分植物都已花朵凋谢，有些植物的枝叶开始枯黄，而糙隐子草的营养体也开始呈现紫色，这些景象，带来了秋天已经降临的信号。

（6）晚秋季相（9月上旬至10月上旬）。由于气温降低并出现霜冻，整个群落景观已由初秋的黄绿色逐渐转变为枯黄色。这时群落的大多数多年生植物地上部分开始干枯，只有少数植物的植株的基部还保留少量的绿色营养器官，如冷蒿；个别植物仍维持着灰绿色的植株；糙隐子草丛变为暗紫色，一些干而脆的枯枝落叶被风吹折断落。这时整个草原呈现出深秋凄凉的景象，预示着寒冬即将来临。

２. 草地动物群落的季节变化

随着植被的季相变化，动物的种类及其活动，在群落中的地位和作用也随季节而发生变化。一个比较明显的变化是草食家畜的行为、体况和生理随季节而变化，如绵羊春季放牧时的赶青，晚春积极采食，恢复体况，夏季大量采食，逐渐肥壮，初秋发情配种并继续积极采食，储积脂肪，秋冬怀孕，冬春产羊羔。这也是一种动物的"季相"变化过程。从动物本身来讲是随季节气候、食物营养条件而发生的生长发育和生理变化；从生物群落来讲，是动物个体变化和种群的增长；从生态系统来讲，是物质和能量随季节的流动和存在形式的变化。其他草食动物也有类似的变化，只是时季早晚不同而已。动物的行为、活动、生理随季节变化，在川西北草地、青藏高原表现尤为明显。家畜采食行为表现在季节性的适应。早春，这些地方的牧草开始返青，家畜在平地草甸上牧食；而仲春和暮春它们奔向沼泽和半沼泽，那些地方草生长茂盛；初夏随着坡地牧草生长而奔向山坡牧食；夏季上山岗牧食；秋冬又返回河谷。部分野生动物也有这种适应趋势，动物这种季节性的觅食能力是在长期进化过程中形成的。

草食动物和家畜采食行为的变化还表现在采食草的种类和部位，高原上的牦牛和马春季采食莎草科草和其他植物叶丛；夏季采食草尖和花序，秋季大量采食牧草果实和种子，这也是一种对自然的适应现象。符合植物的营养动态，从而不断获得良好的营养物质，以满足动物季节变化对营养条件的需求。

野生动物的行为和生理的季节变化也表现得很明显，鼠类春夏出洞采食，秋季储藏食物于洞内，冬季营洞穴生活。旱獭每年３月下旬到４月上旬出蛰，４月中、下旬交配，孕期３０～３５天，６月中旬幼兽出洞活动，夏秋大量采食，储积脂肪，１０月下旬常入蛰冬眠，冬眠期４～４.５个月。

草地动物的这些季节变化是受气候和草地植被季节动态和食物的丰欠所制约的。这里分开来叙述，只是为了说明问题的方便，实际这种变化是与植被紧密联系进行的。整个草地生物群落又是在气候变化的制约下而发展变化的。

5.3.2　草地生物群落的演替实例

１. 克氏针茅草原放牧演替过程

克氏针茅草原在放牧影响下，其演替的逆行趋势是沿着草地旱生化方向发展的。它在轻度、重度、强度和极度等不同放牧强度的影响下，表现四个放牧演替阶段（图5.1，表5.1），其特征如下。

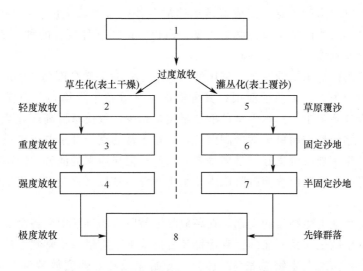

图 5.1　克氏针茅草原放牧演替阶段群落特征比较

1. 克氏针茅＋糙隐子草＋冷蒿；2. 冷蒿、克氏针茅、糙隐子草；3. 阿尔泰狗哇花、冷蒿；4. 阿氏旋花、冷蒿、蓖齿篙；5. 小叶锦鸡儿-克氏针茅＋冷蒿；6. 小叶锦鸡儿-禾草＋冷蒿；7. 沙蒿-沙薇＋虫实；8. 骆驼蓬＋一年生植物

表 5.1　克氏针茅草原各放牧演替阶段群落学特征比较

放牧阶段	群落名称	主要植物成分	草群高度/cm	总差度/%	总产量(干重)/(g/m²)	产草量(干重)/(g/m²)						
						克氏针茅	禾草	冷蒿	狗哇花	阿氏旋花	骆驼蓬	一年生植物
正常	克氏针茅＋冷蒿	克氏针茅、糙隐子草、冷蒿、扁蓄豆、	40	16.7	68.32	21.3	8.79	14.85	5.84	1.3	—	—
轻度	冷蒿＋糙隐子草	冷蒿、糙隐子草、克氏针茅、娄陵菜	17	16.2	82.09	4.84	8.79	36.8	8.88	1.11	—	3.26
重度	狗哇花	阿尔泰狗哇花、冷蒿、木地肤	13	15.4	67.38	2.2	4.15	18.03	21.73	0.9	—	6.28
强度	阿氏旋花＋冷蒿	阿氏旋花、冷蒿、狗哇花、蓖齿篙	10	21.5	83.03	1.41	2.48	38.6	12.44	8.1	—	13.15
极度	骆驼蓬＋一年生植物	骆驼蓬、独行菜、羊草、猪毛菜	12	21	59.51	—	24	0.45	3.7	1.7	28.2	4.8

（1）群落中种类成分的更替。以丛生禾草克氏针茅为建群种的针茅草原，随着放牧强度的加强，组成群落的建群种不断更替。在轻度放牧演替阶段，先是旱生灌木冷蒿，而后是能够生存在侵蚀土壤上且适口性不好的阿尔泰狗哇花，接着是耐牧性更强的银灰旋花，最后以根蘗繁殖力强且有臭味的匍匐根骆驼蓬和一年

生植物而告终。由此可见，组成群落的建群种伴随着放牧强度的加强而不断更替，形成不同放牧演替阶段各群落类型。所以，以建群种更替的种类成分变化，是草地群落发生放牧演替的基础。

（2）群落内部结构的变化。克氏针茅群落原有的平均高度为 40cm 左右，且比较明显地分为上、下两个亚层；其种群的水平分布也较均匀。但在演替过程中，以克氏针茅为主的丛生禾草种群数量越来越少，致使草群高度逐渐降低，且层次单一，结构越加简单。就冷蒿而言，它在正常的克氏针茅群落中虽处于最下层次，但其生殖枝发育良好，且多呈直立状态；但在后来的演替阶段中，植株高度明显下降，在强度放牧演替阶段中几乎不发育生殖枝，完全呈现出低矮而匍匐的体型。

（3）群落地上生物量的变化。在各放牧演替阶段的群落中，各个优势种群地上生物量的增减是非常明显的。克氏针茅种群地上生物量从正常状态的克氏针茅群落起（占群落地上生物总量 32.10%）开始递减，到强度放牧演替阶段仅占 1.69%；冷蒿种群则由正常状态（克氏针茅群落）的 21.73% 开始递增，在轻度阶段增为 44.82%，到强度阶段增为 46.49%；骆驼蓬侵入极度放牧演替阶段群落中获得了良好的生长发育，几乎替代了前几个放牧演替阶段群落的所有主要植物而占绝对优势，其地上生物量占草群的 47.12%（为不可食生物量）。一年生植物地上生物量有时还较高，但极不稳定。

（4）群落地下部分的变化。由于群落地上部分和土壤的变化，导致群落地下部分（根系）的相应变化。具体表现在群落根系的生长和分布，尤其是 0～5（10)cm 表土层的变化更加显著。以根系而言，强度放牧演替阶段为正常状态的 1/4，根系长度只为 1/6。当然，群落根系的减少，势必限制着地上器官的良好生长。

然而，在草地植物生长期放牧的影响下，已经显示出进化现象（Roe，1951），草地植物凭借着它们的形态、物候以及减少或补偿放牧影响的生理过程等来适应放牧。McNaughton（1979）总结了植物对放牧的补偿机制，而这种机制已通过家畜活动的反应得到了验证：①增快了残留绿色组织的光合速率；②植物体内同化产物和营养物质的再分配；③采食掉老组织而不降低残留组织的最大光合水平，加强了较活跃的残留组织的光照强度；④分生组织的激素控制，促进叶片生长，减少叶片衰老，加大分蘖；⑤由于蒸腾表面减少，相对于气孔阻力的叶肉细胞阻力减少，从而减少了蒸腾，保持了植物体内的水分；⑥由于放牧对生殖器官和生殖过程影响较大，增多了营养枝数目和加强了植物的无性繁殖能力（Dahl and Hyder，1977 ）；⑦反刍动物唾液的刺激作用，促进了植物的再生。

草地群落在放牧干扰下种类成分发生变化，特别是各演替阶段建群种的更替，反映演替阶段的群落特征，也明显地表现出退化草地的生产力水平。在群落放牧演替过程中，可划分出三个"演替顶极成分"类型：①减少者：植物相对生物量（％）随草地退化程度的加强而递减的一些植物种类。②增加者：相对生物量（％）随草地退化程度的加强而递增的一些植物种类。③侵入者：入侵草地退化地段上的少量外来植物，且能在退化群落中占优势的植物种类。

　　根据植物草地群落放牧演替过程中的更替、地位和作用来看，凡属增加者和侵入者的种类成分且是群落的建群种，一般均可视为草地退化的标志物种（表5.2）。

表 5.2　克氏针茅草原放牧演替各个阶段群落相对生物量比较（李德新，1980）

演替顶级成分类型	植物种类	群落相对生物量				
		正常	轻度	重度	强度	极度
减少者	克氏针茅、糙隐子草、扁蓄豆、葱属	65.46	39.74	30.35	12.90	8.49
增加者	冷蒿、阿尔泰狗哇花、阿氏旋花、一年生植物	34.54	60.26	69.65	87.10	14.93
侵入者	骆驼蓬	—	—	—	—	76.58

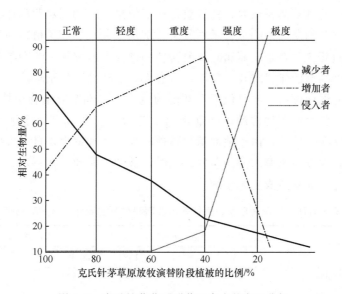

图 5.2　克氏针茅草原群落生产力的定量分析

　　克氏针茅草原放牧演替阶段植被的百分比，清楚表明三个演替顶极成分类型相对生物量在各演替阶段的分配状况。同时也揭示出草地生产力的现状，是由该草地各演替阶段群落与演替顶极植被的背离程度来确定的。通常背离演替顶极植被的程度愈大，退化演替的生产力就愈低，见图 5.2。

　　草地群落的放牧利用价值与它的放牧演替阶段是紧密联系的。正确评价放牧草地的优劣状况，并确定放牧草地的退化等级，可为保护和合理利用放牧草地提供科学依据。

2. 草地刈割演替过程

（1）刈割对于草地群落的影响主要表现在以下几个方面。①群落植物种类成分的变化　地上芽植物减少，地下芽和地面芽植物相对于地上芽植物受影响较小；有性繁殖的植物种类减少，而无性繁殖植物受影响相对较小。上繁草受影响大而下繁草较小，旱生植物种类（如旱生杂类草、小半灌木）增加，中生植物种类减少。②群落高度逐渐降低，总盖度减少，群落结构趋于简单。③群落光合能力逐渐下降，致使群落初级生产力降低。④促使地被层破坏，土壤变得干旱和贫瘠，最后导致草地群落旱生化。⑤以根系为主的地下部分生长受阻，禾草的分蘖和根茎数量减少，生长发育不良。⑥地面裸露坚实，土壤结构、质地变劣，肥力下降。

（2）仲延凯等（1988）对内蒙古高原东部地区广泛分布的主要割草草地——羊草群落进行的割草演替试验，初步获得如下结果。①刈割对群落种类组成的影响：在连续三年割草的影响下，禾本科（特别是羊草）和豆科植物种类所占比例逐年减少，而菊科（特别是蒿属）和藜科植物种类有所增加。②刈割对植株高度的影响：连续割草的年代愈长，其影响就愈大。在连续三年割草期后，羊草和大针茅等种群的平均株高均明显低于不刈割的植株。③刈割对植物单株重的影响：刈割三年羊草和大针茅种群的单株重降低（表5.3）。④刈割对土壤含水量的影响：草地群落在割草后，由于地面植物覆被减少，空地增大，日光直接照射到裸露的地表面，加强了土壤水分的蒸发。同时，被刈割的地段在一定时期内地表径流加大。因此，刈割造成土壤干燥。

表 5.3　三年内连续刈割后羊草、大针茅单位面积种群重量变化（仲延凯等，1998）

处理	羊草/(g/m^2)			大针茅/(g/m^2)		
	1982	1983	1984	1982	1983	1984
连年刈割	0.33	0.13	0.13	1.23	0.41	0.48
连年刈割	—	0.07	0.09	—	0.25	0.23
连年刈割(在开花期)	—	0.08	0.12	—	0.31	0.48
连年刈割(在营养末期)	—	0.12	0.14	—	0.26	0.34
连年刈割(去除地物)	0.33	0.11	0.13	0.88	0.36	0.49
连年刈割(在结实期)	0.32	0.10	0.14	0.81	0.37	0.46

连续割草对羊草草原的影响，主要由于群落中植物种类成分的变化，即禾草种群数量的逐渐减少，而菊科的黄蒿种群反而增多；最终使植物群落发生逆行演

替：1992 年的羊草群落（羊草密度比为 95.03%，羊草占群落总生产量的 91.94%）经过连续割草后，1985 年形成黄蒿＋旱生杂类草群落（密度比：黄蒿 52.67%，羊草 38.33%；羊草只占总生产量的 8.19%）。由此可知，草地群落在不合理的连续割草影响下，不仅草群高度、密度和产草量会降低，还反映在草地质量（优劣牧草和营养物质的变化）的下降。这就是割草地的退化表现。

　　割草问题既是生产问题，又是生态学问题。既要考虑牧草的产量和质量，又要考虑牧草的再生。据吉林省西部地区有关研究资料，羊草草原群落的有花期长达 180 天左右。整个群落的一些早春植物开花始于晚霜之前（4 月中旬），而另一些生育期晚的植物花凋谢终于早霜之后（10 月中旬）；在此生长季节内大部分植物断续地花开花落。在正常年份中开花呈现"双峰型"曲线（春季和夏季），这是组成群落的植物生长发育受气候条件节律变化影响的结果。如果将羊草草原的开花曲线和产量动态曲线结合起来分析，就可能确定羊草草原的适宜割草时期（图 5.3）。显然，羊草草原群落在 7 月下旬至 8 月中旬，正是群落中开花植物种数最多与产量最高的季节；在这个时期内，群落的初级生产力正是优质高产时期，过早或过晚都将会降低其生产力。所以，就群落本身而言，此时即是最佳的割草时期。然而，若以天气状况来看，在此期间往往正是多雨季节，对于在天然条件下调制干草，容易发霉甚至腐烂。因此必须改进干草调制技术，以确保生产优质高产的干草。

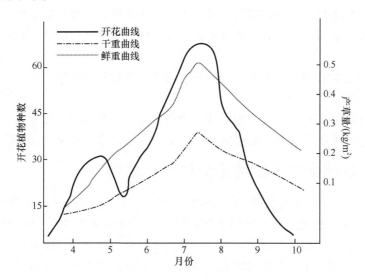

图 5.3　羊草草原群落开花曲线与产量动态的相关分析

5.4　草地生态系统

5.4.1　草地生态系统的定义

草地生态系统（grassland ecosystem）是指在一定草地空间范围内共同生存于其中的所有生物（生物群落）与其环境之间不断进行着物质循环、能量流转和信息传递的综合自然整体（周寿荣，1996）。

草地上的植物、家畜、野生动物和微生物共存于同一环境之中，相互依存，以绿色植物为基础，在它们之间进行着物质的生产、能量的流动、营养物质的循环和信息传递或称信息流等几个过程。

草地生态系统是地球陆地生态系统的重要组成部分，在自然界中占有很重要的地位，与人类的生活和环境有非常密切的关系。草地生态系统的形成和发展受自然规律的支配，也受人类活动的影响。

草地生态系统中的生产者——植物群落是草地生态系统的组分，而它又是相互联系、相互作用的若干植物种群组成的系统，称为亚系统。

草地生态系统包括天然草地生态系统、人工草地生态系统以及两者结合的复合草地生态系统。

草地生态系统是由无机系统与有机系统组成的。无机系统由自然界的无机物质组成，也称无生命系统；有机系统由生命物质组成，如微生物系统、植物种群系统和动物种群系统等。社会系统是由人群组成的，它又每时每刻地对草地生态系统发生影响。

草地生态系统为开放系统，与环境有物质、能量和信息的交换，有物质和能量的输入和输出。

草地生态系统是一种动态的系统。动态系统的状态随时间而变化，自然界和社会中的静态系统只是某一时候的暂时现象，真正的静态系统是没有的。

5.4.2　草地生态系统的组分和基本结构

概括而言，草地生态系统是由生物因素（biotic factor）和非生物因素（abiotic factor）组成的。生物因素包括植物、动物和微生物；非生物因素包括土壤、无机盐类水和二氧化碳，在它们之间进行着物质循环和能量流动。草地生态系统还受生物因素和非生物因素的影响。人类是主要的生物影响因素，气候是主要的非生物影响因素。草地生态系统的组成成分（component）和影响因素及它们之间的相互关系见图 5.4。

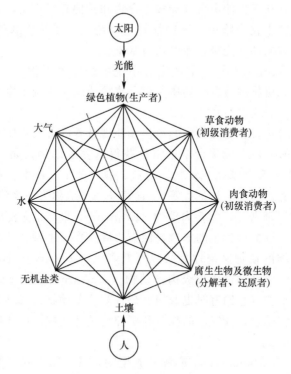

图 5.4　草地生态系统的组分和影响因素及它们之间
的相互关系

　　不同地区、不同类型的草地生态系统，其环境条件和生物种类组成都不同，外貌也不一样，但从其营养结构来讲，任何生态系统都可以分为生产者，消费者，分解者和环境四个部分，前三者称生物成分（biotic component），后者为非生物成分（abiotic component）。

　　1. 非生物成分

　　它属于无生命的物质，构成无机环境，包括基质——草地土壤、岩石、砂、砾和水等，构成植物生长和动物活动的空间；参加物质循环的无机元素和化合物（如碳、氮、二氧化碳、氧、钙、磷、钾），联结生物和非生物成分的有机物（如蛋白质、糖类、脂肪和腐殖质等）以及气候或温度、气压等物理条件。

　　2. 生物成分

　　（1）生产者（producer）。草地生态系统中主要生产者为具有根的绿色植物。是有机物质的主要制造者。绿色植物具叶绿素，利用日光能，通过光合作用把吸收的水、二氧化碳和无机盐类合成碳水化合物和其他有机物质，太阳能以化学能的形式被固定在碳水化合物中。这些物质是草地生态系统中其他生物的食物来源，也是进行物质循环和能量传递的物质基础。

（2）消费者（consumer）。草地生态系统中的异养生物（heterotroph），它们不能直接利用无机物制造有机物质，而是直接或间接依赖于生产者制造的有机物质为其生存的营养来源。

草地的消费者按其在营养级中的地位和获得营养的方式不同又可分为：①草食动物（herbivore）是直接采食草地植物获得营养的动物，如一些草食性昆虫（蝗虫、草地毛虫）和食草哺乳动物（野兔、鹿、黄牛、牦牛、水牛、绵羊、山羊、马、驴、骆驼、斑马、长颈鹿等）。食草动物又统称为一级消费者（primary consumer）或初级消费者。②食肉动物（carnivore）即以捕食食草动物来获得营养来源的动物，如以捕食为生的禽兽，像猫头鹰、狐狸、鼬、蛙类、狼等。这些以草食动物为食物的动物又统称为二级消费者（secondary consumer），或称次级消费者。③大型肉食动物或顶级肉食动物（top carnivore）以捕食其他肉食动物为食物来源的动物（它们有时也兼捕食杂食和食草动物），如鹰、鸶、虎、豹、狮等，猛禽为肉食动物，其锋利的喙有利于捕食其他动物。可统称为三级消费者（tertiary consumer）。

（3）分解者（decomposer）。亦称异养生物，其作用正好与生产者相反，它们把动植物体的复杂有机物分解，释放出能量并提供给生产者可以重新利用的简单无机化合物。草地生态系统中的分解者是一些细菌、真菌、霉菌、放线菌和土壤小型脊椎动物如蚯蚓、线虫等。分解者在生态系统中的作用是很重要的，如果没有它们，动植物的尸体将会堆积成灾，物质停止循环，生态系统将毁灭。分解作用往往是一系列复杂的过程，各阶段由不同的生物去完成。

不同的草地生态系统，上述几个结构成分具有不同的数量关系，如表 5.4 所示。

表 5.4　中等生产力的草地生态系统各结构成分的数量关系（孙儒泳，1992）

生态系统成分	生物类群	每平方米数目	生物量/(g/m²)
生产者	草本被子植物	$10^1 \sim 10^3$	500.0
自养层的消费者	昆虫和蜘蛛	$10^1 \sim 10^3$	1.0
异养层的消费者	土壤节肢类、环节类和圆虫类	$10^1 \sim 10^4$	4.0
大型消费者	鸟类和兽类	$0.01 \sim 0.03$	$0.3 \sim 150$
小型消费者	细菌和真菌	$10^{14} \sim 10^{15}$	$10 \sim 100.0$

草地生态系统包括三个亚系统，即生产者亚系统、消费者亚系统和分解者亚系统。图 5.5 表示草地生态系统结构模型和各组成成分间的相互作用。

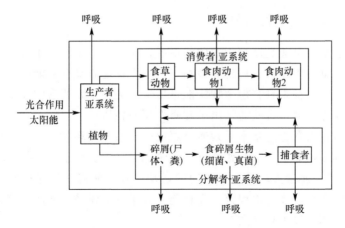

图 5.5　草原生态系统结构模型（仿孙儒泳，1992）

草地生态系统的生物生产有两个过程，一是生产者（自养生物）的生产过程，一般把它称为第一性生产（primary production 或译为初级生产），二是消费者（异养生物）的再生产过程，叫第二性生产（secondary production 或译为次级生产）。分解者的主要功能与光合作用相反，是把复杂的有机物质分解为简单的无机物，可称为分解过程。

5.5　草地生态系统的功能

5.5.1　草地生态系统的能量流动

在特定的时间和空间范围内，能量在草地生态系统各组分内或各组分间的运动与转移是一种连续的动态过程。因而，形成能量流动即能流。例如，太阳辐射能被草地植物吸收、固定、损耗和积累的动态过程；牧草被牧畜采食、消化、损耗和积累的能力动态过程；植物掉落物和家畜排泄物中的能量被各种微生物或原生动物或土壤小型动物吸收、利用和损耗的动态过程等，都是能量流动的具体形式。

按照能量生态学的观点（祖元刚，1987），以能量流动作为一条主线，将生命有机体与能量环境之间进行的能量交换；生命有机体通过体内的生物化学反应而进行的能量代谢；生命有机体利用积累的能量，形成各种含能产品所进行的能量生产等诸多动态过程有机地联系在一起。因而，探讨草地生态系统的能量流动，就是要在整体上综合分析与揭示生命系统与环境之间的能量关系和能量运动的规律。

1. 草地能量流动的特点

草地生态系统是能量储存于逸散的系统，而且是一个服从于所有热力学基本定律的系统。草地中家畜、动物和植物，一生中都起着储存势能的作用。在采食和被采食中，将这种来自其他生物的能量传递下去，不是所有的能量都能作为势能在体内被保存下来，有些能量由于呼吸作用而耗散。

应当指出，当营养与基本元素通过草地生态系统循环时，严格地说能量流动是线性的。Odum 等（1959）编出了一个能帮助人们记忆的口诀叫做"物质循环，能量耗散"。能量流动是一个单向的运动过程，能流一旦通过有机体，其流动方向就不能逆转，成为单程流，而且能量数量逐渐锐减，能流越来越细，直到以废热形式全部散失为止（图 5.6）。

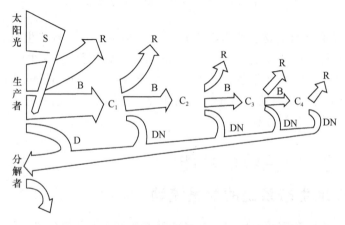

图 5.6　生态系统中的能量的分配与消耗（仿祝廷成等，1983）
C_1. 一级消费者；C_2. 二级消费者；C_3. 三级消费者；C_4. 四级消费者；S. 太阳能；
R. 呼吸消耗能；B. 现存生物量；D. 凋落物及死亡有机体；DN. 粪便及死亡有机体

2. 草地能量流动的渠道

草地生态系统中的植物被家畜等草食动物采食，肉食动物猎获草食动物，小型的肉食动物又被大型肉食动物捕食。生物之间通过采食与被采食、捕食与被捕食的食物关系，相互间结成一个整体，就像一环扣一环的链条，称为食物链。食物链上的每一个环节叫做营养级。每一种生物种群都处于一定的营养级上，只有少数物种兼两个营养级，如杂食动物像野猪和熊，它们吃植物的果实，也吃小型的食草动物和肉食动物，位于第二和第三营养级上。草地生态系统常见的食物链：蝗虫吃牧草，蛙吃蝗虫，蛇吃蛙，鹰吃蛇，共有 5 个营养级。

绿色植物是草地生态系统的生产者，是生命物质的基本来源，为第一营养级。草食动物直接以植物为食物，属于第一消费者，为第二营养级。以草食动物为食的肉食动物属于第二级消费者，为第三营养级。以肉食动物为食物的大型肉食动物属于第三级消费者，属于第四营养级。依次类推。分解者——细菌和真菌可列为第五和第六营养级。各种草地生态系统动物与植物之间的食性关系复杂多样，营养级的数目也不尽相同。在一般情况下是 $3\sim5$ 个营养级，各营养级由食物链衔接。能量在生态系统中沿着食物链流动，由一个营养级转移到另一个营养级，食物链乃是生态系统中能量流动的渠道。由于各级消费者的情况不同，一般把食物链分为捕食链、寄生链与腐生链。动物界普遍存在的以捕食方式形成的食物链，即为捕食链，也叫牧食食物链。也有从大动物到小动物以寄生方式形成的食物链，称为寄生链。例如，马蛔虫寄生在马的体内、原生动物又寄生在马蛔虫体中。此外，还有专以动、植物尸体为食物形成的食物链，叫做腐生链或残体食物链，如枯枝落叶、根茬等被蘑菇（真菌）分解，蘑菇又被细菌分解，等等。

　　另外，还有一个通常易被人们忽视的食物链，即碎屑食物链。生态系统中未被牧食食物链利用的碎屑有机物在真菌、细菌→原生动物→线虫、蚯蚓→肉食动物；或碎屑有机物→线虫、蚯蚓→肉食动物之间逐渐转移，叫做碎屑食物链。据研究，在一块放牧草甸上，对第一性生产力能量的消耗中，牧食食物链消耗了 33.3%，而碎屑食物链却消耗了 56.4%，可见碎屑食物链在生态系统的能量流动中占了很大的比重。

　　各种食物链并不是孤立的，往往纵横交织，紧密地联结在一起，形成复杂的多方向的食物网。人为地摘掉食物链中的某一个环节，将使生态平衡失调，甚至使生态系统崩溃。例如，美洲的森林草原曾经用来养鹿，长期以来鹿群与生态环境保持相对平衡，该草地生态系统稳定。后来，为了扩大鹿群，大量捕捉鹿的天敌像狼和山狗等动物被杀死，鹿的数量剧增，造成牧草缺乏。鹿由采食草而转为采食树叶和树干，最后导致树木死亡，鹿也因此而大批饿死。更为严重的是鹿因为寻找食物而破坏了整个草原的生态系统。

3. 能量流动的基本类型

　　（1）草地生物个体能流。个体水平上的能量流动，是了解群落水平乃至生态系统水平上能量流动的基础。因为任何生物群体及生态系统中的生命组成均是由个体组成的。由于种类繁多的生物个体在大小、外形、习性等诸方面存在着巨大的差异，这就给个体水平上的能量流动研究带来了很大的困难，故研究成果少，且多局限于动物的个体能流研究。这也是目前群体和生态系统水平上能流研究仍处于粗略的估测水平的基本原因之一。

　　Batzi（1974）提出了一个旨在定性表述适于植物或动物个体能流的模式。图 5.7 中的虚线表示有机体与环境的界线。在通过植物或动物的个体能流中，太

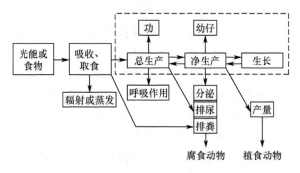

图 5.7　通过个体的能量流动模式（仿 Batzi，1974）

阳辐射能或食物作为能源分别被植物或动物通过吸收或取食使能量进入有机体，其间伴随着辐射能的损耗及植物蒸腾耗热和动物体表水分蒸发的能量损耗。进入有机体的能量构成总生产，并通过下列几条途径转移：①呼吸代谢并产生乙醇、乳酸和二氧化碳。②含氮化合物作为废物被排泄掉。③有机物可以完成转移负荷的功。④结合在还原碳中的能量进一步形成各种含能产品，构成净生产。当净生产的速率为正时，含能产品的积累速率大于其消耗速率，表现为有机体的生长。有机体在净生产中形成的含量产品，可以由下列几种方式消失：①繁殖后代（幼仔）。②个体的某些部分可作为死物质脱落（植物的掉落物和动物的脱皮和脱毛等）。③分泌物（植物的树胶、粘胶、挥发性物质，动物的信息激素及防御性物质等）。

　　（2）草地生物种群能流。能量研究十分重视种群水平的能量流动，因为种群是生态系统能量流动的基本功能单位，种群的能流密度常常决定整个生态系统的能流密度。种群能流还是估计种群密度的实际变动和决定种群在群落中作用的可靠基础。

　　在测定植物种群的能流时，需将该种群与其他的植物种群进行分离。事实上，地上部分的分离工作较易进行，但完全将地下部分分离清楚，目前尚存在许多困难。直接测定动物种群的能流是困难的。通常的做法是先分别测定出某一种群有代表性的若干动物个体的能流，然后再进行年龄结构、种群密度等方面的校正和间接进行推算。皮南林（1982）估测了藏系绵羊种群的能流。通过测定绵羊每天从每公顷草地上摄入的能量、排泄（粪、尿、甲烷等）损失的能量，以计算同化能，并计算出摄入能占高寒草甸第一性生产能量的 12.25%，同化能占 8.61%。在植物种群水平上，祖元刚（1987）测定了羊草种群的能量流动，他通过测定总辐射、反射辐射、透射辐射和羊草种群吸收的总辐射等，测算结果表明：在羊草种群处于生长发育盛期的 8 月中旬，在天气晴朗的条件下，平均每天仅利用太阳总辐射中 1.28% 的能量进行净初级生产，而 98.72% 的能量都损耗于能量流动过程之中。

（3）群落能流。群落是能量生态学研究中的一个重要层次。在草地生态系统中，植物总是以群落的形式有规律地聚集在一起，并分布在草地表面，因而群落结构致密，群落的能量强度也易于测定。绝大多数动物群落和微生物群落在结构上是松散的，边界亦十分模糊。动物和微生物的分布往往更多地取决于植物群落所提供的食物，因此，它们的分布趋向与植物群落的模式大体上相一致。

群落能流有阶段现象，如羊草群落的能量流动可划分为两个阶段，第一阶段为群落代谢过程中的能流，其特点是，98.49％的总辐射能在此阶段中损耗掉，流动的结果是群落不断积累能量，但却以巨大的能量损耗为代价。第二阶段为群落能量生产过程中的能流，其特点是能流被多次分割，越流越细，能量流动的结果是群落形成各种含能产品，但大多数含能产品不能直接被动物或人类利用。

羊草群落的能量流动过程具有明显的层次性，每一层都靠前一层次提供能量。第二阶段，即群落能量生产阶段，该阶段依赖第一阶段积累的能量，为群落能量代谢阶段提供能量。在两个阶段中，群落能流过程的唯一能源都是太阳辐射能。羊草群落能流过程见图 5.8。

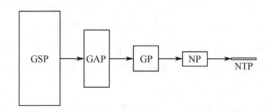

图 5.8　一个羊草群落的能量转化阶（仿周寿容，1996）

GSP. 总辐射能；GAP. 总同化能和呼吸损耗能；GP. 总生产能；NP. 净生
产能；NTP. 净产品能

从图 5.6 可知，羊草群落的能量流动过程从太阳总辐射开始，至群落各种含能产品的形成，共需有 4 个能量转化阶。在东北羊草草原生态系统，每年的太阳总辐射强度基本上是稳定的，年振幅较小，因而能够为羊草群落的能量流动提供充足的能量来源。在这种情况下，群落能量转化效率的高低，主要取决于羊草群落自身的能量吸收能量和能量利用能力。

5.5.2　草地生态系统的物质循环

草地生态系统都从大气，水体或土壤获得营养物质，通过绿色植物吸收，进入生态系统，被生物重复利用，最后又归还给环境，这就是物质循环。草地生态系统生物生命活动过程中，所需主要物质由 30～40 种化学元素组成。各种元素在生命过程和物质循环中均有各自的特性，它们对草地生物的作用各自不相同。

某元素在"库"中的储存量，可作为该元素存在于生物和非生物中的数量指标。"库"还分为储存库和活动库，集中在储存库中的物质，较易进入生命系统。两库之间通过物质流相互联系，把各个生态系统也联结起来，从而完成物质循环。

1. 水循环

在草地生态中，水是生命物质存在的条件，能量传递和物质循环的介质。世界大面积的主要草地生态系统，温带草原和热带稀树草原两大草地生态系统都分布于干旱、半干旱和半湿润的环境，水分不足成为系统中水循环和物质生产的障碍。在一些低湿地草地和沼泽草地，过湿环境的限制作用，也影响草地生态系统的功能。水循环就是构成生物地球化学循环和生态系统功能的基础，没有水循环生命就不能维持。水循环对草地生态系统的影响是多方面的，然而最重要的是水在牧草、种群和群落中的循环与生物生产的关系。

草地生态系统中生产者植被是水循环的一个重要环节。草地植物光合作用和蒸腾作用都需要水分，从土壤进入植物体内的水，有 95%～97% 通过蒸腾损失掉。据计算，草地植物每生产 1kg 干物质，平均要蒸腾掉 100kg 水，这些水分可增加空气的湿度。在一定的气候条件下，若想得到 20t 干重的牧草，需要 2000t 水。森林和草地生态系统在促进水循环上，更具有十分重要的作用，它把自然界的水分大循环，引入到生态系统的水分小循环之中，提高了水的利用效率，也提高了水的质量。总之，水循环规模巨大，牵动范围深广。它大到全球范围的水分往复交换，小到每一株植物体的水分循环。

若要保持草地生态系统的稳定，首先要维持其水量平衡。水量平衡是指输入的水量与输出的水量大致相等，即降落的水量与流失、蒸发所输出的水量是平衡的。关于草地生态系统中水循环问题，目前我国还研究得很不够。各类草地生态系统水循环的研究，应把重点放在牧草种群的水循环与物质生产上。

2. 营养物质循环

草地生态系统的营养物质循环是在草地环境，生产者、消费者和分解者之间进行的。表现在从岩石风化—土壤形成—植物和动物的生长—有机物的合成、代谢、分解以及水分在循环过程中对于这些物质的溶解。进入草地生态系统中的物质是多种多样的。下面仅就具有代表性的营养物质做一概括叙述。

1）碳循环

碳的循环在所有养分循环中是最简单的一种循环，草地生物体中 45%～50% 的干物质是由碳素组成。碳的循环是从大气二氧化碳蓄存库到生产者和消费者，再经过还原者回到大气蓄存库里。在这个循环中，二氧化碳的平均浓度大约是 0.032%。但是碳循环受季节和昼夜变化的影响。大约一年内光合作用能固定

$(4\sim9)\times10^{13}$ kg。大气和溶解在水中的碳可能只有 0.2% 变成生物量。海洋是最大的碳蓄库，据估计比空气中的碳多 50 倍。

在草地生态系统中，碳循环的速度是很快的，最快的在几分钟或几小时内就能返回到大气中，一般在几星期或几个月之内也将返回大气。某些可溶性碳酸氢盐，暂时损失到海洋中，但很快就被海水和空气之间的二氧化碳交换所补偿。结合在地壳内碳酸盐岩石中的碳，在任何自然生态系统中是不可能被用完的。

碳的循环是处于平衡状态，根据 Olson 等（1979）陆地植被每年固定大约 1.5×10^{10} t；而植被归还给大气的每年约 1.7×10^{10} t。但近年来的研究表明，由于人类对自然界，其中包括草地生态系统的影响，大气中的二氧化碳激增，这已引起越来越多生态学家的关注。然而，研讨草地生态系统中二氧化碳的循环，不仅研究其与环境保护的关系，更重要的还在于研究二氧化碳循环与草地生态系统的功能和物质生产的关系。

2）氮循环

草地生态系统氮的来源有以下途径：通过雷电、自然电离现象，把大气中的氮，氧化成硝酸盐及其他含氮的氧化物，再由降水带入草地土壤，参与草地生态系统氮的循环，此数量很少，每公顷不超过 $5\sim10$ kg 氮，仅仅等于微生物固氮作用供给草地生态系统中氮的 10%～14.3%；非共生微生物固氮作用是氮来源必不可少的途径；共生微生物如豆科植物的根瘤菌具有较强的固氮作用，为豆科植物蛋白质合成提供氮素。地球上固定大气氮总量的 60% 左右是由固氮细菌固定的。豆科牧草与禾本科牧草混播，充分利用光能和土壤养分，每亩可固氮 $20\sim40$ kg，相当于 $50\sim100$ kg 尿素。这是重要的氮来源。除豆科植物能固定氮素以外，还有裸子植物。某些种被子植物和一些木本植物也有固氮作用。科学工作者还在进一步研究把豆科根瘤菌转移到禾本科牧草和作物的问题，如能成功，将是一大突破；工业固氮，其数量接近于地球上所固定的大气氮总量的三分之一。目前，化肥是农田、草地氮的重要来源，工业固氮在草地生态系统氮的循环中影响越来越大，随着农业现代化的到来，全世界化肥所固定的氮在 20 世纪末已经超过 1 亿 t。

进入草地生态系统的氮，被固定成氨或氨盐，再经过消化作用，成为亚硝酸盐或硝酸盐，被植物吸收，合成蛋白质。这样，草地环境中的氮进入草地生态系统，食草动物则利用植物的蛋白质，改造成自身的蛋白质。在动物的新陈代谢过程中，一部分蛋白质分解为含氮的废物（尿素、尿酸），经过细菌的作用，再度分解出氮。此外，动物、植物的残体，受细菌的腐败作用，也分解出氮、二氧化碳及水。氮排到土壤中，经过各种细菌的硝化作用，形成硝酸盐，被植物再利用，制造蛋白质，如此循环不止。一部分硝酸盐则被反硝化细菌还原，生成游离的氮。返回大气中，氮又从草地生态系统回到无机环境中去。因此，氮的无机形式（亚硝酸盐和硝酸盐）和有机形式（尿素，蛋白质和核酸）是氮循环中决定性的库。

　　一个草地生态系统明显缺氮时，植物生长矮小，生产量下降，适量施用氮肥，植物的叶绿素含量增多，叶片加宽，色变浓绿，生长期延长，维生素及氨基酸的含量均有增加、生产量提高。食草动物采食后，生长健壮，草地生态系统的生产力会大幅度提高。

3）磷的循环

　　磷的主要来源是磷酸盐岩石和沉积物，鸟粪、化石动物以及动物的骨骼。磷通过侵蚀和采矿，从岩石中移出，进入水循环和食物链中。其次是施肥和给家畜补饲所提供的磷。

　　牧草的磷主要集中在根系，在同化和生长过程中转移到新芽，因此牧草体内的磷的再循环在一年生草地比在多年生的草地快；在多年生的草地中一年内多次利用比利用一次快 1.5～1.8 倍。牧草磷循环的强度取决于家畜的放牧，因为家畜粪便中的磷含量比牧草高。家畜粪便中的磷含量比例较高约 20%，容易被植物所利用。此外，反刍动物唾液中磷含量较高，牛羊采食牧草后的反刍活动将大量的磷转移到瘤胃中，再从瘤胃转移到肠道中，就发生了磷的矿化。这样反刍动物就提高了有机磷的分解度和溶解度。牧草磷通过家畜约有 80% 的磷被矿化。

　　草地牧草总磷的循环取决于家畜对牧草的利用率。在高放牧率下，牧草被频繁的牧食，因而使磷频繁的循环；但过度放牧又会使得牧草的地上和地下部分生长停滞，降低了根吸收营养元素的能力，这样又会导致牧草中磷的含量减少，降低磷的循环。

　　磷的损失主要由淋溶、径流和畜牧产品造成。牧草冻结、冬眠和枯黄后，磷的可溶性增加，多雨的地区可能有 70%～80% 的磷被淋失。淋溶和径流损失的磷，如果进入河流，再进入海洋，就会保留在深海沉积物中。由于磷无气态，这些磷将在地质年代暂停循环，导致陆地磷的不断减少（任继周，1995）。

5.6　草地的恢复与管理

　　土地退化是当今世界面临的一个极为严峻的环境问题，它造成全球可灌溉农田、雨养农田（rain-fed cropland）和草场的减产幅度分别达到 10.9%、12.9% 和 43.0%，可见土地退化对草地造成的减产更明显。全球的草地退化非常严重，据估计全球范围内大约有 20% 的草场生物产量下降，其中又以亚洲的草地退化面积最大，达 3700 万 km²，占草地总面积的 22%（Middleton and Thomas，1997）。我国的草地退化更为严重，从表 5.5 中可以看出无论全国，还是几个主要的畜牧业省份或自治区其退化草场的比例均大于全球及亚洲的平均水平。

　　草原退化，是在不合理利用下草地植被的产量和质量下降，土壤环境恶化，使草原生态系统的生产与生态功能衰退的现象，引起退化的原因有自然的，但主要是人为造成的（张自和，2000）。

表 5.5　几个主要畜牧业省、自治区 20 世纪 80 年代草场退化情况（张自和，2000）

区域	可利用草场总面积/1000hm²	退化面积/1000hm²	产草量减产/1000kg	单位产草量/(kg/hm²)	产草量年减少/%	退化速率/%
全国	240 000	67 920	1 100 000	660	2.45	28.3
内蒙古	68 000	20 400	353 500	675	2.4	30.0
青海	38 587	7 533	128 000	585	2.9	19.5
甘肃	17 932	7 133	84 000	562.5	2.1	39.8
宁夏南部	1 683	600	9 500	262.5	2.5	35.7

5.6.1　草地退化的概念和类型

　　虽然草地退化是草地生态学与草地经营学中日益引人注意的问题，然而对草场退化的概念却有着不同的理解。李永宏（1994）认为有必要区分从生态学角度而言的草原植被退化（以下简称生态退化）和从草场经营角度而言的草原草场退化（以下简称草场退化）。无论从何种角度出发，草原的退化都是指整个生态系统的退化。生态退化是指草原生态系统背离顶极的一切演替过程（逆向演替）；而草场退化是指草场生产力降低、质量下降和生境变劣等现象，这一切都是不利于草地生产的演替过程。这两个概念有时一致，蕴于同一过程，如一个生产性能良好的草原顶极生态系统，在放牧影响下演变为一个生产性能较差的生态系统，这个过程既是生态退化，又是草场退化。但有时这两个概念是不一致的，甚至是相反的，如一个生产性能良好的次生草地，在停止放牧或人为管理后的自然恢复演替中出现了大量的无饲用价值的灌草丛，是草场退化，但不是生态退化，而是生态恢复。另外，草原的生态退化一般只限于人为因素干扰下的草原演替过程，而把气候、地貌、土壤等变化而发生的演替归于草原的其他生态发生演替，当然这些演替可以导致草场生产力的降低，即草场的退化（李永宏，1994）。

　　根据草地退化的成因、发生地点以及主要特征，可将草地退化分成如下几种类型（张自和，2000）：①荒漠型退化：主要发生在我国西北干旱风沙地区，是自然和人为造成的气候土壤旱化和植被破坏所致，是目前草原退化最主要的形式之一，荒漠化与草原退化互为因果，在干旱地区，草原长期无休止退化的结果就是荒漠化，直至变为沙漠。②盐渍型退化：与荒漠化密切相关的是土壤盐渍化，这类土地主要分布在西北内陆绿洲下游和边缘、河湖及滨海滩涂。目前，我国受盐渍化危害的土地面积达 4408.6 万 hm²。其中除 578.4 万 hm² 的耕地外，其余 3830.2 万 hm² 绝大部分是因盐渍化而退化的草地。③黑土滩型退化：主要发生在我国青藏高原半湿润和湿润的高寒草甸类草地上，包括西藏、青南、川西北、甘南等地，主要是过牧，鼠类危害，再加干旱，使原有植被破坏后不恢复，而变成裸露的黑土滩。据初步统计，在青藏高寒地区，黑土滩退化草地已达 703.19 万 hm²，其中在青海省境内有 333 万 hm²，如果这类草地的进一步退化和干旱化，就会变为荒漠或石漠。④毒杂草型退化：主要是在家畜过牧及鼠类等活动下，优良牧草过度啃食而不能再恢复，原来以优质牧草为优势种的草地演变为以毒杂草为优势的植物群落，如北方草原上最常见的棘豆、醉马草、狼毒等，这类植物不但没有利用价值，而且家畜误食后还会中毒甚至死亡。

另外，还有水土流失型退化（黄土高原区），鼠害型退化（青藏高原区），石漠型退化（南方多石山区），等等。了解草原退化的主要类型，有助于人们更好地防治退化（张自和，2000）。

5.6.2　草地退化的原因

1. 超载过牧

草畜平衡是维持草地健康的基础。目前我国天然草地平均超载 20%～30%，荒漠和高寒地区季节牧场超载 50%～120%，局部高达 300%。有的地区情况更为严重，如新疆天然草地的理论载畜量为 2400 万只标准羊单位，仅 1995 年天然草地实际承载了 4388.56 万标准羊单位，平均超载 60%～70%，局部地区达 100% 以上。内蒙古 1947 年每只标准羊占有 4.1hm² 的天然草地，1965 年减少为 0.97hm²，90 年代初期约为 1.1hm²。由于超载过牧，草地牧草生长受到抑制，加之牲畜的践踏和草地建设投入匮乏，日久天长，导致草地退化。据统计，国家每公顷草地投入建设费用仅 0.3～0.4 元，而草地产出则是 15～20 元，比例严重失衡。

2. 滥垦、滥挖、滥采

1949 年以来，为了解决粮食问题，在草原区兴起多次开垦浪潮。土地平整、土壤肥沃、草地植被生长好的土地被当作宜农荒地，不断开垦。60 年代，全国新垦草地达 667 万 hm²。1998 年前后 10 年间，内蒙古东部 33 个旗县开垦草地达 97.08 万 hm²。资料显示，目前，我国由于盲目开垦、撂荒导致草地沙化的面积占草地沙化总面积的 25.4%。尽管《中华人民共和国草原法》明确禁止草地的盲目开垦，但仍然没有杜绝。

同时，大量的长期对野生药材如甘草、麻黄、知母、黄芪等的滥挖、滥采活动，严重破坏草地植被、土壤、地表结构，从而引起草地退化。资料显示，我国由于过度樵采引起草地沙化面积占草地沙化总面积的 31.8%。鄂尔多斯高原由于滥挖甘草破坏的草地每年达 2.67 万 hm^2，内蒙古因搂发菜草地被破坏 $1.3 \times 10^7 hm^2$，占草地面积的 19.5%。

3. 人口的急剧膨胀

引发大量资源的消耗，甚至出现资源的大肆掠夺式利用，人均占有资源数量大幅度减少，质量随之下降，资源匮乏。占世界 7% 的土地养育了占世界 21% 的人口，对于中国来说既是奇迹，又是沉重的压力。研究报道，在干旱、半干旱草原地区仅依靠自然界本身的物质生产，人口承载力为每公顷 5～7 人，而长城沿线已达每公顷 72 人。自 1950 年，草原牧区人口增加了 1 倍多，草地家畜增加了 3 倍，草原面积却不断减少，至 20 世纪 90 年代每头牲畜占有草地面积较 50 年代减少了 60%～70%。

4. 全球气候变化

特别是气候变暖引发的干旱化是促使草地退化的重要自然因素。据估计，1860 年以来，全球地面平均温度升高 0.4～0.8℃；1990～2000 年，全球平均气温升高 1.5～1.6℃，内蒙古地区 1999 年平均气温普遍较常年同期偏高 3℃ 以上，降水明显减少，形成高温干燥的恶劣气候。

5.6.3　退化草地的特征、过程及机理

1. 草地退化的特征

1) 土壤特征

如上所述，通常所言的"退化"多指人为因素导致的退化，其中尤以不合理的土地利用方式（如开荒）及过度放牧最为严重。据估计，全球 35% 的退化草场是由过度放牧造成，而不适当的农耕则占 28%。草原开荒可引起风蚀、土壤有机质下降、土壤沙化，最终导致植被退化。过度放牧主要先引起草原植被生产力的下降，然后会导致物种组成的改变并最终引起退化。

李绍良等（1997）将草原退化过程中的土壤特征总结如下：①土壤沙化。沙化是草原土壤最为普遍的现象。当裸露面积增加以后，表土极易遭到风蚀，细土被吹走，粗粒相对积累，开始是质地粗，进而随着沙粒移动，表土出现不同厚度的覆沙层。土壤沙化现象与土壤质地及母质类型有密切关系。在河流冲积物、风积沙黄土及沙质风积物上形成的土壤沙粒含量高，质地较粗，极易发生土壤沙化。②土壤有机质含量下降，养分减少，土壤结构性变差。草原土壤有机质来源

于植物的地上凋落物和地下根系，根系部分尤为重要。在干旱半干旱草原，地下生物量是地上部分的 3～4 倍。随着草场退化归还给土壤的有机质相应减少，有机质的数量逐渐减少。地上植物连年利用，土壤养分也在不断消耗，随草地退化程度的增加而下降。据顾新运的测定，随退化程度的增加，草原厚层暗栗钙土 0～30cm 土层内有机质及全氮含量下降，极轻度退化的分别为 2.99％ 及 0.15％，轻度的为 1.65％ 及 0.14％，中度退化的为 1.61％ 及 0.14％，而重度退化的为 1.45％ 及 0.13％（顾新运和李淑秋，1997）。③土壤紧实度增加，通透性降低。随着放牧强度的增加，土壤紧实度逐渐提高。土壤表层的硬度、容重有明显的增加，土壤孔隙度减少（贾树海等，1997）。土壤饱和导水率与土壤孔隙状况密切相关，特别是大孔隙分布显著影响饱和导水率。随着放牧压力的增强，牲畜对土壤的压实作用愈来愈强烈，导致土壤中大孔隙不断丧失。Greenwood 等（1997）认为绵羊对土壤的压实作用主要局限在 5cm 以上的表土层，而且孔隙度降低主要是由于大于 1.2mm 当量孔径的孔隙的减少。也有实验证明，无论表层土壤还是亚表层土壤的孔隙都明显减少（Proffitt et al.，1995）。总之，随着放牧率增大，一定深度内土壤的孔隙度下降，尤其大孔隙的丧失，是造成饱和导水率下降的重要原因。因此随放牧强度的增大，土壤饱和导水率下降，两者之间有极显著的回归关系（$P=0.000$）（牛海山等，1999）。这主要是由于牲畜的践踏作用降低了土壤大孔隙的比例。土壤物理性质的这些变化使得过牧草场的水分入渗速率下降，并加大了水蚀的危险。

2）植被特征

王炜等（1996）根据对内蒙古典型草原的多年定位观测，提出如下的特征：①退化群落的生物产量降低。未退化的羊草＋大针茅草原在条件好的年份，地上部产量可超过 300g/m²，条件很差的年份可下降到不足 200g/m²，平均为 250g/m² 左右，而退化群落仅有 74g/m²，约为未退化群落的 30％（王炜等，1996）。②退化群落的草地植物适口性差、品质变劣、嗜食性低的植物种在群落中的比重增加。在夏季家畜不喜食的冷蒿占群落地上现存量的 38％；利用价值较低的糙隐子草占 12％，带刺的小叶锦鸡儿占 4％，而饲用品质好的羊草、大针茅和米氏冰草仅占 15％（王炜等，1996）。③退化群落处于可利用性很低的稳定状态。退化草原继续放牧利用，可在当前的利用强度下维持相对稳定的状态。

在分析了草原退化演替模式的基础上，刘钟龄等（2002）提出了根据草原的土壤特征、植被特征判断内蒙古草原退化程度的指标体系（表5.6）。

表 5.6　内蒙古草原退化诊断指标体系（刘钟龄等，2002）

退化指标	轻度退化	中度退化	强度退化	严重退化
植物群落生物产量下降率/%	10～25	36～60	61～80	＞80
优势植物种群衰减率/%	15～30	31～50	51～75	＞75
优质草种群产量下降率/%	30～45	46～70	71～90	＞90
可食植物产量下降率/%	10～25	26～40	41～60	＞60
退化演替指标植物增长率/%	10～20	21～45	46～65	＞65
株丛高度下降(矮化)率/%	20～30	31～50	51～70	＞70
植物群落盖度下降率/%	20～30	31～45	46～60	＞60
轻度土壤侵蚀程度/%	10～20	21～30	31～40	＞40
中、重质土壤容重、硬度增高/%	5～10	11～15	16～20	＞20
可恢复年限/年	2～5	5～10	10～15	＞15

2. 草地退化的过程

草地退化是一种逆行演替的过程。我国许多研究者分别对高寒草甸、典型草原、草甸草原和荒漠草原等在放牧条件下的植被演替规律进行了研究，均发现随着放牧压力的增大，群落中主要植物种的优势地位发生明显替代变化（周兴民等，1987；昭和斯图和祁永，1987；李永宏，1988；宗浩等，1991；王仁忠和李建东，1995；王德利等，1996）。其中那些耐牧性强或者动物不喜食的植物种的优势度提高。这些研究者都注意到，过牧导致的草地退化过程具有明显的阶段性。刘钟龄等（1998）将内蒙古几种草地类型的退化演替总结如下。

（1）典型草原

大针茅草原→大针茅＋克氏针茅＋冷蒿→冷蒿＋糙隐子草变型

克氏针茅草原→克氏针茅＋冷蒿→冷蒿＋糙隐子草变型

羊草草原→羊草＋克氏针茅＋冷蒿→冷蒿＋糙隐子草变型

长期高强度放牧则使冷蒿群落变型，向更严重退化的星毛萎陵菜占优势的群落变型演替。

（2）荒漠草原

小针茅草原→小针茅＋小亚菊→小亚菊＋无芒

隐子草变型→小针茅＋冷蒿→冷蒿＋无芒隐子草变型

短花针茅草原→短花针茅＋冷蒿→冷蒿＋无芒隐子草

更高强度的放牧利用可使小亚菊群落变型趋于阿氏旋花群落变型。

（3）草甸草原

贝加尔针茅草原→贝加尔针茅＋克氏针茅＋冷蒿→冷蒿＋糙隐子草变型→贝

加尔针茅＋寸草苔→寸草苔变型

　　羊草＋杂类草草原→羊草＋寸草苔→寸草苔变型

　　这些退化的阶段指比较稳定的阶段，只要放牧压力强度不变，群落结构就会保持相对稳定。在这些退化阶段中，群落中主要物种的数量并不发生明显的变化，而是不同种群间作用的相对大小发生消长（李永宏和汪诗平，1988；王炜等，1996）。

　　3. 草地退化的机理

　　如上所述，造成草地退化有两个主要原因，过度放牧和不合理的开垦。前者引起的退化最早起自于植被，后者引起的退化最早起自于土壤。现主要讨论由过牧导致退化的机理。

　　放牧对植物群落有两个主要的作用，即采食与践踏。较低强度的采食与践踏会引起植物群落"补偿性生长"的现象，但是这种补偿生长对群落生产的好处只表现在生长当年，而且常常会带来随后年份内生产力的下降（李永宏与汪诗平，1999）。

　　草食动物对植物的采食选择受多种因素的作用，除了喜食程度而外，还要受到可获得性的影响（汪诗平，2001）。这种选择采食结果导致动物喜食的植物种群的优势度出现下降，甚至消失。这些种群曾经占有的资源空间被释放出来而被那些动物不喜食或耐牧性强的物种所占领。随着群落物种组成发生变化，草食性动物的食谱也发生进一步调整（汪诗平，2001）。这种选择性的采食是群落演替的动力机制之一。

　　植物群落中某一植物的生存、生长和繁殖决定于其对食草动物胁迫的防御或躲避能力。一般来说，植物有多种适应机理来保护其与非生物环境和放牧家畜协调共存，并在群落中与其他种竞争（李永宏与汪诗平，1999）。

　　匍匐生长或分蘖性强的种群是较适于放牧的（Hodgson，1981）。Archer 和 Tiesaen（1986）观察到，植物群落中某一植物的生存、生长和繁殖决定于其对食草动物胁迫的防御或躲避能力。例如，对于内蒙古典型草原的两种原生群落即羊草草原与大针茅草原，随着放牧压力的加强"趋同"于冷蒿群落（李永宏和汪诗平，1998）。而如果放牧压力进一步加强，则冷蒿群落可被星毛萎陵菜群落所替代（汪诗平和李永宏，1999）。这两种植物都具有较强的分化出不定根的能力。

　　不同植物之间在生活型、营养繁殖方式等方面的差异造成了它们在群落中随放牧压力的变化而出现彼此消长的变化。但是，就某一个具体的物种而言，它对于放牧压力也做出了相应反应，并且出现了许多的变形。一个有规律性的变化就是随着放牧压力的提高，植物个体构件的"小型化"，地上枝条密度增加（李永宏和汪诗平，1999；王炜等，2000）。

　　汪诗平和李永宏（1997）对内蒙古羊草草原和大针茅草原两种类型的放牧压力梯度系列上植物营养繁殖对策的研究表明，放牧可以促进根茎节上枝条的萌生，使其产生较多的枝条，其中羊草和冰草在轻牧条件下枝条较多，而寸草苔则在较强的放牧条件下枝条最多。同时，放牧还可使根茎植物如羊草和寸草苔的根茎节间变短，增加单位根茎长度的茎节数而利于萌生更多的枝条。而对于丛生禾草而言，放牧可使植丛的丛幅变小、每丛的枝条数下降，但可使植丛密度增大。大针茅和洽草随放牧压力的增强先是植丛变小，而后密度也下降；而糙隐子草在中牧和重牧下密度较高。冷蒿和星毛萎陵菜以不定根营养繁殖，放牧践踏可促进其茎上不定根的形成，同时冷蒿的生长型由直立变为匍匐，植株低矮难以被采食是其适牧的机制。优良牧草扁蓿豆和地肤随放牧的增强生长量减少，但其枝条生长型也在放牧条件下变为匍匐状，并由此上再分枝生长，这是对放牧的适应性变化（李永宏和汪诗平，1999）。在大针茅草原大针茅的生物量随放牧压力增强而下降，而高度的下降在中轻牧条件下较慢，在重牧条件下较快，密度则是先上升后下降，说明在放牧影响下大针茅首先是株丛变小但丛数增加，尔后才是丛数与丛幅的同时减小（每丛由无牧的 2.93g 下降至中牧的 1.10g 和重牧的 0.71g）。同时需说明的是，在重度放牧地段的针茅中有克氏针茅，此时针茅密度的反弹与克氏针茅丛小且更适于放牧有关（李永宏和汪诗平，1999）。除了地上部分的变化而外，王炜等（2000）还观察到植物地下部分的浅层化现象。

　　对于放牧压力下植物个体构件的"小型化"的机理，王炜等（2000）认为，"持续的过度放牧，使个体维持根系正常生长的光合产物也相应地减少，这种'饥饿'状态使根系生长不良，分布范围缩小。随着根系的萎缩，难以输送足够的水分和矿质养分给地上部分，又影响了地上枝叶的生长。周而复始，植株只能在较低的能量代谢水平上自我维持。"

5.6.4　退化草地恢复与防治

1. 退化草地的恢复过程

　　恢复退化草地的一个有效方法是围栏封育。封育不仅可以使退化草地的生产力得到恢复，群落的物种组成也可以逐步恢复到原初的水平（李永宏，1994；王炜等，1996）。恢复的时间因退化程度而异。

　　封育围栏中的植物群落进行的是恢复演替的进程。李永宏（1994）认为恢复演替中植物种群的动态特征与它们在放牧压力由强到弱的空间梯度上的变化是基本一致的。从群落整体上而言，草原恢复演替中群落的时间动态特征也与其在放牧压力由强到弱的空间梯度的变化也是一致的。王炜等（1996b）根据内蒙古典型草原地带的羊草＋大针茅草原退化变型冷蒿群落封育 12 年（1983～1994 年）

的动态监测数据进行分析，依据群落优势的更替及主分量分析结果可将恢复演替过程划分为冷蒿优势阶段、冷蒿＋冰草阶段、冰草优势阶段、羊草优势阶段。在这个过程中，群落的生产力的变化也发生两次跃变，使得群落生产力已接近于原生群落的生产力（王炜等，1996b）。

值得一提的是，在内蒙古进行的退化草地围栏封育试验并没有观察到恢复演替中的"多稳态"现象，而表现出"单稳态模式"。例如，重度放牧退化的冷蒿草原群落可以自然恢复到以羊草为主的近似顶极的群落，而没有较长时期地停留于其他稳态（李永宏，1994）。

王炜等（1996a）认为，退化群落之所以能够在自然封育条件下得以恢复，可归结为植物在削除放牧干扰后的种群拓殖能力与群落资源（水分，矿质养分等）的剩余。而后者是前者的物质基础，是恢复演替的动力。

2. 退化草地植被恢复过程实例

据中国科学院内蒙古草原生态系统定位站对封育 7 年（1983～1989 年）的羊草、大针茅草原群落复生过程的研究结果表明，此类草地被破坏后的恢复过程和发展趋势是：

1）群落中植物种类组成的变化

羊草、大针茅群落，在其恢复过程中，组成群落的植物种类有逐渐增多的趋势，由 1983 年的 43 种至 1988 年增加到 54 种。植物物种数在 7 年中的增减与更替，可划分为三种类型，即消退种、侵入种和相对恒有种。

（1）消退种。大多数耐牧性较弱的种类和一年生植物，如大籽蒿、糙叶黄芪、旱麦瓶草和狗尾草等。

（2）侵入种。随着恢复演替的过程，生态条件逐步得到改善，在群落中新出现的一些植物，这类植物种较多，如西伯利亚弱茅、山葱、麻花头、展枝唐枝草、达乌里龙胆、乳浆大戟、女菀菜、兴安天门冬、野亚麻、蓬子菜、长柱沙参和叉分蓼等。

（3）相对恒有种。自群落恢复演替初期到后期始终存在的植物，它们是群落中相对稳定的成分，且大多是退化群落和原生群落的重要成分。在这种成分类型中，有些种群的个体数量随着恢复过程而递增，如羊草、大针茅和冰草等；有些种群则趋于减少，如糙隐子草等；还有些种群一直比较稳定，如冷蒿、菭草和小叶锦鸡儿等。这些植物大多是旱生植物，是地下芽和地面芽植物。

2）群落地上生物量的动态

退化草原群落在 7 年的自然恢复进程中，群落地上生物量呈逐渐增长的总趋势（表 5.7），但在不同年份水分条件差异的影响下，也上下波动。

表 5.7　羊草、大针茅草原退化群落地上生物量围封年度变化（李政海和裴浩，1994）

年份	群落地上生物量 /(g/m²)	多年生植物 /(g/m²)	一年生植物 /(g/m²)	生长季(6~9月) 降水量/mm
1983	54.2	51.05	2.97	241.9
1984	149.85	144.64	5.87	269.5
1985	126.31	109.78	16.53	257.3
1986	140.82	125.61	15.21	356.4
1987	152.18	131.23	20.95	288.9
1988	126.37	116.43	9.93	279.6
1989	106.49	105.61	0.88	241.9

羊草、大针茅草原退化草地经过 7 年的封育后群落的地下生物量为 12 567.5g/m²，比 1983 年的退化群落（12 472.5g/m²）增长 95 g/m²，增长率 3.84%。在封育 2~3 年内群落地上生物量已恢复达到一个相当高的水平，但在此阶段高禾草密度尚小，旱生小半灌木冷蒿占优势，此期适宜放牧利用，当继续封育到第 5~6 年，羊草、大针茅和冰草等代替低矮的冷蒿而成为群落的主要成分，草群的产量和质量均有所提高，成为良好的割草草地。

3. 草地退化防治

退化草地恢复是一个庞大复杂的系统工程，不仅涉及草地学、农作物牧草栽培学、土壤学、生态学等实用技术，而且要求具有强大的科学理论作指导，如恢复生态学、草地资源学和草业生产系统理论，特别是恢复生态学是 20 世纪 80 年代兴起的一门新兴科学，它是研究生态系统退化的原因，退化生态系统恢复与重建的技术与方法，生态学过程与机理的科学。退化草地恢复的首要条件是排除施加给草地的超负荷利用压力，使之降低到草地生态系统恢复功能的阈限。这就是说草地退化具有可逆性，一般情况下，当消除过度的利用压力后，退化草地都具有恢复的潜在功能，但有些恢复过程是非常漫长的。

（1）封育禁牧是退化草地恢复最经济的技术方法。解除放牧压力，使草地自然恢复，作为一种低投入、经济的措施在退化草地恢复中得到广泛应用。例如，内蒙古典型草原，冷蒿、针茅、羊草为主的退化草地，经过 7 年封育后，地上生物量由每公顷 1100 提高到 1900kg，羊草比例由 9% 增加到 35.7%，冷蒿等为主的菊科比例由 31% 下降到 9%。

（2）农业改良措施人工促进恢复。利用农业措施进行人工促进恢复退化草地是较为普遍的，包括松土、轻耙、浅耕翻、补播等，均能取得很好的效果。例如，在羊草退化草地进行的松土试验结果显示，羊草地上生物量增加了 49%，其他禾草比例由 43% 上升到 57.2%，豆科比例由 6.2% 上升到 12.3%，而菊科由 41.14% 下降到 16.6%。在退化羊草草地上补播羊草能使其生产力在两三年内达到与自然恢复的羊草草原一样，是实现快速恢复的有力措施。

（3）建植人工草料地，提高人工饲草料生产能力是实现退化草地恢复和重建的强有力支撑。超载过牧、草畜不平衡是引起草地退化的主要动因。矛盾的焦点是草少畜多且严重失衡。只有通过人工草料生产能力的扩大，增强家畜生产的物质基础，才有可能提高牲畜个体的生产性能，加快牲畜周转，才能实现"退牧还草"，以休养生息，才能促进草原畜牧业从传统的粗放经营向集约、半集约化经营转变。特别是，任继周提出的系统耦合与荒漠-绿洲草地农业系统的理论与试验成果，在我国草地生态治理实践中具有先导性。他提出了与该模型相应的线性规划与系统动力学模型，优化后，在保持生态系统正常运转，永续利用的条件下，系统耦合后的社会总体效益可提高 3.7 倍，畜牧经济效益提高 15.72 倍。中国科学院植物所在内蒙古浑善达克试验示范研究，提出"1/10 递减治理模式"，即种 1 亩人工草地，可使 10 亩天然草地得以合理利用，从而使 100 亩沙化退化草地得以恢复重建；许鹏在新疆荒漠草地生态优化调控原则和总体模式研究中提出的"三带三季一改模式"与"生态置换"理念都具有创新性和指导性。这些理论和技术对于解决草地修复都具有相当的科学性和前瞻性。

（4）切实加强法制管理，认真贯彻《中华人民共和国草原法》。坚决制止滥垦、过牧、滥采等非持续利用形式。对草甸草原重点防止无序开垦，对于干旱、半干旱的典型草原、荒漠草原与高寒草原，要严格以草定畜，不允许超载放牧；通过改良牲畜、改善饲养方式、实行季节畜牧业等措施，增加畜产品产量。对极端干旱的戈壁与沙漠，应以自然保护为主，留给野生动物利用；有些草地可建成国家公园或自然保护区，以满足生物多样性保护、生态旅游、教育和科研的需要。

（5）加强草地科学研究。退化草地治理中，许多理论问题有待解决。Ellis主编的《中国北方草地和草地科学》一书中，讨论了北方天然草地的退化问题，指出需要加深对草地退化机制的认识，以控制生物、非生物因素对草地退化的影响，为草地科学管理提供依据。今后需要开展草地退化与恢复机理的研究，为退化草地的恢复与重建提供理论依据。

（6）提高牧区基层决策人员及草地管理人员的素质。对牧区草地管理人员和基层决策人员进行培训，使他们树立草地资源有价及草地持续利用的观念，并把防治草地退化付诸行动。为此要建立不同层次的培训与教育体系，这将对全面防治退化草地起重大作用。

5.6.5　草地的管理

1. 草地的法规管理

自然资源的法规管理是指通过立法机构制定的有关资料、法规并通过相关渠道监督执行。一些畜牧业发达国家非常注意草地资源的法规管理，对天然草地的所有权、载畜量、监测制度等均有明确规定（李博，1999）。我国自 1985 年 10 月 1 日实施《中华人民共和国草原法》，开始了依法管理草原的新阶段。在认真总结 17 年实践经验的基础上，2003 年 3 月 1 日公布了新《中华人民共和国草原法》，并制定了配套的法规，为改善草原生态环境、发展现代化畜牧业提供了法律保证。正如上文所述，生态系统的系统管理综合了管理和科学的要素，因此，在草地资源的可持续利用上，管理层面的措施不能偏废。

2. 草地生物多样性管理

生物多样性，尤其生物组群的功能多样性，对生态系统的过程和功能具有重要作用。草地生物多样性是草地生态学研究的一个方面。放牧、割草等人类活动对生物多样性的影响，不同草地生态系统中关键种的研究与保护，不同类型草地生态系统生物多样性的比较研究，退化草地生态系统恢复过程中生物多样性的动态特征，草地珍稀濒危动植物的保护研究，是草地生物多样性研究的主要内容（陈佐忠，1994）。现在有一些草地生态多样性保护方面的研究成果，如祝廷成（1996）根据中国东北草地的自然状况，生物多样性和现状以及已有的研究成果，从生态系统、物种和基因三个水平就如何保护中国东北的草地资源生物多样性提出一些建设性意见，包括保护的范围、原则、方法及指标。

3. 放牧管理

放牧影响植物种群特征、演替进程和植物组合（李永宏和汪诗平，1999；李金花等，2002），也影响牧草的光合作用、呼吸作用、碳和氮的吸收和转运（侯扶江，2001）。由于家畜种类和组成、放牧时间、放牧强度、放牧制度等的差异（李文建和韩国栋，2000），放牧对植物的影响表现不同过程。

草地的放牧管理就是调整草畜关系。中国农业部对载畜量及其相关概念进行了详尽描述：载畜量是指在一定的草地面积、一定的利用时间内，所承载饲养家畜的头数和时间；合理载畜量为在一定的草地面积和一定的利用时间内，在适度放牧（或割草）利用并维持草地可持续生产的条件下，满足承养家畜正常生长、繁殖、生产畜产品的需要所能承养的家畜头数和时间，合理载畜量又称理论载畜量；现存载畜量是指一定面积的草地，在一定的利用时间段内，实际承养的标准家畜头数。

　　李建龙等（1993）在新疆荒漠草场的研究显示，牧草利用率达到 50％的放牧率比较适宜，不仅增加草地产量和改善草地组成，而且有利于绵羊增重和羊毛生产。很多研究人员做了载畜量估算的尝试。例如，李胜功（1999）根据不同放牧压力下草地微气象的变化与草地荒漠化过程，提出内蒙古科尔沁草原的安全载畜量为 3～4 羊单位/hm²，赵新全和王启基（1989）认为在划区轮牧的条件下，青海海北高寒草甸区放牧强度以 2.68 绵羊/hm² 较为合理。

　　研究放牧条件下草原植物补偿生长的发生规律和发生条件，把放牧调控作为草地管理的手段，充分发挥和利用植物的超补偿生长潜力提高植物的净生长能力和有效利用率，消除生长冗余，对于减少牧草资源的浪费，维持草地持续生产能力，实现草地可持续利用具有重要意义。绵羊对草群和大针茅的采食率与牧草的叶龄结构和生长速率密切相关；在降雨量充沛的情况下，随着牧草采食率的提高，草群和大针茅净第一性生长量呈现单峰型增长动态，草群和大针茅的高峰值分别出现在 45％～55％和 55％～60％的采食率范围，并且分别在 30％～55％和 35％～65％的采食率范围内表现出超补偿生长，超出此范围则表现欠补偿生长；依据草群和大针茅补偿生长规律，大针茅草原适宜采食率为 45％～55％，相应载畜率为 3.5 只羊（夏、秋季）/hm²。在此采食率范围内，草地可以获得长久的超补偿或等补偿生长，草地的生产能力增加，草地植物组成维持相对稳定，可保证草地的持续利用（安渊等，2001）。

　　4. 人工草地管理

　　①要注意播种前和生长期的施肥、灌溉。禾本科牧草灌水量一般为土壤饱和持水量的 25％，豆科为 50％～60％，混播草地为 600～900m³/hm²。②同时要做好杂草防除、病虫害防治方面要做好像蝗虫、草原毛虫、草地螟锈病、褐斑病、白粉病、菌核病等害虫和疾病的防治工作。③人工草地的合理轮作：为了牲畜提供高产、优质的饲草、饲料，改良土壤结构，恢复土壤肥力，在牧草及饲料作物栽培过程中，人们有意识地将计划种植的不同牧草、作物，按照它们的特性和对土壤与后茬的影响，排成一定的顺序，在一定的田块上依次地周而复始地轮换种植。这样，可有效地利用土地资源，使饲料和牧草都能获得高产。按一定的放牧方案，在放牧地内，严格控制牲畜的采食时间和采食范围，使草地和牲畜都获得较大利益。例如，根据不同情况，采取划区轮牧或不同畜群的更替放牧或混合畜群的划区轮牧的方式，从而减少牧草浪费，节约草地面积。改进植被成分，提高牧草的产量和品质。

　　5. 草地资源的信息管理

　　（1）遥感应用。草地遥感分析就是建立地表景观模型与遥感信息之间的相关关系，从而识别草地资源及其环境条件。草地遥感系统一般包括信息源的收集、接收与预处理；遥感图像处理与专题解释、应用分析与计算机制图（陈全功等，1994；李博，1999）。在中国，草地遥感大体经过了四个发展阶段：①遥感知识引入、消化和在草地资源调查中的应用；②利用遥感资料和技术进行草地资源动态监测、评价并进行草地土壤调查；③利用遥感和 GIS 系统进行草地估产、产量预报和各类自然灾害的监测，并进行草地遥感信息科学研究；④利用遥感技术、地理信息系统、全球定位系统和草地专家系统进行草地第一性、次级生产管理和监控（李建龙和王建华，1998）。草地遥感已用于草地资源调查、分类与制图、草地资源动态监测与估产、草地资源管理与评估、草地自然灾害监测与预测预报等方面。

（2）地理信息系统应用。地理信息系统是借助计算机存储、分析运算、评价和展示资源和环境信息的计算机硬、软件系统，兼有资源与环境数据库、计算机数据处理分析系统与计算机制图系统三者的功能（李博，1999）。例如，邹亚荣等（2003）以遥感与 GIS 为支撑技术，以干燥度为干旱指标，分析了 1995～2000 年中国干旱区草地动态变化状况：草地面积减少 $5.49 \times 10^4 km^2$，主要表现在低覆盖度草地面积的大量减少，草地资源的变化主要是转变成耕地、城镇占用及草地类型间的转换，并且有不同程度的退化。地理信息系统已在草地资源评价和草地可持续性评估过程中发挥了重要的作用。

第6章　水域和湿地生态与恢复

水域（water area）是指地表水体所占有的区域以及从水面到水底的垂直范围。通常不包括固态水体，如冰川、积雪等。水域可分海洋和陆地水域。海洋面积占地球表面积的 2/3 以上，海洋是地球上最大的水域。陆地水域是指由江、河、湖和水库等各种流水或蓄水水体构成的水域。这些水域中都生活着生物有机体，它们与水体共同形成各种不同的水域生态系统（或称水生生态系统）。水域生态学就是研究水域中生命系统与环境系统相互作用规律及机制的科学。

根据水化学性质的不同，水域生态学可分为淡水生态系统和海洋生态系统（伍光和，2008）。现在认为生命最初起源于盐水环境中，海洋可以假定为第一个生态系统，也是最大最稳定的生态系统（Odum，2009）。

6.1　海洋生态系统

6.1.1　概述

海洋总面积约 $3.6 \times 10^8 km^2$，占地球表面 70% 以上，平均水深 2750m，占全球水量 97%。从海岸线到远洋，从表层到深层，随着水的深度、温度、光照和营养物质状况不同，生物的种类、活动能力和生产水平等差异很大，从而形成了不同区域的亚系统。大洋远离大陆，面积广阔，较少受大陆影响，具有独立的洋流系统和潮汐系统，物理化学物质也较稳定。大洋的边缘因为接近或伸入陆地而或多或少与大洋主体相分离的部分称为海。世界上的主要大洋（北冰洋、太平洋、印度洋和大西洋）及其连接和延伸区域涵盖了大约 70% 的地球表面。我国东邻太平洋，其东部和东南部被一系列边缘海（渤海、黄海、东海和南海）所环绕，总面积为 472 万 km^2，其中渤海是我国的内海。我国大陆海岸线长约 1.8 万 km，历经热带、亚热带和温带三个气候带，分布有平原型、山地丘陵型和生物型等多种类型的海岸。我国海域内岛屿星罗棋布，约 5000 个，岛屿海岸线长达 1.4 万 km。我国浅海滩涂面积（含水深 15m 以内的水域）约为 13.4 万 km^2，沿岸入海河流每年径流量达 18 000 km^3，带入无机盐和有机物质约 4.2 万 t，为海洋生物的生存、繁衍提供了良好的物质条件。

海洋是生物圈内面积最大、层次最厚的生态系统。海洋对全球气候和天气有重要作用，这不仅因为海洋是一个巨大的"热量存储库"，同时还由于海洋生物群落对大气圈中的气体、底层沉积物和海水溶液有显著影响（Odum，2009）。

阳光照射的海洋洋面与海水总量相比很少，海水中营养物含量不多，这就大大限制了海洋的初级生产量。海水含有盐分，海水中各类盐类的总含量为 30‰～35‰，其中以 NaCl 为主，约占 78%，$MgCl_2$、$MgSO_4$、KCl 等共占 22%。海水盐度可低到 1‰～2‰。我国渤海近岸的盐度为 25‰～28‰，黄海和东海为30‰～32‰，南海为 34‰。波浪、潮汐、洋流、盐度、温度、压力和光强在很大程度上决定了生物群落的组成。不同的海域，其环境特征是不一样的，影响的生态因子也有所不同。

6.1.2　大洋生态系统

1. 地理分布

远洋带指大陆架之外的整个水体和海底。世界大陆和岛屿边缘的浅海水域还不到世界大洋总面积的 1/10，而有光照的大洋上层水域则更是生命的空间总体积极小的一部分。

2. 分带和分层结构

海洋可以从垂直与水平方向分成几个带。从水平方向上划分：由于潮汐起伏涨落的影响，沿海岸线的浅水带称为沿岸带（littoral zone）或潮间带（intertidal zone）；从海岸延伸至大陆架的边缘称为浅海带（neritic zone），水深大约 200m；大陆架向下延伸是大洋带（oceanic zone）。从垂直方向大致划分为：从大洋表层至 200m 深度为上层带（epipelagic zone），从上层底部至 1000m 水深称为中层带（mesopelagic zone），中层底部至 4000m 水深称为深层带（bathypelagic zone），从大洋 4000～6000m 深的水层叫深渊带（abyssopelagic zone），大洋最深的部分属于深海带（hadalpelagic zone）。人们将栖息于海底或水底部的生物称为底栖类（benthic），而把脱离水底以及与水深无关的生物称作浮游类（pelagic）。对于每个划分的带区和水层，生物群落都有各自的特征。海洋水平方向结构如图 6.1 所示。

3. 生境特征

有光照的世界大洋上层水域则更是生命的空间总体积的极小的一部分，而大洋区是大陆架之外的整个水体或海底，也是地球上生物最广阔的栖息场所。在这个广大的区域中，溶解氧、压力、温度是重要的生态因子。

（1）光线。进入海洋的太阳能，其中 80% 的能量会在海洋表层的 10m 处被吸收。大多紫外线与红外线在表层几米处被吸收。在可见光中，红色光、橙色光、黄色光和绿色光的吸收比蓝色光多，所以海洋呈现出蓝色。在 50～60m 处，

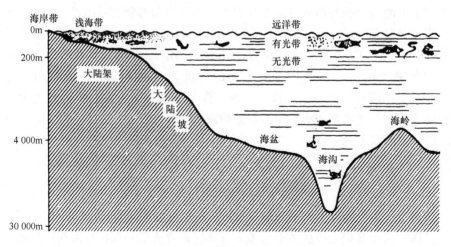

图 6.1　海洋水平方向结构图（仿祝廷成，1983）

海洋只呈现微弱的蓝色光。进入海洋 600m 处的光线强度与晴朗的星空的光线强度大致相同。在海洋 3400m 的深处，仅仅只有发出荧光的鱼与无脊椎动物所带来的光线了。

（2）温度。在海洋表层，水温是随着纬度而变化的。海水平均最低温度在南极附近，大约 −1.5℃。在赤道附近水温最高，略高于 27℃。温度在大洋内变化较小，大洋的水温，在表层水和深层水之间常有温跃层存在，其厚度从几百米到上千米不等。在温跃层的下方，水温低，变化小，1500m 以深的水温基本上是恒定的。

（3）水流运动。海洋从来都不是静止的。能量、氧气、营养物质在海洋内运输。例如，在海洋表层，由于风力与地转偏向力的作用，洋流将赤道地区温度较高的海水带到高纬度地区。

深层海水温度低、密度大，在海洋底部运动。深层的海水也会运动到海洋表面，这一过程即海水上涌。在北极附近，当风把表层海水吹离海岸，就会发生海水上涌现象，底层温度较低的海水就会上升到表层。

（4）盐度。随着纬度的变化而变化，盐度为每千克海水含盐 34～36.5g。低盐度的海域通常位于赤道和南北纬 40°附近，这些地方的降雨量大于蒸发量。高盐度的海域在南北纬 20°～30°附近，即副热带地区。这些地区的降雨量小而蒸发量大，所以这些地带会出现沙漠。大洋的盐度变化很大，波罗的海四周是温带的森林生物群落，有大量淡水注入，当地盐度是 7‰或更低。与之形成对比的是，被沙漠围绕的红海，其盐度高于 40‰。

（5）溶解氧。溶解氧最小值出现在水深 500～1000m 的水层。这主要是由于生物呼吸消耗和缺少与富营养水交换的机会。大洋更深的水体是由北极和南极富氧表层冷水下层而来的，加上深水区生物数量少，氧的消耗相应减少的缘故，所以含氧量增高。到了深海底部，生物栖息密度相对较高，氧含量又有所下降。

海洋中含氧量比陆地空气的含氧量低，但变化大。一升空气大约含 200ml 氧气，而一升海水中最多含 9ml 氧气。含氧量通常在海水表层较高，随着深度增加，含氧量逐渐减少，直到达到海水的中层。含氧量达到最低，海洋的深度通常小于 1000m。在含氧量最低处，随着深度的增加，含氧量逐渐增大直至海洋底部。但是，在一些海洋环境如挪威的海湾和黑海的深水处，没有氧气存在。

（6）压力。在对深海起作用的所有生态因子中，压力影响程度最大。每隔 10m 深度，就增加一个大气压（1 个大气压＝1.01×10^5 Pa）。深海深度从几百米到海沟底部的 10km 不等，压力范围可达 20～1000 大气压以上。深海压力大都介于 200～600 个大气压。

海洋环境的压力变化比陆地环境的变化大很多倍，压力对生物的分布有深刻影响。有些生物只能生活在压力不太大的海洋表层，而有些生物则适应于在压力极大地深海中生活，还有的生物如抹香鲸和某些海豹能潜入深水再回到海面。

4. 生物群落

地球上几乎没有一种生物是可以不依赖其他生物而独立生存的，因此往往是多种生物共同生活在一起。由于自然条件的地理差异，生活在各地的生物种类也是不同的。在某一特定的气候、地形等自然条件下，会出现具有一定结构、一定的种类和一定的种间相互关系的生物组合，即由一定种类的生物种群组成一个生态功能单位，这个功能单位就是群落（community）。群落是占有一定空间的多种生物种群的集合体，这个集合体包括了植物、动物、微生物等各分类单元的种群。

海洋生态系统的主要生物成分与陆地生态系有很大的不同，主要特点是体型小。海洋生态系统中的优势植物是极小的浮游植物。这些浮游植物直接从海水中吸收营养，体型越小，其表面积相对来说也就越大，从而就能吸收更多的营养物和太阳能。由于海水密度大，植物也不需要太多的支持结构（尚玉昌，2002）。

研究表明，大洋的物理、化学条件与生物多样性、生物群落组成及海洋有机体的数量息息相关。例如，因为阳光穿透海水深度的限制，能进行光合作用的生物都限制在大洋的上层带。这些能进行光合作用的生物，是大洋中的微型有机体，又被称作浮游植物（phytoplankton），在海洋中随波逐流。随着洋流流动的小型动物即浮游动物（zooplankton）。

中层带：从 200m 深一直延伸到 1000m 深。中层带也叫暮色带（twilight zone）或者中水带（midwater zone），穿透到这一层的光线已经相当昏暗。

深层带：从 1000m 的深度延伸到 4000m 深。这里唯一的可见光都是那些发光生物产生的。这里的水压巨大，但大量生物在此生存，抹香鲸也可以潜到这个深度来寻找食物。由于缺少光线，这个深度中的多数生物都是黑色或者红色。

深渊带：深度从 4000m 延伸至 6000m。黑暗且寒冷，水温接近冰点，很少有生物存在，存在的生物多数是无脊椎动物，如蓝海星（basket star）和小鱿鱼（tiny squid）。

深海带：深渊带以下的地方，即"深海带"或者"超深渊带"，从 6000m 深一直下降到 10 000m 余，一般只有在海沟和海底峡谷中才能找到这么深的地方。生物主要是蓝海星和管虫（tube worm）等无脊椎动物。

海洋生物种群按生活类型可划分为以下几类。

1）浮游生物

浮游生物（plankton）指生活在水层中游泳能力很弱或没有而随波逐流的一类生物，包括浮游植物和浮游动物。

海洋中的浮游生物一般体积微小、种类多、分布广，遍布于整个海洋的上层。浮游生物根据其营养方式可分为浮游植物和浮游动物。

浮游植物是在水中浮游生活的微小植物，通常浮游植物就是指浮游藻类，主要包括蓝藻门（Cyanophyta），硅藻门（Bacillariophyta），金藻门（Chrysophyta），黄藻门（Xanthophyta），甲藻门（Pyrrophyta）等。淡水中的浮游植物包括蓝藻、隐藻、甲藻、金藻、黄藻硅藻、裸藻和绿藻八类。

浮游植物是海洋中的生产者。种类组成较复杂，主要包括原核生物的细菌和蓝藻，真核生物的单细胞藻类，如硅藻、甲藻、绿藻、金藻和黄藻等。

浮游动物是指体形细小，且缺乏或仅有微弱的游动能力，主要以漂浮的方式生活在各类水体中的动物。浮游动物种类极多，从低等的微小原生动物、腔肠动物、栉水母、轮虫、甲壳动物、腹足动物等，到高等的尾索动物，其中以种类繁多、数量极大、分布又广的桡足类最为突出。浮游动物是经济水产动物；是中上层水域中鱼类和其他经济动物的重要饵料，对渔业的发展具有重要意义。有的种类如毛虾、海蜇可作为人的食物。此外，还有不少种类可作为水污染的指示生物，如剑水蚤、臂尾轮虫等种类。梨形四膜虫（*Tetrahymena phriformis*）、大型溞（*Daphnia magna*）等在毒性毒理试验中可以用来作为实验动物。

海洋浮游动物在食物网中参与几个营养阶层，有植食的，有肉食的，还有食碎屑的和杂食性的等。浮游动物虽然自己会运动，但动作十分缓慢，它们常聚集成群，浮在海水表层，随破逐流。

2）游泳生物

生活在水层中、具有抗逆流的自由游动能力的动物。包括真游泳生物、浮游游泳生物、底栖游泳生物和陆缘游泳生物 4 类。

游泳动物具有发达运动器官，游泳能力很强。海洋中的鱼类、大型甲壳动物、龟类、哺乳类和海洋鸟类等属于游泳动物。这个类群组成食物链的第二级和第三级消费者。海洋中游泳动物的种类与数量非常多，个体一般比较大，游泳速度很快。鱼类是游泳动物中的主要成员。在大洋的上、中、下层都有鱼类生活，甚至在超过 10 000m 的深海里，也有鱼类的存在。

3）底栖生物

底栖动物是生活在水域底表或潜栖在底泥中的水生动物。底栖动物是一个庞杂的生态类群，主要包括水栖寡毛类、软体动物和水生昆虫幼虫及一些较原始的多细胞动物，如海绵和海百合等，常见的底栖动物有水蚯蚓、螺、蚌、河蚬、虾、蟹和水蛭等。

4）漂浮生物

漂浮生物是生活在水面上下几厘米内的生物。包括水表上漂浮生物和水表下漂浮生物。漂浮生物包括豉甲和蝇蟭等昆虫、某些蜘蛛和原生动物，偶然还有蠕虫、腹足类、昆虫的幼虫和水螅。漂浮生物与浮游生物有区别，浮游生物只是偶然地与水的表面膜有联系。漂浮生物通常只在平静的水面中生活。在淡水池塘中常见的漂浮生物是一些昆虫，如豉甲科（Gyrinidae）甲虫，水黾科（Gerridae）的大型水黾和宽肩黾科（Velüdae）较小的宽肩黾。漂浮生物还包括某些蜘蛛和原生动物、蠕虫和昆虫的幼虫。

6.1.3 浅海生态系统

1. 地理分布

浅海带位于水深 200m 以内的大陆架部分，世界上主要的经济渔场几乎都位于大陆架和大陆架附近，约占海洋总面积的 7.5%。浅海带也受大陆输入物的影响，营养物质、光照条件、生产力水平仅次于海岸带。主要的生产者为浮游植物，如硅藻、裸甲藻等。初级消费者为摄食浮游植物的浮游动物，它们与浮游植物一起为大量的海洋动物（如虾、蟹、海鸥、牡蛎等）提供了食料。

2. 分带和分层结构

浅海区的礁石可以分成三种：边礁、堤礁和环状珊瑚岛。边礁环绕大陆或岛屿的海岸。堤礁，例如，大堡礁，在澳大利亚东北延伸近 2000km，距海岸有一段距离。堤礁在海洋与环礁湖之间。环状珊瑚岛分布于热带太平洋与印度洋海域。环状珊瑚岛由珊瑚岛组成，在淹没的海洋岛屿及围绕环礁湖处生长演变而来。

在浅海区域中，不同生物群与不同的珊瑚礁是相联系的。

3. 环境特征

浅海区域是介于海滨低潮带以下的潮下带至深度 200m 左右的大陆架边缘之间，属于海滨浅水地区。浅海区域的主要生态因子有光照、海水盐度、温度。

（1）光线。大洋表层光照较充分，生活着大量浮游生物，有从陆地上来的大量碎屑，也有支离破碎的大型海藻和海草。但光的透射程度低，只有几米的深度。

（2）温度。浅海水域的温度多变。温带地区的温度变化有季节性，这种温度变化可能影响到生物开始或结束各种生命活动，如繁殖活动。

（3）水流。在浅海区域，经常有大量淡水从大河注入，此区域的盐度比大洋或深海更容易发生变化，这直接影响了浅海区域生物的生命活动，如新陈代谢等。

（4）盐度。在浅海区域，经常有大量淡水从大河注入，此区域的盐度比大洋或深海更容易发生变化，这直接影响了浅海区域生物的生命活动，如新陈代谢等。

（5）溶解氧。溶解氧的含量会影响珊瑚礁与褐藻的分布，它们生长在溶解氧含量高的地方。

4. 生物群落

在浅海中，分布着大量的礁石。不同的珊瑚礁与不同的生物群落是相联系的。珊瑚礁的顶部延伸至 15m 的深度。在珊瑚礁顶部的下方，是扶垛状突起带。珊瑚礁顶部的后面是环潟湖，包括很多小型的珊瑚礁（又名礁斑）和海草床。

珊瑚礁会面临其他生物的威胁，如海星。海星以珊瑚礁为食。珊瑚礁与海藻是浅海生态系统的生物群落中最具有生产力，生物多样性最丰富的物种。Whittaker 和 Likens（1973）指出珊瑚礁与海藻的生产率超过了热带雨林。在西太平洋与东印度洋，有超过 600 种的珊瑚礁与超过 2000 种的鱼类。单独一种珊瑚礁能供养超过 100 种的蠕虫与超过 75 种的鱼类。

6.1.4　海岸带

1. 地理分布

沿岸带位于海洋和陆地交界处，是海洋外圈的浅水带。虽然该带内的生物几乎是海洋生物，但这里实际上是海陆之间的群落交错区，其特点是有周期性潮汐。海岸带水体的光照条件比较好，水温和盐度变化大，地形、地质复杂多样。生产者是一些固定着生长的大型植物，如红树、大叶红藻、绿藻、棕藻等。消费者是以这些大型植物为食的海洋动物，如牡蛎、蟹、沙蚕等。这一地带也是人类经济活动比较频繁的区域。

2. 分带和分层结构

沿岸带可以从垂直方向分为几个地带。最上面的地带称为潮间带上缘，或浪溅带。潮间带上缘几乎没有被高的潮汐覆盖但通常因为海浪而变得湿润。潮间带上缘的下方是沿岸带的主体部分。只有当有较大的潮汐时，沿岸带的较上方部分才会被覆盖，而沿岸带的较低地带通常都会被潮汐覆盖，除非是较小的潮汐。在较高与较低地带之间是沿岸带的中间地带，在通常的潮汐影响下，这个地带时而被潮汐覆盖时而没有。在沿岸带下方是潮下带，通常是被潮汐覆盖的，除非潮汐较小。

3. 环境特征

（1）光线。潮间带的生物能接收到较充足的阳光，只是当潮汐较大时，水面湍流会减少照射到沿岸带的光的强度。

（2）温度。沿岸带的水温是变化的。在纬度较高的地区，当潮汐较小时，温度可低至结冰温度；而在热带与亚热带地区海岸，温度可超过 40℃。

（3）水流。在沿岸带运动的海浪与潮汐对沿岸带有较大的影响。潮汐有强度与频率之分。大多数潮汐是半日潮汐。在墨西哥湾和中国南部海洋中，则是全日潮。

（4）盐度。沿岸带海水盐度高于大洋，尤其是潮汐较小的沿岸带。海水的蒸发也会增大沿岸带海水的盐度。对于高纬度多雨的地区及热带地区的雨季，盐度会大大降低。

（5）溶解氧。沿岸带海水的溶解氧含量对于生活在此地区的生物影响有限。因为当低潮时，沿岸带生物暴露于空气中，可以吸收到氧气；另外，在沿岸带运动的海浪经过海水混合，含氧量较大。若沉积物是沙砾的避风海湾，则海水循环周转较弱，海水溶解氧含量小。

4. 生物群落

沿岸带的生态环境适宜于两栖动物生存。所有沿岸带生物都适宜于阶段性地暴露于空气之中，有些生物自身的条件则更有利于生长在沿岸带环境中。生物群落的分层现象，是沿岸带的一个重要特点。一些生物生活在海平面较高的地区，暴露于绝大多数潮汐之中，而另一些生物很难接触潮汐次数少，只有一个月一次到两次或更少。

沿岸带下层质地会影响到生物生存。石砾质地的海岸与沙砾质地的海岸是不同的。因为许多生物是附着于底质生存，所以在石砾质地的海岸，生物种类较多，如海星、海藻、附着甲壳动物等。沙砾质地的底层上多是潜穴类生物。

6.1.5　河口生态系统

1. 地理分布

河口位于河流与海洋的交汇处，是陆海两类生态系统之间的交替区，是从河流到海洋的过渡地带。河口区即是海水和淡水交汇混合的沿岸海湾。河口与海洋生态环境在物理、化学及生物方面有许多共性，主要有滨海湿地、沼泽及红树林湿地。

2. 分带和分层结构

以沼泽与红树林湿地为例说明河口的分带与分层结构。

沼泽中通常有一些沟渠，叫作潮沟。这些弯曲迂回的潮沟构成了复杂的网状系统。随着潮汐的运动，水流在潮沟中涨落。潮沟通常被落叶覆盖，落叶下面是平坦的沼泽，包括盐盆。

红树林种类与所处潮间带水流的高度有关。如图 6.2 所示。

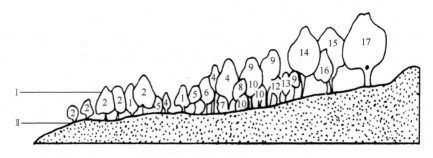

图 6.2　中国福建省南部海岸红树林（Lin，1988）

Ⅰ. 高潮线　　　Ⅱ. 低潮线

1. 白骨壤 *Avicennia marinai*；2. 海桑 *Sonneratia caseolaris*；3. 桐花树 *Aegiceras corniculatum*；4. 红树 *Rhizophora apiculata*；5. 木榄 *Bruguiera gymnorrhiza*；6. 红海榄 *Rhizophora stylosa*；7. 老鼠勒 *Acanthus ilicifolius*；8. 秋茄 *Kandelia candel*；9. 海莲 *Bruguiera sexangula*；10. 卤蕨 *Acrostichum aureum*；11. 角木果 *Ceriops tagal*；12. 瓶花树 *Scyphiphora hydrophyllacea*；13. 榄李 *Lumnitzera racemosa*；14. 海漆 *Excoecaria agallocha*；15. 银叶树 *Heritiera littoralis*；16. 玉蕊 *Barringtonia racemosa*；17. 黄槿 *Hibiscus tiliaceus*

在巴西里约热内卢附近的红树林，在最靠近水的地方，生长着红树属的植物，涨潮时这里的植物会被水淹没。在红树属植物的上方，生长着其他种类的红树植物，如海榄雌属植物，只有当潮汐较大时，它们才会被淹没。

3. 生境特征

（1）光线。河口区光线充足，尤其当潮汐较小时，这里的生物会接收到充分的阳光。河口区水流来自于潮汐与河流，水通常较浑浊，在水中悬浮着大量生物。

（2）温度。河口区水温差别较大。因为这里水较浅，水温在很大程度上取决于空气的温度。其次，海水与河水的温度是不同的，河口区水流由海水与河水混合，温度随着潮汐涨落而变化。另外，纬度也会影响水温。高纬地带的沼泽地，水温在冬天可降至结冰温度；而生长在热带海岸边的红树林，平均最低温度是20℃，水流较浅处的水温甚至可达到40℃以上。

（3）水流。潮汐与河流运动引起了河口地区复杂的水流运动，使有机物、氧气及营养物质得到了更新并带走了废弃物。在沼泽地与红树林中同样有水流运动。潮汐的运动范围较广，而不仅仅局限于河流与海洋交汇处。例如，从潮汐逆流运动方向来看，由哈得逊河到海洋，潮汐的运动长达200km。强大的水流运动使物质得到了充分的混合，也使得穿透到河口下层的光线减少。

（4）盐度。河口的盐度变化较大，尤其是当河水与潮汐运动明显时。当潮汐到来，海水进入河口地带。因为河口处于河流与海洋的交汇处，水的盐度低于海水，海水与河水混合，盐度降低，通常表层水的盐度为1‰或更低。当干旱少雨时，河口地区蒸发量大于水流进入量，导致盐度上升，甚至高于大洋地带。

（5）溶解氧。河口的溶解氧含量变化大。有机物质的分解与腐烂会消耗溶解氧，而光合作用又会使得溶解氧达到过度饱和的状态。

4. 生物群落

沼泽的生物大部分是草类，如大米草属（*Spartina* spp.）和盐草属（*Distichlis* spp.）植物。红树林中包含多种红树属植物，不同地区的红树林植物也是不同的，但在同一地区内，大多植物属于同一科属。

河口区的生物种类不多，但生物的生产力较高。产量高的养鱼场通常位于河口地区，因为水生与陆生生物都可以借助河口优越的自然条件养育后代。河口处生活着很多来自于大洋的鱼类和无脊椎动物，还有大量水鸟。

6.1.6　海洋的生态功能

1. 物质循环与能量流动

海洋生态系统中的物质循环如水循环，可以维持地球上水循环的平衡。在太阳辐射的作用下，地球上的水不断地进行循环。江河径流是海洋水分的补偿。海洋生态系统中的能量流动如图6.3所示。

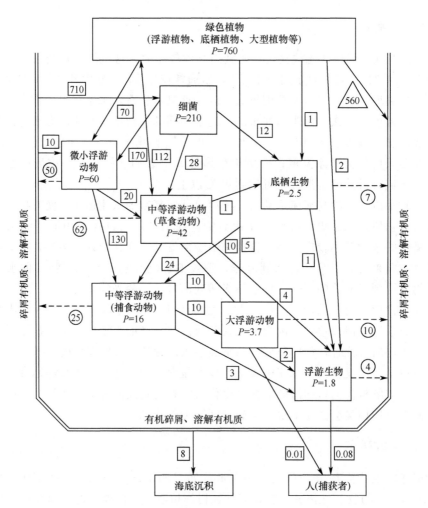

图 6.3　世界海洋生态系统中的能量流动（蔡晓明，2000）

数据单位：4.184×10^{16} kJ/年。方形中数字是食物网连线的比例或者是进入次级营养级
的数字；圆圈中数字为未消化食物量；三角形中数字为未取食的生产量

2. 影响与调节气候

海洋和大气是相互联系的，地球上的气候受海洋状况影响。自然界的风、雨、云、台风、海浪、大洋环境主要是由于海洋和大气层相互作用产生的。河流、湖泊的蒸发作用可保持当地的湿度和降水，并且控制热量的流动，调节气候环境，利于人的居住、农作物的生长。

3. 汇集污染物，降解环境污染

江、河的径流可以汇集地表径流溶解和携带的大量污染物质，使这些污染物在流域中被搬运、沉积、滞留、吸收、利用。陆地的河川径流最后都要汇入大海。海洋在接纳河川径流的同时也容纳了径流运送的各种污染物，对陆地环境起到净化作用。

4. 为人类提供水资源

河流、湖泊、水库常常作为居民用水、工业用水、农业用水的水源。目前，人类利用河川总水量的 75% 来满足生活、灌溉和工业用水之需。

5. 重要的动物基因

地球动物的 80% 生活在海洋中，海洋生物种类繁多，在地球的生物生产力中海洋占了 87%。海洋生物资源丰富，能供人们进行医学研究，获得防病、治病的良药，为人类健康服务。

6.1.7　人类活动对海洋的影响

伴随着科技的发展，人类与海洋的关系已越来越密切。从远洋航海、运输、海洋水产，海洋在人类的生产与生活中扮演着十分重要的角色。但长期以来，人类毫无约束地大量消耗资源和排放污染物，导致世界经济实现增长的同时也对全球海洋环境产生了严重的负面影响。人类正在摧毁自己赖以生存的系统，而且付出代价的速度已远远超出了人类的预期。20 世纪 90 年代，我国近岸海域的污染问题已经相当严重。我国近海水质劣于一类海水水质标准的面积，从 1992 年的 10 万 km^2 上升到 1999 年的 2012 万 km^2，平均每年以 14.6% 的速度增长。

人类对海洋的影响分成四大类：气候变化、污染、渔业和海运，其中气候变化对海洋的影响最大，尤其是海洋温度上升以及海洋酸化。渔业对海洋的影响仅次于气候变化，拖网捕鱼对珊瑚礁的破坏以及过度捕捞对渔业资源的损耗最为严重。海洋污染也十分严重，石油开采和利用、农业使用化肥及农药等对海洋的污染等都不容忽视。例如，海洋输油管因锈蚀而漏油、油轮触礁沉没、沿海钻塔石油泄漏等，造成海洋是有污染。由于海洋深度和广度极大，成为人类排放各类污染物如污水、污泥、工业废弃物、垃圾和放射性废物等理想场所。从加南州城排放到海水中的污水已经污染了 $3640km^2$ 的大陆架海底，杀死了大量底栖无脊椎动物和大型海藻，并引发了人类疾病。而海运往往把一个海域的生物随船底带到另外一个海域，造成生物入侵现象。

目前，随着海洋环境显著恶化，世界各国都面临着压力和挑战。各国政府希望兼顾经济增长与海洋环境保护，但在实践中缘于利益而不能有效执行，使得多年积累的海洋环境问题至今难以解决。海洋环境影响的是整个世界。无论是一个国家还是一个地区，谁都无法独善其身。保护海洋生态环境、合理开发利用海洋，是全人类共同的课题和责任。

6.2 陆地水生态系统

6.2.1 概述

陆地水域主要包括河流与湖泊。世界上流域面积最大的是亚马孙河，长度最长的是尼罗河（表 6.1）。我国河流众多，水系庞大而繁杂，流域面积大于 $100km^2$ 的河流有 50 000 多条，其中流域面积超过 $1000km^2$ 以上的河流有 1500 多条。我国内陆水域的总面积约占国土总面积的 2.8%。在内陆水域面积中，江河面积约占 45%。

表 6.1 中国河川流域面积（李博，1999）

	流域	流域面积/km^2	占全国总面积/%
外流流域	太平洋(东海、南海、黄海、日本海等)	5 444 595	56.71
	印度洋(安达曼海、孟加拉湾、阿拉伯海)	624 575	6.52
	北冰洋(喀拉海)	50 860	0.53
	合计	6 120 030	63.76
内陆流域	内蒙古地区	528 740	3.42
	甘、新、青地区	2 374 112	24.73
	藏北、藏南地区	728 898	7.59
	松花江内陆区	48 220	0.50
	合计	3 479 970	36.24
总计		9 600 000	100.00

湖泊水域比较宽广、水流缓慢。湖泊因其水流更新异常缓慢而不同于河流，又因与大洋不发生直接联系而不同于海洋。在流域自然地理条件影响下，湖泊的湖盆、湖水和水中物质相互作用，相互制约，使湖泊不断演变。湖泊按构造可分为构造湖、岩溶湖、火山口湖、冰川湖等，按含盐度大小可分为咸水湖与淡水湖。世界上较著名的湖泊有里海、北美洲五大湖（苏必利尔湖、休伦湖、密歇根湖、伊利湖和安大略湖）、维多利亚湖、贝加尔湖等，其中里海是世界上最大的咸水湖，湖面面积为 $368\,000km^2$，苏必利尔湖是世界最大的淡水湖，贝加尔湖是世界上最深的淡水湖，占世界淡水湖总蓄水量的五分之一。

我国湖泊众多，天然湖泊面积在 1km² 以上的有 2800 余个，总面积达到 80 000km² 以上。（李博，1999）。其中面积较大的有青海湖、鄱阳湖、洞庭湖和太湖等。我国主要湖泊见表 6.2。

表 6.2 中国的主要湖泊（李博，1999）

湖泊	所在省（自治区）	地理位置		面积 /km²	湖面高程 /m	最大水深 /m	容积 /10⁸m³
		北纬	东经				
青海湖	青海	36°40′	100°23′	4583	3195.0	32.8	105.0
鄱阳湖	江西	29°05′	116°20′	3583	21.0	16.0	248.9
罗布泊	新疆	40°20′	90°15′	3016	768.0	(已干涸)	
洞庭湖	湖南	29°20′	112°50′	2740	34.5	30.8	178.0
太湖	江苏	31°20′	120°16′	2420	3.0	4.8	48.7
呼伦池	内蒙古	48°57′	117°23′	2315	545.5	8.0	131.3
洪泽湖	江苏	33°20′	118°40′	2069	12.5	5.5	31.3

注：主要包括湖面积 2000 km² 以上者。

1. 生态因子

陆地水水生态因子主要指陆地水生态环境中对生物起作用的因子，如光照、温度、溶解氧、盐度等。

2. 水生生物

水生生物是生活在各类水体中的生物的总称。水生生物种类繁多，有各种微生物、藻类以及水生高等植物、各种无脊椎动物和脊椎动物。其生活方式也多种多样，有漂浮、浮游、游泳、固着和穴居等。有的适于淡水中生活，有的则适于海水中生活。虽然种类繁多，按功能划分，不外包含自养生物（各种水生植物）、异养生物（各种水生生物）和分解者（各种水生微生物）。不同功能的生物种群生活在一起，构成特定的生物群落，不同生物群落之间及其与环境之间，进行着相互作用、协调，维持特定的物质和能量流动过程，对水环境保护起着重要作用。水生生物为人类提供蛋白质和工业原料，有重要的经济价值。

水生植物（aquatic plant）的定义至今仍有争议，一般是指能够长期在水中或水分饱和土壤中正常生长的植物。如水稻、红树林、莼菜、睡莲、布袋莲、水蕴草、满江红等。

以在水中分布状况划分，可再划为沉水植物、浮水植物、出水植物三类。如荷、莲、石花葵、水草等。

6.2.2　流水生态系统

1. 地理分布

流水生态系统主要指河流，包括注入海洋的外流流域和流入封闭的湖海或消失于沙漠、盐海的内陆流域。

2. 分带和分层结构

流水生态系统在垂直方向上可分为水层表面、水柱层、水底部层及水底质层。水底质层下是水下带（hyporheic zone），即地表水、地下水的相互作用地带。

3. 生境特征

（1）光线。流水中的光线强度决定于两个因素：一是光线穿透水域的深度，二是阳关照射水面的面积大小。通常因为河流周围多陆上景观，各种有机物及无机物易落入河流中，造成河水浑浊，影响光线穿透水面。

（2）温度。河流的温度是可变的，一条浅水河流，其水温随大气温度而变化，但稍有滞后。通常是随季节的变化而升温或降温，但冬季也难以下降到冰点以下。能长时间大面积受到阳光照射的河流水温较高，受到数目、灌木和高岸遮掩的河流则水温较低。温度会影响河流中的生物群落，进而影响喜冷和喜温生物的生存，特别是会对生物的生理功能产生影响。例如，生活在冷水中的外温动物如北极鱼类，其代谢率最大值通常与环境温度有关，与北温带鱼类似，即依赖激活代谢来适应于寒冷（图6.4）。

（3）水流。河流中水的流速是影响特征和结构的一个重要属性，而河床的糙度、陡度、宽度、水深、河底平坦程度、降雨强度以及融雪速度都会对水流速度产生影响。高水位差能增加流速并能搬运河底的石块和碎砖瓦，对河床和河岸有很强的冲刷作用。随着河床的加深加宽和水容量的增加，河底就会积累一些淤泥和腐败的有机物质。当河流的水流速度由急变缓时，河流中的生物组成也会发生相应的变化。

（4）盐度。河流在陆地景观中穿越，往往易携带泥土及其他物质。在降雨量丰富的热带地区，泥土中的可溶解物质如盐分通常被雨水溶解，故河流中盐度低。处于沙漠地带的河流通常盐度较高。

（5）溶解氧。流水中溶解氧高低与温度有关。当温度较低时，河流中的溶解氧含量大。流水是多种水源的混合物，来自城市与工厂的含有机物的水流会消耗大量溶解氧。

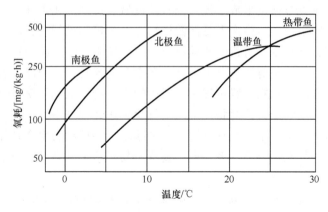

图 6.4　不同环境中鱼的代谢率比较

（Ricklefs-Miller，2000）

4. 生物群落

河流生态系统生物群落的重要组成部分包括浮游生物（plankton）和底栖动物。

在河流生态系统中，因水流速度的不同，造就了不同的生境条件，影响了生物群落的分布。根据河流所在地的生境条件的差异，通常将河流生物群落分为急流带群落、滞水带群落及河道带群落。

（1）急流带群落。一般来说，水系的上游落差较大，水的流速大于50cm/s，河床多石砾，为急流。在急流中，初级生产者多为由藻类构成的附着于石砾上的植物类群，初级消费者多为具有特殊附着器官的昆虫；次级消费者为鱼类，一般体型较小。（曹凑贵等，2002）这些生物都具有特化的形态结构，明显地适应于流水环境。

（2）滞水带群落。初级生产者除藻类外，还有高等植物；消费者多为穴居昆虫幼虫和鱼类，它们的食物来源，除了水生植物外，还有陆地输入的各种有机腐屑。

（3）河道带群落。其结构类似于静水生物群落（见 6.2.3）。除河流生物外还可见到很多静水生物。但由于河床底质的不均匀性，底栖动物通常以成团的形式分布。

5. 生态系统

河流生态系统属流动水生态系统。流动水生态系统具有连续的水流，是一个流动的、开放的生态系统。流经地区的气象、水文、地貌和地质条件有很大差异，在水平和垂直方向上形成了极为丰富的流域生境多样化条件。

在河流生态系统中，生产者是浮游植物。浮游植物进行光合作用，将水体和空气中的二氧化碳转变为有机物质并释放氧气。消费者是浮游动物及鱼类。微生物作为分解者，可以将有机物分解为基本元素和化合物，作为浮游植物的营养成分；各营养层次的生物在呼吸过程中将摄取的有机物质氧化而获得热量，供各种生命活动和合成生物量；同时将产生的二氧化碳送回空气中。这样，浮游植物→浮游动物→鱼类，构成了一个食物链；其中除了浮游植物为生产者外，其余都是消费者。浮游动物是低级消费者，属于食草动物，鱼类是高级消费者，属于食肉动物。

河流生态系统中的能量流动以美国佛罗里达州的银泉（Sliver Spring）为例进行分析（图 6.5）。

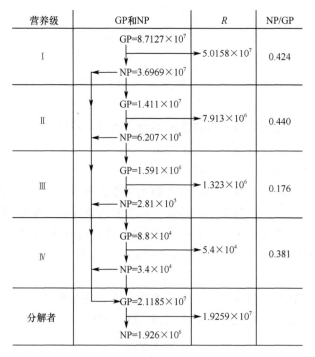

图 6.5　银泉的能流分析（Odum，1957）

单位：J/（cm² · a）

1957 年，Odum 对银泉进行了能流分析。从图 6.5 中可以看出，当能量从一个营养级流向另一个营养级，其数量急剧减少，原因是生物呼吸的能量消耗和有相当数量的净初级生产量（57%）没有被消费者利用，而是通向分解者被分解了。由于能量在流动过程中急剧减少，以至到第四个营养级的能量已经很少了，该营养级只有少量的鱼和龟，它们的数量已经不足以再维持第五个营养级的存在了。Odum 计算了通向分解者的总能量是 2.12×10^7 J/(cm^2 · a)。

6. 人类影响

随着社会生产力的提高和科学技术的进步，人类对河流开发的力度越来越大，对河流资源的索取越来越多。但是，在河流对人类贡献越来越大的同时，也引发了河流自身和周边环境的一系列问题，甚至影响到河流的基本功能和永续利用。

(1) 水质严重污染。在经济发达地区，许多河流受到不同程度的污染，并且日趋严重，成为当前我国水资源可持续利用的最大威胁。

(2) 下游河湖干涸。一些河流由于上中游过度用水，造成下游河湖干涸，不仅影响下游地区社会经济的发展，而且还使这些地区的地下水严重超采，造成地面沉降、海水入侵等地质灾害。在干旱地区的内陆河，下游河湖干涸不但使当地人民失去生存条件，而且由于下游生态系统的衰亡，造成沙漠扩大，危及全区的生态安全。

(3) 洪灾威胁严重。由于对河流洪水的调节力度过大，河流减少了汛期的造床流量，造成河床萎缩；土地无序开发，大量侵占行洪滩地和蓄洪湖泊，压缩了洪水的蓄泄空间，直接导致了河流洪水位的不断抬高。近海海域的生态系统退化。由于河流入海的淡水减少，近海海域的盐度相应增加，加上大量污染物的排入，使我国近海海域的生态系统都有不同程度的退化，以渤海湾最为严重。珠江口及东南沿海的红树林衰亡，不仅影响生物的多样性，还将加重今后风暴潮的危害。

(4) 河流集水范围内的自然环境受到各种干扰。例如，森林和草地受到破坏，加重了水土流失；各类建设及生产中的废渣、废料和废水污染了地表水和地下水；各种废气污染了大气，并造成酸雨，导致植被破坏和水体污染；全球气温的变化，对流域生态系统、河川径流和江河洪水造成不利后果；人类开发利用土地，并利用河水发展灌溉、航运、发电、城乡供水等各种功能，改变了河流的本来面貌。例如，围垦河流两岸的洪泛土地，割断了河流与两岸陆地的联系，并侵占洪水的蓄泄空间；引水到河道以外，减少了河流的径流；筑坝壅高或拦截河水，阻拦或改变了河水的流路；建造调节径流的水库，改变了河流的水文律情；利用河流排泄废水，改变了河流的水质。在改造河流的同时，也改变了河流所在地区的原有生态系统。

6.2.3　静水生态系统

地面洼地形成的较为宽广的水域叫湖泊。湖盆是形成湖泊的必要自然条件。

　　湖盆的成因是多种多样的，它们可以是构造运动、火山活动等内力作用形成的湖盆，也有些是冰川、风力等外力作用塑造而成的，根据其成因分为构造湖、冰川湖、火山湖、山崩湖、溶解湖、河成湖、风成湖、海湾湖等类型，不同类型的湖泊往往具有不同的地质和形态特征。我国的天然湖泊面积在 $1km^2$ 以上的有2800 多个，总面积达 80 000km^2 以上。

1. 地理分布

　　中国主要湖泊分布见表 6.2。

2. 分带和分层结构

　　将湖泊看作小型的海洋，对湖泊的结构进行分层。在湖岸最浅的水域处，生长着水生植物的地带叫沿岸带。沿岸带下方的广阔区域是湖沼带和深水带（图6.6）。

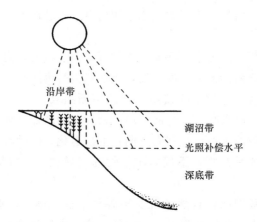

图 6.6　湖泊的三个主要带（孙儒泳等，1993）

3. 生态因子

　　湖泊水流速度缓慢，水的更换周期长，底部沉淀较多。在湖泊的沿岸带，阳光能穿透到底，常有有根植物生长，加之阳光透入，能有效地进行光合作用，故在湖泊中生长了大量的浮游生物。湖泊生态系统中的物种与群落的生长，是湖泊环境与生态因子共同作用的结果。

　　影响湖泊生态系统的生态因子主要有：温度、光照（取决于透明度）、溶解气体（氧和二氧化碳）、营养盐类（主要是磷酸盐和硝酸盐）等。不同湖泊生态系统由于其位置、成因等诸多方面的差异，这几个因子往往有不同的表现，同一湖泊的不同位置其生态因子也有一定的差异。

（1）光线。湖水的颜色有深蓝、黄色、棕色甚至红色，这取决于湖泊吸收的光线。影响湖泊吸收光线的因素很多，主要有化学因素与生物因素。例如，当湖泊中的营养物质含量较大时，生物会减少光线的穿透。所以这样的湖泊多呈现出深蓝色。

（2）温度。太阳辐射热是湖水的主要热量来源。水汽凝结潜热、有机物分解产生的热和地表传导热也是热量收入的组成部分。在气温较高的季节，湖水表层温度高于湖沼带。在冬季，当湖水结冰时，冰层下的水温接近 0℃，而底部的水温大约为 4℃。

（3）水流。湖泊中最重要的水流运动是风引起的湖水运动。夏季，风使表层湖水与湖沼带湖水相互混合，当冬季湖水结冰时，冰层将阻碍湖水的混合运动。湖水的运动有助于湖水更新氧气与营养物质。

（4）盐度。世界平均湖水盐度是 0.120‰，远远小于海洋平均盐度，但不同地区湖水盐度变化大于海洋盐度变化。例如，美国大盐湖优势盐度高达 200‰。

（5）溶解氧。湖水运动与生物作用对湖水溶解氧大小有明显影响。湖水混合充分而生物耗氧小的湖泊溶解氧含量大。另外，含氧量还会随着水热条件而变化。在冬季，湖水的含氧量较低，尤其是结冰的湖泊。

4. 生物群落

湖泊生态系统的生物群落比较丰富多样，并有明显分层与分带现象。水生植物丰富，有挺水、漂浮、沉水植物及植物上生活的各种水生昆虫及肺螺类等。在水层中有各种浮游生物及鱼类等，底泥上或底泥中生活着各种需氧量少的摇蚊幼虫、螺、蚌类、水蚯蚓及虾、蟹等。此外，还有各种微生物广泛分布在水体的各部分。各类水生生物群落之间及其与水环境之间维持着特定的物质循环和能量流动，构成一个完整的生态单元。

依据光的穿透程度和植物光合作用，湖泊可分为沿岸带（littoral zone）、湖沼带（limnetic zone）和深底带（profundal zone）。沿岸带和深底带都有垂直分层的底栖带（benthic zone）。

1）沿岸带

沿岸带有根植物较多，包括沉水植物、浮水植物、挺水植物等亚带，并逐渐过渡到陆生群落。这里的优势植物是挺水植物，植物的数量及分布依水深和水位波动而有所不同。浅水处有灯芯草和苔草，稍深处有香蒲和芦苇、慈姑和海寿属植物等。再向内就形成一个浮叶根生植物带，主要植物有眼子菜和百合。这些浮叶根生植物大都根系不发达但有很发达的通气组织。水再深一些当浮叶根生植物无法生长的时候就会出现沉水植物，常见的有轮藻。沉水植物缺乏角质膜，叶多裂呈丝状可从水中直接吸收气体和营养物质。

沿岸带的消费者种类极其丰富，主要有螺类、某些昆虫幼虫、原生动物、水螅、轮虫、各种蠕虫、苔藓虫等。一些动物（尤其是附生生活的）常呈现出与有根植物分布相平行的水平呈带分布；另一些种类则几乎分布在整个沿岸带，且垂直呈带现象比水平呈带更为明显。

2）湖沼带

湖沼带的主要生物是浮游植物和浮游动物。鼓藻、硅藻和丝藻等浮游植物是整个湖沼带食物链的基础，这些藻类个体小，但生产力相当高。消费者主要包括浮游动物和各种鱼类。浮游动物主要为桡足类、枝角类和轮虫，它们以原生动物为食，是湖沼带能量流动的一个重要环节。湖沼带的鱼类的分布主要受食物、含氧量和水温的影响。例如，大嘴鲈鱼和狗鱼等在夏季常分布在温暖的表层水中，因为那里食物丰富，冬季它们则回到深水中。

3）深底带

深底带的生物决定于来自湖沼带的营养物、能量、氧气供应和水温。深水带中的生物主要是鱼类、浮游生物和生活在湖底的一些枝角类。

容易分解的物质在通过深底带向下沉降的过程中常常有一部分会被矿化；而其余的生物残体或有机碎屑则会沉到湖底，它们与被冲刷进来的大量有机物一起构成了湖底沉积物。

4）底栖带

湖底沉积物中氧气含量极低，生活在那里的优势生物是厌氧细菌。但在无氧条件下，分解很难进行到最终的无机产物。当沉到湖底的有机物数量超过底栖生物所能利用的数量时，它们就会转化为富含 H_2S 和甲烷的腐泥。所以当沿岸带和湖沼带的生产力很高时，深水带湖底或池底的生物区系就会比较贫乏。

如果湖水或池水变浅，底栖生物也会发生变化。一般来说，随着湖水变浅，水中含氧量、透光性和食物含量都会增加。

5. 生态系统

湖泊属于静水生态系统。所谓静水生态系统（lentic ecosystem）指水的流动和更换很缓慢的水域，如湖泊、池塘、水库等。静水水体因水的流动性小或不流动，因此底部沉积物较多，水的温度、溶解氧、二氧化碳、营养盐类等分层现象明显，特别是深水湖泊。

湖泊是被陆地生态系统包围的水生生态系统，因此来自周围生态系统的输入物对其有着重要的影响，各种营养物和其他物质可沿着生物的、地理的、气象的、水文的通道穿越生态系统的边界。

气象输入物包括风中的颗粒物、雨雪中的溶解物和大气中的各种气体，而沿着同一通道输出的则主要是小的浪花飞沫和各种气体如二氧化碳和甲烷等。地理通道输入物包括地下水、入注溪流中的各种溶解物和从周围分水岭流入湖盆的各种颗粒物质，输出物则包括随水流带走的各种颗粒物和深层沉积物在长期循环过程中所损失的各种营养物质。经由生物通道的输出物和输入物相对较少，主要是动物（如鱼类）的进出。水文通道的输入物主要靠降水，输出则靠湖盆壁的渗漏、地下水流和蒸发；能量和各种营养物在湖泊的移动是靠捕食食物链和碎屑食物链进行的（图 6.7）。

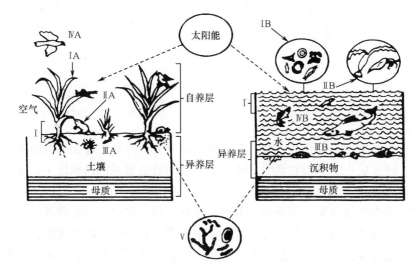

图 6.7　陆地生态系统与静水生态系统的比较（孙儒泳等，2002）

Ⅰ. 自养生物：ⅠA. 草本植物，ⅠB. 浮游植物；Ⅱ. 食草动物：ⅡA. 食草性昆虫和哺乳动物，
ⅡB. 浮游动物；Ⅲ. 食碎屑动物：ⅢA. 陆地土壤无脊椎动物，ⅢB. 水中底栖无脊椎动物
Ⅳ. 食肉动物：ⅣA. 陆地鸟类和其他，ⅣB. 水中鱼类；Ⅴ. 腐食性生物、细菌和真菌

能量沿着食物链传递，以 Cedar Bog 湖为例，说明能量在静水生态系统中的传递（图 6.8）。

这个湖的初级总能量是 464.7J/（cm^2・a），能量的固定效率大约是 0.1%。在生产者所固定的能量中有 21%[96.3 J/(cm^2・a)] 被生产者自己的呼吸作用消耗，被食草动物吃掉的有 62.8 J/(cm^2・a)（约占净初级生产量的 17%）。这部分能量中，用在食草动物自身的呼吸代谢的能量有 18.8 J/(cm^2・a)（占食草动物次级生产量的 30%），肉食动物利用可利用能量的 28.6%（可利用能量是指食草动物在呼吸代谢后剩下的能量），约 12.6 J/(cm^2・a)。被分解者分解的有 13 J/(cm^2・a)（约占净初级生产量的 3.4%）。其余未利用的净初级生产量为 293.1 J/(cm^2・a)（占净初级生产量的 79.5%），这些未被利用的生产量最终沉到湖底形成了植物有机沉淀物。

湖泊生态系统的基本特征有如下三点。

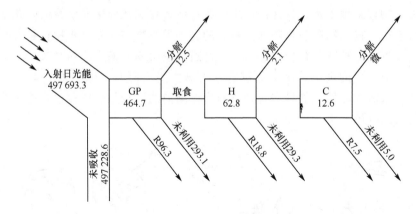

图 6.8　Cedar Bog 湖能量流动的定量分析（Lindeman，1942）

GP. 总初级生产量；H. 食草动物；C. 食肉动物；R. 呼吸［单位：J/(cm² · a)］

（1）界线明显。其边界明显，在能量、物质流动过程中处于半封闭状态。

（2）面积较小。除少数湖泊之外，大多数湖泊生态系统面积较小，深度也相对较浅。

（3）具有分层现象。可分为湖上层、湖下层和变温层。生物群落具有成带现象：在光线能透射到的沿岸带浅水区，其生产者为有根的或底栖植物、浮游或漂浮植物。随着水深加大，一般依次为挺水植物带、漂叶植物带和沉水植物带。消费者主要为浮游生物和鱼类、两栖类及昆虫；在水面开阔的敞水带，生产者主要是硅藻、绿藻和蓝藻。消费者由浮游动物和鱼类组成，其中鱼类为优势种群；在深水带，由于基本没有光线，生物主要从沿岸带和湖沼带获得食物，其组成是生活在水和淤泥中间的细菌、真菌和无脊椎动物，这些生物都有在缺氧环境下生活的能力。

6. 人类影响

一个原始的天然湖泊对人类活动是极为敏感的，随着第一批居民在湖边定居和第一个娱乐项目在湖面展开，湖泊便开始了在人类影响下的演变。人类对于湖泊生态系统的影响主要是湖泊的富营养化。

氮与磷是湖泊生态系统中的大型植物、浮游植物、浮游动物、细菌和其他消费者从水体和淤泥中摄取的营养元素。在自然条件下，随着河流夹带冲击物和水生生物残骸在湖底的不断沉降淤积，湖泊会从平营养湖过渡为富营养湖，进而演变为沼泽和陆地，这是一种极为缓慢的过程。在正常的淡水系统中磷含量通常是有限的，但由于人类的活动，将大量工业废水和、生活污水以及农田径流中的植物营养物质排入湖泊、水库、河口、海湾等缓流水体。生活污水和化肥、食品等工业的废水以及农田排水都含有大量的氮、磷及其他无机盐类。天然水体接纳这些废水后，水中营养物质增多，促使自养型生物旺盛生长，特别是蓝藻和红藻的个体数量迅速增加，而其他藻类的种类则逐渐减少。水体中的藻类本来以硅藻和绿藻为主，蓝藻的大量出现是富营养化的征兆，随着富营养化的发展，最后变为以蓝藻为主。藻类繁殖迅速，生长周期短。藻类及其他浮游生物死亡后被需氧微生物分解，不断消耗水中的溶解氧，或被厌氧微生物分解，不断产生硫化氢等气体，从两个方面使水质恶化，造成鱼类和其他水生生物大量死亡。藻类及其他浮游生物残体在腐烂过程中，又把大量的氮、磷等营养物质释放入水中，供新的一代藻类等生物利用。因此，富营养化了的水体，即使切断外界营养物质的来源，水体也很难自净和恢复到正常状态。

水体富营养化常导致水生生态系统紊乱，水生生物种类减少，多样性受到破坏。2000 年太湖流域水质按省界水体 82 个监测断面评价，全年期仅 15% 未受污染，其余 85% 受到不同程度的污染，以富营养化为主。太湖 24 个监测点监测数据表明，全年平均 29% 达中-富营养水平，71% 达富营养水平，年均 COD_{Mn}（高锰酸盐指数）达 5.28mg/L，TP（总磷）达 0.10mg/L（林泽新，2002）。

6.3 湿地生态环境

6.3.1 概述

1. 湿地

"湿地"一词源自英文 wetland。由于湿地和水域、陆地之间没有明显边界，造成湿地的定义一直有分歧。1971 年《湿地公约》对湿地的定义，即湿地的广义定义是："湿地是指天然或人工、长久或暂时之沼泽地、泥炭地或水域地带，带有或静止、或流动、或为淡水、半咸水或咸水水体者，包括低潮时水深不超过6m 的水域"。1979 年，在《美国的湿地深水栖息地的分类》一文中，湿地的定义为："陆地和水域的交汇处，水位接近或处于地表面或有浅层积水，且至少有以下特征之一：至少周期性地以水生植物为植物优势种；底层土主要是湿土；在每年的生长季节，底层有时被水淹没；湖泊与湿地以低水位时水深 2m 处为界"。我国学者对湿地的定义："潮湿或浅积水地带发育成水生生物群和水成土壤的地理综合体。包括陆地上天然的和人工的，永久的和临时的各类沼泽、泥炭地、咸水体及淡水体，以及低潮位时 6m 水深以内的海域。"（全国科学技术名词审定委员会，2006）。

湿地兼有陆地和水生环境两种系统的特征，形成了独特的湿地生态系统类型，是自然界富有生物多样性和较高生产力的重要生态景观之一。湿地拥有众多野生动植物资源,很多珍稀水禽的繁殖和迁徙离不开湿地,因此被称为"鸟类的乐园"。此外,湿地具有强大的生态净化作用,因而又有"地球之肾"之称。

湿地广泛分布于世界各地。据统计,全世界共有湿地 $8.558 \times 10^9 km^2$,占陆地总面积的 6.4%(不包括滨海湿地),其中以热带比例最高,占湿地总面积的30.82%,寒带占 29.89%,亚热带占 25.06%,亚寒带占 11.89%(表 6.3)

表 6.3　世界湿地分布(李博,1999)

地带	地区	面积/($\times 10^3 km^2$)	占湿地总面积比例/%
北极	湿润半湿润	200	2.34
寒带	湿润半湿润	2558	29.89
亚寒带	湿润	531	6.30
	半湿润	342	4.00
	干旱	136	1.59
亚热带	湿润	1077	12.58
	半湿润	629	7.35
	干旱	439	5.13
热带	湿润	2317	27.07
	半湿润	221	2.58
	干旱	100	1.17
合计		8558	100.00

2. 湿地的分类

按目前普遍接受的湿地定义,据不完全统计,我国的湿地面积约 $2.6 \times 10^5 km^2$ 。居亚洲第一位,占世界湿地总面积的 11.9%。我国湿地基本分为 5 大类 28 种类型(表 6.4)。

(1)浅海水域及海岸湿地。是指低潮时水深不超过 6m 的永久浅水域及其沿岸海水侵湿地带。包括浅海水域、潮下水生层、珊瑚礁、岩石性海岸、潮间沙石海岸、潮间淤泥海岸、潮间盐水沼泽、红树林沼泽、海岸性咸水湖、海岸性淡水湖、河口水域、三角洲湿地等。

(2)河流湿地。包括永久性河流、季节性或间歇性河流、泛洪平原湿地等。

(3)湖泊湿地。包括永久性淡水湖泊、季节性淡水湖、永久性咸水湖、季节性咸水湖等。

(4)沼泽和沼泽化草甸湿地。包括藓类沼泽、草本沼泽、沼泽化草甸、灌丛沼泽、森林沼泽、内陆盐沼、地热湿地、淡水泉和绿洲等。

(5)库塘。是指用于灌溉、水电、防洪等目的而建造的人工蓄水设施。

表 6.4　我国湿地的类型及面积

湿地			
3848.55 万 hm²			
天然湿地			人工湿地
3620.05 万 hm²			228.50 万 hm²
近海与海岸湿地	内陆湿地		库塘
594.17 万 hm²	3025.88 万 hm²		228.50 万 hm²
	沼泽湿地	湖泊湿地	河流湿地	
	1370.03 万 hm²	835.15 万 hm²	820.70 万 hm²	

资料来源：湿地鸟类（http://www.shidi.org/waterfowl.html），2010。

3. 湿地的生态功能与效益

（1）物质生产功能。湿地具有强大的物质生产功能，它蕴藏着丰富的动植物资源，是珍稀野生生物的天然衍生地。在我国湿地生活、繁殖的鸟类有 300 多种，占全国鸟类总数的 1/3 左右，40 余种国家一类保护的珍禽鸟类约有一半生活在湿地。湿地鱼类也比较丰富，还是许多名贵鱼类、贝类的产区，以及造纸原料芦苇和其他有积极价值植物的生长区。

（2）大气组分调节功能。湿地内丰富的植物群落，能够吸收大量的二氧化碳气体，并放出氧气，湿地中的一些植物还具有吸收空气中有害气体的功能，能有效调节大气组分。但同时也必须注意到，湿地生境也会排放出甲烷、氨气等温室气体。

（3）水分调节功能。湿地在蓄水、调节河川径流、补给地下水和维持区域水平衡中发挥着重要作用，是蓄水防洪的天然"海绵"，在时空上可分配不均的降水，通过湿地的吞吐调节，避免水旱灾害。

（4）净化功能。湿地有助于减缓水流的速度，当含有毒物和杂质（农药、生活污水和工业排放物）的流水经过湿地时，流速减慢，有利于毒物和杂质的沉淀和排除。此外，一些湿地植物像芦苇、水湖莲能有效地吸收有毒物质。在现实生活中，不少湿地可以用做小型生活污水处理地，这一过程能够提高水的质量，有益于人们的生活和生产。

（5）保留营养物质。流水流经湿地时，其中所含的营养成分被湿地植被吸收，或者积累在湿地泥层之中，净化了下游水源。湿地中的营养物质养育了鱼虾、树林、野生动物和湿地农作物。

（6）防止盐水入侵。沼泽、河流、小溪等湿地向外流出的淡水限制了海水的回灌，沿岸植被有助于防止潮水流入河流。但是，如果过多抽取或排干湿地，破坏植被，淡水流量就会减少，海水可大量入侵河流，减少了人们生活、工农业生产及生态系统的淡水供应。

（7）调节局部小气候。湿地的蒸腾作用可保持当地的湿度和降水量。在有森林的湿地中，大量的降水通过树木被蒸发和转移，返回到大气中，然后又以雨的形式降到周围地区。沼泽产生的晨雾可以减少土壤水分的丧失。

（8）湿地景观具有休闲、旅游观赏价值。景观是从一个地方或整个地区观看到的内容的总和。湿地常常是景观的关键内容，它为视野产生了多样性，并成为视野的焦点。湿地景观具有线条、质地和土地利用的和谐性等美学意义，具有休闲、旅游观赏价值，可以开展生态旅游。

6.3.2 滨海湿地生态系统

滨海湿地生态系统是指低潮时水深 6m 以上的海域及沿岸浸湿地带与生活在其中的动植物共同组成的有机整体。滨海湿地范围较广，主要有近岸浅海、潮间带、泻湖、湖泊、滩涂、沼泽和草地等。滨海湿地是我国湿地重要类型之一，是面积最大、最具有生态功能的一种湿地。滨海湿地对净化环境、抵御自然灾害、稳定海岸和沿岸建筑起着重要的作用，主要包括盐沼湿地、红树林湿地、海草床、珊瑚礁、河口沙洲湿地和岩石离岛等。滨海湿地生态系统的高等植物群落主要为红树林与海草群落。

1. 红树林生态系统

1）红树林的生物组成

A. 红树林植物

红树林植物群落是指生长在热带潮间带的木本植物群落。由于温暖洋流的影响，有的分布于亚热带，有的受潮汐的影响，也可分布于河口海岸和水陆交叠的地方。红树林生态系统中存在着许多不同科属的植物种类，并且在其临近的岸边和低潮带常有陆生植物和海生植物存在（表 6.5）。

表 6.5 红树林中的主要高等植物（杨持，2008）

类型	鉴别标准
红树植物	专一性生长在潮间带的木本植物
半红树植物	能生长于潮间带，有时成为优势种，但有可能在陆地非盐渍土上生长的两栖性木本植物
红树林伴生植物	偶尔出现在红树林缘，但不成为优势种的木本植物、藤本植物和草本植物等
其他海洋沼泽植物	虽有时也出现于红树林沼泽中，但通常被认为是属于海草或盐沼泽群落中的植物

红树林中出现的植物主要包括两大类型：红树植物和半红树植物。红树植物指专一性生长于潮间带的木本植物，它们是只能在潮间带生境中生长繁殖，在非海滨环境不能自然繁殖的两栖型木本植物。红薯植物与半红树植物的区别在于前

者具有在潮间带生长的专一性，而后者具有两栖性，共同特点是二者均可在潮间带生长，是构成红树林组成成分的木本植物。主要建群种类为红树科的木榄、海莲、红海榄、红树和秋茄等，其次有海桑科的海桑、杯萼海桑、马鞭草科的白骨壤（*Avicennia marina*），紫金牛科的桐花树（*Aegiceras corniculatum*）等。可组成 7 个主要群系：木榄群系、秋茄群系、红树群系、桐花树群系、海桑群系、白骨壤群系和水椰群系。

红树林的生态适应性主要体现在特殊根系、胎生现象、泌盐现象。

红树林最引人注目的特征是密集而发达的支柱根，很多支柱根自树干的基部长出，牢牢扎入淤泥中形成稳固的支架，使红树林可以在海浪的冲击下屹立不动。红树林的支柱根不仅支持着植物本身，也保护了海岸免受风浪的侵蚀，因此红树林又被称为"海岸卫士"。红树林经常处于被潮水淹没的状态，空气非常缺乏，因此许多红树林植物都具有呼吸根，呼吸根外表有粗大的皮孔，内有海绵状的通气组织，满足了红树林植物对空气的需求。每到落潮的时候，各种各样的支柱根和呼吸根露出地面，纵横交错，使人难以通行。

"胎生现象"是红树林非常奇妙的一个现象。红树林中的很多植物的种子还没有离开母体的时候就已经在果实中开始萌发，长成棒状的胚轴。胚轴发育到一定程度后脱离母树，掉落到海滩的淤泥中，几小时后就能在淤泥中扎根生长而成为新的植株，未能及时扎根在淤泥中的胚轴则可随着海流在大海上漂流数个月，在几千里外的海岸扎根生长。

泌盐现象是由于热带海滩阳光强烈，土壤富含盐分，红树林植物多具有盐生和适应生理干旱的形态结构，植物具有可排出多余盐分的分泌腺体，叶片则为光亮的革质，利于反射阳光，减少水分蒸发。

B. 红树林区的低栖动物

红树林中占优势的海洋动物是软体动物、多毛类、甲壳类及一些特殊鱼类。

软体动物中以汇螺科、蜓螺科、滨螺科和牡蛎科种类为代表。滨螺科种类通常生活在红树林的树干和树枝上；汇螺科和蜓螺科的种类主要生活在树根的基部和淤泥上。牡蛎科的种类固着在红树根和红树干上。

蟹类与虾类在软基质上挖掘洞穴。包括常见的招潮蟹、相手蟹和大眼蟹等。

毛虫类常见的是小头虫科的背蚓虫、双齿围沙蚕和锐足全刺沙蚕等。在红树林外的软相潮间带中，多毛虫种数、密度和生物量均较多。

2）红树林生态系统

红树林是热带、亚热带河口海湾潮间带的木本植物群落。以红树林为主的区域中动植物和微生物组成的一个整体，统称为红树林生态系统。它的生境是滨海盐生沼泽湿地，并因潮汐更迭形成的森林环境，不同于陆地生态系统。热带海区 $60\% \sim 70\%$ 的岸滩有红树林成片或星散分布。

红树林生长的生境特征主要表现在以下几方面。

A. 地质地貌

红树林主要分布于隐蔽海岸，该海岸多因风浪较弱、水体运动缓慢而多淤泥沉积。红树林大部分分布于潮间带，以中潮滩为最繁茂区。

B. 温度

红树林分布的中心地区海水温度的年平均值为 24～27℃，气温则在 20～30℃。

C. 底质

它们适合生长在冲积土上，如冲积平原和三角洲地带，土壤（冲击层）由粉粒和黏粒组成，且含有大量有机质，适合于红树林生长。一般红树林土壤是初生的土壤，含盐量 0.2%～2.5%，pH 4～8，少有 pH 3 以下的或 pH 8 以上的。

D. 海水和潮汐

含盐分的水对于红树林生长十分重要，红树植物具有耐盐特性，在一定盐度海水中才能成为优势种。在潮汐中每日有间隔的涨潮退潮的变化，有助于红树林的生长。

由于群落演替的特点，红树林常呈现与海岸平行的带状分布，最基本的有 3 个地带：低潮泥滩带、中潮带、高潮带。

低潮泥滩带位于小潮低潮平均水面以下，大潮低潮最低水面以上，即低潮滩。这里盐度较高，是红树林先锋植物种类生长的地带。大潮时候，红树植物几乎全被淹没或仅有树冠外露；个别小潮时，树干基部仍浸于水中。

中潮带位于小潮高潮平均水面以下，小潮低于平均水面以上的中间地带，盐度为 1.0%～2.5%，海滩宽从几十米至几千米，淤泥深厚。退潮时地面暴露，淤泥深厚；大潮时，树干几乎被淹没一半左右，这是红树林生长的繁盛地带。

高潮带位于大潮高潮最高水面以下，小潮高潮平均水面以上，这一地带土壤经常暴露，表面比较硬实。特大高潮区有较干实的土壤，是红树林带和陆岸过渡的地带，土壤盐度因受淡水冲洗影响而较低。

3）红树林的生态作用

红树林的生态作用主要包括：通过网罗碎屑的方式，拦淤造陆，促进土壤的形成；滨海湿地防护林可抵抗潮汐，特别在抗海啸、风暴潮和洪水的冲击方面有重要作用；盘根错节的发达根系能有效地滞留陆地来沙，减少近岸海域的含沙量；茂密高大的枝体宛如一道道绿色长城，有效抵御风浪袭击。另外，红树林以凋落物的方式，通过食物链转换，为海洋动物提供良好的生长发育环境，同时，由于红树林区内潮沟发达，吸引深水区的动物来到红树林区内觅食栖息，生产繁殖。由于红树林生长于亚热带和温带并拥有丰富的鸟类食物资源，所以红树林区是候鸟的越冬场和迁徙中转站，更是各种海鸟的觅食栖息，生产繁殖的场所。

2. 海草生态系统

1）海草的种类组成

海草属于沼生目（Helobiae），全世界共 2 科 12 属 49 种（表 6.6）。其中，眼子菜科（Potamogetonaceae）9 属，水鳖科（Hydrocharitaceae）3 属。在中国有眼子菜科的大叶藻属（*Zostera*）、虾形藻属（*Phyllospadix*）、二药藻属（*Halodule*）、海神藻属（*Cymodocea*）、全楔草属（*Thalassodendron*）、针叶藻属（*Syringodium*），水鳖科的海菖蒲属（*Enhalus*）、海龟草属（*Thalassia*）和属（*Halophila*），共 9 属 15 种 2 亚种。

表 6.6　全球海草的系统分类

科（亚科）	属	种类数目
眼子菜科		
大叶藻属	大叶藻*	11
	虾形藻*	5
	异叶藻	1
聚伞藻亚科	聚伞藻	3
海神藻亚科	二药藻*	8
	海神草*	4
	针叶藻*	2
	根枝草	2
	全楔草*	2
水鳖科		
水鳖亚科	海菖蒲*	1
海龟草亚科	海龟草*	2
喜盐草亚科	喜盐草*	8

*表示中国有分布的属。

2）海草生态系统

海草多分布在东半球的印度洋和西太平洋地区，部分种类在加勒比海地区。

海草具备 4 种机能以适应其海生生活：具有适应盐介质的能力；具有发达的支持系统抗拒波浪和潮汐；当完全被海水覆盖时，有完成正常生理活动及实现花粉释放和种子散布的能力；在环境条件较稳定时，具备与其他海洋生物竞争的能力。

海草耐盐性强，能完全生长于沉水环境，有发达的根状茎，能进行水媒传粉。海草生长在海洋边缘狭长的地带，这是具有极高生产力的地带，碳的固定量几乎可以与热带雨林相比，海草场是热带水域重要的潮下带生产者，是许多经济鱼类和无脊椎动物的天然渔区，是具有高度生产力的滨海生态系统。

3）海草的生态意义

海草群落的生态意义有如下几点。

（1）海草作为沉积物的捕获者，具有稳定底泥沉积物的作用，并改善水的透明度。

（2）海草群落是初级生产者，具有很高的生产能力。海草是热带和温带浅海水域初级生产力的重要提供者。

（3）海草是许多动物直接的食物来源。在得克萨斯湾的海草床的研究中，发现小虾和小鱼利用海草及相关藻类作为它们的初级营养源，海草通常是幼虾、稚鱼优良的繁殖场所。

（4）海草群落是许多动物的重要栖息地和隐蔽场所。Kikuchi（1974）发现当大叶藻产量降低时，许多十足目动物、雏鸟和青壮期的鱼类产量显著下降；当大叶草衰退时，引起鱼类和附生的无脊椎动物种群的动物区系的变化。

（5）海草是附生动植物重要的底物。Harlin（1980）曾列举出在海草叶片上，附生有 450 种以上的大型藻类、150 种以上的小型藻类和 180 种以上的无脊椎动物。

（6）海草从海水和底质沉积物的表面搬运养分的效率很高，是控制浅水水质的关键植物。因此，海草能在水中可溶性营养盐很低的条件下生长。

（7）海湾的海草大量生长时，会造成河道堵塞，影响航道通行。

3. 河口生态系统

在 6.1.5 节中已有讲述。

6.3.3　淡水湿地生态系统

以沼泽为例来说明淡水湿地生态系统。

沼泽（marsh）的基本特征是地表常年过湿或有薄层积水，在沼泽地除了具有多种形式的积水外，还有小河、小湖等水体，土壤水分几乎达到饱和。由于水多，沼泽地土壤缺氧。在厌氧条件下，有机物分解缓慢，只呈半分解状态，故多有泥炭的形成和积累，形成泥炭沼泽。沼泽剖面结构自上而下为草根层、腐殖质层、潜育层和母质层。草根层、腐殖质层矿质颗粒很少，孔隙较大，具有较强的蓄水和透水能力。

1. 沼泽的生物组成

1）沼泽植物

沼泽植物是沼泽生态系统的主要组成成分。它能综合反映沼泽的生境，是沼泽的指示特征。沼泽半水半陆的生态环境决定了其植物群落和动物群落具有明显的水陆相兼性和过渡性。沼泽植物群落包括乔木、灌木、小灌木、多年生禾本科、莎草科和其他多年生草本植物，以及苔藓和地衣。沼泽植物是该生态系统中能量的固定着和有机物质的初级生产者，也为人们提供了可利用的资源。

2) 沼泽动物

沼泽动物是生态系统中的消费者，又受作为生产者的沼泽植物影响。沼泽动物种类有涉禽、游禽、两栖动物、哺乳动物、鸟类和鱼类等，其中有的是珍贵的或有经济价值的动物，如黑龙江扎龙湿地和三江平原芦苇沼泽中的世界濒危物种丹顶鹤（*Grus japonensis*）、三江平原沼泽中的白鹤（*Grus lencogeranus*）、白枕鹤（*Grus vipio*）、天鹅（*Cygnus cygnus*），华北和新疆天山地区沼泽中的矶鹬（*Tringa hypoleucos*），青海湖周围沼泽中的斑头雁，青藏高原芦苇沼泽中的大型涉禽黑颈鹤以及斑嘴雁、棕头鸥等。

2. 沼泽生态系统

沼泽是水体和陆地之间的过渡型自然综合体，本身就构成了一个生态系统，与自然界其他生态系统一样，也是一个物质循环和能量流动的系统。能量通过沼泽中绿色植物的光合作用进入沼泽生态系统，沿着食物链从绿色植物移动到昆虫、软体动物、小鱼、小虾等草食动物，再流到游禽、两栖、哺乳等肉食动物，到顶部肉食动物泽鹬，最后由微生物将它们分解的有机物质分散返回到环境中。同时在各营养级由于呼吸借用都有能量的损失，即把部分能量逸散到外界。沼泽生态系统的能量流，也是随着营养级的升高而逐渐减少，当沿食物链上升时，在单位面积内可利用的能量越来越少。

沼泽生态系统的能量流和蕴藏的较大生物生产力，对研究沼泽的生态平衡和科学地利用沼泽，有重要的理论价值和生产意义。沼泽是自然资源的组成部分。沼泽地草本植物生长茂密，土地肥沃，有机质含量高，排干后可开垦为耕地。素有"鱼米之乡"之称的珠江三角洲、江汉平原、洞庭湖平原、太湖平原等，都是从沼泽上开发出来的。沼泽蕴藏着丰富的泥炭资源，适当利用时，可垦为农田，改造育林或辟为牧场。沼泽上的纤维植物和泥炭利用具有广阔的前景。纤维植物（小叶章、大叶章、芦苇、毛果苔草等）是很好的造纸和人造纤维的原料。泥炭有机质含量丰富，一般为 50%～70%，氮、磷、钾等的含量也较高，是良好的肥料，并可用泥炭来改良土壤，提高土壤肥力。此外，泥炭在工业、农业、医药卫生等方面有广泛的用途。

6.3.4　人工湿地

人工湿地是非天然形成的湿地。人工湿地可分为水利用途的湿地（包括水库、拦河坝等）、水产养殖用途的湿地（养殖池塘、海水养殖厂）、农业用途湿地

（农用池塘、灌溉用沟、渠及稻田）、矿业采矿性湿地（盐田）、城市用途湿地（废水处理场所、景观和娱乐水面）。

人工湿地具有一定的生态效益功能，如水库可以均化洪水、补水，将湿地应用于净化水资源，可以移出和固定营养物、移出和固定有毒物质，农业用途湿地可用于能源生产，如灌溉等，城市用途湿地则具有社会文化属性，具备观赏美学的重要性。

稻田是人工湿地的一种重要类型。水稻原产亚洲热带，在中国广为栽种后，逐渐传播到世界各地。水稻喜高温、多湿、短日照，对土壤要求不严，水稻土最好。水稻土是指发育于各种自然土壤之上、经过人为水耕熟化、淹水种稻而形成的耕作土壤，是我国一种重要的土地资源。它以种植水稻为主，也可种植小麦、棉花、油菜等旱作。

水稻田和其他农用地不同，它是一种人工湿地系统。我国人工湿地面积大约为 4000 万 hm^2，其中稻田就有 3800 万 hm^2，主要分布在秦岭—淮河一线以南的平原、河谷之中，尤以长江中下游最为集中。一方面，水稻田提供了我国三分之二人口的主食，对于确保我国粮食安全十分重要；另一方面，作为湿地系统，在蓄滞洪水、补充地下水、保护环境、维护生态平衡中具有其他农业系统不能取代的作用。

充分发挥水稻田的生产、生态多种功能，对可持续发展具有十分重要的意义。

（1）促进水土保持。在湿润多雨的地区，水稻田可以大面积蓄水，起到滞洪、除涝的作用。假如我国 $3800hm^2$ 稻田都灌满 20cm 的水，蓄水量可高达 $76km^3$，是我国最大的蓄水池和滞洪库。若考虑地下水位以上的下界面饱和持水作用，蓄水量则更大，估计可达到 $190km^3$。而在山区，水稻梯田则可涵育水源、削减洪灾。多雨季节，每 $1hm^2$ 水稻梯田可蓄水 $1500 \sim 2250m^3$。在枯水期，地表蓄水下渗又补充了地下水，或汇入河流成为径流。

（2）有利于地下水补给。稻田蓄水除了表面蒸发和排水外，大部分则下渗成了地下水，所以，在城市市郊可利用水稻田灌溉水补充地下水库。水稻田补水量每平方千米可达 50 万 t。

（3）促进水汽循环，调节气候。水稻田湿地效应十分明显。据试验，深水灌溉的稻田，在 111 天全生育期，蒸腾、蒸发量为 557.8mm，日平均 5.025mm，每 $1hm^2$ 水蒸发带走的热量，相当于 475.7t 标准煤燃烧的热量，能有效降低地表温度，增加湿度，加快近地层水汽循环，调节气候。

（4）减少环境污染，净化空气。水田环境可以促进生物吸收分解污染物，同时沉淀、吸附、渗滤、氧化、还原分解、固定污染物质。因此，水稻田可单独作为净化污水系统，并可和芦苇地、水葫芦等组成净化污水的复合湿地系统。

　　稻田不仅能为人类提供丰富的粮食资源，而且具有保持水土、调节气候、减少污染等特殊功能。所以不仅要利用稻田确保粮食生产的安全，还应建立多种稻田特殊功能区，如在水土流失的地区设立利用稻田保持水土功能区、稻田净化污水功能区和城郊稻田生态调节功能区等，以促进我国水利、环保事业和可持续农业的发展。

6.4　保护与恢复

6.4.1　主要问题

　　受全球气候异常的影响，以及人为因素的干扰，我国陆地水域存在的问题主要有三大方面，即洪涝隐患加重，江河断流加剧，水域污染严重。

1. 洪涝隐患

　　我国水域的洪涝隐患首先体现在河床、湖底抬高，蓄洪、行洪、泄洪能力下降。我国河流、湖泊含沙量大，泥沙淤积严重。随着人口的剧增，人们不合理地开发自然资源，尤其是江河流域上游森林植被破坏，地面失去植被的保护，造成水土流失，致使江、河、湖内泥沙淤积严重，河床湖底抬高，河流航道堵塞，湖泊、水库寿命缩短，这降低了行洪能力，增加了水库泛滥的机会，加大了洪水危害的程度。

　　我国黄河源头草场植被载畜量严重超标，鼠害猖獗，加上人为破坏，例如，淘金者扒开的一座座山丘成为一座座沙土山，一遇雨水，泥沙不断被冲进河中，所有这些原因导致源头生态环境被破坏，使我国的黄河已成为全球泥沙最多的河流，平均含沙量为 $37kg/m^3$，每年输沙量为 16 亿 t。它的沙量的四分之三输入渤海，使河口三角洲平均每年扩大约 $211km^2$，海岸线每年向外延伸 0.4km；四分之一淤积在下游河床内，平均每年抬高河床 3～5m，最高处达 10m 以上。黄河已成为一条地上的"悬河"。

　　生态系统对水质最明显的作用表现在河流输沙量的增减上。河流的输沙量不仅与流域的地质、地貌等因素有关，且与流域的状况密切相关。植被状况越好，河流沙流量越小，水质也就越好。也就是说，河流输沙量的多少是评价淡水生态系统质量的标准之一。我国每年注入海域的泥沙量为 20 亿 t 左右，占世界总量的 13.3%，其中黄河占 60%，居世界河流之首。长江上游大量森林被砍伐，水土流失加剧，泥沙仅次于黄河，在世界河流中居第四位，而且含沙量逐年增加，因此若不加以保护和管理，将有可能成为第二条"黄河"。

2. 江河断流加剧

近些年来，我国部分江河出现断流，枯水期提前、延长，尤以北方地区最为严重。以黄河为例，1960 年曾因三门峡枢纽蓄水运营造成断流，而后断流频率增加，于 1972 年后多次出现断流，并且断流时间增加，断流日期提前，断流河段逐年由河口向上延伸，断流距离加长。2003 年，黄河干流又一次出现严重旱情，黄河兰州段出现 50 年罕见水涸，河床大面积裸露见底，往日满河奔流的壮观景象其实已不复存在。2009 年，黄河来水偏枯近三成，水库蓄水偏少，流域再次遭受特大干旱。

除黄河外，其他地区部分河流也遭受了同样命运。例如，天津至北京的运粮河、红水河支流漓江，到枯水期无法航运，过去常流水的河流也出现断流。新疆的塔里木河与河西走廊的黑河也出现了大规模的断流现象。

江河断流不仅影响城镇居民生活用水，影响工农业生产，而且加剧了洪涝灾害。季节性断流和流量减少改变了河道冲刷模式，由于流量小、流速低，使泥沙沉积，引起河道萎缩，降低河道行洪能力。同时也会降低对流域内排放污水的净化能力，加重流域水污染，长期断流致使滩区沙漠化，尤其是下游河道将成为一条巨大的沙漠，大面积灌区遭受断水威胁，破坏已形成的农作物种植传统，最终加剧局部气候异常，使灾害性天气增加，河道滩地沙丘增多，遇到洪水形成"横河"，增加险情。江河断流及枯水期延长、提前，对水生生物具有灭顶之灾。枯水期的提前使繁殖季节的水生生物无法延续后代，大量洄游性鱼类受阻。断流及枯水期的延长剥夺了水生生物的生存环境，将导致部分物种的灭绝，生物链断裂。其后果不堪设想。断流及枯水期的延长导致部分地区海水入侵，盐碱化加重，发生连锁反应。

3. 水域污染严重

农用化肥的流失、生活污水的排放使一些水域水体富营养化，鱼类缺氧而死，湖泊等向沼泽衰退发展。工业的发展，尤其是一些科技含量低的中小企业，将有毒物质及工业余热直接排入陆地水域，致使水体理化因子发生变化，水质恶化，导致水域内生物富剧毒物，危害人类健康，甚至造成大量生物死亡。这些还使淡水生态系统发生逆向演替，生态环境进一步恶化。水域的污染还会造成较多的水资源失去使用价值，制约农业和工业的发展。

我国水利、环保部门对全国 10km 的河流进行调查评价，发现被污染河流的长度已占一半，其中有 40 000km 不符合渔业水质标准，2400km 河流鱼虾绝迹。90% 以上的城市水污染严重，26% 的湖泊已到中富营养状况。

4. 湿地

由于我国湿地保护宣传教育滞后，人们对湿地的重要性认识不足，保护湿地的法规不完善，加上经济的高速发展对湿地产生巨大压力和威胁，我国湿地保护面临的形式相当严峻。存在问题具体体现在如下几个方面。

（1）围垦湿地造成湿地大面积削减、功能下降。我国沿海地区累计已丧失滨海滩涂湿地约 119 万 hm²，有因经济建设占用湿地约 100 万 hm²，相当于沿海湿地总面积的 50% 被毁掉了（汪健等，2009）。

（2）生物资源过度利用，生物多样性受到挑战。湿地鱼类已记录的种类有1118 种（包括亚种，下同），其中鲤形目有 824 种，占中国淡水鱼类种数的73.3%。中国有湿地水鸟 271 种，其中属国家重点保护的水鸟有 56 种。在亚洲57 种濒危鸟类中，中国湿地内有 31 种，占 54%；全世界鹤类有 15 种，中国有记录的为 9 种，占 60%；全世界雁鸭类有 166 种，中国湿地有 50 种，占 30%。中国两栖动物共有 321 种；湿地爬行动物有 122 种，兽类有 31 种，高等植物约有 2276 种。由于湿地面积的减小，湿地环境的严重污染，使湿地生境遭到破坏，另外，人为的滥捕导致珍稀物种丧失，生物多样性受到威胁。长江中下游湿地区域内的洞庭湖湿地因围垦和过度捕捞，天然鱼产量持续下降。白鳍豚、中华鲟、达氏鲟、江豚等已是濒危物种，某些自然生长的梭鱼也处于濒危状态。其中洪湖湿地鱼类从 40 年前的 100 余种降为现在的 50 余种。杭州湾以北滨海湿地区域内的双台子河口湿地鱼产量，由 20 世纪 50 年代的 870t 下降至 70 年代的 100t 以下。湿地水禽由于过度猎捕、捡拾鸟蛋等行为，种群数量大幅度下降。杭州湾以南滨海湿地区域内的红树林湿地的大面积消失，使许多生物如鱼虾类、贝类失去栖息场所和繁殖地。

（3）湿地污染加剧，泥沙淤积日益严重。污染是中国湿地面临的最严重威胁之一，许多天然湿地已成为工农业废水、生活污水的承泄区。因水质污染和过度捕捞，近海生物资源量下降，近海海水养殖自身污染日趋严重。其中尤以无机氮和无机磷营养盐污染最严重。稻田等人工湿地由于大量使用化肥、农药、除草剂等化学产品，已成为湿地的面污染源，进而影响了内陆和沿海的水体质量。

6.4.2　保护

1. 水域保护

对水域的保护分成陆生水域与海洋水域两个方面。

1）加强陆地水生生态系统的保护

（1）确立内陆水域生态系统保护的地位。内陆水域生态系统保护在整个生态系统保护中有着重要地位，必须给予足够重视。

（2）加强水资源统一管理，把水资源的管理建立在可持续发展的基础上。改进水资源管理体制，实行水资源统一管理，科学规划，做到合理开发利用水资源。要全面掌握水资源情况，科学规划，做到合理开发利用，有序开采，有效利用。尤其是地下水，对水位低、生态环境薄弱的地区，地下水的开采要给予严格限制。井灌是河灌的补充，作为抗旱措施应当重视，但要坚决制止无限度开采地下水而不用河水的现象。再次是科学调度，优化水资源的配置。水行政管理部门要处理好生活用水、生产用水、生态用水的关系，合理调节，确保水资源的合理利用。加大水事执法监督检查力度，规范管水用水的行为。

（3）优化产业结构，建立节水型经济。发展素质好、产值高、用水少、排污少的产业，形成合理的产业结构，工业布局要适应水资源条件，提高农业用水效率。要以节水为中心改造现有企业和水利设施。依靠现代科技控制水污染和污水的回用，改造排污企业的生产方式。大力提倡并推行节约用水，建立节水型农业、节水型工业和节水型社会。制定节水规划、节水措施和鼓励节水的政策；加大政府及社会各界对节水的资金支持；广泛宣传，增强节水意识。加强水资源保护，治理水污染，保护水环境，维护水生态平衡，实现人水和谐。

（4）加强陆地水生生态系统科学研究。对陆地水域进行全方位、多层次的研究，建立动态信息库，模拟水文灾害，加强对洪涝灾害的预报、预测，以便采取有力的避灾、防灾措施，使灾害损失降到最低。

（5）对水利工程进行可行性分析评价，建立综合效益达的水库工程。水利工程必须先进行生态评价，考虑其对水生生物的影响，权衡经济、生态环境、社会三大效益，正确合理评估水利工程综合效益，权衡利弊。

2）加强海洋生态系统的保护

（1）加强海洋意识、树立法制观念。要开发海洋资源，就必须在公众中加强海洋保护意识的宣传，树立海洋观念。使人们明白海洋是全球的通道，在海洋的开发中必须遵从《国际海洋法公约》，处理好海洋与陆地的关系、本国海域和世界大洋的关系。

（2）制定利于海洋开发的经济政策。为了实现建立海洋开发大国的战略设想，我国制定了各种有利于推动海洋开发的经济政策，引导一切有关行业下海。在政策和资金方面采取倾斜政策支持海洋产业发展，促进海洋开发的对外开放，加强管理，提高综合效益。

（3）确立科技兴海、可持续发展的战略方针。建立海洋大国必须以科技为先导，走科技兴海、可持续发展之路。中国的海洋科学技术发展要实现复合型战略，有选择地发展新技术，适当引进国外技术。支持基础研究和应用研究。国家要引导海洋科技队伍形成整体力量，重点发展为维护海洋权益、开发海洋资源、保护海洋生态环境服务的适用技术，使海洋的开发走上可持续发展的道路。

（4）积极参与国际合作。海洋生态环境保护及许多海洋开发活动都是国际性的，必须由国际合作才能顺利进行。中国是发展中国家，更应该积极参与国际合作，借助国外的力量获得必要的资料，填补空白，缩短差距。适当参与国际重大的科学考察活动，为人类认识海洋做出贡献。积极参加亚太地区和全球海洋生物资源开发利用的国际合作，为合理利用保护海洋资源做出贡献。

（5）不断完善海洋立法。开发世界大洋资源要遵守国际法律制度，开发利用本国海洋资源要有国内立法。因此，随着海洋开发程度的日益提高，要不断加强海洋立法工作，完善海洋法律体系。

2. 湿地保护

保护湿地资源，维持湿地的基本生态过程，对改善我国生态环境和保障经济社会持续发展具有重大意义。中国是个人口众多的发展中国家，经济较薄弱，开发和保护的矛盾突出，长期以来对湿地资源的不合理利用使我国湿地资源遭受严重破坏。为了协调处理好保护、增值和利用的关系必须采取得力的对策和措施。

（1）利用各种途径，加强宣传教育，提高公众的湿地保护意识。这是湿地保护的关键，通过公众保护意识的提高，可以转变对资源利用的观念，同时加强公众的监督意识。

（2）建立充分体现可持续发展思想的湿地开发利用政策。对于湿地开发利用要维护湿地生境的完整性，开发强度应不超过生境更新及恢复的速度，以保护生境不存在净损失。在处理湿地保护与利用矛盾时可运动湿地调整策略，即总量平衡、动态管理、生态恢复、功能补偿。

（3）建立湿地保护区，实行典型湿地保护与恢复。我国湿地类型多，可根据不同类型和资源特点及当地传统，建立湿地保护区。我国是世界上湿地生物多样性最丰富的国家之一，也是亚洲湿地类型最齐全、数量最多、面积最大的国家。湿地的类型较多，包括沼泽地、泥炭地、湖泊、河流、河口湾、海岸滩涂、盐沼、水库、池塘、稻田等各种自然和人工湿地，除苔原湿地外，几乎拥有《湿地公约》中划分的所有湿地类型，并拥有独特的青藏高寒高原湿地。对于不同类型的湿地，因遵循因地制宜的原则，采取不同的保护措施如东北湿地区面临的主要问题是过度开垦，使天然沼泽面积减少。该区建设重点为：全面监测评估该天然湿地丧失和湿地生态系统功能变化情况；通过湿地保护与恢复及生态农业等方面的示范工程，建立湿地保护和合理利用示范区，提供东北地区湿地生态系统恢复和合理利用模式；加强森林沼泽、灌丛沼泽的保护；建立和完善该区域湿地保护区网络，加强国际重要湿地的保护。黄河中下游湿地地区湿地保护的主要问题是水资源缺乏，由于上游地区的截留，河流中下游地区严重缺水，黄河中下游主河道断流严重，海河流域的很多支流已断流多年，失去了湿地的意义。该区建设重点为，加强黄河干流水资源的管理及中游地区的湿地保护，利用南水北调工程尝试性地开展湿地恢复的示范，加强该区域湿地水资源保护和合理利用。

（4）加强对湿地的科学研究。在全国进行湿地资源调查，逐步建立全国湿地资源监测体系，并在此基础上建立全国和区域湿地资源动态信息库；对生态工程技术与生物工程技术等进行推广和研究，开展湿地评价指标体系的研究等。

（5）加强湿地保护领域的国际合作和交流。加强有关国际组织的联系与合作，争取国际资金和技术援助，加强信息交流，促进湿地保护工作的开展。

6.4.3　恢复

1. 水域修复

水体生态系统是一种较脆弱的生态系统，尽管其对污染有一定同化能力，通过水体的自净作用使生态系统自身维持在健康状态，但其污染容纳能力有限，当污染物质的排放量超过水体的同化容量时，就会造成水体生态系统结构破坏和功能失衡、生物多样性下降、景观受损。恢复和重建受损的生态系统就成了摆在人们面前亟待解决的课题。修复生态学就在这样的背景下应运而生。

水体富营养化问题被受到重视是在 20 世纪 30 年代。60 年代经济合作与发展组织（OECD）对湖泊富营养化进行了专题讨论和研究。在 70 年代，国内外许多湖泊通过大量放养草鱼来消灭水生植物，以防止湖泊衰老；进入 80 年代以后，随着湖泊的普遍富营养化和随之而来的藻类水华的发生，人们对过去破坏水生植物的行为有所认识，90 年代，世界各国政府和科学工作者对湖泊富营养化的成因以及防治控制进行了大量的研究和实践，采用了包括湖泊污染源控制、疏浚底泥、注水稀释与换水、人工曝气的工程措施；微生物过滤、声波、各种射线、电场等杀灭藻类的物理技术；絮凝沉降和化学药品如硫酸铜等除藻剂杀藻的化学措施；利用水生生物、微生物等吸收氮、磷元素的生物调控方法。Henry 等发现，在近十年发表的科研性论文和近二十年出版的著作中，水体生态修复出版物的数量有了很大的上升。这充分说明水体生态修复已经越来越受到国际的重视。

水体生态恢复的技术措施如下。

1）物理措施

污染水体的内源污染处理主要采用异位处理和原位处理两种技术。底泥疏浚是沿用最早，应用最广泛的一种异位处理技术，其目的是通过底泥疏挖去沉积物中所含的污染物，减少底泥污染物向水体的释放。例如，瑞典的 Trummen 湖，清除表层 1m 厚的底泥后，水深增加 1.1～1.7m，湖水的磷含量减少了 90%，平均生物量从 75mg/L 减少至 10mg/L；我国滇池草海疏浚一期工程已成功完成，疏浚污染底泥 $3.77 \times 10^6 m^3$，工程实施后共去除总氮 39 600t、总磷 7900t，清除了大量潜在的内污染源，分别是外源治理工程每年削弱氮、磷污染物的 5.9 倍和 7.0 倍。疏浚水体不再黑臭，水质明显好转，水体透明度由原来小于 0.37m 提高到 0.8m。在原位处理方面，加拿大的汉密尔顿港、美国马萨诸塞州的 Salen 河、美国威斯康星州 Fox 河通过向水体投放微生物均得到了很好的效果。

换水、调水也是一种改善水环境的快速有效途径。太湖的梅梁湖泵站经过 6～8 天时间的引水，五里湖水质可达到稳定，各项水质指标明显的改善，COD、TN、TP 分别下降 38.5%、27.7%、49.4%。惠州西湖从 2000 年开始每年补水 $5 \times 10^6 m^3$，加之底泥疏浚、截污大大降低了西湖的污染负荷，TP 从 0.268mg/L 下降到 0.12mg/L，TN 从 4.936mg/L 下降到 0.92mg/L，COD 从 11.64mg/L 下降到 5.13mg/L。

水体曝气技术作为一种投资少见效快的水体污染修复技术，在许多国家被优先采用。曝气充氧一般有固定式充氧站和移动式充氧平台两种形式。美国圣克鲁斯港、密西西比河，澳大利亚的斯旺河、帕斯港，葡萄牙的塔古斯河，韩国的釜山港等都采用了曝气设备，有效控制了水质恶化。国外水体曝气已开展了 40 多年，我国 1990 年 8 月亚运会期间，有关部门在清河的一个河段中放置了 8 台 15 马力的曝气设备，结果表明，溶解氧从 0 到 6mg/L，水体 BOD 去除达 60%，河流臭味基本得到消除。

2) 化学措施

常用的污水化学处理方法主要有中和法、混凝、氧化还原、沉淀、消毒等。

中和法是利用酸碱中和反应，消除污水中过量的酸和碱，使污水的 pH 达到中性或接近中性的处理过程。中和处理采用的药剂称中和剂。酸性污水中和处理经常采用的中和剂有石灰、石灰石、白云石、氢氧化钠、硫酸钠等。碱性污水的中和处理则采用硫酸、盐酸等。

混凝是通过向水中投加混凝剂，使水中难以沉淀的细小颗粒及胶体颗粒（粒径为 1～100μm）脱稳并互相聚集成粗大的颗粒而沉淀，从而实现与水分离，达到水质的净化。混凝可以用来降低污水的浊度，去除污水中的悬浮物和胶体物质、某些重金属物和放射性物质，除油和脱色，此外，还能改善污泥的脱水性能。

氧化还原是通过化学反应将污水中的某些呈溶解状态的有毒有害物质氧化或还原，转化成无毒无害的新物质，或者转化成从水中溶液分离的状态，从而达到处理的目的。

化学沉淀法是向水中投放某些化学剂，使之与水中溶解性物质发生化学反应，生成化合物，再进行固液分离，从而除去废水中污染物的方法。主要用于在废水处理中去除重金属（如 Hg、Zn、Cd、Cr、Pb、Cu 等）和某些非金属（如 As、F 等）离子态污染物。

消毒的目的是杀灭污水中的病原微生物，以防止其对人类及禽畜的健康产生危害和对生态环境造成污染。消毒的方法可以分为物理方法和化学方法，物理方法有加热、冷冻、辐射微波消毒等；化学方法是利用各种消毒剂进行消毒，常用的化学消毒剂主要有氯及其化合物（二氧化氯、氯胺等）、臭氧、其他卤素、重金属离子等。

3）生物措施

（1）生物膜法。生物膜法是指用天然材料（如卵石）、合成材料（如纤维）为载体，在其表面形成一种特殊的生物膜，生物膜表面积大，可为微生物提供较大的附着表面，有利于加强对污染物的降解作用。其反应过程是：基质向生物膜表面扩散，在生物膜内部扩散，微生物分泌的酵素与催化剂发生化学反应，代谢生成物排出生物膜。生物膜法具有较高的处理效率。它的有机负荷较高，接触停留时间短，减少占地面积，节省投资。此外，运行管理时没有污泥膨胀和污泥回流问题，且耐冲击负荷。

主要工艺方法有生物廊道、生物滤池、生物接触氧化池等。生物膜法对于受有机物及氨氮轻度污染水体有明显的效果。日本、韩国等都有对江河大水体修复的工程实例。

（2）人工湿地。人工湿地是近年来迅速发展的水体生物-态修复技术，可处理多种工业废水，包括化工、石油化工、纸浆、纺织印染、重金属冶炼等各类废水，后又推广应用为雨水处理。种技术已经成为提高大型水体水质的有效方法。人工湿地的原理是利用自然生态系统中物理、化学和生物的三重共同作用来实现对污水的净化。这种湿地系统是在一定长宽比及底面有坡度的洼地中，由土壤和填料（如卵石等）混合组成填料床，污染水可以在床体的填料缝隙中曲折地流动，或在床体表面流动，或在床体表面流动。在窗体的表面种植具有处理性能好、成活率高的水生植物（如芦苇），形成一个独特的动植物生态环境，对污染水进行处理。

人工湿地的显著特点之一是其对有机污染物有较强的降解能力。废水中的不溶性有机物通过湿地的沉淀、过滤作用，可以很快被截留进而被微生物利用；废水中可溶性有机物则可通过植物根系生物膜的吸附、吸收及生物代谢降解过程而被分解去除。随着处理过程的不断进行，湿地床中的微生物也繁殖生长，通过对湿地床填料的定期更换及对湿地植物的收割而将新生的有机体从系统中去除。

湿地对氮的去除是将废水中的无机氮作为植物生长过程中不可缺少的营养元素，可以直接被湿地中的植物吸收，用于植物蛋白质等有机氮的合成，同样通过对植物的收割而将它们从废水和湿地中去除。人工湿地对磷的去除是通过植物的吸收，微生物的积累和填料床的物理化学等几方面的共同协调作用完成的。由于这种处理系统的出水质量好，适合于处理饮用水源，或结合景观设计，种植观赏植物改善风景区的水质状况。其造价及运行费远低于常规处理技术。英国、美国、日本、韩国等国都已建成一批规模不等的人工湿地。

（3）生态护岸。护岸是水体和陆地的景观边界，是在特定时空尺度下，水、陆相对均质的景观之间所存在的异质景观。在自然条件下，护岸形态的分布通常表现为与水边平行的带状结构，在生态的动态系统中具有多种功能，主要表现在以下方面。

通道和廊道作用。护岸是水陆生态系统或水陆景观单元内部及相互之间生态流流动的通道。

过滤和障碍作用。在水陆景观单元之间生态流的流动中，护岸犹如细胞膜，起着过滤作用。护岸的障碍作用主要体现在植物树冠降低空气中的悬浮土壤颗粒和有害物质，地被植物吸收和拦阻地表径流及其中的杂质，降低地表径流的速度，并沉积来自高地的侵蚀物，使吸附在沉积物上的 N、Ca、P 和 Mg 等被有效截留，护岸带的泥土、生物及植物根系等可降解、吸收和截留来自高地地下水中携带的大量营养物质和农药，有研究表明 16m 宽的河岸带可使硝酸盐浓度降低 50%，50m 宽的河岸带则能有效地截留来自农田的泥沙和养分。生态护岸坡面的多孔隙结构形成不同流速带和紊流区，有利于氧从空气中传入水中，增加溶解氧，帮助好氧微生物、鱼类等水生生物的生长，促进水体自净。

生境作用。护岸把水体、水畔植被连在了一起，具有自己持有的生物和环境特征，是水生、陆生、水陆共生等各种生态位物种的栖息地。洪水和干旱在时间和空间上的交替出现，沿水岸带创造了许多丰富多彩的小环境，为大量的植物、无脊椎动物和脊椎动物提供了生存和繁衍的空间、场所。同时也是许多水生、陆生生物某个生活阶段的停留处。滇池、太湖也正在着手生态护岸工程。

（4）土地处理技术。土地处理技术是一种古老、但行之有效的水处理技术。它是以土地为处理设施，利用土壤-植物系统的吸附、过滤及净化作用和自我调控功能，达到某种程度对水的净化目的。土地处理系统可分为快速渗滤、慢速渗滤、地表漫流、湿地处理等几种形式。国外的实践经验表明，土地处理系统对于有机化合物尤其是有机氯和氨氮等有较好的净化效果。德、法、荷等国均有成功的经验。

2. 湿地修复

目前城市开发、土壤破坏、环境破坏、围湖、围海造田和河流改道等原因造成湿地面积大量减少、湿地生态功能急剧下降。湿地修复要求生态、经济和社会因素相平衡。

1）湿地修复原则

（1）可行性原则。包括环境的可行性和技术的可操作性。

（2）优先性原则。恢复项目须有针对性，优先恢复稀缺湿地和濒临灭绝物种的生物栖息地。

（3）最小风险和最大效益原则。对被恢复对象进行系统综合的分析、论证，将风险降到最低程度；同时，还应尽力做到在最小风险、最小投资的情况下获得最大效益；在考虑生态效益的同时，还应考虑经济和社会效益，以实现生态、经济、社会效益相统一。

2）湿地修复方法

面对具体的湿地修复问题时，必须做好调查，找出最佳修复方案，下面以城市湿地的修复和山地沼泽湿地修复为例说明湿地修复的措施。

A．城市湿地修复

在城市化的进程中，随着社会、经济的发展以及房地产的大幅度开发，城市湿地大量被城市建筑和人工地表所代替，城市水面率逐步降低，不透水地面积逐步扩大，由此导致城市湿地系统逐步消失，城市生态环境恶化。

城市湿地的修复是指通过一些工程和非工程措施对退化或者消失的城市湿地进行修复或者重建，逐步恢复湿地受干扰前的结构、功能及相关的物理、化学和生物特性，最终达到城市湿地生态系统的自我维持状态，包括湿地水环境的修复和水质改善，湿地景观的修复与美化，生物、生境恢复与重建和生态系统结构与功能恢复与重建几方面。

城市湿地的修复技术可分为如下三种。

物理技术：如堤坝与水土工程、底泥疏浚、水体稀释、隔离覆盖等。堤坝与水土工程主要是对湿地进行水文控制，包含堤坝、沟渠和水道、水流和水位控制设施，防洪和溢水设施。底泥疏浚是人工疏浚污染严重河流或湖泊的底泥。水体稀释是通过城市泵站等设施对城市湿地进行补水、换水。隔离覆盖是在污染的底泥上放置一层或多层覆盖物，隔离污染底泥或水体。

化学技术：如投放除藻剂、沉磷剂等。

生物技术：如水生植被恢复、生物护岸、人工曝气等。水生植被恢复是人工修复和重建植物群落。生物护岸是采用石头、石筐、混凝土和草皮建成河流或湖泊的护岸。人工曝气是用人工曝气的方法向水体充氧，加速水体复氧。

B．山地沼泽湿地恢复

对于干扰没有超过生态系统自我恢复限度的湿地生态系统，应采取自然恢复的方式进行植被恢复。通过封禁措施对火烧和放牧干扰的沼泽湿地进行自然恢复，草本植物需要两年的时间就可以基本接近对照状态，灌木植物恢复则需要较长的时间。

　　采矿强度干扰形成的退化湿地，应采取人工辅助方式进行植被建设。例如，金矿的开采对湿地生态环境的破坏性极大，这种人为的巨大干扰，超出原有生态系统的恢复限度，重塑开采前的自然环境和原始植被极其困难，必须采取人工恢复方式才能保证退化的山地沼泽湿地生态系统在较短的时间内重建植被。首先是基本生境的恢复，将湿地经采金破坏后遗留下的毛砂岗、毛砂坑进行平整，外运腐殖质土进行客土整地；其次要选择适应物种，不同的演替阶段对应不同的群落类型，应采用相应的物种；最后是阶段性管理和持续经营。

第7章 旅游生态与管理

旅游是人类社会发展到一定阶段的产物，是以愉悦、休闲为主的一种消费行为。旅游产业曾经被认为是一种无污染、高产出的产业。但随着旅游者增多、旅游活动范围扩大，旅游对生态环境的负面影响逐渐显露出来，人们意识到无节制、盲目的旅游发展，会带来大量的环境污染和生态破坏，不仅危及旅游业自身的发展，也危及旅游地的自然生态系统安全，进而影响到人类生存的质量。

7.1 旅游生态学的概念及研究对象

旅游生态学是由生态学和旅游学相交叉形成的一门新兴学科，在学科体系上属于应用生态学的一个分支学科，同时也是旅游科学的一个重要研究领域，它将生态学原理和方法应用于旅游科学研究之中，是旅游科学研究理论和方法的一个重要组成部分。

旅游生态学这门新兴的应用性交叉学科，学科建立的时间较短，一般认为旅游生态学产生于 20 世纪 90 年代，Hammitt 和 Cole 编著的 *Wildland Recreation：Ecology and Management*（1998 年，第二版）和 Liddle 编著的 *Recreation Ecology：The ecological Impact of Outdoor Recreation and Ecotourism* 两本书的出版是学科形成的标志。经过近 20 年的发展，旅游生态学在指导人类旅游活动过程中发挥着越来越重要的作用，对其研究也越来越受到关注。但是作为建立不久的新兴学科，旅游生态学的研究体系还有待完善。

在国外，旅游生态学研究起步相对早一些，发展也很快。研究主要涉及旅游造成的生态破坏分析、旅游景观格局对旅游者行为和心理的影响、旅游生态负荷、旅游生态规划和管理、旅游环境影响的评价分析法、旅游容量的概念体系和旅游发展的预警系统等。

近年来，研究主要涉及旅游环境影响、旅游容量、旅游目的地的生态管理、旅游区的生态负荷及其阈值分析、旅游生态足迹模型等内容。在以往的研究中，虽然国内外学者的研究取得了一定成绩，但是与旅游业蓬勃发展的势头相比，围绕旅游生态学展开的研究还没有引起足够的重视。

旅游生态学是随着区域和全球生态环境破坏的加剧和人类环境意识的觉醒而发展起来的，因此从研究内容上讲包括旅游生态规划与区划、旅游生态负荷（或旅游容量）、旅游活动对旅游资源的生态破坏分析、旅游环境的美学评价、旅游资源的生态管理和景观格局对旅游者的行为和心理的影响等几个方面；从生态旅游的功能上讲，包括旅游活动的休闲保健功能、生态环境教育功能、生态环境保护功能和社区经济发展功能等几个方面。

7.1.1　旅游的概念

世界旅游组织和联合国统计委员会推荐的技术性的旅游定义指为了休闲、商务或其他目的离开他们惯常的环境，到某些地方并停留在那里，但连续不超过一年的活动。旅游目的包括：休闲、娱乐、度假、探亲访友、商务、专业访问、健康医疗、宗教、朝拜和其他。

7.1.2　旅游生态学的概念

旅游生态学（tourism ecology），有人也称之为游憩生态学（recreation ecology），它是随着旅游业的发展和旅游带来的一系列问题而逐渐被接受和认可的。旅游生态学的概念表述目前尚未统一，但大多数学者认为旅游生态学是应用生态学的一个新领域。国内关于旅游生态学概念的讨论主要集中在两个方面。首先，认为旅游生态学是在生态学原理的指导下，研究人类的旅游活动、各种与旅游有关的经营开发活动、旅游资源以及它们之间相互关系的一门交叉学科；其次，认为旅游生态学是研究旅游现象与其赖以生存的自然、社会文化环境之间相互关系的科学，研究目的是保证旅游的可持续发展，解决旅游发展与环境之间的矛盾。

具体讲，旅游生态学主要是研究人类旅游活动对旅游区及周边地区的生态环境和生物多样性的影响以及旅游环境对游客身心和行为的影响。同时，旅游生态学也研究旅游资源的保护与开发、生态规划、生态建设、生态管理及其可持续利用等方面的内容。近年来，这一概念被不断地引申和扩大，如城市旅游生态、观光农业生态、文化旅游生态等。研究旅游生态对旅游资源评价、旅游资源开发、制订旅游规划具有重要意义。特别对近年来世界范围内正在兴起的生态旅游热潮，具有重要的现实意义。

7.1.3　旅游生态学的研究对象

旅游生态学的研究对象是旅游主体、旅游客体之间的相互作用过程以及由它们组成的旅游生态系统。其中，旅游主体主要包括旅游开发者、旅游经营者、旅游管理者和旅游者；旅游客体主要包括自然无机环境、人工设施环境、生物环境、人文环境（文化、宗教）和社会经济环境；旅游活动过程主要包括旅游地的开发建设过程、旅游者的旅游过程和旅游经营管理过程。旅游生态学研究的是旅游社会行为与其作用的旅游环境之间的相互关系，而旅游社会行为涉及旅游过程中与旅游业有关的所有主体，既包括旅游者，又包括旅游开发商、旅游经营者、管理者以及从事各种旅游服务业的不同角色的群体，还包括旅游社区人民。旅游环境包括自然环境和社会环境。自然环境是指旅游地由各种自然要素诸如地质、地貌、土壤、水体、大气、植物、动物等组成的一个自然综合体；社会环境是指由旅游社区、旅游开发者所营造，旅游者所影响的一种旅游社会氛围环境。

旅游生态学研究的生态系统中，人（包括旅游者和各种从事旅游服务的人）是整个系统的核心，其他组分（主要指各种旅游资源）仅仅是人的环境，这是旅游生态学与一般生态学研究的主要区别之一。其研究目的是使人类更加科学合理地利用和管理旅游资源，实现旅游资源的永续利用；同时，使旅游者在旅游过程中不仅能充分地享受游娱之乐，更重要的是能使旅游者在天人和谐的良好气氛中接受教育，提高旅游者的生态环境保护意识。

7.1.4　旅游生态学的研究内容

旅游生态学主要研究由各种旅游活动及与旅游活动相关的各种经营开发性活动对旅游环境资源所造成的生态破坏性分析、旅游地的格局对旅游者的行为和心理的影响、旅游生态负荷、旅游区划与规划和以生态学原理为指导的旅游管理。

（1）旅游生态资源的评价。在自然界，各种自然要素及其各要素之间相互作用而形成的自然综合体都可以作为旅游开发的对象。但是不同类型的生态资源具有不同的生态变化现象，具有地域性、季节性等生态学特征，因而也有其自身的生态价值和旅游价值。正确地评价生态资源的价值是进行旅游开发的前提。

（2）旅游与环境的相互关系。旅游与环境之间的关系在旅游过程中有不同的需求，因而表现出的行为就有所区别，而每一个环境要素都有其自身的发展、演化过程，因此，当二者发生相互作用时，就表现出不同的生态机制。正确地识别和判断不同的生态机制，有助于调控不同利益主体的行为和加强环境变化的管理能力。而识别和判断不同的生态机制，就需要根据不同的生态过程，寻找衡量这些机制的理论标准。因此，为反映不同的生态机制，研究和发现不同的指标体系是旅游生态学关注的核心内容。

（3）旅游环境承载力。旅游环境承载力是相对于旅游景区的整个自然环境和人文环境而言的，是旅游环境组成与结构特征的一个综合反映。正确地认识和把握旅游环境承载力，对于旅游业的发展有着重要的指导意义。

（4）旅游开发的设计。旅游开发是把旅游资源转化为旅游产品的必要一环，旅游生态学强调资源开发与保护的一致性。因此旅游开发的设计必须坚持保护第一、开发第二的原则，遵循一定的生态技术路线。旅游开发的设计包括旅游景区结构和功能的设计、旅游线路设计、旅游产品设计等一系列环节，它是落实旅游产品属性、管理目标、协调旅游与环境之间矛盾的有力措施，是旅游景区稳步发展的理论指导。针对不同类型的旅游景区和旅游要素，设计不同的开发模式，是一项很有意义的研究内容。

(5) 旅游服务业的取向。旅游服务业是主要用于满足旅游者的食、住、行、游、购、娱的一组特殊行业,这些行业不仅应满足旅游消费的需求,而且也应符合生态学的原理和要求。因此旅游景区应该设法使其服务产业生态化,根据不同行业的特点,不仅要寻求每个行业各自适宜的生态化的途径和方案,而且也应组合不同生态特性的产业链,以达到循环利用、获取最大效用的目标。

(6) 旅游主体的权利和义务。在旅游活动中,为了确保不同的利益主体均获得可持续的利益,为了保证旅游与环境之间的协调共生关系,景区管理部门不仅要求旅游主体认真贯彻执行景区的规划设计,而且应该承担相应的责任和义务,以确保管理目标和调控策略的实现。不同类型的旅游景区的运营有不同的限制条件,不同旅游主体之间有不同的利益机制,因此探讨旅游主体的责任和义务,有助于保证旅游生态系统的正常运营。

(7) 环境解说。环境解说是通过一定方式来表达事物之间的内在意义与相互联系,向游客传达自然和文化信息。环境解说不仅能够为游客提供愉快的经历和教育的机会,同时也可以成为旅游景区的间接管理工具,引导游客规范个人行为,促进管理的实施。开展环境解说有助于环境教育的实现。因此,研究解说的目标框架、媒介选择、解说方式以及解说与游客的沟通过程是旅游生态学的有机组成部分。

(8) 旅游环境的保护和污染防治对策。采取各种有效的保护措施和污染防治对策是保证旅游环境不被破坏和持续发展的根本途径,也是旅游生态学研究的根本目标。因此,加强旅游环境影响评价、旅游环境审计、旅游环境管理和治理技术的研究非常必要。

旅游生态系统是生态旅游区自然生态要素与旅游经济社会要素复合而成的复杂体系,快速增长的生态旅游需求与自然生态环境供给相对不足的矛盾构成了该系统的基本矛盾。

7.2 生态旅游概述

生态旅游是在全球面临生态危机、环境恶化、可持续发展成为人类的共识的大背景下产生的,是作为旅游业可持续发展的一种模式而出现的。

生态旅游这一术语,最早由世界自然保护联盟(IUCN)于 1983 年提出,1993 年国际生态旅游协会把其定义为具有保护自然环境和维护当地人民生活双重责任的旅游活动。生态旅游兴起的时代背景是人类工业文明的后期。在物质财富和精神财富相对丰富的同时,资源问题、环境问题、生态问题等一系列全球性生存危机使人类的环境意识开始觉醒,绿色运动及绿色消费席卷全世界。人类对自身生存方式、发展模式的思考比以往任何时候都来得多，于是可持续发展思想应运而生。而随着可持续发展思想的传播和渗透，旅游业的可持续发展也日渐成为人们关注的问题。人类社会在过去的数百年的发展中一直表现为对经济高速增长的追求，甚至不惜以牺牲环境为代价，在这样的发展模式下，人类的生存环境急剧恶化：水土流失和土壤沙化、森林资源减少、海洋资源的破坏、能源的急剧消耗、自然灾害频繁、化学物质的滥用、人口与经济的发展、人口与资源环境的矛盾日益突出等。面临一系列的严重问题与矛盾，人类不得不重新认识人与自然的关系，人类必须在继承传统的发展模式和重新探索新的发展模式之间做出选择。

7.2.1　生态旅游的概念和内涵

1. 生态旅游的概念

生态旅游是指在一定自然地域中进行的有责任的旅游行为，为了享受和欣赏历史的和现存的自然文化景观，这种行为应该在不干扰自然地域、保护生态环境、降低旅游的负面影响和为当地人口提供有益的社会和经济活动的情况下进行。

生态旅游概念出现以来，已在全世界范围内被广泛接受，成为人们增加新知、复苏心灵和完善自我的重要手段。

生态旅游的概念可以归纳为：生态旅游是一种在生态学和可持续发展理念指导下，以自然区域或某些特定的文化区域为对象，以享受大自然和了解、研究自然景观、野生生物及相关文化特征为旅游目的，以不改变生态系统的有效循环及保护自然和人文生态资源与环境为宗旨，并使当地居民和旅游企业在经济上受益为基本原则的特殊形式的旅游行为。从生态旅游的概念可将生态旅游归结为两大要点和三大标准。两大要点指：第一，旅游对象的自然性；第二，旅游对象不应受到损害。三大标准指：首先，旅游对象是原生、和谐的生态系统；其次，旅游对象应该受到保护；最后，社区的参与。因此，生态旅游又被称作"自然旅游"、"绿色旅游"和"回归大自然旅游"。

2. 生态旅游的内涵

生态旅游包括三重含义，即提供给旅游者高质量的旅游经历，保护当地自然、历史和文化资源和提高当地居民的收入水平和生活质量，带动当地的经济发展。

首先，经历的质量——提供给旅游者高质量的旅游经历，即享受自然、认识自然、满足旅游者的旅游体验。生态旅游以回归大自然为基调，于是必须以良好的生态环境为旅游对象，必须有特定的旅游观赏内容（如优美的自然景观，独特的人文文化等）以满足人们享受自然、认识自然的需求。生态旅游不仅能使旅游者返璞归真，享受大自然，在清新、开阔、洁净的环境中修养身心，而且能够了解、研究特定区域内的自然景观、野生动植物以及相关的文化历史特征，使旅游者从中获得高质量的旅游经历。

其次，资源的质量——保护当地自然、历史和文化资源。生态旅游，就是让游人在良好生态环境中或旅游游览，或度假休息，或健康疗养；同时认识自然、了解生态、丰富科学知识，进而增强环境意识和生态道德观念，更自觉地关爱自然、保护环境。可见，生态旅游是一种对环境保护负有责任的旅游方式，它同传统旅游形式的本质区别在于生态旅游必须具有促进生态保护和旅游资源可持续利用的特点。因此，生态旅游又要有目的地提高旅游景区的旅游环境质量，使人们在享受、认识自然的同时，又能达到保护自然的目的，从而实现人与环境的和谐共处。其根本宗旨就是贴近自然、保护自然、维护生态的平衡。生态旅游必须和生态环境的保护有机结合起来，强调在维护良好环境质量的前提下开展旅游，生态旅游不能把生态消费摆在首位，不能以牺牲环境为代价。因此，必须要保持旅游区域内的环境质量和保持生态自然资源和文化遗产的多样性，实现生态系统的良性循环和有序发展，保持好优异的自然环境。

最后，生活的质量——提高当地居民的收入水平和生活质量，带动当地的经济发展。即通过旅游开发，为旅游区筹集资金，为当地居民创造就业机会，有效发展经济，能够使当地居民在生态环境质量不降低的基础上，在经济上、财政上获得益处。

与传统旅游相比，生态旅游的特征有以下 4 点。

（1）生态旅游的目的是保护完整的自然和文化生态系统，参与者能够获得与众不同的经历，这种经历具有原始性、独特性的特点。

（2）生态旅游强调旅游规模的小型化，限定在承载能力范围之内，这样不仅有利于提高游人的观光质量，又不会对旅游造成大的破坏。

（3）生态旅游可以让旅游者亲自参与其中，在实际体验中领会生态旅游的奥秘，从而更加热爱自然，这也有利于自然与文化资源的保护。

（4）生态旅游是一种负责任的旅游，这些责任包括对旅游资源的保护责任，对旅游的可持续发展的责任等。由于生态旅游自身的这些特征能满足旅游需求和旅游供给的需要，从而使生态旅游兴起成为可能。

相对于传统的旅游而言，生态旅游是一种自然取向的旅游，并兼顾自然保护与发展目的的旅游活动。生态旅游，其主体是人，旅游观光对象是自然环境，那么旅游活动的要素就是人和自然环境。生态旅游首先要保护旅游资源，生态旅游是一种可持续的旅游；其次，在生态旅游过程中身心得以解脱，并促进生态意识的提高。

生态旅游还具有四大功能：旅游功能、保护功能、扶贫功能和环境教育功能。从生态旅游产生的时代背景和积极意义来看，保护性和教育性是生态旅游的本质特征和规定。

保护性，即生态旅游强调对旅游资源和旅游环境的保护性开发、利用。传统旅游由于在开发时没有充分考虑旅游活动可能带来的生态冲击，无视旅游资源和环境的社会价值和生态价值，盲目追求经济效益，这就使传统旅游的保护旅游资源和环境的措施不可能真正落到实处。而生态旅游将生态保护的思想融入旅游开发和管理的过程之中，不仅重视经济效益，同时强调旅游资源和环境的生态效益和社会效益，是一种"保护性旅游"。

教育性，即生态旅游不仅向人们提供游娱的场所，而且使游客在游娱的过程中接受自然与人类和谐共生的生态教育。通过生态旅游，使游客走向自然，在自然中学习和认识自然的价值，达到自觉地保护环境的目的。生态旅游所强调的主要是传统旅游所没有充分重视的生态环境教育功能。

7.2.2　生态旅游的必要性

在现代旅游发展过程中，旅游发展观长期受到旅游业是高产出低投入产业错误观念的影响，导致"掠夺式、粗放式"的开发实践，造成环境的污染和资源的破坏。随着人类觉悟的提高和生态环境伦理的觉醒，认识到资源是有限的和环境是易损的，开始思考野生动植物的自然庇护与游憩使用的关系，于是产生了生态旅游。生态旅游一方面关注自然保护及环境生态，另一方面又自觉地接受知识和文化的洗礼，使生态旅游成为环境友好型旅游。

旅游方式对区域旅游发展起着极其重要的作用，生态旅游不仅是一种向旅游者提供的绿色、健康的旅游方式，对于旅游开发商而言，它也是一种可以使旅游资源得到高效利用和循环利用、创造长远经济价值的方式。对环境负责的生态旅游具有高度的综合性，可涵盖旅游的开发活动及食、住、行、游、购、娱等要素和旅游区的工业、农业等各类社会活动，通过提倡健康旅游、倡导绿色消费，对开发商建议发展循环超市、培育绿色饭店等途径实现区域旅游经济的可持续发展。生态旅游的开展不仅高度依赖良好的自然环境和文化遗产等资源禀赋，而且要求高度重视对自然环境和文化遗产的保护，把环境和特色文化的保护作为主要的义务与责任，尤其以保护生态环境和特色文化为首要任务。

生态旅游在激烈竞争的旅游发展中成为一种发展模式，它强调旅游公司、旅游目的地当地人和游客三者的共同利益，强调旅游发展的经济效益、社会效益和生态效益的统一。生态旅游的发展模式遵循了区域旅游可持续发展理论中把人的发展和社会进步作为发展目标的同时，强调经济、社会、人、自然之间协调发展的一种具体实践。

现代旅游发展观依次经历了"无烟产业"、"环境公平"、"可持续发展"三个不同的演进阶段，该演进历程是以区域旅游对生态环境的影响及人类对该影响的认识为主线的。推广生态旅游，使旅游资源的开发和可持续利用统一，能够推动旅游业的增长和环境保护协调发展，实现旅游业的可持续发展。

我国具有发展生态旅游的良好条件：一是拥有巨大的客源市场，而且随着人们生态意识的觉醒，对生态旅游的需求将不断增长；二是拥有丰富的生态旅游资源。截至 1997 年底，我国已建立起各类自然保护区 932 个（列为国家级的 124 个），被正式批准加入世界生物圈保护区的有 14 个。这些保护区集中了我国自然生态系统和自然景观中最精华的区域，是生态旅游的理想处所。中国人与生物圈国家委员会对全国 100 个省级以上自然保护区调查结果表明，已有 82 个保护区正式开办旅游。

7.2.3　生态旅游主体

生态旅游，其主体是人，生态旅游主体有五个组成部分，分别是有准备的旅游者、接受训练的当地居民、生态旅游经营者、研究者和政府。

（1）有准备的旅游者。旅游者通过参与旅游活动，获得高质量的旅游经历，但无准备的旅游者可能会对当地的自然和文化环境造成意想不到的负面影响。出发前应充分考虑几个问题：在环境和文化敏感地区旅行时对环境的负面影响、旅游者与当地文化互相影响方式、是否进行商品交换。

（2）接受训练的当地居民。当地居民与当地的自然历史和文化资源关系最为密切，是生态旅游的核心成员。生态旅游不但应从各个层面为当地居民提供就业机会，还应对其提供培训，提高其相互沟通能力和对处于敏感的自然和文化环境下顾客的管理能力。

（3）生态旅游经营者。通过发布旅游信息，给游客提供旅游文学作品、简要介绍，用范例引导并采取正确的行动来防止环境破坏或当地文化质量的降级；把累积的影响维持在最小的水平，采取小规模的旅游人数保证旅游群体对目的地影响降到最低；避免旅游地无人管理或游客过载，特别要解决好敏感地带的膳宿问题。

（4）研究者。研究者的作用在于调查和管理旅游资源，并对开发旅游项目提出建议。此外，研究者还提供科学信息以评估当地旅游资源的价值。

（5）政府。主要作用是支持对当地资源开展调查，资助保护计划，从法律角度保障资源和环境不受到破坏。

7.2.4　生态旅游资源

旅游景观资源是指对旅游者具有吸引力的自然存在、历史遗迹、文化环境及直接用于旅游娱乐目的的人工景观。旅游景观资源按属性可分为自然旅游资源和人文旅游资源。旅游景观资源还可以根据旅游活动的性质分为观赏型旅游资源、运动型旅游资源和特殊型旅游资源。

生态旅游资源分为自然生态旅游资源、人文类生态旅游资源和景观生态恢复类生态旅游资源三大类型。

1. 自然生态旅游资源

自然生态旅游资源从空间分布角度分类包括山岳生态旅游资源、滨海生态旅游资源、河湖生态旅游资源、湿地生态旅游资源、草原生态旅游资源、荒漠中绿洲生态旅游资源和冰雪地带生态旅游资源等。

(1) 山岳生态旅游资源。由于人口和聚落稀少，该资源比较丰富。因山体的高度和隔离作用，山岳可作为生态旅游资源组成部分的植物、动物也比较多。山岳居民的生产、生活方式保留有不少与自然环境和谐之处，也是生态旅游资源的组成部分。山岳生态旅游资源呈垂直分布，且具有多样性。

(2) 滨海生态旅游资源。滨海生态旅游资源分布在海陆交界地带。规模不大的海湾、海岛、半岛、海滩、岩岸、滨海林地、田野湿地以及近岸水域等都是滨海生态旅游资源。滨海地带水中、陆上、空中多种多样的生物，大多数是生态旅游资源的组成部分。由于有海水作为生态旅游的活动载体，由于人类天生的亲水习性，滨海生态旅游资源有较高的开发价值。

(3) 河湖生态旅游资源。环境质量较高的河湖水域构成河湖生态旅游资源，其特点与滨海生态旅游资源类似。

(4) 湿地生态旅游资源。湿地生态旅游资源，其价值不亚于森林生态旅游资源，种类繁多的湿地生物是湿地生态旅游资源的组成部分。

(5) 草原生态旅游资源。构成草原生态旅游资源的主要是高原和平原上规模较大的草地。高山草甸和湿地草地归属山区和湿地生态旅游资源。草原人烟稀少，可进入性强，生物可见性强，生态旅游开发价值较高。

(6) 荒漠中绿洲生态旅游资源。荒漠并非毫无生机，平原和高原上的荒漠中也有绿洲生态旅游资源。

(7) 冰雪地带生态旅游资源。除山区、滨海、河湖、湿地、草原等地的冰雪覆盖地带之外，苔原、冰原地带的冰雪覆盖空间中也存在冰雪生态旅游资源。苔原、冰原地带的生态旅游资源环境脆弱，但具有远景开发价值。以上分类主要结合地球上自然生态系统的划分。

　　自然生态旅游资源按主要依托地分类则公园和保护区是主要的生态旅游依托地，对旅游者具有特殊的吸引力。

　　国家公园是自然保护的一种重要形式，兴起于美国，随后在世界范围得到发展并逐步走向成熟。1872 年美国建立了世界上第一座国家公园，即黄石国家公园，也是世界上第一个自然保护区。世界自然保护联盟（IUCN）对国家公园的定义为"国家公园是较广大的区域：①它有一个或多个生态系统，通常没有或很少受到人类占据及开发的影响，这里的物种具有科学的、教育的或游憩的特定作用，或者这里存在着具有高度美学价值的自然景观；②在这里，国家最高管理机构一旦有可能，就采取措施，在整个范围内阻止或取缔人类的占据和开发活动并切实尊重这里的生态、地貌或美学实体，以此证明国家公园的设立；③到此观光需以游憩、教育及文化陶冶为目的，并得到批准。"

　　尽管国家公园的定义和标准各国不一，但国家公园所具有的价值及功能却相当一致。国家公园可以提供人类追求的健康美丽安全的环境，这种环境提供给人们健康、美丽、安全及充满智慧源泉的生态系统和景观，这使得国家公园具备健康的、精神的、科学的、教育的、游憩的、环保的以及经济方面的多种价值，并相应地具备以下几方面的功能：①提供保护性环境。国家公园地区大都具有成熟的生态体系，并包含有顶级生物群落，对于人类的生活环境品质及国土保安极具意义。②保护生物多样性。国家公园具有保存大自然物种，提供作为基因库的功能，并以此供后代子孙世世代代使用。③提供国民游憩、繁荣地方经济。具有优美自然原始风景的国家公园，常作为现代都市生活最高品质的游憩场所，同时，国家公园观光旅游的发展能够促进地方经济，并增加区内外居民就业发展机会。④促进学术研究及国民环境教育。国家公园区内的地形、地质、气候、土壤、水域及动植物生态资源多未经人为改变或干扰，对于研究自然科学的人们，是最佳的"自然博物馆"。还可利用国家公园区域研究生态体系发展、食物链、能量传递、物质循环、生物群落演变等。此外，国家公园区内设有游客中心及研究站，负责室内解说工作，并聘请解说员实地进行解说，提供国民野外教育的机会。

　　国家公园是世界自然保护事业中的一项重要建设和基本设置，也是开展自然保护工作的重要基地。随着自然保护事业的发展，保护区的类型和种类在不断增添，在不同国家不同历史时期对同一种保护区的名称各不相同，随后，IUCN 提出了新的分类体系，具体分类见表 7.1。

表 7.1　保护地管理类别

类别Ⅰ	严格的自然/野生地保护区:保护区的主要任务是为科学研究和野生地保护
类别Ⅰa	严格自然保护区(strict nature reserve):主要用于科研的保护地 拥有某些特殊的或具代表性的生物系统,地理或生理特色及(或)物种的陆地或海洋,可用于科学研究及(或)环境监测
类别Ⅰb	自然荒野区(wilderness area):主要用于保护自然荒野面貌的保护地 大面积未经改造或略经改造的陆地或海洋,仍保持其自然特色及影响,尚未有过永久或大型人类居住,用于保护其天然条件
类别Ⅱ	国家公园(national park):主要用于生态系统保护及娱乐活动的保护地 自然陆地或海洋,用于①为现在及将来一个或多个生态系统的完整性保护;②禁止对该区进行有害开发及占用;③为精神、科学、教育、娱乐及旅游等活动提供基础,这些都应与环境及文化配套
类别Ⅲ	自然纪念物(natural monument):主要用于保护某些具有自然特色的保护地 拥有一种或多种自然或自然/文化特色的地区,其特色因稀有,具代表性或在美学或文化上意义重大而超乎寻常或独一无二
类别Ⅳ	生境/物种管理区(habitat/species management area):主要用于通过干预进行管理以达到保护目的的保护地 一片陆地或海洋,用于通过积极干预以达管理目的,以确保生境和(或)达到某些物种对生境的特别要求
类别Ⅴ	风景/海景保护地(protected landscape/seascape):主要用于风景/海景保护及娱乐的保护地 陆地,包括海岸及海洋,由于人类与自然的长期相互影响而形成的具重要美学、生态学及(或)文化价值,且生物多样性较丰富的地区。维护传统的人类自然相互影响的完整性对该区的保护、维持及进化极为重要
类别Ⅵ	资源管理保护地(managed resource protected area):主要用于自然生态系统持续性利用的保护地 拥有显著未经改造的自然系统,对其进行管理以确保长期保护及维持其生物多样性,同时根据当地村社需求,持续性提供自然产品及服务

2. 人文类生态旅游资源

人文类生态旅游资源根据生态旅游资源的定义,包括人与自然和谐共存的文化生态系统,精神"无形的生态旅游资源",具有地方特色、能够烘托吸引游客的生态旅游气氛的旅游接待设施和旅游服务(如保留下来的土著居民的一些生活设施)均可视为生态旅游资源。

人文生态旅游资源包括自然旅游资源中的人文部分、遗址遗迹类、建筑与设施类、文化娱乐类、购物类以及城市生态旅游资源。

自然景观美有着极其丰富的内容,从本质上来说,自然景观美产生于自然的人化，也就是只有经过人化的自然才体现美的价值。自然旅游资源展现在旅游者面前的不仅仅是自然物本身，而且是文化味十足的自然，这就是自然旅游资源美之所在，也是一种重要的人文生态旅游资源。

中华文化是我国旅游文化的核心，是我们发展旅游业的依托。王明煊（1998）将中华文化划分为：旅游历史文化、旅游建筑文化、旅游文学艺术、旅游娱乐文化、旅游宗教文化、旅游民俗文化等。生态旅游中的人文旅游资源文化还包括生态文化，这种集审美、生态、自然景观美与人类社会美为一体的旅游文化形式就是人文旅游资源的文化内涵。人文类生态旅游资源有宗教类、古迹类和生态文化类以及城市生态旅游资源。

1) 宗教寺庙文化旅游资源

从原始的自然崇拜，到多神的宗教体系，造就了以宗教寺庙承载和传承的丰富的人文景观。在一些著名的风景胜地、名川大山中，往往建有高大雄伟的宗教寺庙，所谓"山不在高，有仙则名；水不在深，有龙则灵"。名山与名寺都是相得益彰的。我国的四大佛教圣地：五台山、峨眉山、九华山、普陀山，都是自然景观和人文景观契合而成的人文旅游资源。四川青城山、湖北武当山等，则因道教文化与美好的自然景观荟萃一地而为人们所向往。

宗教寺庙类旅游资源至少包括两个方面：一是其自然景观美的欣赏，许多古树名木就保藏在这些古庙名刹中。寺庙的山川形美而有特色，一般符合某种文化思想。二是欣赏其文化内涵。

2) 人文遗迹类旅游资源

我国五千年文明史和灿烂的古代文化，是独一无二的旅游资源。如果进一步划分，还可分为历史遗迹和革命纪念地两大类。历史遗迹遍布中华大地。从北京周口店遗迹起，到秦陵兵马俑和半坡遗址，神秘莫测的四川广汉三星堆文化，耐人寻觅的夜郎古国，随着考古事业的发展，这类名胜区还在不断增加。

历史古都及其相应的文化遗产是历史遗迹中重要组成部分。位于中原腹地的周秦汉唐文化中心，有西安、洛阳、开封，有号称六朝古都的南京，更有从辽、金、元、明、清因沿而来的古都北京，以及南宋杭州、越国绍兴、蜀都成都、南诏大理，都因其历史而成为名胜古迹之地。

遗迹的美在于其历史真实性，因而遗迹地保护应注意其整体性和文化内涵。遗迹地保护忌讳"建设性"破坏，应防止按今人的观念进行遗迹"改善"；遗迹地保护更忌讳以假乱真，现造假遗迹是对真遗迹的破坏。应避免造成"假作真来真亦假"的后果。生态旅游是一种负责任的旅游，所以要更加注意旅游地的保护。

革命纪念地是另一种形式遗迹。虎门和定海炮台、圆明园的残石破门、北京宛平古城、山东台儿庄、南京以及井冈山、遵义、延安，都是对中国历史具有重大意义的地方。

3) 生态文化旅游资源

生态文化主要体现在生态型景区中，不同类型的生态系统，拥有着不同的景观，蕴藏着不同的科学内涵，如通过观赏生态型景观，学习生态知识，进而树立生态意识，最终上升到参与保护生态环境。对这些文化内涵的探索与追求是开展生态旅游的重要条件。对于寻求学习自然，回归自然的旅游者来说，这也是他们最好的旅游选择。

《伽维兰的歌》演绎出一种生态之歌。"即使想听到几个音符，你也必须在那儿站很长时间，而且还一定得懂得群山和河流的讲演。这样，在一个静谧的夜晚，当营火渐渐熄灭，七星也转过了山崖，你就静静地坐在那里，去听狼的嗥叫，并且认真思考你所看见的每种事物，努力去了解它们。这时，你就可能听见这种音乐为无边无际的起伏波动的和声，它的乐谱就刻在千百座山上，它的音符就是植物和动物的生和死，它的韵律就是分秒和世纪间的距离。"作者从河水的叮咚声中，从它在石块、树根和险滩上奏出的音符听到了生命的脉搏，它是生物共同体的和弦。生态旅游文化所反映的就是这样一种境界。

从生态类型来看，农业景观和乡村景观也是一个重要的景观类型。随着城市化进程的加快，城市居民热衷于寻求一方净土，到大自然和乡下去已成为一种趋势。他们远离喧嚣的闹市，来到静谧的乡间，春赏桃花，秋摘苹果，感受纯朴民风，是一项参与性较强的旅游活动。

4) 城市生态旅游资源

城市生态旅游资源是自然、人文和恢复类生态旅游资源的综合。

城市里最适合于发展生态旅游的地方包括公园、墓地、高尔夫球场、小湖泊、景观恢复地以及动物园、植物园和一些自然保护区等，城市生态旅游资源具有自然旅游的特征。事实上，生态旅游的理念与城市环境格格不入。城市是以一系列的环境改造手段创造出空间来刺激生态旅游的发展的，城市里重新对一些废弃地如矿区和垃圾填埋场进行景观生态恢复，使之成为绿化带，包括在此基础上建公园和高尔夫球场，这些地区已经成为当地动植物生活的重要场所，并为城市人居环境的改善做出了重要贡献，因为管理人员由此能将绿化带（走廊）贯穿于城市环境之中。同时，景观恢复地通过对历史的体现以及对环境破坏的反思来引起旅游者对生态环境退化的注意和对景观生态恢复的参与。可见城市生态旅游资源亦具有恢复类生态旅游资源的特性。

加拿大绿色旅游协会认为在城市旅游中注重生态旅游原则在某种意义上来说对环境有更积极的作用，因为相对于荒野而言，城市更能吸纳旅游业的影响。城市生态旅游资源是自然、人文以及恢复类旅游资源的综合体，且更侧重于人文方面。

3. 景观生态恢复类资源

尽管景观生态恢复类资源也属于人文类生态旅游资源，但由于景观恢复类生态旅游资源所具有的独特的教育反思功能，从而把它作为单独的一类列出。

景观生态恢复必须是在生态学思想的指导下，避开科技的片面性，从整体和关联的原则出发，对退化生态系统的成因、特征和发展进行全面的勘察，综合考虑地理、生物、经济、技术、历史、人文和艺术等因素，最终形成一个健康的、发展的、永续的、艺术的状态，并重新融入自然与人类和谐发展的进程中。

景观生态恢复的实践最初起源于对工业废弃地、废弃矿地的改建和在此基础上的植被再生。但是随着环境的日益恶化，景观生态恢复学科的发展，它的研究范围也越来越大，不仅仅包括工业废弃地、垃圾填埋场等退化生态系统还包括生物多样性退化的恢复、水土流失的恢复性保护、湿地的重建、城市恢复，等等。关于景观生态恢复的方法很多也较为复杂，恢复了的景观生态类旅游资源，因其独特的美感和现成的环境教育素材而成为了一种独特的旅游资源，它能很好地将保护、环境教育、社会利益、道德和可持续性几方面结合起来，符合生态旅游的理念，吸引了大批游客和关注环境的人，从而成为一个极其重要的生态旅游场所。

目前，在我国开放的生态旅游区主要有森林公园、风景名胜区、自然保护区等。生态旅游开发较早、开发较为成熟的地区主要有香格里拉、中甸、西双版纳、长白山、澜沧江流域、鼎湖山、广东肇庆、新疆哈纳斯等地区。按开展生态旅游的类型划分，我国著名的生态旅游景区为以下九大类。

(1) 山岳生态景区，以五岳、佛教名山、道教名山等为代表。

(2) 湖泊生态景区，以长白山天池、肇庆星湖、青海的青海湖等为代表。

(3) 森林生态景区，以吉林长白山、湖北神农架、云南西双版纳热带雨林等为代表。

(4) 草原生态景区，以内蒙古呼伦贝尔草原等为代表。

(5) 海洋生态景区，以广西北海及海南文昌的红树林海岸等为代表。

(6) 观鸟生态景区，以江西鄱阳湖越冬候鸟自然保护区、青海湖鸟岛等为代表。

(7) 冰雪生态旅游区，以云南丽江玉龙雪山、吉林延边长白山等为代表。

(8) 漂流生态景区，以湖北神农架等为代表。

(9) 徒步探险生态景区，以西藏珠穆朗玛峰、罗布泊沙漠、雅鲁藏布江大峡谷等为代表。

此外环境资源也是生态旅游的重要资源，包括大气资源、水资源、旅游气候资源、空气负离子资源、植物资源、空气细菌含量等。

（1）大气资源。一个成年人每天呼吸 2 万多次，吸入空气 15～20m³，合 20～30kg，是每天消费食物和水重量的 10 倍。

（2）水资源。对于保护人类健康和良好生态环境来说，改善水环境是一项根本任务。在发展中国家的各类疾病中，有 8％是因为使用了不清洁的水而传染的。水是生态旅游中的重要资源，如饮用水、日常生活用水、水上游乐用水等。

（3）旅游气候资源。旅游气候是生态旅游的重要资源，追求舒适宜人的气候是人们外出旅游的重要动机之一。大多数人对周围环境感到舒适的程度称舒适度。在一年之内感到凉、舒适、暖的总天数为旅游舒适期。旅游舒适期 165 天以上的为一类地区，151～165 天为二类地区，135～150 天为三类地区。生态旅游区需达到以上标准。

（4）空气负离子资源。研究证明，空气负离子有强身和防治疾病功能，有降尘、灭菌功能，其保健作用和防治疾病功能为世界所公认。城市空气中的空气负离子浓度一般是 0～200 个/cm³，多数情况下是 100～200 个/cm³。森林比空旷地高，一般 600～4000 个/cm³，空旷地 200～600 个/cm³。瀑布、溪流、跌水旁负离子浓度高。通常情况下，瀑布附近负离子浓度高达 4000～100 000 个/cm³。生态旅游地必须测定空气负离子含量，以便合理利用。

（5）植物资源。很早以前，埃及人利用香料消毒防腐；欧洲人利用薰衣草、桂皮油来治神经刺激症；我国 3000 年前利用艾蒿沐浴焚熏，洁身去秽和防病；近代的"森林浴"、"森林健康医院"、"森林山地疗法"等都是通过对森林环境和植物精气的利用来治疗"文明病"、"忙人病"。植物精气是生态旅游的重要资源，在规划设计时要系统调查合理利用，强化在不同气象、不同地理条件下的保健作用，不足的加以规划营造，使之成为一个理想场所。

（6）空气细菌含量。清洁的空气是生态旅游的重要资源。空气细菌含量多少，是评价空气质量好坏的重要标志。生态旅游地一般远离城市，空气中细菌含量少，加上植物放出的精气（芬多精）有杀菌能力和森林中空气负离子浓度高亦能杀菌，对人体健康有益。

（7）环境天然外照射贯穿辐射剂量水平。在自然条件中，大气和水体都有极微量的放射性物质，辐射剂量低，但随着原子科技利用和人类对自然资源的开发利用，大气和水体中的放射性物不断增加，高于天然本底值或超过规定标准，构成放射性污染，对人体造成危害。为了保证旅游者的安全，对旅游区必须进行环境天然外照射贯穿辐射剂量水平测定，并作为一个生态旅游区的环境评价标准。

（8）宁静幽雅的环境资源。噪声对人们健康的危害、对通信的干扰日益严重，被认为是一种环境公害。由于噪声引起的听觉损伤、心率加快、血压升高、月经不调、性功能减退等疾病统称为噪声病。生态旅游区参照执行《城市区域环境噪声标准》（GB 3096—93）。保健疗养区，必须达到 0 级标准，娱乐区必须达到 1 级标准。

7.3 生态旅游规划与开发

7.3.1 生态旅游规划概述

生态旅游规划是涉及旅游者的旅游活动与其环境间相互关系的规划，它是应用生态学的原理和方法将旅游者的旅游活动和环境特性有机地结合起来，进行旅游活动在空间环境上的合理布局。

生态旅游规划必须考虑的主要因素包括：旅游资源的状况、特性及其空间分布；旅游者的类别、兴趣及其需求；旅游地居民的经济、文化背景及其对旅游活动的容纳能力；旅游者的旅游活动以及当地居民的生产和生活活动与旅游环境相融合等。

制订生态旅游规划时，必须分析生态旅游地的重要性，合理划分功能区，拟定适合动物栖息、植物生长、旅游者观光游览和居民居住的各种规划方案。充分利用河、湖、山、绿地和气候条件，为游客创造优美的景观，为当地居民创造卫生、舒服和安谧的居住环境。生态旅游规划应与当地的社会经济持续发展目标相一致。合理的规划不仅应该提出当前旅游活动的场地安排，而且应为未来的旅游发展指出方向，留出空间。

7.3.2 生态旅游规划原则和要求

1. 生态旅游规划原则

生态旅游的规划除适用一般自然旅游区的规划原则外，还特别强调自身的一些原则。如在自然区实行严格的保护措施，以保护动物、植物和生态系统；建立环境容量标准，以防过度开发旅游设施和游客对环境的过度使用；在环境适合的地方，开发小规模的旅游设施，设计要以本地情况为基础，使用本地的建筑材料、节能设备，对废弃物进行适当处理；控制、减少路径，使游客只使用特定的旅游路径网络，提倡步行和使用无污染的交通工具；为游客和旅游团组织者准备并分发生态旅游行为准则守则，监督生态旅游对环境的影响；提供受过良好训练的导游，给游客准确的信息，带团时要遵守环境保护准则；通过给当地居民提供工作和旅游收入的方式，使旅游业能够保护当地的文化传统。让游客了解当地文化并尊重当地的文化传统，从而使当地居民和旅游业融为一体。

总结起来开展生态旅游规划的原则如下。

（1）保护优先原则。旅游规划将环境保护置于优先地位。

（2）容量限制原则。控制游客规模和旅游建设规模。

（3）分区规划原则。在自然保护区实施同心圆式的规划。

（4）环境管理原则。实施严格的环境管理和监控。

（5）法律保障原则。对重点生态旅游区的开发建设制定法律法规。

一个地方旅游资源的基本构成决定了旅游地的性质。在做生态旅游规划时，首先必须弄清当地旅游资源的基本构成，考察它可能适合开展哪些旅游活动，是否具备发展生态旅游的条件。自然生物多样性是衡量当地能否开展生态旅游的重要标准。生物多样性程度高的地方，生态旅游的价值就大。

在规划、建设各种生态旅游点时，要充分体现旅游者和居民与环境的相融性，利用当地的生物资源，保护与发展其生物多样性。生产型生态景观应充分利用农牧基地和各种庭院，建成果、药、木、花、草等有较高经济价值和观光欣赏价值的生态系统。观赏型生态景观应充分利用丰富的观赏植物、观赏动物资源。文化型园林景观在创建不同的文化环境生物群落时，要加强对各种文化环境生物群落如风景名胜地、寺庙等的古树名木的保护与复壮。

2. 生态旅游规划的要求

生态规划的两大基本要求分别是对住宿设施的要求和对自然生态区的要求。

（1）对住宿设施的要求。生态旅游目的地的住宅设施不应设在脆弱敏感的生态区域。建筑物以方便简洁为主，不要给旅游者提供不必要的舒适和服务。住宿设施要由当地人自主经营管理，以保持地域文化的完整。采用节能设备，所有能源及物质不要给周围的自然生态环境造成不良影响。提供以地域产品为主的饮食（最好是绿色食品）及旅游纪念品。尽量向旅游者介绍当地的自然和文化。加入地域的经济、文化、生态保护网络，加强与地域教育部门的联系和交流。

（2）对自然生态区的要求。研究保护区的适宜游客容量，以便控制和阻止过度利用旅游资源。推荐对自然影响最小的活动，限制对自然有负面影响的活动。设立相应的生态保护基金制度，以便使旅游获得的利润用于保护区的保护。建立环境教育设施，提供有关自然和地方文化的信息和环境教育材料。培训生态旅游的策划者和导游。监测旅游的影响，并通报给经营者、自然保护团体及地方社区，并监督协调在保护区及周边地区的旅游经营活动。配合非政府组织和志愿团体开展环境教育活动。把生态旅游作为保护区管理计划的重要组成部分。

7.3.3　生态旅游的规划内容

1. 具有地方特色的生态旅游产业结构的规划

生态旅游项目应主要围绕农林生态系统的第一性生产力、动植物园和以自然生态系统为基础的人工生态景观发展。根据地方的资源基础，将丰富的植物、动物配置在一起，创建花卉园、竹园、经济作物品种园、果树品种园、乡土植物园、中草药园、抗逆植物园、热带鱼类园、鸟园、动物园等适合各种生物生活习性的环境。以自然生态系统的景观为背景，创建不同类型的人工景观生态园，如岩石园、热带风光园、沼泽园、水景园等，利用其特定的小气候、小生境，丰富旅游地的生物种类组成。旅游者在进行旅游活动时，需要旅游地提供方便舒适的衣、食、住、行服务。对于生态旅游点，应设法使其服务产业生态化。

（1）生态服装。生态服装是为了避免一些服装面料对人体及大自然的危害，在服装设计方面加强生态意识。衣服的图案取材于大自然，还要选用植物作染料和没有经过化学加工的布料。在制衣过程中，减少使用有毒的化学物质，衣服还能进行生物分解。

（2）生态饭店。供应旅游地植物园自己生产、加工的植物类食品。植物园内的菜园，除了种植各种食用的植物，还种植调味用的芳香类植物和食用菌。饭店提供的植物食品能满足人体所需的各种营养，对人体健康十分有利。饭店的废弃物可直接作为动物园的饲料或植物园的肥料。

（3）生态旅馆。旅馆的建筑材料可部分地利用再生原料。旅馆提供的用品尽量不含化学物质，如不含酸的信纸、床单、毛巾等是用在种植过程中未曾使用过化肥和化学杀虫剂的棉花或亚麻制成；肥皂可用植物油炼制；电子过滤系统清除自来水中的氯化物和有毒微生物。客房内装配香味发生器，根据客人的要求，随时向房间释放出果香味或花香。旅馆的废水可直接用于浇灌植物园，粪便可集中收集制作沼气，沼气再用于照明，沼气渣用作植物园的肥料。

（4）生态商店。生态商店专营各种天然食品、饮料、化妆品、纯棉服装、手工艺品及有关生态环境保护的书籍和小型技术设备。店里的所有商品都由天然原料制成，不含任何化学成分。

（5）生态交通。在旅游地及其附近要求使用太阳能驱动或电能驱动的小车和自行车作为交通工具，或者要求旅行者以步代车。禁止使用有害环境和干扰生物栖息的其他交通工具。

上述生态旅游产业结构是发展生态旅游应考虑的。针对具体的生态旅游点，应该根据自身的特点选择相应的生态旅游产业。

2. 生态旅游产业的适宜性分布

生态旅游产业的适宜性分布是在分析旅游资源潜力和环境敏感性的空间特点的基础上，将各个产业部门在空间进行合理的布局。环境敏感性分析的目的在于根据生态旅游产业发展的要求，对旅游地内各环境单元和生态系统进行分析与评价，明确各种敏感区域，为生态旅游项目的合理布局奠定基础。环境敏感性分析的主要内容包括特殊用地敏感区、农田保护区、水土保持及水源涵养区、自然灾害敏感区。

特殊用地敏感区是生态旅游点内的特别保护区，目的在于保护、恢复或重建特定类型的生态系统，特别保护区内不允许铺设道路和设施。农田保护区，为了保护农田与耕地，对于可耕田地，不可用作其他用途。水土保持及水源涵养保护区，由于受地形、土壤等因素的影响，不同地理环境单元的水土流失敏感性差异极大。水土保持是生态旅游不可或缺的重要内容。所以，应对水土流失模数大的重要河流、水体的集水区加以保护，不允许开展水土流失敏感性大的旅游项目。自然灾害敏感区，对于自然灾害易发地带，不宜开展生态旅游项目。

生态旅游产业的适宜性分布是一种空间性配置计划，着重区位的表现，在明确了各种活动类型的潜力分布和敏感区位之后，运用叠图分析的方法，则可找出各种活动项目的适宜区位。通过旅游活动用地的生态潜力与生态限制条件（敏感区位）分析，产生生态潜力与生态限制分类图，显示同质区域的分布状况。然后，采用等级合并规则（用地适宜性评价准则，依活动项目拟定）将生态潜力与生态限制条件的单要素图件叠合，得到各种旅游活动项目的适宜性等级图。再将所有旅游项目的适宜性等级图叠合，作综合分析，最终确定生态旅游项目的适宜性分布图。

例如，加拿大的生态旅游规划多采用五层规划模式，从内到外分为特别保护区、原野区、自然环境区、旅游区及公园服务区。对各区内的配套设施、游客行为都有明确而严格的规定。我国根据自然保护区的实际情况一般将其分为三个功能区：核心区、缓冲区和实验区，比较接近欧洲的划分。缓冲区对游客数量、旅游方式和旅游路线的安排等严格控制，尽可能保持自然风格，避免大规模的旅游开发活动；实验区可根据自身条件在一定范围内设立旅游和娱乐休闲设施。科学的管理和规划目标包括两方面内容：首先，提供使旅游者满意的旅游经历，这是旅游活动的基本要求；其次，将旅游活动对自然环境的破坏作用控制到最小。

7.3.4　生态旅游开发

1. 生态旅游开发原则

1）利益协调原则

利益协调原则即生态旅游开发需要在旅游地各方利益协调的状况下开发旅游。旅游地各方利益指旅游区与当地政府、当地居民之间，旅游区与旅游管理者、旅游从业人员之间，旅游区与旅游者、旅游业界之间的等关系交流沟通和利益协调，利益协调的目的是为了实现各方的利益最大化。

2）科学管理原则

首先，生态旅游管理是旅游区组织的管理。旅游区组织是一种动态组织，这种动态组织是运用现代行为理论，强调旅游区的一切活动都由人来完成，因而应"以人为本"来组织和管理旅游区的一切经营活动，有效地实现旅游区的经营目标。因此，旅游区组织的管理通过明确的目的、合理的授权、全员参与、适时反馈和自我完善来实现。

其次，旅游区全面质量管理。一般来讲，旅游者对旅游区的服务需求主要体现在：物美与价廉、及时与周到、安全与卫生、规范与方便、热情与诚恳、礼貌与尊重、亲切与友好、谅解与安慰八个方面。旅游区全面质量管理即全员化、全过程、全方位和多方法的质量管理，就是旅游区全体员工和各个部门，群策群力，综合运用现代管理理论、专业技术和科学方法，通过全过程的优质服务，全面满足旅游者需要的管理活动。目的是追求旅游区的可持续发展。旅游区全面质量管理内容包括旅游产品质量和跟进服务。旅游区旅游产品就是旅游者选择的旅游区具有满足他们多样化观光、休闲、娱乐需求的功能和服务。具体包括导游、餐饮、住宿、交通、购物、观光、表演、生态景观以及设施设备条件与维修保养、清洁卫生状况、管理水平和服务质量等方面。跟进服务则以环境卫生服务、安全保卫服务、应急医疗服务、特殊服务、游客投诉处理等为内容，是旅游区服务流程的重要环节，对于提升旅游区的服务质量和品牌形象，具有重要意义。

最后，旅游区市场营销管理。从现代市场营销观念出发，结合旅游区生态旅游产品的特点，设计旅游区营销管理的过程、营销战略和各种营销组合策略，并根据跨现代旅游市场营销领域发展的最新动态，采用游客让渡价值、大服务营销、互联网络域名风景区形象营销等新观点、新手段。市场营销战略直接体现旅游区的总体经营战略，营销决策是旅游区决策的主要内容，营销管理过程正是将市场机会与旅游区的企业使命统一化的过程。旅游区市场营销管理的任务，是为了促使旅游区目标的实现而调节游客市场的需求水平、需求时间和需求特点，谋求需求与供给相协调。旅游区市场营销管理的实质是需求管理。

3）环境监测原则

旅游者的心理容量和生理容量，旅游区环境容量皆有阈值，当超过这个阈值，不但干扰旅游者的体验过程，更主要是破坏旅游区自然生态系统。因此，生态旅游开发与传统旅游开发不同之处在于，生态旅游必须实施环境监测。通过建立包括环境负面影响评估、容量评估、对旅客带来的负面影响进行管理和可允许接受的变化程度等环境反馈机制，既不影响旅游者对所选择的旅游区质量的期望值，更让旅游者体验其所选择的旅游区"物超所值"的感知。

4）人本开发原则

旅游区是满足旅游者多样化需求的旅游形态，这种旅游形态的演进与发展有赖于旅游者的选择和参与。从根本上讲，旅游者是否选择和参与这种旅游形态，是由这种旅游形态的本质特征以及提供这种旅游形态的服务过程共同决定的。尤其是在激烈的市场竞争条件下，重游率直接关系到旅游区的生存和发展。重游率的大小是由旅游区的高质量和质量的稳定性决定的。实际上，旅游区是一种满足旅游者多样化观光、休闲、娱乐需求的非日常的舞台化世界，它的接待服务是一种员工与旅游者之间"面对面"的互动关系，使得提供服务的员工以及所提供的服务成为了旅游产品的重要构成部分。因此，旅游区员工的工作技能、工作方法和态度对旅游者的满意程度具有决定性的作用。另一方面，旅游区的质量在很大程度上取决于员工的即席服务表现，而员工的即席服务表现又很容易受到各种因素的影响，从而造成旅游区服务质量的不稳定性。为了抑制这种不稳定性，提高重游率，旅游区加强人力资本开发显得至关重要。

5）持续发展原则

生态旅游区的目标是保护自然生态环境和人文生态环境，提高当地居民的生活水平和生活质量，改善旅游产品和旅游服务。生态旅游的旅游活动是产业的要求，应当寻求既可有利可图的经营方法，又不造成经营亏损，更不给当地的社会效益和经济效益带来麻烦。

2. 生态旅游开发的可持续发展对策

生态旅游持续发展就是在生态旅游区内，以生态旅游方式，实现旅游可持续发展。也就是说，以生态学理论为指导，所采取的对环境负有责任的，对旅游资源予以合理、有序、科学的开发，使历代人都能获得享受的一种旅游活动。生态旅游要持续发展，应是一种不以牺牲环境为代价，与自然环境相协调的旅游，必须把握适度的开发速度，控制接待人数，增强环境意识。否则，太多的游客会对目的地的环境造成过大的压力，破坏了生态旅游赖以生存的环境，生态旅游也就不可能持续发展。生态旅游开发的可持续发展主要对策有如下几点。

1）加强森林公园建设，保护森林资源

自然环境是由各种生态系统组成的，必须保持相对平衡。森林是陆地最大的生态系统，是自然界物质和能量交换的重要枢纽，对于地上、地面、地下环境有多方面的影响。如果把森林看做单纯的木材生产基地去砍伐，而且是掠夺式的经营，不顾植被具有极为重要的防止环境恶化功能（涵养水源、保护水土、防风固沙、调节气候、维护生态平衡等），那么最终破坏森林的恶果将是人类自身的灾难。从古巴比伦王国的消失到全球性的温室效应，无不证明了这一点。

森林公园则是在社会文明的发展中形成的一个相对独立的生态经济系统，是以人类、生物和环境的协同发展为原则，以自然资源的持续利用和生态环境的改善为宗旨，它们所追求的目标是：既满足当代人的生活需求，且自身得到发展，又要保护生态环境,不对后人的发展构成危害。这就为在此基础上开展各项生态旅游活动提供了一个理想的区域环境。随着森林公园旅游人数的增加,旅游活动与生态环境的保护必然产生矛盾,引起诸如土壤、植被、水质和野生动植物被严重干扰的环境问题。我国森林公园大都是在国有林场的基础上建立和发展起来的,因经营方式的转变,这就带来了一个更新观念和提高对森林价值和生态环境的再认识问题。因此,有效地保护生态环境、加强森林公园建设是保证生态旅游持续发展的一项重要措施。

2) 加强生态管理,使之持久协调发展

森林是一个整体,森林除树木外,还有许多其他物种,它是一个由许多成分构成的复杂系统。如果把森林看做单纯的木材生产基地去砍伐,而且是掠夺式的经营,那么最终只能是恶化甚至毁灭了其他资源的生存环境,也不能发挥森林资源的全部效益。但我们保护森林,并不是完全任其自然,在不过度改变森林结构的前提下,进行采大留小,有计划、有选择的开采,以实现生态、社会、经济三大效益的可持续发展。

3) 严厉打击森林犯罪

加强森林立法工作,加强法制宣传教育,依法保护森林。只要我们严格执行相关法律,加大打击力度,森林建设就有了根本的保障。

4) 统一规划、有序开发

做好旅游开发规划,贯彻资源和环境保护的思想,这不仅是使开发取得成功的保障,也是预防资源和环境遭到破坏的重要措施。因此,在编制旅游区总体规划时,必须对旅游区的地质资源、生物资源和涉及环境质量的各类资源进行认真的调查,以便针对开展旅游活动所带来的环境损害进行足够的准备,并采取积极措施,消除或减少污染源,加强对环境质量的监测。

为保证生态旅游的环境质量的高品位,旅游区的有关建设必须遵循适度地有序地分层次开发的原则,不允许任何形式的有损自然环境的开发行动。每个项目都必须进行环境影响评估,要从生态角度严格控制服务设施的规模、数量、色彩、用料、造型和风格,提倡以自然景观为主,就地取材,依景就势,体现自然之美,对那些高投入、高污染、高消费等只为了刺激经济增长的项目坚决制止。经济开发可以在风景区以外的广大土地上进行。即使是配合风景区的旅游,其主要服务设施也完全可以在风景区外围建设。古今中外名山、风景区和国家公园都是精神活动的场所而非经济活动营利场所。我国古代,五岳山下都设有“镇”,“镇”就是专门提供服务设施的。宋代规定泰山的外围 7 里①内“禁樵采”。元代规定 40 里外的徂徕山禁止砍柴,都是为了保护泰山。美国规定商业开发要在国

---

①　1 里=500m,后同。

家公园以外的地方，其黄石国家公园自被发现建立后，不仅禁猎、禁伐，而且陆续迁走了居住在其中的印第安土著居民。德国阿尔卑斯山国家公园的面积达 $300km^2$ 余，公园内并无一条索道，若干条索道都是设在公园之外的。这些发挥功能区分、区内观景、区外经商的经验，可以借鉴。如将旅游设施建在山脚下，山上不修索道，这样游人势必在山脚下的宾馆住宿，当地赚取住宿费和餐饮费肯定高于索道费，而且游人分散于各处，大大缓解了因乘索道造成的山顶过分拥挤。在可持续发展的理论指导下，现有的生态技术，资金条件以及人们的环保意识还达不到维护生态平衡要求的情况下，必须将宝贵的生态资源留给子孙后代，而不是开发殆尽。旅游区的环境容量问题，应加强研究，在旅游区的环境容量未确定之前，必须控制旅游业的发展速度。对一些重点保护的景区，必须防止太多的游人进入，即使是一般旅游区，也应严格控制超容量吸引游人。因为环境容量是有限的，破坏容易修复难，一旦旅游超过了环境容量，造成了巨大的环境破坏，再来治理就十分困难，甚至是不可能的。

5）增强环保意识，强化法制观念

鉴于旅游作为一种产业对环境的特殊影响和累计性的破坏，生态旅游一定要加强环境立法和管理。严格执法和遵守我国的《中华人民共和国环境保护法》、《中华人民共和国森林法》、《中华人民共和国文物保护法》、《中华人民共和国野生动植物保护法》等与旅游密切相关的环境保护法律和法规，并针对旅游业对环境影响有潜在性、持续性和累计性的特点，增加补充规定。例如，增加对旅游的环境保护税收，用于修复被损环境的管理。地方政府和旅游业有关部门应认真学习和贯彻执行有关的法律、法规，增强法制观念，例如，对生态保护区的开发，要根据环境法律，规定哪些部分严禁开发，哪些部分可以开发以及开发的规模、开放的季节和可接待的人数，等等。又如规定哪些地区禁止带火种，禁止狩猎和毁坏林木，禁止遗弃垃圾和生活用品。对违法侵害自然资源者，加大执法力度，使其承担相应的民事和刑事责任。

思想意识比法规更重要。我国在生态旅游的生态规划和生态教育方面都很薄弱，旅游业主要以盈利创收为目的，不少旅游区根本不进行环境影响评价就开始营业。在旅游景点，很少设立宣传生态意识的宣传栏，导游们的导游词中也很少触及生态道德教育的问题。而且，旅游业的干部及导游中大多数人也未接受过系统的生态教育和生态道德教育。因此，我们在倡导生态旅游时，必须树立生态保护第一的思想，加强宣传教育，转变全民观念。

具体做法一是要通过立法，把对旅游区的环境影响评价及对策真正落实到每一个景点，并要求所有的旅游管理人员、导游都必须经过系统的生态教育，改变那种认为旅游业是无烟工业、旅游资源可再生的观念以及对旅游开发的环境效应评估认识不足的现象，切实把旅游环境当成旅游业的生命和形象。从可持续发展的战略眼光，把发展旅游业的目标与立足点建立在保证当代和几代、几十代人的旅游需要上，并以这种思想观念为指导，做好环境保护的各项具体工作。二是把生态教育和生态道德教育纳入国家教育计划，在小学、中学和大学国情教育中增设这方面的教育内容。使我们的子孙后代从小就开始重视自然资源的持续利用，爱护自然景观和人文景观，保护野生动物和植物，理解大自然、热爱大自然，使生态善恶观、生态良心、生态正义、生态义务成为青年的自觉行为和道德规范。三是充分利用旅游区这一生动活泼的大学校，使生态旅游的全过程，成为生态教育和生态道德教育的全过程。使旅游者在大自然中唤起绿色的激情，绿色的愉悦、绿色的思考，体验大自然的和谐、有序，体验"天人合一"的传统文化，达到热爱自然、启迪人生的目的。在大自然中接受生态教育和生态道德教育，使每一个旅游者从自己做起，从每一件保护自然的小事做起。

7.4　生态旅游管理

生态旅游追求的是旅游业、自然保护及区域振兴三者之间的协调与统一，它的合理运营与科学管理涉及旅游者、旅游经营者、当地居民、行政部门及研究者等利益主体的最佳配合。

生态旅游管理是指以生态学思想为指导，对生态旅游系统进行管理，以便在向旅游者提供满意的生态旅游产品和服务的同时，长时期地维护旅游区的生物多样性、生态整体性及其生态服务功能和美学价值。生态旅游的管理对象是受旅游业及其相关活动影响的生态系统。由于生态系统是生物要素和环境要素在特定空间的组合，所以生态旅游管理的实质就是进行环境要素和与其相适应的生物要素的有机管理。

生态旅游管理的最终目的是改进旅游方式，促进旅游目的地旅游可持续发展，促进目的地生态环境良性循环。但也应清楚地认识到，任何形式的旅游活动，即使是生态旅游，也会对生态旅游环境产生一定的影响，只是在程度上、强度上比其他旅游形式有所缓减而已，如稍有不慎，就有可能导致严重的生态旅游环境问题。因此，生态旅游业能否持续、健康、协调地发展，关键在于有效、科学的管理。

生态旅游管理涉及的范围很广，主要包括对生态旅游者、旅游企业以及当地社区等的管理，同时，还包括生态旅游容量的管理和法制管理。

7.4.1　生态旅游管理的意义

生态旅游业已经成为当今世界旅游业发展的热点，并且引起了各国政府和学术界的广泛重视。然而生态旅游的出现也在很多方面造成了负面影响。生态旅游活动的开展给某些景区的生态环境造成了严重的破坏，如空气污染、水质污染、噪声污染、生物多样性的破坏、少数民族文化的消失等。生态旅游造成环境破坏的原因是多方面的，尽管有生态系统和生态旅游资源本身脆弱性的原因，但更多是因为管理不善等人为因素造成的。因此，只有通过合理的规划和有效的管理，开展生态旅游，才能够保持生态系统的稳定和促进环境的保护。

7.4.2　生态旅游管理的基本原则

生态学是研究生物与环境关系，研究自然资源开发和管理、人类生存环境变化、林业建设和可持续发展途径等，为社会、经济和环境的协调发展提供坚实的理论基础的一门学科。所以，从学科定义可以看出来，生态旅游属于生态学的范畴，只不过生物与环境关系中的生物成分不是一般的生物而是人类。因此，生态旅游管理具有独特性，应遵循以下原则。

（1）区域管理与环境容量相结合。就生态旅游目的来讲，生态旅游管理应该坚持区域管理与环境容量相结合的原则。这一方面取决于旅游活动特定的空间属性，更主要的是因为生态旅游的发展具有多目标与多主体的特性。从生态旅游管理的实践经验看，生态旅游管理既不是单纯的企业经营管理，也不是单纯的地方行政管理；不仅需要规划，也需要协调与控制。另外，开展生态旅游后，旅游区将会有越来越多的旅游者光顾，倘若不能有效地控制游客数量，可能破坏生物栖息环境和天然植被。旅游环境容量指在一定的时间内，自然环境所能承受的游客容量。此外，还有感应气氛容量、旅游社会地域容量等。合理的环境容量既能满足游客的舒适、安全、卫生、方便等旅游需求，又能保证旅游资源质量不下降和生态环境不退化，这是取得最佳经济效益时旅游区所能容纳的游客数量，是旅游资源的合理承载力。因此，确定合理的环境容量是旅游区管理的重要环节，可以避免对资源的掠夺性利用。

（2）因地制宜与政府介入相协调。政府介入生态旅游景区的管理是非常必要的，政府介入可以使生态旅游活动中的各个利益相关者形成伙伴关系，不断地满足旅游者的需求。同时，政府介入有利于解决在生态旅游资源产权不清的情况下如何有力地保护生态资源与环境的问题。从地方生态旅游发展需要取得经济效益的角度看，也离不开政府介入，政府利用行政体制动员掌握的经济资源，可以决定超前发展与优先发展的部分。同时，政府制定旅游法规、规章、条例，促进了地方旅游业的健康发展；政府可以有力地担负起协调社会各方面力量的职能。

（3）通过信息传播实现人与自然和谐发展。从可持续发展及和谐发展的角度，并将人与自然的关系延伸到旅游产业来看，在处理人类的旅游需求和旅游资源之间的关系上存在以下思路：一是以保护生态资源优先，忽视人类的旅游需求；二是优先满足人类的旅游需求，忽视生态环境的保护；三是在不破坏旅游资源的前提下，既要尽量满足人们日益增长的旅游需求，又要注重生态环境的保护，使人与自然和谐相处，达到大自然的可持续发展和旅游业、旅游经济的可持续发展。因此，生态旅游的管理应遵循人与自然和谐发展的原则。要想人们接受、认识和实践正确的和谐发展观就必须进行信息的宣传和传播。只有当生态旅游主要利益相关者确实意识到各自的利益与生态环境息息相关，意识到自己的行为可能对生态环境造成影响，并随时准备承担自己应尽的责任时，生态旅游管理的有效性才有可能迅速提高。对于旅游经营者和社区居民的生态旅游管理措施，需要得到被约束对象在理念上的认可，才能达到切实的管理效果。

（4）以生态学原理为指导实现可持续发展。从生态学的普遍规律出发，协调好生物、环境、经济和发展的关系。旅游行为本身是一种人为活动，它与自然系统共同形成比单纯的自然生态系统更复杂的人类自然复合系统。它不仅由生物和环境条件组成，还包括人类活动和社会、政治、经济条件，是这些复杂因素组成的多层次、多因子的统一体。因此，开展生态旅游必须以生态学为准则，综合分析各因素，全面考虑。按生态学原理去开发、利用和保护旅游资源，并根据生态系统的变化特点不断改善旅游系统的结构布局，尽力维护其生态平衡及环境效益，实现旅游地的可持续发展。

7.4.3　生态旅游管理的任务和特征

生态旅游可以作为一种手段来实现自然保护、旅游业发展以及区域振兴等多重目标，生态旅游管理所追求的效率原则，要求最终要对其达到最佳管理水平。伴随着社会的发展，现代旅游所体现的是一种进化过程，可持续开发原则一直是生态旅游的核心，因此生态旅游管理的任务是从国家与地方生态保护和环境建设出发，贯彻国家旅游业可持续发展的方针政策，协调和平衡生态环境与旅游经济间的矛盾，制定和颁布生态旅游发展的政策和法规。我国生态旅游在一定程度上存在生态旅游资源开发和旅游环境建设盲目，生态旅游规范化较差的情况。维护生态旅游区的生态安全性是生态旅游管理的核心目标，其内涵是维护生态系统的完整性与制止环境质量的恶化。

从生态旅游管理的特征来看，主要是认识和享受自然。生态旅游具有能满足旅游者精神文化需求及其他需求的各种特征。通过参加生态旅游活动，旅游者可以获得自然生态系统及地域文化等各方面的知识，尽情地欣赏自然风光，得到满意的旅游经历，也领略了人与自然和谐共处的真谛，激发起热爱自然的情感，提高了对保护自然的认识和保护环境的自觉性。

7.4.4　生态旅游管理的措施与途径

1. 地方政府要尽职保护和发展当地生态旅游

过去很长一段时间，我国在生态旅游在规划和教育方面都很薄弱，旅游业主要以盈利创收为目的，不少旅游区根本不进行环境影响评价就开始营业。地方政府要通过加强宣传和教育的力度，提高旅游相关实体对当地生态环境的认识、了解和重视程度，营造浓厚的保护和发展当地生态旅游资源的氛围。生态旅游要实现可持续发展的目标，要从正确思想和观念的培育入手，而不能仅仅是对行为的约束和惩罚。应该增强当地居民对生态旅游可持续发展的认识，从长远的观点和战略的角度来审视自身的生态资源和文化，增强自觉性和自信心。

2. 旅游资源开发中应注重生态环境问题以实现可持续发展

应从系统的观点、整体的观点和可持续发展的观点出发来考虑旅游业的开发与管理。如果没有系统、整体和长远观点，只考虑某个系统、本单位和短期利益，生态环境就很难得到有效的保护。因此，需要让旅游区的旅游企业和旅游者都能认识到保持良性生态系统的前提下开展旅游活动的必要性。旅游资源的开发必须遵守生态学原则，按生态学有关理论对旅游区的生态系统的负载极限进行预测，要预测该旅游区的生态系统能被旅游企业及旅游者利用的可能性，特别是这一系统能否长期提供相同质量服务的可能性。旅游资源的开发应遵循因地制宜和适度的原则，旅游资源开发要发挥民族和地方的特色，发展利用环境潜力的同时必须遵循维护环境的生态平衡。

3. 做好旅游业开发与管理的总体规划和区域规划

旅游规划要对旅游发展未来状态做出科学设想、设计，使旅游业得到可持续发展。在总体规划和区域规划中一个重要环节是在规划阶段就进行各项建设项目的环境影响评价，包括大气环境影响评价、水环境影响评价、土壤环境影响评价、生物环境影响评价及环境影响综合评价等。在旅游总体规划中，既要考虑旅游资源的开发建设、合理布局设施、维护生态平衡，又要紧密结合区域所在的重点依托城市发展目标、发展规划、相关行业的配套发展，减少在实施中的局限性、盲目性及不必要的损失，求得协调发展格局。区域规划布局必须以获取最大的综合效益，即经济效益、社会效益和环境效益为布局决策的中心目标，实现旅游业的可持续发展。

4. 培养高素质的创新型管理和服务人才

高素质的人才是实现生态旅游合理开发和管理的关键，缺乏适宜的、高素质的各类人才,生态旅游就不可能实现可持续发展。从专业角度讲,真正意义上的生态旅游对产品设计有专业化的要求,技术较为复杂,需要那些既懂得生态学知识和旅游学知识,又熟悉旅游业运行规律和机制,而且还能正确把握生态旅游内涵的专业人才。因此,不断培养高素质的创新型管理和服务人才,可以为生态旅游发展提供智力支持。

在生态旅游管理中,单靠政府的方针政策,甚至市场以及技术上的措施是不够的。更要强调行政部门、旅游经营者、旅游者、当地居民、研究者各个关系主体价值观的相互交织、碰撞、磨合。同时,政府与市场提供一种平台,以另一种身份来协调各主体之间的关系,以达成对话、协作和相互理解。

7.4.5　生态旅游的发展政策

(1) 经济政策。为了维护美丽的景观和田园特色,实现生态旅游的持续发展,对于一些对环境资源有破坏作用的产业部门,即使经济效益再高,也不应引进。而对于农业生态系统的初级生产部门和野生动植物园的开发部门,虽然其短期经济效益不高,但其发展有利于提高景观生态的多样性,增强地方田园特色。从长远看,它可吸引更多的生态旅游者。这些产业部门应是当地政府支持发展的重点。

(2) 技术政策。生态旅游者到达旅游点的目的是欣赏纯净的自然,在高技术与产品随处可见的当今时代,越是具有地方特色的适用技术对他们越具有吸引力。根据自然规律衍化而来的具有浓烈的田园特色的生产技术使来自现代化城市的游客流连忘返。因此,一些民间技术和生产部门,虽然其技术含量不高,但也值得保存下来。一个融古老技术和现代技术为一体的技术体系,如果保存完好的话,将是一个诱人的景观,但这些技术必须对环境无害。

(3) 环境政策。生态旅游是以环境良好的方式发展旅游,旨在促进区域发展的同时不对环境构成危害。为了预防由于旅游活动引起的环境污染和退化问题,在制订生态旅游的发展规划时,必须弄清其潜在的环境影响。主要的环境影响包括:①污水对当地淡水或海洋水体的污染。②由于不适宜的土地利用方式引起的土壤侵蚀。③由于交通、空调和采暖系统气体排放引起的酸雨和全球变暖问题。④由于城市化和道路建设引起的人工环境的美学价值和野生生物环境的丧失。⑤由于过度开发和污染,致使生物多样性减少或破坏。因此,对于在生态旅游区域拟建的每个项目,都要进行环境影响评价,不符合环境标准的项目,坚决予以取缔。对于正在建设或运营的项目,应根据国家或地方的有关环境法规,征收"环境税"或颁发"无污染奖金",将环境影响降到最低限度。

(4) 社会政策。生态旅游不仅要使当代的旅游者和当地居民受益,而且要使未来的旅游者和居民能继续分享旅游带来的效益,即公平分享旅游景观资源的价值。生态旅游的目标受益者不是特定的旅游者、居民个人或群体，而是与旅游景观资源有着各种联系的所有个人或群体。利益的获得不得以牺牲他人的利益为代价，即代内的公平性。旅游者和居民的社会活动必须与旅游景观的结构、功能及其价值相协调，同时，旅游活动的开展必须以不损害当地居民的社会文化价值和生活习惯为前提。

第8章　污染生态与环境生态工程

8.1　环境问题与污染生态学的形成

8.1.1　全球主要的生态与环境问题

自工业革命以来，尤其是 20 世纪 30 年代以后，随着工农业生产和城市化的迅速发展，人类对自然资源的破坏超过了以往任何时代。伴随经济和社会的发展，化石能源的消耗不断增加，全球和局部环境问题层出不穷，全球变暖、臭氧层破坏、生物多样性下降、"三废"（废气、废水、废渣）污染、噪声污染、放射性污染和农药污染等环境问题不断发生。从 20 世纪初至 80 年代，相继出现了马斯河谷烟雾污染、多诺拉烟雾事件、伦敦烟雾事件（还原型）、洛杉矶烟雾事件（氧化型）、水俣病事件、痛痛病事件、哮喘病事件、米糠油事件等世界著名的环境公害重大事件，其影响之深、危害之大，是前所未有的（Weber and Goerke,2003）。目前，全球的生态环境问题已对人类社会的生存和发展构成了威胁，引起世界各国政府、学界的高度重视。

8.1.2　污染生态学的形成

环境问题的出现，已影响到经济、政治、社会、贸易乃至人类生存等各个方面，影响范围从局部、区域到全球，如何认识和解决环境问题已受到社会的关注。环境科学作为一门独立的学科在 20 世纪 50 年代被提出来，并在地学、生物学、化学、物理学、医学等学科的基础上，运用原有的理论和方法，研究环境问题，通过这种研究，逐渐形成了一些新的边缘学科，如环境地学、环境生物学、环境化学、环境物理学、环境工程学、环境经济学、环境管理学等。同时环境问题的解决和控制都要以生态学原理为基础，因而生态学引起社会的广泛关注并得到了快速发展，多学科之间的联系和渗透也促使它更多地从中吸收新的理论和方法，从而使生态学更具活力地进入了新的发展时期——应用生态学时期。

早在 19 世纪中叶工业革命时期，发达国家因工厂排放废水引起河流和湖泊污染，有些生物学家已开始研究水污染对水生生物的影响，随后又开展了水污染的生物监测和生物处理的研究。德国学者科尔克维茨和马松于 20 世纪初提出污水生物系统。50～60 年代，由于工农业生产发展迅速，环境污染更加严重，发生了环境污染事件，人们更加重视研究水污染的生物监测和城市生活污水及工业废水的生物处理等问题。70 年代以来，环境污染和土地处理系统以及自然保护等领域开展了大量科学研究工作。并研究污染物在环境及生态系统中迁移转化规律，研究生物的受害机制、净化机制；研究污染物沿食物链的富集机制和人体受害原因。同时研究生物抗性的形成原因和生物防治污染的工程措施。

伴随着环境科学的兴起和应用生态学的发展，在上述研究的基础上逐步形成了一门新的分支学科——污染生态学。污染生态学经历发生、成长、发展和壮大等几个历史阶段，已经形成了具有自己学科特色的理论体系和研究方法论。如今，污染生态学已成为研究生物系统与被污染环境之间相互作用规律及采用生态学原理对污染环境进行控制与修复的一门独立科学，为应用生态学的诞生、形成提供了最为广阔的舞台（Moffat，1998；Wright and Nebel，2002）。污染生态学是应用生态学的重要组成部分，是生态学与环境科学相互融合、相互交叉的产物。因此，如果把污染生态和环境生态工程的研究排除在应用生态学之外，或者把它作为次要内容加以对待，恐怕这样的应用生态学研究就会失去其真实性，就难以实质性地向前发展。

8.2　污染生态学概述

8.2.1　污染生态学的定义及基本内涵

污染生态学（pollution ecology）是研究生物与受污染的环境之间相互作用机理和规律的科学，即研究生物系统与被污染的环境系统之间的相互作用规律并采用生态学原理和方法对污染环境进行控制和修复的科学。

污染生态学侧重于研究污染条件下生物的生态效应，核心是分析环境中的污染物在生态系统中的行为及其对生物的影响，目的是要利用生物控制污染和改善环境质量，并对环境质量进行综合评价和预测，提出生态区划与管理对策。因此，污染生态学的基本内涵是：①生态系统中污染物的输入及其对生物系统的作用过程和对污染物的反应及适应性，即污染生态过程；②人类有意识地对污染生态系统进行控制、改造和修复的过程，即污染控制与污染修复生态工程。

作为应用生态学的主要分支学科之一，污染生态学的产生、成型和发展，不仅随着环境污染问题的发展而发展，而且在解决这些问题的过程中得到了实践的严格检验，表明这门分支学科在应用生态学发展中，具有重要的地位和不可替代的作用。经过30多年的发展，污染生态学已经形成了具有自己特色的理论体系和研究的方法论。其研究领域主要包括3个方面：①污染物对生物个体、种群、群落及生态系统的影响；②污染物在生物体内和生态系统各组分之间的迁移和转化；③生物体和生态系统对污染物的吸收、富集、降解和净化作用。

8.2.2　污染生态学的研究内容

1. 研究对象与任务

污染生态学是研究生物与受污染的环境之间相互作用机理和规律的科学。其研究对象是污染的生态系统，即对生物个体、种群、生物群落和生态系统的结构和功能造成严重影响的污染物质的输入过程（污染过程）以及这些生物系统对污染物质的反应与适应过程（效应过程）。污染生态学的任务主要有以下几个方面。

（1）阐明污染物在生物体内和生态系统各组分之间的迁移和转化，为污染物的控制提供理论依据。

（2）阐明环境污染的生物学或生态学效应，探索从分子、个体、种群、群落及生态系统各级生物水平上环境污染的效应及其作用机理。

（3）研究环境质量的生物学监测与评价的方法，为进行有效的环境管理，解决环境问题提供科学依据。

（4）生物体和生态系统对污染物的吸收、富集、降解和净化作用。探索生物对环境污染的净化原理，提高生物对污染净化的效率，污染生态学就要研究如何利用生物技术和生态学方法进一步提高生物对污染的净化能力。

2. 污染生态学的研究内容

污染生态学研究的主要内容包括以下几个方面。

（1）环境污染物在生态系统中的行为。通常指污染物在生态系统中的稳定性、迁移性、转化性、生物放大以及生物对污染物在生态系统中行为的影响。自然生态环境是一个开放性系统，时刻有能量流和物质流传送，所受的影响因素很多，而且经常变化，污染物在生态系统中的行为是十分复杂的。污染物在生态系统内的运转规律和机理还有大量问题尚未阐明，有待于进一步研究。

（2）环境污染的生物效应。主要是研究污染物在环境中的迁移、转化和积累的生物学规律以及对生物的影响和危害，这种效应包括从分子水平、细胞水平、组织水平、器官水平、个体水平、种群水平到生态系统等各级生物层次，探索污染效应的机理。

（3）环境污染的生物净化。主要研究生物对环境污染净化与去除的基本原理、方法以及影响因素，通过生物学或生态学的技术与方法进一步强化生物在环境污染净化中的作用，包括具有高效净化能力的生物种类及菌株的筛选以及基因工程菌的构建，降解和去除污染物的机理及其降解动力学反应模型等；生态工程中生物群落的结构与演替，不同类型物种间相互关系及其对环境污染净化过程的调控作用等。

（4）污染环境的生物监测与评价。在对环境污染物于生态系统中的行为及生物效应研究基础上，研究环境污染的生物监测与生物评价的理论和方法，为环境管理提供科学手段。

3. 污染生态学的研究方法

污染生态学主要的研究对象是污染的生态系统。因此，环境学、生物学、生态学的研究方法在该学科中得到广泛的应用。由于它着重生物与受污染的环境之间相互作用机理和规律，因此在学科发展过程中，污染生态学在吸收传统学科知识的同时，也引进了其他研究方法。

（1）野外调查研究。野外调查是很多学科使用最为普遍的方法，就是通过直接观察，获得自然状态下的资料，这种方法同样也适用于污染生态学的研究。例如，研究某一污染系统中污染物在环境介质和生物体内的含量与分布，以及污染物质对生物个体、种群的生态效应，需要在野外实地观测的基础上取回样本分析。通过对环境因素的确定和对生物各个层次效应的研究，探索环境中物理、化学或生物因素对生物个体或种群影响的基本规律。这种研究方法的缺点是不易重复。

（2）试验研究。试验研究是在人工控制的条件下，通过控制某些次要因素的影响范围来研究环境污染物对生物的主效应以及生物对污染物的净化过程及其机理。试验研究具有较好的稳定性和可重复性，它从微观上探索环境污染与生物效应之间的相互关系或机理。例如，在一定条件下，观察某种污染物的生物效应，可以通过试验研究建立剂量效应关系，了解该污染物在不同浓度下对生物体内的大分子、细胞、器官以及生物个体、种群等不同层次的影响，为制定该污染物环境排放标准提供科学依据。试验研究的优点是条件控制比较严格，试验过程可以多次重复，对结果分析比较可靠，是分析因果关系的一种有用的补充手段；其缺点是实验条件往往与野外自然状态下的条件有区别。因此，用试验结果去解释自然环境的情况必须十分小心。

（3）模拟研究。在系统分析原理的基础上，利用计算机和近代数学的方法，在输入有关生物与环境相互关系规律的作用参数后，根据一些经验公式或模型进行运算，得到抽象的结果，研究者根据具体的专业知识，对其发展趋势进行预测，以达到进一步优化和控制的目的，这种研究方法称为模拟研究。污染生态学研究中常常应用数学模型模拟大型水体发生污染事件后对水生生态系统的结构与功能的影响，并对这种影响做出预测，采取相应对策，防止某些严重污染事故的发生，或者在一旦发生后，采取相应措施，将损失减小到最低限度。模拟研究的基础是野外调查和实验室研究，因为参数的选择和数据的采用，只能来源于现场调查或生态毒理学的实验结果。将模型运行所得到的结果与现场调查和实验室结果进行拟合，并根据拟合程度，适当修改模型，再进行模拟试验，使模型逐步逼近现实和试验。用这种方法所获得的模型，对环境质量演变的规律研究具有很重要的价值。

研究污染物对生态系统结构和功能的影响，建立生态模型，以阐明污染物对生态系统的稳定性和生物产量的影响，预测今后生态系统发展趋势以及采取相应的对策。根据各类模型，制订环境规划和区域整体净化措施。模拟研究的优点是高度抽象，可研究真实情况下不能解决的问题；缺点是与客观实际距离甚远，若应用不当，易产生错误。

8.3　污染生态过程与生态效应

8.3.1　污染生态过程

污染物质在环境介质中的行为过程或迁移-转化过程包括扩散-混合、吸附-解吸、沉淀-溶解、络合-解离等物理化学过程，也包括生物参与的烷基化过程、降解-合成过程、吸收-摄取过程、累积-放大过程、脱毒过程等。上述这些过程就构成了被污染的环境系统与生物系统之间的生态过程。

1. 污染物迁移转化过程

污染物迁移是指污染物在环境中发生空间位置的移动及其所引起的污染物的富集、扩散和消失的过程。污染物在环境中迁移常伴随着形态的转化。例如，通过废气、废渣、废液的排放，农药的施用以及汞矿床的扩散等各种途径进入水环境的汞，会富集于沉积物中。污染物在环境中的迁移方式有机械迁移、物理-化学迁移和生物迁移三种。物理迁移就是污染物在环境中的机械运动，如随水流、气流的运动和扩散，在重力作用下的沉降等。化学迁移是指污染物经过化学过程发生的迁移，包括溶解、离解、氧化还原、水解、络合、螯合、化学沉淀和生物降解等。生物迁移是指污染物通过有机体的吸收、新陈代谢、生育和死亡等生理过程实现的迁移（何振立等，1998）。

污染物在环境中的迁移受到两方面因素的制约：一方面是污染物自身的物理化学性质；另一方面是外界环境的物理化学条件，包括区域自然地理条件。

污染物转化是指污染物在环境中通过物理的、化学的或生物的作用改变其形态或转变为另一种物质的过程。各种污染物转化的过程取决于它们的物理化学性质和所处的环境条件，转化过程往往与迁移过程伴随进行。污染物的物理转化可通过蒸发、渗透、凝聚、吸附以及放射性元素的蜕变等一种或几种过程来实现。污染物的化学转化以光化学反应、氧化还原和络合水解等作用最为常见。生物转化是污染物通过生物的吸收和代谢作用而发生的转化。例如，大气中的二氧化硫

（一次污染物）经光化学氧化作用或在雨滴中有铁、锰离子存在的催化氧化作用而转化为硫酸或硫酸盐（二次污染物）；同时也发生由气态（二氧化硫）转化为液态（硫酸）或固态（硫酸盐）的物理转化。水环境中重金属的氧化还原反应，使污染物的价态发生变化，如三价铬转化为六价铬，三价砷转化为五价砷；有害物质的水解，会使其分解而转化为另一种性质的物质，这些都是污染物的化学转化。微生物在合适的环境条件下会使含氮、硫、磷的污染物转化为其他无毒或毒性不大的化合物，如有机氮被生物转化为氨态氮或硝态氮，硫酸盐还原菌可使土壤中的硫酸盐还原成硫化氢气体进入大气；许多土壤中的有机物通过微生物的降解而转化为其他衍生物或二氧化碳和水等无害物。污染物在环境中的转化往往是物理的、化学的和生物的作用伴随发生的。

　　污染物可以在单独的环境要素圈中迁移和转化，也可超越圈层界限实现多介质迁移、转化而形成循环。图 8.1 为汞在环境要素各圈层间迁移转化形成的循环。

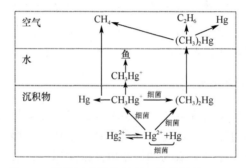

图 8.1　汞的迁移转化循环（仿戴树桂，2000）

　　在水体中，污染物可通过溶解态随水流动或通过吸附于悬浮物而传输，悬浮物沉积于水底将污染物带入沉积物中。同时污染物可通过氧化还原、络合水解和生物降解等作用发生转化，包括存在形态和价态的变化。这不仅会影响污染物的性质，也影响它的迁移能力。例如，Cr^{3+} 和 Cr^{5+}、As^{3+} 和 As^{5+} 在不同的环境条件下可相互转化就是典型的例子。

　　在土壤中，土壤是自然环境中微生物最活跃的场所，生物降解对污染物迁移转化起着重要作用。土壤的氧化-还原条件、pH、温度、湿度、离子交换能力、微生物种类、通气状况和有机质含量等因素，都会影响到土壤中污染物的迁移转化。土壤氧化还原条件控制着污染物的存在形态，如 As 在旱地氧化条件下为五价，在水田条件下则为三价。在重金属污染的土壤中，当土壤处于还原状态时，重金属元素水溶态和交换态的含量上升，有机结合态增加，残渣态减少，这时的重金属迁移能力较强。一般而言，对于以水溶态或可交换态形式存在的污染物迁移转化能力较强，对于其他一些主要以无机态存在的污染物，往往容易形成类似沉淀或沉淀物而被固定下来，这样的污染物在环境中的迁移转化能力也较弱。对于一些有机污染物来说，污染物本身的吸附解吸和降解的性质也决定着它的迁移转化，对一些吸附性较强的污染物则不容易迁移转化，而一些吸附性较差、透水能力性较强的污染物则容易发生淋溶转化，许多有机污染物通过微生物作用可分解转化生成二氧化碳和水。

污染物在生态系统中的迁移转化遵循一定的规律，怎样表征污染物的迁移转化是污染生态学研究的热点，国外在 20 世纪 70 年代开始就做了相关的研究，并开始用数学模拟法来预测农药等有机污染物在田间的迁移、转化和形态分布。在土壤、大气和水等不同的介质中已有相关的模型来表征污染物在这些介质及其相应的分室中的迁移转化。

2. 污染物积累放大过程

污染物在生物体内的累积和放大是典型的污染生态过程。生物通过非吞食方式，从周围环境（水、土壤、大气）蓄积某种元素或难降解的物质，使其在机体内浓度超过周围环境中浓度的现象称为生物富集。生物富集用生物浓缩系数（BCF）表示，即

$$BCF = C_b / C_e$$

式中，C_b 为某种元素或难降解物质在机体中的浓度；C_e 为某种元素或难降解物质在机体周围环境中的浓度。

生物富集与三个方面的影响因素有关：生物、污染物性质、环境条件。不同生物、不同物质、不同的环境条件下，BCF 变化很大，可以是个位到万位级，甚至更高。

不同生物的影响因素有生物种类、大小、性别、器官、生物发育阶段等。如金枪鱼和海绵对铜的浓缩系数，分别是 100 和 1400。

不同物质的主要影响因素是降解性、脂溶性和水溶性。一般降解性小、脂溶性高、水溶性低的物质，生物浓缩系数高，如虹鳟对四氯联苯的浓缩系数为12 400，而对四氯化碳的浓缩系数是 17.7。

环境条件方面的影响因素包括温度、盐度、水硬度、pH、氧含量和光照状况等，如翻车鱼对多氯联苯浓缩系数在水温 5℃时为 6.0×10^3，而在 15℃时为5.0×10^4。

水生生物对水中物质的富集是一个复杂过程，但是对于有较高脂溶性和较低水溶性的、以被动扩散通过生物膜的难降解有机物质，这一过程的机理可解释为该类物质在水和生物脂肪组织两相间的分配作用。以正辛醇作为水生生物脂肪组织代用品，发现有机物在辛醇—水两相分配系数的对数（lgKow）与其在生物体

中浓缩系数的对数（lgBCF）间有良好线性关系。通式为 $lgBCF = algKow + b$，这一可类比性为上述有机物质生物富集的分配机理提供了验证。

生物放大是指在同一食物链上的高营养级生物，通过吞食低营养级生物蓄积某种元素或难降解物质，使其在机体内的浓度随营养级数提高而增大的现象。生物放大的程度也用生物浓缩系数表示。可使食物链上高营养级生物体内这种元素或物质的浓度超过周围环境中的浓度。如 1966 年有人报道，美国图尔湖自然保护区内生物群落受到 DDT 的污染，在位于食物链顶级，以鱼类为食的水鸟体中 DDT 浓度比当地湖水高出 $1.0 \times 10^5 \sim 1.2 \times 10^5$ 倍，如图 8.2 所示。在北极地区地衣—北美驯鹿—狼组成的食物链上，明显存在着 ^{137}Cs 生物放大现象。

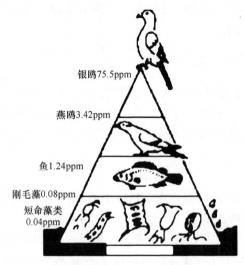

图 8.2　生物放大作用

$1ppm = 1 \times 10^{-6}$，后同

生物放大并不是在所有条件下都能发生。有些物质只能沿食物链传递，不能沿食物链放大；有些物质既不能沿食物链传递，也不能沿食物链放大。生物积累、放大和富集可在不同侧面为探讨环境中污染物质的迁移、排放标准和可能造成的危害以及利用生物对环境进行监测和净化，提供重要的科学依据。

总之，污染物的生物积累和放大是一个普遍的过程。在新合成的化合物应用之前，必须首先了解是否存在这一毒理过程。

3. 污染物降解过程

进入水体或土壤介质中的污染物特别是有机污染物，在微生物、酶或植物分泌物的作用下发生降解作用，转化为毒性不同的其他化学物质，这一过程称为生物降解。生物降解有机化合物的难易程度首先取决于生物本身的特性，同时也与有机物结构特征有关。结构简单的有机物一般先降解，结构复杂的一般后降解。具体情况如下。

（1）脂肪族和环状化合物较芳香化合物容易被生物降解。

（2）不饱和脂肪族化合物（如丙烯基和羰基化合物）一般是可降解的，但有的不饱和脂肪族化合物（如苯代亚乙基化合物）有相对不溶性，会影响它的生物降解程度。有机化合物主要分子链上除碳元素外还有其他元素（如醚类、饱和对氧氮苊和叔胺等），就会增强对生物降解作用的抵抗力。

（3）有机化合物分子质量的大小对生物降解能力有重要的影响。聚合物和复合物的分子能抵抗生物降解，主要因为微生物所必需的酶不能靠近并破坏化合物分子内部敏感的反应键。

（4）具有被取代基团的有机化合物，其异构体的多样性可能影响生物的降解能力。如伯醇、仲醇非常容易被生物降解，而叔醇则能抵抗生物降解。

（5）增加或去除某一功能团会影响有机化合物的生物降解程度。例如，羟基或胺基团取代到苯环上，新形成的化合物比原来的化合物容易被生物降解，而卤代作用能抵抗生物降解。很多种有机化合物在低浓度时完全能被生物降解；而在高浓度时，生物的活动会受到毒性的抑制。

对于一般性有机污染物，在水溶液中能否扩散穿过细胞壁，是由其分子的大小和溶解度决定的。目前认为低于 12 个碳原子的分子一般可以进入细胞。至于有机物分子的溶解度则由亲水基和疏水基决定，当亲水基比疏水基占优势时，其溶解度就大。在生物代谢中，酸是活化的中间产物，一部分酸被代谢为二氧化碳和水，所产生的能量使剩余酸转变为原生质的各种组分。不溶于水的有机质，其疏水基比亲水基占优势，代谢反应只限于生物能接触的水和烃的界面处。尾端的疏水基溶进细胞的脂肪部分并进行 β -氧化。有机物以这种形式从水和烃的界面处被逐步拉入细胞中并被代谢。微生物和不溶的有机物之间的有限接触面，妨碍了不溶解化合物的代谢速度。有机物分子中碳支链对代谢作用有一定影响。一般情况下，碳支链能够阻碍微生物代谢的速度，如正碳化合物比仲碳化合物容易被微生物代谢，叔碳化合物则不易被微生物代谢。这是因为微生物自身的酶须适应链的结构，在其分子支链处裂解，其中最简单的分子先被代谢。叔碳化合物有一对支链，这就要把分子作多次的裂解。代谢的步骤越复杂，生化的反应就越慢，代谢作用的速度是由微生物对有机物的适应能力和细胞中酶的浓度决定的。

酚类化合物是通过苯型化合物直接羟基化，需要一个氧分子进行羟基化和环的裂解反应，所以用微生物处理酚的废弃物，可以采用强烈曝气法。如果不曝气，在处理生活污水时酚将转化为难闻的氯酚。苯在细菌作用下，首先发生双羟基化作用，形成儿茶酚；儿茶酚在二氧酶作用下进一步降解形成乙醛和丙酮酸，或转化为乙酸 CoA 和琥珀酸。菲和萘等芳香烃降解，首先转化为水杨酸，然后转变为儿茶酸，再转化为乙醛和丙酮酸（王美娥等，2003）。微生物对萘、菲和蒽的降解途径与上述类似。

多环芳烃污染对生物有致突变作用和致癌作用，因此引起人们的重视。微生物代谢多环芳烃的途径为顺式羟基化，即需双加氧酶的作用才能完成，而哺乳动物氧化这类化合物只要一个加氧酶就能完成。以后的反应有一种是加水作用产生反式二氢二醇。因此，微生物能氧化苯并（a）芘为顺式 9,10-二羟基-9,10-二氢苯并(a)芘，能氧化苯并(a)蒽为顺式 1,2-二羟基-1,2-二氢苯并(a)蒽，还能氧化联苯为顺式 2,3-二羟基-1-苯基环己-4,6-二烯。

有机氯农药的生物降解并不容易。但一些试验表明，在厌氧条件下，一些微生物可使 DDT 转化为 DDD。在产气气杆菌和氢极毛杆菌属的共同作用下，DDT经过脱氢、脱氯、水解、还原、羟基化和环破裂等过程后，可转化为对氯苯酸或对氯苯乙酸。

有机磷如马拉硫磷在绿色水霉和极毛杆菌属等细菌作用下，首先降解为二烷苯基磷酸盐和硫代磷酸盐，以后降解为磷酸、硫酸和碳酸盐等。

8.3.2　污染生态效应

污染生态效应的研究，是污染生态学研究的起点，也是最为根本的研究内容。早期，人们主要对单因子污染的生态效应进行了探索，后来发展到对多个污染物导致的复合污染生态效应进行研究，目前已深入到分子水平来揭示污染生态效应与毒理机制（Louda et al，1997；王美娥等，2003）。

1. 大气污染的生态效应

人为活动排放出的各种污染物，如二氧化氮、二氧化硫和氟化物等对大气环境的污染，氮、磷等营养物和汞、镉、铅等重金属对水体的污染以及农药、石油、放射性物质等进入环境，都引起相应的生态效应。

二氧化氮及其二次污染物包括臭氧、甲醛、乙醛和过氧乙酰硝酸酯等形成光化学烟雾，不但影响人体健康，而且妨碍植物的正常代谢。美国洛杉矶曾因光化学烟雾使郊区的玉米、柑橘等受害，大片松林死亡。

二氧化硫浓度长时间超过 0.01～0.02ppm，即可危害松柏等针叶树种，并能形成酸雨，如英国、德国等国家工业中心的下风向地带，1960 年以后雨水酸度增加 200 倍，雨水的 pH 降低到 2.8。酸雨使河水酸度提高，阻碍鲑鱼溯河回游和产卵繁殖，抑制森林生长，加速农业土壤中营养物质的流失。美国东北部主要工业区雨水酸度的增加使河水由碳酸氢盐型变为硫酸盐型，不利于鱼类及其他水生生物的生长。

氟化物对动植物有明显危害，0.001～0.009ppm 的氟化氢便能危及敏感性强的唐菖蒲（*Gladiolus andavensis*）和杏树（*Prunus armeniaca*）；长期食用受氟严重污染的牧草或水会使家畜牙齿脱落，骨质疏松。

2. 水体污染的生态效应

氮和磷是水生生物所必需的营养物质。但由于生活污水、工业废水和化学肥料的流失给水体带来过量的氮和磷，促使藻类等水生生物大量繁殖，造成富营养化。藻类残体腐败时，消耗水中的溶解氧，并放出硫化氢，使鱼类及其他水生动物难以生存，导致生态系统结构改变。生活污水和食品工业废水给水体带来大量有机物，也有类似的危害作用。受有机物污染的水体中，嗜清水生物消失，耐污种类如污水菌类和颤蚓类成为优势种。

有些污染物如汞、镉、铅等重金属，不能被微生物降解，它们在整个生态系统中循环产生危害。例如，环境中的汞经微生物转化能形成毒性更大的甲基汞。水中的汞通过直接吸收和食物链而在鱼、贝类机体中浓缩，人类食用这种鱼贝，健康会受到威胁（如水俣病）。鸟类吃了用甲基汞制剂拌过的种子或捕食受汞污染的鱼、贝类也会中毒。如果鸟的肝肾中汞含量超过 30ppm 即可致死。鸟蛋中甲基汞达 0.5～1.5ppm 即可影响孵化。汞污染对鸟类群体的保持是一种威胁。

有机氯农药在控制病虫害方面起重要作用，但同时也污染环境。这种农药化学性质稳定，溶于脂肪，很容易在动物组织中积累，并沿食物链有浓缩的趋势。美国加利福尼亚州克利尔湖 1949～1957 年 3 次施用 DDD 共计 54 800kg 以控制湖中蚊虫，结果毒死不少水鸟。湖水中 DDD 含量为 0.02ppm，湖中的浮游生物体中 DDD 含量为 5.3ppm，吃浮游生物和水草的鱼为 5～80ppm，凶猛鱼类为 1～196ppm，水鸟体内脂肪中则高达 1600ppm。施药期间未见繁殖，停药 10 年后的 1967 年，鸟蛋中仍含有 DDD69.2～1007ppm，孵化率仅 11%，成活率仅 6%。DDT 和多氯联苯影响鸟类繁殖，并使蛋壳变薄易碎。

石油污染会给海洋生态系统带来一系列影响。海水含油 0.01ppm 可使鱼苗畸形率增加。1962～1969 年里海石油污染使浮游生物生长受到抑制，鲟鱼产量下降 2/3，鲷鱼、狗鱼和鲑鱼几乎绝迹。油膜使海产动物窒息致死，使潜水鸟类羽毛缠结失去浮力；鸟用嘴梳理羽毛，把油污吞入体内而中毒致死。1970 年 1 月英国东海岸油污染一次就使约 5 万只海鸟死亡。

有机锡污染会破坏海洋浮游植物群落的正常结构，金藻类等对有机锡敏感的种类首先遭到毒害，优势地位下降甚至消失，而硅藻类等对有机锡污染耐受性强的种类优势地位逐渐上升，久而久之，一些种类的微藻逐渐遭到淘汰，群落组成变得单一。如果有机锡污染继续加剧，硅藻类也将受到明显毒害，整个海洋生态系统的初级生产过程将会受到严重干扰，系统可能出现崩溃。

3. 土壤污染的生态效应

土壤中污染物超过植物的承受限度，会引起植物的吸收和代谢失调，一些污染物在植物体内残留，会影响植物的生长发育，引起植物变异。对于农业生产来讲，会使农作物减产，农产品质量下降。在被污染土壤中生长的作物吸收和积累了大量有毒物质（植物残毒），这些有毒物质通过食物链最终影响人体健康（如汞、镉、铅、六六六、DDT等）。另外，病原体污染，包括寄生虫、传染性细菌和致病病毒等，可以把疾病直接传染给人，对人体健康的危害更为严重。土壤被放射性物质污染后，通过放射性衰变，能产生 α、β、γ 射线。这些射线能穿透人体组织，使机体的一些组织细胞死亡，使受害者头昏、乏力、白细胞减少或增多、发生癌变等。

重金属污染还可引起植物呼吸作用的改变，并对植物蒸腾作用有很大影响：在低浓度重金属污染物的刺激下，植物细胞膨胀，气孔阻力减少，蒸腾加速；当污染浓度超过一定值后，气孔蒸腾阻力增加或气孔关闭，蒸腾降低；如浓度太高，叶面积出现伤斑，会导致蒸腾作用急剧下降。重金属污染物对植物体内酶的活性也具有十分重要的影响，由于植物、重金属浓度以及试验条件等的不同，具有刺激或抑制影响的结果均有报道。

4. 复合污染生态效应

真实的环境污染实际上是复合污染的综合表现，具有两个基本特点：①普遍性，全球每个角落的局部和区域污染，都是在多种污染物联合作用下发生的，其污染生态效应亦是常常通过一个链式传递而表现出的复合污染。②作用机的多样性，表现在两个方面：其一是环境中的各种污染物在作用于生命组分之前，污染物之间发生着交互作用，导致其生物毒性发生改变，这种交互作用包括拮抗、协同、竞争、加和、抑制等；二是表现在污染物作用于生命组分所表现出的生物有效性，包括毒害作用（吸收、合成、滞留、联合、富集等）和解毒作用（回避、排斥、固定、分泌、排泄、霉变、扩散等）。

在生态系统各组分间，污染物间通过络合-解离、整合、氧化-还原、沉淀-溶解以及酸碱反应等相互作用过程，影响生物酶的活性，使得正常生理活动与过程以及细胞结构与功能改变，产生复合污染的生态效应。例如，土壤-植物系统复合污染所导致的生态效应，首先是通过植物反应表现出来的（Zhou and Sun，2002；Zhou et al.，2003）。污染物对植物的联合毒性效应的最初受体是植物的根部，植物根部具有非常大的表面积和高亲和性化学元素受体，在吸收营养元素的过程中，根表面结合许多化学污染物质。目前，有关重金属胁迫下的根际效应已开展了较多的研究，在根际的 pH 环境、氧化-还原状况、分泌物的种类和成分以及根际的微生物效应等方面有了较多的相关研究报道。一些研究者还就复合污染对作物一些生理、生化指标，如种子发芽率、根伸长率、茎叶中叶绿素含量、茎叶中硝酸还原酶和根系脱氢酶活性等方面的影响进行了研究。

20 世纪 60 年代以来，对于污染物的生态效应已做了大量的调查研究工作，积累了很多资料。重金属-重金属复合污染现有的研究基本明确了复合污染的毒害作用，迁移转化及交互作用类型的影响因素，而有机物-有机物复合污染研究以有机农药之间构成的复合污染为主，由于能够形成毒性更大的降解产物或中间体，其作用要比无机污染物之间的相互作用更为复杂。对于有机污染物与重金属复合污染的研究，文献报道较少。然而土壤中有机污染物-重金属复合污染普遍存在，如污水处理厂的污泥、城市生活垃圾以及工业废水等造成的污染。有机污染物-重金属复合污染的研究，对正确评价复合污染条件下污染物的环境行为，帮助人们采取合理的诊治措施等都具有非常重要意义。

目前，对于污染物复合污染的影响机理还不完全清楚，特别是对低浓度污染物和复合污染物给生态系统结构和功能造成的长远影响还难以作出准确的估计。另外，对于人类其他的生产活动可能带来不良的生态学效果还注意得不够。

8.4　污染生态诊断、监测与评价

8.4.1　污染生态诊断

随着现代科学技术的发展，特别是计算机技术、遥感技术和生物技术的应用，导致了污染遥感技术和生物技术的应用，污染生态诊断方法和监测分析设备的不断改进，使污染生态学不断向前发展。

1. 污染生态诊断的概念

生态系统污染诊断就是诊断生态系统质量的优劣，即按照一套综合诊断生态系统质量的优劣会诊程序和行之有效的检验方法（物理法、化学法、生物学方法及生态毒理学方法等）对一定区域内的生态系统质量进行说明、评定和预测。生态系统污染诊断的目的是了解区域生态系统质量状况及其各个时期的变化规律，为控制生态系统污染和治理重点污染源提出要求，为制定区域环境污染物排放标准、法规等提供依据。污染生态诊断的意义是及时了解生态系统受污染的程度及其变化的趋势，以便给生态系统的健康状况"确诊"，然后"对症下药"，才能达到治理、修复污染的生态系统的目的。

2. 污染生态诊断方法

（1）敏感植物指示法。当生态系统受到污染后，利用植物对污染的生态反应和生理生化反应"信号"，可以诊断生态系统被污染的状况。①症状法：植物受到污染影响后，常常会在植物形态上，尤其是叶片上出现肉眼可见的伤害症状，即可见症状。不同的污染物质和浓度所产生的症状及程度各不相同，根据敏感植物在不同环境下叶片的受害症状、程度、颜色变化和受害面积等指标，来指示生态系统的污染程度，以诊断主要污染物的种类和范围。②生长量法：就是利用植物在污染生态区和清洁区生长量的差异来诊断和评价生态系统污染状况。一般影响指数越大，说明生态系统污染越严重。③清洁度指标法：是指利用敏感植物种类、数量和分布的变化，来指示大气环境的污染状况。通常指数越大，说明空气质量越好。④种子发芽和根伸长的毒性试验：本方法可用于测定受试物对陆生植物种子萌发和根部伸长的抑制作用，以诊断受试物对陆生植物胚胎发育的影响。⑤陆生植物生长试验：本测试可用于诊断受试物对陆生植物毒性、生态效应，估计受试物对植物生长及生产力的影响。⑥生活力指标法：是利用植物在生态系统中生长发育所受到的影响来诊断生态系统的污染状况。

（2）敏感动物指示法。①蚯蚓指示法：选用蚯蚓进行筛选试验是为了诊断污染生态系统中化学物质对土壤中动物的急性伤害。②鱼类回避试验：回避反应是鱼类行为方式之一，污染引起的生物回避，可使水环境中的水生生物种类、区系分布随之改变，从而打破了生态系统的平衡。利用生物行为反应进行污染生态诊断，可以检出低浓度的污染物。生物回避性能是由于外界环境作用于其感官系统，信息再传递到中枢神经系统所引起的。目前对污染物产生回避反应的水生动物种类主要有鱼、虾、蟹、水生昆虫等有一定回避能力的生物。

（3）发光细菌诊断法。明亮发光杆菌（*Photobacterium phosphoreum*）在正常生活状态下，体内荧光素（FMN）在有氧参与时，经荧光酶的作用会产生荧光，光的峰值在 490nm 左右。当细胞活性高时，细胞内 ATP 含量高，发光强；休眠细胞 ATP 含量明显下降，发光弱；当细胞死亡，ATP 立即消失，含量明显下降，发光即停止。如处于活性期的发光菌，当受到外界毒性物质（如重金属离子、氯代芳烃等）的影响，菌体就会受抑甚至死亡，体内 ATP 含量也随之降低甚至消失，发光减弱甚至到零，并呈线性相关。

（4）物理诊断法。通过物理方法测定水的温度（热污染）、颜色、味道等物理性质来确诊环境介质的健康状况，为污染生态评价和恢复预测提供科学依据。

（5）化学诊断法。用化学分析法诊断生态系统的污染情况，称为化学诊断法。化学分析法是以物质的化学性质和化学反应为基础的分析方法。

国际科联环境问题委员会提出生态系统应测下列污染物质：第一类，包括汞、铅、镉、DDT 及其代谢产物与分解产物，多氯联苯（PCB）；第二类，为石油产品、DDT 以外的长效性有机氯，四氯化碳乙酸衍生物，氯化脂肪族，砷、锌、硒、铬、钒、锰、镍，有机磷化合物及其他活性物质（抗菌素、激素、致畸性物、催畸性物质和诱变物质）等。我国常规监测项目中，金属化合物有镉、铬、铜、汞、铅、锌；非金属无机化合物有砷、氰化物、氟化物、硫化物等；有机化合物有苯并（a）芘、三氯乙醛、油类、挥发酚、DDT、六六六等。

（6）遥感诊断法。遥感技术作为一种从宇宙探测地球的空间技术虽有近百年历史，但真正用于环境监测国外是从 20 世纪 60 年代开始的，我国从 80 年代才开始起步。短短的 20 多年时间，这一技术获得了迅猛发展，现已成为一门综合性探测技术而被广泛用于污染生态诊断及生产管理等领域，受到各国重视。

遥感技术能够监测全球性大气、土壤、水质、植物污染，掌握污染源的位置、污染物的性质及其扩散的动态变化，及时了解污染物对生态系统的影响，从而采取积极的防护措施。

8.4.2　污染生态监测

污染生态监测是以生态系统为对象，运用物理的、化学的和生物的技术手段，对其中的污染物及其有关的组成成分进行定量的和系统的综合分析，以探索研究生态系统质量及其变化规律。污染生态监测的目的是：①根据污染物或其他影响生态系统质量因素的分布，追踪污染路线，寻找污染源；②确定污染源所造成的污染影响，它在时间和空间上的分布规律及其发展、迁移和转化情况；③研究污染扩散模式和规律，为预测预报生态系统质量，控制生态系统污染和环境治理提供依据；④收集生态系统本底值及其变化趋势数据，积累长期监测资料，为保护人类健康和合理使用自然资源提供建议，为制定和修改环境标准提供数据。

1. 监测点和采样时间的选择

污染生态监测的样品应该在具有代表性的时间、地点、按规定的采样要求采集，它必须能够反映实际情况。若忽视了试样的代表性，即使采用先进的分析手段进行认真分析，也得不到正确的结果。那样不仅是浪费时间、人力、物力，而且还能给环境质量评价和治理工作带来危害。因此，要获得正确的、可靠的分析结果，正确的采样方式是污染生态分析的首要问题。

在采样前，必须对监测区的情况作详细调查，弄清检测区的污染情况、工业区布局、人口密度、农药的使用、水文、气象、地质、地貌、城市给排水、河宽、河床结构等情况。在调查的基础上，根据监测目的，确定监测项目、监测点的布局及采样方法，使采集的样品具有代表性。

2. 水样的采集

水质监测的对象不是自然界存在的全部水，而是水体，具体地讲是指河流、湖泊、水库、海洋以及经人类加工的工业用水、排放水和生活饮用水等。

在水样采集时，应根据河流、湖泊等的具体情况和有毒物质的可能含量，慎重选定采样的地点。布点的原则主要考虑：①在大量废水排入河流的主要居民区、工业区的上游和下游；②湖泊、水库、河口的主要出口和入口；③河流主流、河口、湖泊和水库的代表性位置；④主要用水地区，如公用给水的取水口、商业性捕鱼水域和娱乐水域；⑤主要支流汇入主流、河口或沿海水域的汇合口。此外，布点还要考虑河流的宽窄和深度，污染程度往往与河的不同深度有关。

江河水系的布点方法由于水流分布及污染源的不同，采样点的选择也不一样，采样的布点方法要根据具体情况灵活应用。常有的方法包括：单点布设法、三点布设法、断面布设法、多断面布设法。

湖泊水库的布点方法，应根据汇入湖、库的河流数量，径流沿岸污染源的影响，水体的生态环境特点，湖泊中污染物的扩散与水体的自净能力等情况，设置以下几种断面：①在出入湖、库的汇合处，分别设置采样断面。②在湖、库区沿岸的城市、工矿区、大型排污口、饮用水源、风景游览区、游泳场、排灌站等地，应以这些功能区为中心，在其辐射线上设置近似弧形的采样断面。③在湖、库中心和沿水流流向以及滞流区分别设置采样断面。④在湖泊中不同鱼类的洄游产卵区应设置采样断面。⑤按照湖、库的水体种类（单一水体或复杂水体），适当增、减采样断面。

工业废水采样点要根据分析监测的目的和要求，选择适宜的采样点。一般来说，其布点方法有：①要测定一类污染物，应在车间或车间设置出口处布点采样。一类污染物主要包括汞、镉、砷、铅和它们的无机化合物、六价铬的无机物、有机氯和强致癌物质等。②要测定二类污染物，应在工厂总排污口布点采样。二类污染有悬浮物、硫化物、挥发酚、氰化物、有机磷，石油类，铜、锌、氟及它们的无机化合物，硝基苯类、苯胺类等。③在处理设施的工厂，应在处理设施的排出口布点。为了解对废水的处理效果，可在进水口和出水口同时布点采样。④在排污渠道上，采样点应设在渠道较直、水量较稳定、上游没有污水汇入处。

为了掌握水质的季节变化，水系采样需采集四季的水样，每季不少于 3 次。如果水质检测手段和力量有限，每年至少应在丰水期、枯水期、平水期各采样 2 次。有自动采样器时，则可进行连续自动采样和监测。对沿海受潮汐影响的河流，每次采样应在退潮和涨潮时增加采样。主要承受污水或废水的小河流，每年至少应在丰、枯水期各采集 1 次，如果遇到特殊情况或发生污染事故时，还应随时间增加采样次数。

至于废水样品的采集，由于生产工艺过程不同，工业废水的水质、水量变化很大。因此，在采样前，应仔细调查生产工艺过程，根据实际情况和分析目的，采用不同的采样时间和采样频率。

3. 土壤污染检测

土壤中污染组分的监测，属痕量和超痕量分析，加之土壤环境的特殊性，所以更须注意监测结果的准确性。土壤监测与大气、水体不同，大气和水皆为流体，污染物进入后易混合，在一定范围内，污染物分布比较均匀，相对来讲，比较容易采集具有代表性的样品。土壤是固、气、液三相组成的分散体系，污染物进入土壤后流动、迁移、混合较难，所以样品往往具有局限性。如当污染水流经农田时，其各点分布可能差别很大，其监测中采样误差对结果的影响往往大于分析误差。一般认为监测值相差 10%～20% 是可以理解的。

为使所采集样品具代表性，监测结果能表征土壤实际，首先需进行污染源、自然条件、作物生长情况的调查。具体涉及：①调查地区的自然条件，包括母质、地形、植被、水文、气候等；②调查地区的农业生产情况，包括土地利用、作物生长与产量情况、水利、肥料、农药使用情况等；③调查地区的土壤性状，包括土壤类型及其性状特征等；④调查地区污染历史及现状。通过调查，选择监测区域，确定代表性地段、代表性面积。然后布置一定量的采样地点，进行采样。

污染土壤检测时，不同类型土壤都要进行布点。在一定区域内，要有一个观察点。在非污染区的同类土壤中，也要选择少数观察点，作为分析对照用。必须明确，每个采样地点，实际上是一个采样测定单位，它应具体代表它所在的整个田块土壤。由于土壤本身在空间分布上具有一定的不均匀性，故应多点采样，均匀混合，以使样品具有代表性。在同一个采样单位里，若面积不大，在 1000～1500 m² 以内，可在不同方位选择 5～10 个有代表性的采样点。采样点的分布应尽量照顾土壤的全面情况。常见的布点方法有对角线布点法、梅花形布点法、棋盘式布点法、蛇形布点法。若土壤中某些有害物质含量达到一定数量，则对作物生长产生影响。此时在采样前应全面观察田间作物生长发育情况，按其形态特征，结合土壤、灌溉、施肥、施用农药等情况划分不同类型的地段，分别进行采样或者取混合后的样品进行测定。因为土壤监测目的在于预防和控制作物的污染，施用应该与作物监测同时进行，同步布点、采样、检验，以利于对比和分析。

如果要对土壤污染状况作一般性了解，只需采集深度约为 15cm 的耕层土壤及耕层以下 15～30cm 的土层土壤；如果要了解土壤污染状况，应按照土壤剖面层分层取样。由上而下逐层采集，在各层内分别用小土铲切取一片片土壤，然后集中混合。用于重金属项目分析的样品，需将和金属采样器接触部分弃去。

由于测定所需的土样是多点混合而成的，取样量往往比较大，而实际供分析的土样不需要太多。具体需要量视分析项目而定，一般要求 1kg。因此，对多点采集的土壤，可反复按四分法缩分，最后留下 500～1000g 样品装好，贴上标签备用。

4. 污染生态分析方法

(1) 化学分析法。化学分析法是以污染物质的化学性质和化学反应为基础的分析方法。分为重量分析法，根据称量反应生成物的重量来确定试样中待测组分物质含量的方法；容量分析法，就是用一种已知浓度的试剂溶液滴加至被测物的溶液中，直至化学反应完全为止，然后由试剂溶液的用量和浓度算出被测物的含量。

(2) 光谱分析法。①分光光度法：利用棱镜或光栅等单色器来获得单色光并对待测物质的吸光能力进行测定的方法。②原子吸收分光光度法：又称原子吸收光谱法，它是基于待测组分的基态原子对待测元素的特征谱线的吸收程度，来进行定量分析的一种方法。③荧光分析法：物质吸收激发光的能量后而处于电子激发态，再以辐射的方式放出光能。当激发光停止照射后，其发光过程几乎立即停止，则这种发光现象称为荧光。物质因所接受的电磁辐射能量大小不同，所发射的荧光强度也就不同。

(3) 色谱分析法。色谱技术是基于一相（流动相）流过另一相（固定相）时，混合物中各组分在互不相溶的两相之间有不同的分配系数，当两相做相对运动时，混合物中各组分在两相间经反复多次的分配，使得原来分配系数只有微小差别的各组分产生很大的分离效果，从而将各组分分离开来。常用的色谱分析法有气相色谱法（GC）、高效液相色谱法（HPLC）、离子色谱法（IC）等。

(4) 酶学分析法。大量研究证实 POD 同工酶作为一种适应性酶，能反映植物生长发育的特点、体内代谢状况以及对外界环境的适应性。因此过氧化物同工酶作为植物硒中毒早期评价指标，可以反映环境影响与植物生理代谢的关系。由于此酶可分解有机质降解过程中向土壤释放的过氧化氢或生物体内的过氧化氢，防止其对生物体的毒害作用，因此过氧化氢酶活性及活性抑制的测定，可作为了解土壤有机质状况、微生物数量、植物代谢强度及抗病能力的参数。在水生生态毒理学中，可用于估计受试化学品对水生生物的急性和亚急性效应。

8.4.3　污染生态风险评价

一般来说，污染风险评价可以定义为对由于暴露于一种或几种污染物而可能产生或已经产生不良生态效应的评估过程。它是建立在污染生态学、生态毒理学、数学和计算机技术等学科最新要就成功基础上的一门综合分支学科，其中生态毒理学在污染生态风险评价中十分重要（胡二邦，2000；Tarazona and Vega，2002；周启星和宋玉芳，2004）。

生态风险评价技术是从 20 世纪 80 年代末、90 年代初才开始发展起来的，起初的工作主要集中对水生生态系统的风险评价，而对陆地生态系统的概念性模型主要针对特殊污染物如农药的不良生态效应的评价，直到最近才对陆地生态系统风险评价给予较多关注。同样，由于最近 20 年对生态风险评价的关注显著增加，完整的评估规则也逐渐建立起来。风险评价的基本形式是：风险＝危害×暴露，危害指的是污染物潜在的危害性，而暴露指生物体所面临的可能会导致危害发生的污染物的水平及一些内在特性。因此生态风险评价包括四个主要步骤：不良生态效应识别、剂量-效应分析、生态暴露评估及生态表征。不良生态效应识别是通过了解污染物质的内在特性来确定其可能出现的不良生态效应，从危害扩展到风险意味着包含了污染物潜在暴露量估计。剂量-效应分析及生态暴露评价都从不良生态效应识别开始，剂量-效应分析及生态暴露评价都可以使用确定性和不确定性分析方法。风险表征是对可能产生的每一种暴露和效应进行定性和定量的比较。生态风险评价可以根据以下三个原则简化复杂的生态系统。

（1）以生物种群单元为基础计算暴露量，这些单元由水、土、大气、沉积物及生物体等环境要素组成。对每个环境要素具体的尺度和性质加以详细分析，根据污染物的释放和作用方式及其理化性质（如可溶性、挥发性 $K_{o/c}$、$K_{o/w}$ 等）选择首先接受污染物的环境要素和污染物在单元里的扩散分布情况，然后计算每个环境要素中的环境浓度预测值（PEC）和持续时间。

（2）根据已有资料评估可能效应，第一步工作是选择几种生物作为关键性评价终点进行毒性数据分析，在代表其中一种环境要素的介质（如使污染物质与土壤、水或食物等混合）中进行毒性试验。

（3）最后，对每一环境要素进行风险表征。其中简单的方式是把特定环境要素的 PEC 值与相关的生物体的毒性数据相比较。

需要指出的是，食物链途径是陆地生物体暴露污染物的主要途径，然而与水和土壤暴露不同，很难估算食物中的 PEC 值，因为甚至假设为最严重的情况下，每一次评估都要求被评价的生物体处于取食被污染食物的高风险条件下。

生态风险评价的方法之一是根据环境要素和受体的相互关系建立一个整体的概念性模型，每一种受体可以同时通过几种途径暴露于污染物，每一种暴露途径之间的相关性与污染物在环境中的释放方式及环境有关，而污染物的环境行为与其内在性质有关。

1. 不良生态效应识别

不良生态效应识别是污染土壤生态风险评价的第一步，是对人类活动产生的生态效应提出假设及进行评估的过程，是生态风险评价的基础。这一步工作的主要目的是结合所有理论上的可能性对污染土壤确定潜在的暴露终点及关键暴露途径，其内容包括以下三个方面。

（1）评价终点的选择

评价终点的选择基于对土壤中潜在污染物的生态相关性和生态敏感性的了解，并且与生态风险的管理目标有关。相关的生态评价终点能够反映该污染土壤生态系统的重要特征，与其他终点在功能上具有相关性，这些终点可以在任何生态系统水平上得以明确（如个体、种群、群落、生态系统及景观等）。其内容包括生态系统有关资料收集如地理位置、地形地貌、水文、气象、土壤类型、地质及土壤母质、水、矿产、植被覆盖等资源分布及开发利用情况、环境质量状况、人群分布和社会经济等方面内容；污染物行为模式分析包括来源、种类、数量，主要污染物半衰期、排放方式、去向、排放强度等；生态系统敏感性分析包括对生态系统中生物的死亡率和不良生殖效应的分析；综合分析是对上述调查和分析的资料进行综合，找出可以作为评价终点的符合必要的科学要求的生态函数，并对这些函数进行现场调查，以确定其作为潜在评价终点的有效性。

（2）概念性模型的建立

概念性模型是有关生态实体与污染物之间相关性的书面描述和包含，所描述的内容包括一次、二次、三次暴露途径及其生态效应与受体。概念性模型的复杂程度取决于土壤中污染物种类及数量、评价终点的数目、生态效应的性质及生态系统的特征等方面。概念性模型为将来风险评价工作提供参考和方法。

（3）分析计划的制订

分析计划的制订是不良生态效应识别的最后一步，根据所得到的数据对不良生态效益进行评估以确定该如何对生态风险进行评价。随着风险评价的独特性及复杂性的增加，分析计划的重要性也随之得到提升。

2. 剂量-效应分析

污染物对生物体及其整个生态系统影响的确定（生态毒理学评价），习惯上以剂量-效应关系来表达。剂量-效应关系的利用与不良生态效应评价中所确定的生态风险评价范围和性质有关，剂量的概念较为广泛，可以是暴露的强度、时间和空间等。一般地，化学物质强度（如浓度）比较常用，暴露时间在化学污染物的剂量-效应关系中较常用，而暴露的空间尺度通常应用在物理性污染的情况下。

试验数据组成剂量-效应曲线可以用来表示剂量-效应关系，剂量-效应曲线性状有利于在评估风险时识别效应的存在。在复合污染的情况下，首先逐个建立剂量-效应关系，然后再进行综合。剂量-效应分析是对有害因子暴露水平与暴露生物种群中不良生态效应发生率之间关系进行定量估算的过程，是生态风险评估的定量依据。剂量-效应分析是根据不良生态效应识别确定的主要有害物质、受体及有关的评价终点，研究在不同的剂量水平下，受体呈现的危害效应。实验室分析剂量-效应关系比较简要，其内容有：试验方案设计、试验方案实施、结果分析、外推分析。

3. 生态暴露评估

生态暴露评估是描述土壤中污染物与终点的潜在和实际的接触，以暴露方式、生态系统及终点特征为基础，分析污染源、污染物分布以及污染物与终点的接触模式。生态效应分析可以分为物种组、生物种群、生物群落及生态系统的生态效应分析，其中低水平试验通常涉及单一的明确的暴露途径（水、食物）或不同的途径但发生在同一个环境要素中（土壤或沉积物），较高级的试验尤其是中试和田间试验，如设计恰当可以覆盖所有潜在的对生物受体的暴露途径。

生态暴露评估也包括两方面的内容：①分析土壤环境存在的有害化学物质的迁移转化过程，以及污染源是否继续存在以及是否作为污染源对其他环境产生次生污染；②污染土壤对受体的暴露途径、暴露方式和暴露量的计算。生态暴露评估的主要工作包括土壤污染源分析、污染物在时间和空间上的强度和分布的分析及暴露途径分析等。

生态暴露评估的第三项工作是分析污染物与受体间的接触。对于土壤污染物，接触被定量为通过化学物质的取食摄入、呼吸吸入或皮肤直接接触的量，有些污染物的接触必须要有体内吸收，在这种情况下，吸收量被认为是在体内某个器官所吸收的污染物的量。这项工作内容有：①暴露途径分析，分析有害物质与受体接触和进入被受体的途径，如土壤、地下水和食物等；②暴露方式分析，分析可能的暴露方式，如呼吸吸入、皮肤接触、经口摄入等；③暴露量计算，确定暴露量计算方法，计算暴露量，有时根据需要，不但要计算进入被受体的有害物质的数量，而且要计算进入受体有害物质的数量以及被受体吸收并发生作用的那部分污染物质的数量。

4. 生态风险表征

风险表征是污染生态风险评价的最后一步，是不良生态效应识别、剂量-效应分析及生态暴露评估这 3 项评价结果的综合分析，风险表征的目的是通过阐述污染物与污染生态效应之间的关系得出结论，评估污染物对目标生态终点产生的危害。风险表征是指风险评价者利用剂量-效应分析及生态暴露分析的结果，对环境有害物质的生态效应包括生态评价终点的组成部分是否存在不利影响（危害）或某种不利影响（危害）出现可能性的结论可以给污染土壤的生态风险管理提供必要的信息。

生态风险表征的内容有确定性分析和可能性分析。确定性生态评价是指把所有参数当做常量，并且大多数参数的值通过估计其平均值、最大及最小值来确定。但是，土壤中污染物的行为及生态系统的组成具有高度的可变性，污染物的转化和转移以及对生物的剂量-效应关系的不确定性和可变性使不确定性分析在生态风险评价中十分重要。因此，可能性分析对于检查和解释与参数估计相关的不确定性的程度十分重要。

　　风险表征的方法主要有两类：一类是定性风险表征，一类是定量风险表征。定性风险表征要回答的问题是有无不可接受的风险以及风险属于什么性质。定量风险表征，不但要说明有无不可接受的风险及风险的性质，而且要从定量的角度给出结论。总的来说，定量的风险表征需要大量的暴露评价和危害评价的信息，而且取决于这些信息的量化程度和可靠程度，需要进行大量的复杂的计算。

8.5　污染控制与环境生态工程

　　污染控制与环境生态工程是污染生态学的实际应用，体现了污染生态学的实践价值（Hardman et al.，1993；Salvato et al.，2003），反映了应用生态学这一分支学科在解决环境污染问题的不可替代的作用，具有其不断发展以适应时代要求与国家需求的自身魅力。

8.5.1　污染环境修复与治理及其技术

1. 污染土壤及地下水修复技术

　　近年来，污染土壤修复技术与工程发展很快（Wilson and Jones，1993；National Research Council，1993；Alexander，1998；Anderson，1993；周启星，2002；王新和周启星，2003；周启星和宋玉芳，2004）。特别在欧洲国家、美国等发达国家，随着电源污染的逐渐控制，污染土壤及地下水的修复已提到议事日程上来，他们非常重视研制、发展土壤及地下水污染治理、修复的技术，尤其是进行污染土壤修复的技术创新与方法改进。

1）物理修复及蒸汽技术

　　污染土壤的物理修复过程主要利用污染物与土壤颗粒之间、污染土壤颗粒与非污染颗粒之间各种物理特性的差异，达到污染物从土壤中去除、分离的目的，主要的技术包括基本物质、电磁分离和蒸汽浸提。

　　土壤蒸汽浸提为典型的原位物理修复过程，是一类通过降低土壤空隙内的蒸汽压把土壤环境中的污染物转化为气态形式而加以去除的方法。一方面，清洁空气被通入土壤；另一方面，土壤中的污染物则随之被排出。该过程主要通过固态、水溶态和非水溶性液态之间的浓度差以及通过土壤真空浸提过程引入的清洁空气进行驱动。因此，也称"土壤真空浸提技术"。一般来说，该技术最适用于汽油及有机溶剂（如全氯乙烯、三氯乙烯、二氯乙烯、三氯乙烷、苯、甲苯、乙基苯和二甲苯）等高挥发性化合物污染土壤的修复。

2）化学修复及可渗化学活性栅技术

化学修复从总体上可分为原位化学修复和异位化学修复。原位化学修复是指在污染土地的现场加入化学修复剂与土壤或地下水中的污染物发生各种化学反应，从而使污染物得以降解或通过化学转化机制去除污染物的毒性以及对污染物进行化学固定使其活性或生物有效性下降的方法（Cantrell et al., 1997；周启星和林海芳，2001）。一般地，原位化学修复不需抽提含有污染物的土壤溶液或地下水到污水处理厂或其他特定的场所进行再处理这样一个代价昂贵的环节。根据化学修复剂投递系统的不同，可进一步细分为：①农耕法，通过农业耕种把固体化学修复剂混合并加入污染土壤；②中耕法，在中耕/耘田的时候把化学修复剂混合并加入污染土壤；③螺钻法，用市政工程设备把化学修复剂混合并加入污染土壤；④灌溉法，把化学修复剂溶解于水中，然后通过农业灌溉的形式使其渗入污染土壤中；⑤喷雾法，用喷雾器把液状化学修复剂撒入污染土壤，有时与农药一起使用。

相反，异位化学修复主要把土壤或地下水中的污染物通过一系列化学过程转化为液体形式甚至通过富集途径然后把含有污染物的液状物质输送到污水处理厂或专门的处理场加以处理的方法，该方法因此通常依赖诸如化学反应器甚至化工厂来解决问题。有时，这些经过化学转化的含有污染物的液状物质被堆置到安全的地方进行封存。

可渗化学活性栅（PRB）技术是原位化学修复的一种特殊技术类型，主要由注入井、浸提井和监测井三部分组成。这种类型的技术在构造上大致分为两种，一种为垂直型注入井和垂直型浸提井（抽取污染的地下水）相结合的结构，另一种为单一的水平型结构。其中，垂直井或水平井的安装，即填入用来处理污染物的化学活性物质，目前主要采用挖填技术和工程螺钻技术。不过，挖填技术局限于在含水量较高、地下水埋深部超过 20m 的污染现场进行，并且"污染斑块"及其污染扩散流不能过大。无论采用哪种结构，水文地质学研究都是这一技术得以实施的关键。具体地说，就是要根据地下水流的走向，把具有较低渗透性的化学活性物质形成的活性栅处理装置安置在"污染斑块"的地下水走向的下游地带的含水层内。它要求"污染斑块"的地下水走向的下游地带的填入具有相对良好的水力学传导性，在该渗透能力较好的土体下埋有弱渗水性的岩体。尤其重要的是，要根据水文地质学知识，捕捉污染斑块内污染物的"走向"，使其顺利通过"漏斗/阀门"装置并进入污染处理区。

3）淋洗修复技术

实际上，污染土壤的淋洗修复是化学修复的一种形式。或者更为明确地说，是物理化学修复。土壤淋洗修复包括原位淋洗和溶剂浸提两种方式（CIRIA，1995）。原位土壤淋洗是指在污染现场用物理化学过程去除非饱和区或近地表饱和区土壤中污染物的方法，详细地说，就是在污染现场先把水或含有某些能促进土壤环境中污染物溶解或迁移的化合物（冲洗助剂）的水溶液渗入或注入污染的土壤中，然后再把这些含有污染物的水溶液从土壤中抽提出来并送到传统的污水处理厂进行再处理的过程。溶剂浸提方法则是典型的异位物理化学修复过程，其原理是把土壤污染物从土壤中转换到有机溶剂或超临界流体中然后进行进一步处理，具体涉及把污染土壤从污染现场挖出来、去掉石块，运送到专门的处理场所，（分批）投入大型浸提器或特定容器中使污染土壤与溶剂完全混合、充分接触，通过一定的方法使加入的有机溶剂与土壤分离，分离后的有机溶剂由于含有污染物需进一步处理，进行再循环。

由于水只适用于排除溶解性大的污染物，因此高效的冲洗助剂的筛选和研制对于该技术的成功运用就显得尤其重要。例如，采用表面活性剂作为冲洗助剂对多氯联苯、氯酚和石油烃污染土壤的修复进行了研究，结果表明其治理率达90％。各方面的资料表明，对于银、铜等重金属污染土壤以及碱性有机污染物污染土壤，酸溶液是高效的冲洗助剂；对于锌、铅和锡等重金属污染的土壤以及氰化物和酚类物质污染的土壤，碱溶液是良好的冲洗助剂；对于某些非水溶性液体污染物（如矿物油、石油烃）污染的土壤，表面活性剂或许是很好的冲洗助剂；一些络合剂（如 EDTA 等）对于金属污染土壤的冲洗效果较好。其他适用的冲洗助剂还包括各种氧化剂和还原剂。值得注意的是，由于这些冲洗助剂的应用，可能会改变土壤环境的物理和化学特性，并进而影响生物修复的潜力，在使用前必须慎重考虑；在使用/淋洗过后还应该考虑这些冲洗助剂应该经过适当地处理予以再循环，即重新用于污染土壤的修复。

4）生物修复技术

生物修复（bioremediation）是主要依靠生物（特别是微生物）的活动使土壤或地下水中的污染物得以降解或转化为无毒或低毒物质的过程。在大多数场合，这一过程更多地涉及生物对有机污染物的降解作用，包括特定的好氧和厌氧降解过程。当然，也包括土壤中某些微生物对重金属具有吸附、沉淀、氧化、还原等作用，从而降低土壤中重金属的毒性，如细菌产生的一些酶类能将某些重金属还原，氰细菌分泌物的作用使 U、Pb、Cd 形成难溶磷酸盐，产硫化氢细菌产生的硫化氢能使许多重金属生成硫化物沉淀。生物体内的金属硫蛋白对 Hg、Zn、Cd 和 Cu 等重金属具亲和性，它对重金属有富集和抑制毒性的作用。土壤中某些低等动物如蚯蚓、老鼠等能吸收土壤中的重金属，利用这一特性可以在重金属污染土壤放入此类动物，待其富集重金属后，采用一些方法将其驱出处理，以达到修复目的，已有报道利用蚯蚓进行相关实验。

　　目前，比较成熟的生物修复技术包括：①异位生物修复，主要有生物处理床技术（如生物农耕法、堆积翻耕法和生物堆腐法等）和生物反应器法（如泥浆生物反应器）两大类型。②原位生物修复，一般主要集中于对亚表层土壤生态条件进行优化，尤其是通过调节加入的无机营养或可能限制其反应速率的氧气（或诸如过氧化氢等电子受体）供给，以促进土著微生物或外加的特异微生物对污染物质进行最大程度的生物降解。当挖取污染土壤不可能时以及泥浆生物反应器法的费用太昂贵时，原位生物修复方法的魅力是可想而知的。

　　经验表明，原位生物修复是否成功，主要取决于是否存在激发污染物降解的合适的微生物种类以及是否对污染点生态条件进行改善或加以有效的管理。大量资料表明，土壤水分是调控微生物活性的首要因子之一，因为它是许多营养物质和有机组分扩散进入微生物细胞的介质，也是代谢废物排出微生物机体的介质，并对土壤通透性能、可溶性物质的特性和数量、渗透压、土壤溶液 pH 和土壤不饱和水力学传导率发生重要影响。生物降解的速率还常常取决于终端电子受体供给的速率。在土壤微生物种群中，很大一部分是把氧气作为终端电子受体的。而且，由于植物根的呼吸作用，在亚表层土壤中，氧气也易于消耗。因此，充分的氧气供给是污染土壤生物修复重要的一环。氧化-还原电位也对亚表层土壤中微生物种群的代谢过程产生影响。

　　污染土壤及地下水生物修复的主要限制因子在于所需要的营养物质、共氧化基质、电子受体和其他促进微生物生长的各种物质的投加（包括投加方法、投加时间和投加剂量等），因此研制加入所需要的物质进入亚表层环境的技术是污染土壤及地下水生物修复的重要组成部分，目前通常使用的投加系统有重力或水力投加装置以及孔状投加系统，而循环泵、半径钻孔器和低渗透区水力学破碎系统仍处于研制之中。

5）植物修复技术

　　污染土壤的植物修复是指利用植物本身特有的吸收富集污染物、转化固定污染物以及氧化还原或者水解反应等生态化学过程，使土壤环境中的有机污染物得以降解，使重金属等无机污染物被固定脱毒；与此同时，还利用植物根际圈特殊的生态条件加速土壤微生物生长，显著提高根际微环境中微生物的生物量和潜能，从而提高对土壤有机污染物的分解作用的能力，以及利用某些植物特殊的积累与固定能力去除土壤中某些无机污染物的能力（Brooks et al., 1998；周启星和宋玉芳，2001；周启星，2002；魏树和等，2003）。

　　Salt 等（1995）认为，植物修复是利用重金属超富集植物清除土壤、水体中的重金属元素和放射性核素的环境治理技术，并将植物修复作用方式归结为：①植物提取（phytoextraction），即利用重金属超富集植物吸取土壤中的重金属，富集并运输至植物可收割部分，通过收获植物以提取出污染物；②根际过滤

(rhizofiltration)，指借助植物根系所特有的强烈吸持作用吸收、富集、沉淀去除重金属，是水体和湿地系统植物净化污染物的重要作用方式；③植物固化（phytostabilization），是利用超富集植物或耐重金属植物来降低重金属的活动性，达到固定、阻止重金属进入地下水或通过空气进一步扩散的目的。与传统方法相比，这种方法投入成本低、工程量小、无二次污染，而且还能减少土壤侵蚀，美化景观，提高土壤肥力。

许多研究者把植物修复当成生物修复技术的一种。近 20 年的研究证明，环境污染可部分通过植物修复技术解决。这是因为，植物具有很强的积累和转化毒性物质的能力。植物修复在对重金属和有机污染物的处理上，已显示出其较为明显的有效性。作为创造现代生物技术的基础，它尚有广阔的发掘空间。精心制作"绿色过滤膜"，可以安全、有效地保护环境，清洁污染土壤及地下水。

有报道指出，植物用于矿山复垦虽然已有多年，但是用于污染土壤的植物修复始于 20 世纪 90 年代。植物修复是一种既经济又高效的污染处理方法。这是因为，植物能提供促进根际微生物生长的碳源，增加土壤微生物的种群量。土壤微生物通过在根圈内吸收、累积、代谢和生物迁移等作用可加速污染物的降解过程。如果植物品种选择适宜，再加以科学的管理，污染土壤的植物修复将会获得成功。为此，研究发现，土壤环境受植物根际作用的影响很大。根际土壤的物理化学性质与非根际土壤的物理化学性质很不同。在根际土壤中，植物根系能与土壤直接接触，与土壤微生物群落相连，根圈内的有机碳、pH、生物活性和无机可溶性组分都有很大变化，植物渗出的可溶性有机和无机物质为微生物生长提供了良好的基质。根际作用的结果使根际微生物的数量和活性明显高于非根际带。植物与微生物的这种相互作用对难降解有机污染物的生物降解尤为重要。近年来，污染土壤的植物微生物联合修复得到了各国科学家较为广泛的重视。

6）电动力学修复技术

原位电修复是指使用低能级的直流电流（几个 A/m^2）穿过污染的土壤，通过电化学和电动力学的复合作用而去除土壤中污染物的过程。它一般由电源、AC/DC 转换器和插入污染土壤中的两个电极所组成。

田间和实验室研究均表明，这一技术对大部分无机污染物污染土壤的修复是适用的。对低浓度的酚、乙酸、苯、甲苯、二甲苯污染土壤的治理，这一技术或许也是适用的。这一技术与表面活性剂配合使用，对于去除不溶混性、非极性有机污染物的污染有良好的效果。不仅如此，在荷兰对电修复技术的研究已进入了现场示范阶段。

7）排客土工程修复技术

排土工程修复是指在重金属污染严重的地方移去表层污染土，利用下层未污染土壤用于作物种植。客土是指在污染土壤上渗入一定量未污染的外来土壤，使污染土地的污染程度得到缓和或降低，从而最大程度地达到其生态功能的恢复。客土法包括排表土换客土、上垫客土、加客土创造耕作层、客土混层稀释、污染土深埋换客土等方法，这些方法能使耕作层土壤中重金属浓度降至临界浓度以下，而达到控制其危害的目的。

2. 污水资源化及处理技术

1）生化处理技术

污水生化处理过程是指利用微生物的新陈代谢把污水中存在的各种溶解态或胶体状态的有机污染物转化为稳定的无害化物质。按照处理过程中有无氧气的参与，污水的生物处理技术可分为好氧处理工艺和厌氧处理工艺；按照污水处理生物反应器中微生物的生长状态，污水的生物处理技术又可分为以活性污泥为代表的悬浮生长工艺和以生物膜法为代表的附着生长工艺。

厌氧处理工艺具有反应器体积小、规模灵活、工艺简单、耗能低（仅为好氧工艺的 $10\%\sim15\%$）、产生的污泥量小（为好氧工艺的 $10\%\sim15\%$）、处理过程中对营养物的需求低等多种优点，是城镇生活污水处理的首选方法之一。厌氧技术如果能解决好污染物浓度低和低温两大难题，将会为城镇污水处理提供一种新途径，但它是否完全可行，有待进一步研究。

传统的活性污泥法已经不能满足处理技术发展的新要求。近年来，生物膜法处理技术在城镇生活污水深度处理特别是硝化和反硝化研究方面取得了进展。好氧条件下生物转盘（RBC）技术能够同时去除有机物和氮。采用淹没式生物滤池处理生活污水，通过选择连续流和间歇流操作方式来进行硝化和反硝化，结果表明其 COD 去除率大于 70%，NH^{4+}-N 浓度低于 $5m/L$。

2）联合生化处理技术

采用单一的活性污泥法或生物膜法处理生活污水时，由于方法上的差异，各自的优点和缺点都十分明显。但是，如果两者结合使用，这些优缺点可以起到互补的作用，从而可以"掩盖"其中的缺点。

大量的试验研究和工程实践证实，采用生物膜和悬浮生长工艺相结合的联合处理工艺可以克服单一生物膜法或活性污泥法工艺的不足。利用 RBC 处理生活污水，出水与生物膜管道技术联合应用除氮，进水流速为 $1cm/s$，能将总氮浓度控制在 $10\ mg/L$，出水可用于农灌用水。

吸附生物降解工艺（AB 法）是在常规活性污泥和两段活性污泥法基础上发展起来的生物处理技术。A 段为高负荷的生物吸附区，B 段为低负荷处理区。为满足深层次的水处理要求，特别是对除磷、脱氮的要求，对经典 AB 工艺进行联合工艺的改进：将 B 段替换成其他工艺，如曝气生物滤池、A/O 法、A^2/O 法、氧化沟、序批式活性污泥法（SBR）等，对 A 段采取多种运行方式（厌氧、缺氧、好氧等）。国内外 AB 法及联合改进工艺的成功运行经验显示，其在去除水中的 COD、BOD₅、SS、氮和磷等污染物等方面效果显著。

当生物膜法或活性污泥法单独运用于处理城镇生活污水时，可以对影响工艺运行的各种参数进行控制，甚至能通过各种模型对其动态过程进行预测分析。但是，当采用联合生物处理技术时，由于其中的各种变量之间相互关系相当复杂，而且缺乏相关的研究资料，尚无法对整个联合处理工艺进行系统、有效地控制并正确预测该工艺的实际运行效果。这是联合生物处理工艺目前面临的科学问题。在实际应用方面，联合生物处理工艺应用于大规模处理生活污水还缺乏经验。因此，如何优化工艺结构、充分发挥联合工艺的优势，如何进行有效地管理，寻求联合系统的性能和经济效益最大化，值得进一步研究。

3）膜分离技术及集成技术

自 20 世纪 60 年代成功开发不对称合成膜以来，鉴于膜分离技术在污水处理中通过固液分离机制去除污染物和细菌方面有独到的优势，人们对膜分离技术应用于给水和污水处理方面进行了多途径的开发和应用。膜分离技术在城市生活污水处理应用方面也有了较大进展，已经部分商业化用作回用水。但是单纯的膜分离技术，由于高能耗和复杂的膜分离设备，在污水处理中并没有得到广泛应用。膜生物反应器是由膜分离技术与生物反应器结合的生物化学反应系统。由于它的高质量出水、反应器内能维持较高的活性污泥以及较高的硝化效率，越来越受到广泛重视，特别是浸没式膜生物反应器将膜组件直接置于曝气池，与分置式膜反应器相比占地面积小，运行费用低。

膜分离技术处理污水的效果好，特别是在除污染物和细菌方面有独到的优势。膜分离技术处理过的城市污水和工业废水用作回用水已经部分进入商业化阶段。但是，由于本身较高的设备投资、运行维护和管理费用，严重制约了膜分离技术在城镇污水处理中的应用。工艺创新和技术集成成为有效的解决办法，膜技术与其他水处理技术的组合工艺正成为研究的热点，膜生物反应器是由膜分离技术与生物反应器结合的生物化学反应系统。由于它的高质量出水、反应器内能维持较高浓度的活性污泥以及较高的硝化效率，越来越受到广泛重视，在处理特殊废水（如高 N 浓度废水）和废水回用情况下膜反应器是非常有效的。目前，在日本主要用于处理人粪尿和小区生活污水。浸没式膜生物反应器占地面积小，运行费用低。廉价的新型无机膜材料的成功研制将对膜分离技术产生重大影响。加压浸没式膜反应器与厌氧硝化池串联工艺在处理城市生活污水时的连续运行结果证实：BOD、TOC、SS、TN 和 TP 的平均去除率分别为 99%、93%、100%、79%、74%。通过技术集成使膜生物反应器和中空纤维膜分离组件有机结合，并对曝气的方式加以改进，以增大膜的通量。该组合工艺在小规模污水处理运行中，无污泥排放、有机物高度稳定化，通过控制曝气速率，膜生物反应器与化学前处理相结合，能有效降低膜污染，同时除磷、脱氮效果明显。

随着高效、廉价、低能耗的新型膜材料和膜组合工艺的开发和应用，必将在小城镇污水无害化、资源化利用中占有一席之地。

4）深度处理技术

N、P 等营养盐的去除效果仍然是制约城镇污水资源化利用的关键因素之一。在 RBC 中引入细菌 *Thiosphaera pantotropha*，同步处理有机物和脱氮，该系统在操作时无需分步处理有机物和 N，不必添加碳源。在膜生物反应器中加入铝盐或沸石使除磷脱氮率在 90％以上。各种形式的组合工艺对 N、P 等污染物去除效果更佳。

应用催化氧化方法处理高浓度高温度工业废水，水溶性的 Pt/SDB 催化剂在三相床中能有效地去除废水中的氮。在日本最新的 N、P 去除技术中，采用三相流动层生物活性炭吸附处理污水中的 N、P，在韩国几家公司进行的试验中获得成功。近年来，大力普及推广的高度组合型净化槽工艺，结合流量调节厌氧流动床法使用，对 N 和 BOD 的去除率比组合处理净化槽提高了 200％，P 的去除率也提高 90％左右。

目前，纳米技术发展迅速，纳米材料也开始应用于水处理领域。纳米材料由于具有抗化学和光腐蚀、性质稳定、无毒、催化活性高、价格低等优点而最受重视和具有广阔的应用前景，纳米材料 TiO_2 在紫外光照射下可使 PCB 等难降解的有机化合物降解，美国、英国、日本等已有将纳米 TiO_2 光催化技术实际应用于水处理中的报道，该方法应用于水中有机污染物浓度很高或其他方法很难降解时优势更明显。纳米材料的光电催化、氧化技术和高效吸附性被认为是很有发展前途的处理有机废水方法。

8.5.2　污水生态处理生态工程

1. 污水生态处理

污水生态处理技术以土地处理方法为基础，是污水土地处理系统的进一步发展，以土壤介质的净化作用为核心，在技术上特别强调在污水污染成分处理过程中植物-微生物共存体系与处理环境或介质的相互关系，特别注意对生态因子的优化与调控。

1）慢渗生态处理系统

慢渗生态处理系统是指将污水投配到植物的土壤表面，污水在流经地表土壤-植物系统时得到充分净化的处理工艺类型。在该处理系统中，投配的污水一部分被植物吸收，一部分在渗入底层的过程中其中的污染物被土壤介质截获，或被植物根系吸收、利用或固定，或被土壤中的微生物转化或降解为无毒或低毒的成分。工程设计时最重要的工艺参数是：①土壤渗透系数为 0.036～0.360 m/d；②水力负荷为 0.6～6.0 m/d，有机负荷为 2.0×10^3 kg BOD/（h^2·a）。其他需要考虑的场地工艺参数有：地面坡度<30%，土层厚>0.6m，地下水位>0.6m。根据实际需要，慢渗生态处理可设计为处理型与利用型两种类型，前者在尽可能小的土地面积上处理尽可能多的污水，选择的植物为有较高耐水极限、较大去除氮磷和有关污染物的能力、生长季长和管理方便的植物；后者一般应用于水资源短缺的地区，在尽可能大的土地面积上利用污水，以便获取更大的植物生产量。

2）快渗生态处理系统

快渗生态处理系统是将污水有控制地投配到具有良好渗滤性能的土壤表面，污水通过重力作用在向下渗滤过程中经过生物氧化、硝化、反硝化、过滤、沉淀和还原等一系列作用而得到净化的污水处理工艺类型。其工艺目标主要包括：①污水处理与再生水补给地下水；②用地下暗管或竖井收集再生水以供回用；③通过拦截工程措施，使再生水从地下进入地表；④再生水季节性地贮存在具有回收系统的处理场之下，在作物生长季节用于灌溉。

快渗生态处理系统对生化需养量（BOD）、悬浮物（SS）和大肠杆菌等具有很高的处理效率，对植物类型没有严格要求，有时甚至在没有植物覆盖的情况下也能保证出水水质。如果结合适当的化学强化处理，可以完全保证该工艺在北方地区于严寒冬天条件下也能正常运行，并可有效地缓解干旱地区水资源严重缺乏的问题。

3）地表漫流生态处理系统

地表漫游生态处理系统是将污水有控制地投配到生长多年生牧草、坡度和缓、土地渗透性能低的坡面上，使污水在地表沿坡面缓慢流动过程中得以充分净化的污水处理工艺类型。该系统的工艺目标是：①在低预处理水平达到相当于二级处理出水水质；②结合其他强化手段，对有机污染及营养物负荷的处理可达到较高水平；③再生水收集与回用。

适合地表漫游生态处理系统建设的工艺条件与参数主要有：①地面最佳坡度为 2%～8%；②土壤类型选择渗透性能低的土壤，以黏土、亚黏土最为适宜；③水力负荷为 3～21 m/a，有机负荷为 1.5×10^4 kg BOD/（h^2·a）；④植物类型选择是保持系统有效运行的最基本条件，以根系发达、对污染物耐性强且具有一定吸收固定能力的植物为主，避免作物作为处理组分进入系统，因此常常采用不同类型的草类进行混合种植。由于地表漫游生态处理系统对污水预处理要求程度较低，出水以地表径流收集为主，对地下水影响最小。在处理过程中，除少部分水量蒸发和渗入地下外，大部分再生水经集水沟回收。

4）湿地生态处理系统

污水的湿地生态处理系统是将污水有控制地投配到土壤、植物-微生物复合生态系统，并使土壤经常处于饱和状态，污水在沿一定方向流动过程中在耐湿植物和土壤相互联合作用下得到充分净化的处理工艺类型。该处理系统的工艺目标：①直接处理污水；②对经人工或其他工艺处理后的污水进行再处置或深度处理；③利用污水营造湿地自然保护区，为野生群落提供有价值的生态栖息地。

近年来，湿地生态处理系统远远超出了污水处理本身的意义而成为积极营造湿地环境、涵养水源、保护野生生物与生物多样性的重要生态工程技术。特别是通过生态建设，形成美学"斑块"与功能景观，可与居民区镶嵌发展，为当地居民提供游乐场所。

5）地下渗滤生态处理系统

地下渗滤生态处理系统是将污水投配到具有一定构造和良好扩散性能的地下土层中，污水经毛管浸润和土壤渗滤作用向周围和向下运动过程中达到处理、利用要求的污水处理工艺类型。该处理系统主要应用于分散的小规模污水处理，其工艺目标主要包括：①直接处理污水；②在地下处理污水的同时为上层覆盖绿地提供水分与营养，使处理场地具有良好的绿化带镶嵌其中；③产生优质再生水以供回用；④节约污水集中处理的输送费用。

保证地下渗滤生态处理系统技术有效性的工艺参数有：①年水力负荷为 $0.4 \sim 30$ m/a，散水管最大埋深 1.5 m；②需要有专门配制的特殊土壤，土壤渗透率为 $0.15 \sim 5.0$ cm/h，地表植物为绿化植物；③土层厚大于 0.6 m，地下水埋深大于 1.0 m；④对预处理要求低，一般化粪池出水即可；⑤再生水回收，回收率在 70% 以上。由于地下渗滤生态处理系统全部处理过程均在地下完成，是一项终年运行的实用工程，特别适用于在北方缺水地区推广应用。

8.5.3　固体废物处理生态工程

1. 固体废物处理生态工程模式

固体废物一般指被丢弃的固体和泥状物质，以及从废水、废气中分离出来的固体颗粒等。固体废物是指物质在某一利用过程中或在某一方面没有利用价值，而绝非在一切过程或一切方面无利用价值。固体废物主要来源于人类生产和消费活动，通常根据其来源将其划分为矿生固体废物、工业固体废物、农业废弃物、城市垃圾与污水处理厂固体污泥等。

固体废物的无害化与资源化，是地球资源可持续利用的重要途径之一。已成为当前研究的热点问题，而应用生态环境工程技术处理固体废物，又是实现固体废物无害化资源化的重要手段。目前，这一技术的研究与应用主要集中在农业废弃物，城市垃圾与污水处理厂污泥等。

固体废物处理生态工程目前已具有多种模式，但通常可概括为四种方式：

①肥料化，指通过直接利用或加工利用的方式，将固体废物转化为肥料或土壤改良剂；②饲料化，将固体废物转化为养殖业所必需的饲料；③原料替代化，利用固体废物可替代部分生产活动中的宝贵资源，如利用米糠、蔗渣等可替代木材生产水腐性食用菌；④能源化，即利用工业废物生产活气，其发酵残余物又可在农业生产中广泛应用（孙铁珩等，2001；周启星等，2002）。

固体废物资源化的生态工程，往往具有资源多层次综合利用的特色，以最大限度提高资源的利用效率并取得理想的效益。在固体废物处理生态工程中，微生物与生物起着极为重要的作用，它们一方面可改变固体废物的物理、化学和生物学特性，使得固体废物的潜在价值转变为现实价值，同时又是实现固体废物减量化与无害化的基本手段，可以肯定生物工程与生物技术特别是新型工程菌的开发应用将在固体废物处理生态工程中起越来越重要的作用。

固体废物的肥料化饲料化处理最终都将导致其进入食物链，因此对于其长期应用的生态效应必须引起足够重视，对固体废物原料的选择，应用范围以及应用数量均应制订严格的控制标准。

2. 城市生活垃圾堆肥技术

堆肥法是将垃圾中的固体有机物经过微生物的作用，成为性质稳定的类似土壤的腐殖土，以供农田、果园、蔬菜保护地等使用，通过堆肥，可消灭或大大减少垃圾所携带的致病性微生物、幼虫，消除垃圾恶臭，改善公共卫生。与填埋或焚烧方法相比，具有不占或少占耕地，回收氮磷资源，不污染环境等优点。

垃圾堆肥是在微生物作用下的垃圾中有机物的生化降解过程，由于堆肥内的环境不同，既可以是厌气菌为主的腐败发酵过程，也可以是好气菌为主的氧化分解过程。好氧堆肥同厌氧堆肥相比，主要优点为处理周期短，不会产生臭气，其产物化学性质稳定，不会对环境造成影响，故当前垃圾堆肥均以好氧堆肥为主。垃圾堆肥所需的必要条件是：①微生物。不论何种堆肥，起主要作用的微生物均为细菌。放线菌与真菌，这些微生物来自混入垃圾的土壤，食品废弃物或其他有机废物，其数量一般为 $10^6 \sim 10^{25}$ 个/kg，正是由于这些微生物的生长与繁殖所引起的代谢过程形成了垃圾的生化变化。加入特殊培养的菌种或经过驯化的微生物，常可加速堆肥过程，缩短堆肥周期。②湿度。任何生化过程均需水作为介质，垃圾堆肥时的含水量应在 $45\% \sim 65\%$，以利于微生物的生存与繁殖，因此通常需补充一定水分。③养分。适宜微生物生长繁殖的 C∶N 应为（30～35）∶1，而一般垃圾的 C∶N 均较高，同时缺磷严重，补充氮磷的方法包括加入氮磷营养溶液；加入城市污水污泥；加入适量粪便，其加入量应以垃圾中有效碳为依据计算氮、磷补给量。④温度。垃圾堆肥由于嗜热菌和嗜温菌的作用，可使垃圾堆内温度升高，最高可达 60℃，故其温度可反映微生物生化活动的状况。⑤通风。

对于城市垃圾机械化堆肥，通风与搅拌是必要的，其目的是使垃圾与空气充分接触，促使好氧菌生长，但又要防止热量和水分的丧失。

目前堆肥可分为间歇法与连续法两种。间歇堆肥是将收集的垃圾成批堆肥，一旦一批垃圾堆积之后不再增添新鲜垃圾，直至让其在微生物作用下成为腐殖土样物质；连续堆肥则是指堆肥系统垃圾的输入与成品的输出均呈连续性，较间歇法要求更高的机械化程度与复杂的设计施工。在应用上前者适用于小的社区和农村，后者适用于大型堆肥厂。影响垃圾堆肥处理的主要因素有两个，一是垃圾中有害物质对土壤-植物系统的影响，二是堆肥产品的售价与销路问题。

随着我国城市居民燃料由以燃煤为主向燃气为主的转变，我国生活垃圾中的有机物比例不断增加且重金属含量不断降低，这就为垃圾堆肥处理工艺提供了良好的前景。应该承认，垃圾堆肥工艺在城市垃圾处理方法中属于成本较高者。且由于垃圾堆肥的用量较大，长距离运输也是限制其广泛应用的原因之一。

堆肥不仅可使资源再生，显著提高农作物的产量与品质，更能有效地保护土壤资源，是保证我国农业可持续发展的途径之一。目前，国内外均在大范围推广有机无机复合肥的应用，以垃圾堆肥为载体生产的复合肥不仅可以克服堆肥用量大的缺点，也为垃圾堆肥的产品找到了一条有效的销售与增值渠道。其社会、经济效益十分显著。

以垃圾堆肥为载体的复合肥一般包括：①植物生长所必需的大中量营养元素；②植物生长所必需的微量元素；③有机质；④植物生长调节剂；⑤调理剂。

有机无机复合肥不但具有一般无机复合肥营养元素平衡的优点，还能实现独特的有机与无机态之间的平衡，因而具有高产、优质改土、长效的优点。因而，中小城市应用垃圾堆肥处理工艺，并在此基础上生产复合肥料，是垃圾处理的一项值得推广的生态工程方法。

3. 城市垃圾的蚯蚓处理生态工程方法

利用蚯蚓处理垃圾是一种投资少、见效快、简单易行且效益高的工艺方法，它既可以作为一个独立成套的垃圾处理系统，也可以作为垃圾处理场的一个处理环节，但通常须设计为垃圾堆肥—蚯蚓处理两阶段垃圾处理系统。

蚯蚓处理垃圾的过程实际上是蚯蚓和微生物共同处理的过程。二者构成了以蚯蚓为主导的蚯蚓-微生物处理系统。在此系统中，一方面，蚯蚓直接吞食垃圾，经消化后，可将垃圾中有机质转化为简单可给态物质，这些物质同蚯蚓排出的钙盐与黏液结合即形成蚓粪颗粒，蚓粪颗粒是微生物生长的理想基质。另一方面微生物分解或半分解的垃圾有机物，是蚯蚓的优质食物，二者构成了互相依存的关系。研究结果表明，有蚯蚓存在的堆肥成品中的微生物数量可比无蚯蚓堆肥成品中的微生物数量高出 1 倍。实验表明，对于城市生活垃圾，主要的限制性因素是垃圾的有机成分所占比例，而只要其比例大于 40%，蚯蚓即可正常生存和繁殖。

　　同单纯堆肥工艺相比，垃圾的蚯蚓处理工艺具有如下优点：①其过程为生物处理过程，无不良环境影响，对垃圾有机物消化完全、彻底，其最终产物较单纯堆肥具有更高的肥效；②对垃圾减容作用更为明显，实验表明，单纯堆肥法其减容效果一般为 15%～20%，经蚯蚓处理后，其减容可超过 30%；③除获得大量优质肥外，还可获得由垃圾中生产的大量蚓体。

　　蚯蚓含有很高的蛋白质，其干物质蛋白质含量可达 70%，是畜禽的良好饲料。同时蚯蚓在医药及食品中均具有很高的利用价值。除处理垃圾外，蚯蚓还可用来处理酒厂、畜禽加工厂以及农业固体废物及废水。

第9章 城市生态与城市生态建设

9.1 城市生态概述

9.1.1 城市生态学的概念

城市生态学是由芝加哥学派的创始人帕克（Park，1864～1944）于 20 世纪 20 年代提出。Mckenzie（1925）最先从狭义上对城市生态学做出定义，即城市生态学是对人们的空间关系和时间关系如何受其环境影响这一问题的研究。这一定义比较侧重于社会生态学的内容；从那以后，有许多学者对城市生态学的发展做出了贡献，对城市生态学概念的理解及其定义也日益深化。现在城市生态学的定义一般为：城市生态学是研究城市人类活动与周围环境之间关系的一门学科，城市生态学将城市视为一个以人为中心的人工生态系统，在理论上着重研究其发生和发展的动因，组成和分布的规律，结构和功能的关系，调节和控制的机理；在应用上旨在运用生态学原理规划、建设和管理城市，提高资源利用效率，改善系统关系，增加城市活力。

9.1.2 城市生态学产生的背景

近年来，城市规划理论转向更宽的社会科学和自然科学领域，进行新的理论探索。在全球面临五大危机的大背景下，城市环境质量也日益下降，于是城市规划需要生态学家和生物学家的介入；研究保护城市自然环境，使城市发展与生态环境之间形成平衡、协调的状态。因此，生态学与城市规划的结合是大势所趋，它既有助于从新的角度和新的方面研究和解决城市问题，也能给城市规划理论和学科发展注入新的营养。

1. 城市问题产生的根源

从本质上说，城市问题的产生有两个根本原因，即城市是一个高度集聚与高度稀缺的统一体和人们对自然环境的错误认识。

2. 城市发展需要生态学思想

城市问题实际是人、城市与自然生态系统相互作用过程中呈现出来的不平衡、不协调现象，从城市发展的全过程来看，它既具有不可避免性，又完全具有可将其调控、限制在一个微小幅度之内的可能性。生态学思想及其观点的介入，使这一可能性更加明显。要解决城市问题，应从协调城市发展与自然环境关系的角度着手。城市规划指导思想先后经历了"朴素的自然中心观"和"人类中心观"。前者是古代城市规划指导思想，特点是一切以自然为中心；后者是近现代的城市规划指导思想，特点是以人类为中心，过分强调和夸大了人类的智力和能力，忽视了人类不过是自然界中的一种特殊生态产物，同样需要遵从自然规律这一事实。

　　20世纪80年代以来，国内外学者开始研究和实施生态城市的规划设计，认为建立生态城市是解决环境危机和摆脱城市困境的根本途径。而生态城市的建立，必然运用生态学和城市科学原理，对城市进行综合规划，利用生态工程、环境工程和社会工程等手段，合理开发、保护土地等自然资源，提高人类对城市生态系统的自我调控能力，促进城市经济和环境的协调发展。

9.1.3　城市生态学的研究内容

　　城市生态学是把城市这个在自然生态系统的基础上建立起来的人工生态系统作为一个有机整体进行研究。其基本意义在于从生态学的角度去探索城市人类生存所必需的最佳环境质量，认识城市生态系统中物质与能量运动的规律，充分合理地利用自然资源，提高自然净化能力，建立城市生态模型，为城市生态环境规划及城市总体规划提供依据，提出合理而科学的解决城市环境问题的方法与途径。其主要内容如下。

　　(1) 研究城市生态系统的主体，阐明城市人口与城市环境问题的相互关系。

　　(2) 研究城市物质代谢功能和城市环境质量变化之间的关系。

　　(3) 研究城市发展及其制约条件，阐明城市发展与城市环境问题的相互关系。

　　(4) 研究城市生态系统与环境质量之间的关系，建立城市生态系统模型。

　　(5) 研究城市环境质量与城市居民健康的相互关系。

　　(6) 研究城市生态系统中除人以外的生物体的构成与变化，以及环境对生物体的影响。

　　(7) 研究城市生态系统与其他生态系统的相互关系。

　　(8) 研究社会环境对城市居民及其活动的影响。

　　(9) 研究合理的各种环境质量指标及标准。

　　(10) 研究城市生态规划、环境规划的内容、原理与方法。

9.2　城市生态学基本原理

9.2.1　城市生态位原理

　　城市生态位（urban ecological niche）是城市提供给人们的各种生态因子和

生态关系的集合，是城市给人们生存和活动所提供的生态位，是城市满足人类生存发展所提供的各种条件的完备程度。它反映了一个城市的现状对人类各种经济活动和生活活动的适宜程度，反映了一个城市的性质、功能、地位、作用及其人口、资源、环境的优劣状况，从而决定了它对不同类型的经济以及不同职业、年龄人群的吸引力和离心力。

城市生态位大致可分为两大类：一类是包括城市经济水平、资源丰盛度的生产生态位，一类是包括社会环境及自然环境的生活生态位。一个城市既有整体意义上的生态位，也有城市空间各组成部分因质量层次不同所体现的生态位。对城市居民个体而言，在城市发展过程中，不断寻找良好的生态位是人们生理和心理的本能。人们向往生态位高的城市地区的行为，是城市发展的动力与客观规律之一。

9.2.2 多样性导致稳定性原理

生物群落与环境之间保持动态平衡的能力同生态系统中物种结构的多样性和复杂性呈正相关。在城市生态系统中，各种人力资源保证了城市各项事业的发展对人才的需求，城市用地具有的多种属性保证了城市各类活动的开展，城市多种功能的复合作用与多种交通方式使城市具有强大的吸引力与辐射力，城市各行业和产业结构的多样性和复杂性导致了城市经济的稳定性和高效性等，所有这些都是多样性导致稳定性原理在城市生态系统中的体现。

9.2.3 食物链(网)原理

食物链（网）原理应用于城市生态系统中时，可以将城市生态系统中的生产者（企业）联系在一起。城市各企业之间的生产原料，是互相提供的，某一企业的产品是另一些企业生产的原料，某些企业生产的"废品"也可能是另一些企业的原料。相互之间反复发生密切的联系，因而可以有目的地对城市食物网进行"加链"和"减链"。除掉或控制那些效益低、利润少、污染重的环节，即"减链"；增加新的生产环节，将不能直接利用的物质、资源转化为价值高的产品，即"加链"。城市食物链（网）原理反映了城市生态系统中各组分、各元素之间既有直接、显性的联系，也有着间接、隐性的联系，各组分之间是互相依赖、互相制约，牵一发而动全身的关系。城市生态学的食物链（网）原理还表明：人类居于食物链的顶端，人类依赖于其他生产者及各营养级的"供养"而维持其生存，人类对其生存环境污染的后果最终会通过食物链的作用而归结于人类自身。

9.2.4 系统整体功能最优原理

各子系统功能的发挥会影响系统的整体功能，系统整体功能的状态决定各子系统功能的状态。城市各子系统作为系统中的个体存在，具有自身的目标与发展趋势，它们都有无限制地满足自身发展的需要而不顾及其他个体的潜在需求。所以，城市各组分之间的关系并不总是协调一致的，而是呈现出相生相克的关系。因此，要提高整个系统的整体功能和综合效益才能理顺城市生态系统的结构，改善系统运行状态。

9.2.5　最小因子原理

在城市生态系统中，影响其结构、功能行为的因素虽然很多，但往往是处于临界量的生态因子对城市生态系统功能的发挥影响最大，有效地改善提高其量值，会大大地增强城市生态系统的功能与产出。"门槛理论"中指出城市发展各个阶段皆存在着影响、制约城市的特定的因素，当克服该类因素时，城市将进入一个全新的发展阶段。

9.2.6　环境承载力原理

环境承载力是指在一定时期内，在维持相对稳定的前提下，环境资源所能容纳的人口规模和经济规模的大小。其最主要的特点是客观性和主观性的结合，客观性表现在一定的环境状态下其环境承载力是客观存在的，主观性表现在环境承载力的指标及其数值将因人类社会行为内容的不同而不同。环境承载力包括：资源承载力、技术承载力和污染承载力。

环境承载力原理的具体内容如下。

(1) 环境承载力会随城市外部环境条件的变化而变化。

(2) 环境承载力的改变会引起城市生态系统结构和功能的变化。

(3) 城市生态演替是一种更新过程，是城市适应外部环境变化及内部自我调节的结果。

(4) 人类活动强度与城市环境承载力的大小决定城市生态系统的演替方向。

9.3　城市生态系统

9.3.1　城市生态系统的组成及特征

1. 城市生态系统的概念

城市生态系统（urban ecological system）指城市空间范围内的居民与自然环境系统和人工环境系统相互作用而形成的统一体。它是以人为主体的人工化环境的人类自我驯化的、开放性的、复合人工生态系统。这里的城市居民包括数量、结构和空间分布三个要素，自然环境系统包括非生物系统和生物系统，社会环境系统包括人工建造的物质环境系统和非物质环境系统。

2. 城市生态系统的构成

城市生态系统可分成自然生态系统与社会经济生态系统两大部分，这两大部分又分别包括生物与非生物方面（图 9.1）。此外，根据研究的角度和出发点不同，对城市生态系统的结构还有其他的划分方法，在此不一一列举。

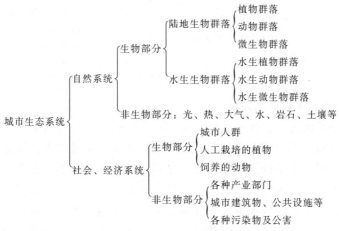

图 9.1　城市生态系统的构成（金岚，1992）

3. 城市生态系统的特征

城市生态系统与自然生态系统具有一定的相似性，具有自然生态系统的一般特征。然而，城市生态系统作为人类生态系统的一种类型，在许多方面又具有不同于自然生态系统的鲜明特征。

1）城市生态系统与自然生态系统的区别（表 9.1）

表 9.1　城市生态系统与自然生态系统的区别

	自然生态系统	城市生态系统
组成成分	生物群体、无机自然环境；生产者是绿色植物，消费者是动物，分解者是微生物	人类、城市环境；生产者是从事生产的人类，消费者是以人类为主体，分解者是人造替代设施和城市所依赖地域自然生态系统中的分解者
生态关系网络	自然产生，是长期进化的必然结果	大多具有社会属性，是人类社会发展过程中逐渐建立起来的
生态位	自然生态位	自然生态位、社会生态位、经济生态位

	自然生态系统	城市生态系统
功能	有完整的生态网络体系，各种流在运转中表现出高效率利用和高循环再生自净能力，整个系统生态学效率极高	各种生态流的运转需要依靠区域自然生态系统的支持，生态网络体系不完善，在运转过程中伴随着极大的浪费，生态效率极低
调控机制	自然选择的负反馈	人工选择的正反馈
演替	在自然力的作用下，通过种内和种间的相互作用，最终实现对自然资源最充分利用的自然生态过程	人类通过各种人类活动，对系统能动地创建、改造、拓展的结果。特点：人能改造环境、扩大城市容量，把系统从成熟期重新拉回到发展期

2）城市生态系统的人为性

城市生态系统是人工生态系统，是通过人的劳动和智慧创造出来的，人工控制与人工作用对它的存在和发展起着决定性的作用。大量的人工设施叠加于自然环境之上，形成了显著的人工化特点。这样不仅使原有自然生态系统的结构和组成发生了"人工化"倾向的变化，而且城市生态系统中大量的人工技术物质完全改变了原有自然生态系统的形态和物质结构。城市生态系统具有人工化的营养结构，在营养输入、生产、加工、传送过程中，人为因素起着主要作用。

城市生态系统是以人为主体的生态系统，人口高度密集，其他生物种类和数量都很少，人口比重极大。据有关资料显示，东京、北京、伦敦三城市的"人口生物量/植物生物量"值分别为10、8、1.6，平均为6.5。在城市生态系统中，主要生产者是从事经济生产的人类，而消费者也是人类，人类已成为兼具生产者与消费者两种角色为一体的特殊生物物种了。

城市生态系统的变化规律由自然规律和人类影响叠加形成，自然生态系统的代谢过程已受到人为影响，发生了许多异常。在限定的时空范围内，这种影响会使自然规律受到改变，并最终影响城市生态系统发展变化的规律。

人类社会因素对城市生态系统的影响很大，城市发展几乎完全取决于人类的意志，有计划、有步骤地按制订的规划实施城市建设已是普遍的原则。人类社会因素既是城市生态系统的一个组成部分，又是城市生态系统的一个重要的变化函数，直接影响城市生态系统的发展和变化。

城市生态系统中的人类活动不断地影响着人类自身，它改变了人类的活动形态，创造了高度的物质文明。这种自身的驯化过程，使人类产生了生态变异，如前额变小，脑容量变大，等等。同时，城市生态系统中环境的变化影响着人类健康，引发了城市公害和所谓的"城市病"。

3）城市生态系统的不完整性

城市生态系统缺乏分解者，系统中的废弃物几乎全部都需输送到化粪池、污水厂或垃圾处理厂（场）由人工设施进行处理。

城市生态系统中绿色植物不仅数量少，而且其作用也发生了改变，植物的主要任务已不再是向其居住者提供食物，已变为美化景观、消除污染和净化空气。城市生态系统必须靠外部供粮食来满足城市生态系统消费者的需求。

4）城市生态系统的开放性

城市生态系统对外部系统具有依赖性，不能提供本身所需的大量能源和物质，必须从外部输入，经过加工将外来的能源和物质转变为另一种形态的产品，以提供本城市人们使用。城市规模越大，与外界的联系越密切，要求输入的物质种类和数量就越多，城市对外部所提供的能源和物质的接受、消化、转变的能力也越强。除能源和物质依赖于外部系统外，在人力、资金、技术、信息方面也对外部系统有不同程度的依赖性，这可以解释当今世界各国流动人口在城市中总是大于除城市之外其他人类聚居地的原因。

城市生态系统对外部系统具有强烈的辐射力，这就是城市生态系统的辐射性特征。城市不仅是人类主要的聚居地，还是人类主要的社会经济载体，对人类发展具有重要的无可替代的经济社会作用。城市从外部引入能源与物质所产出的产品只是一部分供城市中人们使用，而另外一部分却向外部输送。城市也向外部系统输出人力、资金、技术、信息，使得城市外部系统的运行也相当程度上被城市系统的辐射力及其性质所影响和制约。在输入外部的能源与物质后，还向外部系统输出废物。

城市生态系统的开放性具有三个层次：第一层次为系统内部各子系统之间的开放，即各子系统之间的交流和互相依赖、互相作用；第二层次为城市社会经济系统与城市自然环境系统之间的开放，这主要指系统要利用自然环境资源，同时在利用过程中也对自然环境施加各种影响；第三层次指城市生态系统作为一个整体向外部系统的全方位开放，既从外部系统输入能量、物质、人才、资金、信息等，也向外部系统输出产品、改造后的能量和物质以及人才、资金、信息等。

5）城市生态系统的高质量性

城市生态系统的高质量性指的是其构成要素的空间高度集中性与其表现形式的高层次性。

城市在自然界只占有很小的一部分空间，却集中了大量的能源、物质和人口；其中能源和物质转化速度非常快，有人测定城市生态系统内能量转化功率为 $(42 \sim 126) \times 10^7\ [\mathrm{J/(m^2 \cdot a)}]$，是所有生态系统中最高的。此外，城市中单位面积上所含有的物质、能量、人口、信息等物质性要素是任何自然生态系统与外部系统无法比拟的。

城市生态系统与自然生态系统相比，或者和渔猎、农业时代的人类生态系统相比，都是迄今为止最高层次的生态系统。这种高层次性主要体现在：人类具有巨大的创造、安排城市生态系统的能力，城市生态系统的构成物质体现着当今科学技术的最高水平，科学技术在维持城市生态系统运行中起着关键的作用。

6）城市生态系统的复杂性

城市生态系统是一个迅速发展和变化的复合人工系统，对能源和物资的处理能力来自人们的劳动和智慧，随着人们生产力的提高，处理能力将会有质和量的变化。通过对原有能源和物质的合成或分解，可以形成新的能源和物质，新的处理能力。与自然生态系统相比，城市生态系统的发展和变化速度要快许多。

城市生态系统是一个功能高度综合的系统，是人类为其生存所创造的一个人工生态系统。它是人类追求美好生存环境质量的象征和产物，要达到这一目标，就必须形成一个多功能的系统，包括政治、经济、文化、科学、技术及旅游等多项功能。

7）城市生态系统的脆弱性

在城市生态系统中能量与物质要依靠其他生态系统（农业和海洋生态系统等）人工地输入，同时生产生活所排放的大量废弃物远远超过了城市范围内的自然净化能力，要依靠人工输送输到其他生态系统（图9.2）。所以城市生态系统需要有一个人工管理物质输送系统，以维持其正常机能。如果这个系统中的任何一个环节发生故障，将会立即影响城市的正常功能和居民的生活，因此可以说城市生态系统是个十分脆弱的系统。

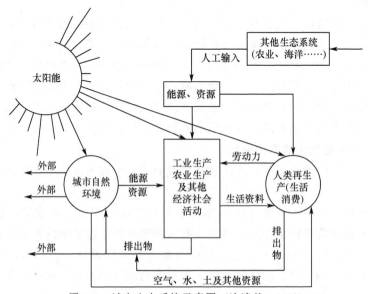

图 9.2　城市生态系统示意图（沈清基，1998）

　　城市生态系统一定程度上破坏了自然调节机能。城市生态系统的高集中性、高强度性以及人为的因素，产生了城市污染，同时城市物理环境也发生了迅速的变化，如城市热岛与逆温层的产生、地形的变迁、人工地面改变了自然土壤的结构和性能、增加了不透水的地面、地面下沉，等等，从而破坏了自然调节机能，加剧了城市生态系统的脆弱性。

　　城市生态系统食物链简化，以人为主体食物链常常只有二级或三级，而且作为生产者的植物，绝大多数都是来自周围其他系统，系统内初级生产者绿色植物的地位和作用已完全不同于自然生态系统。与自然生态系统相比，城市生态系统由于物种多样性的减少，能量流动和物质循环的方式、途径都发生改变，使系统本身自我调节能力减小，而其稳定性主要取决于社会经济系统的调控能力和水平以及人类的认识和道德责任。

　　城市生态系统与自然生态系统的营养关系形成的金字塔截然不同，前者出现倒置的情况，远不如后者稳定（图 9.3）。城市生态系统的生产者（绿色植物）远远少于消费者（城市人类）。而一个稳定的生态系统最基本的一点即是要求生产者与消费者在数量和比例上后者要小于前者，这表明城市生态系统是一个不稳定的系统。

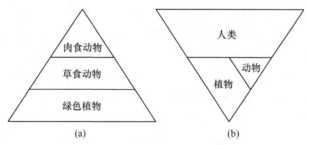

图 9.3　自然生态系统（a）与城市生态系统（b）生态金字塔比较（沈清基，1998）

9.3.2　城市生态系统的结构与基本功能

1. 城市生态系统的结构

　　城市生态系统的结构有四种：食物链结构、资源利用链结构、生命与环境相互作用的结构以及要素空间组合结构。

1）食物链结构

　　在城市生态系统中，人类是最主要、最高级的消费者，位于食物链的顶端。城市生态系统有两种不同的食物类型（图 9.4），一种为相对人工食物链，该链中绿色植物为初级生产者，植食动物与肉食动物分别为一级、二级消费者兼次级生产者，人类是杂食的高级消费者；另外一种为完全人工食物链，经过复杂的人工加工将环境生物转化为食品、饮用品和药品供人类直接食用。

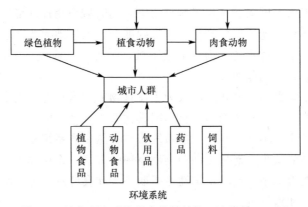

图 9.4　城市生态系统的食物链结构（沈清基，1998）

2）资源利用链结构

人类不同于动、植物的社会需求，除食物外，还需要大量的穿、住、行，使用消费、文化消费和社会消费等高级消费；使城市生态系统产生了不同于任何自然生态系统的资源利用链结构，此种结构由一条主链和一条副链构成（图 9.5）。在主链中，环境系统提供的各类资源经初步加工后生产出一系列的中间产品，再经深度加工后生产出可供直接消费的最终产品。最终产品的一部分存留在市区环境，一部分输出到广域环境。在副链中，能源转变为中间产品、中间产品转变为最终产品的过程中都会产生一定量的废弃物。经重复利用、综合利用后，部分有价值废弃物返还主链，其余被排泄入市区环境和广域环境。

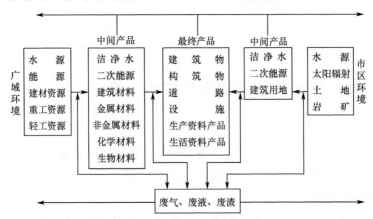

图 9.5　城市生态系统的资源利用结构（沈清基，1998）

3）生命、环境相互作用结构

城市生态系统中的生命与环境之间、各种环境之间、环境要素之间都存在一定的相互作用关系（图 9.6）。城市人群与环境之间的关系是此种结构的主要内容。在市区，自然生物的生长、发育和分布在很大程度上是由人安排的，人根据自己的需要，或扶植、或引进、或消灭，"适者生存"法则操纵在人的手里。在人的干预下，自然生物种群单一，优势种突出，群落结构简单，空间分布也被人为限制。尽管如此，自然生物反过来却对人做出了巨大贡献，尤其在美化、调节环境和维护生态平衡方面发挥了重要作用。但当人类活动恶性循环，致使自然生物物种失调、数量减少，就会引起其他环境要素发生变异，从而导致灾难。

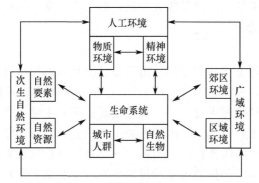

图 9.6 城市生态系统的生命—环境相互作用能结构（沈清基，1998）

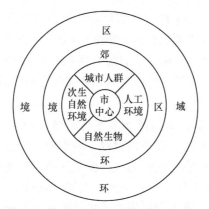

图 9.7 城市生态空间组合的圈层结构（沈清基，1998）

4）要素空间组合结构

要素的空间排列组合有两种基本形式，即圈层式结构和镶嵌式结构。圈层式结构（图 9.7）以市区为核心，市区生命系统与环境系统为内圈，郊区环境为中心圈，区域环境为外圈。镶嵌式结构有大镶嵌与小镶嵌之分；大镶嵌是指各圈层内部要素按土地利用分异所形成的团块状功能分区的空间组合形态；小镶嵌是城市生态系统功能发挥的空间依托，是指各功能分区内部组成要素按土地利用分异所形成的微观空间组合形态。

上述四种结构形态之间不是树型的并列、分支，而是立体网络状的相互联系、相互渗透的关系。交通运输和信息传递所发挥的纽带与神经中枢作用将它们结合为一个完整的结构体系，其复杂性使城市生态系统的功能发挥表现出多维、多方面、多渠道的特点。

2. 城市生态系统的基本功能

城市生态系统的功能是指城市生态系统在满足城市居民的日常生活中所发挥的作用。城市生态系统主要具备四大功能，即生产功能、能量流动功能、物质循环功能和信息传递功能。

1）生产功能

城市生态系统的生产功能是指城市生态系统具有利用域内外环境所提供的自然资源及其他资源，生产出各类"产品"（包括各类物质性及精神性产品）的能力，可分为生物生产和非生物生产。城市生态系统的生物生产功能是指城市生态系统所具有的有利于包括人类在内的各类生物生长、繁衍的作用，这种作用又可以分为初级生产和次级生产；生物初级生产是指绿色植物将太阳能转变为化学能的过程，生物次级生产是指城市中的异养生物（主要是人类）对初级生产物质的利用和再生产过程。

非生物生产是人类生态系统所特有的，是指具有创造物质与精神财富满足城市人类的物质消费与精神需求的性质。城市非生物生产所生产的"产品"包括物质与非物质两类，物质生产是指满足人们的物质生活所需的各类有形产品及服务，非物质生产是指满足人们的精神生活所需的各种文化艺术产品及相关的服务。

2）能量流动功能

城市生态系统的能量流动是指能源在满足城市四大功能（生产、生活、游憩、交通）中的转化、传递、流通的过程。城市中人类生活和城市的运行，离不开能量的流动，而城市生态系统中能量的流动又是以各类能源的消耗与转化为其主要特征（图 9.8）。其特点有：由于技术发展，城市生态系统中的能量流动主要是在非生物之间，反映在人力所制造的各种机械设备的运行过程之中，而不是像自然生态系统中那样主要集中在系统内各种生物物种之间；在传递方式上，与自然生态系统主要通过食物网传递能量相比城市生态系统的能量流动方式要多得多，可通过农业部门、采掘部门、能源生产部门、运输部门等传递能量；在能量流运行机制上，城市生态系统能量流以人工为主，而非天然的；除部分能量是由辐射传输外，其余的能量都是由各类物质携带。

3）物质循环功能

城市生态系统物质循环的物质来源主要有两种，即自然性来源和人工性来源。自然性来源包括日照、空气、水、非人工性的绿色植物等；人工性来源包括人工性绿色植物、采矿和能源部门的各种物质，具体为食物、原材料、资财、商品、化石燃料等。城市生态系统物质循环中物质流的类型包括有资源流、货物流、人口流和资金流几种。资源流是指自然力推动的物质流。货物流（图 9.9）是指为保证城市功能发挥的各种物质资料在城市中的各种状态及作用的集合。人口流是一种特殊的物质流，包括人口在时间上和空间上的变化，前者即人口的自然增长和机械增长，后者是反映城市与外部区域之间人口流动中的过往人流、迁移人流以及城市内部人口流动的交通人流。除上述物质流类型外，人们还从经济观点出发，提出了城市的价值流、资金流，包括投资、产值、利润、商品流通和货币流通等，以反映城市社会经济的活跃程度，其实质与物质流是相同的。

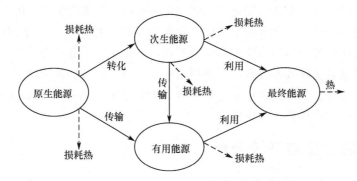

图 9.8　城市生态系统的能量流动基本过程（何强，1994）

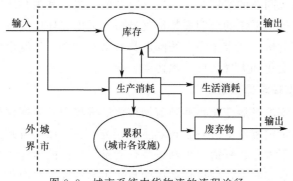

图 9.9　城市系统中货物流的流程途径

　　城市生态系统物质循环的特点：①城市生态系统所需物质对外界有依赖性；②城市生态系统物质既有输入又有输出；③生产性物质远远大于生活性物质；④城市生态系统的物质流缺乏循环；⑤物质循环在人为状态下进行；⑥物质循环过程中产生大量废物。

4）信息传递功能

　　信息在城市生态系统中的作用主要表现在：①城市功能的发挥需要信息；

②城市是信息的集聚点；③城市是信息的处理基地；④城市是信息高度利用的区域；⑤城市是信息的辐射源；⑥城市信息流量与质量反映了城市现代化水平。

信息同样也是城市系统的重要资源，离开了信息，无所谓城市的控制与管理，更谈不上对城市进行规划。在对与城市研究、城市规划有关的信息的采集、处理、利用的过程中，以下几个问题需要引起重视：①确定正确的采集方法；②对信息进行有效的处理；③迅速可靠地传播信息；④有效地利用信息；⑤信息的采集、处理、传播等应形成专门化、规范化、标准化、国内城市间统一联网，并应争取与国际城市信息系统接轨。

生态信息的应用也具有重要的意义。形形色色污染物质的逸散，使生物赖以生存的生态环境发生复杂的变化。不同的生物对同一污染物质作出的反应或敏感程度是不同的，而同一种生物对不同的污染物质其敏感程度也是不同的。因此，生物对污染物质各种不同的反应和症状表现，就包含着丰富的有关环境污染情况的信息，信息的接收者人类就可以根据这些信息对环境进行监测评价。在城市生态系统中，这种生态污染的信息是大量存在的，它们是否被充分的接收和利用，取决于人类的知识背景和认识能力。

9.3.3　城市生态系统分析

1. 城市生态系统主要问题

城市生态系统问题的实质是生活在城市中的人类与其生存环境之间的关系产生了不平衡。这种不平衡的最明显特征是城市人类生存环境质量的下降以及引起的城市人类生存危机。城市生态系统问题具有某些共性，如城市化进程对自然环境的破坏，气候变化和大气污染、水污染，等等。

1）自然生态环境遭到破坏

城市生态系统的发展变化是伴随着城市化的进程而发展变化的，城市化的发展不可避免地在一定程度上影响了自然生态环境。一方面应看到，城市化确实使人类为自身创造了方便、舒适的生活条件，满足了自己的生存、享受和发展上的需要。另一方面也应看到，城市化造成的自然生态环境绝对面积的减少并使之在很大区域内发生了质的变化和消失，这种变化对城市居民起着更为本质的作用。自然生态环境的彻底破坏引起了一系列变化，如城市热岛效应、生活方式的改变等，这对人们的影响都是长期的、潜在的。另外，人类在享受现代文明的同时，却抑制了植物、动物的生存发展，改变着它们之间长期形成的相互关系。这样，人类将自己圈在了自身创造的人工化的城市里而与自然生态环境长期隔离。加之城市规模过大，人口过分集中，其结果是许多“文明病”或“公害病”相继产生，如肥胖病、心血管病、高血压病、呼吸系统疾病、癌症等。

2）土地占用和土壤变化

随着各国城市区域的扩大，所占面积越来越大，增加速度也日益加快。发达国家城市群的形成和城市人口由市区向郊区的扩展，更加快了占用农业用地的速度。由于郊区地价较为低廉，人们一旦从市区中高层建筑的住房中解脱出来，都希望居住在层数不高的楼房，甚至要求有一幢带有园地的 1 或 2 层住房。由于世界城市占地的扩大，使世界农业生产受到多大损失难以确切估计。但可以肯定，城市和工业发展往往位于一个国家或世界上最好的、已经耕熟的农业用地上，大都是在平坦的得到灌溉的肥沃冲击土壤上。在这些农田上扩展城市，意味着农业生产的实际损失，而并非潜在损失。

随着城市建筑物密度增大和大规模排水系统以及其他地下建筑的增加，在很大程度上阻止了雨水向土壤的渗透，使得城市地下水位下降。同时由于土壤负荷的加重，土壤颗粒之间的孔隙紧缩，使其储水能力不断下降，并使土壤中气体交换速度和贮氧量下降，对植物的生长起着不良影响。在那些主要依靠地下水作为生产和生活用水的城市由于过度的抽取地下水，使地下水位不断下降，甚至发生市区地面沉降现象。另一个与城市土壤有关的因素是城市工业和生活垃圾对土壤的污染。工业城市中的垃圾不能像过去农村中的植物枯茎、动物残余以及人粪那样，重回到土地之中。现在城市中各种废物的数量及其成分，不仅无法全部用以增加土地的肥力，而且成为城市及社会的一大问题。在发达国家，随着工业生产和消费水平的提高，城市中的固体废物大量出现。有机垃圾是可分解的，而无机垃圾则会永远占地皮，形成包围“城市”的垃圾堆。如塑料类废品的长期堆放，既给鼠类、蚊蝇提供了繁殖的场所，威胁人类的健康，又影响市容市貌；更严重的是塑料垃圾进入土壤后不但长期不能被分解，而且影响土壤的通透性，破坏土质，影响植物生长。不仅如此，塑料垃圾重量轻、体积大，用填埋法来处理，往往需要占用和破坏大量的土地资源，而填埋后的垃圾还会污染地下水。

3）气候变化和大气污染

大气和土壤表面的能量平衡是气候变化的决定因素。在人口集中的城市中，家庭取暖和烹煮食物、工厂机器的运转和机动车辆的行驶所排出的大量余热进入自然界，使城市获得更多的热量。一般认为，城市中人为余热释放量相当于太阳入射量的 30％左右，使城市成为其周围地区内的一个热岛，与周围地区有一定的温差，在 1 万人口城市中最大为 4℃，1000 万人口的城市达到 10℃，这是世界城市中的一个普遍现象。在城市里，受热的空气逐渐升高，在数百米高处受阻形成一般城市所特有的烟雾层，并且由于温室效应，太阳入射大于出射，在城市上空形成了一个热井，在当地风速小于 3m/s，而城郊温差达到 5℃时，就会形成一股吹向市中心的风，使边缘工业区所产生的污染空气流入城市中心。由于城市中建筑物的大小高低、密度和走向不同，形成了城市各区不同的风向和风速。

一般而言，市内风速平均较其周围地区低 20%～300%。空气的相对湿度与空气的温度呈反比。在温度较高的城市，其空气湿度低于周围地区。城市气候情况的变化，对城市生态环境以及城市居民的生活条件的影响是很大的。

大气的污染是城市中一个主要问题，并且最易为城市居民所直接感受。早在 1873 年、1880 年和 1891 年，英国伦敦就曾发生过 3 次有名的"毒雾"事件，死亡人数达到 1800 人以上。1943 年后，美国洛杉矶不断出现这种光化学烟雾，滞留几天不散，使居民眼红、喉痛、咳嗽，甚至造成死亡。大气中的污染物是多种物质的混合体，主要包括以下几种：① 粉尘微粒；② 一氧化碳；③ 硫氧化物；④ 氮氧化物和光化学氧化剂。随着工业发展，近年来发现不少有毒重金属混入大气，如铅、镉、铬、锌、钛、钒、砷和汞等，它们都可能引起人体慢性中毒。

4）用水短缺和水污染

城市供水问题当前在世界范围已成为一个特别尖锐突出的制约性问题。用水短缺有两类原因：城市所在地水资源缺乏和"水质型缺水"（水资源受到严重污染，可供利用的清洁水源严重不足）。淡水匮乏，供水紧张，这个事实是容易看到的，然而这并不是淡水资源问题的全部。更令人忧虑的是人们缺乏必要的觉悟，还在那里肆意地破坏、浪费、挥霍极其宝贵而又数量有限的淡水资源。

在发达国家中，城市的水污染主要是工业排放的废水，约占城市废水总量的 3/4，其中主要是金属原材料、化工、造纸等行业的废水污染，工业废水的处理好坏决定着水污染的范围和程度。而在发展中国家安全饮用水的供应和污水的处理则是城市环境状况的两项基本标志，城市中合乎饮用标准的水供应是与污水处理和净化问题密切相关的。城市中的工业废水和生活污水（包括人体排泄物）未经处理或处理不够，都通过下水道系统流入江河湖海，有的甚至直接流入，形成了各色各样的水污染，不只是对城市人口造成损害，由于城市水道通向广大农村，对农村的生活和生产也带来不良影响。水质污染对人们健康的危害可以分为两类：一是通过水中致病生物而引起传染蔓延；二是水中含有有毒物质引起的中毒。1953 年，日本熊本县第一次发现因汞污水中毒而引起的水俣病，病者步态不稳，抽筋麻痹，面部痴呆，而后耳聋眼瞎，全身麻木，最后精神失常，身体弯弓而死。水污染不仅影响人们的健康，而且还祸及渔业和农业生产。农村中的水污染除了来自农药中的有机磷、氯化合物外，城市的污染水流向农村也是其主要来源。表现在以下三个方面：第一，热电厂所使用的冷却水，这些水返回自然水体时，温度要比原来高出约 10℃，造成热污染；第二，淡水系统因污染而发生重大变化，大量水生物面临减产、灭绝的威胁；第三，对农作物的危害。

5）人口密集与绿地缺乏

人口密集是城市尤其是一些大城市、特大城市的较普遍的现象。联合国规定的城市人均绿地标准为 50～60m²，但达到或超过这一标准的城市为数不多。我国为提高人均绿地面积，经过长期努力，取得了较大的进步，据《2009 年中国国土绿化状况公报》显示，我国城市人均拥有公园绿地面积 9.71 m²，但仍然与联合国标准相差甚远。

6) 乡镇生态问题严重

乡镇生态问题以及其对城市生态系统的冲击是我国社会经济发展过程中的特殊问题。我国乡镇生态问题较为严重，乡镇企业造成的污染，已成为区域环境质量和流域环境质量下降的主要因素之一，且已对城市生态系统形成不利的影响。改革开放以来，在我国的一些经济发达地区，乡镇企业成为重要的支柱产业之一。城市产业结构和功能布局调整的重要的环节和步骤之一是一些受污染的厂被迁出城市。所以，从某种意义上说乡镇企业的发展实际是城市产业在空间上的迁移的表现。乡镇工业大多利用本地资源，就地取材，设点办厂，在发展过程中又受到行政管理区划的限制，形成了各镇为政、各村为政的分散格局。分散布局虽然可以充分利用广大农村的环境容量，但由于工厂企业数量多、分布广，从而使得原来相对集中于城市的污染源扩散为整个区域内的交叉面积污染，越来越多的农田、草地、林地、河流和湖泊遭受严重污染。主要原因有：工厂规模小，净利润低，难以进行必要的环保投资；企业效益低下，资源浪费严重；乡镇工业高污染负荷比企业比重大，调整困难；生产工艺落后，设备陈旧，能耗高，资源利用率和重复利用率低。

2. 城市生态空间研究方法

城镇生态空间的基本研究方向包括空间生态位分析、空间干扰分析、空间特性分析等。空间生态位分析是基于 Grinell 的生态位理论和扩展生态位、王如松的城市生态位等的研究。城市生态位与景观生态位密切相关，王如松把城市生态位分为生产生态位和生活生态位；空间干扰分析主要研究空间个体、种群等在干扰下的动态特征及其抗干扰和恢复能力。城镇生态空间景观是由环境基质和干扰体系综合作用的结果。Bazza 认为，干扰是景观单元本底资源的突然性变化，可以用种群反应的明显改变来表示。城镇空间干扰包括诸如：自然干扰、随机性干扰、规律性干扰、瞬时干扰和长期干扰、局部干扰与全局干扰等；空间特性分析主要研究城镇生态位空间异质性、时空偶合性和空间进化发展的基本机制，从空间现象、空间过程、空间关系等诸方面入手。空间现象侧重解释空间个体、种群等的空间分布特征、空间形态、状态等；空间过程侧重研究空间变化的动态过程，包括短时间尺度上的空间生长和长时间尺度上的空间进化、演替两方面；空间联系主要研究各类空间单元的相互关系，这些关系通过各种可见与不可见的网络、力场等相互作用。

综合以上三个研究方向，可建立各个侧重点不同的研究框架。以下的方法体系，是立足于空间沿时序轴发展过程分析，对城镇生态空间规律加以探讨。

（1）空间形态，分析城镇空间的结构单元，即决定城镇空间形态的基本要素，包括生活型、层片、中心、边界、优势型和网络。

（2）空间状态，城镇生态空间的最基本状态是集聚与分散运动。集聚与分散是城镇生态空间运行的根本动力，可以分为三个基本效应，即空间溢出效应、空间规模效应和空间分化效应。

（3）空间动态，其实质就是溢出效应、规模效应和分化效应沿时间轴的综合作用结果。空间系统是一个周期性振荡过程，总是沿着能耗减少（熵的产生而非积累）方向生长，逐渐形成高度有序的结构，这一过程是空间序周期增加的过程。

3. 城市生态系统综合评价

城市生态系统评价基本上有两方面的内容：城市生态环境现状评价和城市发展对生态环境的综合影响评价。城市生态环境现状评价应全面对城市自然本底、功能本底和包括大气、水质、土壤、植被、地质、地貌等环境本底状况进行调查，掌握城市生态特征，并做出相应的定量、定性评价。城市发展对生态环境的综合影响评价是根据城市经济社会发展短期和长期计划，以城市生态环境质量为目标，讨论城市经济建设投产后对生态环境各要素的影响，通过分析、比较、推论和综合，对城市生态环境质量做出预测评价。

城市生态系统评价指标体系主要有两类，即"经济—社会—生态"指标体系和"人口—能源、交通—自然环境—社会—经济"指标体系。"经济—社会—生态"指标体系是王发曾提出，包括经济发展水平、社会生活水平和生态环境质量三个方面。而"人口—能源、交通—自然环境—社会—经济"指标体系则由人口、能源交通、自然环境、社会福利和经济发展五个方面构成。

城市生态系统评价方法主要有模糊评价和层次分析法两种。模糊评价法是基于模糊数学基础上的。如"经济—社会—生态"指标体系就是应用了模糊评价法对城市生态系统进行评价。包括静态评价和动态评价两类。静态评价是指对一个或多个系统在某一时间断面上发展水平的综合评价。动态评价是指对单个系统在某一时间序列内发展水平动态变化的综合评价。层次分析法（analytic hierarchy process，AHP）由美国运筹学家、匹兹堡大学教授 Saoty 于 20 世纪 70 年代提出。层次分析法能把复杂问题中的各种因素通过或分为相互联系的有序层次使之条理化，并能把数据、专家意见和分析者的客观判断直接而有效地结合起来。就每一层次的相对重要性给予定量表示。然后，利用数学方法确定表达每一层次全部元素的相对重要性次序的权值，通过排序结果分析、求解所提出的问题。层次分析法目前已广泛用于经济计划、企业管理、资源分配、环境保护、政策评价、国际关系等许多领域，如"人口—能源、交通—自然环境—社会—经济"评价指标体就是应用层次分析法对某市的城市生态系统进行的综合评价。

9.4　城市生态规划

9.4.1　城市生态规划概述

(1) 城市生态规划定义。城市生态规划 (urban ecological planning) 是在遵循生态学原理和城市规划原则的前提下，对城市生态系统的各项开发与建设做出科学合理的决策，从而能动地调控城市居民与城市环境的关系。其科学内涵强调规划的能动性、协调性、整体性和层次性，倡导社会的开放性、经济的高效性和生态环境的和谐性；其过程包括界定问题、辨识组分及相互关系、适宜度分析、行为模拟、方案选择、可行性分析、运行跟踪及效果评审等步骤。最终结果应给城市有关部门提供有效的可供选择的决策支持。

(2) 城市生态规划目标。城市生态规划的目的是利用城市的各种自然环境信息、人口与社会文化经济信息，根据城市土地利用生态适宜度的原则，为城市土地利用决策提供可供选择的方案。它以城市生态学和生态经济学的理论为指导，以实现城市的生态和环境目标值为宗旨，采取行政、立法、经济、科技等手段，提供城市生态调控方案，以维持城市系统动态平衡，促使系统向更有序、稳定的方向发展。其目标主要有：致力于城市人类与自然环境的和谐共处，建立城市人类与环境的协调有序结构；致力于城市与区域发展的同步化；致力于城市经济、社会、生态的可持续发展。

(3) 城市生态规划内容。城市生态规划在内容上大致可以分为：人口适宜容量规划、土地利用适宜度规划、环境污染防治规划、生物保护与绿化规划、资源利用保护规划等。

(4) 城市生态规划原则。城市生态规划的研究对象是城市生态系统，它既是一个复杂的人工生态系统，又是一个社会-经济-自然复合生态系统，但它绝非三部分的简单加和，而是一种融合与综合，是自然科学与社会科学的交叉，又是时间和空间的交叉。因此，进行城市生态规划，既要遵守自然生态原则、经济生态原则和社会生态原则，又要遵循复合系统原则。

9.4.2　城市生态规划步骤

目前，国内外城市生态规划还没有统一的编制方法和工作规范，但不少专家学者对此已做过不同层次的研究。美国华盛顿大学的 Sreiner (1981) 曾提出了资源管理生态规划的七个步骤：①确定规划目标；②资源数据清单和分析；③区域的适宜度分析；④方案选择；⑤方案实施；⑥规划执行；⑦方案评价。

我国学者孔繁德认为：城市生态规划的出发点和归宿点是促进和保持城市生

态系统的良性循环。城市生态系统的状态是由系统的结构和功能所决定的，而系统的功能又取决于系统的结构。要改善城市生态系统的状态就必须从调整城市生态系统的结构入手。而合理布局则是调控城市生态系统结构的关键环节。合理布局的实质是通过合理地调整城市的生态结构来调控人口流、物质流、能量流、信息流和价值流，达到维持城市生态平衡的目的。因此，合理布局应当成为城市生态规划的首要内容，包括：根据城市生态适宜度配置相应的产业结构，进行工业的合理布局；合理调整人口密度及其分布，调整能耗密度、建筑密度及其分布；搞好园林绿化，设计城市绿化系统，包括绿地覆盖率及其分布，人均指标，各类绿地及种群的组合等。

　　我国学者王祥荣提出了城市生态规划的一般程序（图 9.10）。

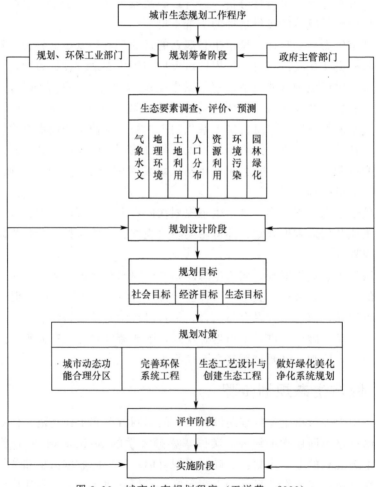

图 9.10　城市生态规划程序（王祥荣，2000）

9.5　城市生态设计

9.5.1　城市生态设计概念

城市生态设计是一类新型的城市设计，它是基于城市复合生态系统的理论，对城市系统中的土地利用进行最优组合，对城市系统中的各种景观（包括自然景观、建筑景观、社会景观和历史文化景观等）进行美化，尤其强调能量的有效利用与节能、城市的绿化空间、自然生态环境的保护和交通的一体化建设。

9.5.2　城市生态设计原则

1. 因地制宜的原则

从本质上讲，城市生态设计是为地方设计的，它必须充分反映当地的气候特征、土地类型、水资源状况和风俗习惯等。因此，当地的知识对于城市的生态设计是至关重要的，它提供了有关气候、植物、动物、土壤、水流等方面专门的信息以及传统文化中可持续性的部分，对生态设计是适用的。而这些知识主要来自于当地群众和资料记载。对城市建设和发展过程中出现的那些复杂性的反应及蝴蝶效应，也必须依据当地条件，根据城市复合生态系统理论加以区别，并区别利用。

另外，应有目的地把城市可持续发展的思想带入每个家庭，即融入日常生活中，包括孩子的教育。通过建立可持续的社区，达到促进城市可持续发展的目标。

2. 生态审计原则

城市生态审计包括对城市生态系统中的森林、矿物、大气、水和土壤等自然财富进行经济学定量，对城市中工业过程的各种生态效应进行经济损失计量，例如二氧化硫与酸雨、二氧化碳与温室效应、工业污水排放与水体污染、生活垃圾堆放与土地侵占等。城市生态审计是城市生态设计的主要分析工具，在工业过程、产品、建筑物、社区或国家等不同的层次水平上，为城市生态环境影响的评价提供了一个逻辑连贯的框架。

作为城市生态审计的特殊形式，生命循环分析是对材料、能量和有毒物在整个使用期所产生的生态效应进行分析。例如，制造某种材料及其相关的产品需要多少能量？把建筑材料从生产地运输到建设地用了多少能量？这种材料是否容易从当地获取？这种材料是否容易进行共循环？在制造、安装等过程中产生多少废弃物？有没有更好的方法处理建筑及其他废弃物？等等。

城市生态审计要求必须全面考虑，通盘计价。其中，电流涉及热电厂、核电厂、水电、制热、风能和太阳能等各个方面；垃圾流包括收集、填埋、处理以及填埋气的产生和利用；天然气流主要是天然气的开发和利用；污水流包括生活污水和工业污水的产生、处理和危害；水流包括降水（雨、雪）、河水、地下水、雪融水；食物流主要是蔬菜、水果、肉类、粮食等。

3. 与自然相融原则

人类是自然的一个组成部分，应该与自然成为伙伴。因此，设计需要与生活的自然世界相协调、相融洽。实践证明，这是一个减少生态破坏和环境不良影响的战略手段。人在自然中，自然在人中，人和自然应该是一个相辅相成的关系，不可分割。

设计与自然相融的原理要求把废弃物等同于食物。例如，牧草在太阳光的作用下，把二氧化碳和水作为食物进行同化；对于牧草来说，它则作为牛或羊的食物；牛或羊的排泄物又进一步成为土壤的养分。如此循环往复，基本上不存在什么废弃物。对于城市中的商业过程、工业过程和建设过程，也是一样。把废弃物转化为食物的战略，在城市设计中是非常必要的。用人工湿地处理污水的方法，就是这种思想的体现，它避免了传统污水处理方法的某些不足。

设计与自然相融的原理还要求对生物多样性进行最大限度的保护。对于城市系统，主要是指物种的多样性。这种多样性在小区或社区水平上，则体现为生态系统的多样性。生物多样性和文化多样性紧密相连，互相促进，因为生态系统的多样性不仅是自然的特性和生态稳定性的基础，而且还促使生活方式和文化的多样化。

4. 公众参与原则

在生态设计过程中，应倾听每个人的意见。其一，这是培养设计智能的需要。因为在人们的日常生活中，在与居民的接触中，通过交谈，可以获得一些设计创新的线索。不仅如此，还可以采用"生态设计社区专题讨论会"或者举行"社区生态设计比赛"等积极的形式进行。其二，就社区设计来说，设计并不是中性的，它要受到政治胁迫和经济压力的影响。为了尽量减少这方面的冲击，设计必须加入民主的成分。

5. 使自然可见

有效的设计有助于人类认识自己在自然界中的位置，那种脱离自然、远离自然的城市会阻止城市居民对生物的喜爱，从而容易滋生许多破坏环境的不良习惯和行为。在生态设计中最为重要的方面，是要充分理解自然，把自然系统尽量地放大。与此同时，使城市中那些暴露的系统（建筑物、街道、广场等）与过程（工业过程）尽量从人们的视线中消失，是自然生态系统得到充分的展示和显露。

9.6　城市生态建设与调控

9.6.1　生态城市及其衡量标志

1. 生态城市概念

生态城市是一个经济发达、社会繁荣、生态保护三者保持高度和谐，技术与自然达到充分融合，城乡环境清洁、优美、舒适，从而能最大限度地发挥人的创造力与生产力，并有利于提高城市文明程度的稳定、协调、持续发展的人工复合系统。它是人类社会发展到一定阶段的产物，也是现代文明在发达城市中的象征。建设生态城市是人类共同的愿望，其目的就是让人的创造力和各种有利于推动社会发展的潜能充分释放出来，在一个高度文明的环境里造就更高的生产力。在达到这个目的过程中，保持经济发展、社会进步和生态保护的高度和谐是基础。只有在这个基础上，城市的经济目标、社会目标和生态环境目标才能达到统一，技术与自然才有可能充分融合。各种资源的配置和利用才会最有效，进而促进经济、社会与生态效益的同步增长，使城市环境更加清洁、舒适，景观更加优美。

2. 生态城市的衡量标志

衡量生态城市的标志应该是综合效益最高，风险最小，存活机会最大。即在生态城市的条件下，人们在各种社会经济活动中所耗费的活劳动和物化劳动不仅能通过城市经济系统获得较大的经济成果，而且能保持城市生态系统的动态平衡和提高社会系统的层次与文明程度；同时，大大降低因自然灾害等外部力量的影响和由于生态环境遭破坏或暂时失衡而产生的各种风险；并给予作为城市主体的人的生活和其他动植物与微生物的生存提供良好的环境。具体标志有：高效益的转换系统（自然物质投入少，经济物质产出多，废弃物排放少），高效率的流（物流、能源流、信息流、价值流和人流）系统，高质量的环境状况，多功能、立体化的绿化系统，高质量的人文环境，高水平的管理功能（包括人口控制、资源利用、社会服务、劳动就业、治安防灾、城市建设、环境整治等）。

9.6.2　城市生态建设

（1）城市生态建设概念。城市生态建设是运用环境科学和生态学原理的理论和方法，以空间的合理利用为目标，以建立科学的城市人工化环境措施去协调人与人、人与环境的关系，协调城市内部机构与外部环境之间的关系，使人类在空间的利用方式、程度、结构、功能等方面与自然生态系统相适应，为城市人类创造一个安全、清洁、美丽、舒适的工作、居住环境。它是在城市生态规划的基础上进行的具体实施城市生态规划的建设性行为，城市规划的一系列目标、设想，通过城市建设能够得到逐步实现。同时城市生态建设是在对城市环境质量变异规律深化认识的基础上，有计划、有系统、有组织地安排城市人类今后相当长一段时间内活动的强度、广度和深度的行为。

（2）城市生态建设基本思路。树立生态经济优先的观点，把城市生态环境保护与建设放在城市经济社会发展的主要地位，在建设生态城市的过程中，以生态区划为指导，发展市场为动力，强化环保为手段，普及绿化为保障，开拓生态农业为依托，建立生态小区为模式，加强宏观管理为条件，通过对生态建设的持续投入，来实现城市经济增长和生态建设同步进行，使市经济社会现代化和城市生态化的进程协同推进。

（3）城市生态建设内容。城市现实存在的生态问题决定了城市生态建设的内容，而人类自身繁衍过度导致对资源的过度利用和环境超负荷承载而产生的生态问题以及人类经济活动产生的环境污染问题又是城市生态问题的产生的根源。因此城市生态建设应包含城市生态建设影响因素、生态城市及生态小区建设、森林生态和绿地生态建设、自然生态系统保护、水环境生态建设、环境保护工程建设、可持续发展指标体系建设等。

但从广义的角度而言，城市生态建设除包括以上内容外，还应包括有关城市人口、经济、社会等领域。

9.6.3　城市生态调控

1. 城市生态调控原理

社会生态系统与自然生态系统一样都有着某些相应的动态规律。这些动态规律反映了系统内各组分间的相互依赖、相互制约的矛盾关系，协调好系统的各种生态关系，就能把系统调控到最优运行状态，在城市生态的调控中需要把握好如下两个原理。

（1）功能高效原理。城市生态系统的物质代谢、能量流动和信息传递关系，不是简单的链和环，而是一个环环相扣的网，其中网结和网线各司其能，各得其所。一个高效的城市生态系统，其物质能量得到多层分级利用，废物循环再生，各部门、各行业间共生关系发达，系统的功能、结构充分协调，系统能量损失最小，物质利用率最高。其生态原理包括：循环利用原理、开拓边缘原理和共生原理。

（2）最优的协调原理。使城市生态系统协调发展是城市生态调控的核心。它包括城市各项人类活动与周围环境相互关系的动态平衡，即城市的生产与生活、市区与郊区、城市的人类活动强度与环境的负载能力以及城市的眼前利益与长远利益、局部利益与整体利益，城市发展的效应、风险与机会之间的关系平衡等。维持城市生态平衡的关键在于增强城市的自我调节能力，这需要把握好最适功能原理和最低限制因子原理。

2. 城市生态调控的途径与方法

1）生态工艺的设计与改造

城市生态工艺（urban ecological technology）是指根据自然生态最优化原理设计和改造城市工农业生产及生活系统的工艺流程，以提高城市生态系统的经济、生态效益。其内容包括能源结构的改造（如太阳能、自然能和生物能的开发和利用，矿物能的有效利用），物质资源的利用（野生动植物、微生物的利用，食物、饲料结构的改造和替换），物质循环与再生（物质能量的多层分级利用、废物再生、生物自净、无污染工艺等），共生结构的设计（图 9.11），资源开发管理对策（育大于采、原材料就地加工），化学生态工艺（重点污染行业的改造）以及景观生态设计等。

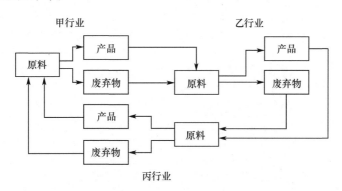

图 9.11　行业之间的共生结构示意图（沈清基，1998）

2）共生关系的规划与协调

共生关系的规划与协调就是运用系统科学方法、计算机工具和专家的经验知识，对城市生态系统的结构与功能、优势与劣势、问题与潜力等进行识别、模拟和调控，为城市规划、建设和管理提供决策支持的一种软科学研究过程。其目标是调整、改革城市管理体制，增加和完善城市共生功能并改善城市决策手段，建立灵敏有效的决策支持系统。

我国学者秦大唐、赵彤润进行了北京城市生态系统仿真模型研究，该模型能够模拟北京城市生态系统整体的动态行为，并具有仿真与预测的功能，为探讨北京城市生态系统内部各子系统之间的相互反馈关系、探讨其整体的动态行为及趋势提供了可靠的保证，也为城市生态调控打下了坚实的方法论基础。

3）生态意识的普及与提高

生态意识（ecological consciousness）是指对生态知识及生态系统正常运转意义等的认知和维护心理，包括认识生态规律、维护生态平衡、抵制生态破坏等。生态意识的普及与提高其目的是在管理部门和城市居民中提倡"生态哲学"和"生态美学"，克服决策、管理、经营中的各种随意性，从根本上提高城市生态系统自我组织、自我调节能力。

从广义的角度，将生态意识放到人类社会及包括城市在内的人类聚居地的可持续发展的高度来认识。生态意识应包括如下含义：生态化的人与自然观，生态化的科学价值观，生态化的经济观，生态化的绿色价值观和保护生态的多样性。

第 10 章　景观生态与区域生态建设

景观（landscape）是空间异质性区域，由斑块（不同类型的生态系统）组成，最简单的地域单元结合在一起所组成的复杂地域系统。景观实际上就是在空间上不同生态系统的聚合。

景观生态学（landscape ecology）是研究在一个相当大的区域内，不同景观空间结构、相互作用、协调功能及动态变化的一门生态学新分支。景观在自然等级系统中一般认为是属于比生态系统高一级的层次。景观生态学以整个景观为研究对象，强调空间异质性的维持与发展、生态系统之间的相互作用、大区域生物种群的保护与管理、环境资源的经营管理以及人类对景观及其组分的影响。

1938 年德国地植物学家特罗尔（Carl Troll）首先提出了景观生态学的概念。作为一门学科，景观生态学是于 20 世纪 60 年代在欧洲形成的。早期欧洲传统的景观生态学主要是区域地理学和植物科学的综合。土地利用规划和决策一直是景观生态学的重要研究内容。景观生态学直到 80 年代初才在北美受到重视，并成为一门快速发展的学科。

景观生态学的研究重点如下。

（1）空间异质性或格局的形成和动态及其与生态学过程的相互作用。

（2）格局—过程—尺度之间的相互关系。

（3）景观的等级结构和功能特征以及尺度推绎问题。

（4）人类活动与景观结构、功能的相互关系。

（5）景观异质性（或多样性）的维持和管理。

10.1　景观生态学基本原理

10.1.1　空间分异性

空间分异性是一个经典地理学理论，有人称之为地理学第一定律，而生态学也把区域分异作为基本原则之一。空间分异实质是一个表述分异运动的概念。首先是圈层分异，其次是海陆分异，再次是大陆与大洋的地域分异等。地理学通常把地理分异分为地带性、地区性、区域性、地方性、局部性、微域性等若干级别。生物多样性是适应环境分异性的结果，因此，空间分异性与生物多样化是同一运动的不同理论表述。

10. 1. 2　空间异质性

空间异质性（spatial heterogeneity）的理论内涵是：景观组分和要素，如基质、镶块体、廊道、动物、植物、生物量、热能、水分、空气、矿质养分，等等，在景观中总是不均匀分布的。具体地讲，空间异质性一般可理解为是空间斑块性（patchiness）和梯度（gradient）的总和，而斑块性主要强调斑块和种类组成特征及其空间分布与配置关系。空间格局、异质性和斑块性在概念上和实际应用中都是相互联系，但又略有区别的一组概念。最主要的共同点在于它们都强调非均质性以及对尺度的依赖性。由于生物不断进化，物质和能量不断流动，干扰不断，因此景观永远也达不到同质性的要求。日本学者丸山孙郎从生物共生控制论角度提出了异质共生理论。这个理论认为增加异质性、负熵和信息，可以解释生物发展过程中的自组织原理。在自然界生存最久的并不是最强壮的生物，而是最能与其他生物共生并能与环境协同进化的生物。因此，异质性和共生性是生态学和社会学整体论的基本原则。

10. 1. 3　格局与过程

景观生态学中的格局，往往是指空间格局，即斑块和其他组成单元的类型、数目以及空间分布与配置等。空间格局有多种形式，详细的景观结构特征和空间关系可通过一系列景观指数和空间分析方法加以定量化。与格局不同，过程则强调事件或现象发生、发展的程序和动态特征。景观生态学常常涉及的生态学过程包括种群动态、种子或生物体的传播、捕食者和猎物的相互作用、群落演替、干扰扩散、养分循环，等等。

10. 1. 4　斑块-廊道-基质模式与空间镶嵌理论

Forman 和 Godron（1986）认为，组成景观的结构单元不外有 3 种：斑块（patch）、廊道（corridor）和基质（matrix）。所谓景观空间结构，实质上就是斑块-廊道-基质的镶嵌结构，景观生态学的核心问题就是景观镶嵌体如何影响生态学过程。基于长期以来许多领域的研究成果，尤其是岛屿生物地理学和群落斑块动态研究，近年来，以斑块、廊道和基质为核心的一系列概念、理论和方法已逐渐成了现代景观生态学的一个重要方面。Forman（1995）称之为景观生态学的斑块-廊道-基质模式（patch-corridor-matrix model）。这一模式为我们提供了一种描述生态学系统的"空间语言"，使得对景观结构、功能和动态的表述更为具体、形象。而且，斑块-廊道-基质模式还有利于考虑景观结构与功能之间的相互关系，比较它们在时间上的变化。然而，必须指出，在实际研究中，要确切地区分斑块、廊道和基质有时是很困难的，也是不必要的。广义而言，把所谓基质看作是景观中占绝对主导地位的斑块亦未尝不可。另外，景观结构单元的划分总是与观察尺度相联系，所以斑块、廊道和基质的区分往往是相对的。例如，某一尺度上的斑块可能成为较小尺度上的基质，或许又是较大尺度上廊道的一部分。

10.1.5　自然等级理论

等级理论（hierarchy theory）认为，任何系统皆属于一定的等级，具有一定的时间和空间尺度。所谓等级结构是指对于任何等级结构的生物系统，它们都是由低一级的水平上的组分组成，每一组分又是该等级水平上的整体。根据等级理论，复杂系统具有离散性等级层次。一般而言，处于等级结构中的高层次的行为或动态常表现为大尺度、低频率、慢速度的特征；而低层次行为或过程的特征，则表现为小尺度、高频率、快速度。不同等级层次之间具有相互作用的关系，即高层次对低层次有制约作用，低层次则为高层次提供机制和功能。一方面，由于高层次信息低频率、慢速度的特点，这些制约在分析研究中往往可表达为常数。就另一方面而言，由于其快速度、高频率的特点，低层次的信息则常常只需要以平均值的形式来表达（相当于滤波效应）。等级系统具有垂直结构（等级层次）和水平结构。就其垂直结构而言，有巢式和非巢式等级系统。在巢式系统中，每一层次均由其下一层次组成，二者具有完全包含与被包含的对应关系（例如，分类等级系统：界-门-纲-目-科-属-种；军队组成单元系统：军-师-旅-团-营-连-排-班-兵）。在非巢式系统中，不同等级层次由不同实体单元组成，因此上下层之间不具有包含与被包含的关系（如军队官衔等级系统：司令-军长-长-旅长-团长-营长……）。一方面，在巢式系统中，高层次的特征常常可由低层次的特征来推测，而这一规律在非巢式系统中则不常见。从另一方面而言，只在高层次上才表现出来的整合特征或聚现特征（emergent property）现象在非巢式系统中更易观察到。就等级系统的水平结构而言，每一个层次由不同的亚系统或整体元（holon）组成。整体元具有两面性或双向性，即对其低层次表现出相对自我包含的整体特性，对其高层次则表现出从属组分的受限特性。必须指出，等级系统垂直结构层次的离散性并非绝对，往往是人们感性认识的产物。而这种分析方法给研究复杂系统带来方便，但就其实质而言，有些等级系统的垂直层次可能有连续性。

等级理论最根本的作用在于简化复杂系统，以便达到对其结构、功能和行为的理解和预测。许多复杂系统，包括景观系统在内，大多可视为等级结构。将这些系统中繁多相互作用的组分按照某一标准进行组合，赋予层次结构，是等级理论的关键一步。某一复杂系统是否能够由此而化简或其化简的合理程度常称为系统的可分解性（decomposability）。显然，系统的可分解性是应用等级理论的前提条件。用来分解复杂系统的标准常包括过程速率（如周期、频率、反应时间等）以及其他结构和功能上表现出来的边界或表面特征（如不同等级植被类型分布的温度和湿度范围，食物链关系，景观中不同类型斑块边界）。基于等级理论，在研究复杂系统时一般至少需要同时考虑三个相邻层次：核心层次、其上一层次和其下一层次（图 10.1）。只有如此，才能较全面地了解、认识和预测所研究的对象。近年来，等级系统理论对景观生态学的兴起和发展起了重大作用。其最为突出的贡献在于，它大大增强了生态学家的"尺度感"，为深入认识和理解尺度的重要性以及发展多尺度景观研究方法起了显著的促进与指导作用。

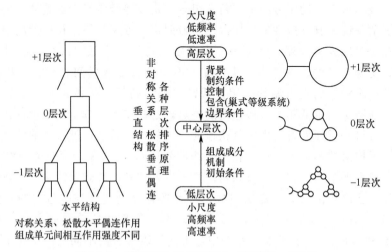

图 10.1　等级理论的主要概念（邬建国，1999）

10.1.6　尺度和尺度效应

尺度这一术语通常用于指观察或研究的物体或过程的空间分辨度（resolution）和时间单位。尺度指在研究某一物体或现象时所采用的空间或时间单位，或指某一现象或过程在空间和时间上所涉及的范围和发生的频率。尺度往往以粒度（grainsize）和幅度（extent）来表达。时间粒度指某一现象或事件发生的频率或时间间隔；空间粒度指景观中最小的可辨识单元所代表的特征长度、面积或体积。幅度是指研究对象在空间或时间上的延续范围。从生态学的角度来说，尺度是指所研究的生态系统的面积大小，或者指所研究的生态系统动态的时间间隔。在景观生态学中，人们往往需要利用某一尺度上所获得的信息或知识来推测其他尺度上的特征，这一过程称为尺度推绎（scaling）。由于生态系统的复杂性，尺度推绎往往采用计算机模拟和数学模拟作为重要工具（Wu et al.，2006）。盲目地用微观实验结果推论宏观运动和代替宏观规律，可能导致错误的结论。景观格局和异质性都随尺度变化，一个尺度的同质景观，随尺度的改变成为异质景观。景观最小斑块随尺度的增大而发生类型的转化与面积增大，景观多样性指数相应减少的现象称为尺度效应（scale effect）。

10.1.7　缀块动态和复合种群理论

等级缀块动态理论强调自然干扰体系的维持对于许多自然生态系统的持续性和复合稳定性的必要性和制约性。各种各样的原因导致了生物种群栖息地的破碎化，从而形成了一个个在空间上具有一定距离的生境斑块，使得一个较大的生物种群被分割成为许多小的种群。Richard Levins 于 1970 年首次定义复合种群是指由经常局部性绝灭，但又重新定居而再生的种群所组成的种群。复合种群（metapopulation）是由空间上相互隔离，但又有功能联系（繁殖体或生物个体的交流）的两个或两个以上的亚种群（subpopulation）组成的种群斑块系统。亚种群生存在生境斑块中，而复合种群的生存环境则对应于景观镶嵌体。"复合"一词正是强调这种空间复合体特征。需要指出的是，所有种群理论有两个基本要点：一是亚种群频繁地从生境斑块中消失（斑块水平的局部性绝灭）；二是亚种群之间存在生物繁殖体或个体的交流（斑块间和区域性定居过程），从而使复合种群在景观水平上表现出复合稳定性。Levins（1969）发展了最早的复合种群动态模型，数学表达式为

$$\frac{\mathrm{d}P}{\mathrm{d}t} = mP(1-P) - eP \tag{10.1}$$

式中，P 为被某一物种个体占据的斑块比例，t 为时间，m 为与所研究物种的定居能力有关的常数，e 为与所研究物种的灭绝速率有关的常数。

这一表达式可以推广到多物种竞争或捕食者与猎物系统（其对应的数学模型则成为微分方程组）。

10.1.8　渗透理论和中性模型

渗透理论（percolation theory）最初是用以描述胶体和玻璃类物质的物理特性的，并逐渐成为研究流体在聚合材料媒介中运动的理论基础。渗透理论最突出的要点，就是当媒介的密度达到一定临界值（critical density）时，渗透物突然能够从媒介的一端到达另一端。对于这些生态学过程而言，是否也存在某种景观连接度临界值，从而产生类似于渗透过程的突变或阈限现象？例如，植被覆盖度达到多少时，流动沙丘则可得以固定？生境面积占有整个景观面积的多少时，某一物种才能幸免于生境破碎化作用而长期生存？

生态学中确实存在不少临界阈限现象。例如，流行病的爆发与感染率、潜在被传染者和传播媒介之间的关系，大火蔓延与森林中燃烧物质积累量及空间连续性之间的关系，生物多样性的衰减与生境破碎化（habitat fragmentation）之间

的变化，都在不同程度上表现出临界阈限特征。此外，害虫种群爆发和外来种侵入过程也表现出类似特征，因此，渗透理论对于研究景观结构（特别是连接度）和功能之间的关系，颇具启发性和指导意义。

自 20 世纪 80 年代以来，渗透理论在景观生态学研究中的应用日益广泛，并逐渐地作为一种景观中性模型（neutral model）而著称。生态学中性模型是指不包含任何具体生态学过程或机制的，只产生数学上或统计学上所期望的时间或空间格局的模型。Carnder 等相应地将景观中性模型定义为"不包含地形变化、空间聚集性、干扰历史和其他生态学过程及其影响的模型"。景观中性模型的最大作用就是为研究景观格局和过程的相互作用提供一个参照系统。通过比较真实景观和随机渗透系统的结构和行为特征，可以检验有关景观格局和过程关系的假设。渗透理论基于简单随机过程，并有显著的而且可预测的阈限特征，因此是非常理想的景观中性模型。它已经被用于研究景观连接度和干扰（如火）的蔓延、种群动态等生态学过程。一般认为，实际景观中的临界景观连接度通常比随机渗透现象中的临界密度要低一些。最近的一些野外实验研究表明，动物个体在景观镶嵌体中的"渗透"不但依赖于景观结构，而且还取决于动物的行为学特征。无疑，这类实验体现了渗透理论对实际研究的指导意义，而且会促进对景观格局和生态学之间的相互作用过程的理解。

10.1.9　生态建设与生态区位理论

景观生态建设是指通过对原有景观要素的优化组合或引入、调整，或构造新的景观格局，以增加景观的异质性和稳定性，从而创造出优于原有景观生态系统的经济和生态效益，形成新的高效、和谐的人工-自然景观。从生态规划角度看，所谓生态区位，就是景观组分、生态单元、经济要素和生活要求的最佳生态利用配置。生态规划就是要按生态规律和人类利益统一的要求，贯彻因地制宜、适地适用、适地适产、适地适生、合理布局的原则，通过对环境、资源、交通、产业、技术、人口、管理、资金、市场、效益等生态经济要素的严格生态经济区位分析与综合，来合理进行自然资源的开发利用、生产力配置、环境整治和生活安排。景观生态学的一个重要任务，就是如何深化景观生态系统空间结构分析与设计而发展生态区位论和区位生态学的理论和方法，进而有效地规划、组织和管理区域生态建设。

10.2　景观的结构

景观结构的基本组成要素包括斑块、廊道和基质，它们的时空配置形成的镶嵌格局即为景观结构。

10.2.1　斑块

美国生态学家 Forman 和法国生态学家 Forman 和 Godron（1990）提出了"斑块-廊道-基质"的景观结构分析模式。斑块指与周围环境在外貌或性质上不同，但又具有一定内部均质性的空间部分。这种所谓的内部均质性，是相对于其周围环境而言的。具体地讲，斑块包括植物群落、湖泊、草原、农田、居民区等。因而其大小、类型、形状、边界以及内部均质程度都会显现出很大的不同。

1．斑块起源

影响斑块起源的主要因素包括环境异质性、自然干扰和人类活动。根据起源可以将其分为以下几类。

（1）环境资源斑块。环境异质性导致环境资源斑块产生。环境资源斑块相当稳定，与干扰无关。例如，裸露山脊上的石南荒原、石灰岩地区的低湿地、沙漠上的绿洲以及山谷内聚集的传粉昆虫等。

（2）干扰斑块。基质内的各种局部干扰都可形成干扰斑块。例如，泥石流、雪崩、风暴、冰雹、食草动物大爆发，哺乳动物的践踏和其他许多自然变化都可能产生干扰斑块。

（3）残存斑块。残存斑块的成因与干扰斑块刚好相反，它是动植物群落在受干扰基质内的残留部分。例如，景观遭火烧时残存的植被斑块、免遭蝗虫危害的植被。

（4）引进斑块。当人们把生物引进某一地区时，就相继产生了引进斑块。

2．斑块大小

斑块内部和边缘带的能量和养分存在差异，小斑块的边缘比例高于大斑块。因此，正常情况下，小斑块单位面积上的能量和养分含量不同于大斑块。斑块越大，其生境多样性亦越大，因此大斑块可能比小斑块含有更多的物种。把一个大斑块分割成两个小斑块时会阻碍某些干扰的扩散。将一个大斑块分割成两个小斑块时内部生境减少，从而会减小内部种的种群和丰富度。大斑块中的种群比小斑块中的大，因此物种绝灭概率较小。大面积自然植被斑块可保护水体和溪流网络，维持大多数内部种的存活，为大多数脊椎动物提供核心生境和避难所。小斑块（自然形成，而非环境破碎产生）可作为物种迁移的踏脚石，会拥有大斑块中缺乏或不宜生长的物种。

3．斑块形状

（1）圆形和扁长形斑块。圆形斑块与相同面积的矩形斑块相比具有较多的内部面积和较少的边缘，相同面积的狭长斑块则可能全是边缘。较高的内缘比例可促进某些生态过程，而较低的内缘比例可增强其他重要过程。形状的功能效应主要取决于景观内斑块长轴的走向。因为它往往代表着某些景观流的走向。

（2）环状斑块。环状斑块内部种相对稀少。森林采伐可形成环状带，其结果是边缘带增加，内部种减少。

（3）半岛。景观中最常见的斑块形状呈狭长状或凸状外延，称之为半岛。它们起到景观内物种迁移通路的作用，因而实际上可能是物种迁移的"漏斗"或"聚集器"。在半岛的顶端，动物路径密度较大，显示出漏斗效应。相反，半岛对其两侧斑块也起到一种屏障作用。

具有多种生态学效益的斑块形状通常具有一个近圆形的核心区、弯曲边界和有利于物种传播的边缘指状突出。斑块的长轴与生物传播的路线平行时，其再定居概率较低；垂直时，再定居概率较高。斑块的形状越曲折，斑块与基质间的相互作用就越强。

10.2.2　廊道

廊道（corridor）是指景观中与相邻两边环境不同的线性或带状结构。几乎所有的景观都会被廊道分割，同时又被廊道连接在一起。廊道是线形的景观单元，具有通道和阻隔的双重作用。此外，廊道还有物种过滤器、某些物种的栖息地以及对其周围环境与生物产生影响的影响源的作用。常见的廊道包括农田间的防风林带、河流、道路、峡谷和输电线路等。廊道类型的多样性导致了结构和功能的多样化，其重要结构特征包括：宽度、组成内容、内部环境、形状、连续性以及与周围斑块或基质的作用关系。廊道常常相互交叉形成网络，使廊道与斑块和基质的相互作用复杂化。

1. 廊道起源

根据廊道的起源可以将其分为以下几类。

（1）干扰廊道。由带状干扰所致，如线性采运作业、铁路和动力线通道等。

（2）残存廊道。是周围基质受到干扰后的结果，如采伐森林所留下的林带。

（3）环境资源廊道。是由环境资源在空间上的异质性线形分布形成的，如河流廊道和沿狭窄山脊的动物路径。

（4）种植廊道。如防护林带、高速公路或树篱，都是由于人类种植形成的。

（5）再生廊道。是指受干扰区内的再生带状植被，如沿栅栏长成的树篱。

2. 廊道的结构特征

廊道的结构特征包括如下几点。

（1）曲度。一般廊道越直、距离越短，生物在景观中两点间的移动速度就越快。而经由蜿蜒廊道穿越景观则需要很长时间。

（2）宽度。根据宽度的不同有带状、线状廊道等。

（3）连通性。连通性是指廊道如何连接或在空间上怎样连续的量度，可简单地用廊道单位长度上间断点的数量表示。

（4）内环境。在沿着廊道的方向，由于廊道在景观中延伸一段距离，其两端往往也存在差异。一般来说都有一种梯度，即物种组成和相对丰度沿廊道逐渐变化。这个梯度可能与环境梯度或入侵—灭绝格局相关，也可能是干扰的结果。

廊道有三种基本类型：线状廊道、带状（窄带）廊道和河流（宽带）廊道。线状廊道主要由边缘种组成。线状廊道（如小道、公路、树篱、地产线、排水沟、铁路、堤堰、输电线、草本或灌木丛带及灌渠等）是指全部由边缘物种占优势的狭长条带。受基质条件影响明显，如基质物种、土壤、风、人类活动。带状廊道较宽，每边都有边缘效应，足可包含一个内部环境。带状廊道的生态差异、宽度不同带来的功能不同，具有重要的功能意义。例如，超高速公路、宽林带、宽动力线（输电线）。Harris 和 Scheck 认为生态廊道较宽为好，廊道必须与种源栖息地相连接，因此必须有足够的宽度。俞孔坚等认为若保护一般动物，廊道宽度 1km 左右，而大型动物则需几千米。宽度效应有明显的阈值，对宽为 3～20m 的 30 个树篱的研究表明，物种多样性与森林草本植物呈显著的线性相关。3～12m 物种多样性无明显差别，大于 12m 多样性和丰度较高，内部种明显上升，边缘种影响不大。河流廊道中一些物种能顺利地沿河漫滩迁移，却不适应河漫滩的高土壤含水量或定期洪泛的环境，这些物种同时还需要河岸上部的高地环境，即边缘环境。岸边具有宽而浓密植被缓冲带的河流廊道能更好地减少来自周围景观的各种溶解物污染，保证水质。维持两岸高地的植被，提供内部种生境；要保证沿河流方向至少有非连续性植被覆盖，以减缓洪水影响，并为水生食物链提供有机质，为鱼类和平原稀有种提供生境。河流两旁植被带的宽度和长度共同决定河流的生态学过程，不间断的河岸植被廊道能维持诸如水温低、含氧高的水生条件，有利于某些鱼类生存。廊道与相邻斑块的对比度与其中的物种流有关，在多数情况下，只要廊道和斑块的植被结构相似就可以满足内部种在斑块间运动的需要；但若能使廊道与斑块间在植物区系方面也相似，其效果会更好。在廊道间或没有廊道的地方，加设踏脚石（stepping-stone）可增加景观连接度，并可增加内部种在斑块间的运动。

10.2.3　基质

基质是指景观中分布最广、连续性也最强的背景结构，常见的有森林基质、草原基质、农田基质、城市用地基质，等等。在许多景观中，其总体动态常常受基质所支配（邬建国，2000）。

1. 基质的判定

具有最大的景观面积，构成景观整体的基本基质，通常基质的面积超过现存的任何其他景观要素类型的总面积。基质的优势种也是景观中的主要种。基质分布范围广、连接度最高，并且是在景观功能上起着优势作用的景观要素类型。相对面积达 50% 以上，超过现存的任何其他景观要素类型的面积总和，面积不及50%，确定附加其他特征。

2. 基质的结构特征

（1）孔隙度。指单位面积的斑块数目，是景观斑块密度的量度，与斑块大小无关。孔隙度提供了了解物种隔离度和动植物种群遗传变异的线索。孔隙度低则基质受斑块影响少，孔隙度适宜则有利于动物觅食养育后代。在林业采伐上，孔隙度关系到采伐成本、工艺设计、森林更新、稳定性和动物生存。林地中孔隙度对住宅区和村庄分布规划有重要意义。当草地的孔隙度较低时，鼠类对草场的影响很小，当孔隙度高时，危害则很大（宗浩等，1991）。

（2）边界形状。指基质与其他景观结构成分之间边界的形态。边界具有过滤功能，可减缓外界对基质内部的影响。大多数自然边缘是曲折、复杂、和缓的，而人工边缘多是平直、简单、僵硬的。生物对平直边界的反应多为沿着方向运动，而弯曲边界促进生物穿越边界两侧的运动。弯曲边界比平直边界的生态效益更高，如可减少水土流失和有利于野生动物活动。凹陷和凸出边缘的生境多样性高于平直边缘，因而其生物多样性也高，但多为边缘种。

（3）动态控制。基质对景观动态的控制程度较其他景观要素类型大。例如，以树篱和农田来说，树篱中乔木树种的果实、种子可被动物或风等媒介传到农田中去，从而使农田失去人的管理之后不久就会变成森林群落，这就表现出树篱对景观动态的控制作用。

10.2.4　景观总体结构

1. 景观空间格局

景观空间格局（landscape spatial pattern）是由斑块、廊道、基质等构成的镶嵌体（mosaic）。肖笃宁（2003），将景观格局分为八种类型（图 10.2），这些格局类型是自然界和人为影响形成的常见格局，相互之间无优劣之分，只有生态功能的不同。

（1）镶嵌格局（mosaic）。由大小相差不多、形状基本规则的斑块构成。其

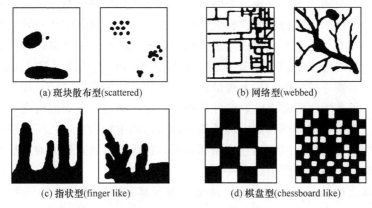

(a) 斑块散布型(scattered)　　　(b) 网络型(webbed)

(c) 指状型(finger like)　　　(d) 棋盘型(chessboard like)

图 10.2　景观格局的基本类型（肖笃宁，1997）

中最规则的就是棋盘型格局，由两种绝对规则分布的组分构成，如平原上的耕作田块，但这种情况不多见。

（2）带状格局（zonation）。由带状分布的要素构成，如全球尺度上的气候带、中等尺度上由气候或湿度造成的山地自然带。

（3）交替格局（alternation）。是反复交替出现的带状格局，如连续沙丘和平行山脉地区重复出现的带状格局。

（4）交叉格局（或称指状格局，interdingited）。不像交替格局那样斑块之间的边界较直，而是呈不规则状，从而使得景观组分之间出现交叉。例如，有些具有复杂结构的景观，大的景观梯度与其他小的、垂直于大梯度延伸方向的梯度结合在一起（如遭受切割的山坡、受破坏的林缘）。

（5）散斑格局（scattered patch）。少数组分出现在占优势的基质内。例如，带有沙漠化斑块或残余林块或者二者兼有的遭到破坏的土地、自然的疏林草原景观。

（6）散点格局（dot）。由点缀在基质里的点状物构成，如平原上的村庄、油田上散布的农田、苇田里的油井等。

（7）点阵格局（dot-grid）。规则分布的点状物，如果园里的果树、其他许多人工种植形成的景观。

（8）网状格局（network）。主要由线状要素构成，规则分布者如农田防护林景观，不规则者如城乡交错的道路。

2. 连接度与连通性

景观连接度（connectivity）是对景观空间结构单元之间连续性及生态过程与功能联系的度量，包括结构连接度和功能连接度（Baudry and Buel，2002），前者是景观在空间上直接表现出来的连续性,后者则与研究对象或过程的尺度有关,如种子传播距离、动物取食和繁殖活动范围、养分循环的空间幅度等,都与景观连续性相互作用,并共同决定景观的功能连接度。一般来讲,当景观连接度较大时,生物群落在景观中迁徙觅食、交换、繁殖和生存较容易,运动阻力较小。廊道是景观连接度的一种表现形式,在生物群体的交换、迁徙和生存中起着重要作用,但斑块之间廊道的数量并非愈多愈好,廊道与景观连接度没有直接关系。因此,在生物多样性保护中,可通过研究不同生物栖息地之间的景观连接度水平来分析生物群体之间的相互作用和联系,进而通过增减廊道的数量或改进其质量来促进生物多样性保护。

景观连通性(connectedness)是指景观元素在空间结构上的联系,从斑块大小、形状、同类斑块之间的距离、廊道存在与否、不同类型树篱之间的相交频率及由树篱组成的网络单元大小等指标上得到反映。景观连接度则要通过斑块之间物种迁徙或其他生态过程发展的顺利程度来反映。因此,具有较高连通性的景观,不一定具有较高的连接度;连通性较小的景观,其景观连接度不一定小。

3. 网络结构

景观网络是联系廊道与斑块的空间实体。影响网络功能的空间结构因素主要包括内部节点、廊道、网络自身的环度与连通度和景观格局特征。景观网络的重要性不仅在于维系内部物种的迁徙,而且还在于其对外围景观基质与斑块的影响。由于空间结构单元的差异,景观网络可进一步区分为廊道网络和斑块网络(傅伯杰等,2001)。其中,廊道网络由节点与连接廊道所构成,分布于基质之上,节点则位于连接廊道的交点或连接廊道之上。廊道网络在形态上又可进一步区分为分枝网络(branching network)和环形网络(circuit network)。斑块网络则是由相互联系的不同斑块所构建。利用不同等级结构的景观功能网络,可有效地对其进行分析研究。通过确立不同尺度的网络功能与结构等级,可促进具有相似功能的景观元素的整合,同时调整具有互斥关系的景观格局,为景观结构合理布局提供依据。

4. 景观的对比度和粒径

对比度(contrast),即相邻景观要素差异程度和过渡的急缓程度。斑块、廊道和基质可以通过许多方式结合,而且这些方式常与人类活动有关,如农业、林业管理和郊区化等活动的主要后果之一是增加了景观对比度。自然形成的景观通常是低对比度的,最典型的是热带雨林。在热带雨林中很难区分植物群丛,大多数物种稀有,只有少数是常见种。从航片上看,地形只有微小起伏。如果人们在雨林中实际考察,又会发现不同地点的植物区系并不相同,常见种往往是聚集状分布，所以热带雨林是一个整体同质但又微观异质的低对比度景观。在一些人迹罕见的干旱地区，由于地貌过程和水蚀、风蚀作用，产生了单调重复的景象，也是低对比度景观的例子。高对比度景观也有自然形成的，尤其是土壤条件起决定作用的景观，如西伯利亚的泥炭地与森林对比强烈，界线分明。半干旱热带地区中的森林-热带稀疏草原交界地区也是高对比度景观，这多半是由于水量分配不均而形成的。

粒径（grain size）是指景观要素的大小。最简单的方法是测定景观要素的面积。例如，Savanna 热带干旱稀疏草原景观的粒径是细小的，因为每一棵树或灌木及其周围的裸地都组成一个斑块；热带雨林景观的粒径较粗大，景观元素可扩展至数平方千米。

10.3　景观生态学数量分析方法

景观生态学近年来发展迅速，除了给生态学带来一些新概念、新理论外，其发展的主要方面表现为数量方法。景观数量方法之所以重要，主要是因为：①景观生态学研究的是以往经典生态学并不十分重视的大时空尺度特征，因此以往的数量化模型不能完全适用；②景观生态学主要研究多变量和复杂过程，一般的数量化方法无法满足需要；③景观生态学大尺度实验的困难，特别是跟踪调查需要的时间长、花费大。但是由于计算机技术的发展，数据处理和分析能力的提高，地理信息系统、遥感技术和模型方法的进步，使得景观生态学家仍然可以通过景观数量方法来描述景观格局和过程。

景观格局数量研究方法分为三大类：主要用于景观组分特征分析的景观空间格局指数、用于景观整体分析的景观格局分析模型，以及用于模拟景观格局动态变化的景观模拟模型。这些景观格局数量方法为建立景观结构与功能过程的相互关系，以及预测景观变化提供了有效手段。

10.3.1　景观空间格局指数

景观空间格局指数包括两个部分：景观单元特征指数、景观异质性指数。

1. 景观单元特征指数

景观单元特征指数又称景观要素特征指数，是指用于描述斑块面积、周长和斑块数等特征的指标。

1）斑块面积

从图形上直接量算，整个景观和单一类型的最大和最小斑块面积分别具有不同的生态意义。

斑块平均面积：整个景观的斑块平均面积＝斑块总面积/斑块总数，单一景观类型的斑块平均面积＝类型的斑块总面积/类型的斑块总数量。用于描述景观粒度，在一定意义上揭示景观破碎化程度。

斑块面积的方差：通过方差分析，揭示斑块面积分布的均匀性程度。

景观相似性指数：类型面积/景观总面积，度量单一类型与景观整体的相似性程度。

2）斑块数

整个景观的斑块数量，单一类型的斑块数量。

3）斑块周长

斑块周长反映了各种扩散过程（能流、物流和物种流）的可能性。

边界密度：整个景观＝景观总周长/景观总面积；类型＝类型周长/类型面积。揭示了景观或类型被边界分割的程度，是景观破碎化程度的直接反映。内缘比例：斑块周长/斑块面积，显示斑块边缘效应强度。

2. 景观异质性指数

景观异质性指数包括多样性指数、镶嵌度指数、距离指数及景观破碎化指数四类。应用这些指数定量描述景观格局，可以对不同景观进行比较，研究其结构、功能和过程的异同。

1）多样性指数

景观多样性指数与生物多样性指数的区别：前者用物种和个体密度进行计算；后者采用生态系统（或斑块）类型及其在景观中所占面积比例。常用的三个景观多样性指数是丰富度、均匀度、优势度。

丰富度：是指在景观中不同组分（生态系统）的总数。

$$R = (T/T_{max}) \times 100\% \tag{10.2}$$

式中，R 为相对丰富度指数（百分数）；T 为丰富度（景观中不同生态系统类型总数），T_{max} 为景观最大可能丰富度。

均匀度：均匀度描述景观中不同生态系统的分布的均匀程度。

$$E = (H/H_{max}) \times 100\% \tag{10.3}$$

式中，E 为相对均匀度指数，H 为修正了的 Simpson 指数，H_{max} 为在给定丰富度 T 条件下景观最大可能均匀度。其中

$$H = -\lg\left[\sum p(i)^2\right] \tag{10.4}$$

$$H_{max} = \lg T \tag{10.5}$$

$p(i)$ 为生态系统类型 i 在景观中的面积比例，T 是景观中生态系统的类型总数。

优势度：决定某一拼块类型在景观中的优势，也称优势度值（D_o）。优势度值由密度（R_d）、频率（R_f）和景观比例（L_p）三个参数计算得出。

$$R_d = （拼块 i 的数目 / 拼块总数）\times 100\% \tag{10.6}$$

$$R_f = （拼块 i 出现的样方数 / 总样方数）\times 100\% \tag{10.7}$$

$$L_p = （拼块 i 的面积 / 样地总面积）\times 100\% \tag{10.8}$$

$$D_o = 0.5 \times [0.5 \times (R_d + R_f) + L_p] \times 100\% \tag{10.9}$$

2）镶嵌度指数

镶嵌度描述景观相邻生态系统的对比程度。

$$PT = 1/N_b \sum \sum EE(i, j)DD(i, j) \times 100\% \tag{10.10}$$

式中，PT 是相对镶嵌度指数，$EE(i, j)$ 是相邻生态系统 i 和 j 之间的共同边界长度，$DD(i, j)$ 是生态系统 i 和 j 之间的相异性量度，N_b 是生态系统间边界的总长度。

3）距离指数

用斑块距离来构造的指数称为距离指数。距离指数有两种用途，一是用来确定景观中斑块分布是否服从随机分布，二是用来定量描述景观中斑块的连接度或隔离度。

最小距离指数：用来检验群落里一个种的个体是否服从随机分布。

$$NNI = MNND/ENND \tag{10.11}$$

NNI 是最小距离指数，MNND 为最近邻斑块间平均最小距离，ENND 是随机分布条件下 MNND 的期望值。

连接度指数：用来表示景观中同类斑块联系程度

$$PX = \sum \{[A(i)/NND(i)]/[\sum A(i)/NND(i)]\} \tag{10.12}$$

PX 是连接度指数，$A(i)$ 是斑块 i 的面积。PX 取值从 0 到 1，PX 取值大时表明景观中给定斑块类型是群聚的。

4）生境破碎化指数

生境破碎化是现存景观的一个重要特征，主要表现为斑块数量增加而面积减少，斑块的形状趋于不规则。

森林内部生境面积破碎化指数

$$FI_1 = 1 - A_i/A$$

$$FI_2 = 1 - A_1/A \tag{10.13}$$

FI_1 和 FI_2 是两个森林内部生境面积破碎化指数；A_i 是森林内部生境总面积；A_1 是最大森林斑块面积；A 是景观总面积。

森林斑块数破碎指数

$$FN_1 = (N_p - 1)/N_c$$

$$FN_2 = MPS(N_f - 1)/N_c \tag{10.14}$$

N_c 是景观数据矩阵方格网中格子总数，N_p 是景观中各类斑块的总数，MPS 是各类斑块的平均斑块面积，N_f 是森林斑块总数。

10.3.2　景观格局分析模型

景观格局分析模型包括空间自相关分析、变异矩和相关矩、聚块样方方差分析、空间局部插值法、趋势面分析、地统计学、波谱分析、小波分析、分形几何学、亲和度分析和细胞自动机等。它们用于阐述景观的空间异质性和规律性、生态系统之间的相互作用以及空间格局的等级结构等。

1. 空间自相关分析

所谓自相关性就是空间上越靠近的事物或现象就越相似。空间自相关分析是用来检验空间变量的取值是否与相邻空间上该变量的取值大小有关。如果某空间变量在一点上的取值大，而同时在其相邻点上取值也大的话，则我们称之为空间正相关；否则，为空间负相关。例如，农田景观是同类，即自相关就大。而工厂自相关就小。空间自相关分析的第一步是对所检验的空间单元进行配对和采样。空间自相关分析的第二步是计算空间自相关系数。这里介绍是 Moran 的 I 系数：

$$I = \frac{n \sum_{i=1}^{n} \sum_{j=1}^{n} W_{ij}(X_i - \overline{X})(X_j - \overline{X})}{\left(\sum_{i=1}^{n} \sum_{j=1}^{n} W_{ij}\right) \sum_{i=1}^{n} (X_i - \overline{X})^2} \tag{10.15}$$

X_i 和 X_j 是变量 X 在配对空间单元 i 和 j 上的取值，W_{ij} 是相邻权重，n 是空间单元总数。其中 I 系数取值从 −1 到 1。当 $I=0$ 时代表空间无关，I 取正值为正相关，负值为负相关。

2. 地统计学方法

地统计学方法以区域化随机变量理论为基础，研究自然现象的空间相关性和依赖性，分析各种自然现象的空间格局。主要应用于描述和解释空间相关性、建立预测性模型、空间数据插值、估计和设计抽样方法等。变异函数是地统计学的基本工具，其定义为

$$\gamma(h) = \frac{1}{2} E[Z(x) - Z(x, h)]^2 \tag{10.16}$$

式中，h 为步长，E 表示数学期望，$Z(x)$ 为在位置 x 处的变量值，$Z(x, h)$ 为在与位置 x 偏离 h 处的变量值。随着距离段的变化，可计算出一系列的变异函数值。以 h 为横坐标，$C(h)$ 为纵坐标作图，便得到了变异函数图。从计算

公式可见，变异函数实际上是一个协方差函数，是同一个变量在一定相隔距离上差值平方的期望值。差值越小，说明在此距离段上该变量值的相关性越好；反之亦然。

3. 波谱分析

波谱分析是一种研究系列数据的周期性的方法。波谱分析原先是用于时间系列，但以后被推广到空间系列。波谱分析的实质是利用傅里叶级数展开，可以把任意一个波形分解成许多不同频率的正弦波之和。

$$A_t = A\sin(\omega t + \theta) \tag{10.17}$$

式中，A_t 为变量在空间位置 t 上的取值，A 为振幅（正弦波最高点到横轴之间的距离）；θ 为初位相；ω 为圆频率（习惯上简称频率）。频率与周期有如下关系：

$$\overline{X_t} = A_0 + \sum_{k=1}^{k} A_k\sin(\omega_k t + \theta_k) \tag{10.18}$$

$$\omega = 2\pi k/T \quad k = 1, 2, 3, \cdots, p$$

式中，A_0 是周期变化的平均值，A_k 是各谐波的振幅（标志各个周期所起作用大小）ω_k 是各谐波的频率，θ_k 是各谐波的相角。从广义上来说，波谱分析反映了数据系列的周期性。如果景观空间格局存在某种周期性（有规律的波动），则可以用波谱分析检验出来（Kcnkel, 1998）。

4. 小波分析

Fourier 变换是信号频谱分析的主要工具，但其不足之处在于无法表现信号的局域特征。小波分析是傅里叶分析的拓展。其窗口随频率的增高而缩小，即窗口的大小会随信号的强弱而变化。小波变换可以在时域和频域内表征信号的局部特征，很适用于对非平稳信号中夹带瞬态奇性成分的探测，具有放大和空间定位作用。

对于离散数据情形，小波变换的公式为

$$W(a, b) = \frac{1}{\sqrt{a}} \sum f(t) g\left(\frac{t-b}{a}\right) \tag{10.19}$$

式中，$W(a, b)$ 为 b 位置上的小波变换值；a 为窗口尺度；$f(t)$ 为原函数；$g[(t-b)/a]$ 为窗口函数，称为母小波。

对于连续数据情形，小波变换公式为

$$W(a, b) = \frac{1}{\sqrt{a}} \int f(t) g\left(\frac{t-b}{a}\right) \mathrm{d}t \tag{10.20}$$

小波变换则是将原始信号用一组不同尺度的带通滤波器进行滤波，将信号分解到一系列频带上进行分析处理。数字图像处理中，常将小波变换二进制离散化，运用离散二进制小波可以对图像进行多频道多分辨率分析。从地物结构角度看小波分析，小波系数是一定观测尺度下信号局部变异强度的度量，变异越大，小波系数的值越高。

5. 趋势面分析

趋势面分析是利用数学曲面模拟地理系统要素在空间上的分布及变化趋势的一种数学方法。它能排除局部"干扰"，揭示大尺度格局趋向。最常用的方法是多项式回归模型，趋势面本身是一个多项式函数，趋势面分析从低次开始，逐渐增加多项式拟合的次数，一般情况，次数越高，拟合程度也越高。但次数的提高使其通用性和预测性降级。所以，趋势面分析一般只应用到 4 或 5 次多项式。趋势面分析将显著的地质变量分成区域性变化分量（趋势部分）、局部性变化分量和随机性变化分量（剩余部分）。区域性随机分量是指变化比较缓慢、影响遍及整个研究区的区域分量，反映地理要素的宏观分布规律，是区域性变化的总特征，属于确定性因素的作用结果。局部性变化分量是指受局部因素支配，反映微观局域的分量，是随机因素影响的结果。随机性变化分量是由随机因素形成的偏差，包括取样和分析误差。

在实际应用中，趋势面分析一般包括趋势图和剩余图，即实测图＝趋势图＋剩余图。在趋势面分析中的一个基本要求就是所选择的趋势面模型应该是剩余值最小，而趋势值最大，这样拟合精度才足够准确。空间趋势面分析正是从地理要素分布的实际数据中分解出趋势值和剩余值，从而揭示地理要素空间分布的趋势与规律。

6. 分维分析

分形几何学的基本研究对象是维数。非欧几何的诞生将维数推广到了非整数中，分形几何是非欧几何。自然界千姿百态的复杂现象，很少顺从欧几里得几何学。例如，云不是球体，山不是锥体，闪电的展开也不是一条直线，雪花的边缘曲线不是圆。分形（fractal）是指其局部结构放大后以某种方式与整体相似的形体（Mandelbort，1982）。常用的分形维数有自相似维数、计盒维数、信息维数、关联维数、多重分形测度等。不同的分形维数反映的是不同侧面的性质和特征。如计盒维数表征的是相同形状的小集合覆盖一个集合的效率，反映的是变量占据空间的能力。计盒维数为生态占据维，余下的维数为生态间隙维，占据全部生态空间的计盒维数应为 2。计盒维数越大表明对空间的占据程度越大，反之则表明对空间的占据程度越小。信息维数表征了不同尺度上系统结构复杂性之间的联系和规律性，揭示了系统结构复杂性的尺度变化程度，反映个体分布非均匀情况。

信息维数高，表明种群格局尺度变化强烈，个体分布不均匀或聚集分布，反之，表明格局强度尺度变化微弱，个体均匀分布或随机性明显。信息维数反映出一个系统的不确定性，或者结构的复杂程度。关联维数反映出一个集合中点元素间的空间关联特征，揭示空间关联特征随尺度变化的程度。多元分形测度是用以描述非均匀性分布物体分形维数的测度指标体系。

7. 亲和度分析

亲和度分析（affinity analysis）是用于测定组成格局多样性和景观复杂性的一种方法，它提供了景观中各亚单元的相对位置及镶嵌多样性两个方面的信息。亲和度分析可以大致分成三个步骤。

第一步，计算点集中两两亚单元间的相似性。

第二步，计算点集中两两亚单元间的亲和度。亲和度表征了两个亚单元与点集间的相对距离。距中心近者亲和度值>0.5，远者<0.5。对于比较简单的梯度分布的景观，亚单元间具有较大的亲和度差异，对于复杂的景观结构亚单元间亲和度值相近。

第三步，将一个数据集中每一个亚单元的平均亲和度和平均相似性在亲和度图中表达出来，并计算这些点的拟合直线的斜率。

8. 元胞自动机

元胞自动机指一类由许多相同单元组成的，根据一些简单的邻域规则，即能在系统水平上产生复杂结构和行为的时间、空间离散型动态模型。每个元胞下一时刻的变化由其初始状态和邻域元胞对其的作用而决定。局部元胞的微小变化最终将导致系统的组成、布局、性质和动态的宏观、大幅度的变化。利用元胞自动机模拟景观格局在各种自然条件和人为影响下的演化，可以明确而直接地为景观格局优化提供依据。典型的元胞自动机模型的机理如下：将研究区域划分成若干个大小形状一致的单元，这些单元称为元胞，是元胞自动机的最基本组成单位，所有的元胞空间网点集合构成元胞空间。常见的以马尔柯夫转移矩阵法分析景观格局变化，只能反映景观格局演变的结果，而元胞自动机可以对景观格局演变的过程进行模拟。

10.3.3　景观模拟模型

景观模拟模型可以帮助我们建立景观结构、功能和过程之间的相互联系，是预测景观未来变化的有效工具。景观模拟模型包括零假设模型、景观空间动态模型、景观个体行为模型、景观过程模型等。

10.4　景观生态学的应用

　　景观生态学的应用主要在国土整治、资源开发、土地利用、生物生产、自然保护、环境治理、区域规划、城乡建设、旅游发展等领域。简单而言，景观生态学的应用可以分为景观生态管理与景观生态设计两个方面。

　　景观生态管理主要体现在景观规划中，以下内容可作为重点：①区域国土整治与发展战略研究中的生态建设规划；②区域生态环境变化的动态监测和预测预报；③大型生态工程的系统论证与大型建设工程的环境影响评价与生态预测；④城市与工矿区人工生态系统研究与景观生态规划；⑤农村生态经济发展规划；⑥土地生态适宜性评价与土地利用优化结构设计；⑦自然保护区的景观生态规划与管理；⑧旅游开发区建设的景观生态规划和风景名胜的景观生态保护。

　　景观生态设计如：①城市居民小区的景观生态设计；②乡镇居民生活环境的景观生态设计；③各类公园和休闲用地的景观设计；④重要城市建设物的环境设计；⑤被矿山开发和其他工程所破坏的景观重新塑造设计。

10.4.1　景观生态学与城市景观建设

1. 景观异质性

　　城市景观的异质性导致城市景观的复杂性与多样性，有利于城市的稳定发展。城市景观包括中心市区、卫星城镇，以非农业活动如工业、服务业等为特征。人口、物质信息、生产、生活、娱乐、市政、交通和污染等集中在以人造景观为主的城镇范围内，属于极大地改变了自然景观生态特点的文化景观。维持景观异质性是促进城市建设和发展的关键。对城市景观来讲，首先，要保护城市景观中的环境敏感区，通常包括生态敏感区、文化敏感区、资源生产敏感区以及天然灾害敏感区等，这类地区往往极易受人类活动影响。其次，完善现有的景观结构，如城区改造、住宅小区建设、主要交通干线的营造等，这些是发挥城市功能的基础，只有保证景观结构的合理与完美，才能实现景观功能的高效发挥。城市建设中，一般是建筑物斑块和道路廊道占优，而绿地斑块和行道树廊道较少，比例严重失衡。为改善城市景观结构，应该增加绿色廊道及绿地斑块，并合理地布设于街区之中。城市的绿地建设不仅要求数量多，而且要分布均匀，大小斑块配置合理。从景观生态学角度，大型植被斑块具有多种重要的生态功能，对景观有益；小的植被斑块可作为物种迁徙的中转地，保护与规划分散的稀有种类或小生境，有利于提高景观的异质性。所以，大小斑块应当互相平衡存在，不能互相取代。在城市景观生态规划时，应坚持多样性原则：补充自然成分、协调景观结构，增加绿化物种，廊道、斑块形式多样，这样可维持城市景观的多样性。郊区的防护林带、农地、林地也要合理布设，使天然与人工的绿色生态系统发挥作用，以多元化、多样性为追求目标。例如，北京的城市建设，除了对现有的城区结构进行部分改造外，还应从景观的角度出发，以提高异质性为目标。

2. 景观多样性

一般来说，景观异质化程度越高，越有利于保持景观中的生物多样性。城市景观是一个高度人工化的景观，建筑物斑块及廊道占优势，绿地斑块及廊道少，产生了严重失衡的现象。城市绿地景观设计中，应放弃过于强调视觉差的景观设计，提倡因地制宜。根据生态学原理兼顾美学特性，以本土植物种为主，实行乔、灌、藤、草结合，充分利用空间资源，提高绿地自然度，形成稳定协调的城市绿地生态系统。体现城市景观中人与动物、植物的控制共生。

城市广场是城市景观中最重要的斑块之一。应建设高品位的城市广场，使之成为城市传神的"眼睛"。在城市景观中，廊道是各种流的通道，如人口流、物质流、能量流、资金流、信息流等都通过廊道穿梭于城市与外围腹地以及城市内各节点和斑块之间，维持整个城市的动态。城市的廊道可分为三种：绿道、蓝道、灰道（丁圣彦和曹新向，2003）。绿道是以植物绿化为主的线状要素，如街道绿化带、环城防护林带、滨水河岸植被带等。绿色廊道要有一定的宽度，这样才能防止外来物种的入侵。一般而言，河岸植被带的宽度在 30m 以上时，就能有效地降低温度，提高生境多样性，控制水土流失，保护生物多样性。道路绿化带宽度在 60m 时，可满足动植物迁移和传播以及生物多样性保护的功能。环城防风带在 600~1200m 宽时，能创造自然化的物种丰富的景观结构。蓝道指的是水系，如城市中的各种河流、海岸等。水是城市的"血液"。对城市蓝色廊道建设要以维护和恢复河流和海岸的自然形态为前提，同时要注意绿色廊道和蓝色廊道的有机结合，形成网络绿化。灰道指的是城市道路，如那些人工痕迹强的街道、公路、铁路等，它直接反映了城市的外貌形象，也是构成城市景观特色的基础。因此，不同道路应当体现不同品味与不同主题，如历史特色、文化连续性、现代化内涵等。如今，步行环境的创造越来越为世界各国所重视，特别是城市景观优美地段的步行街，更易为市民所青睐，因此在适宜地段可建设更长、环境更好的步行街。

3. 城郊景观建设

城郊景观是城市景观和农村景观的结合与统一。随着城市化进程的不断加快、农业生产方式的不断改变，景观的作用越来越引起人们的重视，特别是与周边景观的相互作用以及城乡关系的设计，焦点是城乡结合部转换过程的生态学特性。由于现代城市特别是特大城市包括了其周围的郊区，将市区与郊区进行整体景观设计是城市景观建设的主要内容。

10.4.2 景观生态学在农村景观建设中的应用

农村是景观生态系统的重要部分。农村景观包括农田、种植园、人工林地、农场、牧场、鱼塘等，是以农业活动为特征，在自然结构的基础上建立起来的自然与人为结构相结合的景观。目前对农村景观功能的要求也越来越高，特别体现在：①提高绿地在水体和交通网络（水储藏、人行道和环路）作用的机会；②绿地空间对不同类型土地利用和野生动物的吸引力；③有益于景观和野生动物的主要基础设施建设；④包括生产者和消费者关系的城市边缘带潜力；⑤耕作方式对城市边缘带的生态影响（郭旭东等，1999）。农村地区是在大自然给予的环境基础上加上人类活动所产生的人为景观，也是景观生态学的一个重要研究对象。农村为了实现粮食的稳产和高产，正在不断破坏其自然景观，城市周边的农村还受到城市化的强烈影响。

1. 农村景观功能评价

农村景观功能评价主要体现在提供农产品的第一性生产功能、保护与维持生态环境平衡的功能以及作为一种重要的旅游观光资源的功能。传统农村景观仅仅体现了第一层次的功能，而现代农村景观的发展除立足第一方面的功能外，着重强调后两个方面的功能。因此，农村景观功能评价应包括社会效应、生态效应、美学效应三个方面：社会效应主要是农村景观为城市提供农产品的第一性生产，给区域内人们带来收入，创造财富；生态效应主要反映农村景观维持生态平衡的状况及景观生态破坏程度；美学效应主要是生态系统健康景观的独特性、多样性、清洁性和安静性、有序性。

在我国由于长时期高度利用土地，农村景观中自然植被斑块所剩无几，人地矛盾突出。景观规划所要解决的首要问题是如何保证人口承载力并维护生存环境。生态保护必须结合经济开发来进行，通过人类生产活动有目的地进行生态建设，如土壤培肥工程、防护林营造、农业生产结构调整等。从空间布局而言，这类地区的景观规划应贯彻以下原则：①建设高效人工生态系统，实行土地集约经营，保护集中的农田斑块；②控制建筑斑块盲目扩张，建设具有宜人景观的人居环境；③重建植被斑块，因地制宜地增加绿色廊道和分散的自然斑块，补偿恢复景观的生态功能；④在工程建设区要节约工程用地，重塑环境优美、与自然系统相协调的景观。

2. 农村景观的设计

结构设计是功能设计内容的空间落实和配置。与功能设计不同，结构设计主要针对构成区域的相对低层次景观生态系统及空间配置的研究。要想实现农村景观的生态目标和功能设计，必须通过一系列生态工程（或模式）设计来改变以往生产模式中不合理的结构配置，解决景观系统中的生态问题。生态农业模式建设是生态农业建设的核心，是生态农业规划设计的具体体现之一。充分利用景观的空间镶嵌与多熟种植原理，合理结合作物的空间结构，适当安排轮作顺序，逐步扩大间、套、带面积，如稻麦两熟种植模式，粮、经、饲多熟制模式，粮菜两熟种植模式，桑菜（饲）模式，藕慈复种套养模式等。引进推广先进耕作经营管理技术，提高集约化程度。

10.4.3　景观生态学在园林规划设计中的应用

植物在造园中具有任何要素不可取代的"造景"与"生态"双重功能，从而确立它在现代园林中的首要地位。我国城市化的高速发展带来了许多环境问题，其改善的主要手段是通过园林植物来实现的。植物可以重组城市的能量-物质交换，形成具有自我调节功能的良性循环的城市生态系统。现代植物景观设计不再强调大量植物品种的堆积，也不再局限于植物个体美，如形体、姿态、花果、色彩等方面的展示，而是追求植物形成的空间尺度以及反映当地自然条件和地域景观特征的植物群落，尤其着重展示植物群落的自然分布特点和整体景观效果。

1. 提高空间格局的丰富性

人们的生活空间是立体的，绿化也应该是立体的、多层次的。要实现多层次的植物景观，可以从以下五方面入手。

（1）以植物生态学特性为切入点，构筑多层次绿化植物体系。在营造群体景观时，应注意树形的对比与调和，充分利用枝、干、叶、花、果的植物学特性，建设以高大乔木为主体以及具有乔、灌、草、藤复层结构的近自然模式的城市森林，使林地不同高度空间都得到充分利用，形成三维绿化空间，充分发挥空间边缘效应，形成最大的覆盖范围。

（2）模拟恢复地带性植物群落，重视本土植物材料的应用。研究表明，模拟自然植物群落、恢复地带性植被可以构建出结构稳定、生态保护功能强、养护成本低、具有良好自我更新能力的植物群落。在城市园林绿地中模拟自然植物群落时，应采取最大多样性的方法，即尽可能地按照该生态系统退化前的物种组成及多样性水平安排植物。在恢复地带性植被时，应大量种植演替成熟阶段的物种，首选本土树种。

（3）注重园林植物多样化配置。实验证明，增加植物种类能够提高城市生态系统的稳定性，减少养护成本，降低化学药剂使用对环境造成的危害。植物的多样化配置主要表现在以下方面：①搭配种植季相变化丰富的植物。许多绿化植物拥有艳丽的色彩。②配置环保和减灾植物，发挥植物净化空气、降低噪音等功能。如夹竹桃具有很强的抗 SO_2 的作用，宜栽植在发电厂和钢铁厂周围；在易燃的房屋周围种植法国珊瑚，可以起到防火的作用。③配置开花植物。植物的花朵具有极强的观赏性，色彩鲜艳，气味芬芳，能够起到很好的装饰功效。

（4）以垂直绿化、屋顶绿化充实多层次绿化。围墙、高层建筑、厂房、烟囱等均是发展垂直绿化、屋顶绿化的适宜之地。

（5）大力发展地被植物。

2. 增加景观多样性

在城市中，城市园林是对生物多样性保护具有重要作用的斑块，因此在城市景观规划中应尽可能设计多种园林类型，包括生产型植物群落、观赏型植物群落、抗逆型植物群落、保健型植物群落、知识型植物群落、文化环境型植物群落六大生态园林和珍稀濒危园、生物专类园、水族馆、苗圃等。在城市大园林规划，应把城区内各种"生境岛"（城市内分散的园林相当于被城市海洋包围的"生境岛"）看作大园林的有机组成部分，利用岛屿地理学原理，在城市"生境岛"之间以及与城外自然环境之间修建绿色廊道，形成城市园林网络，把自然引入城市，不仅给生物提供更多的栖息地，而且利于野生动植物的迁徙。城市绿色生态空间对城市景观很重要，它可有效地防治和控制污染，可分为以下部分（石铁矛和李团胜等，1999）：公共绿地（如公园、绿化广场、植物园、休憩林荫等）、居住绿地（居住区游园、宅旁绿地、居住区道路绿地）、附属绿地（工业、仓库绿地等）、交通绿地（道路绿地、公路、铁路等防护绿地）、风景区绿地、生产防护绿地（苗圃、花圃、卫生防护林、风沙防护林、水源涵养林、水土保持林等）。这些生态绿地不仅要数量多，而且要分布均匀，大斑块与小斑块相结合。从景观生态学角度看，大型植被斑块具有多种重要的生态功能，能为景观带来许多益处：小的植被斑块可以作为物种迁徙的歇脚地，保护与规划分散的稀有种类和小生境有利于提高景观的异质性。所以小斑块是大斑块的补充，应把二者有机地结合起来，并通过廊道连接。另外，规划生态绿地空间时要注意集中与分散相结合，应通过土地的集中布局，在建成区保留一些小的自然斑块和廊道，同时在人类活动的外部环境中，沿自然廊道布局一些小的人为斑块。这是最佳生态组合。

第 11 章　保护生物学

11.1　保护生物学概述

11.1.1　保护生物学的概念

保护生物学是一门年轻的综合性学科，是伴随着生物多样性的锐减、全球环境质量的下降和人们的自然资源保护意识的提高而出现的新学科。保护生物学也是一门理论性强、应用范围广的交叉学科，它涉及生态学、遗传学和生物进化论的有关理论、方法，还探讨生物多样性形成的机制、保护理论和保护措施。

关于保护生物学的概念，不同学者从各自的专业角度出发，提出的定义有所不同。Soulé（1985）的定义是研究直接或间接受人类活动或其他因子干扰的物种、群落和生态系统的生物学。蒋志刚等（1997）认为保护生物学是研究从保护生物物种及其生存环境着手来保护生物多样性的学科。陈道海和钟炳辉（1999）认为保护生物学是研究保护物种、保存生物多样性和持续利用生物资源问题的学科。李俊清和李景文（2006）认为保护生物学是研究生物多样性变化规律及其保护的科学。上述不同学者都从不同侧面提出了保护生物学的定义。

保护生物学所研究的对象既包括生物有机体、生物种群和生物群落，也包括生物的栖息地以及人类活动与生物多样性之间的关系。保护生物学的目的是保护生物多样性，防止或延缓物种的灭绝，保护人类所依赖的自然环境，协调人类与生物圈的相互关系。因此，保护生物学是研究以保护生物物种、生物多样性及其生存环境为目的，来协调人类与自然生态环境之间的相互关系的学科。

11.1.2　保护生物学的产生和发展

保护生物学虽然是一门新生的学科，但是它的思想观点却有着十分悠久的历史渊源，其思想和理论的发展过程也是源远流长的，如中国的儒家、道教，印度的佛教，西方的基督教等，其教义均为崇尚自然，并要与万物生灵和平共处。我国道家"天人合一"的思想具有十分朴素的人与自然和谐相处的环境观，《道德经》中就有人法地、地法天、天法道、道法自然的论述。道教中人在保护环境、爱护动植物、保护珍稀物种、维护生态平衡方面，始终身体力行，并贯穿于其教义之中（张继禹，1988）。

关于保护生物学的起源有两种观点，一种观点认为保护生物学是从欧洲起源的，强调现代保护生物学的许多观点，在100年以前或更早的欧洲科学家的著作中已经建立，欧洲对野生动物的关注在 19 世纪晚期就已经十分盛行，物种保护工作也开展得最早。另一观点认为保护生物学是北美起源的，指出美国学者提出的有关资源保护的理论中有两条原则具有十分明显的保护生物学的思想。该学科领域的重要开拓者之一，美国著名生态学家 Soulé（1985）认为保护生物学是一门既面向目前危机，又有长远生态前景，以研究物种、群落和生态系统的动态问题为对象的新兴学科。其目的在于为保护生物多样性提供理论基础和实践途径。Soulé 和 Wilson（1980）出版了一本题为《自然保护生物学》的专著，认为这是一门多学科高度综合的产物，这些学科包括生态学、遗传学、社会生物学、生理学、自然资源科学（林学、水产学、野生动物学、政策及管理学科）、环境监测学、生物地理学以及社会科学等，并明确指出道德伦理规范也是保护生物学所涉及的一部分。

　　保护生物学作为一门相对独立、统一的学科是在 20 世纪 70 年代末或 80 年代初才逐步形成的。1975 年，Soulé、Bruce 和 Wilson 在美国 San Diego 主持了第一届自然保护生物学讨论会。这次会议和由此产生的第一部自然保护生物学著作《自然保护生物学——进化与生态学观点》标志着该学科的正式诞生。由 Soulé 和 Wilson（1980）主编的这本经典著作打破了传统学科的界限，融合了多种学科的信息，把保护生物多样性作为其明确的宗旨。该书使从事自然保护的生物学家视野开阔，大大激发了基础生物学家将其所学应用到自然保护实践中的积极性。1982 年，美国斯坦福大学成立自然保护生物学中心。近年来，自然保护生物学方面的学术会议、有关著作、文章大量涌现，标志着该学科在理论和应用方面的双向发展。这一阶段的发展基本上反映了一种愈来愈综合化、系统化和定量化的趋势。从 1990 年开始，北美的许多大学设立了保护生物学专业，而且此专业是诸多学科门类中最受学生欢迎的专业之一。许多基金会、政府组织和民间团体都把保护生物学作为优先资助的领域。现在已有两个国际性重要学术刊物，《保护生物学》（*Conservation Biology*）和《生物保护》（*Biological Conservation*）成为学术界发表保护理论、探讨保护机制和交流研究成果的前沿阵地（蒋志刚等，1997），这标志着这门学科逐渐走向成熟。

11.2　生物多样性保护

11.2.1　生物多样性的现状

　　地球上的生物多样性是经过了约 30 亿年自然演化的结果，是人类共同的财富。生物多样性状况及其动态趋势是每一个保护生物学者必须要了解的问题。任何保护生物多样性的策略都必须立足于对物种丰富度及其分布情况的了解。人类的生存与发展依赖于自然界各种各样的生物。自然界植物、动物、微生物以及所有的生态系统及其紧密相关的生态过程组成了生物多样性的基本内容（马克平，1993）。物种多样性不仅是生物多样性研究的核心内容，也是保护生物学研究的重要基础。

我国地域辽阔，地质历史复杂，区域环境多样，是世界上生物多样性最富集的国家之一。据《中国生物多样性国情研究报告》统计，我国有高等植物共30 000多种，居世界第三位；有脊椎动物 63 000 多种，昆虫约 150 000（已知34 000种）种（表 11.1）。粗略估计，以上生物物种占世界总数的 10%，而微生物中的酵母则占了世界的 40%。我国物种不仅较为丰富，而且特有物种多。特有植物估计有 15 000～18 000 种，在世界上居第 7 位；特有高等脊椎动物物种数在世界上处于第 8 位。各类群中特有属、种所占比例的差别也较大（表 11.2）。据初步研究，我国的陆地生态系统类型也十分丰富，其中，森林 212 类，竹林36 类，灌丛 113 类，草甸 77 类，沼泽 37 类，草原 55 类，荒漠 52 类，高山冻原、河流石滩植被 17 类，总共 599 类。

表 11.1　中国生物各个类群已知数量和占世界已知种的比例

（《中国生物多样性国情研究报告》编写组，1998）

类群		中国已知数量	占世界已知种的比例/%
动物	哺乳纲	499	11.9
	鸟纲	1 186	13.2
	爬行纲	376	5.9
	两栖纲	279	7.4
	鱼纲	2 804	13.1
	昆虫	34 000	4.5
植物	藻类	5000	12.5
	高等植物	30 000	10.5
微生物	真菌	8 000	11.6
	细菌	500	16.7
	病毒	400	8.0

表 11.2　中国动植物主要类群特有种属的情况表

（《中国生物多样性国情研究报告》编写组，1998）

类群	中国已知种、属数	特有种、属数	特有成分的比例/%
哺乳纲	499 种	73 种	14.6
鸟纲	1186 种	93 种	8.3
爬行纲	376 种	26 种	6.9
两栖纲	279 种	30 种	10.8

类群	中国已知种、属数	特有种、属数	特有成分的比例/%
鱼纲	2804 种	440 种	15.7
苔藓植物	494 属	8 属	1.6
蕨类植物	224 属	5 属	2.2
裸子植物	32 属	8 属	25.0
被子植物	3116 属	235 属	7.5

但是近代以来，由于人口迅速增加，尤其是在最近 40 多年，人口就增加了一倍，我国人均资源拥有量持续下降，加之对资源的需求日益增长和长期不合理的开发利用，已使自然生态系统受到严重破坏。大面积的森林消失，留下的均呈岛屿状，零星分布在大面积的退化生境中。草场退化、沙漠扩张、水体污染、湿地消失、生物多样性优势大大削弱。我国目前受威胁的生物物种估计占区系成分的 15%～20%，高于世界 10%～15%的水平。我们无法估计最近 40 年来究竟有多少物种已在我国消失，但是生物多样性的严重损失已经对我国的生态环境、社会经济发展产生了严重影响。为了当代和子孙后代的生存和发展以及生物多样性的持续利用，必须采取有效措施，切实加强生物多样性的保护工作。

11.2.2　导致生物多样性丧失的因素

1. 物种形成与灭绝对生物多样性的影响

事实上，据古生物学家推算，从生命产生至今的漫长年代里，曾经在地球上生活过的物种中有 99%已经灭绝。在这个世界上物种在不断产生，也在不断灭绝。生物多样性在不断增加的同时，也有一定程度的减少，这就是为什么地球没有被越来越多的物种塞满，相反，物种形成的过程总是与另一种相反的过程大致平衡——这就是灭绝过程。

物种生物多样性的产生方式主要是新物种的形成，而生物多样性的丧失主要是通过物种的灭绝。灭绝有两种形式，第一种与环境灾变有关。地球气候的突然变化、大量的小行星以数千倍于核武器的能量撞击地球以及大陆板块之间的碰撞。这些灾难导致大批物种灭绝，如恐龙的消亡，大批物种灭绝之后常常跟随着的是短短几百万年的物种形成时期，在这段时间里成千上万的新物种又会产生。灭绝的第二个原因是不易察觉的。每个物种都面临来自环境的挑战，从气候到各种其他物理因素，还有来自其他物种对食物、空间的争夺以及被其他物种吃掉的危险。经过一段时间，某个物种的生存环境可能会渐渐遭到破坏直到其无法生存下去。

2. 决定生物多样性变化的其他因素

生物多样性受四个关键因素影响：气候、散布能力、时间和生境的种类。

（1）气候。大气环流和大洋流是气候的决定因素，因而也是生物多样性的决定因素。光照、温度和生长期有从两极向赤道递增的趋势，这就使得离赤道越近，越适宜于植物生长。植物的丰富度从高海拔到低海拔地区也有同样的递增趋势。因此，生物多样性在低纬度的赤道地区最高，如热带雨林，而在两极地区最低，如南北极圈内的植被。在这个大的原则下，当地小气候也会产生一些不明显的影响，如在热带森林中，树冠上部的直射阳光十分强烈，而树荫下到地面的光照则逐渐减弱。这种差异就形成了不同种类植物的适宜生境。另一个重要的因素是季节，如不同的一年生植物可以在一年中不同的季节里生长，这样在同一地方就可以有许多物种共存。

（2）散布能力。生物的散布能力，取决于它们本身的生物学特征以及其起源地与其他地区相隔离的物理障碍的性质。海洋生物所遇到的物理障碍相对要小，如幼年的大堡礁（great barrier reef）生物可被洋流带往几千里外的南方；植物种子和蜥蜴及啮齿类动物可以借助漂流的植被渡过海洋；而能飞的昆虫、鸟和蝙蝠可以散布到很远的地方。与之相反，大型陆生动物虽然可以迁徙很远的距离，却可能被一片不宽的水面所阻挡；许多陆生无脊椎动物对生境的要求十分苛刻，仅仅几千米的不毛之地就足以阻碍其扩展。

（3）时间。任何特定地区的生物多样性都会反映时间这一因素，即这个地区的历史，一般情况下，较古老、地质状况较稳定的地区通常比年轻的地区分布更多的物种。

（4）生境类型。有必要从三种不同的作用规模考虑生境类型：首先，由多种地貌特征如深谷、高山、大河和干旱地区组合的景观，这类景观有可能比单一景观包含更多的物种，因为这里有更多的生境类型；其次，在一种特定的环境（如一片草地）中，混杂了裸露的岩层、白蚁穴堆和丛生的灌木，造成了许多适宜不同物种生长的小生境，一个多变的地区比单一的地区能生存更多的物种；最后，在一个包含许多小生境的高度变化的环境中，似乎有这样一种倾向，既得益于这样变化丰富的生境而生长繁盛的物种，反过来又为其他更多的物种提供了生长环境。

3. 人类对生物多样性的影响

人口膨胀是导致物种大批灭绝的主要因素。生境破坏、掠夺式地利用生物资源、环境污染、外来物种的生态侵入、疾病传播和有害动植物都会对生物多样性产生严重影响。种群规模缩小降低了种内遗传变异从而也就削弱了物种适应未来环境变化（如全球气候变暖）的能力。而且人类活动导致的物种灭绝正在几百年甚至几十年，而不再是几百万年这样的尺度上发生，这样就没有时间靠适应和物种形成来取代我们所丧失的物种。

11.2.3　物种多样性受威胁等级的划分

生物多样性受威胁主要是由于人类活动和环境变化，通过生物本身进化上的某些脆弱环节实现的。当前通过对生物多样性关键地区和典型生态系统保护研究，加上先进信息和计算机技术的帮助，使不同地理范围内的生物多样性得到了更切合实际的评估。

对物种进行濒危等级划分具有科学和实用两方面的意义。从科学的角度来说，划分濒危等级能对物种的濒危现状和生存前景给予一个客观的评估。从应用的角度来说，可将物种按其受威胁的严重程度和灭绝的危险程度分等级归类，简单明了地显示物种的濒危状态，提供开展物种保护及制订保护优先方案的依据。

1) 濒危等级划分的标准

濒危等级划分的标准兼顾科学性和实用性。科学性要求这类标准客观、准确和精细，尽可能地使用定量而不是定性的依据，要求所使用的数据尽可能全面、充足和精确。实用性则强调标准的简单、实用，要满足不同水平的操作者和各个类群的实际需要及某些情况下的应急需要。

确定物种濒危等级的主要定性指标如：种群数（现状：多或少；变化趋势：增加或减少）、种群大小（现状：大或小；变化趋势：上升或下降）、种群特性（是否都是小种群）、分布范围（或发生范围）（宽或窄）、分布格局（有无破碎化或岛屿化现象和趋势）、栖息地类型（单一、少数或多样）、栖息地质量（现状：好或坏；变化趋势：改善或退化）、栖息地面积（现状：大或小；变化趋势：增大或减小）、致危因素（存在与否）、灭绝危险（有或无）。

定量指标：种群个体总数（特别是成熟个体数）、亚种群数、亚种群个体数（特别是构成小种群的阈值）、分布面积（或占有面积）、分布地点数、栖息地面积以及在一段时间内（年或代）以上各指标的上升或下降的比例和物种或种群的灭绝概率（用 PVA 方法计算）（蒋志刚等，1997）。

2) IUCN 濒危物种等级

"濒危物种红皮书"根据物种受威胁的严重程度和对其灭绝的危险性的估计将物种列入不同的濒危等级。根据所收集到的可用信息编制全球范围的红皮书，然后这种概念被一些国家所采纳，用于编制国家或地区级的红皮书。各等级的标准和定义如下。

灭绝（extinct，EX）。一分类单元如果没有理由怀疑其最后的个体已经死亡，即可列为灭绝。

野生灭绝（extinct in the wild，EW）。一分类单元如果已知仅生活在栽培和圈养条件下或仅作为一个（或多个）驯化种群远离其过去的分布区生活时，即为野生灭绝。

极危（critically endangered，CE）。一分类单元在野外随时灭绝的概率极高，即可列为极危。

濒危（endangered，EN）。一分类单元虽未达到极危，但在不久的将来野生灭绝的概率很高，即可列为濒危。

易危（vulnerable，VU）。一分类单元虽未达到极危或濒危，但在未来一段时间中，其在野生状态下灭绝的概率较高，即可列为易危。

低危（lower risk，LR）。一分类单元经评估不符合列为极危、濒危或易危任一等级的标准，即可列为低危。列为低危的类群可分为三个亚等级：①依赖保护（conservation dependent，CD）。已成为针对分类单元或针对栖息地的持续保护项目的对象的类群，若停止对有关分类单元的保护，将导致该分类单元在 5 年内达到上述受威胁的等级之一。②接近受危（near threatened，NT）：未达到依赖保护但接近易危的类群。③略需关注（least concern，LC）：未达到依赖保护或接近受危的类群。

数据不足（data deficient，DD）。对一分类单元无足够的资料，仅根据其分布和种群现状对其灭绝的危险进行直接或间接的评估，即可列为数据不足。

未评估（not evaluated，NE）。未应用有关标准评估的分类单元可列为未评估。

3）易于濒危和灭绝的类型

易于濒危和灭绝的物种大致有如下几种类型（季维智，1994）：①地理上隔离成小种群的物种。例如，海岛上的物种，由于受地理隔离的限制，很容易产生某些适应性特化特征，从而很难适应生境的变化，种群扩散难度大，基因交换更困难，无论是外界干扰还是自身近亲繁殖，都容易使其濒危或灭绝。②生境变化导致隔离物种相互接触并产生杂交的物种。例如，美国的红狼（*Canis rufus*）和郊狼（*C. latrans*），20 世纪初，由于森林的砍伐，迫使郊狼的分布区扩大并和红狼的分布区产生重叠的现象，如果二者产生杂交，则纯种红狼有可能因杂交而最后消失。结果到 1981 年，野生纯种红狼在美国已不足 50 只，且全部生活在与郊狼杂交的个体混合的种群内，红狼濒临灭绝的危险。③要求顶极演替群落的物种。这些物种因对生境要求严格，难以适应非顶极群落，产生了许多特有的适应特征，一旦生态环境遭到破坏，就很容易丧失生存条件，而导致濒危和灭绝。④位于食物链末端的物种。这类物种大都是活动力强的高等动物，其普遍特点是活动范围大、单位平均密度较低、总的数量也较少，种群增长多为 K 选择型，繁殖更新的速度较慢，易于灭绝。⑤难以适应引入种影响的物种。种群尚稳定的特有种或稀有种，当栖息地中进入其他竞争者、捕食者或有影响力的物种时，它们一时难以适应生境中发生的变化，尤其难以适应新的种间关系，从而导致濒危或灭绝。据报告，美国夏威夷引入兔子后，就曾造成 3 种鸟类的绝迹。

4）国内动植物红皮书和国家重点保护野生动物等级

（1）原国家环保总局、国家濒危物种科学委员会编写了《中国濒危动物红皮书》，1998 年分四卷出版，即兽类、鸟类、两栖类、爬行类和鱼类。根据中国的国情，使用了野生灭绝（Ex）、国内绝迹（Et）、濒危（E）、易危（V）、稀有（R）和未定（I）等级（汪松，1998）。①野生灭绝（Ex）指野生种群已经消灭，但人工放养或饲养的尚有残存，如麋鹿。②国内绝迹（Et）指国内野生种群已经消失，但国外尚有野生的种群，如高鼻羚羊。③濒危（E）指野生种群已经降低到濒临灭绝的临界程度，且致危因素仍在继续，如朱鹮、华南虎、东北虎、白鳍豚等。④易危（V）指野生种群已经明显下降，如不采取有效保护措施，势必成为"濒危者"，或因近似某"濒危"物种，必须予以保护以确保该"濒危"物种的生存，如金猫、云豹。⑤稀有（R）指从分类定名以来，迄今总共只有为数有限的发现记录，其数量稀少的原因主要不是人为的因素，如沟牙鼯鼠、海南绒鼠等。⑥未定（I）指情况不清楚，但有迹象表明可能已经属于或疑为"濒危"或"易危"者，如普氏原羚、假吸血蝠等。

（2）《中国植物红皮书》参考 IUCN 红皮书等级制定，采用"濒危"、"稀有"和"渐危"三个等级。①濒危：物种在其分布的全部或显著范围内有随时灭绝的危险。这类植物通常生长稀疏，个体数和种群数低，且分布高度狭窄。由于栖息地丧失或破坏，或过度开采等原因，其生存濒危。②稀有：物种虽无灭绝的直接危险，但其分布范围很窄或很分散或属于不常见的单种属或寡种属。③渐危：物种的生存受到人类活动和自然原因的威胁，这类物种由于毁林、栖息地退化及过度开采的原因在不久的将来有可能被归入"濒危"等级。

（3）我国《国家重点保护野生动植物名录》使用了两个等级，将中国特产、稀有或濒于灭绝的野生动植物列为Ⅰ级保护，将数量较少或者有濒于灭绝危险的野生动植物列为Ⅱ级保护动物。

11.2.4 生物多样性保护的方法

生物多样性保护方法主要有就地保护和迁地保护两种。

1. 就地保护

所谓就地保护，就是在野外保护完整的自然群落和种群，这种方式是长期保护生物多样性的最佳策略。就地保护是生物多样性保护的根本途径，主要通过保护物种生存的栖息地来实现，实际包含着生态系统的就地保护和野生生物的就地保护紧密相连的两个方面。通常后者是通过前者来实现的。大多数国家政府已制定了对保护生物资源至关重要的栖息地保护法规，即通过建立自然保护区，保护有代表性自然生态系统、珍稀濒危野生动植物物种的天然集中分布区、有特殊意义的自然遗迹等保护对象所在的陆地、水体或者海域，确保保护区内生态系统中物种的自然演替和进化以及生物与环境之间的自然生态过程。

就地保护的方法一般包括有三个方面：建立保护区、在保护区之外采取附加保护措施以及使已经遭到破坏的生境中的生物群落的生态恢复。

（1）保护区。建立合法的保护区是保护生物群落过程中的最重要的步骤。因为立法和出售土地并不保证对生境的保护，因此，建立保护区是一个重要开端。保护区的建立可以通过两种机制，一是政府行为（通常是国家级、地区级或地方政府行为），政府可以划定保护区，并颁布法令以使当地居民在一定程度上对保护区内的资源进行保护利用，对盲目开发休闲度假设施活动有所限制；二是私人购买土地并对生物实行保护措施，许多保护区是由私人保护组织建立的，如美国大自然保护协会（The Nature Conservancy）和奥杜邦协会（Audubon Society）。目前许多保护区则是通过发展中国家政府、国际保护组织、若干国家的银行以及发达国家之间合作，保护组织可提供经费、人员培训以及科学管理技术等方面的支持，以帮助发展中国家建立新的自然保护区。世界银行和联合国设立的全球环境项目（GEF）提供的经费支持加速了合作的步伐。

（2）保护区之外的保护。保护区内、外的生物多样性都应得到保护，是保护策略的重要组成部分。仅依赖公园和自然保护区保护生物多样性，有陷入"围困心理"的危险，即公园和自然保护区内部的物种和群落得到了严格的保护，而保护区外则受到了肆意的乱采滥伐，生物多样性遭到了破坏。这种现象同样会导致保护区内的生物多样性衰退，特别是小型保护区内的物种丧失更为严重，原因是许多物种必须通过迁徙来获得保护区内本身无法提供的资源。另外，一个物种在保护区范围内的个体数可能比该物种的最小可繁衍种群数量小，因此需要超出保护区面积之外，即更大的生存面积以维持适宜的可繁衍种群。

（3）生态恢复。生态恢复是生物多样性保护的重要内容和措施（于长青等，1998），国际生态恢复协会指出生态恢复是指修复由于人类活动而遭损害的生态系统的多样性和动态功能。这种损害已导致生态系统不可能在近期内如 50 年左右回到其先前的状态并且可能会继续退化（Jacobson et al.，1995）。生态恢复不同于人工园艺技术，主要是通过生态系统的自我恢复能力，尽量少用人为干扰，而且干预要遵循生态规律，使"干预"和"自我恢复"达到和谐统一。其主要目标就是恢复生态系统的保护与利用价值以达到生物多样性的持续性。现今人们对生物多样性的保护主要通过以建立自然保护区为特点的就地保护措施，因而关注的焦点为自然保护区。自然保护区应该是当地生态恢复的模板，同时保护区本身，特别是一些面临重大威胁的保护区也需要进行生态恢复，以防止核心区的"裸露化"及区内生境的割裂和破碎化问题的加重，同时保护区周边地区同样需要生态恢复以避免保护区的"岛屿化"。因此，就地保护不应仅仅局限于自然保护区的保护，还应包括生态恢复的内容。

2. 迁地保护

1) 迁地保护的概念

尽管人们都知道保护栖息地是保护生物多样性最有效的方法，人们同样也认识到迁地保护方法是综合保护计划的非常重要的组成部分（Conway，1988）。对于许多稀有种来说，在人类破坏日趋加剧的情况下，可能因为遗传漂变和近亲繁殖、环境破坏、生境质量恶化、外来种的竞争、病害或过度开发而衰减或趋于灭绝。如果一个种群的个体对于现存来讲太小，或者所保留的个体都出现在保护区外，那么就地保护可能无效。在此种情况下，保护物种免于灭绝的主要方法是在人类控制的人为条件下维持其个体。这种方法就称为迁地保护（或异地保护）。或者简单地说，在物种自然生境之外，在人类控制的人为条件下维持其自然繁衍后代的方法叫迁地保护。

2) 迁地保护的优点

迁地保护是就地保护的辅助措施，补充了就地保护的行动，是生物多样性综合保护策略的重要组成部分，对比于就地保护有如下优点。

（1）受迁地保护种群个体，可以定期释放到野外以维持自然种群的数量和遗传多样性。

（2）通过对笼养种群的定期保存、分析检测和繁殖的研究，能够充分掌握该物种的生物学特性，可以为制订新的保护策略提供可行的依据。

（3）通过迁地保护，种群进行自我繁殖，可以减少以展览和研究为目的而从野外采集个体的数量。

（4）通过展览可以教育人们，使其懂得要保存这个濒危种，就需要保护这个种在野外的其他个体。

3) 迁地保护的局限性

迁地保护在与就地保护相比较时，具有一些基本的局限性。

（1）种群规模的局限性。为防止物种遗传的突变，迁地保护种群至少要维持数百个个体，而由于受空间的制约，在任何一个动物园中，也只有少数的脊椎动物能维持这样的数量。而在大多数植物园中，对于多数种类的树木，最为典型的是仅保持一个或极少数的几个个体。

（2）野外适应的局限性。迁地保护的种群，由于对人为控制的条件产生了遗传上的适应，产生适应栖息地的定向演化的可能性，致使某个体对野外适应力下降，不能在野外长期存活。例如，人工饲养的多代动物，可能由于动物园中的食物发生了变化，致使其口器和体内的消化酶也随之变化。当我们将该种群动物释放到其原来的栖息地时，取食自然食料对于这些动物是非常困难的，或者也不能找到水源。

（3）遗传变异的局限性。受迁地保护的种群，由于收集的局限性，仅能代表该物种基因库中的一个有限部分，如最初从温暖低地收集来的个体，通过笼养可能在生理学上就不能适应从前由该种占据的寒冷地带。

（4）集中性毁灭的局限性。由于迁地保护的空间小，多集中在一个相对较小的地方，因此，对于整个种群可能有被突发性的火灾、飓风和病虫害毁灭的危险。

（5）持续保护的局限性。只有连续的资金资助和稳定的政治制度，才能使迁地保护工作顺利而持续地发展。而迁地保护中的动物园、水族馆、植物园和种子库等，如果资金缺乏，只要持续几天或几个星期终止管理，就可能导致种群的个体损失巨大。因此，研究如何在国家动荡，经济滑坡情况下来护养动物和植物，显得至关重要。

虽然有以上局限性，但当一个种的就地保护是困难或不可能时，迁地保护是最好的辅助措施。

4）野生物种的迁地保护问题

野生生物的迁地保护有几个主要环节应该注意：引种、驯化、繁育及野化等。

引种是迁地保护的首要工作，包括采集、检疫、运输等一系列工作。捕捉野生动物时，应针对不同的动物种类采用不同的方法。除了力求避免机体损伤外，还应避免精神损伤。对于新捕捉的动物还要进行寄生虫、传染病等诸多方面的检疫。物种引进时，应依据引种的目的和繁殖生物学特性，合理引入雌雄个体及成幼体的比例。引种前还应了解物种的生物学特性及生态学特性，如食性、栖息地、天敌等。另外，引种还应考虑对其他物种和自然群落有何影响，引种不当，会产生生态危机，导致当地物种的灭绝（白秀娟和邹红菲，1997）。

繁育过程中，遗传管理也是一个极其重要的环节。建立物种谱系记录簿，有利于持久地保存物种的遗传多样性，避免近亲繁殖。有效种群检测遗传多样性的方法除了蛋白质（同工酶）分析、电泳技术、DNA 指纹分析外，应答器也是有效的长久性动物个体识别技术。应答器植入动物体后，可用检读器读出该动物的个体编号。

野化即物种的重新引进，指把笼养繁殖的后代再引入到自然栖息地，复壮面临灭绝的物种或重建已消失的种群的过程。由于笼养繁殖的种群的个体捕食能力、防御天敌能力较低，野化工作应循序渐进。

5）迁地保护的技术和设施

动植物迁地保护设施有所差别。动物迁地保护设施有动物园、狩猎农场、水族馆、笼养繁殖计划、动物细胞银行；而植物是保存在植物园、树木园和种子储藏库中。另一种是迁地保护和就地保护相结合的方式，中间策略是在小保护区监测和管理稀有及濒危种群，这样种群仍有野生性，但在必要时人类进行干预以防止种群衰退。

A．动物园

动物园传统上是把重点放在大型脊椎动物特别是哺乳动物上，展览有超凡魅力的动物，如大熊猫、长颈鹿和大象等。但动物园却忽视了占动物世界大多数的昆虫和其他无脊椎动物。目前，大多数动物园的目标是建立稀有和濒危动物笼养繁育种群。动物园中生存的珍稀哺乳动物扮演着维持笼养种群、保护它们的遗传变异的作用。为了补救这种情况，动物园和有关的保护机构从事的一项主要工作是建立珍稀和濒危动物实验群体。例如，雪豹、扬子鳄和猩猩所必需设施的建立和科技发展，以及在野外重建物种的新方法和新计划的发展。中国目前已建立了包括四川成都大熊猫繁育研究基地、广西黑叶猴繁殖研究基地、上海扭角羚繁育研究基地、辽宁沈阳珍稀鹤类繁育研究基地四个主要珍稀动物的人工种群繁殖基地。世界自然保护联盟（IUCN）的物种生存委员会保护繁殖专家组，为动物园提供新技术，已被用来维持和增加笼养种的种群，其中一些直接源自人类的药物及兽药，其他则是专门为某个物种发展的新方法，这些技术如下。

（1）交叉抚养。使用同一珍稀物种的不同团体养育后代，可提高物种繁育的成功率。例如，秃鹫一年只产一窝蛋，但如果这窝蛋被生物学家移走，母鸟会产下饲养第二窝蛋。如果将第一窝蛋给另一近缘种鸟，则每年每头珍稀雌鸟会产两窝蛋。这种技术被称为"双倍窝"。

（2）人工孵卵。在理想的条件下进行孵化。例如，某种雌性的动物无力照顾其子女，其幼仔很容易遭受捕食者、寄生物或病虫害的袭击，在此早期的阶段，由人来照料。这种方法已在海龟、鸟类、鱼和两栖动物上进行了广泛实验。将采集的卵放在标准的孵化条件下，在孵化幼仔的早期为易受攻击阶段，人工仔细照料和喂食，待长大后释放到野外或笼养。

（3）人工授精。当一个孤独的雌性动物由自己或受化学物质诱导而进入发情状态，而动物园中没有该种的雄性与之交配；另一种情况是，一些动物在囚禁状态下失去了交配的兴趣。在这样的情况下，可从适宜交配的雄体上采集精液，低温下保存。然后，为一个有接受能力的雌体进行人为授精。但在人工授精前，对于采集精液、储存精液、雌性接受能力的判别及引渡精液等精密技术，应对每个物种进行试验，以确保成功，现我国可对大熊猫进行人工授精。

（4）胚胎移植。用多产药剂诱导雌性动物过度排卵或重复排卵，采集额外的卵，用精液授精，再用外科手术植入一个近缘普通种的代理母体中。然后，经过一些时间代理母体将生出稀有种的后代。如何用此技术增加一些稀有动物如羚羊、野牛的繁殖量，是摆在当代科学家们面前的难题。

B. 水族馆

为解决对水生生物的威胁，让公共水族馆工作的人类学家、海洋哺乳动物学家以及珊瑚礁专家更多地与海洋研究所、政府渔业部门和一些保护组织的同行们加强合作，以保护人们特别关注的物种和丰富自然群落。

世界范围内的水生动物保护生物学家和水族馆的管理者已掌握了成功的繁殖技术，制定了更有效的保护生境法律。水族馆经常帮助搁浅在海滩上或在浅水中迷失方向的鲸鱼，在保护濒危鲸鱼中起着特别重要的作用。通过管理饲养宽吻海豚（bottle-nosed dolphin），实行人工授精、饲育幼仔和释放饲养动物返回到自然环境中，可使其维持群体数量，如地中海条纹海豚、中国长江的白鳍豚、墨西哥海湾的加湾鼠海豚，进一步可将海豚方面得到的技术最终用于濒危的鲸类。长江白鳍豚已急剧衰退，现野生存留个体很少，其衰退的原因主要有以下三点。①堤坝和水闸减少了鱼类种群，妨碍了迁徙格局及生产商品鱼时船桨引起的伤害。②水污染可能破坏其繁殖生理。③汽艇和其他工业活动产生的噪声将妨碍白鳍豚借回音测定方向，进而影响其发现食物、配偶、逃避危险的功能。

为了保护豚类，中国科学家已在河道 U 形弯曲形成的湖中成立了养护孵育中心，使白鳍豚避免了人类活动可能对其造成的危害，解决了饲养海洋哺乳动物和大型鱼类需要庞大水体的这一实际问题。

3. 离体保护

通过建立一批种子库、精子库、基因库，对生物多样性中的物种和遗传物质进行保护，称为离体保护。

1）种子银行或种子库

A. 种子银行的概念

以种子的形式储存和收藏自然保护材料，通常称为种子银行（seed bank）。种子来源于野生的和栽培的植物。在种子银行中，多数植物种子可在低温、干燥的条件下长期保存，并且具有萌发能力。

B. 种子的采集技术

植物保护中心利用遗传变异格局的信息，发展了一套为保护濒危植物遗传变异性的种子采集的原则、方法和技术。

（1）最优先采集的野生植物种类。有灭绝危险的种，进化或分类独特的种；能被重新引到野外的种，有可能在迁地保护点进行保护的种，对农、林、医或工业有潜在经济价值的种。

（2）每个种的样本应从 5 个以上种群采集，以保证种群间的变异性。且选中的种群应覆盖该种的地理和环境范围。具有 5 个或更少种群的濒危种，所有选中的种群均应抽取 75% 的样本。

（3）样本应从每个种的个体采集群中的 10～15 个个体中采集。

（4）每株植物采集种子（或插条、鳞茎等）的数量由该种的种子生活力决定。如果种子变异性高，则从每个个体上采集种子的数量要多。如果一个物种的个体繁殖量低，在一年一次性采集许多种子，可能对该种群有副作用，采集最好在数年内完成。

2）动物细胞银行

从事动物细胞的培养、冻存、特征化以及控制质量和污染的机构称为动物细胞银行。以现代低温生物技术建立动物细胞银行，超低温（−196℃）冻存动物的生殖细胞、受精卵和胚胎是一条保护物种遗传多样性的有效途径。鉴于生境的恶化和外来种的引入，许多具有重要学术价值或具有潜在应用前景的野生鱼类或土著种正逐渐消失。对于鱼类资源中的鱼卵和胚胎的超低温保存是值得人们给予重视的新技术。

美国开展细胞银行工作最早，也是现在规模最大的国家，美国标准培养中心 AFCC 就是专门从事采集保存和分配各种微生物、动物和人体细胞材料和培养株的机构。目前，美国标准培养中心大量收集杂交癌细胞以及与重组有关的收集物（基因载体、克隆的基因、人类探针、染色体文库等）。除美国外，英国也有号称欧洲最大的动物细胞银行，日本也正在筹建号称世界上最大的细胞银行。我国这方面起步较晚，但已取得了相当大的进展，并取得了一批令人瞩目的成果。例如，中国科学院上海生物化学与细胞生物学研究所和昆明动物研究所都建有具有很大规模的动物细胞银行。昆明动物研究所的野生动物细胞银行现收集保存数百种动物细胞株（包括从昆虫到人），其中不少是我国特有的或珍稀濒危种类的细胞。如滇金丝猴、黑麂、毛冠鹿和赤斑羚等。此外为使中国特有的一些鱼类种质资源得以长期保存和持续利用，应采用鱼类精子和胚胎冷冻保存技术。中国目前对鱼类精子的保存技术已取得明显进展。"四大家鱼"的冷冻精子保存技术已应用于生产实践，并取得令人满意的结果。

11.3　物种灭绝机制

在自然界，物种及生态系统的形成和丧失自古以来就存在。现在地质时期的地球上拥有的物种比其他任何时期都要多。但由于人类的出现，物种灭绝速率加快却是不争的事实。由于人类活动的结果，当今物种的灭绝率也比过去任何时期都要高。

生物多样性的丧失发生在全部的层次上，既包括生态系统层次的退化和破坏，也包括物种层次的灭绝；此种丧失既发生在热带，也发生在温带；既在陆地，也在水域生境（Willimas and Nowak，1986）。保护生物学的一个重要目标就是保护生物多样性，防止物种的灭绝，所以，必须研究有关物种灭绝的问题，研究的任务包括预测将来可能有多少个物种灭绝，最可能在哪些地方发生灭绝，可能是什么原因导致灭绝，分析过去物种灭绝的数量、地点和原因。如果这些因素继续存在，这些因素的强度可能会发生变化，通过对这些因素强度变化的分析，推测将来可能出现的灭绝结果。

11.3.1　物种灭绝的概念和认识

张昀（1998）认为物种的灭绝是自然界中一种普遍现象，我们所见到的每一物种只不过是大量物种灭绝与形成过程中的一个时间点上现有的物种，它们所处的状态应该是物种形成前、后与灭绝之间，可见任何物种都将会遭遇以下三种情况之一：① 线系长期延续而无显著的表型进化改变——物种形成"活化石"。② 线系延续进化并改变为不同的时间种，称为线系分支，形成新种。③ 线系终止——物种全部死亡，即物种灭绝（图 11.1）。灭绝是形成的反面，是物种形成的反效应，因为物种的数目在有限的空间和有限的可利用资源的情况下，不可能无限增长，有产生，同时就有消亡。灭绝是生物圈在更大的时空范围内的自我调整，物种灭绝是生物与环境相互作用过程中，生物未达到与环境的相对平衡与协调所付出的代价。

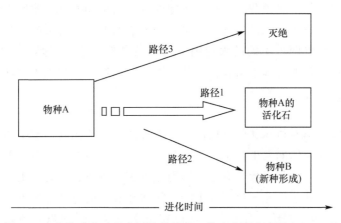

图 11.1　物种进化过程中可能的路径（仿李俊清和李景文，2006）

1. 常规灭绝

在整个生命史上，灭绝亦如物种形成一样作为进化的正常过程，以一定的规模经常发生，表现为各不同分类类群中部分物种的替代，即新种产生和某些老种消失，这是常规灭绝（normal extinction）。

2. 集群灭绝

在生命史上发生过的非正常的大规模的灭绝事件，在相对较短的地质时间内，一些高级分类类群整体消失了，这是所谓的集群灭绝（mass extinction）。

所谓灭绝就是一个物种或一个种群不能够通过繁殖自我维持。下列任一种情况发生时即发生灭绝：一是最后一个个体死亡；二是剩下的个体不能够产生有生命或有繁殖能力的后代。

目前，从保护物种的角度出发，保护程度的不同对于物种灭绝概念的内涵又提出了一些新的认识，按照这些认识和观点可以把物种的灭绝分成以下四个方面：①一般意义的灭绝，和前面提到的物种灭绝的概念相一致。②野生灭绝：一个物种的个体是被养殖或在人工控制条件下存活，在野生条件无个体存在，如我国的麋鹿等。③局部灭绝：一个物种在其栖息过的某些分布区无个体或繁殖种群存在，但在其他地区有发现，如海南黑冠长臂猿。④生态灭绝：一个物种的种群数量减少到对于生物群落其他物种以及生态系统结构和功能及动态的影响很小甚至可以忽略，如东北虎等（李俊清和李景文，2006）。

11.3.2　物种灭绝的外在机制

灭绝是一种复杂的现象。它既有生物内在的因素，也有外部环境的原因，同时它既是偶然的、不可预测的，也是决定性的，由生物发展规律所决定的。对物种施加任何一种压力，无论生物学还是物理学方面的，都将可能使其灭绝。一般物种的灭绝存在着两种不同的灭绝因素，一是自然灭绝，二是人为破坏导致灭绝。影响物种生存的外部因素包括生物学因子、环境因素和人为活动。

1. 生物因子

（1）竞争。当有机体共同利用同一有限资源时，或当某一类个体数量迅速增加时，常常导致个体间发生竞争。竞争分两类：一是争夺性竞争，即两类生物利用同一环境资源；二是干扰性竞争，即通过毒害、攻击、占有领土和化感作用等进行竞争。在大陆上可能导致密度下降，除非在极端的特殊情况下（如岛屿和人为干扰等），竞争本身绝少导致灭绝，但在小于一定临界面积的岛屿上，也可能发生灭绝。

（2）捕食。竞争与捕食对灭绝影响很小（图 11.2），因为一个捕食者早在它们把食饵捕杀完之前就饿死了。环境空间异质性及其大小对共存有十分重要的作用。在异质环境空间里，食饵既能躲藏，又有充足的空间在各种镶嵌环境片段中求得生存。捕食者并不歼灭它的食饵，因为如果一个捕食者只寻找那些稀有食饵物种的话，它就更容易饿死。我们所看到的最普遍现象是捕食者经常取食那些相对数量较大的物种，而不是或很少取食那些数量稀少的物种。除上述两个原因外，一个高度组织化的捕食者种群，会尽量不去捕食那些数量变得很少的物种，以使它们有一个最小的生产量和繁殖率。

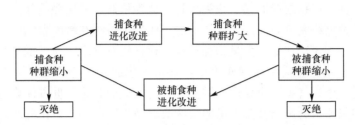

图 11.2 生态系统内部种间竞争是物种灭绝原因示意图（张昀，1998）

当捕食者或被捕食者一方发生显著改进（如捕食能力或逃避能力的显著提高），而另一方却未

发生显著改进，则会造成种群缩小，灭绝的机会增大

（3）寄生与疾病。从适合度意义上讲，有毒病菌的适应性很差，这是因为有毒病菌使寄主致死或严重衰弱的同时，也不可避免地导致了自身的灭亡。病菌常常是导致物种灭绝的一个重要因素。在这方面，病菌和捕食者具有共同的特点，即病菌的生存往往建立在寄主或被食者生存活力的基础之上。这种相互依存关系的自然结果是形成特有性平衡（endemic balance）。在这种情况下，病菌的致病能力减弱，这是在长期的协同进化过程中逐渐形成的。在这一过程中，被寄生物种对病菌逐渐产生了抗性，同时病原体的毒性也逐渐降低。由此推论，病害的广泛流行应该是相当罕见的。只有在长期存在的生态平衡被打破的情况下，该区域才有可能发生广泛的流行病害。

导致病害流行的一个因素是接触传染。种群成员的频繁接触为高毒性感染病菌的存活创造了必要的条件。现代城市居民最容易遭受严重的病菌流行的感染，而史前人类由于分别生活在较小的被隔离的区域，则很少发生病菌的广泛传播。显然，如果一个物种的不同种群分别生存在相对隔离的地区，则可避免病菌的严重感染，避免因病菌的广泛流行所导致的灭绝。许多物种的镶嵌分布式样也许是生物在漫长的进化过程中逐渐发展起来的适应策略。

2. 大时间尺度灭绝的环境因素

从化石记录可以看到，一些世界性分布的类群在世界性气候和地质变化中常常灭绝，这并非是生物内部的原因，而是生物赖以生存的环境条件被破坏和变更的缘故。导致生境条件变更和破坏的因素可划分为三种类型，即缓慢的地质变化、气候变迁和灾变事件。

（1）物种灭绝与缓慢的地质变化。使生物生存条件变更的缓慢地质变化主要指地球板块的移动、海域消失以及由此而产生的大陆生态地理条件的缓慢变化。地壳整个布局的改变破坏了原来的生存条件，同时又创造了新的生存环境。如二叠纪和三叠纪交界时期，超级大陆与联合古陆的形成使大量生存在大陆架上的海洋生物灭绝，同时又为陆地生物的进化创造了必要条件。也正是在这一缓慢的地质变化中，裸子植物逐渐取代了蕨类植物，成为植被中的优势成分。

（2）物种灭绝和气候变迁。气候的变迁改变了生物在纬度和经度上的分布范围。气候的变迁还往往造成大量物种灭绝。根据化石记录，晚白垩纪全球气候的干旱化使38％的海生生物属彻底灭绝，陆地动物遭受灭绝的规模更大；第三纪始新世末期，由于气温迅速变冷，许多在古新世后期和始新世占优势的植物类群灭绝；第四纪冰川的影响又使大量的植物类群销声匿迹。分布在岛屿的物种在气候发生变迁的情况下更容易灭绝。大陆上尽管具有广阔的空间，然而物种对其分布范围的调整并不如我们所想象的那样轻而易举。上述地质时期大量生物类群的灭绝就是例证。对于一个长期适应于某一特定气候的物种或类群，其适应性以及适应性的调节范围总是有限度的。高纬度地区冬季的寒冷和短光照使得长期生存在热带地区的植物种类难以适应。每一个物种或类群都有其固定的生活节律（生物钟），它的调节幅度是很有限的。气候的变化或变迁超过了某一物种或类群的调节限度，就可能导致该物种或类群不可避免地走向灭绝。

（3）物种灭绝和灾变事件。生物类群的大灭绝往往和地球上重大的灾变事件相关联。有些灾变事件仅发生在局部区域，有些则是全球性的。Sepkoski（1982）根据到目前为止所有的化石记录和地质上大量资料的统计和分析，揭示出地球历史上生物界曾经历了几次重大的灾变，都出现了生物类群的大量灭绝。这些灾变事件有些是地球内部的自身运动所致，如海退现象、火山爆发、造山运动及海洋作用；有些则是来自外部空间的干扰，如太阳系中一些小行星和地球相撞、超新星的爆炸等。

（4）海退现象对生物影响。海平面的下降常常关系到多次生物区系的危机时期。海退明显地使大陆架生物类群的生存空间减少，导致种群数目的急剧减少，最终使大量物种灭绝。例如，二叠纪后期地球历史上最严重的生物区系危机可能是由于巨大的海退所致。尽管海退在减少海洋性生物生存空间的同时又扩展了陆地生物的生存空间，但海退所导致的全球性气候变化仍使陆地生态系统不可避免地遭受到严重破坏并导致大量物种灭绝。当大陆普遍被浅海覆盖时，全球气候相对一致，呈现温暖和湿润的特征。海退则破坏了这种温和的海洋性气候，产生了从海域到内陆气候的差异，并且普遍出现干旱和气温的急剧变冷，大陆性气候的季节变化显著增强。尤其值得提出的是，气温的急剧变冷常常是生物区系发生严重危机的前兆。

（5）火山爆发和造山运动所引发的生物大灭绝。火山爆发直接导致大量生物灭绝。短时期内大量的火山爆发，其效应与小行星与地球相撞所产生的气候效应相似，大量的火山灰冲入大气层，加强了地球对光的反射能力，使辐射到地球表面的太阳光迅速减少，导致地球表面的气温急剧下降。几次生物区系的危机均发生在火山爆发和造山运动时期。例如，奥陶纪后期、泥盆纪后期和白垩纪后期所发生的 3 次生物大灭绝事件均伴随着火山爆发和造山运动。大多数火山爆发的持续时间和生物大灭绝时期相吻合。火山爆发对环境造成的压力最终导致地球局部生态系统的毁灭。

（6）来自太阳系的灾变事件和地球生物的大灭绝。近年来，古生物学中一个有争论的问题是关于是否有一个体积巨大的小行星和地球相碰撞，从而导致了晚白垩纪生物界的大灭绝。据推测这颗小行星的体积大约是火星体积的一半，来自于火星和木星之间的行星带。碰撞后所带来的灾变性反应导致了地球生态系统的巨大破坏。在全球范围中呈不连续分布的沉积岩中，人们发现矿物质具有被冲击的特征。另外，一种小球体（small spherule）也在碳含量较高的同一地层中被发现。这些小球体被认为是由于撞击引起的巨大火焰所产生的碳粒，除含有异常铱元素之外，其他地质化学方面的异常现象也被认为是来自地球之外的。

这种碰撞对地球气候的影响力是巨大的。小行星在大气中燃烧以及和地球的相撞会产生大量的岩石碎片并弥散在大气中，至少要持续一个星期。这种尘埃云会阻碍所有的太阳光线射入地面，由于光线强度极低，光合作用不能进行，因此在几个月之内地球表面温度迅速下降，并一直维持在 0℃ 以下。除此之外，大气中会出现氰化物、氮氧化物等有毒气体，并可能导致全球性酸雨以及臭氧层的破坏等。这种气候的大骤变势必对生物圈产生重大的影响，而全球性气温急剧变冷往往就是生物大灭绝即将来临的征兆。

3. 人类活动对生物的巨大冲击

人类活动对生命进化的冲击，首先表现在对地球生态系统的巨大改变。一些大型动物由于人类的大批杀戮而绝种，更多的动植物种类主要由于人类改变环境而灭绝。地球表面 40% 的区域被人类作为农业、城市、公路和水库之用，那些天然的动植物区系被农作物、混凝土建筑和其他人工产品所替代。尚未灭绝的物种也面临着人类活动所引起的巨大的环境挑战。至 20 世纪 80 年代初，全球 27.4% 的热带雨林已经消失（表 11.3）。统计资料表明，人类对热带森林的破坏仍以大约每分钟 $47hm^2$ 的速度进行着。照此下去，热带森林在 25～50 年内消失，大量的热带生物种类在生物系统学家还未来得及鉴定归类之前就会消失掉（Frankel et al.，1981）。由此可见，森林的破坏程度和人口的稠密程度的相关关系是不言而喻的，但同时更和人类获取自然资源的方式以及人类对自然认识的观念密切相关。

表 11.3　热带雨林原始面积、现有面积以及全球范围内不同地区消失的速率（Cox，1997）

地区	原始面积 /(×10⁶ km²)	目前状况		
		雨林面积/(×10⁶ km²)	消失的雨林面积/%	年消失比率/%
美洲	8.03	6.57	18.2	0.61
非洲	3.63	2.09	42.3	0.53
亚太地区	4.35	2.96	32.0	0.56
总计	16.01	11.62	27.4	0.57

　　除了人类自身活动直接造成生物种类的灭绝之外，其间接影响也是巨大的。人工引种以及以人工造林代替天然森林常常改变某一区域的植物群落结构，从而打破了该区域各个生物类群，包括动物、植物和微生物长期以来所建立的平衡。此外，人工生态系统仅仅由单一或少数几个物种组成，如农作物种植、人工造林，使得遗传多样性和变异性降低，这是一种潜在的危险状况。在人工生态系统中，一种新的寄生病菌或捕食者可能使一个物种完全毁灭。人类活动也是许多植物和动物病害流行的直接或间接原因。现代工业所排出的废气使大气中的二氧化碳含量迅速增高，导致全球性的大气温室效应。气温的升高往往使陆地沙漠化扩大，生态系统失调，自然环境恶化，从而使一些物种失去了原有的生存条件而灭绝。

　　目前动植物的进化速度不可能跟上人类改变地球面貌的步伐。地球历史上的大灭绝都经历了几百万年甚至几千万年的地质时期，而人类对森林的破坏导致的大量物种灭绝则发生在几百年或更短的时间内。有迹象表明，地球上的许多陆地植物和动物由于受到人类活动所产生的巨大环境压力，正在迅速地被推向灭绝深渊。

11.3.3　物种灭绝的内在机制

　　根据化石记录，每次大灭绝之后，随之而来的是许多次生物类群的强烈分化和增殖，一些全新的高级类群随之出现，即生物类群巨大的分化波。恐龙灭绝之后哺乳动物迅速扩展就是一个典型例子。进化和灭绝看起来似乎是两种水火不相容的生物学现象，即使生物走向完善，又使生物跌入深渊。然而，究其本质便会发现，它们只是生命发展的两个不同侧面，既是对立的，又是统一的，构成了生命发展中永无止境的运动。

　　（1）灭绝和进化创新。人们可以想象，如果没有物种灭绝，生物多样性不可能不断增加，物种形成便会被迫停止，这样，许多进化性创新如新的生命体和新的生命形式便不可能出现。由此看来，灭绝在进化中的作用就是通过消灭物种和减少生物多样性来为进化创新提供生态和地理空间。灭绝推动进化在高等生物中随处可见，但在一些低等生物中却有例外。最典型的是前寒武纪处于优势地位的细菌和其他一些简单生物的早期化石，与它现在生存的种类在形状和结构上很难区别，在漫长的地质年代里它们似乎没有多少变化，但这是否能够说明在这些生物类型中从未发生过灭绝，这个问题还值得探索。

（2）物种灭绝与类群的系统发育年龄。在系统发育过程中处于幼期阶段的类群仍缺乏对环境的有效适应。自然选择创造了这些类群，同时常常在它们还没有来得及扩展自己时又将它们扼杀在摇篮之中。这些现象在生物界是普遍发生的。对于新生类群来说，幼期阶段则是它们系统发育中的"瓶颈"阶段。在众多的新生类群中，只有少数类群能够度过这一"瓶颈"阶段。任何一个物种或类群既有它发生和扩展的过程，也有它衰亡的过程。古生物学研究和化石记录表明，地球上几乎所有的大灭绝事件中，比较古老的支系往往受到较大的影响。在正常的地质时期，古老支系的灭绝率也比其他类群高得多。这些古老支系在系统发育过程中处于衰亡阶段，其生存脆弱性是显而易见的。正像个体生命的衰老过程在受精卵形成的瞬间就已经开始一样，灭绝过程在新的物种或类群从其祖先种或姊妹种完成生殖隔离的同时即已开始。倘若说一个个体的生命是逐渐走向死亡的话，那么一个物种或类群的适合度也缓慢地被侵蚀，直至其所有进化潜能全部耗尽，最终走向灭绝。

（3）形态性状单一的类群容易灭绝。观察了大量生物化石类群之后，人们发现在正常地质年代形态性状单一的类群容易灭绝，而那些形态性状多样的类群则具有较高的生存率。生物体的每一个外部形态都和它特定的生理功能相关联。形态性状多样的类群往往具有多样化的生理功能以及较完善的生态适应性。形态性状单一的类群似乎缺乏比较多样化的生理功能（尽管它们可能在某些生理功能方面具有一定优势），缺乏对外界干扰的应变能力，这可能是形态性状单一的类群更易灭绝的主要原因。

（4）特有类群容易灭绝。通过观察白垩纪后期的大灭绝中北美双壳动物（bivalve）和腹足类（gastropod）的灭绝和幸存种，发现了一个十分有趣的现象，即分布于海岸平原的特有属和非特有属的幸存率，在双壳类中分别是 9% 和55%，在腹足类中分别是 11% 和 50%。海岸平原区域特有属的灭绝率（91%，89%）明显高于非特有属（45%，50%）。后来对其他动物和植物类群所进行的古生物学研究也有类似结果：地方性特有类群，尤其是属水平上的地方性特有类群更容易灭绝。一些地方性特有属在正常的地质年代具有丰富的多样性，然而却在大灭绝来临之时先受影响。这一现象引起了人们对有关地方性特有类群，尤其是地方性特有属进化问题的极大关注。同时，该灭绝式样也为生物多样性的保护提供了理论依据。

11.4　自然保护区

11.4.1　自然保护区的概念

自然保护区是自然环境保护的重要组成部分，是保护野生物种，特别是濒危物种免遭破坏的有力措施，是维持生态系统再生能力和自然资源永久利用的必要手段，是开展自然保护工作的重要基地。

自然保护区可比喻为生境岛屿，这是由于许多自然保护区受人类活动影响，被保护区域与其周围状况不同，成为生境孤岛；或者该保护区与周围的植被和环境有显著差别，近似于一个岛屿，所以有关保护区的理论可以建立在岛屿生物地理学的基础之上。不过，保护区这种陆地生境岛屿与海洋岛屿有着不可忽视的差别。首先，陆地岛屿周围是动物可以自由活动，植物可以随机迁移的连续空间；而海洋岛屿与周围的环境条件完全不同，岛屿上的动、植物被孤立隔离在海洋介质之内，失去了自由进出的可能性。所以只能认为保护区类似于岛屿。

自然保护区可简单理解为"受到人为保护的特定自然区域"。这个简单的定义中包含了两层基本涵义，一是特定自然区域，二是人为保护。特定自然区域是指具有科学、经济、文化、娱乐等价值的自然景观地域，这些地域具有一定的代表性、稀有性和生物多样性，包括各种典型的重要生态系统、珍稀濒危动物和植物的天然分布区、重要的天然风景区、水源涵养区、具有特殊意义的自然遗迹等。人为保护是指政府、团体和个人采取措施，保护某些特定自然区域，使其避免或减少受人类活动的破坏和影响。人为保护的方式主要是划定一块或若干自然区域加以管理。世界自然保护联盟（IUCN）1994 年公布的《保护区管理类型指南》把保护区定义为：保护区是专门用于生物多样性和有关自然和文化资源的保护，并通过法律和其他有效手段进行管理的陆地或海域。

我国把自然保护区定义为：国家为了保护自然环境和自然资源，促进国民经济的持续发展，将一定面积的陆地和水体划分出来，并经上级人民政府批准而进行特殊保护和管理的区域（李俊清和李景文，2006）。

11.4.2　自然保护区的功能

保护生物多样性和实施可持续发展战略是当前备受国际社会关注的两大问题。生物多样性是人类赖以生存的基础。由于人类对生物多样性的认识具有历史局限性，不合理的开发利用破坏了自然生态系统，导致天然林减少、草场退化、湿地干涸、珍稀动植物灭绝。实践证明，建立自然保护区是保护生物多样性的有效手段，可以保护典型的生态系统、珍稀濒危物种栖息地和遗传种质资源。

尽管自然保护区的类型多样，但它们都应当成为一个具有多功能的自然社会经济的复合实体，争取生态效益和社会效益的统一。为此，自然保护区必须协调保护、科研、文化和教育四个方面的基本职能。

（1）保护生物多样性的基地。保护自然资源与自然环境是自然保护区的首要任务。对于保护意义而言，一方面，自然保护区的最大作用是保护各种典型的生态系统、生物物种及各种有价值的自然遗迹。另一方面，自然保护区保护着丰富的水资源、植被资源和土地资源，这对地方经济的持续发展和资源持续利用具有重大意义。

（2）开展科学研究的天然实验室。自然保护区保存有完整的生态系统、丰富的物种、生物群落及其赖以生存的环境，为开展各种科学研究提供了得天独厚的基地和天然实验室，其研究领域不仅包括生态学、生物学方面，还包括经济学及社会学方面。

（3）进行宣传教育的自然博物馆。自然保护区是宣传国家自然保护方针、政策的自然讲坛。其宣传的对象（自然保护区）也是文化教育的天然课堂和实验场所。

（4）合理开发利用自然资源的示范。建立自然保护区的目的，并不是为了单纯和消极的保护，而是为了在实现有效保护的前提下，可以在保护区的实验区开展科学研究，对自然资源进行间接利用，其中在保护区开展生态旅游也是合理开发、利用保护区的一种有效形式（金鉴明等，1991）。

11.4.3　自然保护区设计

自然保护区设计规划的理论日趋成熟，岛屿生物地理学理论、集合种群理论、种群生态学、种群遗传学及景观生态学等理论和方法都为自然保护区的规划设计提供理论依据。邬建国（1990）认为，对于生境岛屿存在如下的规律：①岛屿面积越大，生境多样性越大，物种灭绝率越小，因此物种丰富度亦越大。②隔离程度越高，物种迁入率越低，物种丰富度越低。③面积大而隔离度又低的岛屿具有较高的平衡物种丰富度的功能。④面积小或隔离度低的生境具有较高的物种周转率。

1. 自然保护区设计的原则

自然保护区在很大程度上可看作被人类栖息地包围着的陆地"生境岛"，根据岛屿生物地理学和集合种群理论得出生境岛屿的上述规律，自然保护区的设计应遵循下列原则：①保护区面积越大越好。②一个大保护区比具有相同总面积的几个小保护区好。③对某些特殊生境和生物类群，最好设计几个保护区，且相互间距离越近越好。④自然保护区之间最好用廊道相连，以增加种的迁入率。⑤为了避免"半岛效应"，保护区以圆形为佳（图 11.3）。

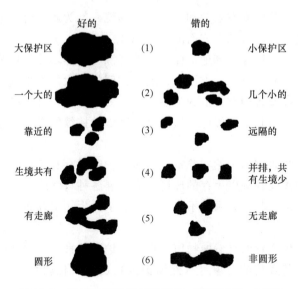

图 11.3　自然保护设计原则图解（蒋志刚等，1997）

2. 保护区的形状与大小

保护区的形状和大小是保护区设计的重要组成部分，特别是保护区的大小是保护区设计的最关键问题。从理论上讲，保护区的面积当然是大一些好，而在实际应用中往往有较多的限制因素，如生态系统的破碎程度，与当地经济发展及周边社区居民的矛盾等。同时，针对不同区域、不同的保护区类型以及保护的主要对象等也应该区别对待。

（1）对于特定的保护区。大的保护区能较好地保护物种和生态系统，因为大的保护区能保护更多的物种，一些物种（特别是大型脊椎动物）在小的保护区内容易灭绝。在小保护区中生活的小种群的遗传多样性低，更加容易受到对种群生存力有负作用的随机性因素的影响，小的种群容易导致遗传漂变和异质性的丢失。面积小的生境斑块，维持的物种相对较少，容易受到外来生物的干扰。

（2）扩大保护区面积与周边社区的主要矛盾。一个保护区的重要程度随面积的增加而提高。一般而言，自然保护区面积越大，则保护的生态系统越稳定，其中的生物种群越安全。但自然保护区的建设必须与经济发展相协调，自然保护区面积越大，可供生产和资源开发的区域越小，这与人口众多和土地资源贫乏的国家发展经济是不相适应的，为了兼顾长远利益和眼前利益，自然保护区只能限于一定的面积。保护区的面积应根据保护对象和目的而定，应以物种-面积关系、生态系统的物种多样性与稳定性以及岛屿生物地理学为理论基础来确定。

（3）保护区的形状。考虑到保护区的边缘效应，则狭长形的保护区不如圆形的好，因为圆形可以减少边缘效应，狭长形的保护区造价高，受人为的影响也大，所以保护区的最佳形状是圆形。如果采用南北向的狭长形自然保护区，要保持足够的物种则必须加大面积。

3. 保护区内部的功能分区

自然保护区功能区划分的科学性与合理性关乎保护的成败和保护区的自身发展。一般的自然保护区应由三个功能区域组成，分别为：①核心区。在此区生物群落和生态系统受到绝对的保护，禁止一切人类的干扰活动或有限度地进行以保持核心区质量为目的或无替代场所的科研活动。②缓冲区。围绕核心区，保持与核心区在生物、生态、景观上的一致性，可进行以资源保护为目的的科学活动，以及以恢复原始景观为目的的生态工程，可以有限度地进行观赏型旅游活动。③实验区。保存与核心区和缓冲区的一致性，在此区允许进行一些科研和人类经济活动以协调当地居民、保护区及研究人员间的关系。

在具体规划设计自然保护区的实践中，最重要的是如何合理划定自然保护区各个功能区的边界问题。现在一般有以下原则：① 核心区：核心区的面积、形状、边界应满足种群的栖居、饮食和运动要求；保持天然景观的完整性；确定其内部镶嵌结构，使其具有典型性和广泛的代表性。② 缓冲区：隔离带、隔离区之外人类活动对核心区天然性的干扰；为绝对保护物种提供后备性、补充性或替代性的栖居地。③ 实验区：按照资源适度开发原则建立大经营区，使生态景观与核心区及缓冲区保持一定程度的和谐一致，经营活动要与资源承载力相适应。生物圈保护区的思想为自然保护区的设计规划提供了全新的思路。需要指出的是生物圈保护区只是有关自然保护区规划设计的一种思想。在具体设计操作中，例如，如何确定各功能区的边界？如何合理设计保护区的空间格局？如何构建廊道为物种运动提供通道？这些问题的解决必须根据其他相关学科的知识理论来完成。

11.4.4　自然保护区网与生境走廊建设

单个的保护区不能有效地处理保护区内连续的生物变化。只重视在单个保护区内的内容而忽略了整个景观的背景，不可能进行真正的保护，同时单个保护区只是强调种群和物种，而不是强调它们相互作用的生态系统。为此，Noss 等曾提出了区域自然保护区网设计的节点-网络-模块-廊道（node-network-module-corridor）模式。节点是指具有特别高的保护价值、高的物种多样性、高濒危性或包括关键资源的地区。节点也可能在空间上对环境变化表现出动态的特征。但是节点很少有足够大的面积来维持和保护所有的生物多样性。所以，必须发展保护区网来连接各种节点，通过合适的生境走廊将这些节点连接成为大的网络，允许物种基因、能量、物质通过走廊流动。一个区域的保护区网包括核心保护区、生境走廊带和缓冲带，图 11.4 是一个森林生态系统保护区的核心区、缓冲区以及廊道等设计与实施对策的图解。

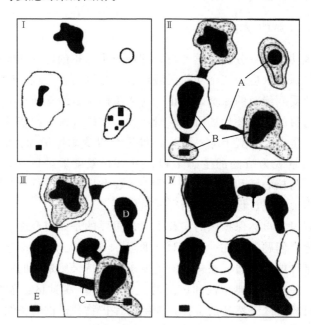

图 11.4　保护区的核心区、缓冲区以及廊道设计与实施对策图解（仿 DellaSala et al，1996）
框图Ⅰ是目前保护区的状况，框图Ⅱ保护区一期（10～15 年）恢复情况，框图Ⅲ是二期（50 年）的恢复情况，框图Ⅳ是最终的恢复目标；图中黑色的部分为保护区和廊道，其他为缓冲区或未保护的区域；字母 A～E 为要扩展的保护区域

　　生境的重新连接是解决该问题的主要步骤，通过生境走廊可将保护区之间或者与其他隔离生境相连。增设生境走廊的费用很高，同时生境走廊的利益可能也很大，只要有可能，就应当将必要的生境相连。生境走廊作为适应于生物移动的通道，把不同地方的保护区联结成保护区网。例如，我国大熊猫的各级自然保护区现已多达 33 处，由于单个的保护区和大熊猫种群的数量有限，各保护区之间由于生境的隔离而不能交流，33 处保护区的保护作用在某种程度上大大降低了保护的作用。因此，必须通过生境走廊的建设，把分散的保护区连接成一个或若干个保护区网络。

　　不同的物种扩散能力差别很大，所以不同的物种需要的廊道不一样，有时廊道相当于一个筛子，能够让一些物种通过，而不让另一些物种通过，不同的物种需要不同的廊道类型。①野生动物的廊道有两种主要类型，为了动物的交配、繁殖、取食、休息而需要周期性地在不同生境类型中迁移的廊道；异质种群中个体生境斑块间的廊道，以进行永久的迁入迁出，在基因流动及在当地物种灭绝后重新定居。②生境连接类型。根据不同时空尺度和生物的不同组织水平将不同的生境连接起来，建立两种在不同时空尺度上的野生动物走廊类型。小尺度相邻生境斑块的连接，如篱笆墙的设计适应于特定的边缘生境，两片树林之间可以利用狭窄的乔木、灌丛条带来帮助小型脊椎动物（如啮齿类、鸟等）移动。但这样的走廊仅仅适宜于边缘种，而不利于内部种的移动。在景观尺度上建立比第一类更长、更宽的连接廊道。它们作为保护区景观水平上的廊道，为内部种和边缘种昼夜或季节性的或永久的移动提供通道，要求有大片带状的森林将各自分离的保护区沿河边森林、自然梯度或地形（如山脊等）连接起来形成区域内的自然保护区网。

　　生境走廊的设计应首先明确其功能，然后进行细致的生态学分析。保护区间的生境走廊应该以每一个保护区为基础来考虑，然后根据经验方法与生物学知识来确定。应注意下列因素：要保护的目标生物的类型和迁移特性，保护区间的距离，在生境走廊上会发生怎样的人为干扰，以及生境走廊的有效性等。为了保证生境走廊的有效性，应以保护区之间间隔越大则生境走廊越宽的要求设置生境走廊。因为大型的、分布范围广的动物（如肉食性的哺乳动物）为了进行长距离的迁移需要有内部生境的走廊，如在 50m 宽的生境走廊中黑熊不可能移动很远的距离。动物领域的平均大小可以帮助我们估计生境走廊的最小宽度。研究表明，使用生境走廊时除需考虑领域与走廊宽度外，其他因素如更大的景观背景、生境结构、目标种群的结构、食物、取食习性也影响生境走廊的功能。因此，设计生境走廊需要详细了解目标物种的生态学特性。

11.5　动物行为与物种保护

11.5.1　动物行为与物种保护的关系

　　了解野生动物的行为适应性可以增加人们对野生动物环境需求的理解。通过对动物行为的研究，使人们了解动物与环境是怎样相互联系和相互作用的，从而揭示动物与环境的相互关系。动物行为研究还可以帮助人类了解自身的演变和发展规律，也有助于保护濒危物种和控制有害生物。特别是在保护濒危物种时，更离不开对濒危动物个体的正常生存行为、通讯行为和繁殖行为等行为的研究。（蒋志刚等，2004）。

　　野生动物保护与动物行为像是一枚硬币的两个侧面。通过电视画面上奔跳的羚羊，人们可能认为保护生物学家都精通动物行为学。其实在一些物种保护项目中，人们并没有邀请动物行为学家加盟，忽视了动物行为学家应有的作用。一些野生动物保护项目的确涉及动物行为的研究，但是这些研究多是仅仅关于野生动物的领域和食性的研究，普遍缺乏行为学理论与野生动物保护实践的结合。但是也有一些动物行为学家投身到物种保护的研究，这些研究人员不仅仅是为了保护那些物种以完成他们的研究，而且在他们的研究地点，研究对象得到了很好的保护，他们的研究结果也促使决策者做出正确的保护决策。

　　研究动物行为将为未来的珍稀濒危动物的迁地保护做出贡献，对特定濒危物种在迁地环境中的行为发育、人工繁育个体放归自然、野生状态下正常生存和繁殖行为的培育有很大的作用。迁地保护种群中的个体可能由于行为障碍而不能繁殖；或者由于缺乏行为模板而不能适应野放环境；或者由于繁殖行为、社会行为障碍不能与野生同种个体交流基因；甚至不能在野外与同类人工繁育的个体交流基因等而导致迁地保护的失败。这一系列行为学问题关系迁地保护的成败。然而，在濒危物种迁地保护的初期我们常常忽视了这个问题，等到开始野放时，才注意到人工繁育个体行为方面的障碍（蒋志刚等，1997）。

　　对动物来说，任何一种行为都是有利于维持其个体生存和保证种族延续的行动，尤其是在社群和群落中，行为更起着重要的作用。而我们对野生动物行为的认识和发现，未能及时应用到濒危动物保护中去。更好地了解动物行为将有助于人类更好地协调人与自然的关系，促进人类保护濒危稀有动物物种。濒危动物迁地保护时，需要研究、掌握动物的行为；人工繁殖濒危动物个体回归时，需要重建其自然野外生存所需的行为。行为可能是影响动物种群周期性暴发的因子之一，控制有害动物也必须掌握这些动物的行为规律。此外，研究动物行为有利于澄清关于动物疼痛和动物福利等方面的问题。

　　由于动物行为是动物生存的必要条件，而在一个人类占优势的环境中，人类成为生物进化中一个极为重要的选择力。但是，有些动物的行为并非很简单，其复杂程度确实超出人们的想象，甚至至今还没有完全被人们所了解和认识，只能说是尚在摸索中。因此，一些对人类有益的动物，在生产实践中，尚未被充分地利用，同时，一些给国计民生带来严重危害的动物，同样也没有得到有效的防治。人类对自然环境的改变与动物的行为适应，人类的智慧与自我约束力成为人类与动物相互作用、协同进化的原动力。在这样一个特定的环境中，研究动物行为，对于保护地球上生物多样性来说有着深远的意义（蒋志刚等，2004）。

11.5.2　动物行为的基本类型

　　动物的行为是指动物的个体或群体在生存过程中，需要不断从外界摄取食物、饮水、警惕与逃避敌害、保护领地和求偶、繁殖后代等，由此而产生一系列简单或复杂的固定动作。此外，动物身体个别部位的细微动作或动作的变化，如竖耳、鸣叫、凝视、装死以及体表颜色的变化和气味的释放等，也都是动物行为的一部分（施浒和姚霭如，1996）。

　　动物的行为种类特别多，不同种的动物，其行为是不完全相同的，即使是同种极为近似的动物，彼此间也会有细微的差异。因此，有时候也可根据其行为的不同去辨认和识别它们。大多数的动物行为是生来就有的一种本能，如蜘蛛结网，鸟类的筑巢、求偶、孵蛋、育雏和迁徙等；而有些行为则是在生活过程中通过学习而新建立的后天性行为，如鹦鹉学舌等。下面主要根据蒋志刚等（2004）、尚玉昌等（2006）、施浒和姚霭如（1996）的著作，介绍动物行为的基本类型。

1. 反射

反射是一种生理行为，是动物比较简单的行为，一般分为条件反射和非条件反射。反射表现在外部的某些动作和变化上，而且还有一定的生物学功能。反射的特点：①外界刺激和它所做出反应之间有着非常强的联系，如把手放到火里去，手会马上回缩；气管里进异物，马上会咳嗽。②无意识。比如回缩不是大脑做出的反应，而是无意识的。③它的中枢不是在大脑，而在脊髓。反射在刺激和反应之间之所以有强烈的联系，是因为反射需要经过反射弧、中枢、感觉器官，最后把信息传到脊髓再通过运动神经元做出反应。条件反射是后天的，是在学习过程中建立的，需要不断强化，如果不强化，就消退了。狗看着骨头就流唾液，看着灯不流唾液。如果把灯和骨头结合起来，结合起来之后狗再看见灯也流唾液，这是条件反射的建立。即原来看见灯不流唾液，后来看见灯就流唾液。

2. 动性和趋性

动性是指动物在一定的外界刺激下所做的随机的、不定向的活动。这种运动的结果使得动物总是趋向于有利的刺激源而避开不利的刺激源。这也是动物运动的基本类型。比如低等动物在外界刺激下做无定向随机运动，运动的结果会导致它趋向有利的刺激。如果浓度越高越有利，那么它们运动的结果总是趋向于浓度高的地方。比如涡虫是怕光的、避光的，强光对它是不利的。它也是靠动性来趋利避害。当涡虫在一个池子里边，一部分是有光的，另一部分是暗的，在光线照耀下它就运动，并且背向有光的那边运动。这就是在有利刺激下不动，无利刺激下增加运动，最后的结果是到了它最有利的一个环境它就不动了，这就是动性。

趋性是一种定向运动，离开刺激源或者是接近刺激源。接近光就叫正趋光性。离开刺激光源就是负趋光性。除了趋光性外，还有正趋地性、负趋地性、正趋湿性、负趋湿性等。比如某种昆虫幼虫趋近一个光源，它显示的是正趋光性，而且是定向的。它之所以能保持直线运动主要是靠身体两侧的感光器官来感受光源刺激。当两侧的感光器官所接受光的强弱相等时，它就会沿一条直线运动。

3. 释放行为的刺激阈值和空放行为

动物行为表现往往都是行为释放，如取食行为、交配行为等。动物的行为是靠外界刺激释放的，所谓阈值，就是指释放一个行为所必须具有的最小刺激强度。如果刺激小于阈值，行为不会释放，比如前面所说的，当声音很小时鸡会趴在那里不动，只有声音很大时它才会做出行为反应。也就是说低于阈值的刺激强度不会引起行为释放。在反射活动里面，它的阈值大小是不变的。在复杂行为里面，释放行为阈值是变化的，是受到环境条件和动物生理状况影响的。有时候需要很强的刺激才能将它释放出来，有的时候需要很小的刺激它就能释放了。阈值是变化的，如果需要很强的刺激才能释放，说明阈值提高了。如果很小的刺激就能释放，说明阈值降低了。一般来说动物行为释放之后，会在一定的时间之内提高释放行为的阈值。比如动物吃饱之后再让它吃就不容易了，除非你给它特别好吃的东西来引诱它。动物在交配以后在相当长的时间里，对异性没有性要求。反过来说当动物非常饥饿时，它的阈值会下降，很不好吃的东西也会吃。这与释放取食行为阈值的增加和降低有关。所以在很多复杂的行为里面，释放行为所需要的刺激强度是变化的。有些情况下需要很高，有些情况下需要很低。有时候当刺激阈值很低时，动物就能释放行为，包括取食行为和性行为。把织巢鸟放在笼子里面一段时间找不到配偶，在这种情况下它释放性行为、取食行为的阈值会降到很低，甚至于在没有任何刺激的情况下，它的性行为、取食行为也会释放出来。这种行为就叫空放行为。就是当刺激阈值为零时，这种行为释放出来了，但是达不到这种行为在正常情况下所应达到的目的。比如织巢鸟有很强的织巢能力，一般情况下它要看到织巢的材料，它才会表现织巢行为。到了生殖季节，它织巢的行为表现非常强烈。甚至没有树叶没有织巢材料，它也会在那里瞎比划，但是达不到织巢的目的。

4. 固定行为和折衷行为

固定行为是按照一定时空顺序进行的肌肉收缩活动，表现为定向的运动形式并能达到某种生物学目的。灰雁有一个行为是回收蛋，它在地面上做巢、产卵。它的窝很简单，蛋有时候就会滚出去，它就要靠固定行为把蛋取回来。脖子往前伸出下颌扣住蛋，然后往回捞，这整个动作就是固定行为。这个行为涉及颈部很多肌肉按照一定时空的顺序收缩，表现为一定的运动形式，从而达到某种生物学目的。这种动作从一释放就会完成，而且它这个行为是先天的。心理学家把固定行为称为物种的典型行为。每一个物种都有自己的固定行为，有时候可以根据固定行为来判断它是哪一个物种。跟形态结构一样，每一个物种都有自己所特有的固定行为。

动物在同一时刻只能从事一种活动，但体内可能同时存在着两个或者更多动机。有时两个不同的行为动机常常在体内发生冲突，并且导致动物表现出一种特殊的行为，这种行为就叫折衷行为。折衷行为就是两个动机支配下的行为表现。

比如人用食物喂鸭子，鸭子看见食物就过来了，但它又怕人，它的行为表现就是走到一定距离就停住不走了，脖子往前伸，腿往后退，这就是明显的折衷行为。从这个行为表现上看，可以知道是两个动机发生了冲突。再如豚鼠饿的时候它会走向装食物的盒子，走到一定距离，突然在盒子前面有一个彩色的转盘旋转，使得豚鼠体内产生另外一个动机——害怕，它会停在中间既不前进，也不后退。

5. 动物的捕食行为

捕食行为是指一个物种的动物杀死和吃掉另一个物种的动物。它与同种相残不同，同种相残是指物种内一个个体杀死和吃掉另一个个体；它和寄生也不同，寄生是指寄生物利用寄主但通常不会把寄主杀死。捕食行为的动机通常是饥饿，捕食猎物速度和效率通常是随着饥饿程度的增加而增加。很多捕食动物都喜欢捕食某一特定的猎物，在全面研究动物捕食行为的时候必须要考虑到这一点。

捕食者对猎物的选择通常是取决于猎物的可获得性。红脚鹬总是在水边觅食，而且对猎物有一定的选择性，当它以海洋多毛类沙蚕为食时，它总是挑选大沙蚕，而不去吃小沙蚕，因为这样可以提高食物摄取率。很多捕食动物都有突然改变捕食对象的行为，如斑鬣狗在连续多日猎杀牛羚之后会突然改为捕食斑马，这一突然变化并不是由于与猎物相遇概率发生了变化，而是嗜好的改变。

很多捕食动物猎取食物不是为了自己吃，而是用来喂养它们的后代。在这种情况下，取食过程是在后代乞食的刺激下进行的，而不是在自身饥饿的驱使下进行的。很多鸟类都能依据巢内雏鸟的数量来调整自己的觅食行为，雏鸟的乞食行为通常是一种启动刺激。亲鸟就是借此来调整它们的食物需求的。捕食动物在捕到猎物后通常是马上把猎物杀死，但如果是为了喂幼体就不会是这样，如家猫和猎豹常常把活的猎物带给幼兽并当场释放，如果幼兽未能成功地追到和杀死猎物，母兽会重新捕到它并再次释放。很多动物的捕食行为都有明显的节律性。大鸨在夏天捕食姬鼠但在冬天却不捕食。生活在北极圈附近的花头鸺鹠与其捕食对象欧鼠之间也存在日活动节律同步现象，这是两物种长期协同进化的结果。

不同捕食者识别其猎物的方法是很不相同的，大多数捕食者都以多种猎物为食，但也有一些例外，如食螺鸢专门以瓶螺属（*Pomacea*）的蜗牛为食。少数捕食者能依据特殊的信号刺激识别自己的猎物，而大多数捕食者识别猎物所依据的是一般性特征，如大小、颜色、移动方式和形态等。用食虫猴类小狨猴所做的试验表明，它们是依据头和足的有无来识别其猎物竹节虫和螳螂的。有很多捕食者捕食是靠机遇和碰运气。章鱼有时会突然搜索一块珊瑚石或一团海草，其中有可能隐藏着一只海蟹。鹭类动物常用足把浅水搅浑，以便把水底的鱼赶出来取而食之。牛背鹭总是跟随在牛和其他大型动物的后面，以便取食受惊扰后从地面飞起的昆虫。伏击也是动物常用的一种取食策略，很多捕食者都以隐蔽状态潜伏在一个经常有猎物出没的地点，只有当猎物进入伏击圈内才会突然出击将其捕获。

当猎物进入攻击范围时捕食者就会发动迅雷不及掩耳的攻击，攻击一旦开始就不再需要感觉器官的引导或制导了。例如，翠鸟在它潜入水中捕鱼之前眼睛是闭着的，猫头鹰在接触到猎物之前眼睛也是闭着的。捕食者在追逐时常常会根据对猎物移动路径的预测将猎物截获。例如，乌贼根据螃蟹向后和横行的特点，总是把特化的捕捉腕伸到猎物的两侧或身后，而这正是螃蟹逃跑的方向。有些捕食者在捕食时会把自己伪装起来，如靠自身的外形和行为悄悄接近猎物而不被发现，或诱使猎物错认自己。褐家鼠在靠近猎物时假装成对其毫无兴趣，而且也不显示出任何进攻意图，一旦双方距离拉近就会对毫无疑心的猎物发动突然进攻。

6. 动物的防御行为

防御行为是指任何一种能够减少来自其他动物伤害的行为。研究动物防御行为的进化时必须注意以下几点：①猎物的反捕对策总是同捕食动物的捕食对策协同进化；②即使捕食不是作为一个密度制约因素在起作用，一个遗传性的反捕对策也可能在种群中形成；③猎物的反捕行为是针对其他物种的，而不是针对同种其他个体的；④自然选择总是使动物的繁殖增至最大限度。但做到这一点的最有效办法是发展反捕对策，依靠这种对策不仅要有效地保卫自己，而且也要保卫与自己占有共同基因的亲属，甚至还要保卫同种或不同种的其他动物。

防御行为一般可以区分为初级防御（primary defence）和次级防御（secondary defence）两大类。初级防御不管捕食动物是否出现均起作用，它可减少与捕食者相遇的可能性，而次级防御只有当捕食者出现之后才起作用，它可增加和捕食者相遇后的逃脱机会。防御的概念只适用于种间防御而不适用于种内。初级防御包括穴居或洞居（如蚯蚓和鼹鼠）、保护色（乌贼、雷鸟和雪兔）、警戒色（胡蜂、蓝目天蛾）、拟态（枯叶蝶、竹节虫）等，而次级防御包括回缩、逃遁、威胁、假死（很多甲虫、负鼠）、转移捕食者的攻击部位（蜥蜴断尾、环鹬垂翅）、反击（最后防御手段）。

7. 繁殖行为

在动物的生命活动中，当生长、发育到了一定阶段时，即能繁殖与亲体相似的后代。用以延续种族的一系列动作或活动，是生命的基本特征之一，如占据领域、巢区、鸣叫识别异性、引诱、求偶、筑巢、交配、孵蛋、育幼、护幼等复杂行为，均为繁殖行为。由于动物种类不同，繁殖行为也各异。动物的繁殖方式总地说来可分为无性繁殖和有性繁殖两大类。例如：最简单的原生动物变形虫等，经过分裂即可分别成为两个独立的子代；各种蚜虫在春夏季能由一只雌蚜虫繁殖多代蚜虫（孤雌生殖）；高等动物中普遍的繁殖方式是通过雌雄两性的性细胞

（精子、卵子）的融合产生后代，这使得后代的个体比亲代有更大的生活力和变异性，从而使动物在结构和功能上逐步得到改善和进化。

1) 求偶行为

从狭义上来说，求偶是动物在交配前的准备阶段，也可说是繁衍的前奏。一般是雄性动物吸引雌性动物，但也有雌性动物（如昆虫、红松鼠等）吸引雄性动物的。这一行为有助于同种雌雄性动物在交配受精过程中同步化。从广义上说，求偶并不一定总是导致交配，有些动物两性在一起要维持一段时间并结成配偶，在鸟类、哺乳类均发现有长期结成配偶的实例，如鸽、鸳鸯、天鹅、鹤类、狮、狼、猿猴等。既能使两性共同抚育幼仔，有助于配偶性行为的同步化，也可防止杂交。

很多动物都表现出求偶行为，而且方式也是多种多样的。例如，鳞翅目蛾类的雌虫，可在地面、树枝、花叶上向空气中释放性外激素（性信息素）来吸引雄虫。雄虫则在近距离释放交配诱导素进行进一步辨认和刺激，来完成交配行为。蜘蛛的求偶行为较为特殊，由于雌性个体大于雄性，攻击性强，常在交配中或交配后把雄蛛作为猎物吃掉。雄蛛一般先停留在雌蛛的旁边，用触肢击网发出信号。雄蜘蛛除用触肢击网外，有的还兼用腹部击网发出信号，如雌蛛接受这种求偶，便爬向雄蛛。也有的雄蛛虽然较小，只要看到雌蛛在网的中央，即直接爬向雌蛛去求爱；有的雄蛛先捕捉一个小虫并用丝将小虫缠住，然后送给雌蛛作为求爱的"礼品"。脊椎动物的鱼类虽然生活在水中，但它们也有求偶行为，如雄性三棘刺鱼在自己的领域内见到大腹雌鱼游进，所表现的"Z"形求偶舞蹈，以及初夏雨夜里青蛙的鸣叫，都是吸引同种雌性的行为。

鸟类求偶时所表现的动作各有不同。例如，有的蜡嘴雀用嘴衔着一根草秆，有的衔着一根羽毛来吸引雌鸟，甚至雌雄鸟还能相互交换筑巢材料，这是一种筑巢信号，因为雄蜡嘴雀也参加筑巢活动。有些海鸟，如军舰鸟，喜用非常醒目的红色大喉囊来吸引雄鸟。另有些鸟是用色彩羽斑来吸引雌鸟，最典型的例子就是孔雀开屏了。当然，雄鸟在枝头上引吭高歌来炫耀自己，用以招揽雌鸟，是最普遍的，也是人们最常见的求偶行为。常见的求偶行为有单求偶吸引和集体求偶吸引两种。在鸟类中也存在"喂食"的求偶行为，通常是雄鸟用嘴把食物递给雌鸟，如灰雀、海鸥和燕鸥等。

2) 交配行为

一般来说，动物发育到性成熟阶段，进行交配后才能繁殖出后代。由于动物种类不同，交配行为各异。例如，无脊椎动物中的雄性蛔虫和钩虫，是将尾端的交合刺插入雌虫的生殖孔内；雌雄同体的蚯蚓，必须是两条蚯蚓相互以各自的雄生殖孔和受精囊孔接触而进行异体交配。昆虫的交配行为也各有特色，如蜂王出生后的第一周达到性成熟，它便在空中举行的"新婚飞行"过程中同雄蜂交配，在一次"婚飞"中可先后与数只雄蜂交配。雄蛛一般先成熟，不同种的雄蛛采用不同的方式接近雌蛛。蜘蛛的交配行为一般在雄蛛最后一次蜕皮后发生，雄蛛先织一个小的网，再从生殖孔向网上滴出精液，然后用触肢吸入精液，交配时，雄蛛把触肢器的顶端插入同种雌性外雌器的受精囊孔内，以传递精子。一旦交配结束，雄蛛一般立即迅速地离开雌蛛，否则，会有被雌蛛吃掉的危险。

脊椎动物中的蛙类是一种"假交配"，雄蛙无交配器，仅趴在雌蛙的背上，并用前肢的指垫拥抱雌蛙，有助于同步完成体外受精。爬行类进行体内受精，雄性的交配有两种类型，龟鳖类具有单个交配器。蜥蜴类和蛇类的交配器为成对的囊状结构，顶端有分叉和刺突，平时缩入体内，交配时翻出体外，仅有一侧伸入雌体泄殖腔内。鸟类中除鸵鸟和雁鸭类外，均无交配器，彼此是以泄殖腔孔相接进行交配，正如大家常见到的公鸡的"踩蛋"，几秒钟即可完成交配。

有外生殖器的雄性哺乳动物，在一定的发情季节，可用交配器阴茎插入雌性动物的阴道内，以便排出精子使卵受精。除鸭嘴兽外的哺乳动物，都有一系列的交配活动，直到发生射精。例如，猕猴的交配程序，一般包括有选偶、阴茎勃起、爬跨、抽动、射精和退下，每次交配从几秒钟到几十秒钟不等。射精时雄猴用力明显，尾巴不停地摆动，有的雄猴还要吼叫几声，几秒钟后，雄猴即从雌猴的背上下来。除繁殖季节外，其他季节也有交配行为，但一般不能射精，不能使雌猴怀孕。

3) 亲代抚育行为

亲代抚育行为指亲代对子代的保护、照顾和喂养，包括一切有利于子代生存的活动。严格说来，在有性生殖物种中，亲代抚育从受精时就开始了，它包括各种有利于子代存活的活动，如筑巢、通过母体循环系统输送营养和准备一个产窝或产室等。

通观整个动物世界，大多数无脊椎动物和脊椎动物都是卵生的。胎生的种类只包括全部有胎盘哺乳动物和少数其他类群。亲代抚育行为可以表现在卵受精或产卵之前（体外受精时产卵和受精可以同时进行），也可能只表现在产卵或产子之后。亲代抚育的任务可以由双亲共同承担，往往是雌性一方所承担的任务更重，但在无脊椎动物、鱼类、两栖类和鸟类中也有少数例外，甚至在极个别的事例中，亲代抚育的任务完全是由雄性个体承担的，而雌性个体则专司产卵。

在无脊椎动物中，原始的亲代抚育形式只是简单地把卵产在安全隐蔽的地点，更进步的一种形式除了把卵安置在安全地点外，还要为新孵出的子代储备必要的食物，以便子代一孵化出来就有东西吃。例如，独居的沙蜂，雌沙蜂先猎取一只昆虫将其麻醉后带回事先已挖好的洞穴中，然后在猎物（鳞翅目幼虫）体内产一粒卵，最后用小石子把洞口封堵。当幼虫孵出之后，以鳞翅目幼虫为食物。像蚂蚁、胡蜂和蜜蜂这些比较高等的社会性昆虫，其亲代抚育行为都超越了沙蜂的进化阶段，它们不仅直接喂养幼虫，而且能够抑制第一批幼虫的性发育，以便使它们能够帮助自己的母亲喂养第二批幼虫，这就导致了在社会中出现了永久性的非生育等级（工蚁和工蜂）和昆虫社会的进一步演化。

在鱼类中可以看到亲代抚育行为的一个完整演化系列，从没有亲代抚育到很高级很复杂的亲代抚育。例如，鳕鱼体外受精，卵和幼鱼得不到任何亲代抚育。有些鱼类是体内受精的，排出的是受精卵。在很多硬骨鱼和鲨鱼中还有一些种类是胎生的，鲨鱼的胚胎是借助于各种不同的机制获得营养的，营养可以储存在卵自身的卵泡中，也可由雌鱼的子宫提供，如角鲨。罗非鱼中的一些种类把卵含在口中带来带去，故又名口孵鱼。底栖鱼类蝌蚪鲇把卵滚成团附着在皮肤上，附着处的皮肤表皮膨胀将卵包起，故又名皮孵鱼。雄性海马生有一个临时性的携卵袋，雌鱼则把卵产在袋内，直到孵出小海马为止。

对大多数两栖动物来说，生殖成功的必要条件就是要有永久性的水源。两栖动物对卵的照料是多种多样的。一些蝾螈和无足的蚓螈在卵发育的早期对卵进行守卫。在小鲵和隐鳃鲵中是雄性个体看守卵，而在异颌蟾中则是雌性个体卷卧在卵团上，以防卵受霉菌侵染。产婆蟾把卵产在陆地上，然后把卵挤压在自己用后足形成的三角形空间内，在卵发育期间，雄蟾将会选择最好的温度和湿度条件以确保卵团不会干掉，卵孵化之前，雄蟾会返回池塘将后足浸入水中直到孵出蝌蚪。负子蟾的雄蟾把卵推入雌蟾背部的组织内，使卵一直在皮肤袋内发育。尖吻蟾也把卵产在陆地上并由雄蟾守护一定时间，孵化前雄蟾将每一粒卵都吞入口中，并靠适当的运动把卵送入声囊，卵待在那里直到孵化。南非泳蟾属是真正的卵胎生两栖类，幼体完全是在雌蟾生殖道内发育的。

爬行动物在生殖上的最大进步是首次产出羊膜卵，即卵外包有保护性的硬壳和几层膜，这样就能把卵产在陆地上而不会像鱼和两栖动物的卵那样容易干死。在龟鳖目中，亲代抚育行为不发达，主要表现是选择巢位、挖掘巢洞和把它已产下的卵覆盖起来。在蜥蜴中，蛇蜥和石龙子有守护卵的行为，雌性石龙子还常常把分散的卵收集起来使它们重新合为一窝。沙漠黄蜥的卵是在雌蜥体内发育的，而且在卵膜和输卵管壁之间所建立的联系很像是一个原始形式的胎盘。这是爬行动物胎生的一个罕见实例。

鸟类中表现了一系列的亲代抚育行为，包括占区、筑巢、孵卵、育雏等行为。而在哺乳动物中，首次出现了真正的胎生，而且雌性个体有专门为幼兽发育提供营养的乳腺，因此先天决定着母兽将会更多地参与亲代抚育工作，但在不同类群中，雄兽和家庭成员也在不同程度上参与亲代抚育工作。

8. 领域行为

所谓领域，就是有选择地保护住处的范围，占有者在其所占据的地盘范围内，排斥同种成年雄性同它共存，或不允许它们经常出入。雄性动物到了性成熟期，都要占据一定的地盘，这种行为称为领域行为。但是，在动物开始建立领域时，一般是要通过格斗和威胁行为，一旦它的领域被承认，特别是被相邻的成员承认了，从此便很少再发生格斗。一般来说，领域是在配偶组成之前，或在养育幼仔之前就已建立。有了领域，才能有获得足够食物的保证，才能有组成配偶和交配的场地，即使在活动范围或"中立区域"遭到攻击时，也能很快巡回自己的安全区域，借领域的保护可免遭敌害的杀伤。

不同动物所占据领域范围的大小也不同，如求偶和繁殖领域比食物领域要小些；个体大的动物领域比个体小的动物领域要大些；食肉动物的领域比一般食草动物的领域大，但食草动物中的野驴、细纹斑马的领域比一般小型食肉动物还要大些。同一种动物中较大的和有经验的个体领域要大些。占据领域的方法有多种，有些用足迹走过留下的足迹气味来占据；有些用身体的气味向树干上磨蹭时所留下的气味来建立；有些是尿（狗、鼠）、粪（兔子、河马）、唾液（有袋类）、臭腺（鼬）和眶前液（有蹄类）等来标记划界。鸟类是靠不停地大声鸣叫来占领巢区，但也有些动物没有明显的标志和界限。

一个领域，如仅由一个个体占有并保护的，称为个体领域。这种个体领域同时具有摄食和繁殖的两种作用。大多数领域是由雌雄两性和它们的后代共同占领，称为配偶领域，由雌雄两性共同防护，也有的只由雄性或只由雌性防护。此外，还有一种由一个家族发展形成的领域，称为群体领域，如独猴类、啮齿类、食肉类和少数鸟类的领域。群体领域一般由雌雄两性进行防御，有时幼仔也参加。因此，它又不同于其他两种领域。在群体领域中允许成年雄性成员在一起生活，但仅限于同一种群的成员。也有些动物仅在一定的季节里占有领域，这种领域称为临时性领域，如栖息在温带的多数动物，占有的临时性领域能满足它们在繁殖期的各种活动需要，特别是一些定期迁徙的鸟类，它们在往返越冬的途中，便在一定的地区建立起临时的领域。

9. 储食行为

很多种动物能把采集的或猎到的，以及食后剩余的食物储存起来，留到淡季、严寒或饥饿时再食用。储存的方法有多种多样，如节肢动物蜜蜂、蜘蛛和蚂蚁是昆虫中最典型的储食代表动物。很多鸟类和哺乳动物所捕杀的猎物数量都比它们所吃掉得多，因此常把吃剩的猎物储藏起来。储食鸟类多是猛禽和一些杂食性鸟类，其中鸦类和山雀类研究得最多。例如，沼泽山雀将获得的食物（如种子）分别藏在树皮缝、苔藓下，而加州星鸦把获得的坚果、种子在每个储存点埋藏1～14粒。猛禽中花头鸺鹠、仓鸮也有储藏食物的习性。

哺乳动物中豹、美洲狮和虎只有在狩猎后因受到干扰不能马上把猎物吃完时才把猎物储藏起来，但不能同时储藏几个猎物。赤狐则能埋藏多个猎物并能记住这些猎物的埋藏地点。哺乳动物中还有一些动物具有储食行为，如生活在北美落基山区的鼠兔（*Ochotona* spp.）在洞道中堆积储藏晾干的青草。鼹属动物则储存去头或截断的蚯蚓。而树栖生活的啮齿目松鼠，常在树上筑巢，有时也利用乌鸦、喜鹊的废巢或用树洞做窝，平时主要吃松子和胡桃的果实，也吃嫩枝和幼芽，偶尔也吃鸟蛋和昆虫。一到秋天，松鼠开始储存越冬的粮食，并且还把食物储存到多处。

第 12 章　全球生态与对策

12.1　全球变化及相关概念

12.1.1　对全球变化和全球气候变化的认识

1. 对全球变化的认识

从美国科学家在夏威夷冒纳罗亚高山观测站观测到自 1958 年以来大气 CO_2 浓度逐年升高，联系到近百年来全球地表温度的上升，科学家们从两者的关系中领悟到，人类在追求物质文明和社会进步的同时，也给自己酿下了苦酒。当今世界，随着人口数量的急剧增加和科学技术水平的提高，人类正以空前的速度和规模改变着自身赖以生存的地球系统，由此产生了一系列全球环境变化问题，如温室效应、臭氧层破坏、酸雨、土地荒漠化、环境污染和生物多样性丧失，等等。这些全球环境变化问题又对人类社会的生存和发展构成了极大的威胁。因此，了解造成全球变化的原因，预测其未来趋势和可能带来的各种后果，并制定相应的对策已成为世界各国的主要课题。

全球变化已经是一个不争的事实。20 世纪 80 年代以来，全球性环境问题，特别是人类活动诱发的全球性环境问题已成为国际科学研究的热点。全球变化及其影响已成为全人类关注的焦点，世界各国的政治家、科学家和社会公众都在为减缓全球变化带来的负面影响而努力，2009 年年底在哥本哈根召开的气候变化会议就是很好的例证。全球变化可以分为六大类：大气 CO_2 浓度升高、生物地球化学循环改变、有机化合物滞留、土地利用和景观改变、自然种群变化以及生物入侵。

2. 对全球气候变化的认识

在全球变化中最为引人注目的是气候变化。最新的 IPCC 科学评估报告认为：地球正在变暖，并伴随气候系统的其他要素的变化（陈泮勤，2004）。尽管对于当代气候变化有不同的认识，也存在截然相反的现象，但全球性气候变暖的事实在最近 30 年来得到了广泛的认同。事实上，也存在足够的、可以相互验证的证据。这些证据包括：气象观测证据、冰芯记录、树木年轮学证据、物候学证据、雪线上升证据和植物迁移等方面的证据（方精云，2002）。科学研究认为，太阳辐射的变化、地球轨道的变化、火山活动、大气与海洋环流的变化等是造成全球气候变化的自然因素。而人类活动，特别是工业革命以来人类活动是造成目前以全球变暖为主要特征的气候变化的主要原因，其中包括人类生产、生活所造成的二氧化碳等温室气体的排放、对土地的过度利用、城市化等。当代气候变化主要是由人类活动引起的，与过去自然因素占主导的自然气候变化具有很大的差异。这些差异和特点（方精云，2002）主要表现为：①人类活动的影响加剧。由于大量的化石燃料燃烧和开垦土地，以及土地利用覆被变化，全球气候发生了显著变化。②气候变化的速率是过去 1 万年间所没有的，这种快速的变暖事件将会产生一系列的生态后果。③全球变化存在显著的区域性差异。实际观测资料和模型模拟研究均表明，全球变化存在显著的区域性差异。变化的区域差异将导致生态系统结构和功能、自然资源的开发和利用格局发生变化。④气候变化预测的不确定性。全球变化主要由温室气体排放造成，而温室气体在地气系统中的循环过程极其复杂，人类对其认识十分有限。生物圈的作用也是导致不确定性的主要因素之一，因为生物圈是地表各圈层中最活跃的部分，人类对其结构、功能和相关过程的认识亦相当有限。

12. 1. 2　全球变化的概念

1. 全球变化概念的提出与发展

20 世纪 70 年代以来，国际科学界酝酿、讨论、设计、实施，并在不断充实和完善着全球变化研究。正是国际社会缜密、步调一致地为解决全球环境问题而做出的重大努力，才形成了全球变化研究的基本背景。但对于复杂的地球系统，目前人们还没有完全了解它的运动规律和系统内部相互作用的机理，也还无法准确预测它的演变规律。全球变化研究正是在这种背景下，依托地球科学、生命科学、社会科学和计算科学等多学科交叉发展起来的。

"全球变化"一词首现于 20 世纪 70 年代，最初为人类学家所使用。当时国际社会科学团体使用"全球变化"一词意在表达人类社会、经济和政治系统愈来愈不稳定，特别是国际安全和生活质量逐渐降低这一特定意义。80 年代，自然科学家借用并拓展了全球变化这一概念，将其延伸至全球环境，即将地球大气圈、水圈、生物圈和岩石圈的变化纳入全球变化范畴，突出强调地球系统环境及其变化，并确立了著名的国际地圈生物圈计划（IGBP）。

人们过去对全球变化的理解，往往偏重于气候变化，如气候变暖或气候变化、海平面上升等。但实际上目前全球变化的内容已大大超出了这一范畴。按照国际地圈生物圈计划的理解，全球变化的内容应包括大气成分变化、全球气候变化、土地利用和土地覆被变化、人口增长、荒漠化和生物多样性变化（方精云等，2002)（图 12.1）。

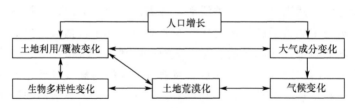

图 12.1　全球变化的主要内容及其关系（方精云等，2002）

2. 全球变化的概念

全球变化（global change）是指地球环境系统的某些关于人类生存的要素出现了异常变化，并且由于某一要素的恶化，造成了其他相关要素的变化，进而使得全球范围的环境恶化。人类活动对全球变化的贡献首先体现在工业代谢上，即能量和物质通过工业经济部门在资源提取、加工、使用和排放过程中的流动而产生对全球环境的影响。其次为土地利用和土地覆被变化（方精云等，2002）。由于土地覆被是支撑地球生物圈和地圈的许多物质流和能量流的源和汇，所以主要由人类的土地利用活动所造成的土地覆被改变必然对地球系统的气候、生物地球化学循环、水文及生物多样性等产生重大影响。因此，土地利用/土地覆被变化研究构成了全球变化研究的重要组成部分。

总之，全球变化是指全球系统的变化，包括地球大气圈、水圈、生物圈和岩石圈之间的物理、化学、生物的作用过程，以及人和环境之间的相互作用过程。全球变化的科学目标是描述和理解人类赖以生存的地球环境系统的运转机制以及它的变化规律和人类活动对地球环境系统的影响，从而提高对未来环境变化及对人类社会发展影响的预测和评估能力。全球变化的研究内容包括全球变化的过程和驱动力、全球变化在时间和空间上的表现、全球变化对人类社会的影响以及全球变化信息获取和分析等方面（杨达源和姜彤，2005）。

12.1.3　与全球变化相关的基本概念

全球环境变化是当前和未来人类面临的最严峻的挑战，而这种变化又主要是由人类本身造成的。与全球变化相关的基本概念主要有：地球系统、土地覆被与土地利用变化、碳循环和生物入侵等。

1. 地球系统

全球变化科学以地球系统为研究对象。地球系统与地球系统科学相伴而生，最早于 1983 年非正式地出现在美国国家航空与宇航管理局顾问委员会下的地球系统科学委员会的内部文件中。此后，该委员会通过一系列活动，集 240 余名著名科学家的智慧，于 1988 年在《地球系统科学》一书中正式系统地阐述了地球系统和地球系统科学的观点。

地球系统（earth system）是指由地球的大气圈、水圈、岩石圈、地核、地幔和生物圈（包括人类本身）组成的整体，它包括从地球的地核到外层大气的广阔范围。地球系统是一个非线性巨系统，在该系统中，存在着三大基本过程的相互作用，即物理、化学和生物过程的相互作用，存在着生命系统与无生命系统（人与地球系统）之间的相互作用。地球系统的演化，地球系统中发生的重大事件，特别是具有全球意义的重大事件都受上述相互作用过程的制约（陈泮勤，2004；杨达源和姜彤，2005）。这种地球系统的整体性，对三大基本过程相互作用的研究，以及对人类活动影响地球环境的特别关注，使得全球变化科学作为一门全新的集成科学出现在当代国际科学的前沿。

2. 土地覆被与土地利用变化

地球表层最突出的景观标志就是土地利用与土地覆被。土地利用变化是人类活动影响环境变化的最重要、最直接方面，"土地利用/土地覆被变化（LUCC）"便成为 IGBP 和 IHDP（全球环境变化的人文因素计划）的核心计划（李秀彬，1996；黄秉维等，1999；蔡运龙，2010）。土地利用与土地覆被是两个既有密切联系，又有本质区别的概念。土地覆被（land cover）是指覆盖地面的自然物体和人工建筑物，反映的是地球表层的自然属性和生物物理属性。作物、森林、草原、道路和建筑物以及土壤、冰川和水面等均属于不同的土地覆被类型。土地覆被变化包括生物多样性、现实和潜在的生产力、土壤质量以及径流和沉积速度的变化。土地覆被可能是土地利用的一个原因、一个约束或结果。而土地利用（land use）则是指人类对土地自然属性的利用方式和利用状况，是一种人类活动，是指土地的利用状况或土地的社会、经济属性。农业、伐木、放牧和城市发展等则是土地利用。土地利用既包括土地生物物理特点的利用方式，也包括隐藏在控制土地生物物理特点之下的意图，即利用土地的目的。因此，土地利用与土地覆被有着密切的联系，可以理解成事物的两个方面，构成了土地的两种属性（双重属性）。其中一个是发生在地球表面的过程，另一个则是各种地表过程（包括土地利用）的产物。需要指出的是对于"land cover"一词，一些国内学者将其译为"土地覆盖"，但将其译作"土地覆被"较"土地覆盖"更接近其科学定义（李秀彬，1996）。

从土地覆被变化研究的"驱动因子-覆被变化-环境影响"模型中（图 12.2）可以看出（黄秉维等，1999），影响土地覆被变化的因素主要有两类：自然因素和社会经济因素。由于人类的土地利用活动已遍及地球表面的几乎各个角落，环境变化和社会经济主要通过土地利用改变土地覆被状况。目前的研究表明，土地覆被结构主要是由气候、水文和地貌等自然因素决定的，而在人类历史上土地覆被变化则主要是人类的土地利用活动造成的。

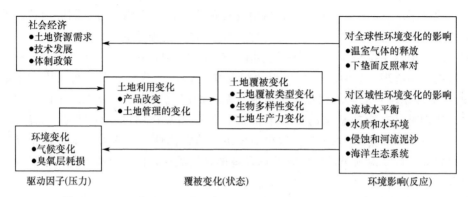

图 12.2　土地利用/土地覆被变化的驱动力-覆被变化-环境影响模型

　　无论是在全球尺度还是国家或区域尺度上，土地利用变化不断地导致土地覆被的加速变化（Houghton，1994；黄秉维等，1999）。土地覆被处于土地利用及其驱动力组成的系统关系中，驱动力在不同社会条件下的相互作用产生了不同的土地利用，土地利用对土地覆被的影响通过土地覆被的渐变（modification）、转换（conversion）和维护（maintenance）表现出来。其中，渐变是指土地覆被层内部属性条件的变化，如森林过伐或草地过牧导致的林地或草地退化等。转换是指土地覆被层类型的变化，即一种覆被类型转变为另一种覆被类型，如森林转变为农田或草地等。维护则是指让土地覆被保持一定的状态，即对已有覆被层的维护。可见，在土地覆被变化中，无论是渐变、转换还是维护，人类活动对土地利用变化的作用都是十分明显的。

　　而另一方面，土地覆被变化既可以通过环境反馈作用影响土地利用的驱动力，又可以通过累积作用达到全球规模，加速气候变化和环境变化，进而对土地利用变化的驱动力产生作用。由于当代的土地覆被变化是人类对土地的利用造成的，所以认识土地利用变化是了解土地覆被变化的首要条件。正是由于土地利用变化和土地覆被变化的紧密联系，国际上的有关文献多将二者连写为"土地利用/土地覆被变化"（land use/cover change，LUCC）。土地利用和土地覆被间的相互作用是一个自然科学和社会科学的交叉研究领域。

　　目前，随着全球变化研究的不断深入，IGBP 已将土地利用/覆被变化和全球变化、陆地生态系统整合为全球土地计划（Global Land Project，GLP）（IGBP Secretariat，2005；蔡运龙，2010）。并将 LUCC 这一研究主题上升为"土地变化科学"的学科范畴（Rindfuss et al.，2004；许学工等，2009）。

3. 碳循环

碳是一种重要的生命物质，是一切生物体中最基本的成分，有机体干重的45％以上都是由碳构成的。碳作为一个重要的生命元素很早就引起了生物学家和农学家的注意。然而，碳作为一个重要的环境要素并对其进行系统研究则始于20世纪70年代末由国际科学联合会下属的国际环境问题科学委员会发动的碳、氮、硫、磷循环研究。

地球系统碳循环（carbon cycle）是指碳在地球系统中的迁移运动。这种运动包括在物理、化学和生物过程及其相互作用驱动下，各种形态的碳在各个子系统内部的迁移转化过程，以及发生在子系统之间的通量交换过程。碳循环实质上是生物有机体与无机环境间的全球范围的相互作用，也是死物变活质、活质变死物以及它们之间相互联系的过程。碳循环的主要途径是：大气 CO_2 被陆地和海洋中的植物吸收，然后通过生物或地质过程以及人类活动干预，又以 CO_2 的形式返回到大气中。就流量来说，全球碳循环中最重要的是 CO_2 的循环，CH_4 和 CO 的循环是较次要的部分。人类活动主要通过化石燃料的燃烧和土地利用方式的改变，干扰了碳循环，增加了大气 CH_4 和 CO_2 的浓度。在几十年到几个世纪的时间尺度上，人们主要关心碳在大气圈、海洋和陆地生态系统（包括植物和土壤等）三个碳库之间进行的连续交换，即碳的流量问题或碳源和碳汇问题。碳源（carbon source）可以理解为向大气圈释放碳的通量、过程或系统；碳汇（carbon sink）可以理解为从大气圈中清除碳的通量、系统、过程或机制。

大气圈与陆地生态系统之间碳的交换过程存在的未知问题很多，受人类活动的影响最大，是全球碳循环研究的重点。与大气碳库相比，陆地表层生态系统碳库要大得多，约为大气碳库的 3 倍。陆地生态系统碳循环是全球碳循环的重要组成部分，在全球碳收支中占主导地位。陆地表层碳循环是一个复杂的过程，陆地表层中的植被生物量、残落物量和土壤腐殖质三大碳库，构成了陆地表层碳循环的主要组成部分。陆地碳库的增加或减少取决于光合作用量、分解量及有机质燃烧量，它们之间的相互联系构成了陆地表层碳循环的最基本模式。事实上，陆地表层碳循环过程以及几个碳库之间的碳通量和反馈机制是非常复杂的。

人类活动对陆地生态系统碳库的影响和干扰日益严重，这正是当今和未来全球气候变暖的根源。陆地生态系统至少在两个方面影响着陆地碳循环（周广胜等，2002）：一是土地利用变化，即生态系统类型的转变，如森林改造成农业用地将导致 CO_2 向大气的净释放的变化；二是净生态系统生产量的可能变化及由此引起的碳循环变化。这些变化是由于大气 CO_2 浓度的变化，其他生物地球化学循环和（或）自然-气候系统的变化所引起的。精确估算陆地生态系统碳库是研究陆地碳循环的前提和基础。

　　IGBP 研究计划强调生物圈的短时间尺度的碳循环作用，而对地质过程有所忽视（袁道先，2006）。岩溶作用不仅塑造了奇特的各种地表、地下岩溶形态和沉积堆积建造，在条件适合的情况下，还能聚积有用矿物形成矿床。而且岩溶作用还驱动碳循环，成为产生大气 CO_2 源与汇的一个重要驱动力（袁道先，1993）。作为世界上最大的碳库，碳酸盐岩含有约 6.1×10^8 亿 t 碳，这大约分别是海洋和全世界植被的 1694 倍和 110 000 倍。此外，碳酸盐岩在陆地上的分布面积达 $2200 km^2$。由此可见，自然界的风化消耗的 CO_2 对大气 CO_2 的沉降的影响是值得重视的。近年来，随着 IGCP（国际地质对比计划）研究的开展，碳酸盐岩地区的岩溶过程对碳循环的作用开始被认识到，岩溶作用与全球变化的关系逐步受到重视。从 20 世纪 90 年代起，IGCP 以碳酸盐岩的沉积和溶蚀为突破口，介入全球碳循环的探索。袁道先先生提出的碳酸盐岩—水—CO_2 三相岩溶动力系统概念模型不但清楚地表明了岩溶作用与大气 CO_2 之间的密切关系，而且为由此形成的岩溶过程中的碳循环理论开辟了大气 CO_2 源汇研究的新领域。

　　面对温室气体排放的不断增加，经济发展研究中的"碳足迹"、"低碳经济"、"低碳社会"等一系列新概念、新政策应运而生。2003 年的《英国能源白皮书》最早提出低碳经济这个概念。高碳是工业文明的特征，低碳是生态文明的特征。低碳经济是以低能耗、低排放、低污染为基础的经济模式，是人类社会继原始文明、农业文明、工业文明之后的又一大进步。其实质是提高能源利用效率和创建清洁能源结构，核心是技术创新、制度创新和发展观的转变，发展低碳经济是一场涉及生产模式、生活方式、价值观念和国家权益的全球性革命。低碳经济对地球气候系统意味着少排放以 CO_2 为主的温室气体，通过减轻温室效应来减缓气候变化及其带来的各种气候灾难；低碳经济对世界能源系统意味着少消耗化石能源，多利用可再生能源，提高能源利用效率，保证能源安全；低碳经济对人类环境生态系统意味着科学发展，建立资源节约型环境友好型的生态文明，建立循环的低碳的绿色生产方式和生活方式；低碳经济对国际社会意味着构建同舟共济的、互利共赢的、求同存异的、文明融合创新的，以全球化的低碳生产、低碳流通和低碳消费为基础的和谐世界。低碳经济能够同时实现三个目标，低碳经济既可以解决能源安全问题，也能够解决气候变化问题和环境污染问题，还可以解决提高国家经济的国际竞争力以及增加就业岗位的问题。低碳经济包含低碳生产、低碳流通和低碳消费三个方面。当前，国际上有关低碳经济研究的主要内容有：能源消费与碳排放，包括与碳减排有关的能源消费结构的转换和低碳排放能源系统的建立；经济发展与碳排放，主要探讨不同经济发展模式、阶段、速度与碳排放的关系；农业生产与碳排放，包括土地利用变化、农业土地整治、农业生产水平与结构的变化等；碳减排的经济风险分析与减排对策研究等。

　　当前，碳循环研究作为人类应对温室气体诱发的全球环境问题的挑战，而被国际科学界推向了一个新的高峰。地球系统科学的合作伙伴：国际地圈生物圈计划（IGBP）、全球环境变化的人文因素计划（IHDP）以及世界气候研究计划（WCRP）联合组织了一个新的全球碳循环项目（GCP）就是一个有力的佐证。

4. 生物入侵

生物入侵是全球变化的现象之一。生物入侵的模式大致有六类：自然入侵、人类辅助的入侵、屏障去除后的入侵、人类运输引起的意外入侵、从动植物园或养殖场逃逸出去的入侵和有意引入。其中，绝大部分的生物入侵是由人类活动直接造成或间接造成的，因而生物入侵完全可以看成是人类所造成的全球变化之一。尽管生物入侵在全球范围正日益受到关注，但有关入侵影响的研究却少得可怜，以致大多数情况下，我们并不知道他们带来什么样的生态后果。大多数的入侵者并不能成功地定居，而大多数成功定居的入侵者也并不到处泛滥成灾。由于生物入侵的危害也许要经过几十年甚至更长的时间才能表现出来，人类对生物入侵的危害尚有待研究和提高认识（方精云，2002）。

12.2　国际全球变化的主要研究计划

全球变化研究是一个多学科的研究领域，不同的国际机构单独或联合提出并组织了众多的研究计划。目前，全球变化研究主要由以下四个国际科学研究计划构成。

12.2.1　世界气候研究计划

世界气候研究计划（World Climate Research Program，WCRP）由世界气象组织（WMO）与国际科学联合会（ICSU）联合主持，以物理气候系统为主要研究对象。该计划在 20 世纪 70 年代开始酝酿，80 年代开始执行，是全球变化研究中开展得较早的一个计划。WCRP 着重研究气候系统中物理方面的问题，以扩充人类对气候机制的认识，探索气候的可预测性及人类对气候系统的影响程度，它包括对全球大气、海洋与地球表面的研究。WCRP 的目标有两个方面：一是气候的可预报程度，二是人类活动对气候的影响。该计划包括热带海洋与全球大气计划、世界大洋环流实验、全球能量与水循环实验、平流层过程及其在气候中的作用、北极气候系统科学和气候变率及其可预报性计划 6 个子计划。

12.2.2　国际地圈生物圈计划

国际地圈生物圈计划（International Geosphere and Biosphere Program，IG-BP）是由国际科学联合会（ICSU）于 1986 年正式确立的针对整个地球系统的跨学科的国际合作项目。该计划侧重地圈和生物圈的相互作用，其研究目标是描述和了解控制整个地球系统关键的、相互作用着的物理、化学和生物学过程，描述和了解支持生命的独特环境，描述和了解发生在地球系统中的变化以及人类活动对它们的影响方式。其应用目标是增强人类对未来几十年至百年尺度上重大全球变化的预测能力，为国家的资源管理和环境决策服务。IGBP 已确定了 8 个核心计划（国际全球大气化学计划、全球海洋通量联合研究计划、过去的全球变化研究计划、全球变化与陆地生态系统、水文循环的生物学方面、海岸带的海陆相互作用、全球海洋生态系统动力学、土地利用与土地覆盖变化）和 3 个支撑计划（全球分析、解释与建模，全球变化分析、研究和培训系统，IGBP 数据与信息系统）。

在总结前期研究经验与教训的基础上，IGBP 于 1998 年提出了"集成"（synthesis）研究的新概念。根据 IGBP 的观点，"集成"的关键是通过对所有主题的各个方面的研究结果进行综合以获取新的概念，并使（原有）认识水平提高到一个新的高度。IGBP 的"集成"研究分 IGBP 计划、核心计划和区域三个层次，在 IGBP 层面上的集成研究将主要关注碳循环、水循环和食物与纤维三个问题。"集成"代表了今后一段时期内的全球变化研究的主要方向。

12.2.3　全球环境变化的人文因素计划

全球环境变化的人文因素计划（International Human Dimension of Global Environmental Change Program，IHDP）是由国际远景研究机构联合会（IF-IAS）、国际社会科学联合会（ISSC）和联合国教科文组织（UNESCO）联合制定、组织和协调，时间跨度为 10 年。该计划仿效自然科学的大规模合作，开展社会科学领域的多学科综合研究，深入分析人类在导致全球变化中所起的作用。IHDP 的目标是加强对人-地系统复杂相互作用的认识，探索和预测全球环境下的社会变化，确定社会战略以减缓全球变化的不利影响。

IHDP 核心科学计划包括土地利用/土地覆盖变化（LUCC，与 IGBP 共同发起）、全球环境变化的制度因素（IDGEC）、全球环境变化与人类安全（GECHS）、产业转型（IT）、海岸带陆海相互作用（LOICZ II）、全球土地计划（GLP）、城市化与全球环境变化（UGEC）。

12.2.4　生物多样性计划

国际生物多样性计划（International Program of Biodiversity Science，BIODIVERSITAS）是由国际生物科学联合会（IUBS）、环境问题科学委员会（SCOPE）及联合国教科文组织（UNESCO）三大国际组织于 1991 年共同发起的。它的主要任务是通过确定国际间合作，来加强对生物多样性的起源、组成、功能、维持与保护等方面开展研究，以增进对生物多样性的认识、保护和可持续利用。该计划的研究领域主要包括：生物多样性的起源、维持和丧失，生物多样性的生态系统功能，生物多样性清查、分类及其相互关系，生物多样性评价与监测，生物多样性的保护、恢复和持续利用，生物多样性的人类因素，土壤和沉积物的生物多样性，海洋生物多样性以及微生物生物多样性等。

　　上述四个国际科学计划进一步联合，以发展和传播应对全球变化的科学。四个国际科学计划都与生态系统研究有着密切的关系。国际地圈生物圈计划（IGBP）和全球环境变化的人文因素计划（IHDP）相联合的全球土地计划（Global Land Project，GLP）将土地利用及管理影响下的生态系统特征和功能及由此而引起的对生态系统服务供给和人类福祉的影响作为核心问题；世界气候研究计划（WCRP）将生态系统过程和服务作为气候变化的调节因子加以研究；全球环境变化的人文因素计划（IHDP）的核心科学计划中的全球环境变化与人类安全、地球系统管理、城市化与全球变化也都以生态系统过程和服务的研究作为其重要基础。

12.3　全球生态及全球生态学

12.3.1　全球生态学及其发展

　　全球生态学是在人类活动的强度和广度已经发展到对全球环境和生态系统产生深刻影响的背景下形成的，是一门宏观与微观相互交叉、生物学与地学相互渗透的新兴科学。全球生态学（global ecology）即生物圈生态学，其涉及全球范围或整个生物圈的生态问题（陈昌笃，1990）。以研究较大尺度，乃至全球范围的大气圈、地圈、水圈和生物圈组成的复合系统的结构、功能以及变化为目标，重点研究全球变化领域中的基本生态学问题以及它们之间的相互关系，为预测全球生态系统的变化，以及为人类采取相应的对策提供理论依据。全球生态学综合多学科的理论知识和研究方法来解决大尺度环境问题。全球生态学以长时间尺度和大空间尺度的研究方法为主要基础，主要包括大尺度生态实验（如 LBA、BOREAS 等）和大尺度生态系统模型（如 TEM 和 DLEM 等）（田汉勤等，2007）。全球生态学既是现代生态学的前沿，又是保护人类生存环境的重要技术支撑之一。

　　全球生态学（全球变化生态学）或生物圈生态学的出现比"生物圈"概念的提出要晚得多。1971 年 6 月 27 日至 7 月 3 日在芬兰举行的"第一届环境未来国际代表大会"上，Polunin 教授首次提出生物圈的生态问题。该代表会的会议录《环境的未来》（*The Environmental Future*）中，有 Polunin 教授《生物圈的今天》（*The Biosphere Today*）一文，这是讨论全球生态学问题的第一篇重要文献。这一文献标志着全球生态学的诞生。1986 年在国际科学联合会（ICSU）的组织和领导下开展的国际地圈生物圈计划（IGBP）是科学家们在全球范围内开展生态学研究的里程碑，从此开始了大规模的全球生态学研究。1989 年由 Rambler、Margulis 和 Fester 编著的《全球生态学》（*Global Ecology*）一书是最早论述全球生态学的专著之一。在这部著作里，作者从盖娅假说、综合生物圈、生物源气体的光化学、植被遥感、生物地球化学循环等角度，阐述了全球生态学所包含的主体内容。1992 年著名生态学杂志《全球生态学与生物地理学》（*Global Ecology & Biogeography*）在英国创刊，标志着全球生态学领域有了自己的正式刊物。3 年后，综合反映全球生态学研究成果的杂志《全球变化生物学》（*Global Change Biology*）也在英国问世。该刊物在出版后的短短 5 年中，一跃成为国际十大生态学刊物之一，从一个侧面说明了全球生态学在现代生态学中的地位。随后，《全球变化科学》（*Global Change Science*）杂志于 1999 年在美国问世。今天，全球生态学日益受到重视。

12.3.2　生态风险

生态风险（ecological risk）是生态系统及其组分所承受的风险，主要关注一定区域内不确定性的事故或灾害对生态系统及其组分可能产生的不利作用，具有不确定性、危害性、客观性、复杂性和动态性等特点。生态风险的研究主要集中于评价和管理两大方面。

生态风险评价是根据有限的已知资料预测未知后果的过程，其关键是调查生态系统及其组分的风险源，预测风险出现的概率及其可能的负面效果，并据此提出响应对策。生态风险评价的内容通常是基于风险受体界定风险源、风险作用过程、风险危害与结果的分析与评价。针对单一风险源的评价已经发展了包括物理方法（商值法和暴露-反应法）、数学模型法和计算机模拟法；而针对多风险源、多受体的区域生态风险评价，也已经有了 PETAR（复合生态系统生态风险评价）方法和相对生态风险评价模型（傅伯杰，2010）。然而，在评价阈值的确定、暴露与危害分析、定量表征和不确定性处理等方面还需要很多改进和完善。主要趋势和需求表现在：开发区域生态风险评价的指标体系，建立风险评价标准，发展各种定量评价方法和技术是区域生态风险评价的难题和方向；多风险源对不同层次生命系统的生态效应如何表征和评价，仍需积极探索。

生态风险管理是从整体角度考虑政治、经济、社会和法律等多种因素，在生态风险识别和评价的基础上，根据不同的风险源和风险等级，生态风险管理者针对风险未发生时的预防、风险来临前的预警、应对和风险过后的恢复与重建四个方面所采取的规避风险、减轻风险、抑制风险和转移风险的防范措施和管理对策（周平和蒙吉军，2009）。国际上对生态风险管理的研究内容主要包括风险管理的原则、内容与框架机制的研究以及在具体风险管理活动中的应用研究。在原则和机制研究方面关注生态风险管理措施的成本及其对后续管理措施的影响，重视多种决策方案的权衡，强调风险各方的参与和沟通，提倡综合应对，而在具体的风险管理中重视对相关模型的研究。建立有效的风险监测、风险预警和风险决策机制，将会成为生态风险管理研究的重点。加强区域间、部门间的交流与技术合作，共建信息共享平台也将成为风险管理研究的重要环节。同时，使区域生态风险管理与该地区的经济效益相结合，充分调动利益相关方的积极性，优化生态风险管理效益也会成为生态风险管理研究的重要方向。

12.3.3　生态安全

生态安全研究是近三四十年发展起来的研究领域，是当前可持续发展研究的前沿课题。生态安全问题的提出，最早源于 20 世纪 80 年代，如苏联的切尔诺贝利核电站事故导致的人为环境灾难，其次是 90 年代后期凸现的跨越国界的全球环境公害，如沙尘暴、水污染、大气污染、温室效应、厄尔尼诺等，以及经济全球化、森林锐减、各国之间潜在的环境威胁增加。空气、水、酸雨和海洋污染不会受到国界的限制，一个区域内的多个国家，在环境问题上将形成一个整体，他们之间的政治关系将受到环境问题的影响。1989 年国际应用系统分析研究所（IASA）在提出建立优化的全球生态安全监测系统时，首次提出了生态安全的概念（肖笃宁等，2002）。目前，对生态安全（ecological security）的概念有广义和狭义两种理解：广义的生态安全是以国际应用系统分析研究所提出的定义为代表，是指在人的生活、健康、安乐、基本权利、生活保障来源、必要资源、社会秩序和人类适应环境变化的能力等方面不受威胁的状态，包括自然生态安全、经济生态安全和社会生态安全，组成一个复合人工生态安全系统。狭义的生态安全是指自然和半自然生态系统的安全，即生态系统完整性和健康的整体水平反映。

生态安全关系到人类的生存与发展，是自然－社会－经济复合生态系统的整体属性。其中，自然子系统作为基础，经济子系统体现动力，社会子系统发挥协调，共同维系复合生态系统完整不受威胁的状态。对于生态安全，需要统筹考虑外部压力和系统自身脆弱性，对生态安全适应性的策略需协调自然环境、经济活动和社会结构，强调复合生态系统的整体性。生态安全是对包括人在内的生物与环境关系稳定程度和生态系统可持续支撑能力的测度。生态安全具有时间上的累积性（历史的开发行为决定现时的安全状态，而现时的开发行为又影响着未来的生态安全）、空间上的偶合性（流域上下游之间、上下风向之间、城乡、水陆、山区和平原之间都是相互影响、交叉作用的，一个地区的生态安全与邻近地区戚戚相关）、数量上的临界性（超过一定的临界值，系统就会发生不可逆的结构性变化和功能性退化）、结构上的多维复合性（由社会、经济、自然等多方面的生态关系交织而成），以及序理上的共轭性（社会与自然、风险与机会、生存与发展）（王如松和胡聃，2009）。

12.4   全球生态对策

12.4.1   全球变化的适应研究

出于全球环境变化可能对人类社会造成严重影响的忧患，自20世纪70年代提出全球变化以及对人类社会可能产生的影响起，国际科学界和各国政府（特别是发达国家和那些近期将会受到威胁的海岛和沿海国家）就开始讨论人类社会如何响应全球变化并采取相应的对策。具体研究方面也从70年代一开始提出的预防和阻止（prevention）到80年代的减缓（mitigation），直到目前所普遍认同的适应（adaptation）（杨达源和姜彤，2005）。目前，世界上许多国家，包括发达国家和发展中国家，或是独立（如美国、加拿大、澳大利亚、印度等）或是联合（如欧盟国家、加勒比海地区国家、非洲联盟）开展本国或本地区对全球变化的适应性研究。

适应全球变化的过程是一个涉及自然、经济和社会的各个领域的过程，是一个社会—自然问题，是人类与环境相互作用的具体体现。自然科学、社会科学、经济学等各个领域均可从各自角度开展全球变化适应研究。适应全球变化的研究主要集中在以下几个方面：与全球变化适应问题相关联的全球变化科学问题（对全球变化规律的科学认识是适应研究的科学基础，与全球变化适应关联的全球变化科学问题主要涉及全球变化特征及其动因识别与适应行为环境后果诊断两个方面），全球变化影响评估（科学地评估全球变化可能给人类社会带来的影响是制定适应对策的科学基础。全球变化影响评估主要包括全球变化带来的潜在的效益与危害的经济评估、导致全球变化可能带来的潜在的政治与经济后果、承担全球变化责任的经济与社会成本等多个方面），全球变化的适应过程与适应行为研究（人类社会是全球变化适应的行为主体。适应决策的优劣对适应效果起重要的作用），全球变化适应评价研究（进行适应评价需要在深刻理解"适应"内涵的基础上评估不同的行为和技术如何能够避免或减弱不利的全球变化影响，或者充分利用有利的全球变化影响）。

12.4.2   气候变化的适应对策

尽管气候变化的预测存在很大的不确定性，但并不意味着一个国家或社会就不可以调整它的相关政策以消除或减缓气候变化引起的可能影响。如果以科学上缺乏充分的确定性为理由推迟采取各种措施或等待发生了危险或灾难时才去研究对策与行动，就会增加不可逆变化出现的可能性，或是增加为克服不利影响必须付出昂贵代价的可能性（方精云，2002）。为此，研究适应全球气候变化的农、林、牧、渔业和荒漠化防治理对策以及采取主动的减少温室气体排放的对策已刻不容缓。

1. 全球变化条件下的林业对策

全球变化条件下的林业对策主要有两种：一是天然林保护和管理，二是人工造林对策。依据气候变化将引起植物区系和森林物种的迁移变化，以及在响应气候变化过程中，可能出现大量物种灭绝的预测结果，我们应采取的适应管理对策，应是立足有效地保护现有森林资源、遗传资源以及各种动植物物种的栖息地和生境条件，保存稀有和濒临灭绝的树种，拯救那些当前或今后可能具有经济价值和适应性的基因和基因综合体，为森林植物适应未来的气候变化和复杂多变的新生境提供较大的选择机会。其中，在天然林保护和管理方面的措施主要包括：保护现有的天然林资源、完善自然保护区的网络和建立自然保护区间的走廊、开展自然保护区遗传资源调查和区域引种实验。在人工造林方面，主要应采取以下策略：在适应未来气候变化的林分经营措施中，适当调整间伐强度、频率和轮伐期是很重要的，采伐森林时应永久保留一定数量的、具有各种腐烂程度和密度的站杆和倒木，以满足野生动物和其他生物对一些特殊生境的要求，达到维持林地生产力和生物多样性的目的。采取适应气候变化的经营抚育原则和轮伐策略。适当提前间伐，增大间伐强度。适当发展超短轮伐期工业人工林。在森林病害防治方面，应加强树木检疫工作，大力推行林业生态防治和生物防治，积极进行化学防治，培育抗病抗虫新林业品种。发展薪炭林，减缓气候变化。气候因素对林火的发生起着决定性作用，在森林防火对策中，应加强气候变化环境下重点森林防火地区的预测预报和林火管理，加强防火林分和采伐迹地的管理及林区防火基础设施建设，提高林火的监测预测预报水平。

2. 全球变化条件下的农业对策

在可预见的人口压力下，应对全球变化对农业影响的对策应着重于遏制不适当的生产、消费活动，延缓环境恶化趋势，强化自然和人工的调控适应机制。由于全球变化是一个长期的进程，应重视对策的超前性质。在农业方面，可优先考虑温室气体的农业控制（增加单位面积土地上的植被生物量和土壤有机质含量，使其逐步建设成为吸收大气 CO_2 的重要调蓄库，有效抑制另外两个温室气体 CH_4 和 N_2O 的排放），发展能源林和能源作物生产，高效灌溉农业、节水农业与雨养农业并举，实现多样化农业生产布局和生态结构（多样化是农业稳定和持续性的关键。通过农业不同层次上的适应性结构调整，克服过分集中而脆弱的专一化单一生产结构，将大大提高区域性农业的应变能力），加强后备农业生物资源的培育和储备，大力推行生态农业，谋求环境、生物与人类的协调生存与发展，加强病虫害的预测和防治工作，大力推行精确农业与可持续农业等。

3. 荒漠化防治对策

荒漠化是人类不合理经济活动和脆弱生态环境相互作用造成的生态后果，它主要发生在干旱、半干旱和半湿润干旱区，全球变化可加剧这种过程。为遏制这一趋势，应采取以下措施进行防御：加强生物治理技术的推广应用，加大工程治理荒漠化力度，重视化学治理技术的开发与利用，大力兴办温室节水灌溉农业，建立健全荒漠化土地综合整治与管理体系，建立荒漠化环境自然保护区，给荒漠化地区提供粮食保障和社会保障等。

4. 海洋渔业对策

除了金枪鱼和鲸鱼渔业外，世界上绝大多数渔场都集中在沿岸内湾及大陆架水域。过度捕捞、环境污染和全球变化所导致的海水升温对大陆架附近的近岸水域影响最大。为此，人类迫切需要采取恰当的措施，以拯救不堪负荷的世界渔业资源及面临巨大压力的水生生态系统。首先，全球性的捕捞过度必须得到根本上的控制。其次，减少和控制环境污染是人类目前面临的最迫切和最艰巨的全球性问题。再次，必须加大研究、监管与教育普及的力度，这对发展中国家尤为重要。

12.4.3　陆地生态系统固碳机理

生态系统的固碳措施就是通过人类活动，改变生态系统的储碳潜力和生态系统内部及其与外界的碳交换通量，达到增加陆地生态系统中的碳储存量，从而防止大气中 CO_2 浓度的继续上升。

陆地生态系统的碳减排和增汇措施可采用三种方式：保护现有的碳库，增加碳库的储量和可再生生物产品的替代。保护现有的碳库，主要是通过减轻森林砍伐或其他碳库排放的社会经济压力，防止 CO_2 的排放。增加碳库的储量包括两方面，一是增加高碳密度的生态系统面积，二是利用植物生长的自然规律，促进生态系统的恢复或成熟，增加陆地生态系统的碳储量。替代主要是利用可再生的生物产品，替代需要大量能源消耗才能生产出的工业产品，如建筑材料等，或利用生物质能替代化石燃料，达到减少向大气中排放 CO_2 的目的。

从生态系统的观点看，实现生态系统的固碳要从碳库和碳流两方面考虑。从碳库看，提高生态系统的最大碳储量和碳积累速率；从碳流看，增加碳库输入速率，降低输出速率，延长生态系统的碳库保留时间。生态系统的固碳措施主要是通过人为管理措施，使生态系统的碳库和碳流向有利于陆地生态系统积累的方向发展。

对于陆地生态系统的固碳措施来说，最为重要的是土地利用变化，也就是生态系统类型转变所能够达到的固碳效果。这是因为不同生态系统的碳储量存在明显差异，当一个生态系统类型转变成其他类型时有可能形成碳的固定。一般认为，湿地各生态系统的碳储量排序为：森林＞草原＞农田。当人类活动将生态系统类型按农田、草原、森林和湿地的顺序改变时，就能达到固碳的效果。但是在实际情况下，这种排列顺序也不是绝对的，因为同一种生态系统类型的碳储存能力也存在非常大的差异。

人类采取一定的管理措施，也是实现生态系统的固碳的重要途径。由于不同生态系统的碳库分配和碳循环过程有差异，并在很大程度上受到人为管理措施的影响，因此可以采取不同的技术措施来达到碳的减排和增汇目的。

在陆地生态系统的固碳措施中，应该考虑分析一些固碳措施并不存在于生态系统管理范围内，而是出现在人类的社会经济生活中，如增加林产品和农牧产品的使用寿命，使用生物质燃料等都能够达到固碳的目的，甚至人的生活方式和习惯都会影响到陆地生态系统的固碳能力。

12.4.4　国际社会对遏制全球变化的努力

1. 联合国组织对碳减排所做的努力

全世界共同努力遏制地球变暖的进程是人类所面对的共同责任与义务。为了寻求在全球范围内采取有效的措施以控制全球温暖化，联合国于 1990 年 12 月在第 45 届大会上成立了一个专门委员会，即政府间谈判委员会（Intergovernmental Negotiating Committee，INC），其主要任务之一就是探讨制定控制全球变暖的国际公约。1992 年 6 月在巴西里约热内卢联合国环境与发展大会上，全球 166 个国家与地区签署的《联合国气候变化框架公约》（The United Nations Framework Convention on Climate Change，UNFCCC）旨在将地球大气 CO_2 浓度稳定在某一水平以防止人类活动严重干扰气候系统。这一公约要求工业国家（发达国家）在 2000 年之前将其温室气体排放量降低到 1990 年的水平。但没有对参加国规定具体要承担的义务，具体问题体现在以后的《京都议定书》中。公约将参加国分为三类：工业化国家（这些国家答应要以 1990 年的排放量为基础进行削减，承担削减排放温室气体的义务。如果不能完成削减任务，可以从其他国家购买排放指标）、发达国家（这些国家不承担具体削减义务，但承担为发展中国家进行资金、技术援助的义务）和发展中国家（不承担削减义务，以免影响经济发展，可以接受发达国家的资金、技术援助，但不得出卖排放指标）。

1995 年 3 月公约成员国在柏林召开第一次会议，会议承认绝大多数工业国家没有能力在 2000 年前达到公约的要求，建议用两年时间针对新的国际协议进行协商，争取在 1997 年年底前完成新的协议，新的协议要对工业国家温室气体排放做出可行的强制性限制。1996 年 6 月隶属于世界气象组织和联合国环境署的政府间气候变化专家组（The Intergovernmental Panel on Climate Change，IPCC）发表第二份全球气候变化评估报告，报告在大量研究成果的基础上，再次明确指出人类活动对全球气候变化具有明显可见的影响。1996 年 7 月公约成员国在日内瓦召开第二次会议，呼吁各国迅速采取有效措施，以降低其温室气体的排放量。1997 年 12 月，公约成员国在日本东京召开第三次会议，按照 1995 年柏林会议的计划，东京会议通过《京都议定书》（Kyoto Protocol）。

　　《京都议定书》的全称为《联合国气候变化框架公约的京都议定书》，是《联合国气候变化框架公约》（UNFCCC）的补充条款，其目标是"将大气中的温室气体含量稳定在一个适当的水平，进而防止剧烈的气候改变对人类造成伤害"。《京都议定书》规定工业国家在 2008～2012 年，必须将其温室气体的年排放总量在 1990 年的基础上至少降低 5％（表 12.1）。这项具有法律约束力的协议，将使工业国家保持了近一个半世纪的温室气体排放量逐年上升的趋势，发生具有重大历史意义的逆转。

表 12.1　《京都议定书》对工业国家 2008～2012 年温室气体排放量的限制

国家或区域	排放限制*	国家或区域	排放限制*	国家或区域	排放限制*
澳大利亚	108	冰岛	110	俄罗斯联邦	100
奥地利	92	爱尔兰	92	斯洛伐克	92
比利时	92	意大利	92	斯洛文尼亚	92
保加利亚	92	日本	94	西班牙	92
加拿大	94	拉脱维亚	92	瑞典	92
克罗地亚	95	列支敦士登	92	瑞士	92
捷克共和国	92	立陶宛	92	乌克兰	100
丹麦	92	卢森堡	92	大不列颠及北爱尔兰联合王国	92
爱沙尼亚	92	摩纳哥	92		
欧洲共同体	92	荷兰	92	美利坚合众国	93
芬兰	92	新西兰	100	希腊	92
法国	92	挪威	101	波兰	94
德国	92	葡萄牙	92		
匈牙利	94	罗马尼亚	92		

* 排放限制为 1990 年排放量的百分比。

　　从 20 世纪 90 年代初起，全球温暖化的成因和危险已在世界范围内广泛被接受。世界各国，包括工业国家和发展中国家，基于对自己国家以及全人类的责任感，对全球温暖化表示了慎重的忧虑并由此产生了控制全球温暖化的强烈愿望。共有 192 个国家参加了全球气候保护协定《联合国气候变化框架公约》，并于 1997 年签订了《京都议定书》（美国是唯一一个没有签署《京都议定书》的工业化国家），承诺在 2012 年前共同削减温室气体排放，并帮助脆弱地区应对变暖带来的灾害。京都协议的形成准确地反映了世界各国对全球温暖化的一致立场，即人类必须控制和降低温室气体的排放以控制和缓解全球温暖化。这一具有法律约束力的国际协议，是世界各国力图通过国际合作控制和缓解全球温暖化取得的具有现实意义的重要成就。

　　1998 年 11 月，公约成员国在阿根廷首都布宜诺斯艾利斯召开第四次会议，主要任务是解决京都议定书中的遗留问题和协议实施的具体问题。《联合国气候变化框架公约》第十五次缔约方会议和《京都议定书》第五次缔约方会议于 2009 年 12 月 7 日~18 日在丹麦首都哥本哈根召开。会议达成不具法律约束力的《哥本哈根协议》。《哥本哈根协议》维护了《联合国气候变化框架公约》及其《京都议定书》确立的"共同但有区别的责任"原则，就发达国家实行强制减排和发展中国家采取自主减缓行动做出了安排，并就全球长期目标、资金和技术支持、透明度等焦点问题达成广泛共识。

2. 碳减排问题的实质

　　表面上看碳减排问题是人类保护地球环境所采取的一项重要措施，是一个专业技术问题，但实质上涉及各国经济、政治和国家主权等利益。碳减排问题涉及经济增长和社会发展问题，即涉及一个国家的科学技术实力和综合国力。客观地讲，为保护环境的减排目标与经济增长和社会发展的目标存在一定矛盾。《京都议定书》的实施会带来降低经济增长速度和高额成本问题。对于工业化国家（发达国家）来说，由于他们已经进入了工业化时代，经济发达，科技发达，有雄厚的物质基础和科学技术积累。一方面他们有较强的抗御风险的能力，能够承受因减排带来的经济损失；另一方面，由于科技发达，可以很快寻找替代产品，实现产品的更新换代。对于发展中国家而言，由于经济基础弱，科技落后，饥饿和贫困问题大量存在。他们的首要任务是发展问题，是解决贫困、实现小康。

　　从政治和国家主权看，发达国家的政治家常常与一定的利益集团相联系，这些利益集团为了保护自身的利益左右政治家的态度。而且，《京都议定书》减排目标的实施还涉及一些商贸条款，给利益集团带来无限商机。鉴于发展中国家历史上对碳排放的累积贡献小，在第一阶段减排活动中不承担任何减排义务，而且发展中国家希望在保证经济发展的前提下，不走破坏环境的老路，得到发达国家在技术上的无偿转让和经济上的无偿援助。这就是围绕碳减排问题产生的经济、政治和国家主权冲突，涉及自然科学、社会、经济、外交、法律等诸多方面，表现为旷日持久的激烈的国际"环境外交"斗争。

目前的观测证据和陆地碳通量模式显示，陆地呈现了一种碳吸收增长的趋势。该趋势表明陆地作为一个净汇将增加到 21 世纪中期，峰值将达到 3～7Gt C/a，以后逐渐减少或持平；有的模式预计至 21 世纪末，吸收可能减少至零，甚至变为一个净源。这一前景意味着要有效地抑制或减缓全球增暖的速度，减少温室气体排放势在必行，未来人类将为此做出更大的努力，付出更大的代价。

12.4.5　中国政府的立场和努力

1. 中国在应对全球变化方面的立场

中国政府在应对全球变化方面的立场如下。

第一，保持成果的一致性。应对气候变化不是从零开始的，国际社会已经为之奋斗了几十年。《联合国气候变化框架公约》及其《京都议定书》是各国经过长期艰苦努力取得的成果，凝聚了各方的广泛共识，是国际合作应对气候变化的法律基础和行动指南，必须倍加珍惜、巩固发展。会议的成果必须坚持而不能模糊公约及其议定书的基本原则，必须遵循而不能偏离"巴厘路线图"的授权，必须锁定而不能否定业已达成的共识和谈判取得的进展。

第二，坚持规则的公平性。"共同但有区别的责任"原则是国际合作应对气候变化的核心和基石，应当始终坚持。近代工业革命 200 年来，发达国家排放的二氧化碳占全球排放总量的 80%。如果说二氧化碳排放是气候变化的直接原因，谁该承担主要责任就不言自明。无视历史责任，无视人均排放和各国的发展水平，要求近几十年才开始工业化、还有大量人口处于绝对贫困状态的发展中国家承担超出其应尽义务和能力范围的减排目标，是毫无道理的。发达国家如今已经过上富裕生活，但仍维持着远高于发展中国家的人均排放，且大多属于消费型排放；相比之下，发展中国家的排放主要是生存排放和国际转移排放。今天全球仍有 24 亿人以煤炭、木炭、秸秆为主要燃料，有 16 亿人没有用上电。应对气候变化必须在可持续发展的框架下统筹安排，决不能以延续发展中国家的贫穷和落后为代价。发达国家必须率先大幅量化减排并向发展中国家提供资金和技术支持，这是不可推卸的道义责任，也是必须履行的法律义务。发展中国家应根据本国国情，在发达国家资金和技术转让支持下，尽可能减缓温室气体排放，适应气候变化。

第三，注重目标的合理性。中国有句成语：千里之行，始于足下。西方也有句谚语：罗马不是一天建成的。应对气候变化既要着眼长远，更要立足当前。《京都议定书》明确规定了发达国家至 2012 年第一承诺期的减排指标。但从实际执行情况看，不少发达国家的排放不减反增。目前发达国家已经公布的中期减排目标与协议的要求和国际社会的期望仍有相当距离。确定一个长远的努力方向是必要的，更重要的是把重点放在完成近期和中期减排目标上，放在兑现业已做出的承诺上，放在行动上。一打纲领不如一个行动，我们应该通过切实的行动，让人们看到希望。

第四，确保机制的有效性。应对气候变化，贵在落实行动，重在机制保障。国际社会要在公约框架下做出切实有效的制度安排，促使发达国家兑现承诺，向发展中国家持续提供充足的资金支持，加快转让气候友好技术，有效帮助发展中国家、特别是小岛屿国家、最不发达国家、内陆国家、非洲国家加强应对气候变化的能力建设。

中国政府确定减缓温室气体排放的目标是中国根据国情采取的自主行动，是对中国人民和全人类负责的，不附加任何条件，不与任何国家的减排目标挂钩。

2. 中国在应对全球变化上的贡献

作为《联合国气候变化框架公约》及其《京都议定书》的缔约方，中国一向致力于推动公约和议定书的实施，认真履行相关义务。中国政府也已经从科学和社会发展等多方面认识到了气候变化的巨大影响，并且开始进行着积极的应对。目前，国际社会正在就落实"巴厘路线图"、加强公约及其《京都议定书》全面、有效和持续实施进行谈判，已于 2009 年年底举行的联合国哥本哈根气候变化会议取得积极成果，中国在这一谈判进程中继续发挥积极、建设性作用（钱彤，2009）。

近三十年来，中国现代化建设取得的成就已为世人瞩目。我国在发展的进程中高度重视气候变化问题，从中国人民和人类长远发展的根本利益出发，为应对气候变化做出了不懈努力和积极贡献。其努力和贡献主要表现在以下几个方面（温家宝，2010）。

（1）中国是最早制定实施《应对气候变化国家方案》的发展中国家。先后制定和修订了节约能源法、可再生能源法、循环经济促进法、清洁生产促进法、森林法、草原法和民用建筑节能条例等一系列法律法规，把法律法规作为应对气候变化的重要手段。

（2）中国是近年来节能减排力度最大的国家。不断完善税收制度，积极推进资源性产品价格改革，加快建立能够充分反映市场供求关系、资源稀缺程度、环境损害成本的价格形成机制。全面实施十大重点节能工程和千家企业节能计划，在工业、交通、建筑等重点领域开展节能行动。深入推进循环经济试点，大力推广节能环保汽车，实施节能产品惠民工程。推动淘汰高耗能、高污染的落后产能，2006～2008 年共淘汰低能效的炼铁产能 6059 万 t、炼钢产能 4347 万 t、水泥产能 1.4 亿 t、焦炭产能 6445 万 t。截至 2009 年上半年，中国单位国内生产总值能耗比 2005 年降低 13%，相当于少排放 8 亿 t 二氧化碳。

（3）中国是新能源和可再生能源增长速度最快的国家。在保护生态基础上，有序发展水电，积极发展核电，鼓励支持农村、边远地区和条件适宜地区大力发展生物质能、太阳能、地热、风能等新型可再生能源。2005～2008 年，可再生能源增长 51%，年均增长 14.7%。2008 年可再生能源利用量达到 2.5 亿 t 标准煤。农村有 3050 万户用上沼气，相当于少排放二氧化碳 4900 万 t 余。水电装机容量、核电在建规模、太阳能热水器集热面积和光伏发电容量均居世界第一位。

（4）中国是世界人工造林面积最大的国家。持续大规模开展退耕还林和植树造林，大力增加森林碳汇。2003～2008 年，森林面积净增 2054 万 hm^2，森林蓄积量净增 11.23 亿 m^3。目前人工造林面积达 5400 万 hm^2，居世界第一。

目前，我国正处于工业化、城镇化快速发展的关键阶段，能源结构以煤为主，降低排放存在特殊困难。但是始终把应对气候变化作为重要战略任务。1990～2005 年，单位国内生产总值二氧化碳排放强度下降 46%。在此基础上，我国又提出，到 2020 年单位国内生产总值二氧化碳排放比 2005 年下降 40%～45%，在如此长时间内这样大规模降低二氧化碳排放，需要付出艰苦卓绝的努力。我国的减排目标将作为约束性指标纳入国民经济和社会发展的中长期规划，保证承诺的执行受到法律和舆论的监督。我们将进一步完善国内统计、监测、考核办法，改进减排信息的披露方式，增加透明度，积极开展国际交流、对话与合作。

参 考 文 献

安渊，李博，杨持. 2001. 内蒙古大针茅草原生产力及其可持续利用研究 I. 放牧系统植物地上现存量的动态研究. 草业学报，10（2）：22-27

敖子强. 2009. 利用人工湿地修复黔灵湖的研究. 安徽农业科学，（3）：22-30

白秀娟，邹红菲. 1997. 濒危野生动物的迁地保护. 野生动物，（2）：22-23

毕黎译. 达尔文回忆录. 1998. 北京：商务印书馆

蔡晓明. 2000. 生态系统生态学. 北京：科学出版社

蔡运龙. 2010. 当代自然地理学态势. 地理研究，29（1）：1-12

曹凑贵. 2001. 生态学概论. 北京：高等教育出版社

曹凑贵，严力蛟，刘黎明. 2002. 生态学概论. 北京：高等教育出版社

常杰，葛程. 2001. 生物多样性的自组织、起源和演化. 生态学报，21（7）：1180-1186

陈埠. 2002. 农业生态学. 北京：中国农业大学出版社

陈昌笃. 1990. 全球生态学——生态学的新发展. 生态学杂志，9（4）：38-40

陈昌笃. 1993. 生态学与持续发展. 北京：中国科学技术出版社

陈道海，钟炳辉. 1999. 保护生物学. 北京：中国林业出版社

陈福义，范宝宁. 2003. 中国旅游资源学. 北京：中国旅游出版社

陈灵芝. 1993. 中国的生物多样性. 北京：科学出版社

陈泮勤. 2004. 地球系统碳循环. 北京：科学出版社. 195-202

陈全功，卫亚星，梁天刚，等. 1994. 遥感技术在草地资源管理上的应用进展. 草原与草坪，（1）：1-12

陈声明. 2008. 生态保护与生态修复. 北京：科学出版社

陈震. 2006. 水环境科学. 北京：科学出版社

陈佐忠. 1994. 略论草地生态学研究面临的几个热点. 草业科学，11（1）：42-45

陈佐忠，汪诗平. 2004. 草地生态系统观测方法. 北京：中国环境科学出版社

崔保山. 2006. 湿地学. 北京：北京师范大学出版社

戴树桂. 2000. 环境化学. 北京：高等教育出版社

邓爱民，刘代泉. 1999. 旅游资源开发与规划. 北京：旅游教育出版社

丁圣彦，曹新向. 2003. 城市生物多样性保护的景观生态学原理和方法. 生态经济，16（2）：186-190

段昌群. 2007. 生态科学进展. 北京：高等教育出版社

樊江文，陈立波. 2002. 草地生态系统及其管理. 北京：中国农业科学技术出版社

方精云. 2002. 全球生态学：气候变化与生态响应. 北京：高等教育出版社. 195-202

傅伯杰. 2010. 我国生态系统研究的发展趋势与优先领域. 地理研究，29（3）：383-396

傅伯杰，陈利顶，马克明，等. 2001. 景观生态学原理及应用. 北京：科学出版社

高永革，樊江文. 1997. 草地生态与生产. 北京：中国农业科学技术出版社

戈锋. 2002. 现代生态学. 北京：科学出版社

葛继稳. 2007. 湿地资源及管理实证研究——以“千湖之省”湖北省为例. 北京：科学出版社

顾新运，李淑秋. 1997. 放牧强度对草原土壤超显微的影响. 北京：科学出版社

郭书田. 1989. 中国草地生态研究. 呼和浩特：内蒙古大学出版社

郭旭东，陈利顶，傅伯杰. 1999. 土地利用/土地覆被变化对区域生态环境的影响. 环境科学进展，7 (6)：
　66-75

郭仲平. 1993. 群体遗传学导论. 北京：农业出版社

国家环境保护局. 1998. 中国生物多样性国情研究报告. 北京：中国环境科技出版社

国家林业局. 2000. 中国湿地保护行动计划. 北京：中国林业出版社

韩建国. 2009. 草地学. 北京：中国农业出版社

韩兴国. 1994. 岛屿生物地理学理论与生物多样性保护. 见：中国科学院生物多样性委员会. 生物多样性
　研究的原理和方法. 北京：中国科学技术出版社

何强. 1994. 环境学导论. 第 2 版. 北京：清华大学出版社

何兴元. 2004. 应用生态学. 北京：科学出版社

何兴元，曾德慧. 2004. 应用生态学的现状与展望. 应用生态学报，15 (10)：1691-1697

何振立，周启星，谢正苗. 1998. 污染及有益元素的土壤化学平衡. 北京：中国环境科学出版社

侯扶江. 2001. 放牧对牧草光合作用、呼吸作用和氮、碳吸收与转运的影响. 应用生态学报，12 (6)：
　938-942

胡二邦. 2000. 环境风险评价实用技术和方法. 北京：中国环境科学出版社

胡辉，徐晓林. 2004. 现代城市环境保护. 北京：科学出版社

黄秉维，郑度，赵名茶，等. 1999. 现代自然地理. 北京：科学出版社. 195-202

黄锡荃. 1985. 水文学. 北京：高等教育出版社

贾树海，李绍良，陈有君. 1997. 草场退化与恢复改良过程中土壤物理性质和水分状况初探. 见：中国科
　学院内蒙古草原生态系统定位研究站. 草原生态系统研究（第 5 集）. 北京：科学出版社

姜凤岐，朱教君，曾德慧，等. 2003. 防护林经营学. 北京：中国林业出版社

姜汉侨，段昌群，杨树华，等. 2004. 植物生态学. 北京：高等教育出版社

姜恕. 1988. 草地生态研究方法. 北京：农业出版社

蒋志刚. 2004. 动物行为原理与物种保护方法. 北京：科学出版社

蒋志刚，马克平，韩兴国. 1997. 保护生物学. 杭州：浙江科学技术出版社

金鉴明，王礼馈，薛达元. 1991. 自然保护概论. 北京：中国环境科学出版社

金岚. 1992. 环境生态学. 北京：高等教育出版社

李博. 1993. 中国北方草地畜牧业动态监测研究. 北京：中国农业科学技术出版社

李博. 1999. 生态学. 北京：高等教育出版社

李博. 1999. 生态学与土地管理. 见：李博文集编辑委员会编. 李博文集. 北京：科学出版社

李博，任继周，周寿荣，等. 1991. 草地生态学的发展. 北京：中国经济出版社

李博，杨持，林鹏. 2000. 生态学. 北京：高等教育出版社

李春晖. 2009. 城市湿地保护与修复研究进展. 地理科学进展，28 (2)：271-279

李德新. 1980. 放牧对克氏针茅草原影响的初步研究. 中国草原，4 (1)：1-8

李建龙，王建华. 1998. 我国草地遥感技术应用研究进展与前景展望. 遥感技术与应用，13 (2)：64-67

李建龙，许鹏，孟林，等. 1993. 不同放牧率下内蒙古细毛羊食性变化及其与草原植物多样性间的关系. 草
　业学报，2：60-65

李金花，李镇清，任继周. 2002. 放牧对草原植物的影响. 草业学报，11 (1)：4-11

李俊清，李景文. 2006. 保护生物学. 北京：中国林业出版社

李绍良. 1997. 内蒙古草原土壤退化进程及其评价指标的研究. 土壤学报，28 (06)：241-243

李胜功. 1999. 不同放牧压力下草地微气象的变化与草地荒漠化的发生. 生态学报，19 (5)：697-704

李文建, 韩国栋. 2000. 放牧家畜研究进展. 内蒙古畜牧科学, 21 (3): 24-27

李秀彬. 1996. 全球环境变化研究的核心领域——土地利用/土地覆被变化的国际研究动向. 地理学报, 51 (6): 553-558

李永宏. 1988. 内蒙古锡林河流域羊草草原和克氏针茅草原在放牧影响下的分异和趋同. 植物生态学和地植物学学报, 12 (3): 189-196

李永宏. 1994. 内蒙古草原草场放牧退化模式研究及退化监测专家系统雏议. 植物生态学报, 18 (1): 68-79

李永宏, 汪诗平. 1998. 内蒙古细毛羊日食量及对典型草原牧草的选择性采食. 草业学报, 7 (1): 50-53

李永宏, 汪诗平. 1999. 放牧对草原植物的影响. 中国草地, 22 (3): 11-19

李振基, 陈小麟, 郑海雷. 2004. 生态学. 北京: 科学出版社

李政海, 裴浩. 1994. 羊草草原退化群落恢复演替的研究. 内蒙古大学学报自然科学学报, 25 (1): 88-98

林鹏. 1986. 植物群落学. 上海: 上海科学技术出版社

林鹏. 1988. 红树林植被. 北京: 中国海洋出版社

林育真. 2004. 生态学. 北京: 科学出版社

林泽新. 2002. 太湖流域水环境变化及缘由分析. 湖泊科学. (2): 73-81

刘庆, 钟章成. 1995. 无性系植物种群研究进展及有关概念. 生态学杂志, 14 (3): 40-45

刘钟龄, 王炜, 郝敦元, 等. 2002. 内蒙古草原退化与恢复演替机理的探讨. 干旱区资源与环境, 16 (1): 84-91

刘钟龄, 王炜, 梁存柱, 等. 1998. 内蒙古草原植被在持续牧压下退化演替的模式与诊断. 草地学报, 6 (4): 244-251

卢云亭. 2001. 生态旅游学. 北京: 旅游教育出版社

陆良恕. 1999. 陆良恕文选. 北京: 中国农业出版社

吕胜利, 宋秉芳. 1991. 草地第二性生产宏观动力学模型研究. 草与畜杂志, 3 (1): 4-10

罗怀良. 2009. 川中丘陵地区近 55 年来农田生态系统植被碳储量动态研究——以四川省盐亭县为例. 自然资源学报, 24 (2): 252-258

骆世明. 2001. 农业生态学. 北京: 中国农业出版社

骆世明. 2005. 普通生态学. 北京: 中国农业出版社

马丹炜, 张宏. 2008. 植物地理学. 北京: 科学出版社

马克平. 1993. 论生物多样性的概念. 生物多样性, 1 (1): 2-20

马世骏. 1987. 中国的农业生态工程. 北京: 中国农业出版社

牛海山, 李香真, 陈佐忠. 1999. 放牧率对土壤饱和导水率及其空间变异的影响. 草地学报, 7 (03): 211-216

潘岳, 刘青松. 2004. 环境保护 ABC. 北京: 中国环境科学出版社

裴浩, 李云鹏, 敖艳红. 1996. 草地枯草被与土壤含水量. 中国草地学报, 10 (1): 36-38

皮南林. 1982. 高寒草甸生态系统绵羊种群能量动态的研究. 兰州: 甘肃人民出版社

钱彤. 2009-12-22. 中国为推动哥本哈根会议取得成果发挥料重要的建设性作用. 人民日报, 第 3 版

曲仲湘, 吴玉树, 王焕校. 1983. 植物生态学. 第二版. 北京: 高等教育出版社

全国科学技术名词审定委员会. 2007. 地理学名词. 北京: 科学出版社

任继周. 1995. 草地农业生态学. 北京: 中国农业出版社

任继周. 1998. 草地科学研究方法. 北京: 中国农业出版社

尚玉昌. 2002. 普通生态学. 北京: 北京大学出版社

尚玉昌. 2005. 动物行为学. 北京：北京大学出版社

尚玉昌，李润生，尚军，等. 2006. 动物行为：动物生存的奥秘. 北京：少年儿童出版社

沈清基. 1998. 城市生态与城市环境. 上海：同济大学出版社

施浒，姚霭如. 1996. 动物行为的奥秘. 太原：山西教育出版社

石铁矛，李团胜. 1999. 人居环境建设的城市景观生态方法——沈阳市景观生态规划研究. 规划师，15
　　（1）：41-46

宋永昌. 2001. 植被生态学. 上海：华东师范大学出版社

孙颌，沈煜清，石玉林. 1994. 中国农业自然资源与区域发展. 南京：江苏科学技术出版社

孙儒泳. 1987. 动物生态学原理. 北京：北京师范大学出版社

孙儒泳. 1992. 动物生态学原理. 第二版. 北京：北京师范大学出版社

孙儒泳. 2001. 动物生态学原理. 北京：北京师范大学出版社

孙儒泳，李博，诸葛阳，等. 1993. 普通生态学. 北京：高等教育出版社

孙儒泳，李庆芬，牛翠娟，等. 2002. 基础生态学. 北京：高等教育出版社

孙书存. 2005. 恢复生态学. 北京：化学工业出版社

孙铁珩，周启星，李培军. 2001. 污染生态学. 北京：科学出版社

孙振均，王冲. 2007. 基础生态学. 北京：化学工业出版社

田汉勤，万师强，马克平. 2007. 全球变化生态学：全球变化与陆地生态系统. 植物生态学报，31（2）：
　　173，174

汪健，凌璐璐，刘彦雄. 2009. 浅谈我国湿地现状及保护措施. 黑龙江科技信息，28：67-75

汪诗平. 2001. 不同放牧率下内蒙古细毛羊食性变化及其与草原植物多样性间的关系. 生态学报，21（2）：
　　237-243

汪诗平，李永宏. 1997. 不同放牧率和放牧时期绵羊粪便中化学成分的变化及与所食牧草各成分间的关系.
　　动物营养学报，9（2）：49-56

王伯荪. 1987. 植物群落学. 北京：高等教育出版社

王德利，吕新龙，罗为东. 1996. 不同放牧密度对草原植被特征的影响分析. 草业学报，5（2）：28-33

王德利，杨利民. 2004. 草地生态与管理利用. 北京：化学工业出版社

王礼先. 1998. 林业生态工程学. 北京：中国林业出版社

王美娥，周启星，张利华. 2003. 污染物在根—土界面的化学行为与生态效应. 应用生态学报，14（11）：
　　2067-2071

王孟本. 2001. 英汉-汉英生态学词汇. 北京：科学出版社

王仁忠，李建东. 1995. 羊草草地放牧退化演替中种群消长模型的研究. 植物生态学报，19（2）：170-174

王如松，胡聃. 2009. 弘扬生态文明，深化学科建设. 生态学报，29（3）：1055-1067

王如松，周启星，胡聃. 2000. 城市生态调控方法. 北京：气象出版社

王炜，梁存柱，刘钟龄，等. 2000. 羊草＋大针茅草原群落退化演替机理的研究. 植物生态学报，24（4）：
　　468-472

王炜，刘钟龄，郝敦元，等. 1996. 内蒙古草原退化群落恢复演替的研究——恢复演替时间进程的分析.
　　植物生态学报，20（5）：460-471

王炜，刘钟龄，郝敦元，等. 1996. 内蒙古草原退化群落恢复演替的研究——退化草原的基本特征与恢复
　　演替动力. 植物生态学报，20（5）：449-459

王祥荣. 2000. 生态与环境：城市可持续发展与生态环境调控新论. 南京：东南大学出版社

王新，周启星. 2003. 外源镉铅铜锌在土壤中形态分布特性及改性剂的影响. 农业环境科学学报，22：

541-545

王有志，彭波. 2009. 水污染控制技术. 北京：中国劳动社会保障出版社

王智翔. 1990. 进化生态学. 见：马世骏. 现代生态学透视. 北京：科学出版社

魏树和，周启星等. 2003. 根际圈在污染土壤修复中的作用与机理分析. 应用生态学报，14（1）：143-147

温家宝. 2010. 温家宝总理在哥本哈根气候变化会议领导人会议上的讲话（全文）. 宁波节能，（1）：1-2

文祯中，陆健健. 1999. 应用生态学. 上海：上海教育出版社

邬建国. 1990. 自然保护区学说与麦克阿瑟-威尔逊理论. 生态学报，10（2）：187-191

邬建国. 1999. 生态学范式变迁综论. 生态学报，16（5）：449-460

邬建国. 2000. 景观生态学——概念与理论. 生态学杂志，19（1）：42-52

邬建国. 2007. 景观生态学——格局、过程、尺度与等级. 北京：高等教育出版社

伍光和. 2000. 自然地理学. 北京：高等教育出版社

伍光和. 2008. 自然地理学. 第四版. 北京：高等教育出版社

武吉华. 2004. 植物地理学. 第四版. 北京：高等教育出版社

武吉华，张绅，江源，等. 2004. 植物地理学. 北京：高等教育出版社

肖笃宁. 1997. 当代景观生态学的进展和展望. 地理科学，17（4）：78-79

肖笃宁. 1999. 景观生态学研究进展. 长沙：湖南科学技术出版社

肖笃宁. 2003. 景观生态学. 北京：科学出版社

肖笃宁，陈文波，郭福良. 2002. 生态安全的基本概念和研究内容. 应用生态学报，13（3）：354-358

徐海根，王健民，强胜，等. 2004. 外来物种入侵·生物安全·遗传资源. 北京：科学出版社

徐汝梅，叶万辉. 2003. 生物入侵——理论与实践. 北京：科学出版社

许学工，李双成，蔡运龙. 2009. 中国综合自然地理学的近今进展与前瞻. 地理学报，64（9）：1027-1038

严斧. 2004. 旅游生态学. 长沙：湖南科学技术出版社

阎传海，张海荣. 2003. 宏观生态学. 北京：科学出版社

杨达源，姜彤. 2005. 全球变化与区域响应. 北京：化学工业出版社

杨小波，吴庆书，邹伟，等. 2000. 城市生态学. 北京：科学出版社

于长青. 1998. 湿地生态学与生物多样性保护见. 生物多样性与人类未来——第二届全国生物多样性保护
　　与持续利用研讨会论文集. 北京：中国林业出版社. 388-394

袁道先. 1993. 碳循环与全球岩溶. 第四纪研究，13（1）：1-6

袁道先. 2006. 现代岩溶学在中国的发展. 地质论评，52（6）：733-736

云正明. 1998. 生态工程. 北京：气象出版社

云正明，毕绪岱. 1990. 中国林业生态工程. 北京：中国林业出版社

云正明，刘金铜. 1998. 生态工程. 北京：气象出版社

张继禹. 1988. 说法自然与环境保护. 北京：华夏出版社

张金屯. 2002. 应用生态学. 北京：科学出版社

张阳武. 2009. 小兴安岭山地沼泽湿地退化生态系统恢复技术研究. 林业资源管理，（5）：109-115

张昀. 1998. 生物进化. 北京：北京大学出版社

张自和. 2000. 无声的危机——荒漠化与草原退化. 草业科学，17（2）：10-12

章家恩. 2005. 旅游生态学. 北京：化学工业出版社

昭和斯图，祁永. 1987. 内蒙古短花针毛草草原放牧退化系列研究. 中国草地，（1）：29-35

赵儒林，洪必善. 1983. 植物生态学概要. 南京：江苏科学技术出版社

赵新全，王启基. 1989. 青海高寒草甸草场优化放牧方案的综合评价. 中国农业科学杂志，22（02）：68-75

郑师章，吴千红，王海波，等. 1994. 普通生态学——原理、方法和应用. 上海：复旦大学出版社

中国科学院内蒙古草原生态系统定位站. 1985. 草原生态系统研究. 北京：科学出版社

《中国生物多样性国情研究报告》编写组. 1998. 中国生物多样性国情研究报告. 北京：中国环境科学出
　　版社

中国植被编辑委员会. 1980. 中国植被. 北京：科学出版社

钟章成. 1988. 常绿阔叶林生态学研究. 重庆：西南师范大学出版社

仲延凯，包青海. 1999. 不同刈割强度对天然割草地的影响. 中国草地，4（5）：15-18

仲延凯，孙维，包青海. 1998. 刈割对典型草原地带羊草（*Leymus chinensis*）的影响. 内蒙古大学学报
　　（自然科学版），29（2）：202-213

周广胜，王玉辉，蒋延玲，等. 2002. 陆地生态系统类型转变与碳循环. 植物生态学报，26（2）：250-254

周纪纶，郑师章，杨持. 1992. 植物种群生态学. 北京：高等教育出版社

周平，蒙吉军. 2009. 区域生态风险管理研究进展. 生态学报，29（4）：2097-2106

周启星. 2002. 污染土壤修复的技术再造与展望. 环境污染治理技术与设备，3（8）：36-40

周启星，林海芳. 2001. 与环境管理有关的生态学研究展望. 生态学杂志，20（1）：37-40

周启星，宋玉芳. 2001. 植物修复的技术内涵及展望. 安全与环境学报，1（3）：48-53

周启星，宋玉芳. 2004. 污染土壤修复原理与方法. 北京：科学出版社

周寿荣. 1996. 草地生态学. 北京：中国农业出版社

周兴民，王质杉. 1987. 青海植被. 西宁：青海人民出版社

祝廷成. 1996. 草地生态学研究. 东北师范大学出版社

祝廷成. 1983. 生态系统浅说. 北京：科学出版社

祝廷成，钟章成，李建东. 1988. 植物生态学. 北京：高等教育出版社

祝廷成，钟章成，李建东. 1991. 植物生态学. 北京：高等教育出版社

宗浩，樊乃昌，于福溪，等，1991. 高寒草甸生态系统优势鼠种高原鼢鼠（*Myospalax baileyi*）和高原鼠
　　兔（*Ochotona curzoniae*）种群空间格局的研究. 生态学报，11（2）：125-129

宗浩，蒋光藻，刘智慧，等. 1996. 生态学原理. 成都：电子科技大学出版社

邹亚荣，张增祥. 2003. GIS支持下我国干旱区草地资源动态分析. 环境科学研究，16（1）：19-26

祖元刚. 1987. 羊草种群的能量流动及稳定性分析. 植物学报，29（1）：95-103

Alexander M. 1998. Biodegradation and Bioremediation. London：Academic Press

Anderson W C. 1993. Innovative site remediation technology：Soil washing/Soil flushing. Annapolis：Ameri-
　　can Academy of Environmental Engineer

Andrewartha H G，L C Birch. 1954. The Distribution and Abundance of Animals. Chicago：University of
　　Chicago press

Archer S，Tiazen LL. 1986. Plant response to grazing：Hierarchical considerations. NATO advanced science
　　institutes series：Series A：Life sciences，108：45-59

Barnes B Z，Denton D R，Spurr S H. 1998. Forest Ecology. New York：John Wiley & Sons

Batzi I. 1974. Multiple captures of Peromyscus leucopus：social behavior in small rodent. Journal of
　　mammmalogy，64（4）：710-713

Baudry J，Burel F. 2002. Field boundary habitats for wildlife，crop and environmental protection. *In*：Rysz-
　　kowski L. Landscape Ecology in Agroecosystems Management. Boca Raton：CRC Press. 219-247

Brooks L R，Hughes T J，Claxton L D，et al. 1998. Bioassay-directed fractionation and chemical identifica-
　　tion of mutagens in bioremediated soil. Environ. Health Perspect. 106（suppl 6）：1435-1440

Cantrell K L. Kaplan D I, Gilmore T J. 1997. Injection of colloidal Fe 0 particles in sand with shear-thinning fluids. Environmental Engineering, 123: 786-791

CIRIA. 1995. *In-situ* methods of remediation. London: Construction Industry Research Information Association

Conway W G. 1988. The prospects for sustaining species and their evolution. In: Western D, Pearl M C. Conservation for the twenty-first century. New York: Oxford University Press. 199-210

Costanza R, d'Arge R, de Groot R, et al. 1997. The Value of the World's Ecosystem Services and Natural Capital. Nature, 387: 253-260

Dahl B E, Hyder D N. 1977. Developmental morphology and management implications. *In*: Sosebee R E. Rangeland plant physiology. Denver, Colo: Soc. Range Manage. 257-290

DellaSala D A, Strittholt J R, Noss R E, et al. 1996. A critical role for core reserves in managing Inland Northwest landscapes for natural resources and biodiversity. Wildlife Society Bulletin, 24: 209-227

Deevey E S. 1947. Life tables for natural populations of animals. Quarterly Review of Biology, 22: 283-314

Ellis J. 1992. Grasslands and Grassland Sciences in Northern China. Washington D. C: National Academy Press. 188-189

Elton C. 1927. Animal Ecology. London: Sidgwick and Jackson

Emanuel W R, Killough C G, Olson J S. 1981. Modeling the Circulation of Carbon in the World's Terrestrial Ecosystems. Washington: National Academy of Sciences

Farina A. 1989. Principles and Methods in Landscape Ecology. New York: Springer

Fisher R A, Corbet A S, Williams G B. 1943. The relation between the number of species and the number of individuals in a random samples from an animal population. J. Anim. ECOL, 12: 42-58

Forman R T, Codron M. 1986. Landscape Ecology. New York: John Wiley & Sons

Forman R T T. 1995. Land Mosaies: the Ecology of Landscapes and Regions. Cambridge: Cambridge Liniversity Press

Forman R T T, Godron M. 1990. 景观生态学. 肖笃宁译. 北京: 科学出版社. 101-104

Gary W C. 1997. Making votes count: strategic coordination in the world's electoral systems. Cambridge University Press

Greenwood P L, Hunt A S, Hermanson J W, et al. 1997. Effects of birth weight and postnatal nutrition on neonatal sheep: II. Skeletal muscle growth and development. Journal of Animal Science, 78 (1): 50-61

Grime J P. 1979. Plant Strategies and Vegetation Processes. New York: John Wiley & Sons

Hardman D J, McElddowney S, Waite S. 1993. Pollution ecology and biotreatment. London: Longman Scientific and Technical

Harlin M M. 1980. Seagrass epiphytes. In: Phillipsand R C, Mcroy C P. Handbook of seagrass Biology. New York: Garland STPM Press

Harper J I. 1967. A Darwin approach to plant ecology. J. Ecol., 55: 247-270

Harper J L. 1977. Population Biology of Plant. London: Academic Press

Hodgson J. 1981. Variations in the surface characteristics of the sward and the short-term rate of herbage intake by calves and lambs. Grass Forage Sci, 36: 49

Horton C, Maurice C J. 1979. A closer look at grasslands. New York : Gloucester Press

Houghton R H. 1994. The worldwide extent of land-use change. Bioscience, 44 (5): 305-313

IGBP Secretariat. 2005. Global Land Project: Science Plan and Implementation Strategy. Stockholm

José L H，Callaway R M. 2003. Allelopathy and exotic plant invasion. Plant and Soil，256：29-39

Kikuchi T. 1974. The character of Quaternary tectonic movement in the knoto district. Tokyo：Ratisu.
　　129-146

Knapp R. 1974. Vegetation Dynamics. Hague：Junk

Kormondy E J. 1996. Concepts of ecology. 4th ed. Englewood Cliffsi N. J.：Prentice Hall

Kramer P J. 1981. Carbon dioxide concentration，photosynthesis，and dry matter production. Bioscience，
　　(31)：29-33

Krebs C J. 1985. Ecology：The experimental analysis of distribution and abundance. New York：Harper
　　& Row

Lawton J M. 1999. Are there general laws in ecology? Oikos，84：177-192

Levins R. 1969. Some demographic and genetic consequences of environmental heterogeneity for biological
　　control. Bulletin of the Entomological Society of America，15（3）：237-240

Linderman R L. 1942. The trophic-dynamic aspect of ecology. Ecology，23：118-225

Lorenz K. 1950. The comparative method of studying innate behavioural patterns. Sym Soc Exp Biol，4：
　　221-268

Lotka A J. 1925. Elements of physical biology. New York：Dover

Louda S M，Kendall D，Connor J，et al. 1997. Ecological Effects of an Insect Introduced for the Biological
　　Control of Weeds. Science，277：1088-1090

Mackenzie A，Ball A S，Virdee S R. 1999. Instant Notes in Ecology. New York：Bios Scientific
　　Publishers Limited

Mandelbrot B B. 1982. The Fractal Geometry of Nature. New York：W. H. Freeman

Manuel C M Jr. 2002. Ecology：Concepts and Applications. 2nd ed. (影印版). 北京：高等教育出版社

Manuel C. Molles. 2000. 生态学. 概念与应用（影印版）. 北京：科学出版社

McIntosh R P，徐嵩岭. 1992. 生态学概念和理论的发展. 北京：中国科学技术出版社

McIntosh R P，徐嵩岭. 1992. 生态学概念和理论的发展. 北京：中国科学技术出版社

Mckenzie R. 2008. 生态学. 孙儒泳译. 北京：科学出版社

McNaughton. 1979. Grazing as an optimization process：grass-ungulate relationships in the Serengeti.
　　American Naturalist，113（5）：691-703

Middleton N，Thomas D. 1997. World atlas of desertification. London：University of Oxford

Moffat A S. 1998. Global Nitrogen Overload Problem Grows Critical. Science，279：988-989

National Research Council. 1993. Bioremediation：When does It Work? Washington：National
　　Academy Press

Odum E P. 1971. Fundamentals of Ecology. Philadelphia：W. B. Saunders

Odum E P. 1983. Basic Ecology. New York：Saunders College Publishing

Odum E P，Barrett G W. 2008. 生态学基础. 第五版. 陆健健，王伟译. 北京：高等教育出版社

Odum E P，Smalley A E. 1959. Comparison of population energy flow of a herbivorous and a deposit-feeding
　　invertebrate in a salt marsh ecosystem. Proc Natl Acad Sci，45（4）：617-622

Odum H T. 1957. Trophic structure and productivity of Silver Springs. EcolMonogr，27：55-112

Odum H T. 1970. Summary：an emerging view of the ecological system at El Verde. In：Odum H T，Pigeon
　　R F. A tropical rain forest. Springfield：National Technical Information Services. 191-289

Odum H T，Burkholder P R，Rivero J. 1959. Measurements of productivity of turtle grass flats，reefs，and the Bahia Fosforescente of southern Puerto Rico. Publ Inst Mar Sci, 6: 159-171

Odum H W. 1953. Folk sociology as a subject for the historical study of total human society and the empirical study of group behavior. Social Forces. 31: 101-110

Odum H W, Pigeon R F. 1970. A Tropical Rain Forest. A Study of Irradiation and Ecology at El Verde, Puerto Rico, United States Atomic Energy Commission, National Technical information service

Phillips D L, MacMahon J A. 1981. Competition and spacing patterns in desert shrubs. Journal of Ecology, 69: 97-115

Primack R. 1996. 保护生物学概论. 甄仁德, 祁承经译. 长沙: 湖南科学技术出版社

Proffitt A P B, Jarvis R J, Bendotti S. 1995. The impact of sheep trampling and stocking rate on the physical properties of a red duplex soil with two initially different structures. Australian Journal of Agricultural Research, 46 (4): 733-747

Rice E L. 1984. Allelopathy. New York: Academic Press

Ricklefs R E. 2001. The Economy of Nature. London: Freeman & Company Limited

Ricklefs R E. 2004. 生态学. 第五版. 孙儒泳译. 北京: 高等教育出版社

Rindfuss R R, Walsh S I, Turner B L, et al. 2004. Developing a science of land change: challenges and methodological issues. Proceeding of the National Academy of Science of the United States of America, 101 (39): 13976-13981

Robert W. 1973. Gene Likens. Evolution and measurement of species diversity. Taxon, 21: 213-251

Roe F G. 1951. The North American Buffalo: A critical study of the species in its wild state. Toronto: university Toronto Press

Salt D E, Blaylock M, Nanda P B A, et al. 1995. Phytoremediation: A Novel Strategy for the Removal of Toxic Metals from the Environment Using Plants. Nature Biotechnologyl 13: 468-474

Salvato J A, Nemerow N L, Agardy F J. 2003. Environmental Engineering. New Jersey: John Wiley and Sons

Sepkoski J J. 1982. Mass extinctions in the Phanerozoic oceans-A review Geological implications of impacts of large asteroids and comets on the earth (A84-25651 10-42). Boulder: Geological Society of America. 283-289

Snaydon R W. 1987. Ecosystems of the World. 17B. Managed grasslands: Analytical studies. Amsterdam: Elsevier Science Publishing Company

Soulé M E. 1985. What is conservation biology? Bio-Science, 35: 727-734

Soulé M E. 1986. Conservation biology: the science of scarcity and diversity. Sunderland, Massachusetts: Sinauer Associates

Soulé M E, Wilson B A. 1980. Conservation biology: An evolutionary ecological perspective. Sunderland. Massachusetts: Sinauer Associates

Susan K, Jacobson E, Vaughan E. 1995. New Directions in Conservation Biology: Graduate Programs. Conservation Biology, 9 (1): 5-17

Tarazona J V, Vega W W. 2002. Hazard and risk assessment of chemicals for terrestrial ecosystems. Toxicology, (181-182): 187-191

Tilman D. 1994. Competition and biodiversity in spatially structured habitats. Ecology, 75: 2-16

Tinbergen N. 1951. The study of Tnstinct. Oxford: Clarendon

Tinbergen N. 1953. Social Behavior of Animals. London: Methuen

Turner. 2001. Landscape Ecology in Theory and Practice. Berlin: Springer-Verlag

Volterra V. 1926. Variations and fluctuations of the number of individuals in animals species living together. *In*: Chapman R N. Animal Ecology. New York: McGRAW-Hill

Weber K, Goerke H. 2003. Persistent organic pollutants (POPs) in antarctic fish: levels, patterns, changes. Chemosphere, 53: 667-678

Whittaker R H. 1986. 植物群落排序. 王伯荪译. 北京: 科学出版社

William D, Jones M B. 1960. The grass crop. London: Chapman and Hall

Williams J D, Nowak R M. 1986. Vanishing species in our own backyard: extinct fish and wildlife of the United States and Canada. *In*: Kaufman L, Mallory K. The Last Extinction. Cambridge: MIT Press

Wilson S C, Jones K C. 1997. Bioremediation of soil contaminated with polynuclear aromatic hydrocarbons (PAHs): A review. Environmental Pollution, 81: 229-249

Wright R T, Nebel B J. 2002. Environmental Science Toward a Sustainable Future. 8th ed. New Jersey: Prentice Hall Inc

Wu Z et al. 2006. Structural analysis of a rhomboid family intramembrane protease reveals a gating mechanism for substrate entry. Nat Struct Mol Biol, 13 (12): 1084-1091

Zhou Q X, Sun T H. 2002. Effects of Chromium (VI) on Extractability and Plant Uptake of Fluorine in Agricultural Soils of Zhejiang Province, China. Water, Air, & Soil Pollution, 133: 145-160

Zhou Q X, Wang X, Liang R L, Wu Y Y. 2003. Effects of Cadmium and Mixed Heavy Metals on Rice Growth in Liaoning, China. Soil and Sediment Contamination, 12: 851-864